运筹学的原理和方法

（第三版）

主　编　邓成梁
副主编　黄卫来　周　康
参　编　段春香　龚晓光

华中科技大学出版社
中国·武汉

内 容 简 介

运筹学是近几十年发展起来的一门新兴学科，它主要运用数学方法研究各种系统的优化途径和方案，为决策者提供各种决策的科学依据. 它也是高等院校经济管理类专业的一门重要专业基础课.

本书基于运筹学这门学科的理论体系，同时考虑到经济管理类专业的特点，选编了线性规划、整数规划、目标规划、动态规划、图与网络分析、存贮论等运筹学的基本内容，论述了这些分支的基本原理和基本方法，同时注意了它们的应用. 本书力求深入浅出、通俗易懂，每章后面都附有习题，便于自学.

本书可作为高等院校经济管理类专业本科生、研究生的教材或教学参考书，也可供应用数学、系统工程、理工类专业本科生、研究生及各类经济管理工作者和科技人员参考.

图书在版编目(CIP)数据

运筹学的原理和方法/邓成梁主编. —3 版. —武汉：华中科技大学出版社，2013.12(2022.7 重印)
ISBN 978-7-5609-9530-4

Ⅰ.①运… Ⅱ.①邓… Ⅲ.①运筹学-高等学校-教材 Ⅳ.①O22

中国版本图书馆 CIP 数据核字(2013)第 287019 号

运筹学的原理和方法(第三版) 邓成梁 主编

策划编辑：谢燕群
责任编辑：江 津
封面设计：刘 卉
责任校对：祝 菲
责任监印：周治超
出版发行：华中科技大学出版社(中国·武汉)
武昌喻家山 邮编：430074 电话：(027)81321915
录 排：武汉市洪山区佳年华文印部
印 刷：武汉市洪林印务有限公司
开 本：710mm×1000mm 1/16
印 张：27.25
字 数：578 千字
版 次：1996 年 3 月第 1 版 1998 年 3 月第 2 版 2022 年 7 月第 3 版第 4 次印刷
定 价：58.00 元

华中出版

本书若有印装质量问题，请向出版社营销中心调换
全国免费服务热线：400-6679-118 竭诚为您服务

第三版前言

本书第二版自1997年出版以来，又过去了16年. 在这期间，我国的经济形势发生了深刻的变化，作为我国高等教育重要组成部分的经济管理类专业也得到了极大发展. 运筹学作为经济管理类专业的重要专业基础课，无论是在科学水平，还是在教学的深度和广度方面都有了很大提高.

为了反映这些年的变化和进步，我们在总结多年教学经验的基础上，对本书第二版作了进一步的修改和补充，现重新出版.

这次修改和补充的主要内容如下.

(1) 为了便于学生能尽快地利用计算机进行运筹学计算，本书增加了一章(第11章)，介绍运筹学问题的Excel求解与应用.

(2) 将原标有"*"号的内容作如下调整:有的去掉"*"号，作为必修内容，例如第2章2.5节"单纯形法的进一步讨论"，其他各章都有类似情况，这里就不一一列举了. 有的内容进行了删去处理，例如，第3章3.6节的"原始-对偶单纯形法"；第8章8.3节的"最优性定理"等.

(3) 有些例子作了补充和修改，例如，第2章2.5节关于退化与循环的例2.5.4，我们利用"勃兰特法则"重新计算，防止了循环. 再如第7章7.3节的例7.3.2，我们先用大M法求解相应的线性规划问题，得出最优解后，再在此基础上增加割平面，求出整数规划问题的最优解，这样解题的思路清晰、完整.

(4) 有的内容进行了改写. 例如，第9章9.5节"最小费用最大流问题"的解法，重新进行了改写.

最后需要说明一点:由于年代久远，本书原作者中有两位老师已失去联系，这次修订工作由邓成梁教授牵头，另外组织几位老师分工负责进行. 参加本次修订工作的作者及分工如下:

邓成梁(主编，华中科技大学管理学院教授)，负责全书的统稿、定稿工作；

黄卫来(副主编，华中科技大学管理学院副教授)，负责第8、9、10章的修改工作；

段春香(武汉体育学院体育经济教研室副教授)，负责第1、2、3、4章的修改工作；

龚晓光(华中科技大学管理学院副教授)，负责第5、6、7章的修改及第11章的编写工作.

由于我们水平有限，书中仍难免有疏漏和不妥之处，恳请各方面专家、学者和广大读者批评指正.

编　者

2014年5月

第二版前言

本书第一版问世以来，受到广大读者的欢迎，并被许多高等院校选作教材或教学参考书，承蒙各位的厚爱，作者在此深表感谢！

为了进一步满足读者的需要，根据各方面的意见和建议，我们在第一版的基础上，对全书作了补充和修改，现重新出版.

这次修改在保持原书体系和风格的基础上，除了使文字叙述方面更加精练和通俗易懂，便于自学外，主要在以下几方面进行了补充和完善：

(1) 新增加的内容有：线性规划的原始-对偶单纯形法；运输问题中求初始解的元素差额法和闭回路求检验数法；动态规划应用中的可靠性问题等.

(2) 在写法上改动较大的有运输问题、整数规划和图与网络等章节.

(3) 另外还补充一些例子，加强了教材的针对性.

(4) 部分内容可以作为自学内容(用 * 号标出)，讲课时可以不讲或少讲.

最后，给出了部分习题的答案，便于读者自学时参考.

这次修改工作仍按第一版时作者的分工，分头进行，最后由邓成梁教授统稿、定稿.

由于我们水平有限，书中仍难免有疏漏和不妥之处，敬请读者批评指正.

编　者

1997 年 11 月

第一版前言

运筹学是近几十年发展起来的一门新兴学科，是管理科学和现代化管理方法的重要组成部分，主要运用数学方法研究各种系统的优化途径和方案，为决策者提供各种决策的科学依据. 它也是高等院校经济管理类专业的一门重要专业基础课.

为适应高等院校经济管理类专业教学的需要，作者在原自编讲义的基础上，总结多年来的教学经验，编写了本书.

本书基于运筹学这门学科的理论体系，同时考虑到经济管理类专业的特点，选编了线性规划、整数规划、目标规划、动态规划、图与网络分析、存贮论等运筹学的基本内容. 编写的指导思想是以线性规划为重点，系统地介绍这些分支的基本概念、基本原理和基本方法. 首先，注意到本学科理论上的严谨性，对有关的原理和方法，给予了必要的推导和论证，有些用几何直观来加以说明；其次，从实例入手建立数学模型，着重介绍一些经济管理中比较实用的模型和方法，并配合大量的计算实例，讲清其原理和步骤，便于编制程序和上机计算；再者，还尽量结合一些经济管理中的实际问题，给计算结果以经济解释，尽量做到理论联系实际. 同时，注意培养学生建立数学模型、求解模型以及分析解答结果并进行经济评估的能力. 论述力求深入浅出、文字通俗易懂，只要学过微积分、线性代数的读者都可以看懂. 每章后面都附有习题，便于自学.

本书可作为高等院校经济管理类专业的本科生、研究生的教材或教学参考书，讲授全书约需 80 学时，也可供应用数学、系统工程、理工类专业本科生、研究生及各类经济管理工作者和科技人员参考.

首先要感谢华中科技大学管理学院的领导，特别是院长陈荣秋教授，还有信息管理系的老师们，没有他们的大力支持和帮助，本书是很难问世的；还要感谢华中科技大学出版社的领导和编辑，本书得以出版是与他们的支持和辛勤劳动分不开的.

当然，由于我们水平有限，书中的缺点和疏漏之处在所难免，恳请各方面专家、学者及广大读者批评指正.

参加本书编写的作者及分工如下：

邓成梁（华中科技大学管理学院教授）编写绪论、第 1、2、3、8 章；

王棠（华中科技大学管理学院副教授）编写第 6、7、9 章；

诸克军（中国地质大学文管学院副教授）编写第 4、5、10 章.

最后由邓成梁统稿、定稿.

编　者

目　录

绪 论

运筹学是近几十年形成的一门新兴学科，它主要运用数学方法研究各种系统的优化途径及方案，为决策者提供科学决策的依据. 运筹学的主要研究对象是各种有组织系统的管理问题及其生产经营活动，其主要研究方法是定量化和模型化方法，尤其是运用各种数学模型. 运筹学的目的在于针对所研究的系统，求得一个合理运用人力、物力和财力的最佳方案，发挥和提高系统的效能及效益，最终达到系统的最优目标. 实践表明，随着科学技术的日益进步和生产经营的日益发展，运筹学已成为现代管理科学的重要理论基础和不可缺少的方法，在现代化建设中被人们广泛地应用到经济管理、工业、农业、商业、国防、科技等各个领域中去，发挥着越来越重要的作用.

0.1 运筹学的产生和发展

运筹学(operations research，OR)可译为“操作研究”或“作业研究”，我国运筹学前辈从《史记》一书中，摘取“夫运筹帷幄之中，决胜于千里之外”一语中的“运筹”一词，作为这门学科的名称，既确切地反映了该学科的内涵，同时又显示其军事起源，并且也表明它在我国已早有萌芽.

运筹学的渊源可以追溯到很久以前，甚至可以说自人类诞生以来，一直都在经历着通过运筹作出决策的过程. 在我国历史上就有不少的记载. 例如，战国时代齐王与田忌赛马的故事、北宋年间丁渭修复皇宫的事例等都具有一些朴素的运筹学思想. 在国外也记载有很多早期先驱者致力于这方面研究的成果，例如，1736 年欧拉解决了著名的哥尼斯堡七桥问题；1915 年哈里斯(F. W. Harris)推导出经济订货批量公式；1917 年爱尔朗(A. K. Erlang)进行了关于自动拨号设备对电话需求影响的实验，等等. 但是，限于生产力发展水平，这些思想方法只是停留在自发地和零星地应用于个别问题上，还没有形成一种系统的科学方法.

运筹学作为一门现代新兴的学科，人们普遍认为，起源于第二次世界大战期间的军事运筹活动. 20 世纪 40 年代初是第二次世界大战最紧张的时期，当时英、美两国都发明和制造了包括雷达、火炮、深水炸弹等在内的一批新式武器，但如何有效地使用这些武器却远远落后于这些武器的制造. 为此，英国军事管理部门招来一批具有不同学科和专业背景的科学家，在 1940 年 8 月成立了一个由布莱克特(P. M. S. Blackett)领导的跨学科的 11 人小组，称为“OR”小组. 这标志着世界第一次开始正式的运筹学活动. 随后，美国于 1942 年 3 月也成立了 17 人的运筹学小组，研究美国海军反潜艇部队的深水炸弹的起爆深度和反潜艇策略等问题. 这些早期的运筹工作,由于研究与防御有关的战略技术问题,受到战时军事需要的压力;同时,不同学科的相互渗透产生的协同作用,成功地解决了许多重要的作战问题,为以后运筹学的发展积累了丰富的经验.

第二次世界大战以后,工业逐渐恢复繁荣,由于迫切需要解决各组织内与日俱增的复杂性和专门化所面临的问题,一些曾经在军事运筹小组工作过的专家和学者,除了一部分继续从事国防战略、武器规划的研究之外,大部分人转向注意工、农业生产等民用部门应用这类方法的可能性,并且探讨了运筹学在工商企业和其他国民经济部门的应用,取得了良好的效果. 20 世纪 40 年代后半期,一些原来的运筹学专家,有的重返大学和研究部门,专心致力于运筹学理论基础的研究,寻找各种分析和解决管理问题的新方法. 20 世纪 50 年代以后,随着运筹学关于系统配置、聚散、竞争的运用机理的深入研究和应用,进而出现了诸如规划论(包括线性规划、非线性规划、动态规划、整数规划等)、排队论、存贮论、图与网络分析和决策论等比较完备的一套理论和方法,使运筹学作为一门理论性和应用性很强的学科逐渐形成并得到迅速发展.

值得指出的是,运筹学方法之所以能迅速推广并取得成功,这与 20 世纪 40 年代末电子计算机的问世及其平行发展是分不开的. 由于随着运筹学应用范围的不断扩大,所处理的问题的复杂性也大为增加,在研究解决这些大型复杂问题的过程中,电子计算机的应用起了重要作用,一开始就成为运筹学分析工作者用来处理十分棘手的大量数学计算的有力工具. 随着时间的推移,一方面,计算机能快速产生运算结果,为解决各种实际的运筹学问题提供有力的支持;另一方面,计算机能快速利用各种类型的管理信息系统,实现各种运筹模型的设计,并能提供各种运筹学试验手段(例如模拟技术),从而开创了运筹学应用的新局面,大大促进了运筹学的发展.

20 世纪 60—70 年代,随着社会实践不断提出更高的要求,运筹学发挥的作用也越来越大,取得了一系列成就. 在企业管理、工程设计、生产计划、财政金融、资源配置、物资存贮、公共服务、医疗保健、交通运输、教育科研、国防军事、航天技术等社会各个领域,到处都有运筹学应用的成果. 20 世纪 80—90 年代,运筹学已处于兴旺发达时期,面对当今世界亟待解决的人口、能源、粮食、裁军、经济发展等诸多重大问题,运筹学都有用武之地. 可以预见,在不远的将来,运筹学将会作出更为积极的贡献.

在 20 世纪 50 年代中期,钱学森、许国志等教授将运筹学由西方引入我国,并结合我国的特点在国内推广应用,20 世纪 60—70 年代,由华罗庚教授领导的一批运筹学工作者,在全国大力推广和普及统筹法、优选法,取得了一批可喜的成果. 当前,随着我国改革开放政策的贯彻以及全国工作重点转移到以经济建设为中心的轨道上来,国民经济与社会的各个领域,特别是企业组织的科学管理,日益受到人们的重视,运筹学作为现代化管理的重要工具,必将为加速我国的现代化建设作出更为积极的贡献.

0.2 运筹学的研究对象及特点

运筹学是一门新兴的学科，至今还没有公认统一且确切的定义. 现提出以下几个定义来说明运筹学的研究对象及特点.

英国运筹学会给运筹学下的定义是：

运筹学是一系列科学方法的应用. 在工业、商业、政府部门及国防中，用这些方法处理大量的人员、机器、材料和资金等复杂问题. 这种方法的特点是科学地建立系统模型，包括度量各种因素，例如分析机会和风险，以此预测和比较各种决策、策略或控制的结果，使管理机构科学地确定它的政策及其行动.

美国运筹学会下了一个比较简短的、与上述相类似的定义：

运筹学的研究内容是，在需要对有限的资源进行分配的情况下，作出人机系统最优设计和操作的科学决策.

虽然这两个定义尚存某些不足之处，但运筹学的研究领域如此广泛，人们下这样的定义还是有用的. 值得注意的是，这两个定义都强调推动实际工作，即帮助决策者处理复杂的实际问题. 另外，上述两个定义还涉及方法论，但只提了一下"科学性"，由于科学方法多种多样，这个术语就显得太一般了，运筹学方法论的更精确描述是建立在"模型"基础上的. 这一点我们将在下面说明.

还有莫斯(P. M. Morse)和金博尔(G. E. Kimball)曾对运筹学下的定义：

为决策机构在对其控制下的业务活动进行决策时，提供以数量化为基础的科学方法.

它首先强调的是科学方法，其含义不单是某种研究方法的分散和偶然的应用，而且可用于整个一类问题上，并能传授和进行有组织的活动. 它强调以量化为基础，这必然要运用数学. 但任何决策都包含定量和定性两方面，而定性方面又不能简单地用数学表示，如政治、社会等因素，只有综合多种因素的决策才是全面的. 运筹学工作者的职责是为决策者提供可量化方面的分析，指出那些定性的因素.

还有人认为：运筹学是一门应用科学，它广泛应用现有的科学技术知识和数学方法，解决实际中提出的专门问题，为决策者选择最优决策提供定量依据.

这个定义表明运筹学具有多学科交叉的特点，如综合运用经济学、心理学、物理学、化学，当然还有数学中的一些方法，为管理者提供决策依据.

从以上几种定义可以看出，虽然每个定义所强调的侧重点略有不同，但总的含义大体是一致的. 一般来说，运筹学的研究对象是各种有组织的系统（主要是经济组织系统）的经营管理问题，运筹学所研究的系统是在一定时空条件下存在，为人所能控制和操纵，有两个以上行动方案可供选择而需要人们作决策的系统. 运筹学研究的问题是能用数量表示与系统各项活动有关而带有运用、筹划、使用、安排、控制和规划等方面的问题.运筹学的任务就是在现有条件下,根据问题的要求,对有关活动中的错综复杂的数量进行分析研究,并归纳为一定的模型,然后运用有关原理和方法求得解决问题的最优途径和方案,以求实现预期目的.

运筹学作为一门定量决策科学,利用数学、计算机科学以及其他科学的新成就,研究各种系统尤其是经济管理系统中运行的数量化规律,合理使用与统筹安排人力、物力、财力等资源,为决策者提供有依据的最优方案,以实现最有效的管理并获得满意的经济效益和社会效果,就其理论与应用意义上归纳,运筹学具有如下一些主要特点.

(1) 运筹学研究和解决问题的基础是最优化技术,并强调系统整体最优.运筹学针对研究的实际问题,从系统的观点出发,以整体最优为目标,研究各组成部分的功能及其相互间的影响关系,解决各组成部门之间的利害冲突,求出使所研究问题达到最佳效果的解,并寻找一个最好的行动方案付诸实施.

(2) 运筹学研究和解决问题的优势是应用各交叉学科的方法,具有综合性.运筹学从一开始就是由不同学科专长、多方面专家经过共同协作集体努力而获得成果的.现在,研究对象的复杂性和多因素性,决定了运筹学内容的跨学科性、交叉渗透性和综合性.

(3) 运筹学研究和解决问题的方法具有显著的系统分析特征,其各种方法的运用几乎都需要建立数学模型和利用计算机进行求解.可以说现在及今后,没有计算机的发展就没有运筹学的发展.

(4) 运筹学研究和解决问题的效果具有连续性.一方面,用运筹学方法获得的解或最优方案,不可能在同一时间内将所有相关的问题都全部解决;另一方面,一旦发现新的情况或问题,就必须对原有模型进行修正或者需要输入新的数据,以调整原来的解或方案,因此,只有通过连续研究才能获得新的更好的效果.

(5) 运筹学具有强烈的实践性和应用的广泛性.运筹学的目的在于解决实际问题,它所使用的全部假设和数学模型无非都是解决实际问题的工具,有助于各种经济活动和管理问题的解决,最终能向决策者提供建设性方案并能收到实效.因此,它的应用并不受行业和部门的限制,已被广泛应用于工商企业、军事部门、服务行业和经济管理部门中.

0.3 运筹学模型及其研究方法

运筹学研究和解决问题的核心是正确建立和使用模型.通常,模型可以认为是客观世界或现实系统的代表或抽象的描述,是帮助人们认识、分析和解决实际问题的有力工具.人们在管理工作或其他工作中,为了研究某些问题的共性,有助于解决实际问题,经常使用一些文字、数字、符号、公式、图表以及实物,用于描述客观事物的某些特征和内在联系，从而表示或解释某一系统的过程，这就是模型. 它具有如下功能：

(1) 模型是现实问题某一主要方面的描述或抽象，比现实本身简单和概括，使人易于认识、理解和操作.

(2) 模型由与研究实际问题有关的主要因素所构成，并表明这些因素的相互关系，从而能够更简明地揭示出问题的本质.

(3) 通过模型可以进行试验，用以分析和预测所研究事物或系统的特征及性质. 尤其在研究工业系统、军事系统、政府或社会系统的最优管理或运行的问题时十分必要，因为这样可以避免由于真实对象的干扰而导致不测的风险.

(4) 利用模型可以在相对较短的时间内获得所研究问题的结果. 特别是对于复杂问题的研究，利用模型，使研究者不必真的实现计划即可改变其参数，从而在较短的时间内就可以得到问题的答案.

(5) 利用模型可以根据过去和现在的信息进行预测，并可用来培训教育人才.

模型有三种基本形式：形象模型、模拟模型及符号或数学模型，目前用得最多的是符号或数学模型. 数学模型是将现实系统或问题中有关参数和因素及其相互关系归纳成一个或一组数学表达式，并可以用一定的分析和计算方法进行求解，以实现反映现实系统变化规律的主要目标. 运筹学中所使用的数学模型，一般是由决策变量、约束(或限制)条件以及目标函数所构成，其实质表现为在约束条件允许的范围内，寻求目标函数的最优解. 其中，决策变量又称为可控制变量，是模型所代表的系统中受到控制或能够控制的变量，在模型中表现为未知参数，对模型进行分析研究，最后就是通过选定决策变量来实现其最优解；约束条件即决策变量客观上必须满足的限制条件，它反映出实际问题中不受控制的系统变量或环境变量对受控制的决策变量的限制关系；目标函数是模型所代表的性能指标或有效性的宏观度量，在模型中表现为决策变量的函数，反映了实际问题所要达到的理想目标.

数学模型的一般形式可表述为

$$\max(\text{或 }\min) Z=f(x_1,x_2,\cdots,x_n);$$

$$\text{s.t.}\begin{cases} g_i(x_1,x_2,\cdots,x_n)\leqslant(\text{或}=,\text{或}\geqslant)0, & i=1,2,\cdots,m; \\ h_j(x_1,x_2,\cdots,x_n)=0, & j=1,2,\cdots,l. \end{cases}$$

其中 $x_j(j=1,2,\cdots,n)$ 为决策变量，Z 为目标函数，$g_i(x_1,x_2,\cdots,x_n)\leqslant 0$ 和 $h_j(x_1,x_2,\cdots,x_n)=0$ 为约束条件. “s. t.”是“subject to”的缩写，意为“受约束于……”.

针对实际问题所建立的运筹学模型，一般应满足两个基本要求：一是要能完整地描述所研究的系统，以便能代替现实供我们分析研究；二是要在适合所研究问题的前提下，模型应尽量简单. 但是，要实现这些要求，在开始建模时，往往不容易做到，而且选择什么样的模型和如何确定模型的范围，在开始阶段也很难判断，需要有丰富的实践经验和熟练的技巧，有时需要多次反复修改，最后才能确定下来，所以建立模型是一种创造性的劳动. 一般来说，这项工作应由运筹学工作者与专业实际工作者共同协作进行最为适宜.

运用运筹学方法分析和解决问题,作为一个过程实际上是一个科学决策的过程,这个过程的核心是建立运筹学模型和对模型进行分析、求解.正确地进行这个过程一般要经过如下步骤:

(1) 提出并形成问题.要解决问题,首先需要提出问题,明确问题的实质及关键所在,这就要求对系统进行深入的调查和分析,确定问题的界限,选准问题的目标.

(2) 建立模型.运筹学模型是一个能有效地达到一定目标(或多个目标)行动的系统,因此,目标一经认定,就要用数学语言描述问题,建立目标函数,分析问题所处的环境,确定约束条件,探求与问题有关的决策变量等,并选用合适的方法,建立运筹学模型.

(3) 分析并求解模型.根据所建模型的性质及其数学特征,选择适当的求解方法,例如经典法、迭代法或模拟法等,求出模型的最优解.

(4) 检验并评价模型.模型分析和计算得到结果以后,尚需按照它能否解决实际问题,主要考虑达成目标的情况,选择合适的标准,并通过一定的方法,例如灵敏度分析法、参数规划法、相关分析法等,对模型结构和一些基本参数进行评价,以检验它们是否准确无误,否则就要考虑改换或修正模型,增减计算过程中所用到的资料或数据.

(5) 应用或实施模型的解.经过反复检查以后,最终应用或实施模型的解,就是供给决策者一套有科学依据的并为解决问题所需要的数据、信息或方案,以辅助决策者在处理问题时作出正确的决策和行动方案.

应当说明,以上虽然将运筹学解决问题的过程划分为五个独立的阶段,但在实际应用中,很少能够将它们截然分开并加以区分,各个阶段之间经常相互影响和彼此重叠,有时要经过多次反复.例如,建立模型这关键的一步就经常受到现有的求解方法的影响,有时甚至当运筹学研究进入后面几个阶段时,由于对原来形成的问题有了新的认识,也会对前面工作阶段的内容做进一步的修改、补充,甚至推倒重来.

最后需要指出,随着运筹学应用逐渐向更复杂的经济系统和社会系统渗透,而这些系统又往往存在着大量的不确定因素.因此,运筹学仅仅依靠数学模型做定量分析已很难处理好系统的优化问题,所以其研究方法已开始出现将定量分析、定性分析及计算机模拟等相结合的综合优化分析方法发展的趋势.

第1章 线性规划引论

线性规划(linear programming,LP)是运筹学的一个重要分支,是运筹学中研究较早、发展较快、理论上较成熟和应用上极为广泛的一个分支.最早研究这方面问题的是苏联数学家康托洛维奇(Л. В. Канторвоич),他在1939年著的《生产组织与计划中的数学方法》一书中,首次提出了线性规划问题.此后,美国学者希奇柯克(F. L. Hitchcock,1941)和柯普曼(T. C. Koopman,1947)又独立地提出了运输问题这类特殊的线性规划问题.特别是在1947年,美国学者丹捷格(G. B. Dantzig)提出了线性规划问题的一般解法——单纯形法,为线性规划的发展奠定了基础.60多年来,随着电子计算机的发展,线性规划已广泛应用于工业、农业、商业、交通运输、经济管理和国防等各个领域,成为现代化管理的有力工具之一.

本章通过管理中的几个实例引出线性规划问题,建立它的数学模型,介绍线性规划的一些基本概念和解的基本性质.

1.1 线性规划问题及其数学模型

1. 线性规划问题的实例

从管理的角度来看,任何一个企业可供利用的资源(包括人力、物力和财力等)都是有限的.如何合理地利用和调配人力、物力,如何充分发挥现有资金和设备的能力,不断提高生产效率,使企业获得最大的效益;或者是在既定任务的条件下,如何统筹安排,尽量做到用最少的人力、物力和财力资源,去完成这一任务,这些都是企业的决策者和管理人员十分关心的问题.这其实是一个问题的两个方面,即寻求在一定的条件下,使某个指标达到最优的问题,这也正是线性规划所要研究的问题.诸如资源的合理利用问题、生产的组织与计划问题、合理下料问题、配料问题、场址的选择问题、作物的合理布局问题、运输问题、人员的分配问题和投资项目的合理选择问题,等等,都属于这类问题.下面通过管理中的几个实例来说明这类问题,并建立它们的数学模型.

例 1.1.1 资源的合理利用问题.

某厂计划在下一个生产周期内生产甲、乙两种产品,要消耗 A_1、A_2 和 A_3 三种资源(例如钢材、煤炭和设备台时).已知每件产品对这三种资源的消耗,这三种资源的现有数量和每件产品可获得的利润如表1.1所示.问如何安排生产计划,使得该厂既能充分利用现有资源,又能使总利润最大?

表 1.1

单件消耗 \ 产品 \ 资源	甲	乙	资源限制
A_1	5	2	170
A_2	2	3	100
A_3	1	5	150
单件利润	10	18	

为了建立此问题的数学模型,首先要选定决策变量,即决策人可控制的因素.本例中,可令决策变量 x_1、x_2 分别表示下一个生产周期产品甲和乙的产量.

其次,要确定对决策变量的限制条件,即约束条件.本例中,由于资源 A_1、A_2、A_3,都是有限的,故决策变量 x_1、x_2 必须满足下列条件:

$$\begin{cases} 5x_1 + 2x_2 \leqslant 170 & \text{(对资源 } A_1 \text{ 的限制)}; \\ 2x_1 + 3x_2 \leqslant 100 & \text{(对资源 } A_2 \text{ 的限制)}; \\ x_1 + 5x_2 \leqslant 150 & \text{(对资源 } A_3 \text{ 的限制)}. \end{cases}$$

另外,根据实际问题的需要和计算方面的考虑,还对决策变量 x_1、x_2 加上非负限制,即

$$x_1 \geqslant 0, \quad x_2 \geqslant 0$$

第三,要确定问题的目标,即决策人用来评价问题的不同方案优劣的标准.这种目标总是决策变量的函数,称为目标函数.本例中,目标函数是使总利润

$$Z = 10x_1 + 18x_2$$

达到最大.

因此,本例的数学模型可归结为:求 x_1、x_2,使得

$$\max Z = 10x_1 + 18x_2;$$

$$\text{s. t.} \begin{cases} 5x_1 + 2x_2 \leqslant 170; \\ 2x_1 + 3x_2 \leqslant 100; \\ x_1 + 5x_2 \leqslant 150; \\ x_1, x_2 \geqslant 0. \end{cases}$$

这类问题通常称为**资源的合理利用问题**.

"资源的合理利用问题"的一般提法是:

某厂计划在下一个生产周期内生产 $B_1, B_2, \cdots, B_n$ 种产品,要消耗 $A_1, A_2, \cdots, A_m$ 种资源,已知每件产品所消耗的资源数、每种资源的数量限制以及每件产品可获得的利润如表 1.2 所示.问如何安排生产计划,才能充分利用现有资源,使获得的总利润最大?

表 1.2

单件消耗 \ 产品 \ 资源	B_1	B_2	$\cdots$	B_n	资源限制
A_1	a_{11}	a_{12}	$\cdots$	a_{1n}	b_1
A_2	a_{21}	a_{22}	$\cdots$	a_{2n}	b_2
$\vdots$	$\vdots$	$\vdots$		$\vdots$	$\vdots$
A_m	a_{m1}	a_{m2}	$\cdots$	a_{mn}	b_m
单件利润	c_1	c_2	$\cdots$	c_n	

设决策变量 x_j 表示下一个周期产品 B_j $(j=1,2,\cdots,n)$ 的产量,则此问题的数学模型可归结为:求 x_j $(j=1,2,\cdots,n)$,使得

$$\max Z=c_1x_1+c_2x_2+\cdots+c_nx_n;$$

$$\text{s.t.}\begin{cases}a_{11}x_1+a_{12}x_2+\cdots+a_{1n}x_n\leqslant b_1;\\a_{21}x_1+a_{22}x_2+\cdots+a_{2n}x_n\leqslant b_2;\\\vdots\\a_{m1}x_1+a_{m2}x_2+\cdots+a_{mn}x_n\leqslant b_m;\\x_j\geqslant 0,\quad j=1,2,\cdots,n.\end{cases}$$

例 1.1.2 生产组织与计划问题.

某车间用三种不同型号的机床 A_1、A_2、A_3 加工 B_1、B_2 两种零件. 机床台数、生产效率(每台机床每个工作日完成零件的个数)如表 1.3 所示. 问如何合理安排机床的加工任务,才能使生产的零件总数最多?

表 1.3

效率 产品 / 机床	B_1	B_2	机床台数
A_1	30	40	40
A_2	55	30	40
A_3	23	37	20

设决策变量 x_{ij} 表示生产 $B_j(j=1,2)$ 种零件的 A_i 型机床的台数$(i=1,2,3)$,则问题可归结为:求 $x_{ij}(i=1,2,3;j=1,2)$,使得

$$\max Z=30x_{11}+40x_{12}+55x_{21}+30x_{22}+23x_{31}+37x_{32};$$

$$\text{s.t.}\begin{cases}x_{11}+x_{12}\leqslant 40 & (\text{对机床 } A_1 \text{ 的台数限制});\\x_{21}+x_{22}\leqslant 40 & (\text{对机床 } A_2 \text{ 的台数限制});\\x_{31}+x_{32}\leqslant 20 & (\text{对机床 } A_3 \text{ 的台数限制});\\x_{ij}\geqslant 0,\quad i=1,2,3;j=1,2,\text{且为整数}.\end{cases}$$

这类问题通常称为**生产组织与计划问题**.

"生产组织与计划问题"的一般形式如下.

某工厂用机床 $A_1,A_2,\cdots,A_m$ 加工 $B_1,B_2,\cdots,B_n$ 种零件,在一个生产周期内,各机床可能工作的机时、工厂必须完成各种零件的数量、各机床加工每个零件的时间(机时/个)和加工每个零件的成本(元/个)分别如表 1.4 和表 1.5 所示. 问如何安排各机床的生产任务,才能既完成加工任务又使总成本最低?

表 1.4

加工时间 零件 / 机床	B_1	B_2	$\cdots$	B_n	机时限制
A_1	a_{11}	a_{12}	$\cdots$	a_{1n}	a_1
A_2	a_{21}	a_{22}	$\cdots$	a_{2n}	a_2
$\vdots$	$\vdots$	$\vdots$		$\vdots$	$\vdots$
A_m	a_{m1}	a_{m2}	$\cdots$	a_{mn}	a_m
必需零件数	b_1	b_2	$\cdots$	b_n	

表 1.5

加工成本 零件 / 机床	B_1	B_2	$\cdots$	B_n
A_1	c_{11}	c_{12}	$\cdots$	c_{1n}
A_2	c_{21}	c_{22}	$\cdots$	c_{2n}
$\vdots$	$\vdots$	$\vdots$		$\vdots$
A_m	c_{m1}	c_{m2}	$\cdots$	c_{mn}

设 x_{ij} 为机床 $A_i(i=1,2,\cdots,m)$ 在一生产周期加工零件 B_j 的数量$(j=1,2,\cdots,n)$,则这一问题的数学模型为:求一组变量 $x_{ij}(i=1,2,\cdots,m;j=1,2,\cdots,n)$,使得

$$\min Z=\sum_{i=1}^{m}\sum_{j=1}^{n}c_{ij}x_{ij};$$

$$\text{s. t.}\begin{cases}\sum_{j=1}^{n}a_{ij}x_{ij}\leqslant a_i & (i=1,2,\cdots,m,\text{对机床 }A_i\text{ 加工机时的限制});\\ \sum_{i=1}^{m}x_{ij}\geqslant b_j & (j=1,2,\cdots,n;\text{对零件 }B_j\text{ 的需要量必须保证});\\ x_{ij}\geqslant 0 & (i=1,2,\cdots,m;j=1,2,\cdots,n).\end{cases}$$

例 1.1.3 合理下料问题.

在生产中经常会遇到这样的问题,把长度一定的线材截成尺寸不同的零件毛坯,或在面积一定的板材上切割形状、尺寸不同的零件毛坯.在一般情况下,很难使材料完全利用,总会多出一些料头,如果恰当地搭配下料,则可以减少料头,使原材料得到充分利用,这就是**合理下料问题**.合理下料问题所要解决的就是怎样组成和选择下料方案,在满足各种零件毛坯数量要求的前提下,使总的原材料消耗最少.

表 1.6

毛坯型号 \ 下料件数 \ 方案	Ⅰ	Ⅱ	Ⅲ	Ⅳ	需要根数
2.5m	3	2	1	0	100
1.3m	0	2	4	6	200

假定现有一批某种型号的圆钢长 8m,需要截取长 2.5m 的毛坯 100 根、长 1.3m 的毛坯 200 根,问应该怎样选择下料方式,才能既满足需要又使总的用料最少?

根据经验,可先将各种可能的搭配方案列出来,如表 1.6 所示.

设决策变量 $x_j(j=1,2,3,4)$ 表示第 j 种方式所用的原材料根数,则问题的数学模型可归结为:求 $x_j(j=1,2,3,4)$,使得

$$\min Z=x_1+x_2+x_3+x_4;$$

$$\text{s. t.}\begin{cases}3x_1+2x_2+x_3\geqslant 100;\\ \qquad 2x_2+4x_3+6x_4\geqslant 200;\\ x_j\geqslant 0\quad (j=1,2,3,4).\end{cases}$$

这类问题的一般提法如下。

设用某种原材料截取零件 $A_1,A_2,\cdots,A_m$ 的毛坯,根据以往的经验,在一件原材料上可以有 $B_1,B_2,\cdots,B_n$ 种不同的下料方式,每种下料方式可截得各种毛坯的个数以及每种零件的需要量如表 1.7 所示.问应如何下料,才能既满足需要又使原材料消耗最少?

设决策变量 x_j 表示用 $B_j(j=1,2,\cdots,n)$ 种方式下料的原材料件数,则此问题的数学模型可归结为:求 $x_j(j=1,2,\cdots,n)$,使得

$$\min Z = x_1 + x_2 + \cdots + x_n;$$

$$\text{s.t.}\begin{cases} a_{11}x_1 + a_{12}x_2 + \cdots + a_{1n}x_n \geqslant b_1; \\ a_{21}x_1 + a_{22}x_2 + \cdots + a_{2n}x_n \geqslant b_2; \\ \qquad\vdots \\ a_{m1}x_1 + a_{m2}x_2 + \cdots + a_{mn}x_n \geqslant b_m; \\ x_j \geqslant 0 \quad (j = 1,2,\cdots,n). \end{cases}$$

还有所谓"**合理配料问题**"也可以归结成类似的形式，它的一般提法如下。

表 1.7

毛坯型号 \ 下料件数 \ 下料方式	B_1	B_2	$\cdots$	B_n	需要毛坯数
A_1	a_{11}	a_{12}	$\cdots$	a_{1n}	b_1
A_2	a_{21}	a_{22}	$\cdots$	a_{2n}	b_2
$\vdots$	$\vdots$	$\vdots$		$\vdots$	$\vdots$
A_m	a_{m1}	a_{m2}	$\cdots$	a_{mn}	b_m

表 1.8

成分 \ 含量 \ 饲料	B_1	B_2	$\cdots$	B_n	最低需要量
A_1	a_{11}	a_{12}	$\cdots$	a_{1n}	b_1
A_1	a_{21}	a_{22}	$\cdots$	a_{2n}	b_2
$\vdots$	$\vdots$	$\vdots$		$\vdots$	$\vdots$
A_m	a_{m1}	a_{m2}	$\cdots$	a_{mn}	b_m
原料单价	c_1	c_2	$\cdots$	c_n	

某饲养场用 n 种饲料 $B_1,B_2,\cdots,B_n$，配制成含有 m 种营养成分 $A_1,A_2,\cdots,A_m$ 的混合饲料，各种饲料所含营养成分的数量、混合饲料对各种成分的最低需要量以及各种饲料的单价如表 1.8 所示. 问应如何配料，才能既满足需求又使混合饲料总成本最低？

设 x_j 表示第 j 种饲料所用的数量，则此问题的数学模型为：求 $x_j(j=1,2,\cdots,n)$，使得

$$\min Z = \sum_{j=1}^{n} c_j x_j;$$

$$\text{s.t.}\begin{cases} \sum_{j=1}^{n} a_{ij}x_j \geqslant b_i & (i = 1,2,\cdots,m;\text{各种成分的最低需要量必须满足}); \\ x_j \geqslant 0 & (j = 1,2,\cdots,n). \end{cases}$$

下面举一个关于食物配料问题的例子.

某人每天食用甲、乙两种食物(例如猪肉、鸡蛋)，这两种食物含 A_1、A_2、A_3 三种营养成分(例如维生素、脂肪和蛋白质)，已知这两种食物所含三种营养成分的含量(mg)、人体每天对这三种营养成分的需要量以及这两种食物的单价(元/两)如表1.9所示. 问这两种食物各食用多少，才能既满足需要量又使总费用最省？

设 $x_j(j=1,2)$ 表示 B_j 种食物的用量，则问题为：求 $x_j(j=1,2)$，使得

$$\min Z = 2x_1 + 1.5x_2;$$

$$\text{s.t.}\begin{cases} 0.10x_1 + 0.15x_2 \geqslant 1.00; \\ 1.70x_1 + 0.75x_2 \geqslant 7.50; \\ 1.10x_1 + 1.30x_2 \geqslant 10.00; \\ x_1, x_2 \geqslant 0. \end{cases}$$

表 1.9

含量\食物 成分	甲	乙	最低需要量
A_1	0.10	0.15	1.00
A_2	1.70	0.75	7.50
A_3	1.10	1.30	10.00
单价	2	1.5	

表 1.10

单位运价\销地 产地	B_1	B_2	$\cdots$	B_n	产量
A_1	c_{11}	c_{12}	$\cdots$	c_{1n}	a_1
A_2	c_{21}	c_{22}	$\cdots$	c_{2n}	a_2
$\vdots$	$\vdots$	$\vdots$		$\vdots$	$\vdots$
A_m	c_{m1}	c_{m2}	$\cdots$	c_{mn}	a_m
原料单价	b_1	b_2	$\cdots$	b_n	

例 1.1.4 运输问题.

设某种物资(例如煤炭)共有 m 个产地 $A_1,A_2,\cdots,A_m$,其产量分别为 $a_1,a_2,\cdots,a_m$,另有 n 个销地 $B_1,B_2,\cdots,B_n$,其销量分别为 $b_1,b_2,\cdots,b_n$. 已知由产地 $A_i(i=1,2,\cdots,m)$运往销地 $B_j(j=1,2,\cdots,n)$的单位运价为 c_{ij},其数据如表 1.10 所示. 问应如何调运,才能使总运费最省?

当产销平衡(即 $\sum\limits_{i=1}^{m}a_i=\sum\limits_{j=1}^{n}b_j$)时,设 x_{ij} 表示由产地 A_i 运往销地 $B_j(i=1,2,\cdots,m;j=1,2,\cdots,n)$的运量,则问题的数学模型为:求 $x_{ij}(i=1,2,\cdots,m;j=1,2,\cdots,n)$,使得

$$\min Z=\sum_{i=1}^{m}\sum_{j=1}^{n}c_{ij}x_{ij};$$

$$\text{s.t.}\begin{cases}\sum\limits_{j=1}^{n}x_{ij}=a_i & (i=1,2,\cdots,m;\text{从产地 } A_i \text{ 运出的物资等于其产量});\\ \sum\limits_{i=1}^{m}x_{ij}=b_j & (j=1,2,\cdots,n;\text{销地 } B_j \text{ 收到的物资等于其需要量});\\ x_{ij}\geqslant 0 & (i=1,2,\cdots,m;j=1,2,\cdots,n).\end{cases}$$

这类问题通常称为**运输问题**.

还有所谓"**作物布局问题**"也可以归结为这一形式,它的一般提法如下。

某农场要在 n 块土地 $B_1,B_2,\cdots,B_n$ 上种植 m 种作物 $A_1,A_2,\cdots,A_m$,各块土地的面积、各种作物计划播种的面积以及各种作物在各块土地上的单产如表1.11所示. 问应如何合理安排种植计划,才能使总产量最大?(假定 $\sum\limits_{i=1}^{m}a_i=\sum\limits_{j=1}^{n}b_j$,即计划播种总面积等于土地总面积.)

表 1.11

单产\土地 作物	B_1	B_2	$\cdots$	B_n	播种面积
A_1	c_{11}	c_{12}	$\cdots$	c_{1n}	a_1
A_2	c_{21}	c_{22}	$\cdots$	c_{2n}	a_2
$\vdots$	$\vdots$	$\vdots$		$\vdots$	$\vdots$
A_m	c_{m1}	c_{m2}	$\cdots$	c_{mn}	a_m
土地面积	b_1	b_2	$\cdots$	b_n	

设 x_{ij} 为土地 B_j 种植作物 A_i 的面积数$(i=1,2,\cdots,m;j=1,2,\cdots,n)$,则此问题的数学模型为:求 $x_{ij}(i=1,2,\cdots,m;j=$

1,2,…,n),使得

$$\max Z = \sum_{i=1}^{m}\sum_{j=1}^{n} c_{ij}x_{ij};$$

$$\text{s.t.}\begin{cases} \sum_{j=1}^{n} x_{ij} = a_i & (i=1,2,\cdots,m); \\ \sum_{i=1}^{m} x_{ij} = b_j & (j=1,2,\cdots,n); \\ x_{ij} \geqslant 0 & (i=1,2,\cdots,m;j=1,2,\cdots,n). \end{cases}$$

2. 线性规划问题的数学模型

上面从经济管理领域中建立了几个实际问题的数学模型,这些问题虽然具体意义各不相同,但从数学模型来看,它们却有一些共同的特点,主要表现在:

第一,求一组**决策变量** x_j 或 $x_{ij}(i=1,2,\cdots,m;j=1,2,\cdots,n)$,一般这些变量取值是非负的;

第二,确定决策变量可能受到的约束,称为**约束条件**,它们可以用决策变量的线性等式或线性不等式来表示;

第三,在满足约束条件的前提下,使某个函数值达到最大(例如利润、收益等)或最小(例如成本、运价、消耗等).这种函数称为**目标函数**,它是决策变量的线性函数.

具备以上三个要素的问题称为**线性规划问题**.简单地说,线性规划问题就是求一个线性目标函数在一组线性约束条件下的极值问题.线性规划问题的数学模型分一般形式和标准形式两种,下面分别介绍,并讨论它们之间的转化.

1) 线性规划问题的一般形式

线性规划问题的一般形式为

求一组变量 $x_j(j=1,2,\cdots,n)$,使得

$$\max(\text{或}\min)Z=c_1x_1+c_2x_2+\cdots+c_nx_n; \tag{1.1}$$

$$\text{s.t.}\begin{cases} a_{11}x_1+a_{12}x_2+\cdots+a_{1n}x_n \leqslant (\text{或}=,\text{或}\geqslant) b_1; \\ a_{21}x_1+a_{22}x_2+\cdots+a_{2n}x_n \leqslant (\text{或}=,\text{或}\geqslant) b_2; \\ \qquad\vdots \qquad\qquad\qquad\qquad\qquad\qquad\qquad\qquad (1.2) \\ a_{m1}x_1+a_{m2}x_2+\cdots+a_{mn}x_n \leqslant (\text{或}=,\text{或}\geqslant) b_m; \\ x_j \geqslant 0 \quad (j=1,2,\cdots,n). \qquad\qquad\qquad\qquad (1.3) \end{cases}$$

其中,a_{ij}、b_i、$c_j(i=1,2,\cdots,m;j=1,2,\cdots,n)$为已知常数,式(1.1)称为目标函数,式(1.2)和式(1.3)称为**约束条件**,特别称式(1.3)为**非负约束条件**.

以上给出的是线性规划问题的一般形式.对于不同的问题而言,目标函数可以是求极大值或求极小值;约束条件可以是线性不等式组或者线性等式组,或者既有等式又有不等式;变量可以有非负限制,也可以没有.为了研究问题的方便,我们将线性规划问题统一写成如下的标准形式.

2) 线性规划问题的标准形式

线性规划问题的标准形式为

$$\max Z = c_1x_1 + c_2x_2 + \cdots + c_nx_n; \tag{1.4}$$

$$(\text{LP})\quad \text{s.t.}\begin{cases} a_{11}x_1 + a_{12}x_2 + \cdots + a_{1n}x_n = b_1; \\ a_{21}x_1 + a_{22}x_2 + \cdots + a_{2n}x_n = b_2; \\ \qquad\vdots \\ a_{m1}x_1 + a_{m2}x_2 + \cdots + a_{mn}x_n = b_m; \\ x_j \geqslant 0 \quad (j = 1,2,\cdots,n). \end{cases} \quad \begin{matrix} \\ \\ (1.5) \\ \\ (1.6) \end{matrix}$$

并且假设 $b_i \geqslant 0$ $(i=1,2,\cdots,m)$. 否则将方程两边同乘以(−1),将右端常数化为非负数,并简称为(LP)问题.(LP)问题还可以用以下几种形式来表示.

(1) 简记形式

$$\max Z = \sum_{j=1}^{m} c_jx_j; \tag{1.7}$$

$$(\text{LP})\quad \text{s.t.}\begin{cases} \sum_{j=1}^{n} a_{ij}x_j = b_i \quad (i = 1,2,\cdots,m); & (1.8) \\ x_j \geqslant 0 \qquad\quad (j = 1,2,\cdots,n). & (1.9) \end{cases}$$

(2) 矩阵形式

$$\max Z = \boldsymbol{CX}; \tag{1.10}$$

$$(\text{LP})\quad \text{s.t.}\begin{cases} \boldsymbol{AX} = \boldsymbol{b}; & (1.11) \\ \boldsymbol{X} \geqslant \boldsymbol{0}. & (1.12) \end{cases}$$

(3) 向量形式

$$\max Z = \boldsymbol{CX}; \tag{1.13}$$

$$(\text{LP})\quad \text{s.t.}\begin{cases} \sum_{j=1}^{n} \boldsymbol{P}_jx_j = \boldsymbol{b}; & (1.14) \\ \boldsymbol{X} \geqslant \boldsymbol{0}. & (1.15) \end{cases}$$

其中,$\boldsymbol{C}=(c_1,c_2,\cdots,c_n)$为行向量,

$$\boldsymbol{A} = \begin{bmatrix} a_{11} & a_{12} & \cdots & a_{1n} \\ a_{21} & a_{22} & \cdots & a_{2n} \\ \vdots & \vdots & & \vdots \\ a_{m1} & a_{m2} & \cdots & a_{mn} \end{bmatrix}$$

为 $m\times n$ 阶矩阵,$\boldsymbol{X}=(x_1,x_2,\cdots,x_n)^{\mathrm{T}}$,$\boldsymbol{b}=(b_1,b_2,\cdots,b_m)^{\mathrm{T}}$,$\boldsymbol{P}_j=(a_{1j},a_{2j},\cdots,a_{mj})^{\mathrm{T}}$ 均为列向量,"T"表示向量转置,"**0**"表示零向量.

我们称 **A** 为约束条件的系数矩阵,简称为约束矩阵;c_j $(j=1,2,\cdots,n)$为目标函

数的系数，又称为价值系数，$\boldsymbol{C}$ 为**价值向量**；$b_i(i=1,2,\cdots,m)$ 为第 i 个约束条件的**右端常数**，$\boldsymbol{b}$ 为右端向量；$x_j(j=1,2,\cdots,n)$ 为决策变量，$\boldsymbol{X}$ 为**决策向量**；$\boldsymbol{P}_j(j=1,2,\cdots,n)$ 为 $\boldsymbol{A}$ 的第 j 列向量.

线性规划问题的标准形式具有如下特征：

(1) 目标函数为求极大值(也可用求极小值问题作为标准形式，本书以讨论极大值问题为主)；

(2) 所有的约束条件(非负约束条件除外)都是等式，即它们是由含有 n 个未知数(决策变量)的 m 个方程组成的线性方程组，且右端常数均非负；

(3) 所有的决策变量均非负.

3) 线性规划问题的一般形式怎样化为标准形式

上面提到的线性规划问题的一般形式(式(1.1)～式(1.3))怎样化为标准形式(式(1.4)～式(1.6))呢？大致有以下几种情况：

(1) 目标函数的转换.如果问题的目标函数是求极小值，即求 $\min Z=\sum\limits_{j=1}^{n}c_jx_j$，则可先将目标函数乘以(−1)，化为求极大值问题，即求

$$\max Z'=-Z=-\sum_{j=1}^{n}c_jx_j.$$

(2) 约束条件的转换.如果某一约束条件是线性不等式

$$\sum_{j=1}^{n}a_{ij}x_j\leqslant b_i\quad(\text{或}\sum_{j=1}^{n}a_{ij}x_j\geqslant b_i),$$

则通过引入**松弛变量** $x_{n+i}\geqslant 0$，将它化为

$$\begin{cases}\sum\limits_{j=1}^{n}a_{ij}x_j+x_{n+i}=b_i\quad(\text{或}\sum\limits_{j=1}^{n}a_{ij}-x_{n+i}=b_i\text{，其中的 }x_{n+i}\text{ 也称为剩余变量})；\\ x_{n+i}\geqslant 0.\end{cases}$$

反之，若有必要，也可将等式约束

$$\sum_{j=1}^{n}a_{ij}x_j=b_i$$

等价地化为两个不等式约束，即

$$\begin{cases}\sum\limits_{j=1}^{n}a_{ij}x_j\geqslant b_i；\\ \sum\limits_{j=1}^{n}a_{ij}x_j\leqslant b_i.\end{cases}$$

(3) 变量的转换.如果某个变量的约束条件为 $x_j\geqslant l_j$(或 $x_j\leqslant l_j$)，则可令 $y_j=x_j-l_j$(或 $y_j=l_j-x_j$)，y_j 变为非负变量；如果某个变量 x_j 无非负限制(称为自由变量)，则可令

$$\begin{cases} x_j = x'_j - x''_j; \\ x'_j, x''_j \geqslant 0, \end{cases}$$

代入原问题,将自由变量替换掉.

例 1.1.5 将下列线性规划问题化为标准形式.

$$\min Z = -2x_1 + x_2 + 3x_3;$$

$$\text{s. t.} \begin{cases} 5x_1 + x_2 + x_3 \leqslant 7; \\ x_1 - x_2 - 4x_3 \geqslant 2; \\ -3x_1 + x_2 + 2x_3 = -5; \\ x_1, x_2 \geqslant 0, x_3 \text{ 为自由变量}. \end{cases}$$

解 引入松弛变量 x_4、x_5,再令自由变量 $x_3 = x'_3 - x''_3$,将第 3 个约束方程两边乘以(−1),并将极小值问题反号,转化为求极大值问题,得标准形式:

$$\max Z' = -Z = 2x_1 - x_2 - 3x'_3 + 3x''_3;$$

$$\text{s. t.} \begin{cases} 5x_1 + x_2 + x'_3 - x''_3 + x_4 = 7; \\ x_1 - x_2 - 4x'_3 + 4x''_3 - x_5 = 2; \\ 3x_1 - x_2 - 2x'_3 + 2x''_3 = 5; \\ x_1, x_2, x'_3, x''_3, x_4, x_5 \geqslant 0. \end{cases}$$

1.2 线性规划问题的图解法

对于只有两个变量的线性规划问题,我们可以用在平面上作图的方法求解,这种方法称为**图解法**.图解法比较简单、直观,它对于我们理解线性规划问题的实质和求解的基本原理也是有帮助的,为此,先介绍两个基本概念.

定义 1.1 在问题(LP)中,凡满足所有约束条件(式(1.11)和式(1.12))的解 $\boldsymbol{X} = (x_1, x_2, \cdots, x_n)^{\mathrm{T}}$ 称为问题(LP)的**可行解**.所有可行解的集合称为**可行解集**(或**可行域**),记作

$$D = \{\boldsymbol{X} \mid \boldsymbol{AX} = \boldsymbol{b}, \boldsymbol{X} \geqslant \boldsymbol{0}\}.$$

定义 1.2 设问题(LP)的可行域为 D,若存在 $\boldsymbol{X}^* \in D$,使得对于任意的 $\boldsymbol{X} \in D$,都有

$$\boldsymbol{CX}^* \geqslant \boldsymbol{CX},$$

则称 $\boldsymbol{X}^*$ 为问题(LP)的**最优解**,相应的目标函数值称为**最优值**,记作 Z^*,即

$$Z^* = \boldsymbol{CX}^*.$$

下面通过几个例子来说明图解法.

例 1.2.1 用图解法求解 1.1 节例 1.1.1.

$$\max Z=10x_1+18x_2; \tag{1.16}$$

$$\text{s.t.}\begin{cases}5x_1+2x_2\leqslant 170;\\ 2x_1+3x_2\leqslant 100; \quad (1.17)\\ x_1+5x_2\leqslant 150;\\ x_1,x_2\geqslant 0. \quad (1.18)\end{cases}$$

解 在 x_1Ox_2 坐标平面上作直线(见图 1.1).

l_1: $5x_1+2x_2=170$, l_2: $2x_1+3x_2=100$, l_3: $x_1+5x_2=150$.

再考虑到不等式约束条件(式(1.17))和非负约束条件(式(1.18)),可以确定该问题的可行解集 D. 例如,由于原点 $O(0,0)$ 满足式(1.17)中的各个不等式,故知由这些不等式所确定的半平面必在直线 l_1、l_2 和 l_3 的左下方. 又由非负约束条件(式(1.18))确定该可行域必在第一象限内,故可行域 D 必为图 1.1 中的阴影部分,位于可行域内的点(包括边界点)都是线性规划问题的可行解(或可行点). 反之,凡是不在可行域内的点,则不是可行解. 从图 1.1 上可以看出,这一问题的可行解有无穷多个. 现在的问题是怎样从这无穷多个可行解中求出最优解来,为此,将目标函数写成

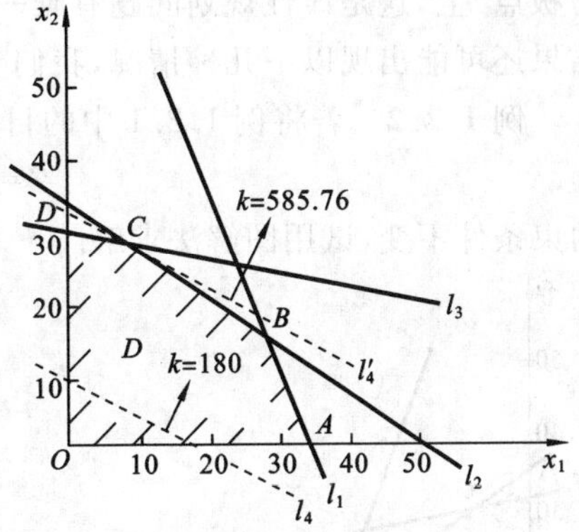

图 1.1

$$10x_1+18x_2=k,$$

其中 k 为任意常数. 这也是一个直线方程,当 k 取不同的值时,便是一束平行直线. 例如,当 $k=180$ 时,可以作出直线 l_4(见图 1.1),该直线上的任一点处,对应的目标函数值均为 180,故称该直线为目标函数的**等值线**. 当 k 值由小变大时,该直线将沿其正法线方向 $(10,18)^{\mathrm{T}}$ 向右上方平行移动. 由图可知,当等值线(图 1.1 中的虚线)平行移动到顶点 C 时,k 值达到最大,如果 k 继续增大,等值线将离开可行域. 因此,C 点是使目标函数 $Z=10x_1+18x_2$ 达到最大值的可行点,即为最优解. C 点的坐标值(x_1, x_2)可由联立求解两直线方程 l_2 和 l_3 得到,或者直接由图上读出,即

$$x_1^*=50/7\approx 7.14,\quad x_2^*=200/7\approx 28.57$$

为最优解,而且目标函数的最优值

$$Z^*=10\times\frac{50}{7}+18\times\frac{200}{7}=\frac{4100}{7}\approx 585.71.$$

下面我们归纳一下用图解法求解线性规划问题的步骤:

(1) 在 x_1Ox_2 坐标平面上作出可行域 D 的图形(一般是一个凸多边形);

(2) 令目标函数值取一个给定的常数 k_1,作等值线

$$Z=c_1x_1+c_2x_2=k_1;$$

(3) 再令目标函数值 k 由小变大,即将目标函数的等值线沿其正法线方向 $(c_1,c_2)^{\mathrm{T}}$ 平行移动到最远处,它与可行域 D 的最后一个交点(一般是 D 的一个顶点),就是所求的最优点;也可能是等值线与 D 的一条边界线重合,则最优点包括两个顶点,见例 1.2.2;

(4) 将最优点所在的两条边界线所代表的方程联立求解,即得最优解 $\boldsymbol{X}^* = (x_1^*, x_2^*)^{\mathrm{T}}$ 及最优值 $Z^* = \boldsymbol{CX}^*$.

由例 1.2.1 可以看出,线性规划问题的最优解将出现在可行域的一个顶点(又称为**极点**)上,这是线性规划问题有**唯一最优解**的情况. 但对于一般线性规划问题,求解结果还可能出现以下几种情况,我们仍通过具体例子说明.

例 1.2.2 若将例 1.2.1 中的目标函数改为

$$Z = 10x_1 + 15x_2.$$

约束条件不变,试用图解法求解.

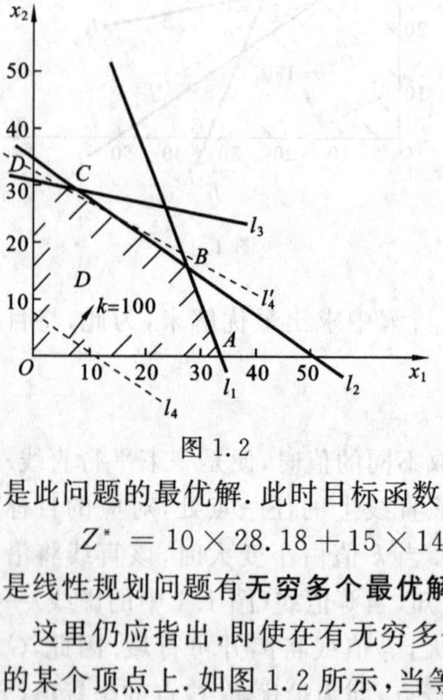

图 1.2

解 如图 1.2 所示,此时目标函数的等值线

$$10x_1 + 15x_2 = k$$

与可行域 D 的一条边界线 l_2 具有相同的斜率,故等值线与 l_2 平行. 当 k 由小变大时,等值线沿其正法线方向 $(10,15)^{\mathrm{T}}$ 向右上方平行移动. 当它移动到与边界线 BC 重合时,目标函数值达到最大,因为,当 k 值再增大时,等值线将完全离开可行域,故边界线 BC 上的所有点,包括两个端点 $B(28.18, 14.55)$ 和 $C(7.14, 28.57)$ 都是此问题的最优解. 此时目标函数的最优值为

$$Z^* = 10 \times 28.18 + 15 \times 14.55 = 10 \times 7.14 + 15 \times 28.57 \approx 500.$$

这是线性规划问题有**无穷多个最优解**的情况.

这里仍应指出,即使在有无穷多个最优解的情况下,最优解也必然会出现在可行域的某个顶点上. 如图 1.2 所示,当等值线与边界线 l_2 重合时,使 k 值达到最大,这时等值线必然通过可行域的顶点 B 和 C. 换句话说,即使是在最优解非唯一时,它总还要出现在可行域的一个顶点上.

例 1.2.3 用图解法求解

$$\max Z = 2x_1 + 3x_2;$$

$$\text{s.t.} \begin{cases} 2x_1 - x_2 \geqslant 2; \\ -x_1 + 4x_2 \leqslant 4; \\ x_1, x_2 \geqslant 0. \end{cases}$$

解 在 x_1Ox_2 坐标平面上作直线(见图 1.3):

$$l_1: 2x_1 - x_2 = 2,$$

$$l_2: -x_1 + 4x_2 = 4.$$

并根据约束条件确定可行域，如图1.3中阴影部分所示.从图上可以看到，该题的可行域是无界的，因而有无界的可行解.

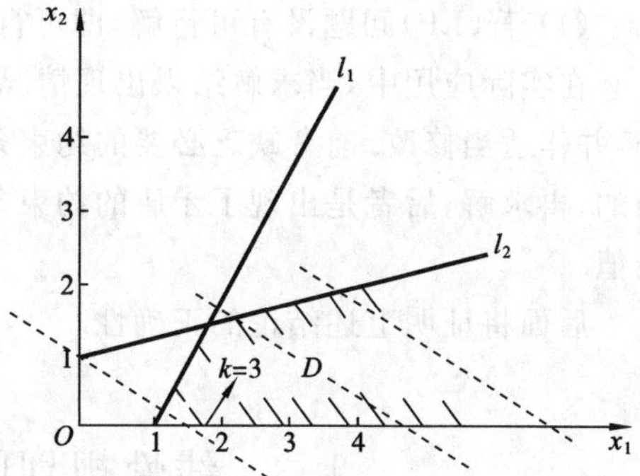

图1.3

为了求最优解，作等值线

$$2x_1 + 3x_2 = k.$$

当 k 由小变大时，等值线沿其正法线方向 $(2,3)^T$ 平行移动.随着 k 值不断增大，等值线也逐渐远离原点，但不论 k 值增大为何值，在等值线上总有一线段位于可行域内，因此目标函数无上界，或者说该问题**无有限最优解**.

当然，如果此问题是求目标函数的最小值，即求

$$\min Z = 2x_1 + 3x_2,$$

它还是有有限最优解的，即在点 $A(1,0)$ 处目标函数取得最小值.

例1.2.4　用图解法求解

$$\max Z = 2x_1 + 3x_2;$$
$$\text{s.t.}\begin{cases}-x_1 + 2x_2 \leqslant 2;\\ 2x_1 - x_2 \leqslant 3;\\ x_2 \geqslant 4;\\ x_1, x_2 \geqslant 0.\end{cases}$$

解　如图1.4所示，显然没有任何一点的坐标可以同时满足所有的约束条件，因为这些约束条件是互相矛盾的，故可行解集是空集，即此问题**没有可行解**，当然更没有最优解.

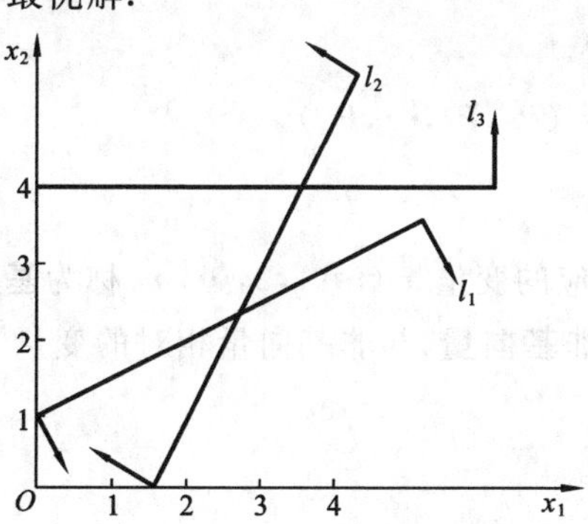

图1.4

从以上几个例子可以得出如下结论.

(1) 若(LP)问题有可行解，则可行域是一个凸多边形(或凸多面体)，它可能是有界的，也可能是无界的.

(2) 若(LP)问题有最优解，则最优解可能是唯一的，也可能是无穷多个.如果是唯一的，这个最优解一定在该凸多边形的某个顶点上；如果是无穷多个，那么这些最优解一定充满凸多边形的一条边界(包括此边界的两个端点).总之，如果(LP)问题有最优解，则这个最优解一定可以在凸多边形的顶点达到.

(3) 若(LP)问题有可行解，但是没有有限最优解，这时凸多边形是无界的；反之不一定成立(见例1.2.3).

(4) 若(LP)问题没有可行解,即可行解集是空集,则此问题没有最优解.

在实际应用中,当求解结果出现情况(3)或(4)时,一般应对数学模型进行认真检查,并作适当修改.前者缺乏必要的约束条件,可增加一些约束条件,使可行域变为有界的,再求解;后者是出现了矛盾的约束条件,应去掉一些互相矛盾的约束条件,再求极值.

后面将证明上述结论的正确性.

1.3 线性规划问题解的基本性质

1. 解的基本概念

在讨论线性规划问题的一般解法之前,先要了解线性规划问题解的概念及有关性质,由 1.1 节可知,线性规划问题的标准形式为

$$\max Z=\boldsymbol{CX}; \tag{1.19}$$

$$(\text{LP})\qquad \text{s.t.}\begin{cases}\boldsymbol{AX}=\boldsymbol{b}; & (1.20)\\ \boldsymbol{X}\geqslant \boldsymbol{0}. & (1.21)\end{cases}$$

其中,$\boldsymbol{C}=(c_1,c_2,\cdots,c_n)$为行向量;$\boldsymbol{X}=(x_1,x_2,\cdots,x_n)^{\mathrm{T}}$,$\boldsymbol{b}=(b_1,b_2,\cdots,b_m)^{\mathrm{T}}$ 均为列向量;$A=(a_{ij})_{mn}$为 $m\times n$ 矩阵;$\boldsymbol{b}\geqslant\boldsymbol{0}$,假设 $\boldsymbol{A}$ 的秩为 m,且只讨论 $m<n$ 的情形.

定义 1.3 在问题(LP)中,约束方程组(式(1.20))的系数矩阵 $\boldsymbol{A}$ 的任意一个 $m\times m$ 阶的非奇异的子方阵 $\boldsymbol{B}$(即$|\boldsymbol{B}|\neq 0$),称为线性规划问题的一个**基阵或基**.

这就是说,基矩阵 $\boldsymbol{B}$ 是由矩阵 $\boldsymbol{A}$ 中 m 个线性无关的列向量组成的.不失一般性,可假设

$$\boldsymbol{B}=\begin{bmatrix}a_{11} & a_{12} & \cdots & a_{1m}\\ a_{21} & a_{22} & \cdots & a_{2m}\\ \vdots & \vdots & & \vdots\\ a_{m1} & a_{m2} & \cdots & a_{mm}\end{bmatrix}=(\boldsymbol{P}_1,\boldsymbol{P}_2,\cdots,\boldsymbol{P}_m)$$

并称 $\boldsymbol{P}_i(i=1,2,\cdots,m)$为**基向量**,与基向量相对应的变量 $x_i(i=1,2,\cdots,m)$称为**基变量**;不在 $\boldsymbol{B}$ 中的列向量 $\boldsymbol{P}_j(j=m+1,\cdots,n)$称为**非基向量**,与非基向量相对的变量 $x_j(j=m+1,\cdots,n)$称为**非基变量**.并记

$$\boldsymbol{N}=\begin{bmatrix}a_{1m+1} & a_{1m+2} & \cdots & a_{1n}\\ a_{2m+1} & a_{2m+2} & \cdots & a_{2n}\\ \vdots & \vdots & & \vdots\\ a_{mm+1} & a_{mm+2} & \cdots & a_{mn}\end{bmatrix}=(\boldsymbol{P}_{m+1},\boldsymbol{P}_{m+2},\cdots,\boldsymbol{P}_n),$$

则系数矩阵 $\boldsymbol{A}$ 可以写成分块形式

$$\boldsymbol{A}=(\boldsymbol{B},\boldsymbol{N}) \tag{1.22}$$

将基变量和非基变量组成的向量分别记为

$$\boldsymbol{X}_B=(x_1,x_2,\cdots,x_m)^{\mathrm{T}},\quad \boldsymbol{X}_N=(x_{m+1},x_{m+2},\cdots,x_n)^{\mathrm{T}}$$

则向量 $\boldsymbol{X}$ 也可以写成分块形式

$$\boldsymbol{X}=\begin{pmatrix}\boldsymbol{X}_B\\ \boldsymbol{X}_N\end{pmatrix} \tag{1.23}$$

再将式(1.22)和式(1.23)代入约束方程组(式(1.20)),得$(\boldsymbol{B},\boldsymbol{N})\begin{pmatrix}\boldsymbol{X}_B\\ \boldsymbol{X}_N\end{pmatrix}=\boldsymbol{b}$. 由矩阵的乘法可得

$$\boldsymbol{B}\boldsymbol{X}_B+\boldsymbol{N}\boldsymbol{X}_N=\boldsymbol{b}.$$

又因为 $\boldsymbol{B}$ 是非奇异方阵,所以 $\boldsymbol{B}^{-1}$ 存在,将上式两边乘以 $\boldsymbol{B}^{-1}$,移项后得

$$\boldsymbol{X}_B=\boldsymbol{B}^{-1}\boldsymbol{b}-\boldsymbol{B}^{-1}\boldsymbol{N}\boldsymbol{X}_N. \tag{1.24}$$

现在可以把 $\boldsymbol{X}_N$ 看作一组自由变量(又称独立变量),给它们任意一组值 $\overline{\boldsymbol{X}}_N$,则由式(1.24)可得对应的 $\boldsymbol{X}_B$ 的一组值 $\overline{\boldsymbol{X}}_B$,于是

$$\overline{\boldsymbol{X}}=\begin{pmatrix}\overline{\boldsymbol{X}}_B\\ \overline{\boldsymbol{X}}_N\end{pmatrix}$$

这就是约束方程组(式(1.20))的一个解. 特别地,令 $\overline{\boldsymbol{X}}_N=\boldsymbol{0}$ 时,则 $\overline{\boldsymbol{X}}_B=\boldsymbol{B}^{-1}\boldsymbol{b}$,把约束方程组的这种特殊形式的解

$$\boldsymbol{X}=\begin{pmatrix}\boldsymbol{B}^{-1}\boldsymbol{b}\\ \boldsymbol{0}\end{pmatrix} \tag{1.25}$$

称为基本解. 具体定义如下.

定义 1.4 在约束方程组(式(1.20))中,对于选定的基 $\boldsymbol{B}$,令所有的非基变量等于零,即令 $\boldsymbol{X}_N=\boldsymbol{0}$,得到的解(式(1.25)),称为相应于基 $\boldsymbol{B}$ 的**基本解**.

因为基 $\boldsymbol{B}$ 是 $\boldsymbol{A}$ 的一个 $m\times m$ 阶的非奇异子方阵,即它的列是从 $\boldsymbol{A}$ 的 n 列中选出的线性无关的 m 列,其选法最多共有

$$C_n^m=\frac{n!}{m!(n-m)!}$$

种,故基的个数最多是 C_n^m 个,于是一个线性规划问题的基本解最多也是 C_n^m 个.

基本解满足约束方程组(式(1.20)),但不一定满足非负约束条件(式(1.21)). 于是又有下面的定义.

定义 1.5 在基本解(式(1.25))中,若

$$\boldsymbol{X}_B=\boldsymbol{B}^{-1}\boldsymbol{b}\geqslant\boldsymbol{0}, \tag{1.26}$$

则称此基本解为**基本可行解**,简称**基可行解**. 这时对应的基 $\boldsymbol{B}$ 称为**可行基**.

显然,一个线性规划问题的基可行解的个数最多也不会超过 C_n^m 个.

另外,由于矩阵 $\boldsymbol{A}$ 的秩为 m,故对于选定的基 $\boldsymbol{B}$,基变量共有 m 个,非基变量共有 $n-m$ 个. 这样在一个基本解中,取零值的变量就至少有 $n-m$ 个,而取非零值的变量最多就只有 m 个.

定义 1.6 在问题(LP)的一个基可行解中,如果它的所有的基变量都取正值(即

非零分量恰为 m 个),则称它是**非退化**的解;反之,如果有的基变量也取零值,则称它是**退化**的解.一个问题(LP),如果它的所有基可行解都是非退化的,就称该**问题是非退化**的,否则就称它是**退化**的.

下面通过两个例子来说明这些概念.

例 1.3.1 已知线性规划问题(例 1.1.1)

$$\max Z = 10x_1 + 18x_2;$$
$$\text{s.t.}\begin{cases}5x_1 + 2x_2 \leqslant 170;\\ 2x_1 + 3x_2 \leqslant 100;\\ x_1 + 5x_2 \leqslant 150;\\ x_1, x_2 \geqslant 0.\end{cases}$$

试求其基本解、基可行解,并判别是否是退化的.

解 如图 1.5 所示,可行域为 D. 先引入松弛变量 x_3、x_4、x_5 将问题化为标准形式:

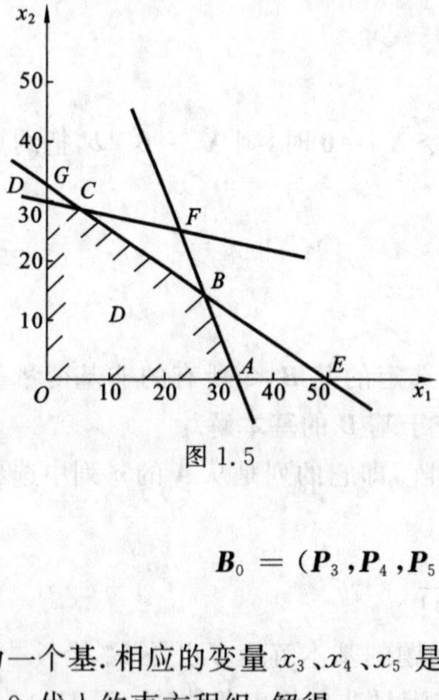

图 1.5

$$\max Z = 10x_1 + 18x_2;$$
$$\text{s.t.}\begin{cases}5x_1 + 2x_2 + x_3 = 170;\\ 2x_1 + 3x_2 + x_4 = 100;\\ x_1 + 5x_2 + x_5 = 150;\\ x_j \geqslant 0 \quad (j = 1, 2, \cdots, 5).\end{cases}$$

故约束方程组的系数矩阵

$$\boldsymbol{A} = \begin{bmatrix}5 & 2 & 1 & 0 & 0\\ 2 & 3 & 0 & 1 & 0\\ 1 & 5 & 0 & 0 & 1\end{bmatrix} = (\boldsymbol{P}_1, \boldsymbol{P}_2, \cdots, \boldsymbol{P}_5).$$

因为 $\boldsymbol{P}_3$、$\boldsymbol{P}_4$、$\boldsymbol{P}_5$ 线性无关,所以取

$$\boldsymbol{B}_0 = (\boldsymbol{P}_3, \boldsymbol{P}_4, \boldsymbol{P}_5) = \begin{bmatrix}1 & 0 & 0\\ 0 & 1 & 0\\ 0 & 0 & 1\end{bmatrix} = \boldsymbol{I}(\text{单位矩阵})$$

为一个基.相应的变量 x_3、x_4、x_5 是基变量,其余变量 x_1、x_2 是非基变量,令 $x_1 = x_2 = 0$,代入约束方程组,解得

$$x_3 = 170, \quad x_4 = 100, \quad x_5 = 150,$$

所以 $\boldsymbol{X}^{(0)} = (0, 0, 170, 100, 150)^{\mathrm{T}}$ 是对应于基 $\boldsymbol{B}_0$ 的一个基本解.由于它的基变量取值是非负的,因而也是基可行解,又由于它的基变量取值全为正,故此基可行解还是非退化的. $\boldsymbol{X}^{(0)}$ 对应于图 1.5 中的原点 $O(0,0)$.

又因为向量 $\boldsymbol{P}_1$、$\boldsymbol{P}_2$、$\boldsymbol{P}_3$ 也是线性无关的,所以

$$\boldsymbol{B}_1 = (\boldsymbol{P}_1, \boldsymbol{P}_2, \boldsymbol{P}_3) = \begin{bmatrix}5 & 2 & 1\\ 2 & 3 & 0\\ 1 & 5 & 0\end{bmatrix}$$

也是一个基.相应的变量 x_1、x_2、x_3 是基变量,其余变量 x_4、x_5 是非基变量.令

$x_4=x_5=0$，代入约束方程组求解 x_1、x_2、x_3，或者先求出

$$B_1^{-1}=\begin{bmatrix}0 & 5/7 & -3/7\\ 0 & -1/7 & 2/7\\ 1 & -23/7 & 11/7\end{bmatrix},$$

再由式(1.26)，得

$$X_{B_1}=B_1^{-1}b=\begin{bmatrix}0 & 5/7 & -3/7\\ 0 & -1/7 & 2/7\\ 1 & -23/7 & 11/7\end{bmatrix}\begin{bmatrix}170\\ 100\\ 150\end{bmatrix}=\begin{bmatrix}50/7\\ 200/7\\ 540/7\end{bmatrix},$$

所以

$$X^{(1)}=\left(\frac{50}{7},\frac{200}{7},\frac{540}{7},0,0\right)^{\mathrm{T}}$$

是对应于基 B_1 的一个基本解，且是非退化的基可行解. $X^{(1)}$ 对应于图 1.5 中的 C 点.

类似地可以求出其他的基本解，总数 $\leqslant C_5^3=5!/(3!\cdot 2!)=10$ 个. 由图 1.5 可以看出，基本解对应于图中的 O、A、B、C、D、E、F、G 及直线 l_1 和 l_3 与两坐标轴的交点(图中未画出)，而基可行解就是可行域 D(凸多边形)的顶点 O、A、B、C、D. 作为练习，请读者将其余的基本解和基可行解求出来，并通过比较各顶点处目标函数值的大小，求出最优解.

例 1.3.2 已知线性规划问题

$$\max Z=2x_1+x_2;$$

$$\text{s.t.}\begin{cases}x_1+x_2\leqslant 5;\\ -x_1+x_2\leqslant 0;\\ 6x_1+2x_2\leqslant 21;\\ x_1,x_2\geqslant 0.\end{cases}$$

试求其基本解、基可行解，并判别是否退化的?

解 引入松弛变量 x_3、x_4、x_5，将问题化为标准形式

$$\max Z=2x_1+x_2;$$

$$\text{s.t.}\begin{cases}x_1+x_2+x_3=5;\\ -x_1+x_2+x_4=0;\\ 6x_1+2x_2+x_5=21;\\ x_j\geqslant 0\quad (j=1,2,\cdots,5).\end{cases}$$

故约束方程组的系数矩阵为

$$A=\begin{bmatrix}1 & 1 & 1 & 0 & 0\\ -1 & 1 & 0 & 1 & 0\\ 6 & 2 & 0 & 0 & 1\end{bmatrix}=(P_1,P_2,\cdots,P_5),$$

取

$$B_0=(P_3,P_4,P_5)=I$$

为一个基,令 $x_1=x_2=0$,得基本解

$$X^{(0)}=(0,0,5,0,21)^{\mathrm{T}}.$$

它也是一个基可行解,但是是一个退化的解,因为其中有一个基变量 $x_4=0$.

还可以取

$$B_1=(P_1,P_2,P_3)=\begin{bmatrix}1&1&1\\-1&1&0\\6&2&0\end{bmatrix}$$

为基,令 $x_4=x_5=0$,得

$$X_{B_1}=B_1^{-1}b=\begin{pmatrix}0&-1/4&1/8\\0&3/4&1/8\\1&-1/2&-1/4\end{pmatrix}\begin{pmatrix}5\\0\\21\end{pmatrix}=\begin{pmatrix}21/8\\21/8\\-1/4\end{pmatrix}.$$

所以

$$X^{(1)}=\left(\frac{21}{8},\frac{21}{8},-\frac{1}{4},0,0\right)^{\mathrm{T}}$$

是对应于基 B_1 的一个基本解,因其中有 $x_3=-\dfrac{1}{4}<0$,故不是基可行解,但是一个非退化的解.例 1.3.2 中基阵、基本解、基本可行解以及可行域顶点之间的对应关系,如表 1.12 和图 1.6 所示.

表 1.12

基阵 B	基变量 X_B	基本解 X	可行域的顶点	是否基可行解	是否退化的解
(P_3,P_4,P_5)	(x_3,x_4,x_5)	$X^{(0)}=(0,0,5,0,21)^{\mathrm{T}}$	$O(0,0)$	√	√
(P_1,P_3,P_4)	(x_1,x_3,x_4)	$X^{(1)}=\left(\frac{7}{2},0,\frac{3}{2},\frac{7}{2},0\right)^{\mathrm{T}}$	$A\left(\frac{7}{2},0\right)$	√	×
(P_1,P_2,P_4)	(x_1,x_2,x_4)	$X^{(2)}=\left(\frac{11}{4},\frac{9}{4},0,\frac{1}{2},0\right)^{\mathrm{T}}$	$B\left(\frac{11}{4},\frac{9}{4}\right)$	√	×
(P_1,P_2,P_5)	(x_1,x_2,x_5)	$X^{(3)}=\left(\frac{5}{2},\frac{5}{2},0,0,1\right)^{\mathrm{T}}$	$C\left(\frac{5}{2},\frac{5}{2}\right)$	√	×
(P_1,P_4,P_5)	(x_1,x_4,x_5)	$X^{(4)}=(5,0,0,5,-9)^{\mathrm{T}}$	$D(5,0)$	×	×
(P_2,P_4,P_5)	(x_2,x_4,x_5)	$X^{(5)}=(0,5,0,-5,1)^{\mathrm{T}}$	$E(0,5)$	×	×
(P_2,P_3,P_4)	(x_2,x_3,x_4)	$X^{(6)}=\left(0,\frac{21}{2},-\frac{11}{2},-\frac{21}{2},0\right)^{\mathrm{T}}$	$F\left(0,\frac{21}{2}\right)$	×	×
(P_1,P_2,P_3)	(x_1,x_2,x_3)	$X^{(7)}=\left(\frac{21}{8},\frac{21}{8},-\frac{1}{4},0,0\right)^{\mathrm{T}}$	$G\left(\frac{21}{8},\frac{21}{8}\right)$	×	×
(P_2,P_3,P_5)	(x_2,x_3,x_5)	$X^{(8)}=(0,0,5,0,21)^{\mathrm{T}}$	$O(0,0)$	√	√
(P_1,P_3,P_5)	(x_1,x_3,x_5)	$X^{(9)}=(0,0,5,0,21)^{\mathrm{T}}$	$O(0,0)$	√	√

由表1.12可知最优解为

$$X^* = X^{(2)} = \left(\frac{11}{4}, \frac{9}{4}, 0, \frac{1}{2}, 0\right)^{\mathrm{T}}$$

最优值为

$$Z^* = \frac{31}{4}$$

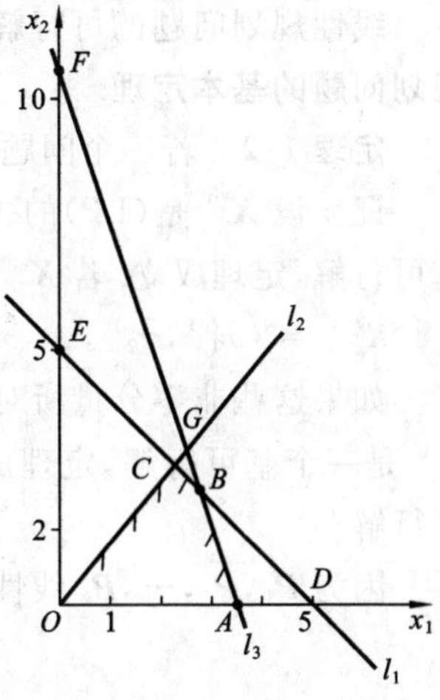

图 1.6

由此例可以看出：

(1) 线性规划问题的每个基本解都是原问题两个边界约束方程(包括两个坐标轴)的交点.

(2) 每个基本可行解对应于可行域的一个顶点.

(3) 相邻的顶点共享一个边界约束方程.

(4) 相邻顶点对应的基阵中只有一个基向量不同，其余的基向量相同.

下面将会证明，一般的线性规划问题(m 个约束条件，n 个决策变量)都有类似的特性：

(1) 每个基可行解对应于可行域的顶点.

(2) 可行域中相邻的两个顶点对应的基阵中只有一个基向量不同，其余的 $m-1$ 个基向量相同.

2. 解的基本性质

我们先给出判别可行解是否为基可行解的准则.

定理 1.1 问题(LP)的可行解 $\bar{X}$ 是基可行解的充要条件是它的非零分量所对应的列向量线性无关.

证 若 $\bar{X}=\mathbf{0}$，则定理成立；否则，若 $\bar{X}\neq\mathbf{0}$，不妨设 $\bar{X}$ 的前 k 个分量为非零分量(即正分量)：

$$\bar{X} = (\bar{x}_1, \bar{x}_2, \cdots, \bar{x}_k, 0, \cdots, 0)^{\mathrm{T}}, \quad \bar{x}_j > 0 \quad (j = 1, 2, \cdots, k).$$

先证必要性. 若 $\bar{X}$ 是基可行解，则它的非零分量必定是基变量，它们所对应的列向量 P_1、P_2、…、P_k 是基向量，故必线性无关.

再证充分性. 若 $P_1, P_2, \cdots, P_k$ 线性无关，则必有 $k\leqslant m$，由于 $\bar{X}$ 是(LP)的可行解，即 $A\bar{X}=\boldsymbol{b}, \bar{X}\geqslant\mathbf{0}$，故

$$\sum_{j=1}^{k} P_j \bar{x}_j = \boldsymbol{b}.$$

若 $k=m$，则 $B=(P_1, P_2, \cdots, P_k)$ 就是一个基，$\bar{X}$ 为与 B 相对应的基可行解，定理成立；若 $k<m$，则一定可以从其余的 $n-k$ 个列向量中再挑出 $m-k$ 个，设为 $P_{k+1}, P_{k+2}, \cdots, P_m$，使

$$P_1, P_2, \cdots, P_k, P_{k+1}, \cdots, P_m$$

构成基 B，易知 $\bar{X}$ 为相应于 B 的基可行解，定理也成立. 证毕.

线性规划问题的可行解、基可行解和最优解之间有下列关系，通常称它们为**线性规划问题的基本定理**.

定理 1.2 若一个问题(LP)有可行解，则它必有基可行解.

证 设 $\boldsymbol{X}^{(0)}$ 是(LP)的一个可行解，若 $\boldsymbol{X}^{(0)}=\boldsymbol{0}$，则由定理 1.1 知它是(LP)的一个基可行解，定理成立. 若 $\boldsymbol{X}^{(0)}\neq\boldsymbol{0}$，不妨设 $\boldsymbol{X}^{(0)}$ 的前 k 个分量为非零分量(即正分量)：

$$\boldsymbol{X}^{(0)}=(x_1^{(0)},x_2^{(0)},\cdots,x_k^{(0)},0,\cdots,0)^{\mathrm{T}},\quad x_j^{(0)}>0\quad(j=1,2,\cdots,k;k\leqslant m).$$

如果这些非零分量所对应的列向量 $\boldsymbol{P}_1,\boldsymbol{P}_2,\cdots,\boldsymbol{P}_k$ 线性无关，则由定理 1.1 可知，$\boldsymbol{X}^{(0)}$ 是一个基可行解，定理成立. 否则，可证明：从 $\boldsymbol{X}^{(0)}$ 出发，必可找到(LP)的一个基可行解.

因为 $\boldsymbol{P}_1,\boldsymbol{P}_2,\cdots,\boldsymbol{P}_k$ 线性相关，即存在不全为零的数 $\delta_1,\delta_2,\cdots,\delta_k$，使得

$$\sum_{j=1}^{k}\delta_j\boldsymbol{P}_j=\boldsymbol{0}. \tag{1.27}$$

假定有 $\delta_i\neq0$，取

$$\varepsilon=\min\left\{\frac{x_i^{(0)}}{|\delta_i|}\,\middle|\,\delta_i\neq0\right\}. \tag{1.28}$$

则

$$\boldsymbol{X}^{(1)}=\boldsymbol{X}^{(0)}+\varepsilon\boldsymbol{\delta},\boldsymbol{X}^{(2)}=\boldsymbol{X}^{(0)}-\varepsilon\boldsymbol{\delta},$$

其中

$$\boldsymbol{\delta}=(\delta_1,\delta_2,\cdots,\delta_k,0,\cdots,0)^{\mathrm{T}}.$$

由式(1.28)可知，必有

$$x_j^{(0)}\pm\varepsilon\delta_j\geqslant0\quad(j=1,2,\cdots,n), \tag{1.29}$$

即 $\boldsymbol{X}^{(1)}\geqslant\boldsymbol{0},\boldsymbol{X}^{(2)}\geqslant\boldsymbol{0}$. 又因为由式(1.27)可知

$$\sum_{j=1}^{n}(x_j^{(0)}\pm\varepsilon\delta_j)\boldsymbol{P}_j=\sum_{j=1}^{n}x_j^{(0)}\boldsymbol{P}_j\pm\varepsilon\sum_{j=1}^{n}\delta_j\boldsymbol{P}_j=\boldsymbol{b},$$

故有 $\boldsymbol{A}\boldsymbol{X}^{(1)}=\boldsymbol{b},\boldsymbol{A}\boldsymbol{X}^{(2)}=\boldsymbol{b}$. 所以 $\boldsymbol{X}^{(1)},\boldsymbol{X}^{(2)}$ 是(LP)的两个可行解.

再由 ε 的取法可知，在式(1.29)中，至少有一个等于零，于是所作的可行解 $\boldsymbol{X}^{(1)}$ 或 $\boldsymbol{X}^{(2)}$ 中，它的非零分量的个数至少比 $\boldsymbol{X}^{(0)}$ 的减少 1. 如果这些非零分量所对应的列向量线性无关，则 $\boldsymbol{X}^{(1)}$ 或 $\boldsymbol{X}^{(2)}$ 为基可行解，定理成立.

否则，我们又可以从 $\boldsymbol{X}^{(1)}$ 或 $\boldsymbol{X}^{(2)}$ 出发，重复上述步骤，再构造一个新的可行解 $\boldsymbol{X}^{(3)}$ 或 $\boldsymbol{X}^{(4)}$，使它的非零分量的个数继续减少. 这样经过有限次重复之后，必可找到一个可行解 $\boldsymbol{X}^{(l)}$ 或 $\boldsymbol{X}^{(l+1)}$，使它的非零分量对应的列向量线性无关(因为在最坏的情况下，只有一个非零分量时，对应的只有一个非零的列向量，它必然是线性无关的)，故 $\boldsymbol{X}^{(l)}$ 或 $\boldsymbol{X}^{(l+1)}$ 必为基可行解. 证毕.

定理 1.3 若问题(LP)有最优解，则一定存在一个基可行解是它的最优解.

证 设 $\boldsymbol{X}^*=(x_1^*,x_2^*,\cdots,x_n^*)^{\mathrm{T}}$ 是(LP)的一个最优解，如果 $\boldsymbol{X}^*$ 是基可行解，则定理成立. 否则，如果 $\boldsymbol{X}^*$ 不是基本解(但仍是可行解)，则根据定理 1.2 的证明方法，

可以构造两个可行解

$$\boldsymbol{X}^{(1)}=\boldsymbol{X}^{*}+\varepsilon\boldsymbol{\delta},\quad \boldsymbol{X}^{(2)}=\boldsymbol{X}^{*}-\varepsilon\boldsymbol{\delta},$$

它的非零分量的个数比 $\boldsymbol{X}^{*}$ 的减少,且有

$$\boldsymbol{C}\boldsymbol{X}^{(1)}=\boldsymbol{C}\boldsymbol{X}^{*}+\varepsilon\boldsymbol{C}\boldsymbol{\delta},\quad \boldsymbol{C}\boldsymbol{X}^{(2)}=\boldsymbol{C}\boldsymbol{X}^{*}-\varepsilon\boldsymbol{C}\boldsymbol{\delta}. \tag{1.30}$$

又因为 X^{*} 是最优解,故有

$$\boldsymbol{C}\boldsymbol{X}^{*}\geqslant\boldsymbol{C}\boldsymbol{X}^{(1)},\quad \boldsymbol{C}\boldsymbol{X}^{*}\geqslant\boldsymbol{C}\boldsymbol{X}^{(2)}. \tag{1.31}$$

由式(1.30)和式(1.31)可知,必有 $\varepsilon\boldsymbol{C}\boldsymbol{\delta}=0$,故 $\boldsymbol{C}\boldsymbol{X}^{(1)}=\boldsymbol{C}\boldsymbol{X}^{(2)}=\boldsymbol{C}\boldsymbol{X}^{*}$,即 $\boldsymbol{X}^{(1)}$ 和 $\boldsymbol{X}^{(2)}$ 仍为最优解.

如果 $\boldsymbol{X}^{(1)}$ 或 $\boldsymbol{X}^{(2)}$ 是基可行解,则定理成立.否则,重复上述步骤,继续构造新的可行解,至多经过有限步,必可找到一个基可行解 $\boldsymbol{X}^{(l)}$ 或 $\boldsymbol{X}^{(l+1)}$,使得

$$\boldsymbol{C}\boldsymbol{X}^{(l)}=\boldsymbol{C}\boldsymbol{X}^{*}\quad\text{或}\quad\boldsymbol{C}\boldsymbol{X}^{(l+1)}=\boldsymbol{C}\boldsymbol{X}^{*},$$

即得到一个基可行解 $\boldsymbol{X}^{(l)}$ 或 $\boldsymbol{X}^{(l+1)}$ 为最优解.证毕.

例 1.3.3 在线性规划问题

$$\max Z=x_2-3x_4;$$

$$\text{s.t.}\begin{cases}-x_1+3x_2\qquad+6x_4\qquad=18;\\ \qquad 2x_2+x_3+3x_4\qquad=24;\\ \qquad x_2\qquad-x_4+x_5=4;\\ x_j\geqslant 0\quad(j=1,2,\cdots,5).\end{cases}$$

中,不难验证 $\boldsymbol{X}^{(0)}=(15,5,5,3,2)^{\mathrm{T}}$ 是一个可行解,但不是基本解(因其中没有零分量);$\boldsymbol{X}^{(1)}=(-18,0,24,0,4)^{\mathrm{T}}$ 是一个基本解,但不是可行解(因其中有负分量);$\boldsymbol{X}^{(2)}=(0,0,15,3,7)^{\mathrm{T}}$ 是一个非退化的基可行解;最优解是

$$\boldsymbol{X}^{*}=\left(0,\frac{14}{3},\frac{38}{3},\frac{2}{3},0\right)^{\mathrm{T}}.$$

它也是一个非退化的基可行解,最优值

$$Z^{*}=\frac{14}{3}-3\times\frac{2}{3}=\frac{8}{3}.$$

1.4　线性规划问题解的几何意义

在线性规划的图解法中,我们已经看到,如果一个线性规划问题有最优解,则这个最优解一定可以在可行域的顶点上达到.而1.3节的定理1.3又指出,如果线性规划问题有最优解,则一定存在一个基可行解是最优解.可见,线性规划问题的基可行解与可行域的顶点是相对应的,为了证明这一点,我们先介绍凸集和极点的概念.

定义 1.7 设集合 $C\subseteq E^{n}$(E^{n} 表示 n 维欧氏空间),若对于任意的 $\boldsymbol{X}^{(1)},\boldsymbol{X}^{(2)}\in C$ 及实数 $\lambda\in[0,1]$,都有

$$\lambda \boldsymbol{X}^{(1)} + (1-\lambda)\boldsymbol{X}^{(2)} \in C$$

则称 C 是一个**凸集**. 这里,$\lambda \boldsymbol{X}^{(1)} + (1-\lambda)\boldsymbol{X}^{(2)}$ 称为 $\boldsymbol{X}^{(1)}$ 和 $\boldsymbol{X}^{(2)}$ 的**凸组合**.

凸集的几何意义是:若以集合中任意两点为端点的线段仍在该集合中,则称该集合为凸集. 如图 1.7 所示:(a)和(b)为凸集,(c)和(d)为非凸集.

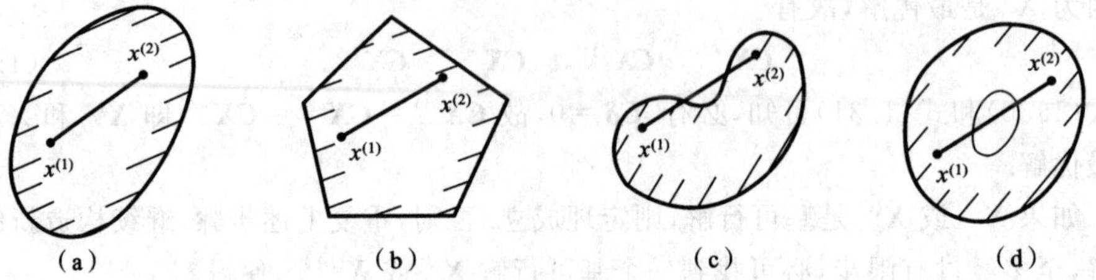

图 1.7

例如,实心圆、实心球体、实心立方体等都是凸集,圆周上所有点的集合不是凸集. 我们还规定,空集 $\varnothing$ 为凸集.

定理 1.4 问题(LP)的可行解集

$$D = \{\boldsymbol{X} \mid \boldsymbol{AX} = \boldsymbol{b}, \boldsymbol{X} \geqslant \boldsymbol{0}\}$$

是凸集.

证 任取 $\boldsymbol{X}^{(1)}, \boldsymbol{X}^{(2)} \in D$ 及 $\lambda \in [0,1]$,考虑

$$\boldsymbol{X} = \lambda \boldsymbol{X}^{(1)} + (1-\lambda)\boldsymbol{X}^{(2)}$$

由于 $\boldsymbol{X}^{(1)}, \boldsymbol{X}^{(2)} \geqslant \boldsymbol{0}$ 及 $0 \leqslant \lambda \leqslant 1$,故必有 $\boldsymbol{X} \geqslant \boldsymbol{0}$. 又由于 $A\boldsymbol{X}^{(1)} = \boldsymbol{b}, A\boldsymbol{X}^{(2)} = \boldsymbol{b}$,故

$$A\boldsymbol{X} = A[\lambda \boldsymbol{X}^{(1)} + (1-\lambda)\boldsymbol{X}^{(2)}] = \lambda A\boldsymbol{X}^{(1)} + (1-\lambda)A\boldsymbol{X}^{(2)} = \boldsymbol{b},$$

所以 $\boldsymbol{X} \in D$,于是 D 是凸集. 证毕.

定义 1.8 设 $C \subset E^n$ 是一个凸集,$\boldsymbol{X}^{(0)} \in C$,若 C 中不存在任意相异的两点 $\boldsymbol{X}^{(1)}$, $\boldsymbol{X}^{(2)}(\boldsymbol{X}^{(1)} \neq \boldsymbol{X}^{(2)})$ 使得

$$\boldsymbol{X}^{(0)} = \lambda \boldsymbol{X}^{(1)} + (1-\lambda)\boldsymbol{X}^{(2)},$$

其中 $\lambda \in [0,1]$,则称 $\boldsymbol{X}^{(0)}$ 是 C 的一个**极点(或顶点)**.

换句话说,设 $\boldsymbol{X}^{(0)} \in C$,若对于任意 $\boldsymbol{X}^{(1)}, \boldsymbol{X}^{(2)} \in C$ 及 $\lambda \in [0,1]$,有

$$\boldsymbol{X}^{(0)} = \lambda \boldsymbol{X}^{(1)} + (1-\lambda)\boldsymbol{X}^{(1)},$$

必有 $\boldsymbol{X}^{(0)} = \boldsymbol{X}^{(1)} = \boldsymbol{X}^{(2)}$,则称 $\boldsymbol{X}^{(0)}$ 为 C 的**极点**.

例如,实心圆周上的点、实心球面上的点、凸多边形的顶点都是极点.

定理 1.5 (极点与基可行解的等价性定理)设问题(LP)的可行解集为 D, $\boldsymbol{X}^{(0)} \in D$,则 $\boldsymbol{X}^{(0)}$ 是 D 的极点的充分必要条件是 $\boldsymbol{X}^{(0)}$ 为(LP)的基可行解.

证 必要性 用反证法. 设 $\boldsymbol{X}^{(0)}$ 是 D 的极点,但不是(LP)的基可行解,不妨设 $\boldsymbol{X}^{(0)}$ 的非零分量为 $x_1^{(0)}, x_2^{(0)}, \cdots, x_k^{(0)} (k \leqslant m)$,它对应的列向量为 $\boldsymbol{P}_1, \boldsymbol{P}_2, \cdots, \boldsymbol{P}_k$,则由定理 1.1 可知它们必线性相关,即存在不全为零的数 $\delta_1, \delta_2, \cdots, \delta_k$,使得

$$\sum_{j=1}^{k} \delta_j \boldsymbol{P}_j = \boldsymbol{0}$$

仿照定理1.2的证法,可以构造出(LP)的两个不同的可行解

$$\boldsymbol{X}^{(1)}=\boldsymbol{X}^{(0)}+\varepsilon\boldsymbol{\delta},\quad \boldsymbol{X}^{(2)}=\boldsymbol{X}^{(0)}-\varepsilon\boldsymbol{\delta},$$

其中 $\boldsymbol{\delta}=(\delta_1,\delta_2,\cdots,\delta_k,0,\cdots,0)^{\mathrm{T}}$,于是有

$$\boldsymbol{X}^{(0)}=\frac{1}{2}\boldsymbol{X}^{(1)}+\frac{1}{2}\boldsymbol{X}^{(2)}.$$

从而 $\boldsymbol{X}^{(0)}$ 不是 D 的极点,与假设矛盾.

充分性 仍用反证法.设 $\boldsymbol{X}^{(0)}$ 是(LP)的基可行解,但不是 D 的极点,则在 D 中可以找到相异的两点

$$\boldsymbol{X}^{(1)}=(x_1^{(1)},x_2^{(1)},\cdots,x_n^{(1)})^{\mathrm{T}},\quad \boldsymbol{X}^{(2)}=(x_1^{(2)},x_2^{(2)},\cdots,x_n^{(2)})^{\mathrm{T}}\quad (\boldsymbol{X}^{(1)}\neq\boldsymbol{X}^{(2)}),$$

使得

$$\boldsymbol{X}^{(0)}=\lambda\boldsymbol{X}^{(1)}+(1-\lambda)\boldsymbol{X}^{(2)},\quad \lambda\in[0,1].$$

由于 $\boldsymbol{X}^{(0)},\boldsymbol{X}^{(1)},\boldsymbol{X}^{(2)}\geqslant 0$,且 $0\leqslant\lambda\leqslant 1$,则上式表明当 $\boldsymbol{X}^{(0)}$ 的某个分量为零时,$\boldsymbol{X}^{(1)}$、$\boldsymbol{X}^{(2)}$ 的相应分量也必为零,即当 $j>k$ 时,有 $x_j^{(0)}=x_j^{(1)}=x_j^{(2)}=0$,于是

$$\sum_{j=1}^{k}\boldsymbol{P}_j x_j^{(1)}=\boldsymbol{b},\quad \sum_{j=1}^{k}\boldsymbol{P}_j x_j^{(2)}=\boldsymbol{b},$$

将上两式相减,得

$$\sum_{j=1}^{k}\boldsymbol{P}_j(x_j^{(1)}-x_j^{(2)})=0.$$

由于 $\boldsymbol{X}^{(1)}\neq\boldsymbol{X}^{(2)}$,所以上式中 $\boldsymbol{P}_j$ 的系数不全为零,故向量 $\boldsymbol{P}_1,\boldsymbol{P}_2,\cdots,\boldsymbol{P}_k$ 线性相关,这与 $\boldsymbol{X}^{(0)}$ 是基可行解的假设矛盾.证毕.

根据定理1.3和定理1.5,显然可以得出如下结论:

推论1.1 若问题(LP)的可行域有界,则此问题的最优解一定可以在其可行域 D 的极点(或顶点)上达到.

定理1.6 设问题(LP)在多个顶点 $X^{(1)},X^{(2)},\cdots,X^{(k)}$ 处达到最优,则

$$\boldsymbol{X}^{*}=\sum_{i=1}^{k}\lambda_i X^{(i)},\quad \lambda_i\geqslant 0,\sum_{i=1}^{k}\lambda_i=1. \tag{1.32}$$

也是(LP)的最优解.

证 设目标函数的最优值为 Z^*,则由假设有

$$CX^{(i)}=Z^*\quad (i=1,2,\cdots,k).$$

由式(1.32)可知,有

$$CX^*=C\sum_{i=1}^{k}\lambda_i X^{(i)}=\sum_{i=1}^{k}\lambda_i CX^{(i)}=\sum_{i=1}^{k}\lambda_i Z^*=Z^*.$$

故 X^* 是(LP)的最优解.证毕.

由式(1.32)确定的 X^* 称为 $X^{(1)},X^{(2)},\cdots,X^{(k)}$ 的凸组合.

定理1.6说明,若问题(LP)有两个或多于两个的最优解,则它就有无穷多个最优解.另外,若问题(LP)的可行域无界,则可能无有限最优解,也可能有有限最优解.若有有限最优解,则必可在可行域的某个顶点上达到.

根据上述讨论,我们可以得出如下结论:

(1) 若问题(LP)有可行解,则可行解集 D 是一个凸集,该凸集可能是有界的,也可能是无界的,它有有限个极点.

(2) 问题(LP)的每一个基可行解都对应于可行解集的一个极点.若(LP)有最优解,则此最优解必可在基可行解(若极点)上达到;若(LP)有两个或多个最优解,则它们的凸组合也是(LP)的最优解,即有无穷多个最优解.

(3) 问题(LP)的基可行解的个数是有限的,即可行域形成的凸集的极点个数是有的,如果有 n 个变量,m 个约束方程($m<n$),约束系数矩阵的秩为 m,则基可行解(或极点)不会超过 C_n^m 个.

上述性质告诉我们,求解问题(LP),只需在基可行解的集合中进行搜索,然而要求出并比较所有的基可行解的方法通常是不切实际的,因为基可行解的个数尽管有限,但当 m 和 n 增大时,C_n^m 这个数增加也是很快的.下一章我们将介绍如何按一定的规则,在基可行解集的一个子集合上去搜索最优解,这就是单纯形法.

习 题 1

1.1 按下列各题的要求,建立线性规划模型:

(1)某厂生产 A、B 两种产品,都需要经过Ⅰ、Ⅱ两道工序加工,每件产品在每道工序加工的机时、每道工序可供利用的机时及每件产品可获得的利润如表 1.13 所示.问如何安排生产计划,才能使获得的总利润最大?

表 1.13

工序 \ 机时消耗 \ 产品	A	B	可利用机时
Ⅰ	7	6	42
Ⅱ	4	2	16
单件利润	550	200	

表 1.14

产品	材料单耗	机时单耗	单件利润/元
A	1.0	2.0	10
B	1.5	1.2	14
C	4.0	1.0	12
资源限量	2000	1000	

(2) 某厂生产 A、B、C 三种产品,每件产品消耗的原材料、机械台时数、资源限量及单件产品的利润如表 1.14 所示.

根据需求,三种产品的最低月需要量分别为 200、250 和 100 件.又根据销售部门预测,这三种产品的最大月销售量分别为 250、280 和 120 件,试制定使总利润最大的生产计划.

(3) 某厂想要把具有下列成分(见表 1.15)的几种合金混合起来,合成一种含铅 30%、锌 20%、锡 50%的新合金.问应当按怎样的比例来混合这些合金,才能使总费用最省?

(4) 某建筑工地有一批长为 10m 的钢筋(型号相同),今要截成长度为 3m 的钢筋 90 根,长度为 4m 的钢筋 60 根.问如何下料,才能使所用的原材料最省?

(5) 某医院每天至少需要配备下列数量(见表 1.16)的护理人员.

表 1.15

成分＼合金	1	2	3	4	5
含铅/(%)	30	10	50	10	50
含锌/(%)	60	20	20	10	10
含锡/(%)	10	70	30	80	40
费用/(元/kg)	8.5	6.0	8.9	5.7	8.8

表 1.16

班 次	时 间	最少人数
1	6：00—10：00	60
2	10：00—14：00	70
3	14：00—18：00	60
4	18：00—22：00	50
5	22：00—2：00	20
6	2：00—6：00	30

每班的护士在轮值班开始时向病房报到，连续工作 8 小时，第 6 班上的连第 1 班. 问如何安排，既满足要求，又使总的上班人数最少？

(6) 用长 8m 的角钢切割钢窗用料. 每副钢窗含长 1.5m 的料 2 根，1.45m 的 2 根，1.3m 的 6 根，0.35m 的 12 根. 若需钢窗用料 100 副，问最少需切割 8m 长的角钢多少根？

(7) 某厂生产Ⅰ、Ⅱ、Ⅲ等三种产品. 产品Ⅰ依次经 A、B 设备加工，产品Ⅱ经 A、C 设备加工，产品Ⅲ经 B、C 设备加工，已知有关数据如表 1.17 所示. 试制订一个最优生产计划.

表 1.17

产 品	机器生产率/(件/小时)			原料成本/元	产品价格/元
	A	B	C		
Ⅰ	10	20		15	50
Ⅱ	20		5	25	100
Ⅲ		10	20	10	45
成本/(元/小时)	200	100	200		
可用机时	50	45	60		

(8) 某厂接到生产 A、B 两种产品的合同，产品 A 需 200 件，产品 B 需 300 件. 这两种产品的生产都要经过毛坯制造与机械加工两个工艺阶段. 在毛坯制造阶段，产品 A 每件需 2 小时，产品 B 每件需 4 小时. 机械加工又分粗加工和精加工两道工序，每件产品 A 需粗加工 4 小时，精加工 10 小时；每件产品 B 需粗加工 7 小时，精加工 12 小时. 若毛坯生产阶段能力为 1700 小时，粗加工设备拥有能力为 1000 小时，精加工设备拥有能力为 3000 小时，又加工费用在毛坯、粗加工、精加工时分别为每小时 3 元、3 元、2 元. 此外在粗加工阶段允许设备可进行 500 小时的加班生产，但加班生产时间内每小时增加额外成本 4.5 元. 试根据以上资料，为该厂制订一个成本最低的生产计划.

1.2 将下列线性规划问题化为标准形式：

(1) $\min Z=-3x_1+4x_2-2x_3+5x_4$；

$$\text{s.t.}\begin{cases}4x_1-x_2+2x_3-x_4=-2;\\ x_1+x_2+3x_3-x_4\leqslant 14;\\ -2x_1+3x_2-x_3+2x_4\geqslant 2;\\ x_1,x_2,x_3\geqslant 0,x_4\ \text{无约束}.\end{cases}$$

(2) $\min Z=2x_1-x_2+3x_3$；

$$\text{s.t.}\begin{cases}-x_1+2x_2+x_3=4;\\ 5x_1+x_2-3x_3\leqslant 6;\\ x_1\leqslant 0,x_2\geqslant 0,x_3\ \text{无约束}.\end{cases}$$

1.3 用图解法求解下列线性规划问题，并指出各问题是具有唯一最优解、无穷多最优解、无界解或无可行解中的哪一种.

(1) $\max Z=2x_1+x_2$;

$$\text{s. t.}\begin{cases}2x_1+5x_2\leqslant 60;\\x_1+x_2\leqslant 18;\\3x_1+x_2\leqslant 44;\\x_2\leqslant 10;\\x_1,x_2\geqslant 0.\end{cases}$$

(2) $\max Z=5x_1+10x_2$;

$$\text{s. t.}\begin{cases}-x_1+2x_2\leqslant 25;\\x_1+x_2\leqslant 20;\\5x_1+3x_2\leqslant 75;\\x_1,x_2\geqslant 0.\end{cases}$$

(3) 在(1)中,约束条件不变,目标函数改为 $\max Z=2x_1+5x_2$.

(4) $\max Z=4x_1+3x_2$;

$$\text{s. t.}\begin{cases}2x_1+x_2\geqslant 10;\\-3x_1+2x_2\leqslant 6;\\x_1+x_2\geqslant 6;\\x_1,x_2\geqslant 0.\end{cases}$$

(5) $\max Z=4x_1+8x_2$;

$$\text{s. t.}\begin{cases}2x_1+2x_2\leqslant 10;\\-x_1+x_2\geqslant 8;\\x_1,x_2\geqslant 0.\end{cases}$$

(6) 在(4)中,约束条件不变,目标函数改为 $\min Z=4x_1+3x_2$.

1.4 在下列线性规划问题中,找出所有的基本解,指出哪些是基可行解,并分别代入目标函数,通过比较找出最优解.用图解法加以说明.

(1) $\max Z=3x_1+2x_2$;

$$\text{s. t.}\begin{cases}2x_1+x_2\leqslant 6;\\x_1+2x_2\leqslant 6;\\x_1,x_2\geqslant 0.\end{cases}$$

(2) $\max Z=5x_1+10x_2$;

$$\text{s. t.}\begin{cases}-x_1+2x_2\leqslant 25;\\x_1+x_2\leqslant 20;\\5x_1+3x_2\leqslant 75;\\x_1,x_2\geqslant 0.\end{cases}$$

1.5 判断下列集合是否为凸集:

(1) $A=\{(x_1,x_2)\mid x_1x_2\geqslant 30,x_1\geqslant 0,x_2\geqslant 0\}$;

(2) $B=\{(x_1,x_2)\mid x_2-3\leqslant x_1^2,x_1\geqslant 0,x_2\geqslant 0\}$;

(3) $C=\{(x_1,x_2)\mid x_1^2+x_2^2\leqslant 1\}$.

1.6 若 $\boldsymbol{X}^{(1)}$ 及 $\boldsymbol{X}^{(2)}$ 同时为某线性规划问题的最优解,证明在这两点连线上的所有点也是该线性规划问题的最优解.

1.7 给定线性规划问题

$$\max Z=2x_1+3x_2;$$

$$\text{s. t.}\begin{cases}x_1+x_2\leqslant 2;\\4x_1+6x_2\leqslant 9;\\x_1,x_2\geqslant 0.\end{cases}$$

(1) 指出两个最优顶点及其最优值.

(2) 指出它的全部最优解的集合.

1.8 设某线性规划问题的约束系数矩阵 A 和右端常数向量 $\boldsymbol{b}$ 分别为

$$\boldsymbol{A}=\begin{pmatrix}1&0&3&5&6\\2&1&4&1&3\\3&1&2&0&4\end{pmatrix},\quad \boldsymbol{b}=\begin{pmatrix}1\\4\\2\end{pmatrix}.$$

试问 x_1、x_3、x_5 所对应的列向量能否构成基?若能,写出 $\boldsymbol{B}$、$\boldsymbol{N}$,并求出 $\boldsymbol{B}$ 所对应的基本解.

1.9　画出集合 $G=\{(x_1,x_2)\mid -3x_1+2x_2\leqslant 6, x_1\geqslant 0, x_2\geqslant 0\}$ 的图形，说明它是否为凸集，有无极点.若有极点，写出其坐标.

1.10　画出集合 $G=\{(x_1,x_2)\mid (x_1-1)^2+(x_2-1)^2\leqslant 1\}$ 的图形，说明它是否为凸集，有无极点.若有极点，指出哪些点是极点.

1.11　已知某线性规划问题的约束条件为

$$\begin{cases} 2x_1+x_2-x_3 = 25; \\ x_1+3x_2-x_4 = 30; \\ 4x_1+7x_2-x_3-2x_4-x_5 = 85; \\ x_j\geqslant 0 \quad (j=1,2,\cdots,5). \end{cases}$$

判断下列各点是否为该线性规划问题可行域的凸集的顶点：

(1) $\boldsymbol{X}^{(1)}=(5,15,0,20,0)^{\mathrm{T}}$；(2) $\boldsymbol{X}^{(2)}=(9,7,0,0,8)^{\mathrm{T}}$；(3) $\boldsymbol{X}^{(3)}=(15,5,10,0,0)^{\mathrm{T}}$.

第2章　单纯形法

单纯形法(simplex algorithm)是求解线性规划问题的基本方法之一,它是美国学者丹捷格(G. B. Dantzig)在1947年提出来的,1953年,他又提出了改进单纯形法.1954年,比尔(Beale)提出了对偶单纯形法,随后又出现了原始-对偶单纯形法,使单纯形法更为完善.

由第1章的讨论可知,若线性规划问题有最优解,则一定可以在基可行解上达到,单纯形法就是建立在这个理论基础上的.它的基本思路是:首先从可行域中找一个基可行解,然后判别它是否为最优解,若是,则停止计算;否则,就找一个更好的基可行解,再进行检验.如此反复,经过有限次迭代,直至找到最优解,或者判定它无界(即无有限最优解)为止.

本章将首先通过一个计算实例引出单纯形法,然后介绍单纯形法的基本原理和计算步骤,最后介绍改进单纯形法.

2.1　单纯形法的引入

下面通过一个计算实例引出单纯形法.

例 2.1.1　求解第1章1.1节例1.1.1.

$$\max Z = 10x_1 + 18x_2;$$

$$\text{s. t.}\begin{cases}5x_1 + 2x_2 \leqslant 170;\\2x_1 + 3x_2 \leqslant 100;\\x_1 + 5x_2 \leqslant 150;\\x_1, x_2 \geqslant 0.\end{cases}$$

解　先引入松弛变量 x_3、x_4、x_5,将问题化为标准形式

$$\max Z=10x_1+18x_2; \tag{2.1}$$

$$\text{s. t.}\begin{cases}5x_1 + 2x_2 + x_3 \qquad = 170;\\2x_1 + 3x_2 \quad + x_4 \quad = 100; & (2.2)\\x_1 + 5x_2 \qquad + x_5 = 150;\\x_j \geqslant 0 \quad (j = 1,2,\cdots,5). & (2.3)\end{cases}$$

约束方程组的系数矩阵为

$$A=\begin{bmatrix}5&2&1&0&0\\2&3&0&1&0\\1&5&0&0&1\end{bmatrix}=(\boldsymbol{P}_1,\boldsymbol{P}_2,\cdots,\boldsymbol{P}_5).$$

因为 $\boldsymbol{P}_3$、$\boldsymbol{P}_4$、$\boldsymbol{P}_5$ 线性无关，故可以作为一个初始基：

$$\boldsymbol{B}_0=(\boldsymbol{P}_3,\boldsymbol{P}_4,\boldsymbol{P}_5)=\begin{bmatrix}1&0&0\\0&1&0\\0&0&1\end{bmatrix}=\boldsymbol{I}(\text{单位矩阵}).$$

对应于基 $\boldsymbol{B}_0$ 的基变量为 x_3、x_4、x_5，非基变量为 x_1、x_2. 令 $x_1=x_2=0$，由方程组(式(2.2))得

$$x_3=170,\quad x_4=100,\quad x_5=150,$$

于是得到初始基可行解

$$\boldsymbol{X}^{(0)}=(0,0,170,100,150)^{\mathrm{T}}$$

及对应的目标函数值 $Z^{(0)}=0$.

这个初始基可行解表示：工厂没有安排生产产品甲、乙，因此 A_1、A_2、A_3 三种资源都没有利用(x_3、x_4、x_5 表示剩余的资源数)，工厂的利润指标 $Z^{(0)}=0$.

从分析目标函数的表达式(2.1)可以看出：首先，目标函数中不含基变量 x_3、x_4、x_5；其次，非基变量 x_1、x_2 的系数都是正数，如果将其中一个变量，例如 x_1(或 x_2)由非基变量换为基变量(称为"**进基**")，则 x_1(或 x_2)的取值可以由零变成正值，就会使目标函数的值增大. 从经济意义上讲，安排生产产品甲(或乙)，都可以使工厂的利润指标增加，所以，只要不含基变量的目标函数的表达式(2.1)中有非基变量的系数为正，就表示目标函数值还有改进可能. 为使目标函数值增加得快一些，可选择正系数中最大的那个非基变量进基，因为

$$\max\{10,18\}=18,$$

而 18 是非基变量 x_2 的系数，因此确定 x_2 进基. 但基变量的个数是一定的(等于系数矩阵 $\boldsymbol{A}$ 的秩 m)，于是还要确定从原基变量 x_3、x_4、x_5 中哪一个换出来成为非基变量(称为"**出基**"). 为此，进行如下分析.

由约束方程组(式(2.2))可知

$$\begin{cases}x_3\qquad\quad=170-5x_1-2x_2;\\ \qquad x_4\qquad=100-2x_1-3x_2;\\ \qquad\qquad x_5=150-x_1-5x_2.\end{cases}\tag{2.4}$$

在 x_2 进基后，这时 x_1 仍为非基变量，即 $x_1=0$，同时还要保证所有的变量都满足非负约束(式(2.3))，于是有

$$\begin{cases}x_3\qquad\quad=170-2x_2\geqslant 0;\\ \qquad x_4\qquad=100-3x_2\geqslant 0;\\ \qquad\qquad x_5=150-5x_2\geqslant 0.\end{cases}\tag{2.5}$$

为使上述不等式组成立，只有选择

$$x_2 = \min\left\{\frac{170}{2}, \frac{100}{3}, \frac{150}{5}\right\} = 30, \tag{2.6}$$

而当 $x_2=30$ 时,基变量 $x_5=0$. 即 x_5 由基变量变成了非基变量,也就是用 x_2 去替换 x_5,这一过程称为**"换基"**.

从经济意义上讲,若将全部 A_1、A_2、A_3 三种原材料分别用于生产产品乙,即在式(2.5)中,分别令 $x_3=0$,$x_4=0$,$x_5=0$,于是可以得到

$$x_2 = \frac{170}{2} = 85, \quad x_2 = \frac{100}{3} \approx 33, \quad x_2 = \frac{150}{5} = 30,$$

即生产产品乙分别为 85 件、33 件和 30 件. 现在考虑必须同时兼顾三种原材料一起用于生产产品乙,因此最多只能生产产品乙 30 件,否则,原材料 A_3 就不够用了. 当 $x_2=30$ 时,由式(2.5)可得

$$\begin{cases} x_3 = 170 - 2\times 30 = 110; \\ x_4 = 100 - 3\times 30 = 10; \\ x_5 = 150 - 5\times 30 = 0. \end{cases}$$

这说明原材料 A_1 还剩 110 个单位,原材料 A_2 还剩 10 个单位,而原材料 A_3 已全部用完. 因此,出基变量的选择原则式(2.6)体现了兼顾各种限制条件的思想,又称为**最小比值法则**.

为了求得以 x_3、x_4、x_2 为基变量的一个基可行解和进一步分析问题,需要将方程组(式(2.2))中 x_2 的位置与 x_5 的位置对换. 为此,只要将原约束方程组的增广矩阵进行初等行变换,使新基变量 x_2 所对应的系数列向量 $\boldsymbol{P}_2$ 变为原基变量 x_5 所对应的系数列向量,即将

$$\boldsymbol{P}_2 = \begin{bmatrix} 2 \\ 3 \\ 5 \end{bmatrix} \xrightarrow[\text{变换}]{\text{初等行}} \begin{bmatrix} 0 \\ 0 \\ 1 \end{bmatrix}.$$

矩阵的变换过程如下:

$$\bar{\boldsymbol{A}} = \left[\begin{array}{ccccc:c} 5 & 2 & 1 & 0 & 0 & 170 \\ 2 & 3 & 0 & 1 & 0 & 100 \\ 1 & 5^* & 0 & 0 & 1 & 150 \end{array}\right] \xrightarrow{③\div 5} \left[\begin{array}{ccccc:c} 5 & 2 & 1 & 0 & 0 & 170 \\ 2 & 3 & 0 & 1 & 0 & 100 \\ 1/5 & 1 & 0 & 0 & 1/5 & 30 \end{array}\right]$$

$$\xrightarrow[(-3)\times③+②]{(-2)\times③+①} \left[\begin{array}{ccccc:c} 23/5 & 0 & 1 & 0 & -2/5 & 110 \\ 7/5 & 0 & 0 & 1 & -3/5 & 10 \\ 1/5 & 1 & 0 & 0 & 1/5 & 30 \end{array}\right].$$

变换后的增广矩阵所表示的方程组是:

$$\begin{cases} \dfrac{23}{5}x_1 \quad + x_3 \quad - \dfrac{2}{5}x_5 = 110; \\ \dfrac{7}{5}x_1 \qquad\quad + x_4 - \dfrac{3}{5}x_5 = 10; \\ \dfrac{1}{5}x_1 + x_2 \qquad\quad + \dfrac{1}{5}x_5 = 30; \end{cases}$$

用非基变量 x_1、x_5 来表示基变量 x_3、x_4、x_2，得

$$\begin{cases} x_3 = 110 - \frac{23}{5}x_1 + \frac{2}{5}x_5; \\ x_4 = 10 - \frac{7}{5}x_1 + \frac{3}{5}x_5; \\ x_2 = 30 - \frac{1}{5}x_1 - \frac{1}{5}x_5. \end{cases} \tag{2.7}$$

这时得新基 $\boldsymbol{B}_1=(\boldsymbol{P}_3,\boldsymbol{P}_4,\boldsymbol{P}_2)$，将式(2.7)代入目标函数(2.1)以消去基变量 x_2，得

$$Z = 10x_1 + 18x_2 = 10x_1 + 18\left(30 - \frac{1}{5}x_1 - \frac{1}{5}x_5\right) = 540 + \frac{32}{5}x_1 - \frac{18}{5}x_5. \tag{2.8}$$

再令非基变量 $x_1=x_5=0$，代入式(2.7)，得

$$x_3 = 110, \quad x_4 = 10, \quad x_2 = 30,$$

于是得一个新的基可行解

$$\boldsymbol{X}^{(1)} = (0,30,110,10,0)^{\mathrm{T}}.$$

新的目标函数值 $Z^{(1)}=540$.

从目标函数的表达式(2.8)中可以看出，非基变量 x_1 的系数仍是正数，这说明目标函数值还可以增大，即 $\boldsymbol{X}^{(1)}$ 不是最优解.

重复上述步骤，确定进基和出基变量，继续迭代，再找到另一个基可行解

$$\boldsymbol{X}^{(2)} = \left(\frac{50}{7},\frac{200}{7},\frac{540}{7},0,0\right)^{\mathrm{T}},$$

而这时得到目标函数的表达式是

$$Z = \frac{4100}{7} - \frac{32}{7}x_4 - \frac{6}{7}x_5. \tag{2.9}$$

由式(2.9)可知，非基变量 x_4、x_5 的系数都是负数，即目标函数不能再改善，于是 $\boldsymbol{X}^{(2)}$ 就是最优解. 即当产品甲生产 $\frac{50}{7}$ 件、产品乙 $\frac{200}{7}$ 件时，工厂可获得的最大利润为 $\frac{4100}{7}$ 元.

将每步迭代得到的结果与图解法做一对比，其几何意义就很清楚了.

例 1.1.1 的线性规划问题是二维的，即两个变量 x_1，x_2，加入松弛变量 x_3、x_4、x_5 后，变换为高维的，这时可以想象，满足所有约束条件的可行域是高维空间的凸多面体(凸集)，这个凸多面体上的顶点就是基可行解. 初始基可行解 $\boldsymbol{X}^{(0)}=(0,0,170,100,150)^{\mathrm{T}}$ 相当于图 1.1 中的原点 $O(0,0)$；$\boldsymbol{X}^{(1)}=(0,30,110,10,0)^{\mathrm{T}}$ 相当于图 1.1 中的 D 点 $(0,30)$，最优解 $\boldsymbol{X}^{(2)}=\left(\frac{50}{7},\frac{200}{7},\frac{540}{7},0,0\right)^{\mathrm{T}}$ 相当于图 1.1 中的 C 点 $\left(\frac{50}{7},\frac{200}{7}\right)$. 从初始基可行解 $\boldsymbol{X}^{(0)}$ 开始，依次得到 $\boldsymbol{X}^{(1)}$、$\boldsymbol{X}^{(2)}$，这相当于图 1.1 中的目标

函数的等值线由小到大平行移动时,首先碰到 D 点,最后达到 C 点,再继续移动就离开可行域了,故 C 点为取得最优值的顶点. 这也正是单纯形法的基本思路.

2.2 单纯形法的基本原理

单纯形法作为一种迭代算法,首先要找一个初始基可行解,然后判别它是否为最优解,如果是,就停止迭代;否则,就按照一定的法则再找一个更好的基可行解(即使相应的目标函数值增大),再进行判别. 如此反复进行,直至找到最优解,或者判定它无解为止. 本节首先讨论如何判别和迭代,后面将讨论如何求初始基可行解.

1. 线性规划的典式和单纯形表

考虑标准形线性规划问题

$$\max Z=\boldsymbol{CX}; \tag{2.10}$$

$$(\text{LP})\quad \text{s.t.}\begin{cases}\boldsymbol{AX}=\boldsymbol{b}; & (2.11)\\ \boldsymbol{X}\geqslant \boldsymbol{0}. & (2.12)\end{cases}$$

其中,$\boldsymbol{C}=(c_1,c_2,\cdots,c_n)$为行向量;$\boldsymbol{X}=(x_1,x_2,\cdots,x_n)^{\mathrm{T}}$,$\boldsymbol{b}=(b_1,b_2,\cdots,b_m)^{\mathrm{T}}$ 为列向量;且 $\boldsymbol{b}\geqslant\boldsymbol{0}$;$\boldsymbol{A}=(a_{ij})_{m\times n}$为 $m\times n$ 阶矩阵. 假设 $\boldsymbol{A}$ 的秩为 $m(m<n)$,且不显含一个 $m\times m$ 阶的单位矩阵.

由第 1 章 1.3 节的讨论可知,在矩阵 $\boldsymbol{A}$ 中可选出一个 $m\times m$ 阶的非奇异子方阵 $\boldsymbol{B}$ 作为基. 为讨论方便,不妨假设 $\boldsymbol{A}=(\boldsymbol{B},\boldsymbol{N})$,并且方程组(式(2.11))可等价地变换为

$$\boldsymbol{X}_B+\boldsymbol{B}^{-1}\boldsymbol{N}\boldsymbol{X}_N=\boldsymbol{B}^{-1}\boldsymbol{b}, \tag{2.13}$$

移项得

$$\boldsymbol{X}_B=\boldsymbol{B}^{-1}\boldsymbol{b}-\boldsymbol{B}^{-1}\boldsymbol{N}\boldsymbol{X}_N. \tag{2.14}$$

令

$$\boldsymbol{C}=(\boldsymbol{C}_B,\boldsymbol{C}_N)$$

其中 $\boldsymbol{C}_B=(c_1,c_2,\cdots,c_m)$,$\boldsymbol{C}_N=(c_{m+1},c_{m+2},\cdots,c_n)$.

再将目标函数(式(2.10))作相应的变换,将它用非基变量来表示.

$$\begin{aligned}Z&=\boldsymbol{CX}=(\boldsymbol{C}_B,\boldsymbol{C}_N)\begin{pmatrix}\boldsymbol{X}_B\\ \boldsymbol{X}_N\end{pmatrix}=\boldsymbol{C}_B\boldsymbol{X}_B+\boldsymbol{C}_N\boldsymbol{X}_N\\ &=\boldsymbol{C}_B(\boldsymbol{B}^{-1}\boldsymbol{b}-\boldsymbol{B}^{-1}\boldsymbol{N}\boldsymbol{X}_N)+\boldsymbol{C}_N\boldsymbol{X}_N=\boldsymbol{C}_B\boldsymbol{B}^{-1}\boldsymbol{b}+(\boldsymbol{C}_N-\boldsymbol{C}_B\boldsymbol{B}^{-1}N)\boldsymbol{X}_N.\end{aligned}$$

则问题(LP)又可以等价地写成

$$\max Z=\boldsymbol{C}_B\boldsymbol{B}^{-1}\boldsymbol{b}+(\boldsymbol{C}_N-\boldsymbol{C}_B\boldsymbol{B}^{-1}N)\boldsymbol{X}_N; \tag{2.15}$$

$$\text{s.t.}\begin{cases}\boldsymbol{X}_B+\boldsymbol{B}^{-1}\boldsymbol{N}\boldsymbol{X}_N=\boldsymbol{B}^{-1}\boldsymbol{b}; & (2.16)\\ \boldsymbol{X}_B\geqslant\boldsymbol{0},\boldsymbol{X}_N\geqslant\boldsymbol{0}. & (2.17)\end{cases}$$

称式(2.15)～式(2.17)为问题(LP)的对应于基 $\boldsymbol{B}$ 的**典则形式**，简称**典式**.

典式是问题(LP)的另一种表达形式，它的特点是：第一，约束方程组的系数矩阵中含有一个 $m\times m$ 阶的单位矩阵，并以这个单位矩阵作为基(它是将原来选的基 $\boldsymbol{B}$ 经过初等变换后形成的)；第二，目标函数中不含基变量，只含非基变量. 若记

$$Z^{(0)}=\boldsymbol{C}_B\boldsymbol{B}^{-1}\boldsymbol{b};$$

$$\boldsymbol{\sigma}_N=(\sigma_{m+1},\sigma_{m+2},\cdots,\sigma_n)=\boldsymbol{C}_N-\boldsymbol{C}_B\boldsymbol{B}^{-1}N;$$

$$\boldsymbol{N}'=\boldsymbol{B}^{-1}\boldsymbol{N}=\begin{pmatrix} a'_{1,m+1} & a'_{1,m+2} & \cdots & a'_{1n} \\ a'_{2,m+1} & a'_{2,m+2} & \cdots & a'_{2n} \\ \vdots & \vdots & & \vdots \\ a'_{m,m+1} & a'_{m,m+2} & \cdots & a'_{mn} \end{pmatrix}=(\boldsymbol{P}'_{m+1},\boldsymbol{P}'_{m+2},\cdots,\boldsymbol{P}'_n),$$

$$\boldsymbol{b}'=\boldsymbol{B}^{-1}\boldsymbol{b}=(b'_1,b'_2,\cdots,b'_m)^{\mathrm{T}},$$

则典式(2.15)～式(2.17)又可以写成

$$\max Z=Z^{(0)}+\sigma_{m+1}x_{m+1}+\sigma_{m+2}x_{m+2}+\cdots+\sigma_n x_n; \tag{2.18}$$

$$\text{s.t.}\begin{cases} x_1+a'_{1,m+1}x_{m+1}+a'_{1,m+2}x_{m+2}+\cdots+a'_{1n}x_n=b'_1; \\ x_2+a'_{2,m+1}x_{m+1}+a'_{2,m+2}x_{m+2}+\cdots+a'_{2n}x_n=b'_2; \\ \qquad\vdots \\ x_m+a'_{m,m+1}x_{m+1}+a'_{m,m+2}x_{m+2}+\cdots+a'_{mn}x_n=b'_m; \\ x_j\geqslant 0\quad (j=1,2,\cdots,n). \end{cases} \tag{2.19, 2.20}$$

其中

$$\sigma_j=c_j-\boldsymbol{C}_B\boldsymbol{B}^{-1}\boldsymbol{P}_j=c_j-\boldsymbol{C}_B\boldsymbol{P}'_j\quad(j=m+1,\cdots,n), \tag{2.21}$$

$$\boldsymbol{P}'_j=\boldsymbol{B}^{-1}\boldsymbol{P}_j=(a'_{1j},a'_{2j},\cdots,a'_{mj})^{\mathrm{T}}\quad(j=m+1,\cdots,n).$$

为了便于计算，将典式(2.18)～式(2.20)中的数据按照一定的规则列在一张表上，并称这种表为问题(LP)对应于基 $\boldsymbol{B}$ 的单纯形表(见表 2.1).

表 2.1

	$\boldsymbol{C}$		c_1	c_2	$\cdots$	c_m	c_{m+1}	c_{m+2}	$\cdots$	c_n
$\boldsymbol{C}_B$	$\boldsymbol{X}_B$	$\boldsymbol{b}$	x_1	x_2	$\cdots$	x_m	x_{m+1}	x_{m+2}	$\cdots$	x_n
c_1	x_1	b'_1	1	0	$\cdots$	0	$a'_{1,m+1}$	$a'_{1,m+2}$	$\cdots$	a'_{1n}
c_2	x_2	b'_2	0	1	$\cdots$	0	$a'_{2,m+1}$	$a'_{2,m+2}$	$\cdots$	a'_{2n}
$\vdots$	$\vdots$	$\vdots$	$\vdots$	$\vdots$		$\vdots$	$\vdots$	$\vdots$		$\vdots$
c_m	x_m	b'_m	0	0	$\cdots$	1	$a'_{m,m+1}$	$a'_{m,m+2}$	$\cdots$	a'_{mn}
Z		$-Z^{(0)}$	0	0	$\cdots$	0	σ_{m+1}	σ_{m+2}	$\cdots$	σ_n

注意 $\boldsymbol{X}_B$ 列中填入基变量，这里是 $x_1,x_2,\cdots,x_m$；

$\boldsymbol{C}_B$ 列中填入基变量的价值系数，这里是 $c_1,c_2,\cdots,c_m$；

$\boldsymbol{b}$ 列中填入约束方程组的右端常数 $b'_1,b'_2,\cdots,b'_m$；

$\boldsymbol{C}$ 行中填入所有变量的价值系数 $c_1,c_2,\cdots,c_n$；

Z 行中填入典式中目标函数(式(2.18))的系数(并令所有基变量的系数为零，因

为典式的目标函数中不含基变量) $0,0,\cdots,0,\sigma_{m+1},\sigma_{m+2},\cdots,\sigma_n$;并将目标函数中的常数项 $Z^{(0)}$ 反号后列入表中. 这里的 $\sigma_j\ (j=m+1,\cdots,n)$ 也可以按式(2.21)计算后填入.

该表中间填入约束方程式(2.19)的系数矩阵.

由表2.1可以看出,初始基可行解 $\boldsymbol{X}^{(0)}=(b'_1,b'_2,\cdots,b'_m,0,\cdots,0)^{\mathrm{T}}$ 及相应的目标函数值 $Z^{(0)}$.

同样,也可以将典式(2.15)～式(2.17)列在表上,得矩阵形式的单纯形表(见表2.2).

表 2.2

$\boldsymbol{C}$			$\boldsymbol{C}_B$	$\boldsymbol{C}_N$
$\boldsymbol{C}_B$	$\boldsymbol{X}_B$	$\boldsymbol{b}$	$\boldsymbol{X}_B$	$\boldsymbol{X}_N$
$\boldsymbol{C}_B$	$\boldsymbol{X}_B$	$\boldsymbol{B}^{-1}\boldsymbol{b}$	I	$\boldsymbol{B}^{-1}\boldsymbol{N}$
Z		$-\boldsymbol{C}_B\boldsymbol{B}^{-1}\boldsymbol{b}$	$\boldsymbol{O}$	$\boldsymbol{C}_N-\boldsymbol{C}_B\boldsymbol{B}^{-1}\boldsymbol{N}$

表 2.3

$\boldsymbol{C}$			$\boldsymbol{C}$
$\boldsymbol{C}_B$	$\boldsymbol{X}_B$	$\boldsymbol{b}$	$\boldsymbol{X}$
$\boldsymbol{C}_B$	$\boldsymbol{X}_B$	$\boldsymbol{B}^{-1}\boldsymbol{b}$	$B^{-1}A$
$\boldsymbol{Z}$		$-\boldsymbol{C}_B\boldsymbol{B}^{-1}\boldsymbol{b}$	$\boldsymbol{C}-\boldsymbol{C}_B\boldsymbol{B}^{-1}A$

又因为
$$\boldsymbol{B}^{-1}\boldsymbol{A}=\boldsymbol{B}^{-1}(\boldsymbol{B},\boldsymbol{N})=(\boldsymbol{I},\boldsymbol{B}^{-1}\boldsymbol{N});$$
$$\boldsymbol{C}-\boldsymbol{C}_B\boldsymbol{B}^{-1}\boldsymbol{A}=(\boldsymbol{C}_B,\boldsymbol{C}_N)-\boldsymbol{C}_B(\boldsymbol{I},\boldsymbol{B}^{-1}\boldsymbol{N})=(\boldsymbol{O},\boldsymbol{C}_N-\boldsymbol{C}_B\boldsymbol{B}^{-1}\boldsymbol{N}). \tag{2.22}$$
并记
$$\boldsymbol{\sigma}=(\boldsymbol{\sigma}_B,\boldsymbol{\sigma}_N)=\boldsymbol{C}-\boldsymbol{C}_B\boldsymbol{B}^{-1}A,$$
其中 $\boldsymbol{\sigma}_B=\boldsymbol{0},\boldsymbol{\sigma}_N=\boldsymbol{C}_N-\boldsymbol{C}_B\boldsymbol{B}^{-1}\boldsymbol{N}$. 于是,表2.2还可以简化为表2.3.

例 2.2.1 将线性规划问题

$$\max Z=x_1-2x_2+3x_3-5x_4;$$
$$\text{s.t.}\begin{cases}x_1+2x_2+3x_3=15;\\2x_1+x_2+5x_3=18;\\x_1+2x_2+x_3+x_4=12;\\x_j\geqslant 0\quad(j=1,2,3,4),\end{cases}$$

化为典式,并列初始单纯形表.

解 因原问题的约束系数矩阵中没有现成的单位矩阵作为基,我们可取一个初始基

$$\boldsymbol{B}_0=(\boldsymbol{P}_1,\boldsymbol{P}_2,\boldsymbol{P}_3)=\begin{pmatrix}1&2&3\\2&1&5\\1&2&1\end{pmatrix},\quad 则\quad \boldsymbol{N}=(\boldsymbol{P}_4)=\begin{pmatrix}0\\0\\1\end{pmatrix},$$
$$\boldsymbol{X}_{B_0}=(x_1,x_2,x_3)^{\mathrm{T}},\quad \boldsymbol{X}_N=(x_4),$$
$$\boldsymbol{C}_{B_0}=(1,-2,3),\quad \boldsymbol{C}_N=(-5).$$

由计算得

$$\boldsymbol{B}_0^{-1}=\begin{pmatrix}-3/2&2/3&7/6\\1/2&-1/3&1/6\\1/2&0&-1/2\end{pmatrix},$$

所以

$$b' = B_0^{-1} b = \begin{pmatrix} -3/2 & 2/3 & 7/6 \\ 1/2 & -1/3 & 1/6 \\ 1/2 & 0 & -1/2 \end{pmatrix} \begin{pmatrix} 15 \\ 18 \\ 12 \end{pmatrix} = \begin{pmatrix} 7/2 \\ 7/2 \\ 3/2 \end{pmatrix};$$

$$Z^{(0)} = C_{B_0} B_0^{-1} b = (1,-2,3) \begin{pmatrix} 7/2 \\ 7/2 \\ 3/2 \end{pmatrix} = 1;$$

$$B_0^{-1} A = \begin{pmatrix} -3/2 & 2/3 & 7/6 \\ 1/2 & -1/3 & 1/6 \\ 1/2 & 0 & -1/2 \end{pmatrix} \begin{pmatrix} 1 & 2 & 3 & 0 \\ 2 & 1 & 5 & 0 \\ 1 & 2 & 1 & 1 \end{pmatrix} = \begin{pmatrix} 1 & 0 & 0 & 7/6 \\ 0 & 1 & 0 & 1/6 \\ 0 & 0 & 1 & -1/2 \end{pmatrix};$$

$$\sigma = C - C_{B_0} B_0^{-1} A = (1,-2,3,-5) - (1,-2,3) \begin{pmatrix} 1 & 0 & 0 & 7/6 \\ 0 & 1 & 0 & 1/6 \\ 0 & 0 & 1 & -1/2 \end{pmatrix}$$

$$= \left(0,0,0,-\frac{13}{3}\right).$$

由式(2.18)～式(2.20)知，此问题的典式为

$$\max Z = 1 - \frac{13}{3} x_4;$$

$$\text{s.t.} \begin{cases} x_1 + \dfrac{7}{6} x_4 = \dfrac{7}{2}; \\ x_2 + \dfrac{1}{6} x_4 = \dfrac{7}{2}; \\ x_3 - \dfrac{1}{2} x_4 = \dfrac{3}{2}; \\ x_j \geqslant 0 \quad (j = 1,2,3,4). \end{cases}$$

根据典式可列出初始单纯形表(见表2.4)．由该表可知，初始基可行解为

$$X^{(0)} = \left(\frac{7}{2},\frac{7}{2},\frac{3}{2},0\right)^{\mathrm{T}}$$

及相应的目标函数值为

$$Z^{(0)} = 1.$$

表 2.4

	C		1	−2	3	−5
C_B	X_B	b	x_1	x_2	x_3	x_4
1	x_1	7/2	1	0	0	7/6
−2	x_2	7/2	0	1	0	1/6
3	x_3	3/2	0	0	1	−1/2
Z		−1	0	0	0	−13/3

对于典式，说明如下．

(1) 表 2.4 的数据不再是原题中的数据(除 C 行和 C_B 列外)，而是化为典式后的数据．

(2) 表 2.4 中的目标函数行中的数据，如果不事先计算，也可利用表的上半部分的数据计算出来，例如

$$Z^{(0)}=\boldsymbol{C}_{B_0}\boldsymbol{B}_0^{-1}\boldsymbol{b}=\boldsymbol{C}_B\boldsymbol{b}'=(1,-2,3)\begin{bmatrix}7/2\\7/2\\3/2\end{bmatrix}=1,$$

再反号以后填入表中. 又如

$$\sigma_4=c_4-\boldsymbol{C}_{B_0}\boldsymbol{P}'_4=-5-(1,-2,3)\begin{bmatrix}7/6\\1/6\\-1/2\end{bmatrix}=-\frac{13}{3}.$$

(3) 化典式的方法除了用公式计算外,还可以用矩阵的初等行变换来做. 为此,应将右端常数和目标函数的系数一起考虑进去,变换的目的是将选定的基 $\boldsymbol{B}_0$ 变为单位矩阵. 就本例而言,可按下列方式进行.

$$\left[\begin{array}{cccc:c}1&2&3&0&15\\2&1&5&0&18\\1&2&1&1&12\\\hdashline 1&-2&3&-5&0\end{array}\right]\xrightarrow[\text{①}\times(-1)+\text{④}]{\text{①}\times(-2)+\text{②}\ \ \text{①}\times(-1)+\text{③}}\left[\begin{array}{cccc:c}1&2&3&0&15\\0&-3&-1&0&-12\\0&0&-2&1&-3\\\hdashline 0&-4&0&-5&-15\end{array}\right]$$

$$\cdots\longrightarrow\left[\begin{array}{cccc:c}1&0&0&7/6&7/2\\0&1&0&1/6&7/2\\0&0&1&-1/2&3/2\\\hdashline 0&0&0&-13/3&-1\end{array}\right],$$

因初等变换的过程比较简单,我们就不详细计算了,现在将最后得到的矩阵(包括右端常数和目标函数的系数)写成方程组就是典式. 将这些数据填入单纯形表,就得到表2.4.

(4) 对于约束条件全为"≤"型的线性规划问题,在每个约束条件的左端都加一个松弛变量后,所得的标准形线性规划问题,就是一个典式. 例如,在本章 2.1 节的例 2.1.1 中,在加入松弛变量 x_3、x_4、x_5 后,所得到的标准形问题(式(2.1)～式(2.3))就是一个典式(因为松弛变量在目标函数中的系数可以看作零). 我们列出它的单纯形表(见表 2.5),这时,表中的数据与原题中的数据是完全一致的.

表 2.5

	C		10	18	0	0	0
$\boldsymbol{C}_B$	$\boldsymbol{X}_B$	$\boldsymbol{b}$	x_1	x_2	x_3	x_4	x_5
0	x_3	170	5	2	1	0	0
0	x_4	100	2	3	0	1	0
0	x_5	150	1	5	0	0	1
Z		0	10	18	0	0	0

(5) 本例中,我们还可以选

$$\boldsymbol{B}_1=(\boldsymbol{P}_1,\boldsymbol{P}_2,\boldsymbol{P}_4)=\begin{bmatrix}1&2&0\\2&1&0\\1&2&1\end{bmatrix}$$

作为基,将问题化为典式.

我们用矩阵的初等变换对约束方程组的增广矩阵和目标函数的系数一起进行变换,目的是将 $\boldsymbol{B}_1$ 变为单位矩阵

$$\left(\begin{array}{cccc:c}1 & 2 & 3 & 0 & 15\\2 & 1 & 5 & 0 & 18\\1 & 2 & 1 & 1 & 12\\ \hdashline 1 & -2 & 3 & -5 & 0\end{array}\right)\longrightarrow\left(\begin{array}{cccc:c}1 & 2 & 3 & 0 & 15\\0 & -3 & -1 & 0 & -12\\0 & 0 & -2 & 1 & -3\\ \hdashline 0 & -4 & 0 & -5 & -15\end{array}\right)$$

$$\cdots\longrightarrow\left(\begin{array}{cccc:c}1 & 0 & 7/3 & 0 & 7\\0 & 1 & 1/3 & 0 & 4\\0 & 0 & -2 & 1 & -3\\ \hdashline 0 & 0 & -26/3 & 0 & -14\end{array}\right)$$

故典式为

$$\max Z=14-\frac{26}{3}x_3;$$

$$\text{s. t.}\begin{cases}x_1+\dfrac{7}{3}x_3=7;\\ x_2+\dfrac{1}{3}x_3=4;\\ -2x_3+x_4=-3;\\ x_j\geqslant 0\quad(j=1,2,3,4).\end{cases}$$

初始解为

$$\boldsymbol{X}^{(1)}=(7,4,0,-3)^{\mathrm{T}}.$$

它显然不是可行解,故 $\boldsymbol{B}_1$ 不是可行基.

2. 最优性判别与基可行解的改进

考虑线性规划问题

$$\max Z=\boldsymbol{CX};$$

$$\text{s. t.}\begin{cases}\boldsymbol{AX}=\boldsymbol{b};\\ \boldsymbol{X}\geqslant\boldsymbol{0}.\end{cases}$$

若对于选定的基 $\boldsymbol{B}=(\boldsymbol{P}_1,\boldsymbol{P}_2,\cdots,\boldsymbol{P}_m)$,已将(LP)化为典式:

$$\max Z=Z^{(0)}+\sum_{j=m+1}^{n}\sigma_j x_j;\tag{2.23}$$

$$\text{s. t.}\begin{cases}x_i+\sum\limits_{j=m+1}^{n}a'_{ij}x_j=b'_i\quad(i=1,2,\cdots,m);&(2.24)\\ x_j\geqslant 0\quad(j=1,2,\cdots,n).&(2.25)\end{cases}$$

注意 典式(2.23)~式(2.25)就是式(2.18)~式(2.20)的简单记法.

定理 2.1 (最优性判别定理) 在(LP)的典式(2.23)~式(2.25)中,设 $\boldsymbol{X}^{(0)}=(b'_1,b'_2,\cdots,b'_m,0,\cdots,0)^{\mathrm{T}}$ 是对应于基 $\boldsymbol{B}$ 的一个基可行解,若有

$$\sigma_j \leqslant 0 \quad (j = m+1, m+2, \cdots, n) \tag{2.26}$$

则 $\boldsymbol{X}^{(0)}=(b'_1,b'_2,\cdots,b'_m,0,\cdots,0)^{\mathrm{T}}$ 是(LP)的最优解,并记为

$$\boldsymbol{X}^* = (b'_1,b'_2,\cdots,b'_m,0,\cdots,0)^{\mathrm{T}}$$

相应的目标函数最优值 $Z^*=Z^{(0)}$,这时的基 $\boldsymbol{B}$ 称为**最优基**.

证 设 $\boldsymbol{X}=(x_1,x_2,\cdots,x_n)^{\mathrm{T}}$ 为(LP)的任一可行解,则有 $\boldsymbol{X}\geqslant\boldsymbol{0}$. 再记

$$\boldsymbol{\sigma} = (0,\cdots,0,\sigma_{m+1},\sigma_{m+2},\cdots,\sigma_n),$$

则由式(2.26)可知,必有

$$\boldsymbol{\sigma} \leqslant \boldsymbol{0}, \tag{2.27}$$

因此 $\boldsymbol{\sigma X}\leqslant 0$,从而

$$Z^* = \boldsymbol{CX}^{(0)} = \boldsymbol{Z}^{(0)} \geqslant \boldsymbol{Z}^{(0)} + \boldsymbol{\sigma X} = \boldsymbol{CX}.$$

故 $\boldsymbol{X}^{(0)}$ 为(LP)的最优解. 证毕.

通常称 $\sigma_j(j=m+1,\cdots,n)$ 为**检验数或判别数**,它是典式的目标函数(式(2.23))中非基变量 $x_j(j=m+1,\cdots,n)$ 的系数,它又表示在典式中,当某个非基变量的值改变1个单位时,所引起的目标函数值的改变量,因此又称为**相对价值系数**. 若令基变量 $x_j(j=1,2,\cdots,m)$ 对应的检验数 $\sigma_j=0(j=1,2,\cdots,m)$(因为典式的目标函数中不含基变量),则条件(式(2.26))又可写成式(2.27)的形式.

式(2.26)或式(2.27)称为**最优性条件**,它是判别当前的解是否为最优解的标准,再由式(2.22)可知,式(2.27)又可写成

$$\boldsymbol{\sigma} = (\boldsymbol{\sigma}_B,\boldsymbol{\sigma}_N) = \boldsymbol{C} - \boldsymbol{C}_B\boldsymbol{B}^{-1}\boldsymbol{A} = (\boldsymbol{0}, \boldsymbol{C}_N - \boldsymbol{C}_B\boldsymbol{B}^{-1}\boldsymbol{N}) \leqslant \boldsymbol{0},$$

其中 $\boldsymbol{\sigma}_B=\boldsymbol{0}$ 为基变量对应的检验数向量;$\boldsymbol{\sigma}_N=\boldsymbol{C}_N-\boldsymbol{C}_B\boldsymbol{B}^{-1}\boldsymbol{N}$ 为非基变量对应的检验数向量.

我们再结合单纯形表2.1和表2.2来分析. 显然,表中的最后一行(即目标函数行)内的元素 $0,\cdots,0,\sigma_{m+1},\sigma_{m+2},\cdots,\sigma_n$ 就是相应变量的检验数. 若这些元素中没有正数,就说明当前的解 $\boldsymbol{X}^{(0)}=(b'_1,b'_2,\cdots,b'_m,0,\cdots,0)^{\mathrm{T}}$ 就是最优解 $\boldsymbol{X}^*$,将常数项 $-Z^{(0)}$ 再反号,就得目标函数的最优值,即 $Z^*=Z^{(0)}$.

例如,在本节例2.2.1中,对于取定的基 $\boldsymbol{B}=(\boldsymbol{P}_1,\boldsymbol{P}_2,\boldsymbol{P}_3)$,将问题化为典式后,由列出的单纯形表(见表2.4)可以看出,因为 $\boldsymbol{\sigma}_4=-\dfrac{13}{3}<0$,故当前的基可行解为最优解,即

$$\boldsymbol{X}^* = \left(\frac{7}{2},\frac{7}{2},\frac{3}{2},0\right)^{\mathrm{T}}.$$

相应的目标函数最优值 $Z^*=1$.

定理2.2 (无穷多最优解判别定理) 在(LP)的典式(2.23)~式(2.25)中,$\boldsymbol{X}^{(0)}=(\boldsymbol{b}'_1,\boldsymbol{b}'_2,\cdots,\boldsymbol{b}'_m,0,\cdots,0)^{\mathrm{T}}$ 是对应于基 $\boldsymbol{B}$ 的一个基可行解,对于一切 $j=m+1,\cdots,n$,有 $\sigma_j\leqslant 0$,又存在某个非基变量的检验数 $\sigma_k=0(m+1\leqslant k\leqslant n)$,则(LP)问题有无穷多个最优解.

证 只需将 x_k 换入基变量中，找到一个新的基可行解 $\boldsymbol{X}^{(1)}$. 因 $\sigma_k=0$，由式(2.23)可知 $z^{(1)}=z^{(0)}$，故 $\boldsymbol{X}^{(1)}$ 也是最优解. 由第1章的定理1.6可知 $\boldsymbol{X}^{(0)}$，$\boldsymbol{X}^{(1)}$ 连线上所有点都是最优解，故有无穷多最优解. 证毕.

定理 2.3 （基可行解的改进定理） 在(LP)的典式(2.23)～式(2.25)中，$\boldsymbol{X}^{(0)}=(b'_1,b'_2,\cdots,b'_m,0,\cdots,0)^{\mathrm{T}}$ 是对应于基 $\boldsymbol{B}$ 的一个基可行解，若满足下列条件：

(1) 有某个非基变量 x_k 的检验数 $\sigma_k>0 \quad (m+1\leqslant k\leqslant n)$；

(2) $a_{ik}\,(i=1,2,\cdots,m)$ 不全小于或等于零，即至少有一个 $a_{ik}>0\ (1\leqslant i\leqslant m)$；

(3) $b'_i>0\ (i=1,2,\cdots,m)$，即 $\boldsymbol{X}^{(0)}$ 为非退化的基可行解.

则从 $\boldsymbol{X}^{(0)}$ 出发，一定能找到一个新的基可行解 $\boldsymbol{X}^{(1)}=(x_1^{(1)},x_2^{(1)},\cdots,x_n^{(1)})^{\mathrm{T}}$，使得

$$\boldsymbol{CX}^{(1)}>\boldsymbol{CX}^{(0)}.$$

证 我们采用一种构造性的证明方法，即将 $\boldsymbol{X}^{(1)}$ 具体地找出来，为此，我们作换基运算：

(1) 选进基变量.

若只有一个 $\sigma_k>0(m+1\leqslant k\leqslant n)$，则取它对应的非基变量 x_k 为进基变量；若有几个 $\sigma_j>0(m+1\leqslant j\leqslant n)$，则取其中最大的那一个检验数所对应的非基变量作为进基变量，即若

$$\sigma_k=\max\{\sigma_j\mid\sigma_j>0,m+1\leqslant j\leqslant n\},\tag{2.28}$$

则取 σ_k 对应的非基变量 x_k 作为进基变量.

(2) 选出基变量.

设非基变量 x_k 进基后，取值为 $\theta>0$，其余的非基变量仍取值为零. 令

$$\theta=\min\left\{\frac{b'_i}{a'_{ik}}\mid a'_{ik}>0,1\leqslant i\leqslant m\right\}=\frac{b'_r}{a'_{rk}}>0.\tag{2.29}$$

构造新的解

$$\boldsymbol{X}^{(1)}=(x_1^{(1)},x_2^{(1)},\cdots,x_n^{(1)})^{\mathrm{T}}=\boldsymbol{X}^{(0)}+\theta\begin{bmatrix}-a'_{1k}\\ \vdots\\ -a'_{mk}\\ \boldsymbol{e}_{m+k}\end{bmatrix},\tag{2.30}$$

其中 $\boldsymbol{e}_k=(0,\cdots,0,1,0,\cdots,0)^{\mathrm{T}}$ 表示第 k 个分量为1，其余分量为0的单位列向量. 即

$$\begin{cases}x_k^{(1)}=\theta;\\ x_i^{(1)}=b'_i-\theta a'_{ik}\quad(i=1,2,\cdots,m);\\ x_j^{(1)}=0\quad(j=m+1,\cdots,n;j\neq k).\end{cases}$$

显然，由式(2.29)可知，在 $\boldsymbol{X}^{(1)}$ 中必至少还有一个分量 $x_r^{(1)}=0$，这时就取 x_r 为出基变量，进行换基(具体做法下面再讨论).

(3) 证明 $\boldsymbol{X}^{(1)}$ 为基可行解.

首先证明 $\boldsymbol{X}^{(1)}$ 是可行解. 为此我们将 $\boldsymbol{X}^{(1)}$ 代入约束方程组(式(2.24))的左边，得

$$X_B^{(1)}+N'X_N^{(1)}=X_B^{(1)}+\begin{bmatrix} a'_{1,m+1} & a'_{1,m+2} & \cdots & a'_{1n} \\ a'_{2,m+1} & a'_{2,m+2} & \cdots & a'_{2n} \\ \vdots & \vdots & & \vdots \\ a'_{m,m+1} & a'_{m,m+2} & \cdots & a'_{mn} \end{bmatrix}\begin{bmatrix} 0 \\ \vdots \\ \theta \\ \vdots \\ 0 \end{bmatrix}$$

$$=\boldsymbol{b}'-\theta\boldsymbol{P}'_k+\theta\boldsymbol{P}'_k=\boldsymbol{b}'=\text{右边}.$$

这就意味着 $\boldsymbol{X}^{(1)}$ 满足式(2.24). 又若 $a'_{ik}>0$,由式(2.30)可知,$\dfrac{b'_i}{a'_{ik}}\geqslant\theta$,故 $b'_i-\theta a'_{ik}\geqslant 0$;若 $a'_{ik}\leqslant 0$,因 $\theta>0$,故 $b'_i-\theta a'_i>0$. 因而总有

$$b'_i-\theta a'_{ik}\geqslant 0\quad(i=1,2,\cdots,m),$$

故 $\boldsymbol{X}^{(1)}\geqslant\boldsymbol{0}$,即 $\boldsymbol{X}^{(1)}$ 是可行解.

下面再证 $\boldsymbol{X}^{(1)}$ 也是基本解. 由于 $x_r^{(1)}=0$,x_r 为出基变量,而 x_k 为进基变量,即 $x_k^{(1)}=\theta>0$,故 $\boldsymbol{X}^{(1)}$ 的基变量(非零分量)变为 $x_1,x_2,\cdots,x_{r-1},x_k,x_{r+1},\cdots,x_m$,根据第1章的定理1.1可知,要证它们所对应的列向量组

$$\boldsymbol{P}_1,\boldsymbol{P}_2,\cdots,\boldsymbol{P}_{r-1},\quad\boldsymbol{P}_k,\boldsymbol{P}_{r+1},\cdots,\boldsymbol{P}_m$$

线性无关. 用反证法,若此向量组线性相关,又因为原向量组 $\boldsymbol{P}_1,\boldsymbol{P}_2,\cdots,\boldsymbol{P}_r,\cdots,\boldsymbol{P}_m$ 是线性无关的,从而 $\boldsymbol{P}_k$ 必定是其余 $m-1$ 个向量的线性组合,即存在 $m-1$ 个不全为零的数 $\delta_i(i=1,2,\cdots,m;i\neq r)$,使得

$$\boldsymbol{P}_k=\sum_{\substack{i=1\\ i\neq r}}^{m}\delta_i\boldsymbol{P}_i.$$

又 $\boldsymbol{P}'_k=B^{-1}\boldsymbol{P}_k$,故

$$\boldsymbol{P}_k=\boldsymbol{B}\boldsymbol{P}'_k=\sum_{i=1}^{m}a'_{ik}\boldsymbol{P}_i.$$

将上面两式相减,得

$$\sum_{\substack{i=1\\ i\neq r}}^{m}(a'_{ik}-\delta_i)\boldsymbol{P}_i+a'_{rk}\boldsymbol{P}_r=\boldsymbol{0}.$$

由于 $a'_{rk}\neq 0$,故向量组 $\boldsymbol{P}_1,\boldsymbol{P}_2,\cdots,\boldsymbol{P}_r,\cdots,\boldsymbol{P}_m$ 线性相关,引出矛盾. 这说明向量组 $\boldsymbol{P}_1,\cdots,\boldsymbol{P}_{r-1},\boldsymbol{P}_{k-1},\boldsymbol{P}_{r+1},\cdots,\boldsymbol{P}_n$ 线性无关,故 $\boldsymbol{X}^{(1)}$ 是基可行解.

(4) 证明 $Z^{(1)}=\boldsymbol{CX}^{(1)}>\boldsymbol{CX}^{(0)}=Z^{(0)}$. 因为 $x_k^{(1)}=\theta>0$,$x_j^{(1)}=0\ (j=m+1,\cdots,n;j\neq k)$,且 $\sigma_k>0$,故由典式中的目标函数(式(2.23))可知,必有

$$Z^{(1)}=\boldsymbol{CX}^{(1)}=Z^{(0)}+\sigma_k\theta>Z^{(0)}=\boldsymbol{CX}^{(0)}$$

证毕.

定理 2.4 (无界性判别定理) 在(LP)的典式(2.23)~式(2.25)中,$\boldsymbol{X}^{(0)}=(b'_1,b'_2,\cdots,b'_m,0,\cdots,0)^{\mathrm{T}}$ 是对应于基 $\boldsymbol{B}$ 的一个基可行解. 若有某个非基变量的检验数 $\sigma_k>0(m+1\leqslant k\leqslant n)$,且有

$$a'_{ik}\leqslant 0\ (i=1,2,\cdots,m),$$

即 $P'_k \leqslant 0$，则原问题无界(或无有限最优解)．

证 由定理2.3的证明可知，当 $a'_{ik} \leqslant 0 \quad (i=1,2,\cdots,m)$ 时，$\theta>0$ 无上界限制，这样按式(2.30)作出解 $\boldsymbol{X}^{(1)}$ 必满足非负条件，且为基可行解．相应的目标函数值

$$Z^{(1)} = \boldsymbol{C}\boldsymbol{X}^{(1)} = Z^{(0)} + \sigma_k\theta.$$

因为 $\sigma_k>0,\theta>0$，故当 $\theta\to+\infty$ 时，必有 $Z\to+\infty$，故原问题无界．证毕．

以上几个定理给出了单纯形迭代的几个主要步骤，概括起来说是：先选一个初始可行基 $\boldsymbol{B}_0$(最好是与约束系数矩阵的秩 m 相同的 $m\times m$ 阶单位矩阵 $\boldsymbol{I}$，具体选法后面再介绍)，将问题化为关于基 $\boldsymbol{B}_0$ 的典式，列初始单纯形表，得初始基可行解 $\boldsymbol{X}^{(0)}$；如果对应的典式中，$\boldsymbol{\sigma}\leqslant\boldsymbol{0}$，则 $\boldsymbol{X}^{(0)}$ 便是最优解，迭代停止；如果有 $\boldsymbol{\sigma}_k>\boldsymbol{0}$，且 $\boldsymbol{P}'_k\leqslant\boldsymbol{0}$，则原问题无界，迭代停止；如果 $\sigma_k>0$，且 $\boldsymbol{P}'_k$ 含有正分量，则按最小比值法则，用式(2.29)计算 θ 和按式(2.30)求出另一个基可行解 $\boldsymbol{X}^{(1)}$，使目标函数值增大，其增大的值为 $\sigma_k\theta$．得到新的基可行解后，再检验、再迭代，这样便可得到一个基可行解序列．如果所得到的解都是非退化的，那么它的目标函数值将严格增大，因而序列中的元素不可能重复出现．由于基可行解的个数是有限的，故经过有限次迭代，最终一定能找到最优解或者判定它无界．

在介绍算法之前，我们先看一个例子．

例2.2.2 已知线性规划问题

$$\max Z=3x_1+2x_2-x_3;$$

$$\text{s.t.}\begin{cases}3x_1-x_2+2x_3+x_4 \qquad = 7;\\ 2x_1-4x_2 \qquad\qquad +x_5 = 12;\\ -4x_1-3x_2+8x_3 \qquad +x_6 = 10;\\ x_j\geqslant 0 \quad (j=1,2,\cdots,6).\end{cases}$$

下面我们分析一下如何从一个基可行解来产生新的基可行解．

约束方程组的系数矩阵为

$$\boldsymbol{A}=\begin{bmatrix}3 & -1 & 2 & 1 & 0 & 0\\ 2 & -4 & 0 & 0 & 1 & 0\\ -4 & -3 & 8 & 0 & 0 & 1\end{bmatrix}=(\boldsymbol{P}_1,\boldsymbol{P}_2,\cdots,\boldsymbol{P}_6),$$

右端向量记为 $\boldsymbol{b}=(b_1,b_2,b_3)^{\mathrm{T}}$．

由于原问题已是典式，取初始基

$$\boldsymbol{B}_0=(\boldsymbol{P}_4,\boldsymbol{P}_5,\boldsymbol{P}_6)=\boldsymbol{I},$$

并令 $x_1=x_2=x_3=0$，得初始基可行解

$$\boldsymbol{X}^{(0)}=(0,0,0,7,12,10)^{\mathrm{T}}.$$

用向量记号可以写成

$$7\boldsymbol{P}_4+12\boldsymbol{P}_5+10\boldsymbol{P}_6=\boldsymbol{b}. \tag{2.31}$$

这里基向量 $\boldsymbol{P}_4$、$\boldsymbol{P}_5$、$\boldsymbol{P}_6$ 是单位列向量．

再由 $\sigma_1=3,\sigma_2=2,\sigma_3=-1$ 可知应取正数中最大者，即 $\sigma_1=3$ 对应的变量 x_1 进

基,也就是要将向量 $\boldsymbol{P}_1$ 换入基内,以求得新的基可行解.按照定理 2.2 的证明所提供的方法,我们先将 $\boldsymbol{P}_1$ 用基向量组 $\boldsymbol{P}_4$、$\boldsymbol{P}_5$、$\boldsymbol{P}_6$ 来表示,即

$$3\boldsymbol{P}_4+2\boldsymbol{P}_5-4\boldsymbol{P}_6=\boldsymbol{P}_1. \tag{2.32}$$

若用 θ 乘式(2.32),再从式(2.31)中减去所得结果,有

$$(7-3\theta)\boldsymbol{P}_4+(12-2\theta)\boldsymbol{P}_5+(10+4\theta)\boldsymbol{P}_6+\theta\boldsymbol{P}_1=\boldsymbol{b}, \tag{2.33}$$

因为 $a_{11}=3$ 和 $a_{21}=2$ 都是正数,于是有

$$\theta=\min\left\{\frac{7}{3},\frac{12}{2}\right\}=\frac{7}{3},$$

故与 θ 相对应的变量 x_4 应出基,即将 θ 的值代入式(2.33),从基中消去 $\boldsymbol{P}_4$,得

$$\frac{22}{3}\boldsymbol{P}_5+\frac{58}{3}\boldsymbol{P}_6+\frac{7}{3}\boldsymbol{P}_1=\boldsymbol{b}.$$

这时的基为

$$\boldsymbol{B}_1=(\boldsymbol{P}_1,\boldsymbol{P}_5,\boldsymbol{P}_6).$$

对应的基可行解为

$$\boldsymbol{x}^{(1)}=\left(\frac{7}{3},0,0,0,\frac{22}{3},\frac{58}{3}\right)^{\mathrm{T}}.$$

但是,如果我们选择变量 x_2 进基,也就是要将向量 $\boldsymbol{P}_2$ 换入基内,以求得新的基可行解.按照上面类似的方法,我们先将 $\boldsymbol{P}_2$ 用基向量 $\boldsymbol{P}_4$、$\boldsymbol{P}_5$、$\boldsymbol{P}_6$ 来表示,即

$$-\boldsymbol{P}_4-4\boldsymbol{P}_5-3\boldsymbol{P}_6=\boldsymbol{P}_2,$$

若用 θ 乘以上式,再从式(2.31)中减去所得结果,有

$$(7+\theta)\boldsymbol{P}_4+(12+4\theta)\boldsymbol{P}_5+(10+3\theta)\boldsymbol{P}_6+\theta\boldsymbol{P}_2=\boldsymbol{b}.$$

由此式可知,对于任何一个 $\theta>0$,都可以产生新的可行解(这时没有变量出基)

$$\boldsymbol{X}^{(2)}=(0,\theta,0,7+\theta,12+4\theta,10+3\theta)^{\mathrm{T}}.$$

显然它不是基本解,这是因为所有的 $a_{i2}<0(i=1,2,3)$ 的结果.由定理 2.4 可知,原问题无有限最优解.

2.3 单纯形法的迭代步骤与解的讨论

1. 换基运算(旋转变换)

由 2.2 节的讨论可知,根据式(2.29)和式(2.30)得到改进的基可行解时,是使原来的非基变量 x_k 变成取正值的基变量,同时使原来的基变量 x_r 取值减少到零,从而变成非基变量.也就是说,将原来的基 $\boldsymbol{B}=(\boldsymbol{P}'_1,\cdots,\boldsymbol{P}'_{r-1},\boldsymbol{P}'_r,\boldsymbol{P}'_{r+1},\cdots,\boldsymbol{P}'_m)$ 换成另一个基 $\hat{\boldsymbol{B}}=(\hat{\boldsymbol{P}}_1,\cdots,\hat{\boldsymbol{P}}_{r-1},\hat{\boldsymbol{P}}_k,\hat{\boldsymbol{P}}_{r+1},\cdots,\hat{\boldsymbol{P}}_m)$,这种变换称为**换基**.现在考察在换基时相应的典式(2.23)~式(2.25)及基可行解的变化.为此,我们结合单纯形表来进行讨论,典式(2.23)~式(2.25)的单纯形表如表 2.6 所示.

现在要得到相应新基 $\hat{\boldsymbol{B}}$ 的典式，就是要把式(2.24)中 x_r 与 x_k 的地位互换，反映在系数矩阵(即表 2.6)中，就是要把第 k 列变成单位列向量，使其中第 r 个元素变为 1，其余元素变为 0；而第 r 列则不再要求它是单位列向量. 当然，这个过程可以通过对增广矩阵(见表 2.6)进行初等行变换来实现，在单纯形表上进行换基运算的具体做法如下：

表 2.6

	C		c_1	c_2	$\cdots$	c_r	$\cdots$	c_m	c_{m+1}	c_{m+2}	$\cdots$	c_k	$\cdots$	c_n
$\boldsymbol{C}_B$	$\boldsymbol{X}_B$	$\boldsymbol{b}$	x_1	x_2	$\cdots$	x_r	$\cdots$	x_m	x_{m+1}	x_{m+2}	$\cdots$	x_r	$\cdots$	x_n
c_1	x_1	b'_1	1						$a'_{1,m+1}$	$a'_{1,m+2}$	$\cdots$	a'_{1k}	$\cdots$	a'_{1n}
c_2	x_2	b'_2		1					$a'_{2,m+1}$	$a'_{2,m+2}$	$\cdots$	a'_{2k}	$\cdots$	a'_{2n}
$\vdots$	$\vdots$	$\vdots$			$\ddots$				$\vdots$	$\vdots$		$\vdots$		$\vdots$
c_r	x_r	b'_r				1			$a'_{r,m+1}$	$a'_{r,m+2}$	$\cdots$	a'_{rk}	$\cdots$	a'_{rn}
$\vdots$	$\vdots$	$\vdots$					$\ddots$		$\vdots$	$\vdots$		$\vdots$		$\vdots$
c_m	x_m	b'_m						1	$a'_{m,m+1}$	$a'_{m,m+2}$	$\cdots$	a'_{mk}	$\cdots$	a'_{mn}
Z		$-Z^{(0)}$	0	0	$\cdots$	0	$\cdots$	0	σ'_{m+1}	σ'_{m+2}	$\cdots$	σ'_k	$\cdots$	σ'_n

(1) 将初始单纯形表(见表 2.6)中的 x_r 行的各元素除以 a'_{rk}，得

$$\hat{a}_{rj} = a'_{rj}/a'_{rk}\ (j = 1,2,\cdots,n); \tag{2.34}$$

$$\hat{b}_r = b'_r/a'_{rk}. \tag{2.35}$$

(2) 将新的第 x_r 行的各元素乘以 $-a'_{ik}$ 后加到第 i 行上去，得

$$\hat{a}_{ij} = a'_{ij} - a'_{ik}a'_{rj}\quad (i=1,2,\cdots,m; i\neq r, j=1,2,\cdots,n); \tag{2.36}$$

$$\hat{b}_i = b'_i - a'_{ik}(b'_r/a'_{rk})\ (i=1,2,\cdots,m; i\neq r). \tag{2.37}$$

(3) 将新的第 x_r 行的各元素乘以 $-\sigma_k$ 后加到目标函数行(Z 行)上去，得

$$\hat{\sigma}_i = \sigma_j - \sigma_k a_{rj}\quad (j = 1,2,\cdots,n). \tag{2.38}$$

所有这些 $\hat{a}_{ij}\,(i=1,2,\cdots,m; j=1,2,\cdots,n)$ 及 $\hat{b}_i\,(i=1,2,\cdots,m)$ 便构成了相应于新基 $\hat{\boldsymbol{B}}$ 的典式的系数增广矩阵. 事实上，由式(2.34)和式(2.36)显然可知

$$\hat{a}_{rk} = 1; \hat{a}_{ik} = 0\quad (i = 1,2,\cdots,m; i \neq r),$$

即第 k 列成为单位列向量. 而对于 $j=1,2,\cdots,m, j\neq r$，由于 $\hat{a}_{rj}=0$，从而 $\hat{\boldsymbol{P}}_j=\boldsymbol{P}'_j$，即它们仍然是单位列向量. 再由式(2.38)知，必有 $\hat{\sigma}_k=0$，即 x_k 的检验数变为 0，而式(2.35)和式(2.37)正是新基 $\hat{\boldsymbol{B}}$ 所对的基可行解中基变量 $x_1, x_2, \cdots, x_{r-1}, x_k, x_{r+1}, \cdots, x_m$ 的取值.

经过上述换基运算后，可得新的单纯形表(见表 2.7).

注意　(1) 由表 2.6 经过变换得到表 2.7 的过程称为**一次迭代**，在对表 2.6 的元素进行初等变换时，应包括对目标函数行(Z 行)进行变换，即用公式(2.38)将 σ_k 变为 0，这时

$$-Z^{(1)} = -Z^{(0)} - \sigma_k(b'_r/a'_{rk}). \tag{2.39}$$

表 2.7

	$\boldsymbol{C}$		c_1	c_2	$\cdots$	c_r	$\cdots$	c_m	c_{m+1}	c_{m+2}	$\cdots$	c_k	$\cdots$	c_n
$\boldsymbol{C}_B$	$\boldsymbol{X}_B$	$\boldsymbol{b}$	x_1	x_2	$\cdots$	x_r	$\cdots$	x_m	x_{m+1}	x_{m+2}	$\cdots$	x_k	$\cdots$	x_n
c_1	x_1	$\hat{b}_1$	1			$\hat{a}_{1r}$			$\hat{a}_{1,m+1}$	$\hat{a}_{1,m+2}$	$\cdots$	0	$\cdots$	$\hat{a}_{1n}$
c_2	x_2	$\hat{b}_2$		1		$\hat{a}_{2r}$			$\hat{a}_{2,m+1}$	$\hat{a}_{2,m+2}$	$\cdots$	0	$\cdots$	$\hat{a}_{2n}$
$\vdots$	$\vdots$	$\vdots$			$\ddots$	$\vdots$			$\vdots$	$\vdots$		$\vdots$		$\vdots$
c_k	x_k	$\hat{b}_r$				$\hat{a}_{rr}$			$\hat{a}_{r,m+1}$	$\hat{a}_{r,m+2}$	$\cdots$	1	$\cdots$	$\hat{a}_{rn}$
$\vdots$	$\vdots$	$\vdots$				$\vdots$	$\ddots$		$\vdots$	$\vdots$		$\vdots$		$\vdots$
c_m	x_m	$\hat{b}_m$				$\hat{a}_{mr}$		1	$\hat{a}_{m,m+1}$	$\hat{a}_{m,m+2}$	$\cdots$	0	$\cdots$	$\hat{a}_{mn}$
Z		$-Z^{(1)}$	0	0	$\cdots$	$\hat{\sigma}_r$	$\cdots$	0	$\hat{\sigma}_{m+1}$	$\hat{\sigma}_{m+2}$	$\cdots$	0	$\cdots$	$\hat{\sigma}_n$

(2) 还应将基变量 $\boldsymbol{X}_B$ 所在的列中的 x_r 换为 x_k，表示已经换了基变量.

迭代中，当根据定理 2.2 确定 x_k 为进基变量，x_r 为出基变量进行换基时，单纯形表中的元素可按式(2.34)～式(2.39)进行变换. 这种变换称为**旋转变换**，表中 a'_{rk} 称为**转轴元或主元**，用“$*$”号标出，它所在的行和列分别称为**转轴行**和**转轴列**，其实式(2.34)～式(2.39)并不要特别去记忆，只要掌握矩阵的初等行变换的方法就可以了.

由表 2.7 不难看出，新的基可行解为

$$\boldsymbol{X}^{(1)}=(\hat{b}_1,\hat{b}_2,\cdots,\hat{b}_{r-1},0,\hat{b}_{r+1},\cdots,\hat{b}_m,0,\cdots,0,\hat{b}_k,0,\cdots,0)^{\mathrm{T}},$$

相应的目标函数值为 $Z^{(1)}$.

2. 单纯形法的迭代步骤

综上所述，我们将用单纯形法求解线性规划问题的迭代步骤归纳如下.

(1) 找出初始可行基(待后将作进一步讨论)，写出对应的典式，确定初始基可行解，列初始单纯形表.

(2) 检验各非基变量 x_j 的检验数 σ_j，若所有的 $\sigma_j\leqslant 0(j=1,2,\cdots,n)$，则已求得最优解

$$\boldsymbol{X}^*=\begin{pmatrix}\boldsymbol{X}_B^*\\ \boldsymbol{X}_N^*\end{pmatrix}=\begin{pmatrix}\boldsymbol{b}'\\ \boldsymbol{0}\end{pmatrix}$$

及目标函数最优值 $Z^*=\boldsymbol{C}_B\boldsymbol{b}'$，迭代停止；否则，转步骤(3).

(3) 在所有的 $\sigma_j>0$ 中，若有某个 $\sigma_k>0$ 对应的 x_k 的系数列向量 $\boldsymbol{P}'_k\leqslant\boldsymbol{0}$(即 $a'_{ik}\leqslant 0,i=1,2,\cdots,m$)，则此问题无界，迭代停止；否则，转步骤(4).

(4) 根据 $\sigma_k=\max\{\sigma_j\mid\sigma_j>0,1\leqslant j\leqslant n\}$ 确定 x_k 为进基变量，又根据最小比值法则计算

$$\theta=\min\left\{\frac{b'_i}{a'_{ik}}\mid a'_{ik}>0,1\leqslant i\leqslant m\right\}=\frac{b'_r}{a'_{rk}},$$

确定 x_r 为出基变量，转步骤(5).

(5) 以 a'_{rk}(用“$*$”号标出)为主元进行旋转变换(即进行矩阵的初等行变换)，将

x_k 所对应的列向量变换为单位列向量，即将

$$P'_k = \begin{bmatrix} a'_{1k} \\ a'_{2k} \\ \vdots \\ a'_{rk} \\ \vdots \\ a'_{mk} \end{bmatrix} \xrightarrow{\text{变换为}} \begin{bmatrix} 0 \\ 0 \\ \vdots \\ 1 \\ \vdots \\ 0 \end{bmatrix} \leftarrow \text{第 } r \text{ 个分量}$$

同时应将检验数行中的 σ_k 变为零，将 $\boldsymbol{X}_B$ 列中的 x_r 换为 x_k，得新的单纯形表。返回步骤(2).

注意 在用矩阵的初等变换进行旋转变换时，只能用初等变换中的两条法则，它们是：

(1) 用一个非零常数去乘或除以矩阵的某一行；

(2) 用一个非零常数去乘或除以矩阵的某一行，再加到另一行去.

而且它们只作行变换，不作列变换，这是与线性代数中不同的.

从步骤(2)～(5)的每一个循称为**一次单纯形迭代**，一个线性规划问题往往要经过多次迭代才能求得最优解或者判定它无解.

例 2.3.1 用单纯形法求解 2.1 节例 2.2.1.

$$\max Z = 10x_1 + 18x_2;$$

$$\text{s.t.}\begin{cases} 5x_1 + 2x_2 \leqslant 170; \\ 2x_1 + 3x_2 \leqslant 100; \\ x_1 + 5x_2 \leqslant 150; \\ x_1, x_2 \geqslant 0. \end{cases}$$

解 先引入松弛变量 x_3、x_4、x_5，将问题化为标准形式，即

$$\max Z = 10x_1 + 18x_2;$$

$$\text{s.t.}\begin{cases} 5x_1 + 2x_2 + x_3 = 170; \\ 2x_1 + 3x_2 + x_4 = 100; \\ x_1 + 5x_2 + x_5 = 150; \\ x_j \geqslant 0 \ (j = 1,2,\cdots,5). \end{cases}$$

取初始可行基

$$\boldsymbol{B}_0 = (\boldsymbol{P}_3, \boldsymbol{P}_4, \boldsymbol{P}_5) = \boldsymbol{I}.$$

这时问题已是关于基 $\boldsymbol{B}_0$ 的典式，故可直接作初始单纯形表(见表 2.8(Ⅰ)).

由表 2.8(Ⅰ)可知，初始基可行解为

$$\boldsymbol{X}^{(0)} = (0,0,170,100,150)^{\mathrm{T}};$$

初始目标函数值 $Z^{(0)} = 0$.

检查对应非基变量的检验数，因为

$$\sigma_k = \max\{\sigma_j \mid \sigma_j > 0\} = \max\{10,18\} = 18 = \sigma_2,$$

故取第 2 列的 x_2 为进基变量,又因为 $a_{i2}>0\ (i=1,2,3)$,计算

$$\theta=\min\left\{\frac{b_i}{a_{i2}}\mid a_{i2}>0\right\}=\min\left\{\frac{170}{2},\frac{100}{3},\frac{150}{5}\right\}=30=\frac{b_3}{a_{32}},$$

故取第 3 行的 x_5 为出基变量,以 $a_{32}=5$ 为主元(以"*"号标出)作旋转运算,得新的单纯形表(见表 2.8(Ⅱ)),新的基可行解为

$$\boldsymbol{X}^{(1)}=(0,30,110,10,0)^{\mathrm{T}},$$

相应的目标函数值 $Z^{(1)}=540$.

表 2.8

序号		$\boldsymbol{C}$		10	18	0	0	0
	$\boldsymbol{C}_B$	$\boldsymbol{X}_B$	$\boldsymbol{b}$	x_1	x_2	x_3	x_4	x_5
Ⅰ	0	x_3	170	5	2	1	0	0
	0	x_4	100	2	3	0	1	0
	0	x_5	150	1	5*	0	0	1
		Z	0	10	18	0	0	0
Ⅱ	0	x_3	110	23/5	0	1	0	−2/5
	0	x_4	10	7/5*	0	0	1	−3/5
	18	x_2	30	1/5	1	0	0	1/5
		Z	−540	32/5	0	0	0	−18/5
Ⅲ	0	x_3	540/7	0	0	1	−23/7	11/7
	10	x_1	50/7	1	0	0	5/7	−3/7
	18	x_2	200/7	0	1	0	−1/7	2/7
		Z	−4100/7	0	0	0	−32/7	−6/7

又由表 2.8(Ⅱ)可以看出,只有一个非基变量的检验数 $\sigma_1'=32/5>0$,故再取 x_1 为进基变量. 又因为 $a'_{i1}>0(i=1,2,3)$,计算

$$\theta=\min\left\{\frac{110}{23/5},\frac{10}{7/5},\frac{30}{1/5}\right\}=\frac{50}{7}=\frac{b'_2}{a'_{21}},$$

故取 x_4 为出基变量,以 $a'_{21}=7/5$ 为主元作旋转运算,得新的单纯形表(见表 2.8(Ⅲ)).

由表 2.8(Ⅲ)可以看出,检验数已全部非正,于是判定已求得最优解

$$\boldsymbol{X}^*=\boldsymbol{X}^{(2)}=(50/7,200/7,540/7,0,0)^{\mathrm{T}}.$$

相应的目标函数最优值 $Z^*=4100/7$,其结果与 2.1 节例 2.1.1 的计算结果相同.

3. 单纯形法求解结果的讨论

为了进一步熟悉单纯形法的迭代步骤,下面举几个计算实例,同时通过这几个例子再讨论一下单纯形法的求解结果.

1) 唯一最优解

上例的求解结果说明它的最优解是唯一的,下面再举一例.

例 2.3.2 用单纯形法求解线性规划问题

$$\min Z=2x_1-x_2-3x_3+\frac{5}{2}x_4-2x_5;$$

$$\text{s.t.}\begin{cases}-4x_1-2x_2+13x_3-2x_4+x_5=46;\\12x_1-x_2+x_3+2x_4\leqslant 24;\\8x_1+x_2-x_3-x_4\leqslant 3;\\x_j\geqslant 0\ (j=1,2,\cdots,5).\end{cases}$$

解 引入松弛变量 x_6、x_7，再将目标函数反号后，将问题化为标准形

$$\max Z'=-2x_1+x_2+3x_3-\frac{5}{2}x_4+2x_5; \tag{2.40}$$

$$\text{s.t.}\begin{cases}-4x_1-2x_2+13x_3-2x_4+x_5=46;\\12x_1-x_2+x_3+2x_4+x_6=24;\\8x_1+x_2-x_3-x_4+x_7=3;\\x_j\geqslant 0\ (j=1,2,\cdots,7).\end{cases} \tag{2.41}$$

由于 $\boldsymbol{P}_5$、$\boldsymbol{P}_6$、$\boldsymbol{P}_7$ 分别是单位列向量，故可以由它们组成初始可行基

$$\boldsymbol{B}_0=(\boldsymbol{P}_5,\boldsymbol{P}_6,\boldsymbol{P}_7)=\boldsymbol{I},$$

相应的变量 x_5、x_6、x_7 为基变量. 但这时目标函数中含基变量 x_5，因此这个标准形还不是典式，为了作初始单纯形表，还应将此问题化为典式. 为此，只需就约束方程式(2.41)解出 x_5，再代入目标函数(式(2.40))中以消去基变量 x_5，这个工作也可以利用式(2.21)计算出检验数后填入表中，例中

$$\sigma_1=c_1-\boldsymbol{C}_B\boldsymbol{P}_1^{\mathrm{T}}=-2-(2,0,0)\begin{bmatrix}-4\\12\\8\end{bmatrix}=6.$$

它也可以利用表中的数据计算得到，如表 2.9(Ⅰ)所示，首先由表的第 1 行查得 x_1 的系数 $c_1=-2$，再减去将 $\boldsymbol{C}_B$ 列的各元素与第 1 列的各元素对应相乘再相加之和. 其余的 $\sigma_j\,(j=2,3,\cdots,7)$ 都可按同样的方法求得.

其迭代过程见表 2.9(Ⅱ)、(Ⅲ)、(Ⅳ)，有关记号都在表中标出，我们就不再详细分析了，但有几点需要说明一下：

(1) 由表 2.9(Ⅳ)可以看出，由于非基变量的检验数 σ_1、σ_3、σ_6、σ_7 全小于零，故已求得最优解

$$\boldsymbol{X}^*=(0,30,0,27,160,0,0)^{\mathrm{T}}$$

目标函数最优值 $Z'^*=565/2$. 但这是极大值问题(式(2.40))的目标函数值，而原问题是求极小值，故原问题目标函数最优值 $Z^*=-565/2$.

这个问题的最优解是唯一的. 一般来说，一个非退化的基可行解为线性规划问题的唯一最优解的充分必要条件是它所对应的非基变量的检验数全小于零，即 $\boldsymbol{\sigma}_N<\boldsymbol{0}$. 本节的例 2.3.1、例 2.3.2 都属于这种情况.

(2) 由最终单纯形表还可以查得最优基 $\boldsymbol{B}$ 的逆矩阵 $\boldsymbol{B}^{-1}$，它就在与初始表中单位矩阵(初始基)相对应的位置.

表 2.9

序 号		C		-2	1	3	$-5/2$	2	0	0
	C_B	X_B	b	x_1	x_2	x_3	x_4	x_5	x_6	x_7
Ⅰ	2	x_5	46	-4	-2	13	-2	1	0	0
	0	x_6	24	12	-1	1	2	0	1	0
	0	x_7	3	8^*	1	-1	-1	0	0	1
		Z	-92	6	5	-23	$3/2$	0	0	0
Ⅱ	2	x_5	$95/2$	0	$-3/2$	$25/2$	$-2/5$	1	0	$1/2$
	0	x_6	$39/2$	0	$-5/2$	$5/2$	$7/2$	0	1	$-3/2$
	-2	x_1	$3/8$	1	$1/8^*$	$-1/8$	$-1/8$	0	0	$1/8$
		Z	$-377/4$	0	$17/4$	$-89/4$	$9/4$	0	0	$-3/4$
Ⅲ	2	x_5	52	12	0	11	-4	1	0	2
	0	x_6	27	20	0	0	1^*	0	1	1
	1	x_3	3	8	1	-1	-1	0	0	1
		Z	-107	-34	0	-18	$13/2$	0	0	-5
Ⅳ	2	x_5	160	92	0	11	0	1	4	6
	$-5/2$	x_4	27	20	0	0	1	0	1	1
	1	x_2	30	28	1	-1	0	0	1	2
		Z	$-565/2$	-164	0	-18	0	0	$-13/2$	$-23/2$

这是因为单纯形法要求初始基是一个单位矩阵 $\boldsymbol{I}$(包括由松弛变量和原变量的系数列向量构成的单位矩阵,如本例中的($\boldsymbol{P}_5,\boldsymbol{P}_6,\boldsymbol{P}_7$)就是.如果没有这样的单位矩阵,还得人为地去凑一个单位矩阵,这一点将在下一节讨论).经过若干次迭代之后,这个单位矩阵 $\boldsymbol{I}$ 变成了什么呢?为了说明这一点,我们不妨将系数矩阵 $\boldsymbol{A}$ 写成分块形式

$$\boldsymbol{A}=(\boldsymbol{B}\ \vdots\ \boldsymbol{I}\ \vdots\ \boldsymbol{D})$$

其中 $\boldsymbol{B}$ 为最优基(如本例中的($\boldsymbol{P}_5,\boldsymbol{P}_4,\boldsymbol{P}_2$)),$\boldsymbol{I}$ 为初始基,$\boldsymbol{B}$ 与 $\boldsymbol{I}$ 都是 $m\times m$ 阶方阵,$\boldsymbol{D}$ 为其余非基向量所组成的 $m\times(n-2m)$ 阶矩阵.

在最终单纯形表中,由最优基 $\boldsymbol{B}$ 组成的方阵总是单位矩阵,实际上单纯形法的计算过程(主要是矩阵的初等变换)就是逐步将 $\boldsymbol{B}$ 化为单位矩阵的过程.这个过程也相当于进行如下的运算:

$$\boldsymbol{B}^{-1}\boldsymbol{A}=(\boldsymbol{B}^{-1}\boldsymbol{B}\ \vdots\ \boldsymbol{B}^{-1}\boldsymbol{I}\ \vdots\ \boldsymbol{B}^{-1}\boldsymbol{D})=(\boldsymbol{I}\ \vdots\ \boldsymbol{B}^{-1}\ \vdots\ \boldsymbol{B}^{-1}\boldsymbol{D}).$$

可以看到,当最优基 $\boldsymbol{B}$ 最后化成单位矩阵时,初始基所形成的单位矩阵则转化为 $\boldsymbol{B}^{-1}$.

例如本例中,初始表(见表 2.9(Ⅰ))中的初始基为 $\boldsymbol{B}_0=(\boldsymbol{P}_5,\boldsymbol{P}_6,\boldsymbol{P}_7)$,则在最终表(见表 2.9(Ⅳ))的相应位置位可以查到最优基的逆矩阵为

$$\boldsymbol{B}^{-1}=\begin{bmatrix}1 & 4 & 6\\0 & 1 & 1\\0 & 1 & 2\end{bmatrix};$$

而最优基

$$\boldsymbol{B}=(\boldsymbol{P}_5,\boldsymbol{P}_4,\boldsymbol{P}_2)=\begin{bmatrix}1 & -2 & -2\\0 & 2 & -1\\0 & -1 & 1\end{bmatrix}.$$

事实上，在迭代过程中的各张表上，都可以在相应位置查到相应基的逆矩阵.

2）无穷多个最优解

由第 1 章的定理 1.6 我们已经知道，若一个线性规划问题(LP)有两个或多个最优解，则它就有无穷多个最优解.

例 2.3.3 用单纯形法求解

$$\max Z = 3x_1 + 2x_2;$$

$$\text{s.t.}\begin{cases} -x_1 + 2x_2 \leqslant 4; \\ 3x_1 + 2x_2 \leqslant 14; \\ x_1 - x_2 \leqslant 3; \\ x_1, x_2 \geqslant 0. \end{cases}$$

解 引入松弛变量 x_3、x_4、x_5，将问题化为标准形式

$$\max Z = 3x_1 + 2x_2;$$

$$\text{s.t.}\begin{cases} -x_1 + 2x_2 + x_3 = 4; \\ 3x_1 + 2x_2 + x_4 = 14; \\ x_1 - x_2 + x_5 = 3; \\ x_j \geqslant 0\ (j = 1, 2, \cdots, 5). \end{cases}$$

选初始可行基 $\boldsymbol{B}_0 = (\boldsymbol{P}_3, \boldsymbol{P}_4, \boldsymbol{P}_5) = \boldsymbol{I}$. x_3、x_4、x_5 为基变量，则问题已是关于基 $\boldsymbol{B}_0$ 的典式. 作初始单纯形表并进行迭代(见表 2.10)，由表 2.10(Ⅲ)可知已求得最优解

$$\boldsymbol{X}_1^* = (4, 1, 6, 0, 0)^{\mathrm{T}}.$$

其目标函数最优值 $Z^* = 14$.

表 2.10

序号	C			3	2	0	0	0
	$\boldsymbol{C}_B$	$\boldsymbol{X}_B$	$\boldsymbol{b}$	x_1	x_2	x_3	x_4	x_5
Ⅰ	0	x_3	4	−1	2	1	0	0
	0	x_4	14	3	2	0	1	0
	0	x_5	3	1^*	−1	0	0	1
	Z		0	3	2	0	0	0
Ⅱ	0	x_3	7	0	1	1	0	1
	0	x_4	5	0	5^*	0	1	−3
	3	x_1	3	1	−1	0	0	1
	Z		−9	0	5	0	0	−3
Ⅲ	0	x_3	6	0	0	1	−1/5	$8/5^*$
	2	x_2	1	0	1	0	1/5	−3/5
	3	x_1	4	1	0	0	−1/5	2/5
	Z		−14	0	0	0	−1	0
Ⅳ	0	x_5	15/4	0	0	5/8	−1/8	1
	2	x_2	13/4	0	1	3/8	1/8	0
	3	x_1	5/2	1	0	−1/4	1/4	0
	Z		−14	0	0	0	−1	0

但是,由表 2.10(Ⅲ)还可以看出,在检验数行(Z 行)中,除基变量的检验数 $\sigma_1=\sigma_2=\sigma_3=0$ 外,还有非基变量 x_5 的检验数 $\sigma_5=0$. 这时若令 x_5 再进基,并不会改变当前目标函数值,于是可以再迭代一次,求出另一个最优解(见表 2.10(Ⅳ)).

$$\boldsymbol{X}_2^* = \left(\frac{5}{2},\frac{13}{4},0,0,\frac{15}{4}\right)^{\mathrm{T}},$$

其目标函数最优值还是 $Z^*=14$.

一旦找到了两个最优解,则根据第 1 章的定理 1.6 知,它们的凸组合

$$\boldsymbol{X}^* = \lambda\boldsymbol{X}_1^* + (1-\lambda)\boldsymbol{X}_2^* = \lambda\begin{bmatrix}4\\1\\6\\0\\0\end{bmatrix} + (1-\lambda)\begin{bmatrix}5/2\\13/4\\0\\0\\15/4\end{bmatrix} \quad (0\leqslant\lambda\leqslant 1)$$

也是该问题的最优解,故有无穷多个最优解.

一般来说,在一个线性规划问题的最优基对应的单纯形表中,如果非基变量的检验中有零,则该问题就有无穷多个最优解,这一点在定理 2.2 中已得到了证明.

3) 无有限解

例 2.3.4 用单纯形法求解

$$\max Z = x_2 + 2x_3; \tag{2.42}$$

$$\text{s.t.}\begin{cases} x_1 - 2x_2 + x_3 = 2; \\ x_2 - 3x_3 + x_4 = 1; \\ x_2 - x_3 + x_5 = 2; \\ x_j \geqslant 0\ (j=1,2,\cdots,5). \end{cases} \tag{2.43, 2.44}$$

解 因$(\boldsymbol{P}_1,\boldsymbol{P}_4,\boldsymbol{P}_5)$是一个单位矩阵,故可取初始可行基

$$\boldsymbol{B}_0 = (\boldsymbol{P}_1,\boldsymbol{P}_4,\boldsymbol{P}_5) = \boldsymbol{I}.$$

变量 x_1、x_4、x_5 为基变量. 这时问题已是关于基 $\boldsymbol{B}_0$ 的典式. 列初始单纯形表(见表 2.11(Ⅰ)),经过一次迭代得表 2.11(Ⅱ),由该表可以看出,这时检验数 $\sigma_2=5>0$,而对应的 $\boldsymbol{P}'_2=(-2,-5,-1)^{\mathrm{T}}<\boldsymbol{0}$,于是,由本章的定理 2.4 可知,此问题无有限解.

表 2.11

序号	**C**			0	1	2	0	0
	$\boldsymbol{C}_B$	$\boldsymbol{X}_B$	$\boldsymbol{b}$	x_1	x_2	x_3	x_4	x_5
Ⅰ	0	x_1	2	1	−2	1*	0	0
	0	x_4	1	0	1	−3	1	0
	0	x_5	2	0	1	−1	0	1
	Z		0	0	1	2	0	0
Ⅱ	2	x_3	2	1	−2	1	0	0
	0	x_4	7	3	−5	0	1	0
	0	x_5	4	1	−1	0	0	1
	Z		−4	−2	5	0	0	0

本例的可行域是无界的，事实上，如果我们把约束方程组（式(2.43)）中的 x_1、x_4、x_5 分别看作松弛变量予以略去，则得下列不等式组

$$\begin{cases} -2x_2+x_3\leqslant 2; \\ x_2-3x_3\leqslant 1; \\ x_2-x_3\leqslant 2; \\ x_2,x_3\geqslant 0. \end{cases}$$

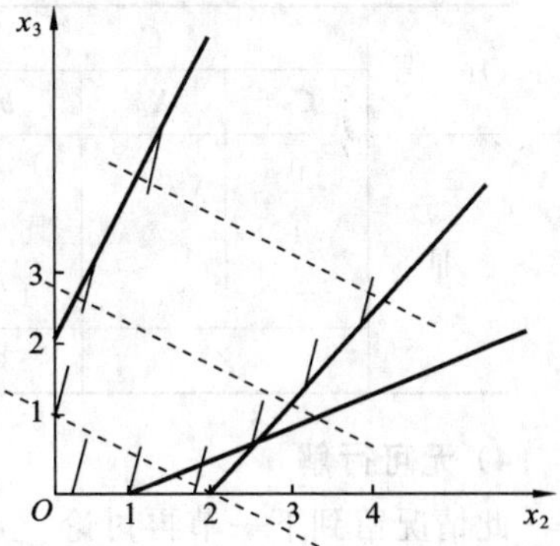

图 2.1

再在 x_2Ox_3 平面上作图（见图 2.1），其阴影部分为可行域 D，显然是无界的. 再作目标函数（式(2.42)）的等值线（见图中虚线），它可以沿其正法线方向 $(1,2)^{\mathrm{T}}$ 一直平移到无穷远处，故此问题的解无界.

由上例可以看出，线性规划的无有限解出现在可行域无界的条件下，但反过来并不一定成立，即在可行域无界的条件下，线性规划问题也可能有有限最优解.

例 2.3.5 用单纯形法求解

$$\max Z=x_2-2x_3;$$

$$\text{s.t.}\begin{cases} x_1-2x_2+x_3=2; \\ x_2-3x_3+x_4=1; \\ x_2-x_3+x_5=2; \\ x_j\geqslant 0\quad (j=1,2,\cdots,5). \end{cases}$$

解 这个问题的可行域与例 2.3.4 相同，即可行域是无界的. 现在我们用单纯形法来求解. 其迭代过程见表 2.12，由表 2.12(Ⅲ)可以看出已求得最优解

$$\boldsymbol{X}^*=\left(\frac{13}{2},\frac{5}{2},\frac{1}{2},0,0\right)^{\mathrm{T}}$$

及目标函数最优值 $Z^*=3/2$.

本例说明，尽管可行域无界，但线性规划问题还可能有有限最优解.

表 2.12

序号	$\boldsymbol{C}$			0	1	−2	0	0
	$\boldsymbol{C}_B$	$\boldsymbol{X}_B$	$\boldsymbol{b}$	x_1	x_2	x_3	x_4	x_5
Ⅰ	0	x_1	2	1	−2	1	0	0
	0	x_4	1	0	1^*	−3	1	0
	0	x_5	2	0	1	−1	0	1
	Z		0	0	1	−2	0	0
Ⅱ	0	x_1	4	1	0	−5	2	0
	1	x_2	1	0	1	−3	1	0
	0	x_5	1	0	0	2^*	−1	1
	Z		−1	0	0	1	−1	0

续表

序　号		C		0	1	−2	0	0
	C_B	X_B	b	x_1	x_2	x_3	x_4	x_5
Ⅲ	0	x_1	13/2	1	0	0	−1/2	5/2
	1	x_2	5/2	0	1	0	−1/2	3/2
	−2	x_3	1/2	0	0	1	−1/2	−1/2
	Z		−3/2	0	0	0	−1/2	−1/2

4) 无可行解

此情况留到下一节再讨论.

最后,还要说明两点:

(1) 在单纯形法的迭代步骤(4)中,选择进基变量的法则是:若

$$\sigma_k = \max\{\sigma_j \mid \sigma_j > 0, 1 \leqslant j \leqslant n\},$$

则选择与 σ_k 相对应的变量 x_k 为进基变量.

现在若同时有几个 $\sigma_j > 0$ 都等于最大值 σ_k,那么取哪一个变量为进基变量 x_k 呢? 一般来说,可以取其中任何一个变量作为进基变量 x_k;也可以选取其中下标最小的那一个变量作为进基变量 x_k.

(2) 在单纯形法的迭代步骤(4)中,选择出基变量的法则是:若

$$\theta = \min\left\{\frac{b'_i}{a'_{ik}} \mid a'_{ik} > 0, 1 \leqslant i \leqslant m\right\} = \frac{b'_r}{a'_{rk}},$$

则选择相应的变量 x_r 为出基变量.

现在若同时有几个 b'_i/a'_{ik} ($a'_{ik}>0$)都等于极小值 θ,那么取哪一个变量为出基变量 x_r 呢? 也可用类似于(1)中的方法处理,即可以取其中任何一个变量作为出基变量 x_r,或者取最小下标 i 对应的变量作为出基变量 x_r.

以上几个问题的进一步讨论放在本章 2.5 节进行.

2.4 初始可行基的求法

前面介绍的单纯形法,是在假设约束方程组的系数矩阵 **A** 是满秩的,并且已经有一个单位矩阵作为初始可行基和一个初始基可行解的条件下进行的. 但是,在许多线性规划问题中,往往不存在现成的可行基,尤其是当变量的个数和约束条件的个数都很多时,甚至连判定 **A** 是否满秩(即约束方程中是否有多余的方程)或者问题有无可行解(即约束方程组中可能有矛盾方程或问题无非负解)都是困难的. 现在介绍在这种情况下,怎样求初始可行基和初始基可行解,怎样判断原问题无可行解.

考虑线性规划问题

$$\max Z = c_1x_1 + c_2x_2 + \cdots + c_nx_n; \tag{2.45}$$

$$\text{s.t.}\begin{cases} a_{11}x_1 + a_{12}x_2 + \cdots + a_{1n}x_n = b_1; \\ a_{21}x_1 + a_{22}x_2 + \cdots + a_{2n}x_n = b_2; \quad (2.46) \\ \vdots \\ a_{m1}x_1 + a_{m2}x_2 + \cdots + a_{mn}x_n = b_m; \\ x_j \geqslant 0\ (j = 1,2,\cdots,n). \quad (2.47) \end{cases}$$

且假设约束方程组的系数矩阵 $\boldsymbol{A}$ 中不含一个 $m \times m$ 阶的单位矩阵，$b_i \geqslant 0 (i=1,2,\cdots,m)$.

为了求得一个初始可行基和初始基可行解，有两条途径：

(1)试算法. 在系数矩阵 $\boldsymbol{A}$ 中，任取 m 个线性无关的列向量(假定 $\boldsymbol{A}$ 的秩为 m，这样的列向量一定存在)作为基 $\boldsymbol{B}$，相应的变量作为基变量，然后用矩阵的初等行变换对约束方程组(式(2.46))的增广增阵 $\overline{\boldsymbol{A}} = (\boldsymbol{A} \,\vdots\, \boldsymbol{b})$ 进行变换，变换的目的是将其中的 $\boldsymbol{B}$ 变为单位矩阵，这样就可以将约束方程组 $\boldsymbol{AX}=\boldsymbol{b}$ 化为

$$\boldsymbol{X}_B + \boldsymbol{B}^{-1}\boldsymbol{N}\boldsymbol{X}_N = \boldsymbol{B}^{-1}\boldsymbol{b}.$$

当 $\boldsymbol{B}^{-1}\boldsymbol{b} \geqslant \boldsymbol{0}$ 时，令 $\boldsymbol{X}_N = \boldsymbol{0}$，即得初始基可行解

$$\boldsymbol{X}^{(0)} = \begin{pmatrix} \boldsymbol{B}^{-1}\boldsymbol{b} \\ \boldsymbol{0} \end{pmatrix}.$$

这就是本章 2.2 节中将一个线性规划问题化为典式的过程(见 2.2 节例 2.2.1).

这种试算法有几点不能令人满意. 首先要从 $\boldsymbol{A}$ 的 n 列中选出 m 个线性无关的列向量，即要判断 m 个列向量线性无关就要花一定的计算工作量；其次，即使选出了 m 个线性无关的列向量可以作为基 $\boldsymbol{B}$，但这并不一定能保证最后计算出来的 $\boldsymbol{B}^{-1}\boldsymbol{b} \geqslant \boldsymbol{0}$，即基 $\boldsymbol{B}$ 不一定是可行基；最后，矩阵的初等变换的计算量也是很大的. 基于这几点，在实际计算中就很少采用试算法，而采用下面的人工变量法.

(2) 人工变量法. 为了要在约束方程组的系数矩阵中凑成一个 $m \times m$ 阶的单位矩阵，以便形成一个初始可行基，可以在每个约束方程(式(2.46))中人为地加上一个变量，称为**人工变量**，将约束方程组(式(2.46))化为

$$\begin{cases} a_{11}x_1 + a_{12}x_2 + \cdots + a_{1n}x_n + x_{n+1} \qquad\qquad = b_1; \\ a_{21}x_1 + a_{22}x_2 + \cdots + a_{2n}x_n \quad + x_{n+2} \qquad = b_2; \\ \vdots \\ a_{m1}x_1 + a_{m2}x_2 + \cdots + a_{mn}x_n \qquad\qquad + x_{n+m} = b_m; \\ x_j \geqslant 0\ (j = 1,2,\cdots,n,n+1,\cdots,n+m). \end{cases} \tag{2.48}$$

其中 $x_{n+1}, x_{n+2}, \cdots, x_{n+m}$ 为人工变量. 也可将上式简记为

$$\begin{cases} \boldsymbol{AX} + \boldsymbol{IX}_M = \boldsymbol{b}; \\ \boldsymbol{X} \geqslant \boldsymbol{0}, \quad \boldsymbol{X}_M \geqslant \boldsymbol{0}. \end{cases} \tag{2.49}$$

其中 $\boldsymbol{X}_M = (x_{n+1}, x_{n+2}, \cdots, x_{n+m})^{\mathrm{T}}$ 为人工变量向量，$m \times m$ 阶单位矩阵 $\boldsymbol{I}$ 称为**人造基**. 而人工变量 $x_{n+i} (i=1,2,\cdots,m)$ 为基变量，在式(2.48)中，令 $x_j = 0 (j=1,2,\cdots,$

n),得

$$x_{n+i} = b_i \ (i = 1,2,\cdots,m).$$

于是得初始基可行解

$$\overline{\boldsymbol{X}}^{(0)} = (0,\cdots,0,b_1,b_2,\cdots,b_m)^{\mathrm{T}}.$$

但是,由于引进了人工变量,如果还是以原问题的目标函数(式(2.45))为新问题的目标函数,这样得到的线性规划问题就不可能与原问题等价(因为人工变量的引入已经改变了原问题的约束条件).为了求解原问题,要设法排除人工变量,下面介绍两种排除人工变量的方法,它也就是求初始可行基和初始基可行解的方法.

1. 大 M 法

因为人工变量是后加入到原约束方程组中的虚拟变量,我们要求将它从基变量中逐渐被置换出来.为此,只需假定人工变量在目标函数中的系数为 $-M$($M>0$ 是一个充分大的数),这样,对于求极大值问题而言,只要在基本可行解中,还有人工变量是基变量,且取值不为零,则目标函数就不可能达到最大值(对于极小值问题而言,人工变量在目标函数中的系数取 $+M$),这种方法称为大 M 法.具体做法如下.

引入人工变量 x_{n+i}($i=1,2,\cdots,m$)及一个充分大的数 $M>0$,得到新问题(称为**大 M 问题**)

$$\max Z' = c_1x_1 + c_2x_2 + \cdots + c_nx_n - M(x_{n+1} + \cdots + x_{n+m}); \tag{2.50}$$

$$\text{s.t.}\begin{cases} a_{11}x_1 + a_{12}x_2 + \cdots + a_{1n}x_n + x_{n+1} = b_1; \\ a_{21}x_1 + a_{22}x_2 + \cdots + a_{2n}x_n + x_{n+2} = b_2; \\ \quad\vdots \\ a_{m1}x_1 + a_{m2}x_2 + \cdots + a_{mn}x_n + x_{n+m} = b_m; \qquad (2.51) \\ x_j \geqslant 0 \ (j = 1,2,\cdots,n,n+1,\cdots,n+m). \qquad (2.52) \end{cases}$$

显然,只要 M 取得足够大,那么可以说 $\boldsymbol{X}^*$ 是原问题的最优解和 $\begin{pmatrix}\boldsymbol{X}^*\\ \boldsymbol{0}\end{pmatrix}$ 是新问题的最优解是等价的.又因为新问题有初始基可行解 $\begin{pmatrix}\boldsymbol{0}\\ \boldsymbol{b}\end{pmatrix}$,因此总可以用单纯形法求解.为此,要先将新问题(式(2.50)~式(2.52))化为初始可行基 $\boldsymbol{I}$ 的典式,也就是要从约束方程组(式(2.51))中解出人工变量 x_{n+i}($i=1,2,\cdots,m$,现在这些人工变量是基变量),再代入目标函数(式(2.50))中以消去这些基变量.这个工作也可以在作第一张单纯形表时一起完成,新问题的第一张单纯形表如表 2.13 所示.

以下的工作就是进行单纯形迭代了,方法在 2.3 节已详细介绍了,这里不再赘述.但需注意的是“M 是一个充分大的正数”这句话,在进行手工计算时,遇到含 M 的项(这里主要是指表 2.13 中的检验数行),可按下面两条原则处理.

(1) 检验数 $\sigma_j = c_j + M\sum_{i=1}^{m} a_{ij}$ 的符号首先是由 $\sum_{i=1}^{m} a_{ij}$ 的正负号确定:若它为正数,则不论 c_j 是否为正数,σ_j 都是正数;反之,若它为负数,则不论 c_j 的正负,σ_j 都是负数.

表 2.13

C			c_1	c_2	$\cdots$	c_n	c_{n+1}	c_{n+2}	$\cdots$	c_{n+m}
C_B	X_B	b	x_1	x_2	$\cdots$	x_n	x_{n+1}	x_{n+2}	$\cdots$	x_{n+m}
$-M$	x_{n+1}	b_1	a_{11}	a_{12}	$\cdots$	a_{1n}	1	0	$\cdots$	0
$-M$	x_{n+2}	b_2	a_{21}	a_{22}	$\cdots$	a_{2n}	0	1	$\cdots$	0
$\vdots$	$\vdots$	$\vdots$	$\vdots$	$\vdots$		$\vdots$	$\vdots$	$\vdots$		$\vdots$
$-M$	x_{n+m}	b_m	a_{m1}	a_{m2}	$\cdots$	a_{mn}	0	0	$\cdots$	1
Z'		$M\sum_{i=1}^{m}b_i$	$c_1+M\sum_{i=1}^{m}a_{i1}$	$c_2+M\sum_{i=1}^{m}a_{i2}$	$\cdots$	$c_n+M\sum_{i=1}^{m}a_{in}$	0	0	$\cdots$	0

(2) 当检验数 $\sigma_j = c_j + M\sum_{i=1}^{m}a_{ij} > 0$ 时，再比较 $\sum_{i=1}^{m}a_{ij}$ $(1 \leqslant j \leqslant n)$ 的大小：若 $\sum_{i=1}^{m}a_{ij}$ 大，则 σ_j 也大；若 $\sum_{i=1}^{m}a_{ij}$ 小，则 σ_j 也小；若 $\sum_{i=1}^{m}a_{ij}$ 相等时，最后再比较 c_j 的大小，确定进基变量 x_k.

在用计算机进行编程计算时，要给 M 预先赋一个适当大的值(大于迭代过程中可能出现的最大正数)，否则，判别法会失效.

例 2.4.1 用大 M 法求解

$$\max Z = 3x_1 - x_2 - x_3;$$

$$\text{s.t.}\begin{cases} x_1 - 2x_2 + x_3 \leqslant 11; \\ -4x_1 + x_2 + 2x_3 \geqslant 3; \\ -2x_1 \qquad + x_3 = 1; \\ x_j \geqslant 0 \quad (j = 1,2,3). \end{cases}$$

解 引入松弛变量 x_4、x_5，人工变量 x_6、x_7 及一个充分大的 $M>0$，将原问题化为大 M 问题

$$\max Z' = 3x_1 - x_2 - x_3 - Mx_6 - Mx_7;$$

$$\text{s.t.}\begin{cases} x_1 - 2x_2 + x_3 + x_4 = 11; \\ -4x_1 + x_2 + 2x_3 - x_5 + x_6 = 3; \\ -2x_1 + x_3 + x_7 = 1; \\ x_j \geqslant 0 \ (j = 1,2,\cdots,7). \end{cases}$$

注意 这里松弛变量 x_4 可以作为一个基变量，因为在方程组中，它的系数列是一个单位列向量，故只需再对第二和第三这两个约束条件引入人工变量 x_6、x_7，即可得一个单位矩阵.

取初始可行基

$$\boldsymbol{B}_0 = (\boldsymbol{P}_4, \boldsymbol{P}_6, \boldsymbol{P}_7) = \boldsymbol{I},$$

则初始基可行解为

$$\bar{X}^{(0)}=(0,0,0,11,0,3,1)^T.$$

初始目标函数值 $Z'^{(0)}=-4M$.

作初始单纯形表，并进行迭代计算(见表 2.14).

表 2.14

序号	C			3	−1	−1	0	0	−M	−M
	C_B	X_B	b	x_1	x_2	x_3	x_4	x_5	x_6	x_7
Ⅰ	0	x_4	11	1	−2	1	1	0	0	0
	−M	x_6	3	−4	1	2	0	−1	1	0
	−M	x_7	1	−2	0	1^*	0	0	0	1
	Z'		4M	3−6M	−1+M	−1+3M	0	−M	0	0
Ⅱ	0	x_4	10	3	−2	0	1	0	0	−1
	−M	x_6	1	0	1^*	0	0	−1	1	−2
	−1	x_3	1	−2	0	1	0	0	0	1
	Z'		1+M	1	−1+M	0	0	−M	0	1−3M
Ⅲ	0	x_4	12	3^*	0	0	1	−2	2	−5
	−1	x_2	1	0	1	0	0	−1	1	−2
	−1	x_3	1	−2	0	1	0	0	0	1
	Z'		2	1	0	0	0	−1	1−M	−1−M
Ⅳ	3	x_1	4	1	0	0	1/3	−2/3	2/3	−5/3
	−1	x_2	1	0	1	0	0	−1	1	−2
	−1	x_3	9	0	0	1	2/3	−4/3	4/3	−7/3
	Z'		−2	0	0	0	−1/3	−1/3	1/3−M	2/3−M

因 $M>0$ 是一个充分大的数，故由表 2.14(Ⅰ)可知 $\sigma_1=3-6M<0,\sigma_2=-1+M>0,\sigma_3=-1+3M>0$，且 $\sigma_3>\sigma_2$. 故取 x_3 为进基变量，又因为

$$\theta=\min\left\{\frac{11}{1},\frac{3}{2},\frac{1}{1}\right\}=1,$$

故取 x_7 为出基变量，以 $a_{33}=1$ 为主元作旋转运算得表 2.14(Ⅱ)，继续进行迭代，最后由表 2.14(Ⅳ)可以看出，检验数已全部非正，故得大 M 问题的最优解

$$\bar{X}^*=(4,1,9,0,0,0,0)^T$$

及目标函数最优值 $Z^*=2$. 去掉其中的人工变量，即得原问题的最优解

$$X^*=(4,1,9,0,0)^T$$

及目标函数最优值 $Z^*=2$.

对于大 M 法，还有几点需要说明.

(1) 在 $b\geqslant 0$ 的条件下，如果原来的系数矩阵 A 中已经有 $l(0<l<m)$ 个不同的单位列向量(包括松弛变量的系数形成的单位列向量)，则只需再引进 $m-l$ 个人工变量，使它们所在的列和原来的 l 个单位列向量合成一个单位矩阵就行了，这样可以减少计算量.

(2) 在单纯形迭代中，某个人工变量一旦离开基，它的任务就完成了，我们可以

把这一列删去，不再予以考虑，更不要把它再换到基里去. 当然，如果还需要通过最终表查到最优基的逆矩阵，则这些列不能删去，而应继续进行变换.

(3) 设原问题为(P)，采用大 M 法所构造的新问题为(P′)，则大 M 法的结果可能有两种：一是(P′)有最优解，设为 $\begin{bmatrix}\boldsymbol{X}^*\\ \boldsymbol{X}_M^*\end{bmatrix}$. 若这时 $\boldsymbol{X}_M^*=\boldsymbol{0}$，则 $\boldsymbol{X}^*$ 就是原问题(P)的最优解(上例属于这一类)；若 $\boldsymbol{X}_M^*\neq\boldsymbol{0}$，则原问题(P)无可行解. 二是(P′)无界，这时若所有的人工变量都取零值，则原问题(P)也无界；若至少有一个人工变量取正值，则原问题(P)无可行解.

(4)大 M 法的优点是程序实现比较简单，基本上就是原来的单纯形法，只需将目标函数稍加处理(即引入 $M>0$，将目标函数改写成式(2.50)的形式)，就可按原单纯形法的步骤进行迭代，但值得注意的是，在计算时要给 M 赋以一个适当大的定值(特别是在进行计算机编程时)，但究竟应该取多大，事先很难预计，而且 M 过大容易引起计算误差，这也是大 M 法的缺点.

例 2.4.2 用大 M 法求解

$$\max Z=4x_1+3x_3;$$

$$\text{s.t.}\begin{cases}\frac{1}{2}x_1+x_2+\frac{1}{2}x_3-\frac{2}{3}x_4=2;\\ \frac{3}{2}x_1-\frac{1}{2}x_3=3;\\ 3x_1-6x_2+4x_4=0;\\ x_j\geqslant 0\ (j=1,2,3,4).\end{cases}$$

解 引入人工变量 x_5、x_6、x_7 及 $M>0$，将原题化为大 M 问题

$$\max Z'=4x_1+3x_3-M(x_5+x_6+x_7);$$

$$\text{s.t.}\begin{cases}\frac{1}{2}x_1+x_2+\frac{1}{2}x_3-\frac{2}{3}x_4+x_5=2;\\ \frac{3}{2}x_1-\frac{1}{2}x_3+x_6=3;\\ 3x_1-6x_2+4x_4+x_7=0;\\ x_j\geqslant 0\quad(j=1,2,\cdots,7).\end{cases}$$

列初始单纯形表，并进行迭代计算(见表 2.15).

由表 2.15(Ⅲ)可知已求得大 M 问题的最优解

$$\bar{\boldsymbol{X}}^*=(2,1,0,0,0,0,0)^{\mathrm{T}}$$

及目标函数最优值 $Z'^*=8$.

但在最优解 $\bar{\boldsymbol{X}}^*$ 中，人工变量 x_6 是基变量而取值为零，因此去掉它不会影响原问题的解，即原问题的最优解为

$$\boldsymbol{X}^*=(2,1,0,0)^{\mathrm{T}}$$

及目标函数最优值 $Z^*=8$.

表 2.15

序号	C			4	0	3	0	$-M$	$-M$	$-M$
	C_B	X_B	b	x_1	x_2	x_3	x_4	x_5	x_6	x_7
Ⅰ	$-M$	x_5	2	1/2	1	1/2	$-2/3$	1	0	0
	$-M$	x_6	3	3/2	0	$-1/2$	0	0	1	0
	$-M$	x_7	0	3^*	-6	0	4	0	0	1
	Z'		$5M$	$4+5M$	$-5M$	3	$10/3M$	0	0	0
Ⅱ	$-M$	x_5	2	0	2^*	1/2	$-4/3$	1	0	$-1/6$
	$-M$	x_6	3	0	3	$-1/2$	-2	0	1	$-1/2$
	4	x_1	0	1	-2	0	4/3	0	0	1/3
	Z'		$5M$	0	$8+5M$	3	$-16/3-10/3M$	0	0	$-4/3-5/3M$
Ⅲ	0	x_2	1	0	1	1/4	$-2/3$	1/2	0	$-1/12$
	$-M$	x_6	0	0	0	$-5/4$	0	$-3/2$	1	$-1/4$
	4	x_1	2	1	0	1/2	0	1	0	1/6
	Z'		-8	0	0	$1-5/4M$	0	$-4-5/2M$	0	$-2/3-5/4M$

例 2.4.3 用大 M 法求解

$$\max Z = 2x_1 + 4x_2;$$

$$\text{s.t.}\begin{cases}2x_1 - 3x_2 \geqslant 2;\\ -x_1 + x_2 \geqslant 3;\\ x_1, x_2 \geqslant 0.\end{cases}$$

解 引入剩余变量 x_3, x_4 及人工变量 x_5, x_6，$M>0$，将原问题化为大 M 问题

$$\max Z' = 2x_1 + 4x_2 - M(x_5 + x_6);$$

$$\text{s.t.}\begin{cases}2x_1 - 3x_2 - x_3 \qquad + x_5 \qquad = 2;\\ -x_1 + x_2 \quad - x_4 \quad + x_6 \quad = 3;\\ x_j \geqslant 0\ (j = 1,2,\cdots,6).\end{cases}$$

列单纯形表，并进行迭代(见表 2.16)。

表 2.16

序号	C			2	4	0	0	$-M$	$-M$
	C_B	X_B	b	x_1	x_2	x_3	x_4	x_5	x_6
Ⅰ	$-M$	x_5	2	2^*	-3	-1	0	1	0
	$-M$	x_6	3	-1	1	0	-1	0	1
	Z'		$5M$	$2+M$	$4-2M$	$-M$	$-M$	0	0
Ⅱ	2	x_1	1	1	$-3/2$	$-1/2$	0	1/2	0
	$-M$	x_6	4	0	$-1/2$	$-1/2$	-1	1/2	1
	Z'		$-2+4M$	0	$7-1/2M$	$1-1/2M$	$-M$	$-1-1/2M$	0

由表 2.16(Ⅱ)可知已求得大 M 问题的最优解

$$\bar{X}^* = (1,0,0,0,0,4)^{\mathrm{T}}$$

及目标函数最优值 $Z'^*=2-4M$.

但在 $\bar{X}^*$ 中,人工变量 x_6 是基变量而取值不为零,根据前面的讨论可知原问题无可行解.

2. 两阶段法

两阶段法(又称**两步法**)是处理人工变量的另一种方法,这种方法将加入人工变量后的线性规划问题分为两个阶段来求解.

第一阶段:判断原线性规划问题是否存在可行基和基可行解,若存在,就将它找出来. 为此先解一个辅助线性规划问题

$$\max g=-x_{n+1}-x_{n+2}-\cdots-x_{n+m}; \tag{2.53}$$

$$\text{s.t.}\begin{cases} a_{11}x_1+a_{12}x_2+\cdots+a_{1n}x_n+x_{n+1} = b_1; \\ a_{21}x_1+a_{22}x_2+\cdots+a_{2n}x_n \quad +x_{n+2} = b_2; \\ \quad\vdots \\ a_{m1}x_1+a_{m2}x_2+\cdots+a_{mn}x_n \quad\quad +x_{n+m} = b_m; \\ x_j \geqslant 0 \quad (j=1,2,\cdots,n,n+1,\cdots,n+m). \end{cases} \begin{matrix} \\ (2.54) \\ \\ \\ (2.55) \end{matrix}$$

其中 $x_{n+i}(i=1,2,\cdots,m)$ 为人工变量.

我们把原问题(式(2.45)～式(2.47))的可行域记作 D,而把辅助问题的可行域记作 D',显然 $\boldsymbol{X}\in D$ 和 $\begin{pmatrix}\boldsymbol{X}\\ \boldsymbol{0}\end{pmatrix}\in D'$ 是等价的. 而存在 $\begin{pmatrix}\boldsymbol{X}\\ \boldsymbol{0}\end{pmatrix}\in D'$,当且仅当 $\max g=0$. 这样,我们就能通过解辅助问题来获得原问题的初始解了.

对于辅助问题来说,方程组(式(2.54))中人工变量对应的 m 列构成了可行基(单位矩阵),由于 $\boldsymbol{b}\geqslant\boldsymbol{0}$,它对应着一个基可行解 $\begin{pmatrix}\boldsymbol{X}\\ \boldsymbol{X}_M\end{pmatrix}=\begin{pmatrix}\boldsymbol{0}\\ \boldsymbol{b}\end{pmatrix}$ 及相应的目标函数值

$$g^{(0)}=-\sum_{i=1}^{m}b_i.$$

为了用单纯形法解辅助问题(式(2.53)～式(2.55)),还需将目标函数式(式(2.53))中的基变量(人工变量)替换掉,这一工作也可以在列第一张单纯形表时一起完成(见表 2.17).

表 2.17

$\boldsymbol{C}$			0	0	…	0	−1	−1	…	−1
$\boldsymbol{C}_B$	$\boldsymbol{X}_B$	$\boldsymbol{b}$	x_1	x_2	…	x_n	x_{n+1}	x_{n+2}	…	x_{n+m}
−1	x_{n+1}	b_1	a_{11}	a_{12}	…	a_{1n}	1	0	…	0
−1	x_{n+2}	b_2	a_{21}	a_{22}	…	a_{2n}	0	1	…	0
⋮	⋮	⋮	⋮	⋮		⋮	⋮	⋮		⋮
−1	x_{n+m}	b_m	a_{m1}	a_{m2}	…	a_{mn}	0	0	…	1
g		$\sum_{i=1}^{m}b_i$	$\sum_{i=1}^{m}a_{i1}$	$\sum_{i=1}^{m}a_{i2}$	…	$\sum_{i=1}^{m}a_{in}$	0	0	…	0

由表 2.17 可以看出，最后一行(g 行)的各元素，恰好是它所在的列中各人工变量所在行的对应各元素之和，而与人工变量对应的元素为零. 从表 2.17 出发即可进行单纯形迭代. 由于人工变量有非负约束，故目标函数有上界 $g\leqslant 0$，从而必有最优解，求得的最优解及目标函数最优值 g^* 不外乎下列两种可能.

(1) $g^*<0$. 这说明在辅助问题的最优解中，还有人工变量是基变量，且取值不为零，也就是说，不存在这样的 $\boldsymbol{X}$ 使 $\begin{pmatrix}\boldsymbol{X}\\ \boldsymbol{0}\end{pmatrix}\in D'$，因而也就不存在 $\boldsymbol{X}\in D$，故原问题没有可行解，即 $D=\varnothing$，计算停止.

(2) $g^*=0$. 这时自然有 $\boldsymbol{X}_M^*=\boldsymbol{0}$(即所有的人工变量都取零值)，把它们去掉后就得到了原问题的一个可行解. 这时又可能有两种情况.

① 如果在辅助问题的这个最优解中，所有的人工变量都是非基变量，这时只需将人工变量删去，就得到原问题的一个初始可行基和初始基可行解，即可转入第二阶段，继续求解原问题.

② 如果在辅助问题的这个最优解中，还有人工变量是基变量，但取值为零(否则，就不会有 $g^*=0$)，这属于退化的情形. 设辅助问题的最优单纯形表如表 2.18 所示.

表 2.18

$\boldsymbol{C}$			c_1	…	c_s	…	c_n	c_{n+1}	…	c_{n+m}
$\boldsymbol{C}_B$	$\boldsymbol{X}_B$	$\boldsymbol{b}$	x_1	…	x_s	…	x_n	x_{n+1}	…	x_{n+m}
CB_1	x_{B_1}	b'_1	a'_{11}	…	a'_{1s}	…	a'_{1n}	$a'_{1,n+1}$	…	$a'_{1,n+m}$
⋮	⋮	⋮	⋮		⋮		⋮	⋮		⋮
CB_r	x_{B_r}	0	a'_{r1}	…	a'_{rs}	…	a'_{rn}	$a'_{r,n+1}$	…	$a'_{r,n+m}$
⋮	⋮	⋮	⋮		⋮		⋮	⋮		⋮
CB_m	x_{B_m}	b'_m	a'_{m1}	…	a'_{ms}	…	a'_{mn}	$a'_{m,n+1}$	…	$a'_{m,n+m}$
g		0	μ_1	…	μ_s	…	μ_n	μ_{n+1}	…	μ_{n+m}

表中 $\boldsymbol{\mu}=(\mu_1,\mu_2,\cdots,\mu_{n+m})$ 为辅助问题的检验数向量，$\boldsymbol{\mu}\leqslant\boldsymbol{0}$；$x_{B_1},\cdots,x_{B_m}$ 为基变量，设其中 $x_{B_r}(n+1\leqslant B_r\leqslant n+m)$ 为一个人工变量，取值为零. 我们来看表 2.18 中第 r 行的前 n 个元素 $a'_{rj}(j=1,2,\cdots,n)$.

如果 $a'_{rj}(j=1,2,\cdots,n)$ 不全为零，设其中第一个不为零的元素为 $a'_{rs}\neq 0(1\leqslant s\leqslant n)$，这时以 a'_{rs} 为主元再进行一次旋转，由于 $b'_r=0$，因此经过这一次旋转后，最优解与目标函数值均不发生变化，只是将非基变量 x_s 变成了基变量(仍取零值)，代替了人工变量 x_{B_r}，这样就使基变量中少了一个人工变量. 又由于 $b'_r=0$，因此选作主元的 a'_{rs} 不论正负，都不会影响最优解，这就是我们可以以该行中第一个不为零的元素 a'_{rs}(不论正负)为主元的理由.

如果 $a'_{rj}(j=1,2,\cdots,n)$ 全为零，这时矩阵

$$A' = \begin{bmatrix} a'_{11} & a'_{12} & \cdots & a'_{1n} \\ a'_{12} & a'_{22} & \cdots & a'_{2n} \\ \vdots & \vdots & & \vdots \\ a'_{m1} & a'_{m2} & \cdots & a'_{mn} \end{bmatrix}$$

的秩必小于 m，而 $\mathbf{A}'$ 是由原来的系数矩阵 $\mathbf{A}$ 经过一系列初等变换（旋转）得到的. 我们知道初等变换不改变矩阵的秩，故必有原系数矩阵 $\mathbf{A}$ 的秩也小于 m，也就是说，第 r 个约束方程是多余的，把它删去就可以了.

这样，到最后要么断定原问题没有可行解，要么得到原问题的一个基可行解. 若是后者，则第一阶段结束，转入第二阶段.

第二阶段：从第一阶段所求得的初始可行基和初始基可行解出发，继续求解原问题.

先将辅助问题的最优单纯形表中人工变量所在的列删去，并把检验数行（最后一行）换成原问题的目标函数（消去基变量以后）的系数就可以了，从而得到原问题的初始单纯形表，再继续迭代求解.

另一个常用的方法是在第一阶段开始时，就把原问题的目标函数系数加在表的最下面一行（Z 行，若其中有基变量，也应先消去），在进行第一阶段的迭代时，以辅助问题的目标函数 g 行的元素为检验数，同时对 Z 行的元素进行变换. 当从第一阶段转入第二阶段时，就只需将 g 行和人工变量所在的列删去，再以 Z 行的元素为检验数继续进行迭代，直到求得原问题的最优解或者判定它无解为止.

最后，关于两阶段法也有两点说明，这就是在 2.4 节中关于大 M 法的说明中的(1)、(2)两条，对于两阶段法同样适用，这里也不再重复了.

在前面的讨论中，我们总是假定约束系数矩阵 $\mathbf{A}$ 的秩为 m，且 $D\neq\varnothing$，但是对于实际问题来说，一般地并不知道给出的约束方程组是否满足这些假定. 这其实关系不大，根据本节的讨论我们已经看到，在寻求初始解时总能解决这两个问题.

例 2.4.4 用两阶段法求解本节中例 2.4.1.

$$\max Z = 3x_1 - x_2 - x_3;$$

$$\text{s.t.}\begin{cases} x_1 - 2x_2 + x_3 \leqslant 11; \\ -4x_1 + x_2 + 2x_3 \geqslant 3; \\ -2x_1 \qquad + x_3 = 1; \\ x_j \geqslant 0 \quad (j = 1,2,3). \end{cases}$$

解 引入松弛变量 x_4，x_5 和人工变量 x_6，x_7，得辅助问题为

$$\max g = -x_6 - x_7;$$

$$\text{s.t.}\begin{cases} x_1 - 2x_2 + x_3 + x_4 = 11; \\ -4x_1 + x_2 + 2x_3 - x_5 + x_6 = 3; \\ -2x_1 + x_3 + x_7 = 1; \\ x_j \geqslant 0 \quad (j = 1,2,\cdots,7). \end{cases}$$

用单纯形法求解辅助问题,其迭代过程如表 2.19 所示.

表 2.19

序号	C			0	0	0	0	0	−1	−1
	C_B	X_B	b	x_1	x_2	x_3	x_4	x_5	x_6	x_7
Ⅰ	0	x_4	11	1	−2	1	1	0	0	0
	−1	x_6	3	−4	1	2	0	−1	1	0
	−1	x_7	1	−2	0	1^*	0	0	0	1
	g		4	−6	1	3	0	−1	0	0
Ⅱ	0	x_4	10	3	−2	0	1	0	0	−1
	−1	x_6	1	0	1^*	0	0	−1	1	−2
	0	x_3	1	−2	0	1	0	0	0	1
	g		1	0	1	0	0	−1	0	−3
Ⅲ	0	x_4	12	3	0	0	1	−2	2	−5
	0	x_2	1	0	1	0	0	−1	1	−2
	0	x_3	1	−2	0	1	0	0	0	1
	g		0	0	0	0	0	0	−1	−1

由表 2.19(Ⅲ)可以看出,已求得辅助问题最优解

$$\bar{X}^* = (0,1,1,12,0,0,0)^{\mathrm{T}}$$

及目标函数最优值 $g^*=0$,且人工变量已全部出基,故第一阶段结束,转入第二阶段,求解原问题,这时以 $\boldsymbol{B}=(\boldsymbol{P}_4,\boldsymbol{P}_2,\boldsymbol{P}_3)=\boldsymbol{I}$ 为初始可行基,以

$$\boldsymbol{X}^{(0)} = (0,1,1,12,0)^{\mathrm{T}}$$

为初始基可行解.删去人工变量 x_6,x_7 两列,把最后一行换成原问题的目标函数(消去基变量以后)的系数,继续迭代(见表 2.20).

表 2.20

序 号	C			3	−1	−1	0	0
	C_B	X_B	b	x_1	x_2	x_3	x_4	x_5
Ⅰ	0	x_4	12	3^*	0	0	1	−2
	−1	x_2	1	0	1	0	0	−1
	−1	x_3	1	−2	0	1	0	0
	Z		2	1	0	0	0	−1
Ⅱ	3	x_1	4	1	0	0	1/3	−2/3
	−1	x_2	1	0	1	0	0	−1
	−1	x_3	9	0	0	1	2/3	−4/3
	Z		−2	0	0	0	−1/3	−1/3

由表 2.20(Ⅱ)可以看出,已求得原问题的最优解

$$\boldsymbol{X}^* = (4,1,9,0,0)^{\mathrm{T}};$$

及目标函数最优值 $Z^*=2$.

下面再看两个出现退化情形的例子.

例 2.4.5 用两阶段法求解本节例 2.4.2.

$$\max Z = 4x_1 + 3x_3;$$

$$\text{s.t.}\begin{cases}\frac{1}{2}x_1 + x_2 + \frac{1}{2}x_3 - \frac{2}{3}x_4 = 2;\\ \frac{3}{2}x_1 - \frac{1}{2}x_3 = 3;\\ 3x_1 - 6x_2 + 4x_4 = 0;\\ x_j \geqslant 0 \quad (j = 1,2,3,4).\end{cases}$$

解 引入人工变量 x_5、x_6、x_7，得辅助问题

$$\max g = -x_5 - x_6 - x_7;$$

$$\text{s.t.}\begin{cases}\frac{1}{2}x_1 + x_2 + \frac{1}{2}x_3 - \frac{2}{3}x_4 + x_5 = 2;\\ \frac{3}{2}x_1 - \frac{1}{2}x_3 + x_6 = 3;\\ 3x_1 - 6x_2 + 4x_4 + x_7 = 0;\\ x_j \geqslant 0 \quad (j = 1,2,\cdots,7).\end{cases}$$

现在，我们将两个阶段的工作放在一张单纯形表上，并进行迭代（见表 2.21）. 注意，在进行第一阶段工作时，应以 g 行为检验数行.

表 2.21

序号	C			0	0	0	0	−1	−1	−1
	C_B	X_B	b	x_1	x_2	x_3	x_4	x_5	x_6	x_7
Ⅰ	−1	x_5	2	1/2	1	1/2	−2/3	1	0	0
	−1	x_6	3	3/2	0	−1/2	0	0	1	0
	−1	x_7	0	3*	−6	0	4	0	0	1
	g		5	5	−5	0	10/3	0	0	0
	Z		0	4	0	3	0	0	0	0
Ⅱ	−1	x_5	2	0	2*	1/2	−4/3	1	0	−1/6
	−1	x_6	3	0	3	−1/2	−2	0	1	−1/2
	0	x_1	0	1	−2	0	4/3	0	0	1/3
	g		5	0	5	0	−10/3	0	0	−5/3
	Z		0	0	8	3	−16/3	0	0	−4/3
Ⅲ	0	x_2	1	0	1	1/4	−2/3	1/2	0	−1/12
	−1	x_6	0	0	0	−5/4*	0	−3/2	1	−1/4
	0	x_1	2	1	0	1/2	0	1	0	1/6
	g		0	0	0	−5/4	0	−5/2	0	−5/4
	Z		−8	0	0	1	0	−4	0	−2/3

由表 2.21（Ⅲ）可以看出，已经得到辅助问题的最优目标函数值 $g^* = 0$，但是在基变量中还有人工变量 x_6（取值为零）. 而在 x_6 所在的行中，有原变量 x_3（现在是非

基变量)的系数为$-5/4(\neq 0)$,因此可以以它为主元再进行一次旋转运算(这时可以不必考虑人工变量所在的列),得表 2.22.

表 2.22

	C		0	0	0	0
C_B	X_B	b	x_1	x_2	x_3	x_4
0	x_2	1	0	1	0	$-2/3$
0	x_3	0	0	0	1	0
0	x_1	2	1	0	0	0
	g	0	0	0	0	0
	Z	-8	0	0	0	0

由表 2.22 可以看出,第一阶段结束.再以 Z 行为检验数行(这时该行的数据已是经过变换后的数据,不必重新计算)进行判断,因检验数已全部非正,故得原问题的最优解

$$X^* = (2,1,0,0)^{\mathrm{T}}$$

及目标函数最优值 $Z^*=8$.

例 2.4.6 用两阶段法求解

$$\max Z = 4x_1 + 3x_3;$$

$$\text{s.t.}\begin{cases}\dfrac{1}{2}x_1 + x_2 + \dfrac{1}{2}x_3 - \dfrac{2}{3}x_4 = 2;\\ \dfrac{3}{2}x_1 + \dfrac{3}{4}x_3 = 3;\\ 3x_1 - 6x_2 + 4x_4 = 0;\\ x_j \geqslant 0\ (j=1,2,3,4).\end{cases}$$

解 引入人工变量 x_5、x_6、x_7,得辅助问题

$$\max g = -x_5 - x_6 - x_7;$$

$$\text{s.t.}\begin{cases}\dfrac{1}{2}x_1 + x_2 + \dfrac{1}{2}x_3 - \dfrac{2}{3}x_4 + x_5 = 2;\\ \dfrac{3}{2}x_1 + \dfrac{3}{4}x_3 + x_6 = 3;\\ 3x_1 - 6x_2 + 4x_4 + x_7 = 0;\\ x_j \geqslant 0\ (j=1,2,\cdots,7).\end{cases}$$

列初始单纯形表,并进行迭代(见表 2.23).

由表 2.23(Ⅲ)可以看出,已有 $g^*=0$,但基变量中还有人工变量 x_6(取值为零),且在 x_6 所在的行中,原变量 $x_j(j=1,2,3,4)$下所有的元素均为零,这表明原问题的约束方程组中第二个方程是多余的(事实上,可用 3/2 乘第一个方程加1/4乘第三个方程,即得第二个方程,故第二个方程是非独立的),将它去掉,即可转入第二阶段,继续迭代求原问题的最优解(见表 2.24).

表 2.23

序号	C_B	X_B	b	x_1 (0)	x_2 (0)	x_3 (0)	x_4 (0)	x_5 (−1)	x_6 (−1)	x_7 (−1)
Ⅰ	−1	x_5	2	1/2	1	1/2	−2/3	1	0	0
	−1	x_6	3	3/2	0	3/4	0	0	1	0
	−1	x_7	0	3*	−6	0	4	0	0	1
	g		5	5	−5	5/4	10/3	0	0	0
	Z		0	4	0	3	0	0	0	0
Ⅱ	−1	x_5	2	0	2*	1/2	−4/3	1	0	−1/6
	−1	x_6	3	0	3	3/4	−2	0	1	−1/2
	0	x_1	0	1	−2	0	4/3	0	0	1/3
	g		5	0	5	5/4	−10/3	0	0	−5/3
	Z		0	0	8	3	−16/3	0	0	−4/3
Ⅲ	0	x_2	1	0	1	1/4	−2/3	1/2	0	−1/12
	−1	x_6	0	0	0	0	0	−3/2	1	−1/4
	0	x_1	2	1	0	1/2	0	1	0	1/6
	g		0	0	0	0	0	−5/2	0	−5/4
	Z		−8	0	0	1	0	−4	0	−2/3

表 2.24

序号	C_B	X_B	b	x_1 (4)	x_2 (0)	x_3 (3)	x_4 (0)
Ⅰ	0	x_2	1	0	1	1/4*	−2/3
	4	x_1	2	1	0	1/2	0
	Z		−8	0	0	1	0
Ⅱ	3	x_3	4	0	4	1	−8/3
	4	x_1	0	1	−2	0	4/3*
	Z		−12	0	−4	0	8/3
Ⅲ	3	x_3	4	0	0	1	0
	0	x_4	0	3/4	−3/2	0	1
	Z		−12	−2	0	0	0

由表 2.24(Ⅲ)可知,已求得原问题的最优解

$$X^* = (0,0,4,0)^T;$$

目标函数的最优值 $Z^*=12$.

例 2.4.7 用两阶段法证明本节例 2.4.3.

$$\max Z = 2x_1 + 4x_2;$$

$$\text{s.t.}\begin{cases}2x_1 - 3x_2 \geqslant 2;\\ -x_1 + x_2 \geqslant 3;\\ x_1, x_2 \geqslant 0.\end{cases}$$

无可行解.

证 引入松弛变量 x_3、x_4 及人工变量 x_5、x_6,得辅助问题

$$\max g = -x_5 - x_6;$$

$$\text{s.t.}\begin{cases}2x_1 - 3x_2 - x_3 \quad + x_5 \quad = 2;\\ -x_1 + x_2 \quad - x_4 \quad + x_6 = 3;\\ x_j \geqslant 0 \quad (j = 1,2,\cdots,6).\end{cases}$$

列单纯形表,并进行迭代(见表 2.25).

表 2.25

序 号	C			0	0	0	0	−1	−1
	C_B	X_B	b	x_1	x_2	x_3	x_4	x_5	x_6
Ⅰ	−1	x_5	2	2*	−3	−1	0	1	0
	−1	x_6	3	−1	1	0	−1	0	1
	g		5	1	−2	−1	−1	0	0
	Z		0	2	4	0	0	0	0
Ⅱ	0	x_1	1	1	−3/2	−1/2	0	1/2	0
	−1	x_6	4	0	−1/2	−1/2	−1	1/2	1
	g		4	0	−1/2	−1/2	−1	−1/2	0
	Z		−2	0	7	1	0	−1	0

由表 2.25(Ⅱ)可以看出,辅助问题的最优值 $g^* = -4 < 0$,故原问题无可行解.

2.5 单纯形法的进一步讨论

有关单纯形法的几个主要问题,如单纯形法的基本原理、迭代步骤、解的几种特殊情况以及初始可行基的求法等,前面我们都讨论过了.这是单纯形法的基本内容,是学习线性规划必须掌握的,但是,作为求解线性规划的一种基本方法,还有几个细节问题也必须交代一下,以便读者能更好地掌握和运用这种方法.

1. 极小值问题

考虑线性规划问题

$$\min Z = \boldsymbol{CX}; \tag{2.56}$$

$$\text{s.t.}\begin{cases}\boldsymbol{AX} = \boldsymbol{b};\\ X \geqslant \boldsymbol{0}.\end{cases} \tag{2.57}$$

对于这类问题,我们在第 1 章 1.1 节中已经讨论过,应先将目标函数反号,转化为一个求极大值的问题,然后再用前面讲过的单纯形法求解.

但在实际计算中,也可以不进行这种转化,而直接以问题(式(2.57))作为线性规划的标准形式(有许多书就是这样写的),用求解极小值问题的一组法则进行单纯形迭代.这组法则只需将求极大值问题的一些法则稍加修改就可以得到,概括起来就是:当问题(式(2.57))化为典式

$$\min Z = Z^{(0)} + \sum_{j=m+1}^{n} \sigma_j x_j;$$

$$\text{s.t.} \begin{cases} x_i + \sum_{j=m+1}^{n} a'_{ij} x_j = b'_i \quad (i = 1,2,\cdots,m); \\ x_j \geqslant 0 \quad (j = 1,2,\cdots,n). \end{cases}$$

以后,按下列法则进行判别和求解:

(1) 最优性判别条件:若所有的

$$\sigma_j \geqslant 0 \quad (j = 1,2,\cdots,n),$$

则已求得最优解.

(2) 若有某个 $\sigma_k < 0$ $(m+1 \leqslant k \leqslant n)$,且

$$a_{ik} \leqslant 0 \quad (i = 1,2,\cdots,m),$$

则此问题无有限解.

(3) 当上述(1)、(2)两条不满足且 $b'_i > 0 (i=1,2,\cdots,m)$ 时,则当前的解不是最优解,从这个解 $\boldsymbol{X}^{(0)}$ 出发,一定可以找到一个新的基可行解 $\boldsymbol{X}^{(1)}$,使得 $\boldsymbol{CX}^{(1)} < \boldsymbol{CX}^{(0)}$. 即新的解 $\boldsymbol{X}^{(1)}$ 比原来的解 $\boldsymbol{X}^{(0)}$ 更好,这也是通过换基运算来求新的解. 换基的方法是:

① 选进基变量:若

$$\sigma_k = \min\{\sigma_j \mid \sigma_j < 0, 1 \leqslant j \leqslant n\}, \tag{2.58}$$

则取与 σ_k 相对应的变量 x_k 作为进基变量.

② 选出基变量:若

$$\theta = \min\left\{\frac{b'_i}{a'_{ik}} \mid a'_{ik} > 0, 1 \leqslant i \leqslant m\right\} = \frac{b'_r}{a'_{rk}}, \tag{2.59}$$

则取与 b'_r 相对应的变量 x_r 为出基变量.

③ 进行旋转运算(以 a'_{rk} 为主元). 其法则与求极大值问题的法则相同.

下面看几个例子.

例 2.5.1 用单纯形法求解

$$\min Z = x_2 - 3x_3 + 2x_5;$$

$$\text{s.t.} \begin{cases} x_1 + 3x_2 - x_3 + 2x_5 = 7; \\ -2x_2 + 4x_3 + x_4 = 12; \\ -4x_2 + 3x_3 + 8x_5 + x_6 = 10; \\ x_j \geqslant 0 \quad (j = 1,2,\cdots,6). \end{cases}$$

解 显然 $\boldsymbol{P}_1$、$\boldsymbol{P}_4$、$\boldsymbol{P}_6$ 构成一个单位矩阵,故可以作为初始基,即

$$\boldsymbol{B}_0 = (\boldsymbol{P}_1, \boldsymbol{P}_4, \boldsymbol{P}_6) = \boldsymbol{I}$$

相应的变量 x_1、x_4、x_6 可以作为初始基变量,且目标函数中不含这些变量,于是现在的问题就是关于基 $\boldsymbol{B}_0$ 的典式. 我们可以列第一张单纯形表,并进行迭代(见表2.26). 注意,这里使用的是极小值问题的法则进行判别和迭代的.

表 2.26

序号	C			0	1	−3	0	2	0
	C_B	X_B	b	x_1	x_2	x_3	x_4	x_5	x_6
Ⅰ	0	x_1	7	1	3	−1	0	2	0
	0	x_4	12	0	−2	4*	1	0	0
	0	x_6	10	0	−4	3	0	8	1
	Z		0	0	1	−3	0	2	0
Ⅱ	0	x_1	10	1	5/2*	0	1/4	2	0
	−3	x_3	3	0	−1/2	1	1/4	0	0
	0	x_6	1	0	−5/2	0	−3/4	8	1
	Z		9	0	−1/2	0	3/4	2	0
Ⅲ	1	x_2	4	2/5	1	0	1/10	4/5	0
	−3	x_3	5	1/5	0	1	3/10	2/5	0
	0	x_6	11	1	0	0	−1/2	10	1
	Z		11	1/5	0	0	4/5	12/5	0

由表 2.26(Ⅲ)可以看出,检验数已全部非负,故已求得最优解

$$X^* = (0,4,5,0,0,11)^{\mathrm{T}}$$

及最优值 $Z^* = -11$.

对于大 M 法和两阶段法,也可以作类似处理.

例 2.5.2 用大 M 法求解

$$\min Z = -2x_1 - x_2;$$

$$\text{s.t.}\begin{cases} x_1 + x_2 - x_3 = 3; \\ -x_1 + x_2 - x_4 = 1; \\ x_1 + 2x_2 + x_5 = 8; \\ x_j \geqslant 0 \ (j = 1,2,\cdots,5). \end{cases}$$

解 引入人工变量 x_6、x_7 及 $M>0$,将问题化为

$$\min Z = -2x_1 - x_2 + M(x_6 + x_7);$$

$$\text{s.t.}\begin{cases} x_1 + x_2 - x_3 + x_6 = 3; \\ -x_1 + x_2 - x_4 + x_7 = 1; \\ x_1 + 2x_2 + x_5 = 8; \\ x_j \geqslant 0 \ (j = 1,2,\cdots,7). \end{cases}$$

取初始可行基

$$\boldsymbol{B}_0 = (\boldsymbol{P}_6, \boldsymbol{P}_7, \boldsymbol{P}_5) = \boldsymbol{I},$$

则初始基可行解为

$$\overline{\boldsymbol{X}}^{(0)} = (0,0,0,0,8,3,1)^{\mathrm{T}}.$$

初始目标函数值 $Z'^{(0)} = 4M$.

作初始单纯形表,并进行迭代(见表 2.27).

表 2.27

序号	C_B	X_B	b	-2	-1	0	0	0	M	M
				x_1	x_2	x_3	x_4	x_5	x_6	x_7
Ⅰ	M	x_6	3	1	1	-1	0	0	1	0
	M	x_7	1	-1	1^*	0	-1	0	0	1
	0	x_5	8	1	2	0	0	1	0	0
	Z		$-4M$	-2	$-1-2M$	M	M	0	0	0
Ⅱ	M	x_6	2	2^*	0	-1	1	0	1	-1
	-1	x_2	1	-1	1	0	-1	0	0	1
	0	x_5	6	3	0	0	2	1	0	-2
	Z		$1-2M$	$-3-2M$	0	M	$-1-M$	0	0	$1+2M$
Ⅲ	-2	x_1	1	1	0	$-1/2$	$1/2$	0	$1/2$	$-1/2$
	-1	x_2	2	0	1	$-1/2$	$-1/2$	0	$1/2$	$1/2$
	0	x_5	3	0	0	$3/2^*$	$1/2$	1	$-3/2$	$-1/2$
	Z		4	0	0	$-3/2$	$1/2$	0	$3/2+M$	$-1/2+M$
Ⅳ	-2	x_1	2	1	0	0	$2/3$	$1/3$	0	$-2/3$
	-1	x_2	3	0	1	0	$-1/3$	$1/3$	0	$1/3$
	0	x_3	2	0	0	1	$1/3$	$2/3$	-1	$-1/3$
	Z		7	0	0	0	1	1	M	$-1+M$

由该表可以看出,检验数已全部非负,故已求得最优解

$$X^* = (2,3,2,0,0)^{\mathrm{T}},$$

及目标函数最优值 $Z^* = -7$.

下面我们再用两阶段法计算一下此题.

例 2.5.3 用两阶段法求解

$$\min Z = -2x_1 - x_2;$$

$$\text{s.t.}\begin{cases} x_1 + x_2 - x_3 = 3; \\ -x_1 + x_2 - x_4 = 1; \\ x_1 + 2x_2 + x_5 = 8; \\ x_j \geqslant 0 \quad (j = 1,2,\cdots,5). \end{cases}$$

解 引入人工变量 x_6、x_7,得辅助问题

$$\min g = x_6 + x_7;$$

$$\text{s.t.}\begin{cases} x_1 + x_2 - x_3 + x_6 = 3; \\ -x_1 + x_2 - x_4 + x_7 = 1; \\ x_1 + 2x_2 + x_5 = 8; \\ x_j \geqslant 0 \ (j = 1,2,\cdots,7). \end{cases}$$

现在我们将两个阶段的工作放在一张单纯形表上进行,且都用极小值问题的法则进行判别和迭代(见表 2.28).

由表 2.28(Ⅲ)可以看出,已有 $g^* = 0$,故第一阶段结束,删去 g 所在的行及 x_6、

x_7 两列,转入第二阶段,继续迭代(见表 2.29).

表 2.28

序号	C_B	X_B	b	x_1	x_2	x_3	x_4	x_5	x_6	x_7
		C		0	0	0	0	0	1	1
Ⅰ	1	x_6	3	1	1	−1	0	0	1	0
	1	x_7	1	−1	1*	0	−1	0	0	1
	0	x_5	8	1	2	0	0	1	0	0
	g		−4	0	−2	1	1	0	0	0
	Z		0	−2	−1	0	0	0	0	0
Ⅱ	1	x_6	2	2*	0	−1	1	0	1	−1
	−1	x_2	1	−1	1	0	−1	0	0	1
	0	x_5	6	3	0	0	2	1	0	−2
	g		−2	−2	0	1	−1	0	0	2
	Z		1	−3	0	0	−1	0	0	1
Ⅲ	−2	x_1	1	1	0	−1/2	1/2	0	1/2	−1/2
	−1	x_2	2	0	1	−1/2	−1/2	0	1/2	1/2
	0	x_5	3	0	0	3/2	1/2	1	−3/2	−1/2
	g		0	0	0	0	0	0	1	1
	Z		4	0	0	−3/2	1/2	0	3/2	−1/2

表 2.29

序号	C_B	X_B	b	x_1	x_2	x_3	x_4	x_5
		C		−2	−1	0	0	0
Ⅰ	−2	x_1	1	1	0	−1/2	1/2	0
	−1	x_2	2	0	1	−1/2	−1/2	0
	0	x_5	3	0	0	3/2*	1/2	1
	Z		4	0	0	−3/2	1/2	0
Ⅱ	−2	x_1	2	1	0	0	2/3	1/3
	−1	x_2	3	0	1	0	−1/3	1/3
	0	x_3	2	0	0	1	1/3	2/3
	Z		7	0	0	0	1	1

由表 2.29(Ⅱ)可以看出,检验数已全部非负,故已求得最优解

$$\boldsymbol{X}^* = (2,3,2,0,0)^{\mathrm{T}}$$

及目标函数最优值 $Z^* = -7$.

2. 退化与防止循环

在前面讨论单纯形法时,我们总假定基可行解是非退化的,或者说表中的右端向量 $\boldsymbol{B}^{-1}\boldsymbol{b} > \boldsymbol{0}$. 如果一个问题(LP)的每一个基可行解都是非退化的,则用单纯形计算时,每一次迭代都使目标函数值严格增加(对极大值问题而言),因此出现过的解不可能再次出现,由于基可行解的个数有限,这个过程一定可以在有限步内结束. 那么当出现退化解的时候情况又怎样呢?

一般来说，在单纯形法计算中用θ规则确定出基变量时，如果有两个或两个以上相同的最小比值，则在下一次迭代中，就有一个或几个基变量等于零，于是就会出现退化解. 这时出基变量$x_r=0$，迭代后目标函数值不变，这就有可能从某个基开始，经过若干次迭代后又回到了原来的基，也就是说，单纯形法出现了循环，从而导致计算程序失败. 历史上曾有人举出过一些计算实例，证明确实有由退化解导致循环的例子.

下面我们看比尔(Beale)在1955年给出的一个例子.

例 2.5.4 用单纯形法求解

$$\min Z=-\frac{3}{4}x_4+20x_5-\frac{1}{2}x_6+6x_7;$$

$$\text{s.t.}\begin{cases} x_1 + \frac{1}{4}x_4 - 8x_5 - x_6 + 9x_7 = 0; \\ x_2 + \frac{1}{2}x_4 - 12x_5 - \frac{1}{2}x_6 + 3x_7 = 0; \\ x_3 + x_6 = 1; \\ x_j \geqslant 0 \quad (j=1,2,\cdots,7). \end{cases}$$

这个问题的最优解是

$$\boldsymbol{X}^*=\left(\frac{3}{4},0,0,1,0,1,0\right)^{\mathrm{T}},$$

及目标函数最优值$Z^*=-\frac{5}{4}$. 现在我们用单纯形法来求解.

解 显然有一个初始基

$$\boldsymbol{B}_0=(\boldsymbol{P}_1,\boldsymbol{P}_2,\boldsymbol{P}_3)=\boldsymbol{I}$$

我们就从这个基开始计算，迭代中，进基变量和出基变量的选择仍按极小值问题的法则(式(2.58)和式(2.59))进行. 只是当有几个$\sigma_j<0$同时达到最小或有几个b'_i/a'_{ik}($a'_{ik}>0$)同时达到最小时，就选取下标最小的那一个变量进基或出基，具体迭代过程如表2.30所示.

表 2.30

序号	$\boldsymbol{C}$			0	0	0	$-3/4$	20	$-1/2$	6
	$\boldsymbol{C}_B$	$\boldsymbol{X}_B$	$\boldsymbol{b}$	x_1	x_2	x_3	x_4	x_5	x_6	x_7
Ⅰ	0	x_1	0	1	0	0	$1/4^*$	-8	-1	9
	0	x_2	0	0	1	0	$1/2$	-12	$-1/2$	3
	0	x_3	1	0	0	1	0	0	1	0
	Z		0	0	0	0	$-3/4$	20	$-1/2$	6
Ⅱ	$-3/4$	x_4	0	4	0	0	1	-32	-4	36
	0	x_2	0	-2	1	0	0	4^*	$3/2$	-15
	0	x_3	1	0	0	1	0	0	1	0
	Z		0	3	0	0	0	-4	$-7/2$	33

续表

序号	C_B	X_B	b	x_1 (0)	x_2 (0)	x_3 (0)	x_4 (−3/4)	x_5 (20)	x_6 (−1/2)	x_7 (6)
Ⅲ	−3/4	x_4	0	−12	8	0	1	0	8*	−84
	20	x_5	0	−1/2	1/4	0	0	1	3/8	−15/4
	0	x_3	1	0	0	1	0	0	1	0
	Z		0	1	1	0	0	0	−2	18
Ⅳ	−1/2	x_6	0	−3/2	1	0	1/8	0	1	−21/2
	20	x_5	0	1/16	−1/8	0	−3/64	1	0	3/16*
	0	x_3	1	3/2	−1	1	−1/8	0	0	21/2
	Z		0	−2	3	0	1/4	0	0	−3
Ⅴ	−1/2	x_6	0	2*	−6	0	−5/2	56	1	0
	6	x_7	0	1/3	−2/3	0	−1/4	16/3	0	1
	0	x_3	1	−2	6	1	5/2	−56	0	0
	Z		0	−1	1	0	−1/2	16	0	0
Ⅵ	0	x_1	0	1	−3	0	−5/4	28	1/2	0
	6	x_7	0	0	1/3*	0	1/6	−4	−1/6	1
	0	x_3	1	0	0	1	0	0	1	0
	Z		0	0	−2	0	−7/4	44	1/2	0
Ⅶ	0	x_1	0	1	0	0	1/4	−8	−1	9
	0	x_2	0	0	1	0	1/2	−12	−1/2	3
	0	x_3	1	0	0	1	0	0	1	0
	Z		0	0	0	0	−3/4	20	−1/2	6

从表 2.30(Ⅶ)中可以看出,经过这一系列迭代之后,又和表 2.30(Ⅰ)完全一样.因此,如果还是按照原来的规则进行迭代的话,那么所得到的只能是上面这些表的重复,而永远得不到最优解,我们称这种情况为**循环**(或**死循环**).为了避免循环,就需要再补充一些换基的规则.曾经有人先后提出过“摄动法”和“字典序法”等避免循环的方法,但都比较烦琐.1977 年,由勃兰特(Bland)提出了一种简便的法则,称为**勃兰特法则**.该法则规定:对极大值问题而言,在每一步迭代时均应进行如下选择.

(1) 选择进基变量:选取 $\sigma_j>0(1\leqslant j\leqslant n)$ 中下标最小的检验数 σ_k 所对应的非基变量 x_k 作为进基变量,即若

$$k=\min\{j \mid \sigma_j>0,1\leqslant j\leqslant n\},$$

则选择 x_k 作为进基变量.

(2) 选择出基变量:当按 θ 规则计算比值时,若存在几个 b'_r/a'_{rk} 同时达到最小时,就选其中下标最小的那个基变量 x_l 作为出基变量,若

$$l=\min_r\left\{r\left|\frac{b'_r}{a'_{rk}}=\min_i\left\{\frac{b'_i}{a'_{ik}}\right| a'_{ik}>0\ \ 1\leqslant i\leqslant m\right\}\right\},$$

则选择 x_l 作为出基变量.

勃兰特从理论上证明了在单纯形法迭代中，使用这两条规则确定进基变量和出基变量，不会产生循环，利用勃兰特法则，我们将例 2.5.4 重新计算如下：由于表2.30中的前三次迭代都符合勃兰特法则，为节省篇幅，我们从其中的表 2.30(Ⅳ)开始. 由表 2.30(Ⅳ)可以看出，其中有两个检验数为负，即 x_1 的检验数为-2，x_7 的检验数为-3. 按原规则(式(2.58))应取 x_7 进基，迭代得表 2.30(Ⅴ). 现在我们改为按勃兰特法则，选下标最小的变量 x_1 先进基，其迭代过程见表 2.31.

表 2.31

序号	$\boldsymbol{C}$			0	0	0	$-3/4$	20	$-1/2$	0
	$\boldsymbol{C}_B$	$\boldsymbol{X}_B$	$\boldsymbol{b}$	x_1	x_2	x_3	x_4	x_5	x_6	x_7
Ⅳ	$-1/2$	x_6	0	$-3/2$	1	0	1/8	0	1	$-21/2$
	20	x_5	0	$1/16^*$	$-1/8$	0	$-3/64$	1	0	3/16
	0	x_3	1	3/2	-1	1	$-1/8$	0	0	21/2
	Z		0	-2	3	0	1/4	0	0	-3
Ⅴ	$-1/2$	x_6	0	0	-2	0	-1	24	1	-6
	0	x_1	0	1	-2	0	$-3/4$	16	0	3
	0	x_3	1	0	2^*	1	1	-24	0	6
	Z		0	0	-1	0	$-5/4$	32	0	3
Ⅵ	$-1/2$	x_6	1	0	0	1	0	0	1	0
	0	x_1	1	1	0	1	1/4	-8	0	9
	0	x_2	1/2	0	1	1/2	$1/2^*$	-12	0	3
	Z		1/2	0	0	1/2	$-3/4$	20	0	6
Ⅶ	$-1/2$	x_6	1	0	0	1	0	0	1	0
	0	x_1	3/4	1	$-1/2$	3/4	0	-2	0	15/2
	$-3/4$	x_4	1	0	2	1	1	-24	0	6
	Z		5/4	0	3/2	5/4	0	2	0	21/2

由表 2.31(Ⅶ)可以看出，已求得最优解为

$$\boldsymbol{X}^* = \left(\frac{3}{4},0,0,1,0,1,0\right)^{\mathrm{T}},$$

及最优值 $Z^* = -\dfrac{5}{4}$.

勃兰特法则的优点是简单易行，但是，由于它只考虑最小下标，而不考虑目标函数值下降的快慢，因而具体计算时，它的迭代次数一般要比原来的单纯形法多，尽管如此，这一方法在理论上还是很有价值的，因而受到重视. 在实际计算中，退化是常有的事，但是退化不一定产生循环，真正产生循环的例子极为罕见，因而实际上通常采用的还是原来的单纯形法，即使万一产生循环，采取一些应急措施(例如再按勃兰特法则选取进基或出基变量)也就行了.

2.6 改进单纯形法

从经济管理或其他实际问题中归纳出来的线性规划问题,其变量的个数和约束方程的个数,一般都大大超过我们所遇到的例题和习题中的,因而都是用计算机来计算的.这样,当问题的规模较大时,如何节省存贮单元和减少计算时间就成为人们必须加以考虑的问题,改进单纯形法正是基于这种考虑出发所设计出来的一种适合于计算机计算的方法.本节介绍逆矩阵形式的改进单纯形法.

1. 改进单纯形法的基本原理

由前几节介绍的单纯形法可以看出,每次迭代时都要将整个单纯形表加以改写,但仔细分析一下就不难发现,有许多计算是不必要的,仅有一部分列向量参与进基与出基的变换,而另一些列向量暂时与换基运算无关.事实上,在单纯形法的迭代过程中,有两个关键步骤是必须抓住的,即选择进基变量和确定出基变量.为了实现这两步,在每次迭代时,只需计算检验数 $\sigma_j(j=1,2,\cdots,n)$ 和用最小比值法则计算 θ,为此需要下列数据:

(1) 求检验数 $\sigma_j=\boldsymbol{C}_j-\boldsymbol{C}_B\boldsymbol{B}^{-1}\boldsymbol{P}_j(j=1,2,\cdots,n)$,并由此确定进基变量,其公式为:

若

$$\sigma_k=\max\{\sigma_j \mid \sigma_j>0,1\leqslant j\leqslant n\},$$

则取相应的 x_k 为进基变量.

(2) 计算进基列向量

$$\boldsymbol{P}'_k=\boldsymbol{B}^{-1}\boldsymbol{P}_k=(a'_{1k},a'_{2k},\cdots,a'_{mk})^{\mathrm{T}}$$

及新的基可行解中的非零分量(即基变量)

$$\boldsymbol{X}_B=\boldsymbol{B}^{-1}\boldsymbol{b}=(b'_1,b'_2,\cdots,b'_m)^{\mathrm{T}},$$

并由此两组数据计算 θ,其公式为

若

$$\theta=\min\left\{\frac{b'_i}{a'_{ik}}\middle| a'_{ik}>0,1\leqslant i\leqslant m\right\}=\frac{b'_r}{a'_{rk}},$$

则取相应的 x_r 为出基变量,然后再利用换基运算就可以得到新的可行基 $\overline{\boldsymbol{B}}$.

显然,上面这些数的获得都依赖基 $\boldsymbol{B}$ 的逆矩阵 $\boldsymbol{B}^{-1}$,有了 $\boldsymbol{B}^{-1}$,上面这些数据都可以利用线性规划问题的初始数据直接计算出来.

另一方面,我们从矩阵形式的单纯形表(见表 2.2)也可以看出,该表中的数据在很大程度上都依赖于 $\boldsymbol{B}^{-1}$.有了 $\boldsymbol{B}^{-1}$,这些数据也可以利用线性规划问题的初始数据直接计算出来.

总之,在单纯形法的每一次迭代中,计算相应基的逆矩阵 $\boldsymbol{B}^{-1}$,就成为关键中的关键了,但是,如果每次迭代都必须从原始数据来构造 $\boldsymbol{B}^{-1}$ 的话,其计算量也是不小

的.而如果在相邻的两次迭代中,新基 $\overline{\boldsymbol{B}}$ 的逆矩阵 $\overline{\boldsymbol{B}}^{-1}$ 能从原基 $\boldsymbol{B}$ 的逆矩阵 $\boldsymbol{B}^{-1}$ 直接得到的话,那么就可以大大简化计算和节约内存,实现单纯形法的改进.为此,我们首先证明下面的定理.

定理 2.5 在单纯形法的相邻两次迭代中,设迭代前的可行基为

$$\boldsymbol{B}=(\boldsymbol{P}_1,\boldsymbol{P}_2,\cdots,\boldsymbol{P}_{r-1},\boldsymbol{P}_r,\boldsymbol{P}_{r+1},\cdots,\boldsymbol{P}_m). \tag{2.60}$$

经过换基运算后,得到另一个可行基

$$\overline{\boldsymbol{B}}=(\boldsymbol{P}_1,\boldsymbol{P}_2,\cdots,\boldsymbol{P}_{r-1},\boldsymbol{P}_k,\boldsymbol{P}_{r+1},\cdots,\boldsymbol{P}_m), \tag{2.61}$$

则迭代后所得基 $\overline{\boldsymbol{B}}$ 的逆矩阵为

$$\overline{\boldsymbol{B}}^{-1}=\boldsymbol{E}_{rk}\boldsymbol{B}^{-1}, \tag{2.62}$$

其中,

$$\boldsymbol{E}_{rk}=\begin{pmatrix} 1 & & -a'_{1k}/a'_{rk} & & \\ & 1 & -a'_{2k}/a'_{rk} & & \\ & & \ddots\ \vdots & & \\ & & 1/a'_{rk} & & \\ & & \vdots & \ddots & \\ & & -a'_{mk}/a'_{rk} & & 1 \end{pmatrix} \tag{2.63}$$

（第 r 列）

称为初等变换矩阵,且 $a'_{ik}(i=1,\cdots,m)$ 为变换后的第 k 列的元素.

证 由式(2.60)可得

$$\boldsymbol{B}^{-1}\boldsymbol{B}=(\boldsymbol{B}^{-1}\boldsymbol{P}_1,\boldsymbol{B}^{-1}\boldsymbol{P}_2,\cdots,\boldsymbol{B}^{-1}\boldsymbol{P}_{r-1},\boldsymbol{B}^{-1}\boldsymbol{P}_r,\boldsymbol{B}^{-1}\boldsymbol{P}_{r+1},\cdots,\boldsymbol{B}^{-1}\boldsymbol{P}_m),$$

但 $\boldsymbol{B}^{-1}\boldsymbol{B}=\boldsymbol{I}$(单位矩阵),故有

$$\boldsymbol{B}^{-1}\boldsymbol{P}_1=\begin{pmatrix}1\\0\\\vdots\\0\end{pmatrix},\quad \boldsymbol{B}^{-1}\boldsymbol{P}_2=\begin{pmatrix}0\\1\\0\\\vdots\\0\end{pmatrix},\quad \boldsymbol{B}^{-1}\boldsymbol{P}_m=\begin{pmatrix}0\\\vdots\\0\\1\end{pmatrix}.$$

又因为

$$\boldsymbol{B}^{-1}\boldsymbol{P}_k=(a'_{1k},a'_{2k},\cdots,a'_{mk})^{\mathrm{T}}, \tag{2.64}$$

所以

$$\boldsymbol{B}^{-1}\overline{\boldsymbol{B}}=(\boldsymbol{B}^{-1}\boldsymbol{P}_1,\cdots,\boldsymbol{B}^{-1}\boldsymbol{P}_{r-1},\boldsymbol{B}^{-1}\boldsymbol{P}_k,\boldsymbol{B}^{-1}\boldsymbol{P}_{r+1},\cdots,\boldsymbol{B}^{-1}\boldsymbol{P}_m)$$

$$=\begin{pmatrix} 1 & & a'_{1k} & & \\ & 1 & a'_{2k} & & \\ & & \ddots\ \vdots & & \\ & & a'_{rk} & & \\ & & \vdots & \ddots & \\ & & a'_{mk} & & 1 \end{pmatrix}.$$

（第 r 列）

由矩阵理论可知

$$(\boldsymbol{B}^{-1}\overline{\boldsymbol{B}})^{-1}=\boldsymbol{E}_{rk},\quad \overline{\boldsymbol{B}}^{-1}=\boldsymbol{E}_{rk}\boldsymbol{B}^{-1}.$$

证毕.

由定理 2.4 可知,若已知 $\boldsymbol{B}^{-1}$,则可先由式(2.64)求出 $\boldsymbol{B}^{-1}\boldsymbol{P}_k$,再由式(2.63)算出 $\boldsymbol{E}_{rk}$,最后可由式(2.62)求出 $\overline{\boldsymbol{B}}^{-1}$,即由 $\boldsymbol{B}^{-1}$ 直接求出了 $\overline{\boldsymbol{B}}^{-1}$,从而可以实现单纯形法的改进.

例 2.6.1 已知迭代前的基为

$$\boldsymbol{B}=(\boldsymbol{P}_1,\boldsymbol{P}_2,\boldsymbol{P}_3,\boldsymbol{P}_4)=\begin{pmatrix}1&0&0&0\\0&1&0&0\\0&0&1&0\\0&0&0&1\end{pmatrix}=\boldsymbol{I},$$

迭代后的基为

$$\overline{\boldsymbol{B}}=(\boldsymbol{P}_1,\boldsymbol{P}_2,\boldsymbol{P}_5,\boldsymbol{P}_4)=\begin{pmatrix}1&0&-2&0\\0&1&3&0\\0&0&5&0\\0&0&4&1\end{pmatrix},$$

即用 $\boldsymbol{P}_5$ 替换了 $\boldsymbol{P}_3$,试求 $\overline{\boldsymbol{B}}^{-1}$.

解 由定理 2.4 中初等变换矩阵 $\boldsymbol{E}_{rk}$ 的构造方法可知,本例中的

$$\boldsymbol{E}_{35}=\begin{pmatrix}1&0&2/5&0\\0&1&-3/5&0\\0&0&1/5&0\\0&0&-4/5&1\end{pmatrix},$$

而 $\boldsymbol{B}^{-1}=\boldsymbol{I}$,再由式(2.62)得

$$\overline{\boldsymbol{B}}^{-1}=\boldsymbol{E}_{35}\boldsymbol{B}^{-1}=\begin{pmatrix}1&0&2/5&0\\0&1&-3/5&0\\0&0&1/5&0\\0&0&-4/5&1\end{pmatrix}$$

与直接计算的结果相同.

本例也告诉我们应如何构造矩阵 $\boldsymbol{E}_{rk}$,即在确定了进基列 $\boldsymbol{P}_k$ 和出基列 $\boldsymbol{P}_r$ 之后,将与基同阶的单位矩阵的第 r 列用新的列来代替,就得到 $\boldsymbol{E}_{rk}$,这就是式(2.63)的用法.

$$\begin{pmatrix}-a'_{1k}/a'_{rk}\\-a'_{2k}/a'_{rk}\\\vdots\\1/a'_{rk}\\\vdots\\-a'_{mk}/a'_{rk}\end{pmatrix}\leftarrow \text{第 } r \text{ 行}$$

由上例的求解过程可以看出，在计算过程中，我们多次用到向量 $C_B B^{-1}$，而且随着基的变换，经常要修改这个向量，为了减少存储量，可以设计一个存储单元，记为 $Y = C_B B^{-1}$，并称为单纯形乘子. 关于它的含义在下一章还要进一步讨论.

2. 改进单纯形法的计算步骤

(1) 根据给出的线性规划问题，在加入松弛变量或人工变量后，得初始基变量，求初始基 B 的逆矩阵 B^{-1}. 求出初始基可行解

$$X^{(0)} = \begin{pmatrix} X_B \\ X_M \end{pmatrix} = \begin{pmatrix} B^{-1}b \\ 0 \end{pmatrix} = \begin{pmatrix} b' \\ 0 \end{pmatrix},$$

然后计算单纯形乘子 $Y = C_B B^{-1}$.

(2) 计算非基变量 X_N 的检验数

$$\sigma_N = C_N - YN;$$

$$\sigma_j = C_j - YP_j \quad (j = m+1, \cdots, n).$$

若 $\sigma_N \leqslant 0$，则已求得最优解，迭代停止；否则，转下一步.

(3) 根据 $\sigma_k = \max\{\sigma_j \mid \sigma_j > 0, m+1 \leqslant j \leqslant n\}$ 确定对应的非基变量 x_k 为进基变量. 计算

$$P'_k = B^{-1}P_k = (a'_{1k}, a'_{2k}, \cdots, a'_{mk})^{\mathrm{T}}.$$

若所有的 $a'_{ik} \leqslant 0 (i = 1, 2, \cdots, m)$，则问题无界，迭代停止；否则，转下一步.

(4) 根据最小比值法则求出

$$\theta = \min\left\{\frac{b'_i}{a'_{ik}} \middle| a'_{ik} > 0, 1 \leqslant i \leqslant m\right\} = \frac{b'_r}{a'_{rk}}.$$

取它对应的基变量 x_r 为出基变量，于是可得一组新的基变量以及新的基 $\overline{B}$.

(5) 依据式(2.63)形成的初等变换矩阵 E_{rk}，计算 $\overline{B}^{-1} = E_{rk}B^{-1}$.

(6) 求新的基可行解 $X_B = \overline{B}^{-1}b$，用 $\overline{B}^{-1}$ 代替 B^{-1} 返回第(2)步.

例 2.6.2 用改进单纯形法求解 2.5 节例 2.5.1.

$$\min Z = x_2 - 3x_3 + 2x_5;$$

$$\text{s.t.}\begin{cases} x_1 + 3x_2 - x_3 + 2x_5 = 7; \\ -2x_2 + 4x_3 + x_4 = 12; \\ -4x_2 + 3x_3 + 8x_5 + x_6 = 10; \\ x_j \geqslant 0 \ (j = 1, 2, \cdots, 6). \end{cases}$$

解 第一次迭代：

取初始基

$$B_0 = (P_1, P_4, P_6) = I.$$

相应的变量 x_1、x_4、x_6 为初始基变量，$B_0{}^{-1} = I$，$C_{B_0} = (c_1, c_4, c_6) = (0, 0, 0)$，初始基可行解

$$X_{B_0} = B_0{}^{-1}b = (7, 12, 10)^{\mathrm{T}},$$

求单纯形乘子

$$Y_0 = C_{B_0} B_0^{-1} = (0,0,0).$$

求检验数,并确定进基变量:因为问题已是关于基 B_0 的典式,故显然有

$$\sigma_1 = \sigma_4 = \sigma_6 = 0;$$

$$\sigma_2 = 1, \quad \sigma_3 = -3, \quad \sigma_5 = 2;$$

由于 $\sigma_3 = -3 < 0$(注意,这里是用的极小值问题的法则,参考 2.5 节),故应取 x_3 为进基变量,进基列向量为

$$P'_3 = B_0^{-1} P_3 = \begin{pmatrix} -1 \\ 4 \\ 3 \end{pmatrix}.$$

确定出基变量:由

$$\theta = \min\left\{\frac{12}{4}, \frac{10}{3}\right\} = 3$$

可知应取 x_4 为出基变量,则新基

$$B_1 = (P_1, P_3, P_6);$$

$$C_{B_1} = (c_1, c_3, c_6) = (0, -3, 0).$$

求初等变换矩阵 E_{23} 及 B_1^{-1};由式(2.63)得

$$E_{23} = \begin{pmatrix} 1 & 1/4 & 0 \\ 0 & 1/4 & 0 \\ 0 & -3/4 & 1 \end{pmatrix},$$

所以

$$B_1^{-1} = E_{23} B_0^{-1} = \begin{pmatrix} 1 & 1/4 & 0 \\ 0 & 1/4 & 0 \\ 0 & -3/4 & 1 \end{pmatrix}.$$

求新的基可行解

$$X_{B_1} = B_1^{-1} b = \begin{pmatrix} 1 & 1/4 & 0 \\ 0 & 1/4 & 0 \\ 0 & -3/4 & 1 \end{pmatrix} \begin{pmatrix} 7 \\ 12 \\ 10 \end{pmatrix} = \begin{pmatrix} 10 \\ 3 \\ 1 \end{pmatrix}.$$

第二次迭代:

求单纯形乘子

$$Y_1 = C_{B_1} B_1^{-1} = (0, -3, 0) \begin{pmatrix} 1 & 1/4 & 0 \\ 0 & 1/4 & 0 \\ 0 & -3/4 & 1 \end{pmatrix} = (0, -3/4, 0).$$

求检验数,并确定进基变量:由 x_1、x_3、x_6 为基变量,故显然有

$$\sigma_1 = \sigma_3 = \sigma_6 = 0,$$

又

$$\boldsymbol{\sigma}_N=\boldsymbol{C}_N-\boldsymbol{Y}_1\boldsymbol{N}=(1,0,2)-(0,-3/4,0)\begin{pmatrix}3&0&2\\-2&1&0\\-4&0&8\end{pmatrix}=(-1/2,3/4,2),$$

即 $\sigma_2=-\dfrac{1}{2},\sigma_4=\dfrac{3}{4},\sigma_5=2$. 由于 $\sigma_2=-\dfrac{1}{2}<0$,故应选 x_2 为进基变量,计算进基列向量:

$$\boldsymbol{P}'_2=\boldsymbol{B}_1^{-1}\boldsymbol{P}_2=\begin{pmatrix}1&1/4&0\\0&1/4&0\\0&-3/4&1\end{pmatrix}\begin{pmatrix}3\\-2\\-4\end{pmatrix}=\begin{pmatrix}5/2\\-1/2\\-5/2\end{pmatrix},$$

确定出基变量:由

$$\theta=\min\left\{\frac{10}{5/2}\right\}=4$$

可知,取 x_1 为出基变量,则新基

$$\boldsymbol{B}_2=(\boldsymbol{P}_2,\boldsymbol{P}_3,\boldsymbol{P}_6),\quad \boldsymbol{C}_{B_2}=(1,-3,0).$$

求初等变换矩阵:

$$\boldsymbol{E}_{21}=\begin{pmatrix}2/5&0&0\\1/5&1&0\\1&0&1\end{pmatrix}.$$

$$\boldsymbol{B}_2^{-1}=\boldsymbol{E}_{21}\boldsymbol{B}_1^{-1}=\begin{pmatrix}2/5&0&0\\1/5&1&0\\1&0&1\end{pmatrix}\begin{pmatrix}1&1/4&0\\0&1/4&0\\0&-3/4&1\end{pmatrix}=\begin{pmatrix}2/5&1/10&0\\1/5&3/10&0\\1&-1/2&1\end{pmatrix}.$$

求新的基可行解

$$\boldsymbol{X}_{B_2}=\boldsymbol{B}_2^{-1}\boldsymbol{b}=\begin{pmatrix}2/5&1/10&0\\1/5&3/10&0\\1&-1/2&1\end{pmatrix}\begin{pmatrix}7\\12\\10\end{pmatrix}=\begin{pmatrix}4\\5\\11\end{pmatrix},$$

即 $x_2=4,x_3=5,x_6=11$.

再求单纯形乘子

$$\boldsymbol{Y}_2=\boldsymbol{C}_{B_2}\boldsymbol{B}_2^{-1}=(1,-3,0)\begin{pmatrix}2/5&1/10&0\\1/5&3/10&0\\1&-1/2&1\end{pmatrix}=\left(-\frac{1}{5},-\frac{4}{5},0\right).$$

求检验数:显然有

$$\sigma_2=\sigma_3=\sigma_6=0;$$

$$\begin{aligned}\boldsymbol{\sigma}_N&=\boldsymbol{C}_N-\boldsymbol{Y}_2\boldsymbol{N}\\&=(0,0,2)-\left(-\frac{1}{5},-\frac{4}{5},0\right)\begin{pmatrix}1&0&2\\0&1&0\\0&0&8\end{pmatrix}=\left(\frac{1}{5},\frac{4}{5},\frac{12}{5}\right),\end{aligned}$$

即 $\sigma_1=\frac{1}{5},\sigma_4=\frac{4}{5},\sigma_5=\frac{12}{5}$. 由于检验数均非负,故已求得最优解

$$\boldsymbol{X}^*=(0,4,5,0,0,11)^{\mathrm{T}}.$$

目标函数最优值

$$Z^*=\boldsymbol{Y}_2\boldsymbol{b}=\left(-\frac{1}{5},-\frac{4}{5},0\right)\begin{pmatrix}7\\12\\10\end{pmatrix}=-11.$$

习 题 2

2.1 对于下列线性规划问题,选定一个可行基 $\boldsymbol{B}$,并将该问题化为关于基 $\boldsymbol{B}$ 的典式,列初始单纯形表:

(1) $\max Z=x_1+2x_2+3x_3-x_4$;

$$\text{s.t.}\begin{cases}x_1+2x_2+3x_3=15;\\2x_1+x_2+5x_3=20;\\x_1+2x_2+x_3+x_4=10;\\x_j\geqslant 0\quad(j=1,2,3,4).\end{cases}$$

(2) $\max Z=5x_1-2x_2+3x_3-6x_4$;

$$\text{s.t.}\begin{cases}x_1+2x_2+3x_3+4x_4=7;\\2x_1+x_2+x_3+2x_4=3;\\x_j\geqslant 0\quad(j=1,2,3,4).\end{cases}$$

(3) $\min Z=2x_1+x_2-x_3-x_4$;

$$\text{s.t.}\begin{cases}x_1-x_2+2x_3-x_4=2;\\2x_1+x_2-3x_3+x_4=6;\\x_1+x_2+x_3+x_4=7;\\x_j\geqslant 0\quad(j=1,2,3,4).\end{cases}$$

2.2 分别用图解法和单纯形法求解下列线性规划问题,并对照指出单纯形法迭代的每一步相当于图解法可行域中的哪一个顶点:

(1) $\max Z=10x_1+5x_2$;

$$\text{s.t.}\begin{cases}3x_1+4x_2\leqslant 9;\\5x_1+2x_2\leqslant 8;\\x_1,x_2\geqslant 0.\end{cases}$$

(2) $\max Z=2x_1+x_2$;

$$\text{s.t.}\begin{cases}5x_2\leqslant 15;\\6x_1+2x_2\leqslant 24;\\x_1+x_2\leqslant 5;\\x_1,x_2\geqslant 0.\end{cases}$$

2.3 以题 2.2(1)为例,说明当目标函数为

$$\max Z=ax_1+bx_2$$

时,系数 a、b 怎样变化,才能使可行域的每一个顶点都有可能成为最优解.

2.4 已知下列线性规划问题具有无穷多最优解,试写出其最优解的一般表达式

$$\max Z=10x_1+5x_2+5x_3;$$

$$\text{s.t.}\begin{cases}3x_1+4x_2+9x_3\leqslant 9;\\5x_1+2x_2+x_3\leqslant 8;\\x_j\geqslant 0\quad(j=1,2,3).\end{cases}$$

2.5 线性规划问题

$$\max Z = \boldsymbol{CX};$$
$$\text{s. t.}\begin{cases}\boldsymbol{AX} = \boldsymbol{b};\\ \boldsymbol{X} \geqslant \boldsymbol{0}.\end{cases}$$

设其可行域为 D,目标函数最优值为 Z^*,若分别发生下列情况之一时,设其新的可行域为 D',新的目标函数最优值为 $(Z^*)'$. 试分别讨论下列情况之一发生时,D 与 D'、Z^* 与 $(Z^*)'$之间的关系:

(1) 增加一个新的约束条件;

(2) 减少一个原有的约束条件;

(3) 目标函数变为 $\min Z=\boldsymbol{CX}/\lambda$,同时约束条件变为 $\boldsymbol{AX}=\lambda\boldsymbol{b},\boldsymbol{X}\geqslant 0(\lambda>1)$.

2.6 已知线性规划问题

$$\max Z = -2x_1 + x_2;$$
$$\text{s. t.}\begin{cases}-x_1 + x_2 \leqslant 2;\\ 2x_1 + x_2 \leqslant 6;\\ x_1, x_2 \geqslant 0.\end{cases}$$

试以 $\boldsymbol{B}=(\boldsymbol{P}_1,\boldsymbol{P}_2)$为基,将问题化为典式,求初始基可行解,然后加以改进,求出最优解.

2.7 已知线性规划问题

$$\min Z = -2x_1 - 4x_2;$$
$$\text{s. t.}\begin{cases}x_1 + 2x_2 + x_3 = 4;\\ -x_1 + x_2 + x_4 = 1;\\ x_j \geqslant 0\ (j = 1,2,3,4).\end{cases}$$

试以 $\boldsymbol{B}=(P_1,P_4)$为基将问题化为典式,求初始基可行解,并判断是否为最优解. 如果还有另外的最优解,也一起找出来,写出一般最优解的表达式.

2.8 用单纯形法求解下列线性规划问题:

(1) $\max Z=2x_1-x_2+x_3;$

$$\text{s. t.}\begin{cases}3x_1+x_2+x_3\leqslant 60;\\ x_1-x_2+2x_3\leqslant 10;\\ x_1+x_2-x_3\leqslant 20;\\ x_j\geqslant 0\quad (j=1,2,3).\end{cases}$$

(2) $\max Z=3x_1+5x_2;$

$$\text{s. t.}\begin{cases}x_1\leqslant 4;\\ 2x_2\leqslant 12;\\ 3x_1+2x_2\leqslant 18;\\ x_1,x_2\geqslant 0.\end{cases}$$

(3) $\max Z=6x_1+2x_2+10x_3+8x_4;$

$$\text{s. t.}\begin{cases}5x_1+6x_2-4x_3-4x_4\leqslant 20;\\ 3x_1-3x_2+2x_3+8x_4\leqslant 25;\\ 4x_1-2x_2+x_3+3x_4\leqslant 10;\\ x_j\geqslant 0\quad (j=1,2,3,4).\end{cases}$$

(4) $\max Z=x_1+6x_2+4x_3;$

$$\text{s. t.}\begin{cases}-x_1+2x_2+2x_3\leqslant 13;\\ 4x_1-4x_2+x_3\leqslant 20;\\ x_1+2x_2+x_3\leqslant 17;\\ x_1\geqslant 1,x_2\geqslant 2,x_3\geqslant 3.\end{cases}$$

(5) $\max Z=2x_1+3x_2+5x_3;$

$$\text{s. t.}\begin{cases}2x_1+2x_2+3x_3\leqslant 12;\\ x_1+2x_2+2x_3\leqslant 8;\\ 4x_1+6x_3\leqslant 16;\\ 4x_2+3x_3\leqslant 12;\\ x_j\geqslant 0\quad (j=1,2,3).\end{cases}$$

(6) $\min Z=x_1-x_2+x_3+x_4+x_5-x_6;$

$$\text{s. t.}\begin{cases}x_1+x_4+6x_6=9;\\ 3x_1+x_2-4x_3+2x_6=2;\\ x_1+2x_3+x_5+2x_6=6;\\ x_j\geqslant 0\quad (j=1,2,\cdots,6).\end{cases}$$

(7) $\min Z=x_1+x_2+x_3$;

$$\text{s. t.}\begin{cases}x_1 - 4x_4 - 2x_6=5;\\ x_2+2x_4-3x_5+x_6=3;\\ x_3+2x_4-5x_5+6x_6=5;\\ x_j\geqslant 0\ (j=1,2,\cdots,6)^{\mathrm{T}}.\end{cases}$$

(8) $\max Z=x_1-x_2+x_3-3x_4+x_5-x_6-3x_7$;

$$\text{s. t.}\begin{cases}3x_3+x_5+x_6=6;\\ x_2+2x_3-x_4=10;\\ -x_1+x_6=0;\\ x_3+x_6+x_7=6;\\ x_j\geqslant 0\ (j=1,2,\cdots,7).\end{cases}$$

2.9 分别用大 M 法和两阶段法求解下列线性规划问题：

(1) $\max Z=-2x_1-x_2+x_3+x_4$;

$$\text{s. t.}\begin{cases}x_1-x_2+2x_3-x_4=2;\\ 2x_1+x_2-3x_3+x_4=6;\\ x_1+x_2+x_3+x_4=7;\\ x_j\geqslant 0\ (j=1,2,3,4).\end{cases}$$

(2) $\max Z=3x_1-x_2-3x_3+x_4$;

$$\text{s. t.}\begin{cases}x_1+2x_2-x_3+x_4=0;\\ 2x_1-2x_2+3x_3+3x_4=9;\\ x_1-x_2+2x_3-x_4=6;\\ x_j\geqslant 0\ (j=1,2,3,4).\end{cases}$$

(3) $\max Z=4x_1+5x_2+x_3$;

$$\text{s. t.}\begin{cases}3x_1+2x_2+x_3\geqslant 18;\\ 2x_1+x_2\leqslant 4;\\ x_1+x_2-x_3=5;\\ x_j\geqslant 0\ (j=1,2,3).\end{cases}$$

(4) $\max Z=2x_1+x_2+x_3$;

$$\text{s. t.}\begin{cases}4x_1+2x_2+2x_3\geqslant 4;\\ 2x_1+4x_2\leqslant 20;\\ 4x_1+8x_2+2x_3\leqslant 16;\\ x_j\geqslant 0\ (j=1,2,3).\end{cases}$$

(5) $\max Z=10x_1+15x_2+12x_3$;

$$\text{s. t.}\begin{cases}5x_1+3x_2+x_3\leqslant 9;\\ -5x_1+6x_2+15x_3\leqslant 15;\\ 2x_1+x_2+x_3\geqslant 5;\\ x_j\geqslant 0\ (j=1,2,3).\end{cases}$$

(6) $\max Z=x_1+2x_2+3x_3-x_4$;

$$\text{s. t.}\begin{cases}x_1+2x_2+3x_3=15;\\ 2x_1+x_2+5x_3=20;\\ x_1+2x_2+x_3+x_4=10;\\ x_j\geqslant 0\ (j=1,\cdots,4).\end{cases}$$

(7) $\max Z=2x_1-x_2+2x_3$;

$$\text{s. t.}\begin{cases}x_1+x_2+x_3\geqslant 6;\\ -2x_1+x_3\geqslant 2;\\ 2x_2-x_3\geqslant 0;\\ x_j\geqslant 0\ (j=1,2,3).\end{cases}$$

(8) $\max Z=5x_1+3x_2+6x_3$;

$$\text{s. t.}\begin{cases}x_1+2x_2+x_3\leqslant 18;\\ 2x_1+x_2+3x_3\leqslant 16;\\ x_1+x_2+x_3=10;\\ x_1,x_2\geqslant 0,x_3\ \text{无约束}.\end{cases}$$

2.10 用单纯形法证明下列问题不存在最优解：

$$\max Z=x_1+2x_2;$$

$$\text{s. t.}\begin{cases}-2x_1+x_2+x_3\leqslant 2;\\ -x_1+x_2-x_3\leqslant 1;\\ x_j\geqslant 0\quad (j=1,2,3).\end{cases}$$

根据最后一张单纯形表,建立目标函数值大于 2000 的可行解.

2.11 用两阶段法中的第一阶段,求下列线性不等式的基可行解：

$$\begin{cases}-6x_1+x_2-x_3\leqslant 5;\\ -2x_1+2x_2-3x_3\geqslant 3;\\ 2x_2-4x_3=1;\\ x_j\geqslant 0\quad (j=1,2,3).\end{cases}$$

2.12 用大 M 法证明下列线性规划不可行：

$$\max Z = 2x_1 + 4x_2;$$
$$\text{s.t.}\begin{cases} 2x_1 - 3x_2 \geqslant 2; \\ -x_1 + x_2 \geqslant 3; \\ x_1,\quad x_2 \geqslant 0. \end{cases}$$

2.13 试利用两阶段法的第一阶段,求下列线性方程组的一个基可行解,并利用计算得到的最终单纯形表说明该方程组有多余方程:

$$\begin{cases} x_1 - 2x_2 + x_3 = 2; \\ -x_1 + 3x_2 + x_3 = 1; \\ 2x_1 - 3x_2 + 4x_3 = 7; \\ x_j \geqslant 0 \quad (j = 1,2,3). \end{cases}$$

2.14 线性规划问题 $\max Z = \boldsymbol{CX}, \boldsymbol{AX} = \boldsymbol{b}, \boldsymbol{X} \geqslant \boldsymbol{0}$. 设 $\boldsymbol{X}^{(0)}$ 为问题的最优解,若目标函数中用 $\boldsymbol{C}^*$ 代替 $\boldsymbol{C}$ 后,问题的最优解变为 $\boldsymbol{X}^*$,求证

$$(\boldsymbol{C}^* - \boldsymbol{C})(\boldsymbol{X}^* - \boldsymbol{X}^{(0)}) \geqslant 0$$

2.15 考虑线性规划问题

$$\max Z = \alpha x_1 + 2x_2 + x_3 - 4x_4;$$
$$\text{s.t.}\begin{cases} x_1 + x_2 \qquad\qquad - x_4 = 4 + 2\beta; & (1) \\ 2x_1 - x_2 + 3x_3 - 2x_4 = 5 + 7\beta; & (2) \\ x_j \geqslant 0 \quad (j = 1,\cdots,4). \end{cases}$$

其中,α、β 为参数,要求:

(1) 组成两个新的约束(1)′=(1)+(2),(2)′=(2)−2(1),再根据(1)′、(2)′以 x_1、x_2 为基变量列出初始单纯形表;

(2) 假定 $\beta=0$,问 α 为何值时,x_1、x_2 为问题的最优基;

(3) 假定 $\alpha=3$,问 β 为何值时,x_1、x_2 为问题的最优基.

2.16 某一求目标函数极大值的线性规划问题,用单纯形法求解得最终单纯形表如表 2.32 所示.其中常数 α_1、α_2、α_3、d 和 σ_1 未知,且不含人工变量,问应如何限制这些参数,使得下列结论成立:

(1) 现有解为唯一最优解;

(2) 现有解为最优解,但最优解有无穷多个;

(3) 存在可行解,但目标函数无界.

表 2.32

$\boldsymbol{X}_B$	$\boldsymbol{b}$	x_1	x_2	x_3	x_4	x_5
x_3	4	-1	3	1	0	0
x_4	1	α_1	-4	0	1	0
x_5	α	α_2	α_3	0	0	1
Z		σ_1	-2	0	0	0

2.17 已知某线性规划问题用单纯形法计算时,得到的初始单纯形表及最终单纯形表如表 2.33 所示,请将表中空白处数字填上.

2.18 已知某线性规划问题用单纯形法迭代时,得到的中间某两步的单纯形表如表 2.34 所示,请将表中空白处的数字填上.

2.19 已知矩阵 $\boldsymbol{A}$ 及其逆矩阵 $\boldsymbol{A}^{-1}$ 分别为

$$\boldsymbol{A} = \begin{pmatrix} 2 & 1 & 0 \\ 0 & 2 & 0 \\ 4 & 1 & 1 \end{pmatrix}, \quad \boldsymbol{A}^{-1} = \begin{pmatrix} 1/2 & -1/4 & 0 \\ 0 & 1/2 & 0 \\ -2 & 1/2 & 1 \end{pmatrix}.$$

如果 $\boldsymbol{A}$ 的第 2 列与第 3 列分别用

$$P_2' = (5, -1, 4)^{\mathrm{T}} \quad 与 \quad P_3' = (1, 2, 1)^{\mathrm{T}}$$

代替，得矩阵 A_1 和 A_2，试用改进单纯形法的迭代步骤，利用 A^{-1} 求 A_1^{-1} 与 A_2^{-1}.

表 2.33

			2	−1	1	0	0	0
C_B	X_B	b	x_1	x_2	x_3	x_4	x_5	x_6
0	x_4	60	3	1	1	1	0	0
0	x_5	10	1	−1	2	0	1	0
0	x_6	20	1	1	−1	0	0	1
Z		0	2	−1	1	0	0	0
⋮						⋮		
0	x_4					1	−1	−2
2	x_1					0	1/2	1/2
−1	x_2					0	−1/2	1/2
Z								

表 2.34

			3	5	4	0	0	0
C_B	X_B	b	x_1	x_2	x_3	x_4	x_5	x_6
5	x_2	8/3	2/3	1	0	1/3	0	0
0	x_5	14/3	−4/3	0	5	−2/3	1	0
0	x_6	29/3	5/3	0	4	−5/3	0	1
Z			−1/3	0	4	−5/3	0	0
⋮						⋮		
5	x_2					15/41	8/41	−10/41
4	x_3					−6/41	5/41	4/41
3	x_1					−2/41	−12/41	15/41
Z								

2.20 用改进单纯形法求解下列线性规划：

(1) $\max Z = 6x_1 - 2x_2 - x_3$；

$$\text{s.t.}\begin{cases} 2x_1 - x_2 + 2x_3 \leqslant 2; \\ x_1 \qquad + 4x_3 \leqslant 4; \\ x_j \geqslant 0 \quad (j=1,2,3). \end{cases}$$

(2) $\max Z = 4x_1 + 3x_2 + 6x_3$；

$$\text{s.t.}\begin{cases} 3x_1 + x_2 + 3x_3 \leqslant 30; \\ 2x_1 + 2x_2 + 3x_3 \leqslant 40; \\ x_j \geqslant 0 \quad (j=1,2,3). \end{cases}$$

(3) $\max Z = 5x_1 + 8x_2 + 7x_3 + 4x_4 + 6x_5$；

$$\text{s.t.}\begin{cases} 2x_1 + 3x_2 + 3x_3 + 2x_4 + 2x_5 \leqslant 20; \\ 3x_1 + 5x_2 + 4x_3 + 2x_4 + 4x_5 \leqslant 30; \\ x_j \geqslant 0 \quad (j=1,2,\cdots,5). \end{cases}$$

2.21 已知某线性规划问题的目标函数为 $\max Z = 5x_1 + 3x_2$，约束形式为 $\leqslant$，设 x_3、x_4 为松弛变量，用单纯形法计算时某一步的表格如表 2.35所示.

(1) 求 $a \sim g$ 的值；

(2) 判断表中给出的解是否为最优解.

表 2.35

C_j			5	3	0	0
C_θ	X_B	b	x_1	x_2	x_3	x_4
0	x_3	2	c	0	1	1/5
5	x_1	a	d	e	0	1
Z		−10	b	−1	f	g

2.22 已知某线性规划问题的目标函数为 $\max Z=28x_4+x_5+2x_6$，约束条件为≤，设 x_1、x_2、x_3 为松弛变量，用单纯形法计算时某一步的表格如表2.36所示.

表 2.36

C_j			0	0	0	28	1	2
C_B	X_B	b	x_1	x_2	x_3	x_4	x_5	x_6
2	x_6	a	3	0	−14/3	0	1	1
0	x_2	5	6	d	2	0	5/2	0
28	x_4	0	0	e	f	1	0	0
		−14	b	c	0	0	−1	g

表 2.37

X_B	b	x_1	x_2	x_3	x_4	x_5
x_3	d	4	a_1	1	0	0
x_4	2	−1	−5	0	1	0
x_5	3	a_2	−3	0	0	1
Z		c_1	c_2	0	0	0

(1) 求 $a\sim g$ 的值；

(2) 判断表中给出的解是否为最优解.

2.23 已知某极大值问题的单纯形表如表 2.37 所示，问表中的 a_1、a_2、c_1、c_2、d 为何值时以及表中的变量属哪一类时有：

(1) 表中的解为唯一最优解；

(2) 表中的解为无穷多最优解之一；

(3) 表中的解为退化的可行解；

(4) 下一步迭代将以 x_1 替换基变量 x_5；

(5) 该线性规划问题具有无界解；

(6) 该线性规划问题无可行解.

第3章　线性规划的对偶理论

线性规划问题具有对偶性,即任何一个求极大值的线性规划问题,都有一个求极小值的线性规划问题与之对应,反之亦然. 如果把其中一个称为**原问题**,则另一个就称为它的**对偶问题**,并称这互相联系的两个问题为**一对对偶问题**. 研究对偶问题之间的关系及其解的性质,就构成了线性规划的对偶理论(duality theory). 它是线性规划理论中一个重要而又有趣的部分,也是本章所要讨论的主要内容. 根据对偶理论,在解原问题的同时,也可以得到对偶问题的解,并且还可以提供影子价格等有价值的信息,在经济管理中有着广泛的应用. 此外,本章还将介绍根据对偶理论提出的求解线性规划的另外一些基本方法:对偶单纯形法和原始-对偶单纯形法.

3.1　对偶问题的一般概念

1. 对偶问题的提出

我们还是从经济管理的实际出发来引出对偶问题.

在第1章1.1节例1.1.1中,我们讨论了一个工厂的生产资源的合理利用问题,并建立起相应的线性规划模型,即

$$\max Z = 10x_1 + 18x_2;$$
$$\text{s. t.}\begin{cases}5x_1 + 2x_2 \leqslant 170;\\2x_1 + 3x_2 \leqslant 100;\\x_1 + 5x_2 \leqslant 150;\\x_1, x_2 \geqslant 0.\end{cases} \tag{3.1}$$

现在我们从另一个角度来讨论这个问题.

例3.1.1　假定该厂的决策者不是考虑自己生产产品甲和乙,而是将厂里的现有资源(例如钢材、煤炭、设备台时)用于接受外来的加工任务,他只收取加工费. 试问该厂的决策者应该怎样给每种资源制定一个收费标准.

解　决策者显然要考虑两个因素:第一,每种资源所收回的费用应不低于自己生产时可获得的利润;第二,定价又不能太高,要使对方容易接受. 总之,定价要公平合理,使双方都能接受.

设 y_1、y_2、y_3 分别表示这三种资源的收费单价,则根据第一条原则应有如下约束:将用于加工产品甲、乙的所有资源,如果用来加工外协件所收回的费用,应不低于可获得的利润,即

$$\begin{cases}5y_1+2y_2+y_3\geqslant 10;\\2y_1+3y_2+5y_3\geqslant 18.\end{cases}$$

当然还有对变量的非负限制，即

$$y_1,y_2,y_3\geqslant 0.$$

将该厂所有的资源都用于加工外协件，其总收入(即对方的总支出)为

$$W=170y_1+100y_2+150y_3.$$

从工厂的决策者来看，当然是 W 越大越好，但根据第二条原则，为了使对方容易接受，也就是使该厂能够得到这笔订货，在保证上述条件下，应使总收入即对方的总支出尽可能少才比较合理，因为只有这样，厂方才不会吃亏，对方也容易接受. 于是这个问题的数学模型可归结为：求决策变量 y_1、y_2、y_3，使得

$$\min W=170y_1+100y_2+150y_3;$$

$$\text{s. t.}\begin{cases}5y_1+2y_2+y_3\geqslant 10;\\2y_1+3y_2+5y_3\geqslant 18;\\y_1,y_2,y_3\geqslant 0.\end{cases}\tag{3.2}$$

这也是一个线性规划问题. 如果我们把问题(式(3.1))称为原问题，则问题(式(3.2))就是它的对偶问题.

再举一个"配料问题"的例子，在第 1 章 1.1 节例 1.1.3 中，我们曾将配料问题归结为

$$\min Z=\sum_{j=1}^{n}c_jx_j;$$

$$\text{s. t.}\begin{cases}\sum\limits_{j=1}^{n}a_{ij}x_j\geqslant b_i\quad(i=1,2,\cdots,m);\\x_j\geqslant 0\quad(j=1,2,\cdots,n).\end{cases}\tag{3.3}$$

现在我们再从另一个角度来讨论这个问题.

例 3.1.2　设有某工厂想把这 m 种营养成分分别制成单一的营养丸销售，试给这每一种营养丸定价.

解　显然，为了保证销路，价格不能太高. 设含一个单位的第 i 种营养成分的营养丸定价为 y_i $(i=1,2,\cdots,m)$，因为原来的饲料中，第 j 种饲料每单位的价格为 c_j $(j=1,2,\cdots,n)$，而它所含第 i 种营养成分的量为 a_{ij}. 也就是说，现在要用 a_{ij} 个单位的第 i 种营养丸才能代替它. 因此，为了使饲养场愿意采用营养丸来代替原来的饲料，必须使营养丸的价格满足下列不等式：

$$\sum_{i=1}^{m}a_{ij}y_i\leqslant c_j\,(j=1,2,\cdots,n),$$

由于每一份饲料中必须含有 b_i 个单位的第 i 种营养成分，因此这样一份代替饲料的总收入为

$$W=\sum_{i=1}^{m}b_iy_i$$

对于工厂来说,问题是如何确定每种营养丸的售价 y_i $(i=1,2,\cdots,m)$,使在满足上述约束条件下工厂的总收入达到最大.问题可归结为

$$\max W=\sum_{i=1}^{m}b_iy_i;$$

$$\text{s.t.}\begin{cases}\sum_{i=1}^{m}a_{ij}y_i\leqslant c_j & (j=1,2,\cdots,n);\\ y_i\geqslant 0 & (i=1,2,\cdots,m).\end{cases}\tag{3.4}$$

问题(式(3.3)和式(3.4))也是一对对偶问题.

2. 对偶问题的形式

1)对称型对偶问题

定义 3.1 设原线性规划问题为

$$\max Z=c_1x_1+c_2x_2+\cdots+c_nx_n;$$

$$(\text{P})\quad \text{s.t.}\begin{cases}a_{11}x_1+a_{12}x_2+\cdots+a_{1n}x_n\leqslant b_1;\\ a_{21}x_1+a_{22}x_2+\cdots+a_{2n}x_n\leqslant b_2;\\ \qquad\vdots\\ a_{m1}x_1+a_{m2}x_2+\cdots+a_{mn}x_n\leqslant b_m;\\ x_j\geqslant 0\ (j=1,2,\cdots,n),\end{cases}\tag{3.5}$$

则称下列线性规划问题

$$\min W=b_1y_1+b_2y_2+\cdots+b_my_m;$$

$$(\text{D})\quad \text{s.t.}\begin{cases}a_{11}y_1+a_{21}y_2+\cdots+a_{m1}y_m\geqslant c_1;\\ a_{12}y_1+a_{22}y_2+\cdots+a_{m2}y_m\geqslant c_2;\\ \qquad\vdots\\ a_{1n}y_1+a_{2n}y_2+\cdots+a_{mn}y_m\geqslant c_n;\\ y_i\geqslant 0\ (i=1,2,\cdots,m).\end{cases}\tag{3.6}$$

为其**对偶问题**.其中 $y_i(i=1,2,\cdots,m)$称为**对偶变量**,问题(式(3.5)和式(3.6))为一对**对称型对偶问题**,原问题简记为(P),对偶问题简记为(D).

问题(式(3.5)和式(3.6))又可用矩阵符号简记为

原问题:

$$\max Z=\boldsymbol{CX};$$

$$(\text{P})\quad \text{s.t.}\begin{cases}\boldsymbol{AX}\leqslant \boldsymbol{b};\\ \boldsymbol{X}\geqslant \boldsymbol{0};\end{cases}\tag{3.7}$$

对偶问题:

$$\min W=\boldsymbol{Yb};$$

$$(\text{D})\quad \text{s.t.}\begin{cases}\boldsymbol{YA}\geqslant \boldsymbol{C};\\ \boldsymbol{Y}\geqslant \boldsymbol{0},\end{cases}\tag{3.8}$$

其中$\boldsymbol{Y}=(y_1,y_2,\cdots,y_m)$是一个行向量,其余符号的含义在第1章已介绍过了,这里不再重复.

根据上面的定义,对于一对对称型对偶问题,有如下对偶规则:

(1) 给每个原始约束条件定义一个非负对偶变量$y_i(i=1,2,\cdots,m)$;

(2) 使原问题的目标函数系数c_j变为其对偶问题约束条件的右端常数;

(3) 使原问题约束条件的右端常数b_i变为其对偶问题目标函数的系数;

(4) 将原问题约束条件的系数矩阵转置,得到其对偶问题约束条件的系数矩阵;

(5) 改变约束条件不等号的方向,即将"≤"改为"≥";

(6) 原问题为"max"型,对偶问题为"min"型.

以上对称型对偶问题的对偶规则可用表3.1表示如下.

表3.1

y_i \ x_j	x_1	x_2	$\cdots$	x_n	原始关系	$\min W$
y_1	a_{11}	a_{12}	$\cdots$	a_{1n}	$\leqslant$	b_1
y_2	a_{21}	a_{22}	$\cdots$	a_{2n}	$\leqslant$	b_2
$\vdots$	$\vdots$	$\vdots$		$\vdots$	$\vdots$	$\vdots$
y_m	a_{m1}	a_{m2}	$\cdots$	a_{mn}	$\leqslant$	b_m
对偶关系	$\geqslant$	$\geqslant$	$\cdots$	$\geqslant$	$\max Z=\min W$	
$\max Z$	c_1	c_2	$\cdots$	c_n		

表3.1是将原问题与对偶问题的关系汇总于一个表中,从左向右看是原问题,从上往下看是对偶问题.

例3.1.3 写出线性规划问题

$$\max Z = 2x_1 - 3x_2 + 4x_3;$$

$$\text{s.t.}\begin{cases}2x_1 + 3x_2 - 5x_3 \geqslant 2;\\3x_1 + x_2 + 7x_3 \leqslant 3;\\-x_1 + 4x_2 + 6x_3 \geqslant 5;\\x_j \geqslant 0 \quad (j = 1,2,3).\end{cases}$$

的对偶问题.

解 首先将问题化为式(3.5)的形式

$$\max Z = 2x_1 - 3x_2 + 4x_3;$$

$$\text{s.t.}\begin{cases}-2x_1 - 3x_2 + 5x_3 \leqslant -2;\\3x_1 + x_2 + 7x_3 \leqslant 3;\\x_1 - 4x_2 - 6x_3 \leqslant -5;\\x_j \geqslant 0\ (j = 1,2,3).\end{cases}$$

注意 前面两章中,我们都强调约束条件的右端常数$\boldsymbol{b}\geqslant\boldsymbol{0}$这个条件,以下就不再强调这个条件,原因后面会说明.

再根据定义3.1写出其对偶问题

$$\min W=-2y_1+3y_2-5y_3;$$
$$\text{s.t.}\begin{cases}-2y_1+3y_2+y_3\geqslant 2;\\-3y_1+y_2-4y_3\geqslant -3;\\5y_1+7y_2-6y_3\geqslant 4;\\y_i\geqslant 0\ (i=1,2,3).\end{cases}$$

2）非对称型对偶问题

下面考虑标准形式的线性规划问题

$$\max Z=\boldsymbol{CX};$$
$$(\mathrm{P}')\quad \text{s.t.}\begin{cases}\boldsymbol{AX}=\boldsymbol{b};\\\boldsymbol{X}\geqslant \boldsymbol{0},\end{cases}\qquad(3.9)$$

利用定义 3.1 可以写出其对偶问题. 为此,先将问题(式(3.9))改写成如下的等价形式:

$$\max Z=\boldsymbol{CX};$$
$$\text{s.t.}\begin{cases}\boldsymbol{AX}\leqslant \boldsymbol{b};\\-\boldsymbol{AX}\leqslant -\boldsymbol{b};\\\boldsymbol{X}\geqslant \boldsymbol{0}.\end{cases}$$

再引入对偶向量$(\boldsymbol{U},\boldsymbol{V})$,其中$\boldsymbol{U}=(u_1,u_2,\cdots,u_m)$为对应于第一组不等式约束$\boldsymbol{AX}\leqslant \boldsymbol{b}$的对偶变量,$\boldsymbol{V}=(v_1,v_2,\cdots,v_m)$为对应于第二组不等式约束$-\boldsymbol{AX}\leqslant -\boldsymbol{b}$的对偶变量,则由定义 3.1 可写出其对偶问题

$$\min W=(\boldsymbol{U},\boldsymbol{V})\begin{pmatrix}\boldsymbol{b}\\-\boldsymbol{b}\end{pmatrix};\qquad \min W=(\boldsymbol{U}-\boldsymbol{V})\boldsymbol{b};$$
$$\text{s.t.}\begin{cases}(\boldsymbol{U},\boldsymbol{V})\begin{pmatrix}\boldsymbol{A}\\-\boldsymbol{A}\end{pmatrix}\geqslant \boldsymbol{C};\\\boldsymbol{U},\boldsymbol{V}\geqslant \boldsymbol{0},\end{cases}\quad 即\quad \text{s.t.}\begin{cases}(\boldsymbol{U}-\boldsymbol{V})\boldsymbol{A}\geqslant \boldsymbol{C};\\\boldsymbol{U},\boldsymbol{V}\geqslant \boldsymbol{0}.\end{cases}$$

令$\boldsymbol{Y}=\boldsymbol{U}-\boldsymbol{V}$为$m$维行向量,则上式又可写成

$$\min W=\boldsymbol{Yb};$$
$$(\mathrm{D}')\quad \text{s.t.}\begin{cases}\boldsymbol{YA}\geqslant \boldsymbol{C};\\\boldsymbol{Y}\ \text{无符号限制},\end{cases}\qquad(3.10)$$

即问题(式(3.9))的对偶问题为式(3.10). 它与问题(式(3.8))的主要区别在于对偶变量$y_i(i=1,2,\cdots,m)$无符号限制,故将问题(式(3.9)与式(3.10))称为一对非对称型对偶问题.

例 3.1.4 写出线性规划问题

$$\max Z=2x_1-3x_2+4x_3;$$
$$\text{s.t.}\begin{cases}2x_1+3x_2-5x_3=2;\\3x_1+x_2+7x_3=3;\\-x_1+4x_2+6x_3=5;\\x_j\geqslant 0\ (j=1,2,3).\end{cases}$$

的对偶问题.

解 由式(3.10)知,其对偶问题为

$$\min W = 2y_1 + 3y_2 + 5y_3;$$

$$\text{s.t.}\begin{cases} 2y_1 + 3y_2 - y_3 \geqslant 2; \\ 3y_1 + y_2 + 4y_3 \geqslant -3; \\ -5y_1 + 7y_2 + 6y_3 \geqslant 4; \\ y_i\ (i=1,2,3)\ \text{无符号限制}. \end{cases}$$

3）混合型对偶问题

综合上述两种情况,我们可以直接写出混合型线性规划问题的对偶问题,其对偶规则如下:

(1) 原问题为“max”,对偶问题为“min”;

(2) 原问题中目标函数系数 c_j 变为其对偶问题约束条件的右端常数;

(3) 原问题约束条件的右端常数 b_i 变为其对偶问题目标函数的系数;

(4) 原问题约束条件的系数矩阵转置,即为其对偶问题的系数矩阵;

(5) 原问题的变量个数 n 等于其对偶问题的约束条件个数 n,原问题约束条件的个数 m 等于其对偶问题变量的个数 m;

(6) 在求极大值的原问题中,“$\leqslant$”、“$\geqslant$”和“$=$”的约束条件分别对应于其对偶变量“$\geqslant 0$”、“$\leqslant 0$”和“无符号限制”;反之,在求极大值的原问题中,变量“$\geqslant 0$”、“$\leqslant 0$”和“无符号限制”分别对应于其对偶约束条件的“$\geqslant$”、“$\leqslant$”和“$=$”约束.

这些对偶规则可以列表如表3.2所示.

表 3.2

	原问题	对偶问题	
	目标函数 max	目标函数 min	
约束条件	m 个 $\leqslant$ $\geqslant$ $=$	m 个 $\geqslant 0$ $\leqslant 0$ 无符号限制	变量
变量	n 个 $\geqslant 0$ $\leqslant 0$ 无符号限制	n 个 $\geqslant$ $\leqslant$ $=$	约束条件
	目标函数的系数	约束条件的右端常数	
	约束条件的右端常数	目标函数的系数	
	系数矩阵 $\boldsymbol{A}$	系数矩阵 $\boldsymbol{A}^{\mathrm{T}}$	

另外,我们把约束条件分为行约束(变量的线性组合的等式或不等式约束)和变量的符号约束两部分,而以原问题的行约束与对偶问题的变量一一对应,原问题的变量与对偶问题的行约束一一对应,并且将对应的一对约束称为**一对对偶约束**.

例 3.1.5 写出下列线性规划问题

$$\max Z = 2x_1 + 3x_2 - 5x_3 + x_4;$$

$$\text{s.t.}\begin{cases} 4x_1 + x_2 - 3x_3 + 2x_4 \geqslant 5; \\ 3x_1 - 2x_2 + 7x_4 \leqslant 4; \\ -2x_1 + 3x_2 + 4x_3 + x_4 = 6; \\ x_1 \leqslant 0, x_2, x_3 \geqslant 0, x_4\ \text{无符号限制}. \end{cases}$$

的对偶问题.

解 根据对偶规则(见表 3.2)可直接写出上述问题的对偶问题：

$$\min W = 5y_1 + 4y_2 + 6y_3;$$
$$\text{s.t.}\begin{cases} 4y_1 + 3y_2 - 2y_3 \leqslant 2; \\ y_1 - 2y_2 + 3y_3 \geqslant 3; \\ -3y_1 + 4y_3 \geqslant -5; \\ 2y_1 + 7y_2 + y_3 = 1; \\ y_1 \leqslant 0, y_2 \geqslant 0, y_3 \text{ 无符号限制}. \end{cases}$$

注意 有了混合型对偶规则以后，就不必再强调将所给问题先化为对称形式或非对称形式，而可以直接利用表 3.2 写出它的对偶问题. 例如，我们可以直接利用表 3.2 写出例 3.1.3 的对偶问题：

$$\min W = 2y_1 + 3y_2 + 5y_3;$$
$$\text{s.t.}\begin{cases} 2y_1 + 3y_2 - y_3 \geqslant 2; \\ 3y_1 + y_2 + 4y_3 \geqslant -3; \\ -5y_1 + 7y_2 + 6y_3 \geqslant 4; \\ y_1 \leqslant 0, y_2 \geqslant 0, y_3 \leqslant 0. \end{cases}$$

这里写出的对偶问题与例 3.1.3 中写出的对偶问题在形式上不完全一致，但经简单的变量代换就可化为一致，请读者自己完成.

3.2 对偶问题的基本性质

下面要讨论的对偶定理给出了原问题和对偶问题之间的重要关系，为了讨论问题方便，我们仅拟一对对称型对偶问题

$$\max Z = \boldsymbol{CX}; \qquad\qquad \min W = \boldsymbol{Yb};$$
$$(\text{P})\ \text{s.t.}\begin{cases} \boldsymbol{AX} \leqslant \boldsymbol{b}; \\ \boldsymbol{X} \geqslant \boldsymbol{0}, \end{cases} \qquad (\text{D})\ \text{s.t.}\begin{cases} \boldsymbol{YA} \geqslant \boldsymbol{C}; \\ \boldsymbol{Y} \geqslant \boldsymbol{0}, \end{cases}$$

来证明有关性质. 所有这些结论对于其他形式的对偶问题也同样成立，仅个别命题在数学表达式上略有差别.

定理 3.1 (对称性定理) 对偶问题的对偶是原问题.

证 现在我们要写出对偶问题(D)的对偶问题(因为它也是一个线性规划问题，当然应有它的对偶问题). 为了便于应用定义 3.1，我们先将问题(D)改写成问题(P)的形式：

$$\max W' = (-\boldsymbol{b}^{\mathrm{T}})\boldsymbol{Y}^{\mathrm{T}};$$
$$\text{s.t.}\begin{cases} (-\boldsymbol{A}^{\mathrm{T}})\boldsymbol{Y}^{\mathrm{T}} \leqslant -\boldsymbol{C}^{\mathrm{T}}; \\ \boldsymbol{Y}^{\mathrm{T}} \geqslant \boldsymbol{0}, \end{cases}$$

再按定义 3.1 写出它的对偶问题(记对偶变量为 $\boldsymbol{X}^{\mathrm{T}}$)：

$$\min g = \boldsymbol{X}^{\mathrm{T}}(-\boldsymbol{C}^{\mathrm{T}}); \qquad \max Z = \boldsymbol{CX};$$
$$\text{s. t.}\begin{cases}\boldsymbol{X}^{\mathrm{T}}(-\boldsymbol{A}^{\mathrm{T}}) \geqslant -\boldsymbol{b}^{\mathrm{T}}; \\ \boldsymbol{X}^{\mathrm{T}} \geqslant \boldsymbol{0},\end{cases} \quad \text{即} \quad \text{s. t.}\begin{cases}\boldsymbol{AX} \leqslant \boldsymbol{b}; \\ \boldsymbol{X} \geqslant \boldsymbol{0},\end{cases}$$

这就是原问题(P),证毕.

根据这一定理,在一对对偶问题中,我们可以把其中任何一个称为原问题,则另一个就是其对偶问题.

定理 3.2(弱对偶定理) 设 $\overline{\boldsymbol{X}}$ 和 $\overline{\boldsymbol{Y}}$ 分别是问题(P)和(D)的可行解,则必有

$$\boldsymbol{C}\overline{\boldsymbol{X}} \leqslant \overline{\boldsymbol{Y}}\boldsymbol{b}. \tag{3.11}$$

证 因 $\overline{\boldsymbol{X}}$ 是问题(P)的可行解,故必有

$$\boldsymbol{A}\overline{\boldsymbol{X}} \leqslant \boldsymbol{b}; \quad \overline{\boldsymbol{X}} \geqslant \boldsymbol{0}. \tag{3.12}$$

同理,由于 $\overline{\boldsymbol{Y}}$ 是问题(D)的可行解,故必有

$$\overline{\boldsymbol{Y}}\boldsymbol{A} \geqslant \boldsymbol{C}; \quad \overline{\boldsymbol{Y}} \geqslant \boldsymbol{0}. \tag{3.13}$$

用 $\overline{\boldsymbol{Y}}$ 左乘不等式(3.12)两边,得

$$\overline{\boldsymbol{Y}}\boldsymbol{A}\overline{\boldsymbol{X}} \leqslant \overline{\boldsymbol{Y}}\boldsymbol{b}, \tag{3.14}$$

用 $\overline{\boldsymbol{X}}$ 右乘不等式(3.13)两边,得

$$\overline{\boldsymbol{Y}}\boldsymbol{A}\overline{\boldsymbol{X}} \geqslant \boldsymbol{C}\overline{\boldsymbol{X}}. \tag{3.15}$$

由式(3.14)和式(3.15)可知

$$\boldsymbol{C}\overline{\boldsymbol{X}} \leqslant \overline{\boldsymbol{Y}}\boldsymbol{A}\overline{\boldsymbol{X}} \leqslant \overline{\boldsymbol{Y}}\boldsymbol{b} \qquad \text{证毕.}$$

由定理 3.2 可得下面几个重要推论.

推论 3.1 若 $\overline{\boldsymbol{X}}$ 和 $\overline{\boldsymbol{Y}}$ 分别是问题(P)和(D)的可行解,则 $\boldsymbol{C}\overline{\boldsymbol{X}}$ 是问题(D)的目标函数最小值的一个下界;$\overline{\boldsymbol{Y}}\boldsymbol{b}$ 是问题(P)的目标函数最大值的一个上界.

推论 3.2 在一对对偶问题(P)和(D)中,若其中一个问题可行,但目标函数无界,则另一个问题不可行.

证 用反证法.设问题(P)可行,但目标函数无界,而问题(D)可行,即存在可行解 $\overline{\boldsymbol{Y}}$,则由定理 3.2 知,$\overline{\boldsymbol{Y}}\boldsymbol{b}$ 即为问题(P)的上界,与假设矛盾.证毕.

注意 推论 3.2 的逆命题不一定成立.即在一对对偶问题(P)和(D)中,当其中一个问题无可行解时,则另一个问题或者目标函数无界,或者无可行解.

推论 3.3 在一对对偶问题(P)和(D)中,若一个(例如(P))可行,而另一个(例如(D))不可行,则该可行的问题(例如(P))无界.

同样可以用反证法证明上述结论.

例 3.2.1 已知原问题及对偶问题

$$\max Z = x_1 + 2x_2 + 3x_3 + 4x_4;$$
$$\text{s. t.}\begin{cases}x_1 + 2x_2 + 2x_3 + 3x_4 \leqslant 20; \\ 2x_1 + x_2 + 3x_3 + 2x_4 \leqslant 20; \\ x_j \geqslant 0 \ (j = 1,2,3,4),\end{cases}$$

$$\min W = 20y_1 + 20y_2;$$
$$\text{s. t.}\begin{cases}y_1 + 2y_2 \geqslant 1; \\ 2y_1 + y_2 \geqslant 2; \\ 2y_1 + 3y_2 \geqslant 3; \\ 3y_1 + 2y_2 \geqslant 4; \\ y_1, y_2 \geqslant 0.\end{cases}$$

试估计它们目标函数值的界,并验证弱对偶定理.

解 由观察可知

$$\overline{\boldsymbol{X}}=(1,1,1,1)^{\mathrm{T}},\quad \overline{\boldsymbol{Y}}=(1,1)$$

分别是原问题和对偶问题的可行解,且原问题的目标函数值为 $\overline{Z}=\boldsymbol{C}\overline{\boldsymbol{X}}=10$,对偶问题的目标函数值为 $\overline{W}=\overline{\boldsymbol{Y}}\boldsymbol{b}=40$,故 $\boldsymbol{C}\overline{\boldsymbol{X}}<\overline{\boldsymbol{Y}}\boldsymbol{b}$,弱对偶定理成立.且由推论 1 知,对偶问题目标函数 W 的最小值不能小于 10,原问题目标函数 Z 的最大值不能超过 40.

例 3.2.2 已知原问题及对偶问题

$$\max Z=x_1+2x_2;\qquad \text{s.t.}\begin{cases}-x_1+x_2+x_3\leqslant 2;\\-2x_1+x_2-x_3\leqslant 1;\\x_j\geqslant 0\quad(j=1,2,3).\end{cases}\qquad\qquad \min W=2y_1+y_2;\qquad \text{s.t.}\begin{cases}-y_1-2y_2\geqslant 1;\\y_1+y_2\geqslant 2;\\y_1-y_2\geqslant 0;\\y_1,y_2\geqslant 0.\end{cases}$$

试用对偶理论证明原问题无界.

证 由观察可知 $\overline{\boldsymbol{X}}=(0,0,0)^{\mathrm{T}}$ 是原问题的一个可行解,而其对偶问题的第一个约束条件 $-y_1-2y_2\geqslant 1$ 不能成立(因 $y_1,y_2\geqslant 0$),因此对偶问题不可行.故由推论 3.3 知原问题无界.

例 3.2.3 已知原问题及对偶问题

$$\max Z=x_1+x_2;\qquad \text{s.t.}\begin{cases}x_1-x_2\leqslant -1;\\-x_1+x_2\leqslant -1;\\x_1,x_2\geqslant 0.\end{cases}\qquad\qquad \min W=-y_1-y_2;\qquad \text{s.t.}\begin{cases}y_1-y_2\geqslant 1;\\-y_1+y_2\geqslant 1;\\y_1,y_2\geqslant 0.\end{cases}$$

显然,这两个问题都无可行解.

定理 3.3(最优性判别定理) 若 $\boldsymbol{X}^*$ 和 $\boldsymbol{Y}^*$ 分别是问题(P)和(D)的**可行解**,且 $\boldsymbol{C}\boldsymbol{X}^*=\boldsymbol{Y}^*\boldsymbol{b}$,则 $\boldsymbol{X}^*$、$\boldsymbol{Y}^*$ 分别是问题(P)和(D)的最优解.

证 由定理 3.2 知,对于问题(P)的任意一个可行解 $\boldsymbol{X}$,必有 $\boldsymbol{C}\boldsymbol{X}\leqslant\boldsymbol{Y}^*\boldsymbol{b}$,但 $\boldsymbol{C}\boldsymbol{X}^*=\boldsymbol{Y}^*\boldsymbol{b}$,故对原问题(P)的所有可行解,有

$$\boldsymbol{C}\boldsymbol{X}\leqslant\boldsymbol{C}\boldsymbol{X}^*$$

由定义 3.1 知,$\boldsymbol{X}^*$ 为原问题(P)的最优解,同理可证 $\boldsymbol{Y}^*$ 是对偶问题(D)的最优解.证毕.

例如,在前面的例 3.1.1 中,我们又可以找到 $\boldsymbol{X}^*=(0,0,4,4)^{\mathrm{T}}$ 是原问题的一个可行解,且

$$Z^*=\boldsymbol{C}\boldsymbol{X}^*=28,\quad \boldsymbol{Y}^*=(1.2,0.2)$$

是对偶问题的一个可行解,且 $W^*=\boldsymbol{Y}^*\boldsymbol{b}=28$.由于 $\boldsymbol{C}\boldsymbol{X}^*=\boldsymbol{Y}^*\boldsymbol{b}$,故由定理 3.2 知,$\boldsymbol{X}^*$、$\boldsymbol{Y}^*$ 分别是原问题和对偶问题的最优解.

定理 3.4(主对偶定理) 若一对对偶问题(P)和(D)都有可行解,则它们都有最优解,且目标函数的最优值必相等.

证 首先,当问题(P)和(D)都有可行解 $\overline{\boldsymbol{X}}$ 和 $\overline{\boldsymbol{Y}}$ 时,则由定理 3.2 的推论 3.1 知,对于问题(P)的任一可行解 $\boldsymbol{X}$,必有 $\boldsymbol{C}\overline{\boldsymbol{X}} \leqslant \overline{\boldsymbol{Y}}\boldsymbol{b}$,即对于求极大值问题(P),目标函数值有上界,故必有最优解.而对于问题(D)的任一可行解 $\boldsymbol{Y}$,必有 $\overline{\boldsymbol{C}\boldsymbol{X}} \leqslant \boldsymbol{Y}\boldsymbol{b}$,即对于求极小值问题(D),目标函数值有下界,故必有最优解.定理 3.4 的前半部分得证.

再证它们目标函数的最优值必相等.

设 $\boldsymbol{X}^*$ 是原问题(P)的最优解,对应的最优基为 $\boldsymbol{B}$.引入松弛变量向量 $\boldsymbol{X}_s = (x_{n+1}, x_{n+2}, \cdots, x_{n+m})^{\mathrm{T}}$,将问题(P)化为标准形式:

$$\max Z = \boldsymbol{C}\boldsymbol{X} + \boldsymbol{0}.\boldsymbol{X}_s;$$

$$\text{s. t.} \begin{cases} \boldsymbol{A}\boldsymbol{X} + \boldsymbol{I}\boldsymbol{X}_s = \boldsymbol{b}; \\ \boldsymbol{X}, \boldsymbol{X}_s \geqslant \boldsymbol{0}. \end{cases} \tag{3.16}$$

显然,问题式(3.16),也有最优解

$$\overline{\boldsymbol{X}}^* = \begin{pmatrix} \boldsymbol{X}^* \\ \boldsymbol{X}_s{}^* \end{pmatrix}.$$

由第 2 章的定理 2.1(最优性判别定理),必有检验数

$$\boldsymbol{\sigma} = (\boldsymbol{C}, \boldsymbol{0}) - \boldsymbol{C}_B\boldsymbol{B}^{-1}(\boldsymbol{A}, \boldsymbol{I}) \leqslant \boldsymbol{0}. \tag{3.17}$$

令 $\boldsymbol{Y}^* = \boldsymbol{C}_B\boldsymbol{B}^{-1}$,则式(3.17)变为

$$(\boldsymbol{C} - \boldsymbol{Y}^*\boldsymbol{A}, -\boldsymbol{Y}^*) \leqslant \boldsymbol{0}, \quad 即 \quad \begin{cases} \boldsymbol{Y}^*\boldsymbol{A} \geqslant \boldsymbol{C}; \\ \boldsymbol{Y}^* \geqslant \boldsymbol{0}. \end{cases} \tag{3.18}$$

这表明 $\boldsymbol{Y}^* = \boldsymbol{C}_B\boldsymbol{B}^{-1}$ 是对偶问题(D)的可行解,它给出的对偶问题的目标函数值为

$$W^* = \boldsymbol{Y}^*\boldsymbol{b} = \boldsymbol{C}_B\boldsymbol{B}^{-1}\boldsymbol{b}$$

又因 $\boldsymbol{X}^*$ 是原问题(P)的最优解,其目标函数的最优值为

$$Z^* = \boldsymbol{C}\boldsymbol{X}^* = \boldsymbol{C}_B\boldsymbol{B}^{-1}\boldsymbol{b}, \quad 故 \quad \boldsymbol{C}\boldsymbol{X}^* = \boldsymbol{C}_B\boldsymbol{B}^{-1}\boldsymbol{b} = \boldsymbol{Y}^*\boldsymbol{b},$$

即 $\boldsymbol{Y}^* = \boldsymbol{C}_B\boldsymbol{B}^{-1}$ 是对偶问题(D)的最优解,且两者目标函数的最优值相等.证毕.

由定理 3.4 后半部分的证明,显然可以得出如下推论.

推论 3.4 若问题(P)和(D)中的任意一个有最优解,则另一个也有最优解,且目标函数的最优值相等.

综上所述,一对对偶问题的关系,只能有下面三种情况出现:

(1) 都有最优解,分别设为 $\boldsymbol{X}^*$ 和 $\boldsymbol{Y}^*$,则必有 $\boldsymbol{C}\boldsymbol{X}^* = \boldsymbol{Y}^*\boldsymbol{b}$;

(2) 一个问题无界,则另一个问题无可行解;

(3) 两个都无可行解.

以上关系可用表 3.3 表示.

表 3.3

(P) \ (D)	有最优解	无 界	无 解
有最优解	(1)	×	×
无 界	×	×	(2)
无 解	×	(2)	(3)

定理 3.5(互补松弛定理) 设 $\boldsymbol{X}^*$ 和 $\boldsymbol{Y}^*$ 分别是问题(P)和(D)的可行解,则它们分别是最优解的充要条件是

$$\begin{cases} \boldsymbol{Y}^*(\boldsymbol{b}-\boldsymbol{A}\boldsymbol{X}^*)=0; & (3.19) \\ (\boldsymbol{Y}^*\boldsymbol{A}-\boldsymbol{C})\boldsymbol{X}^*=0, & (3.20) \end{cases}$$

同时成立.

证 在问题(P)和(D)中,分别引入松弛变量 $\boldsymbol{X}_s=(x_{n+1},x_{n+2},\cdots,x_{n+m})^{\mathrm{T}}$ 和剩余变量 $\boldsymbol{Y}_s=(y_{m+1},y_{m+2},\cdots,y_{m+n})$,因为 $\boldsymbol{X}^*$、$\boldsymbol{Y}^*$ 是可行解,则有

$$\boldsymbol{A}\boldsymbol{X}^*+\boldsymbol{X}_s^*=\boldsymbol{b},\boldsymbol{X}^*\geqslant\boldsymbol{0},\quad \boldsymbol{X}_s^*\geqslant\boldsymbol{0}; \tag{3.21}$$

$$\boldsymbol{Y}^*\boldsymbol{A}-\boldsymbol{Y}_s^*=\boldsymbol{C},\boldsymbol{Y}^*\geqslant\boldsymbol{0},\quad \boldsymbol{Y}_s^*\geqslant\boldsymbol{0}, \tag{3.22}$$

其中,$\boldsymbol{X}_s^*$、$\boldsymbol{Y}_s^*$ 表示对应于可行解 $\boldsymbol{X}^*$ 和 $\boldsymbol{Y}^*$ 的松弛变量 $\boldsymbol{X}_s$ 和剩余变量 $\boldsymbol{Y}_s$ 的值.

用 $\boldsymbol{Y}^*$ 左乘式(3.21),得

$$\boldsymbol{Y}^*\boldsymbol{A}\boldsymbol{X}^*+\boldsymbol{Y}^*\boldsymbol{X}_s^*=\boldsymbol{Y}^*\boldsymbol{b}. \tag{3.23}$$

同理,用 $\boldsymbol{X}^*$ 右乘式(3.22),得

$$\boldsymbol{Y}^*\boldsymbol{A}\boldsymbol{X}^*-\boldsymbol{Y}_s^*\boldsymbol{X}^*=\boldsymbol{C}\boldsymbol{X}^*. \tag{3.24}$$

又由于 $\boldsymbol{C}\boldsymbol{X}^*=\boldsymbol{Y}^*\boldsymbol{b}$,故将上两式相减,得

$$\boldsymbol{Y}^*\boldsymbol{X}_s^*+\boldsymbol{Y}_s^*\boldsymbol{X}^*=0.$$

又由式(3.21)和式(3.22)中变量的非负性可知,必有

$$\begin{cases} \boldsymbol{Y}^*\boldsymbol{X}_s^*=0; & (3.25) \\ \boldsymbol{Y}_s^*\boldsymbol{X}^*=0. & (3.26) \end{cases}$$

但 $\boldsymbol{X}_s^*=\boldsymbol{b}-A\boldsymbol{X}^*$,$\boldsymbol{Y}_s^*=\boldsymbol{Y}^*\boldsymbol{A}-\boldsymbol{C}$,代入式(3.25)和式(3.26),即得式(3.19)和式(3.20)成立.这是必要性.

再证充分性,若式(3.19)和式(3.20)成立,这意味着式(3.25)和式(3.26)也成立,再由式(3.23)和式(3.24)知,必有 $\boldsymbol{C}\boldsymbol{X}^*=\boldsymbol{Y}^*\boldsymbol{b}$.再由定理 3.4 可知,$\boldsymbol{X}^*$ 和 $\boldsymbol{Y}^*$ 必分别是问题(P)和(D)的最优解.证毕.

我们称式(3.19)和式(3.20)为互补松弛条件,下面对这些条件的含义进行解释.若记

$$\boldsymbol{A}=(\boldsymbol{P}_1,\boldsymbol{P}_2,\cdots,\boldsymbol{P}_n)=\begin{pmatrix}\boldsymbol{a}_1\\ \boldsymbol{a}_2\\ \vdots\\ \boldsymbol{a}_m\end{pmatrix},$$

其中,$\boldsymbol{P}_j=(a_{1j},a_{2j},\cdots,a_{mj})^{\mathrm{T}}$ 表示矩阵 $\boldsymbol{A}$ 的第 j 列,$\boldsymbol{a}_i=(a_{i1},a_{i2},\cdots,a_{in})$ 表示矩阵 $\boldsymbol{A}$ 的第 i 行.

由于 $\boldsymbol{b}-\boldsymbol{A}\boldsymbol{X}^*\geqslant\boldsymbol{0}$,$\boldsymbol{Y}^*\boldsymbol{A}-\boldsymbol{C}\geqslant 0$ 及 $\boldsymbol{X}^*\geqslant 0$,$\boldsymbol{Y}^*\geqslant 0$,则式(3.19)和式(3.20)可以写成下面的等价形式:

$$\begin{cases} y_i^*(b_i - \boldsymbol{a}_i\boldsymbol{X}^*) = 0 \quad (i = 1,2,\cdots,m); & (3.27) \\ (\boldsymbol{Y}^*\boldsymbol{P}_j - c_j)x_j^* = 0 \quad (j = 1,2,\cdots,n). & (3.28) \end{cases}$$

由式(3.27)和式(3.28)可得互补松弛关系如下.在问题(P)和(D)的最优解 $\boldsymbol{X}^* = (x_1{}^*, x_2{}^*, \cdots, x_n{}^*)^{\mathrm{T}}$ 和 $\boldsymbol{Y}^* = (y_1{}^*, y_2{}^*, \cdots, y_m{}^*)$ 处:

(1) 若有某个 $x_j^* > 0$,则必有 $\boldsymbol{Y}^*\boldsymbol{P}_j = c_j$;

(2) 若有某个 $\boldsymbol{Y}^*\boldsymbol{P}_j > c_j$,则必有 $x_j^* = 0$;

(3) 若有某个 $y_i^* > 0$,则必有 $\boldsymbol{a}_i\boldsymbol{X}^* = b_i$;

(4) 若有某个 $\boldsymbol{a}_i\boldsymbol{X}^* < b_i$,则必有 $y_i^* = 0$.

注意　以上四条中都是由严格的不等式推出严格的等式,而不能相反操作.因为在式(3.27)和式(3.28)中,当两个因子相乘等于零时,若其中一个因子不等于零,则另一个必等于零.

习惯上,我们把某一可行点(例如 $\boldsymbol{X}^*$ 或 $\boldsymbol{Y}^*$)处的严格不等式约束(包括对变量的非负约束)称为**松约束(或不起作用约束)**,而把严格等式约束称为**紧约束(或起作用约束)**.这样,上述(1)~(4)可以概括为一句话:即对于最优解 $\boldsymbol{X}^*$ 和 $\boldsymbol{Y}^*$ 而言,松约束的对偶约束是紧约束,这就是我们将条件式(3.19)和式(3.20)称为互补松弛条件的原因.

以上关系称为一对对偶问题之间的互补松弛关系或松紧关系,它不仅在理论上而且在实际中,都有重要的意义.在计算上,若已知一个问题的最优解,则可利用互补松弛条件求另一个问题的最优解.

例 3.2.4　已知线性规划问题

$$\min Z = 3x_1 + 4x_2 + 2x_3 + 5x_4 + 9x_5;$$

$$\text{s.t.}\begin{cases} x_2 + x_3 - 5x_4 + 3x_5 \geqslant 2; \\ x_1 + x_2 - x_3 + x_4 + 2x_5 \geqslant 3; \\ x_j \geqslant 0 \ (j = 1,2,\cdots,5). \end{cases}$$

试通过求对偶问题的最优解来求原问题的最优解.

解　它的对偶问题是

$$\max W = 2y_1 + 3y_2;$$

$$\text{s.t.}\begin{cases} y_2 \leqslant 3; \\ y_1 + y_2 \leqslant 4; \\ y_1 - y_2 \leqslant 2; \\ -5y_1 + y_2 \leqslant 5; \\ 3y_1 + 2y_2 \leqslant 9; \\ y_1, y_2 \geqslant 0. \end{cases}$$

由于对偶问题只含两个变量,故可用图解法求解(见图 3.1),得最优解 $\boldsymbol{Y}^* = (1,3)$(即图 3.1 中的 C 点),目标函数最优值 $W^* = 11$.

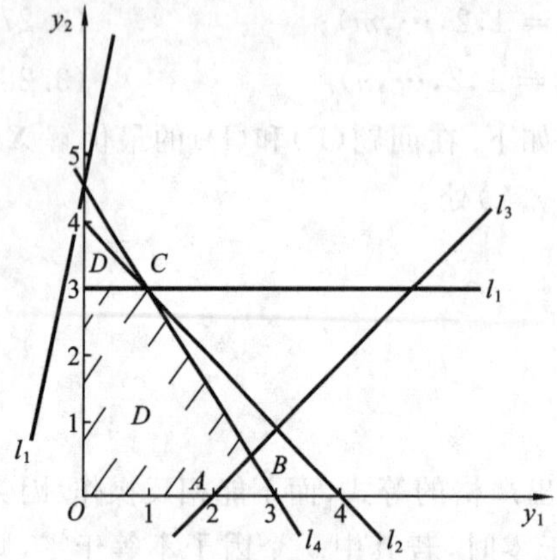

图 3.1

下面,我们利用互补松弛条件来求原问题的最优解:

将 $y_1^*=1,y_2^*=3$ 代入对偶约束条件可知,对于 $\boldsymbol{Y}^*=(1,3)$来说,第1,2,5三个约束条件为紧约束(即为严格等式),第3,4两个约束条件为松约束(即为严格不等式).若令原问题的最优解为 $\boldsymbol{X}^*=(x_1^*,x_2^*,x_3^*,x_4^*,x_5^*)^{\mathrm{T}}$,则由互补松弛条件,必有 $x_3^*=x_4^*=0$.

又由于 $y_1^*>0,y_2^*>0$,则由互补松弛条件知,原问题的约束必为等式,即

$$\begin{cases}x_2^*+3x_5^*=2;\\x_1^*+x_2^*+2x_5^*=3,\end{cases}\quad \begin{cases}x_1^*=1+x_5^*;\\x_2^*=2-3x_5^*.\end{cases}$$

此方程组有无穷多组解,令 $x_5^*=0$ 得 $x_1^*=1,x_2^*=2$,即 $\boldsymbol{X}_1^*=(1,2,0,0,0)^{\mathrm{T}}$ 为原问题的一个最优解,目标函数的最优值 $Z^*=11$.

再令 $x_5^*=2/3$,得

$$x_1^*=5/3,\quad x_2^*=0$$

即 $\boldsymbol{X}_2^*=(5/3,0,0,0,2/3)^{\mathrm{T}}$ 也是原问题的一个最优解,$Z^*=11$.

根据线性规划的理论,它们的凸组合

$$\boldsymbol{X}^*=\lambda\boldsymbol{X}_1^*+(1-\lambda)\boldsymbol{X}_2^*,0\leqslant\lambda\leqslant1$$

也是原问题的最优解.

对于一对非对称的对偶问题(式(3.9)和式(3.10))而言,互补松弛条件(式(3.19)和式(3.20))中的式(3.19)自然成立.

定理3.1～3.5对于混合型对偶问题同样适用,下面举例说明.

例3.2.5 已知原问题

$$\max Z=x_1+4x_2+3x_3;$$
$$\text{s.t.}\begin{cases}2x_1+3x_2-5x_3\leqslant2;\\3x_1-x_2+6x_3\geqslant1;\\x_1+x_2+x_3=4;\\x_1\geqslant0,x_2\leqslant0,x_3\text{ 无符号限制}.\end{cases}$$

的最优解为 $\boldsymbol{X}^*=(0,0,4)^{\mathrm{T}}$,最优值 $Z^*=12$,试用对偶理论求对偶问题的最优解.

解 对偶问题为

$$\min W=2y_1+y_2+4y_3;$$
$$\text{s.t.}\begin{cases}2y_1+3y_2+y_3\geqslant1;\\3y_1-y_2+y_3\leqslant4;\\-5y_1+6y_2+y_3=3;\\y_1\geqslant0,y_2\leqslant0,y_3\text{ 无符号限制}.\end{cases}$$

将 $\boldsymbol{X}^*=(0,0,4)^{\mathrm{T}}$ 代入原问题的三个约束条件，

$$\begin{cases}2x_1^*+3x_2^*-5x_3^*=-20<2;\\3x_1^*-x_2^*+6x_3^*=24>1;\\x_1^*+x_2^*+x_3^*=4,\end{cases}$$

即对 $\boldsymbol{X}^*$ 而言，前两个约束为松约束，由互补松弛条件知，必有 $y_1^*=y_2^*=0$，代入对偶问题的第3个约束，得 $y_3^*=3$. 于是对偶问题的最优解为 $\boldsymbol{Y}^*=(0,0,3)$，最优值 $W^*=12$.

由上面的一些结果可以知道，对于任何一个线性规划问题(P)，如果它的对偶问题(D)容易求解的话，我们总可以通过求解(D)来讨论原问题(P). 若(D)无界，则(P)无解；若求得(D)的最优解 $\boldsymbol{Y}^*$，最优值为 $W^*=\boldsymbol{Y}^*\boldsymbol{b}$，则利用互补松弛性可求得(P)的最优解 $\boldsymbol{X}^*$，并且(P)的最优值亦为 $Z^*=\boldsymbol{Y}^*\boldsymbol{b}$.

3.3　对偶问题的解

对偶问题作为一个线性规划问题来看，前面所介绍的线性规划的求解方法(例如单纯形法)，对于它当然也适用. 但是，由上节讨论的基本性质可以看出，原问题及其对偶问题之间有如此紧密的联系，因此我们很自然地想到，能否通过求解原问题来找出对偶问题的解，或者相反. 事实上，上节中的互补松弛条件就可以解决这样的问题，即由原问题的最优解可以直接求出其对偶问题的最优解. 下面我们再介绍几种求对偶最优解的方法.

1. 利用原问题的最优单纯形表求对偶最优解

在定理3.4中，我们已经证明

$$\boldsymbol{Y}^*=\boldsymbol{C}_B\boldsymbol{B}^{-1}\tag{3.29}$$

是其对偶问题的最优解(其中 $\boldsymbol{B}$ 为最优基). 我们分析怎样从最优单纯形表上查到 $\boldsymbol{Y}^*$，又可以分两种情况来讨论.

(1) 设原问题为

$$\max Z=\boldsymbol{CX};$$
$$\text{s.t.}\begin{cases}\boldsymbol{AX}\leqslant\boldsymbol{b};\\\boldsymbol{X}\geqslant\boldsymbol{0}.\end{cases}$$

通过引入松弛变量 $\boldsymbol{X}_s=(x_{n+1},x_{n+2},\cdots,x_{n+m})^{\mathrm{T}}$ 作为初始基变量，将问题化为式(3.16)，然后用单纯形法求解，当检验数满足式(3.17)时，则已求得最优解. 再由式(3.18)可知，这时松弛变量 $\boldsymbol{X}_s$ 对应的检验数为 $-\boldsymbol{Y}^*$. 因此，要求对偶最优解 $\boldsymbol{Y}^*$，只需将最优单纯形表上松弛变量对应检验数反号即可(见表3.4).

由表3.4可知，将松弛变量 $\boldsymbol{X}_s$ 下面对应的检验数反号即得 $\boldsymbol{Y}^*=\boldsymbol{C}_B\boldsymbol{B}^{-1}$.

表 3.4

$\boldsymbol{C}$			$\boldsymbol{C}_B$	$\boldsymbol{C}_N$	$\boldsymbol{0}$
$\boldsymbol{C}_B$	$\boldsymbol{X}_B$	$\boldsymbol{b}$	$\boldsymbol{X}_B$	$\boldsymbol{X}_N$	$\boldsymbol{X}_s$
$\boldsymbol{C}_B$	$\boldsymbol{X}_B$	$\boldsymbol{B}^{-1}\boldsymbol{b}$	I	$\boldsymbol{B}^{-1}\boldsymbol{N}$	$\boldsymbol{B}^{-1}$
Z		$-\boldsymbol{C}_B\boldsymbol{B}^{-1}\boldsymbol{b}$	0	$\boldsymbol{C}_N-\boldsymbol{C}_B\boldsymbol{B}^{-1}\boldsymbol{N}$	$-\boldsymbol{C}_B\boldsymbol{B}^{-1}$

例 3.3.1 求第 2 章 2.3 节例 2.3.1 中

$$\max Z = 10x_1 + 18x_2;$$
$$\text{s. t.}\begin{cases}5x_1 + 2x_2 \leqslant 170;\\ 2x_1 + 3x_2 \leqslant 100;\\ x_1 + 5x_2 \leqslant 150;\\ x_1, x_2 \geqslant 0\end{cases}$$

的对偶问题的最优解.

解 对偶问题为

$$\min W = 170y_1 + 100y_2 + 150y_3;$$
$$\text{s. t.}\begin{cases}5y_1 + 2y_2 + y_3 \geqslant 10;\\ 2y_1 + 3y_2 + 5y_3 \geqslant 18;\\ y_j \geqslant 0\ (j = 1,2,3).\end{cases}$$

在第 2 章 2.3 节例 2.3.1 中,我们已经用单纯形法求解过原问题,其迭代过程见表 2.8.由表 2.8(Ⅲ)可以看出,原问题的最优解为

$$\boldsymbol{X}^* = \left(\frac{50}{7}, \frac{200}{7}\right)^{\mathrm{T}},$$

目标函数最优值 $Z^* = 4100/7$.

现在由表 2.8(Ⅲ)还可以查到对偶问题的最优解,即将松弛变量 x_3、x_4、x_5 下面对应的检验数反号,得

$$y_1^* = 0,\quad y_2^* = \frac{32}{7},\quad y_3^* = \frac{6}{7},$$

对偶问题的最优值 $W^* = 4100/7$.

这也就是例 3.1.1 中所要回答的问题,即工厂要将现有资源用于接受外协加工任务时的收费标准.关于它们的含义将在下一节进一步讨论.

(2) 设原问题为

$$\max Z = \boldsymbol{CX};$$
$$\text{s. t.}\begin{cases}\boldsymbol{AX} = \boldsymbol{b};\\ \boldsymbol{X} \geqslant \boldsymbol{0}.\end{cases}$$

若矩阵 $\boldsymbol{A}$ 中没有现成的单位矩阵 $\boldsymbol{I}$,则必须通过引入人工变量来凑一个单位矩阵,再用大 M 法或两阶段法求解,这一点在第 2 章 2.4 节中已作过详细讨论.下面分析一下检验数的变化,从中找出对偶最优解 $\boldsymbol{Y}^*$.

正如第 2 章 2.3 节例 2.3.2 中所分析的那样，如果我们把系数矩阵 $\boldsymbol{A}$ 写成分块形式

$$\boldsymbol{A}=(\boldsymbol{B} \vdots \boldsymbol{I} \vdots \boldsymbol{D})$$

其中 $\boldsymbol{B}$ 为最优基，$\boldsymbol{I}$ 为初始基，$\boldsymbol{D}$ 为其余非基向量组成的矩阵.

并记目标函数的系数向量

$$\boldsymbol{C}=(\boldsymbol{C}_B,\boldsymbol{C}_I,\boldsymbol{C}_D)$$

即 $\boldsymbol{C}$ 的分块与 $\boldsymbol{A}$ 的分块相对应，$\boldsymbol{C}_B$、$\boldsymbol{C}_I$、$\boldsymbol{C}_D$ 分别表示最优基、初始基和其余非基向量所对应的目标函数系数行向量.

这时在最终单纯形表上检验数向量变为

$$\begin{aligned}\boldsymbol{\sigma}&=\boldsymbol{C}-\boldsymbol{C}_B\boldsymbol{B}^{-1}\boldsymbol{A}=(\boldsymbol{C}_B,\boldsymbol{C}_I,\boldsymbol{C}_D)-\boldsymbol{C}_B\boldsymbol{B}^{-1}(\boldsymbol{B} \vdots \boldsymbol{I} \vdots \boldsymbol{D})\\&=(\boldsymbol{0},\boldsymbol{C}_I-\boldsymbol{C}_B\boldsymbol{B}^{-1},\boldsymbol{C}_D-\boldsymbol{C}_B\boldsymbol{B}^{-1}\boldsymbol{D}),\end{aligned}$$

记

$$\boldsymbol{\sigma}=(\boldsymbol{\sigma}_B,\boldsymbol{\sigma}_I,\boldsymbol{\sigma}_D),$$

其中 $\boldsymbol{\sigma}_B$、$\boldsymbol{\sigma}_I$、$\boldsymbol{\sigma}_D$ 分别表示最优基变量. 初始基变量和其余非基变量所对应的检验数向量，且

$$\begin{aligned}\boldsymbol{\sigma}_B&=\boldsymbol{0};\\\boldsymbol{\sigma}_I&=\boldsymbol{C}_I-\boldsymbol{C}_B\boldsymbol{B}^{-1};\\\boldsymbol{\sigma}_D&=\boldsymbol{C}_D-\boldsymbol{C}_B\boldsymbol{B}^{-1}\boldsymbol{D}.\end{aligned}\tag{3.30}$$

根据以上分析，为了求得对偶最优解 $\boldsymbol{Y}^*$，只需将初始基变量(包括人工变量)在原问题的目标函数中相应的系数 c_j(如果是人工变量，则系数为 $-M$)减去对应的检验数 σ_j 即可，因为这时式(3.30)中，初始基变量对应的列向量 $\boldsymbol{P}_j$ 必为单位列向量，即

$$\boldsymbol{Y}^*=\boldsymbol{C}_I-\boldsymbol{\sigma}_I$$

例 3.3.2　已知原问题(第 2 章 2.4 节的例 2.4.1)

$$\max Z=3x_1-x_2-x_3;$$

$$\text{s.t.}\begin{cases}x_1-2x_2+x_3\leqslant 11;\\-4x_1+x_2+2x_3\geqslant 3;\\-2x_1+x_3=1;\\x_j\geqslant 0\ (j=1,2,3).\end{cases}$$

试求其对偶问题的最优解.

解　第 2 章例 2.4.1 中，我们已经用大 M 法求解过此问题，它的对偶问题是

$$\min W=11y_1+3y_2+y_3;$$

$$\text{s.t.}\begin{cases}y_1-4y_2-2y_3\geqslant 3;\\-2y_1+y_2\geqslant -1;\\y_1+2y_2+y_3\geqslant -1;\\y_1\geqslant 0,y_2\leqslant 0,y_3\ \text{无符号限制}.\end{cases}$$

为了求得此对偶问题的最优解，我们用大 M 法解原问题的单纯形表见表 2.14. 由该表可知，原问题的最优解为

$$\boldsymbol{X}^* = (4,1,9)^{\mathrm{T}},$$

及最优值 $Z^*=2$. 再由表 2.14(Ⅳ)的最下面一行查出初始基变量 x_4、x_6、x_7 相对应的检验数

$$\sigma_4 = -\frac{1}{3}, \quad \sigma_5 = \frac{1}{3} - M, \quad \sigma_6 = \frac{2}{3} - M,$$

而 x_4、x_6、x_7 在原问题的目标函数中相应的系数分别为 0、$-M$、$-M$,故对偶问题的最优解为

$$y_1^* = 0 - \sigma_4 = 0 - \left(-\frac{1}{3}\right) = \frac{1}{3};$$

$$y_2^* = -M - \sigma_5 = -M - \left(\frac{1}{3} - M\right) = -\frac{1}{3};$$

$$y_3^* = -M - \sigma_6 = -M - \left(\frac{2}{3} - M\right) = -\frac{2}{3},$$

即
$$\boldsymbol{Y}^* = \left(\frac{1}{3}, -\frac{1}{3}, -\frac{2}{3}\right).$$

对偶目标函数的最优值 $W^*=2$.

2. 利用改进单纯形表求对偶最优解

在第 2 章 2.6 节中讨论改进单纯形法时,我们曾引入了单纯形乘子 $\boldsymbol{Y}=\boldsymbol{C}_B\boldsymbol{B}^{-1}$,从这一节的分析,我们看到,所谓单纯形乘子就是现在所说的对偶最优解. 因此,通过改进单纯形法的计算过程,就可以找到对偶最优解.

例 3.3.3 已知原问题

$$\min Z = -3x_1 + x_2 + x_3;$$

$$\text{s.t.}\begin{cases} x_1 - 2x_2 + x_3 + x_4 = 11; \\ -4x_1 + x_2 + 2x_3 - x_5 = 3; \\ -2x_1 + x_3 = 1; \\ x_j \geqslant 0 (j = 1,2,\cdots,5). \end{cases}$$

试求其对偶问题的最优解.

解 在第 2 章例 2.6.4 中,我们已经用改进单纯形法求解过此问题,其最优解为

$$\boldsymbol{X}^* = (4,1,9,0,0)^{\mathrm{T}}$$

及最优值 $Z^*=-2$. 其对偶问题为

$$\max W = 11y_1 + 3y_2 + y_3;$$

$$\text{s.t.}\begin{cases} y_1 - 4y_2 - 2y_3 \leqslant -3; \\ -2y_1 + y_2 \leqslant 1; \\ y_1 + 2y_2 + y_3 \leqslant 1; \\ y_1 \leqslant 0; \\ -y_2 \leqslant 0; \\ y_3 \text{ 无符号限制}. \end{cases}$$

因 x_1、x_2、x_3 为最优基变量，则最优基为

$$B=(P_1,P_2,P_3)=\begin{bmatrix}1 & -2 & 1\\ -4 & 1 & 2\\ -2 & 0 & 1\end{bmatrix}.$$

最优基的逆矩阵为

$$B^{-1}=\begin{bmatrix}1/3 & 2/3 & -5/3\\ 0 & 1 & -2\\ 2/3 & 4/3 & -7/3\end{bmatrix}.$$

最优单纯形乘子为

$$Y=C_BB^{-1}=(-3,1,1)\begin{bmatrix}1/3 & 2/3 & -5/3\\ 0 & 1 & -2\\ 2/3 & 4/3 & -7/3\end{bmatrix}=\left(-\frac{1}{3},\frac{1}{3},\frac{2}{3}\right),$$

于是对偶问题的最优解为

$$Y^*=\left(-\frac{1}{3},\frac{1}{3},\frac{2}{3}\right).$$

目标函数最优值 $W^*=-2$.

注意 此处的最优解与例 3.3.2 中略有不同，这主要是因为例 3.3.2 中原问题是“max”型，而本例中原问题是“min”，于是它们的对偶问题就应有所区别，这就导致对偶最优解也不同（仅相差一个符号）.

正是由于线性规划的原问题和对偶问题之间有如此紧密的联系，因此在求解一个线性规划问题时，往往需要先考虑一下，究竟是解它的原问题还是解它的对偶问题比较省事. 一般来说，求解一个线性规划问题的计算量，是同这个问题所含约束条件的个数有密切关系的. 若约束条件的个数越多，则基可行解中基变量的个数也越多，相应地确定主元和迭代变换的计算量也越大. 根据经验，单纯形法的迭代次数是约束条件的 1～1.5 倍，因此，当 $m<n$ 时，用原问题求解较好；当 $m>n$ 时，则用其对偶问题求解较好.

3.4 对偶问题的经济解释——影子价格

本章 3.1 节中引出对偶问题时，曾举了经济管理中的两个实例，例 3.1.1 是资源利用问题，例 3.1.2 是配料问题，它们的对偶问题分别是：在例 3.1.1 中是该厂将现有资源用来加工外协件，要给每种资源制定一个合理价格，例 3.1.2 是某制造商想制造含有单一成分的营养丸以取代饲料，要给每一种营养丸定价. 这种价格不同于市场价格，它是根据每个厂的资源情况、消耗情况和产品的价格计算出来的，因此又称计算价格或影子价格. 下面再进一步说明这个问题.

1. 影子价格的概念

考虑一对对称的对偶问题

$$
\text{(P)}\quad \max Z = \boldsymbol{CX};\quad \text{s.t.}\begin{cases}\boldsymbol{AX} \leqslant \boldsymbol{b};\\ \boldsymbol{X} \geqslant \boldsymbol{0}.\end{cases}
\qquad
\text{(D)}\quad \min W = \boldsymbol{Yb};\quad \text{s.t.}\begin{cases}\boldsymbol{YA} \geqslant \boldsymbol{C};\\ \boldsymbol{Y} \geqslant \boldsymbol{0}.\end{cases}
$$

如果我们把问题(P)看做一个资源分配问题,右端常数 $b_i(i=1,2,\cdots,m)$表示第 i 种资源的现有数量.

下面我们讨论 b_i 增加 1 个单位时所引起的目标函数最优值的变化.

设 $\boldsymbol{B}$ 是问题(P)的最优基,则由式(3.29)知

$$
\begin{aligned}
Z^* &= \boldsymbol{C}_B\boldsymbol{B}^{-1}\boldsymbol{b} = \boldsymbol{Y}^*\boldsymbol{b}\\
&= y_1^*b_1 + y_2^*b_2 + \cdots + y_i^*b_i + \cdots + y_m^*b_m,
\end{aligned}
\tag{3.31}
$$

当 b_i 变为 b_i+1(其余的右端常数不变,并假设这种变化不影响最优基 $\boldsymbol{B}$,更一般的情况将在下一章讨论)时,目标函数最优值变为

$$
Z'^* = y_1^*b_1 + y_2^*b_2 + \cdots + y_i^*(b_i+1) + \cdots + y_m^*b_m,
\tag{3.32}
$$

于是目标函数最优值的改变量为

$$
\Delta Z^* = Z'^* - Z^* = y_i^*.
\tag{3.33}
$$

由上式可以看出 y_i^* 的意义,它表示当右端常数 b_i 增加 1 个单位时所引起的目标函数最优值的改变量,也可以写成

$$
\frac{\partial Z^*}{\partial b_i} = y_i^* \quad (i=1,2,\cdots,m),
\tag{3.34}
$$

即 y_i^* 表示 Z^* 对 b_i 的变化率.

定义 3.2 在一对对偶问题(P)和(D)中,若(P)的某个约束条件的右端常数 b_i 增加 1 个单位时,所引起的目标函数最优值 Z^* 的改变量 y_i^* 称为第 i 个约束条件的**影子价格**,又称为**边际价格**.

由定义 3.2 可知,影子价格 y_i^* 的经济意义是在其他条件不变的情况下,单位第 i 种资源变化所引起的目标函数最优值的变化,即对偶变量 y_i 就是第 i 个约束条件的影子价格.影子价格是针对某一具体的约束条件而言的,而问题中所有其他数据都保持不变,因此影子价格也可以理解为目标函数最优值对资源的一阶偏导数.

影子价格,又称 Lagrange 乘子或灵敏度系数,通常指线性规划对偶模型中对偶变量的最优解.如果原规划模型属于在一定资源约束条件下,按一定的生产消耗生产一组产品并寻求总体效益(如利润)目标函数最大化问题,那么其对偶模型属于对本问题中每一资源以某种方式进行估价,以便得出与最优生产计划相一致的一个企业的最低总价值,该对偶模型中资源的估价表现为相应资源的影子价格.当所有资源按最优方式分配时,第 i 种资源的影子价格 y_i 给出了第 i 种资源(单位)追加量的边际利润.也就是说,在原规划模型最优基保持不变的前提下,增加(或减少)单位第 i 种资源,原规划模型的目标函数值将增加或减少一个 y_i 值,因此,人们可根据 y_i 的大

小，对第 i 种资源紧缺程度和占用的经济效果作出判断，探讨资源的优化利用，为企业决策服务.

影子价格 y_i 随着目标函数、约束条件的经济意义和测度单位不同而有种种不同的具体内容. 例如将 y_i 视为第 i 种资源的边际值，它反映了在一定条件下，增加(或减少)单位第 i 种资源占用量对目标函数值增加或减少的影响程度. 将 y_i 视为第 i 种资源机会成本或机会损失，它反映了企业若放弃单位第 i 种资源的利用，将失去一次获利机会，其损失值为 y_i；若增加单位第 i 种资源的利用，企业将赢得一次增值为 y_i 的获利机会. 将 y_i 看作一种附加值或附加价格，它取决于企业对第 i 种资源使用效果的一种评价. 若第 i 种资源的单位市场价格为 m_i，当 $y_i > m_i$ 时，企业愿意购进这种资源. 也就是说，如果第 i 种资源追加一单位，作最优分配时所得利润 y_i 比成本 m_i 要大，单位纯利润为 $y_i - m_i$，购进这种资源有利可图；如果 $y_i < m_i$，企业愿意有偿转让这种资源，可获单位纯利 $m_i - y_i$，否则，企业将无利可图，甚至亏损.

例 3.4.1　我们还是讨论本章的例 3.1.1.

$$\max Z = 10x_1 + 18x_2;$$
$$\text{s.t.}\begin{cases} 5x_1 + 2x_2 \leqslant 170; \\ 2x_1 + 3x_2 \leqslant 100; \\ x_1 + 5x_2 \leqslant 150; \\ x_1, x_2 \geqslant 0, \end{cases}$$

其对偶问题为

$$\min W = 170y_1 + 100y_2 + 150y_3;$$
$$\text{s.t.}\begin{cases} 5y_1 + 2y_2 + y_3 \geqslant 10; \\ 2y_1 + 3y_2 + 5y_3 \geqslant 18; \\ y_j \geqslant 0 \ (j = 1,2,3). \end{cases}$$

用单纯形法求解原问题，得最优单纯形表 3.5(即表 2.8(Ⅲ)).

表 3.5

$\boldsymbol{C}$			10	18	0	0	0
$\boldsymbol{C}_B$	$\boldsymbol{X}_B$	$\boldsymbol{b}$	x_1	x_2	x_3	x_4	x_5
0	x_3	540/7	0	0	1	−23/7	11/7
10	x_1	50/7	1	0	0	5/7	−3/7
18	x_2	200/7	0	1	0	−1/7	2/7
Z		−4100/7	0	0	0	−32/7	−6/7

由表 3.5 可知原问题的最优解为 $\boldsymbol{X}^* = \left(\frac{50}{7}, \frac{200}{7}\right)^{\mathrm{T}}$，最优值 $Z^* = 4100/7$.

对偶问题的最优解为 $\boldsymbol{Y}^* = \left(0, \frac{32}{7}, \frac{6}{7}\right)$，最优值为 $W^* = 4100/7$.

也就是说,原问题中第一种资源(钢材)的影子价格 $y_1^*=0$,第二种资源(煤炭)的影子价格 $y_2^*=\frac{32}{7}$,第三种资源(设备台时)的影子价格 $y_3^*=\frac{6}{7}$.

这就是说,在现有资源的基础上,若再增加1吨煤,可使总利润增加$\frac{32}{7}$万元;若再增加1个台时,可使总利润增加$\frac{6}{7}$万元.但再增加1吨钢材,将不会使总利润增加(因 $y_1^*=0$).

为什么会出现上述几种不同的情况呢?由互补松弛条件可知,由于对偶最优解

$$y_2^*=\frac{32}{7}>0,\quad y_3^*=\frac{6}{7}>0$$

故原问题的第2,3两个约束条件将变成等式,即

$$\begin{cases}2x_1^*+3x_2^*=100;\\ x_1^*+5x_2^*=150.\end{cases}$$

这说明按最优生产计划安排生产,现有资源中的煤炭和设备台时已经全部用完而没有剩余.因此,若再增加这两种资源,必须会给工厂带来新的收益,而这时 $x_1^*=\frac{50}{7}$,$x_2^*=\frac{200}{7}$将使原问题的第1个约束条件变成严格不等式,即

$$5x_1^*+2x_2^*<170.$$

根据互补松弛条件,则必有 $y_1^*=0$.这说明按最优生产计划安排生产,第一种资源(钢材)还有剩余(其剩余量就是在最优解中松弛变量 x_3 的取值 $x_3^*=540/7$).若再增加这种资源,只能造成积压,而不会使工厂增加收益.

2. 影子价格在经济管理中的应用

影子价格在经济管理中的应用很多,现仅就以下几方面加以说明.

1)影子价格能指示企业内部挖潜的方向

利用影子价格进行企业经济活动分析,不仅可以实现资源的最优配置,而且可以指明企业内部挖潜的主攻方向.因为影子价格能指出各种资源在实现企业最优目标时的影响作用,影子价格越高的资源,表明它对目标增益的影响越大,同时也表明这种资源对该企业来说越稀缺和越贵重,企业的管理者就应该更加重视对这种资源的管理,通过挖潜革新、降低消耗或及时补充该种资源,以保证给企业带来较大的收益.总之,对影子价格大于零的资源都应采取措施,增加投入,以保证生产正常进行,实现利润最大化.

当然,对影子价格为零的资源,企业的管理者也不应忽视,这种资源对该企业来说是相对富裕的.一方面,可以向别的企业转让这种资源或者以市场价出售,以免形成积压和浪费;另一方面,通过企业内部的改造、挖潜和增加对影子价格大于零的资源的投入,使原有的剩余资源又可以得到充分利用,而变为新的紧缺资源(变为影子

价格大于零)，这样不断调整、补充，真正实现资源的合理利用.

2）影子价格在企业经营决策中的作用

因为影子价格不是市场价格，它是根据企业本身的资源情况 b_i、消耗系数 a_{ij} 和产品的利润 c_j 计算出来的一种价格，是新增资源所创造的价值，是边际价格.不同的企业，即使是相同的资源(例如钢材)，其影子价格也不一定相同.就是同一个企业，在不同的生产周期，资源的影子价格也不完全一样，因此，企业的决策者可以把本企业资源的影子价格与当时的市场价格进行比较，当第 i 种资源的影子价格高于市场价格时，则企业可以买进该种资源；而当某种资源的影子价格低于市场价格时(特别是当影子价格为零时)，则企业可以卖出该种资源，以获得较大的利润.随着资源的买进和卖出，它的影子价格也将发生变化，直到影子价格与市场价格保持同等水平时，才处于平衡状态.所以我们说影子价格又是一种机会成本，它在决定企业的经常策略中起着十分重要的作用.另外，由于

$$\sigma_j = c_j - \boldsymbol{C}_B\boldsymbol{B}^{-1}\boldsymbol{P}_j = c_j - \sum_{i=1}^{m} a_{ij}y_i (j = 1,2,\cdots,n).$$

在上式中，c_j 表示单位 j 种产品的产值(或利润)，而 $\sum\limits_{i=1}^{m} a_{ij}y_i$ 是表示生产第 j 种产品所消耗的各项资源的影子价格的总和，它可以称为第 j 种产品的**隐含成本**，而检验数 σ_j 又可以称作是第 j 种产品的**相对价值系数**.它在企业的经常决策中也是十分有用的.

3）影子价格在新产品开发决策中的应用

企业在新产品投产之前，可利用影子价格，通过分析新产品使用资源的经济效果，以决定新产品是否应该投产.

例 3.4.2　在本节例 3.4.1 中，考虑有两种新产品 A 和 B，它们对资源的消耗定额以及可能获得的单件利润如表 3.6 所示，试决定它们是否值得投产.

表 3.6

单件消耗 资源＼产品	A	B	影子价格
钢材	1	2	0
煤	2	1	32/7
机时	3	4	6/7
单件利润/万元	10	9	

解　计算产品 A 和 B 的相对价值系数：

$$\begin{aligned}\sigma_A &= C_A - \sum_{i=1}^{3} a_{i1}y_i \\ &= 10 - \left(1\times 0 + 2\times\frac{32}{7} + 3\times\frac{6}{7}\right) = -\frac{12}{7} < 0;\end{aligned}$$

$$\sigma_B = C_B - \sum_{i=1}^{3} a_{i2}y_i = 9 - \left(2\times 0 + 1\times\frac{32}{7} + 4\times\frac{6}{7}\right) = 1 > 0.$$

由于产品 A 所能提供的单件利润小于其隐含成本，相对价值系数 $\sigma_A<0$，故产品 A 不值得投产；而产品 B 所能提供的单件利润大于其隐含成本，相对价值系数 $\sigma_B>0$，故产品 B 值得投产.

4) 利用影子价格分析现有产品价格变动对资源紧缺情况的影响

在例 3.4.1 中,当产品的利润不是(10,18),而是(15,18),则从最优单纯形表(见表 3.5)可以重新算得影子价格为

$$\boldsymbol{Y}^* = \boldsymbol{C}_B\boldsymbol{B}^{-1} = (0,15,18)\begin{pmatrix} 1 & -23/7 & 11/7 \\ 0 & 5/7 & -3/7 \\ 0 & -1/7 & 2/7 \end{pmatrix} = \left(0,\frac{57}{7},-\frac{9}{7}\right).$$

由于 $y_3^* = -\frac{9}{7} < 0$,说明现在的解不是最优解,还需继续迭代求新的最优解,而 $y_2^* = \frac{57}{7}$ 比原来增大了,说明第二种资源更紧缺了.

5) 利用影子价格分析工艺改变后对资源的影响

在例 3.4.1 中,使煤炭节约 2%,则带来的收益为

$$y_2^* \cdot b_2 \cdot 2\% = \frac{32}{7} \times 100 \times 2\% \text{ 万元} = \frac{64}{7} \text{ 万元}.$$

值得指出的是,以上的分析都是在最优基不变的条件下进行的,如果最优基有变化,则应结合下一章将要讨论的灵敏度分析的方法来进行分析,正是由于影子价格在经济管理中有许多应用,日益受到人们的重视.

3.5 对偶单纯形法

1. 对偶单纯形法的基本原理

对偶单纯形法是求解线性规划的另一个基本方法,它是根据对偶原理和单纯形法的原理而设计出来的,因此称为对偶单纯形法,不要简单地将它理解为是求解对偶问题的单纯形法. 由对偶理论可以知道,对于一个线性规划问题,我们能够通过求解它的对偶问题来找到它的最优解,下面考虑一般的标准形线性规划问题及其对偶问题:

$$\text{(P)}\quad \max Z = \boldsymbol{CX};\quad \text{s.t.}\begin{cases} \boldsymbol{AX} = \boldsymbol{b}; \\ \boldsymbol{X} \geqslant \boldsymbol{0}. \end{cases} \qquad \text{(D)}\quad \min W = \boldsymbol{Yb};\quad \text{s.t.}\begin{cases} \boldsymbol{YA} \geqslant \boldsymbol{C}; \\ \boldsymbol{Y}\text{ 无符号限制}. \end{cases}$$

设 $\boldsymbol{B}$ 为原问题(P)的一个基,不妨设

$$\boldsymbol{B} = (\boldsymbol{P}_1,\boldsymbol{P}_2,\cdots,\boldsymbol{P}_m),$$

则

$$\boldsymbol{X}^{(0)} = \begin{pmatrix} \boldsymbol{X}_B \\ \boldsymbol{X}_N \end{pmatrix} = \begin{pmatrix} \boldsymbol{B}^{-1}\boldsymbol{b} \\ \boldsymbol{0} \end{pmatrix} \tag{3.35}$$

为原问题(P)的一个基本解;且当

$$\boldsymbol{X}_B = \boldsymbol{B}^{-1}\boldsymbol{b} \geqslant \boldsymbol{0} \tag{3.36}$$

时,则 $\boldsymbol{X}^{(0)}$ 为一个基可行解,$\boldsymbol{B}$ 为可行基;进一步,若检验数满足

$$\boldsymbol{\sigma} = \boldsymbol{C} - \boldsymbol{C}_B\boldsymbol{B}^{-1}\boldsymbol{A} \leqslant \boldsymbol{0}, \tag{3.37}$$

则 $\boldsymbol{X}^{(0)}$ 为原问题(P)的一个最优解，这时 $\boldsymbol{B}$ 称为**最优基**.

以上概念都是对原问题(P)而言的，因此我们又将条件(式(3.36))称为原始可行性条件；条件(式(3.37))称为**原始最优性条件**，而把前面介绍的单纯形法称为**原始单纯形法**.

原始单纯形法的基本思路是：从满足原始可行性条件(式(3.36))的一个基可行解 $\boldsymbol{X}^{(0)}$ 出发，经过换基运算迭代到另一个基可行解，直到最后得到满足原始最优性条件(式(3.37))的基可行解，这个解就是原问题的最优解.

下面再用对偶的观点来解释一下这个问题. 令 $\boldsymbol{Y}=\boldsymbol{C}_B\boldsymbol{B}^{-1}$，代入式(3.37)，得

$$\boldsymbol{YA} \geqslant \boldsymbol{C}, \tag{3.38}$$

即 $\boldsymbol{Y}$ 是对偶问题(D)的一个可行解. 条件(式(3.38))称为对偶可行性条件，即原始最优性条件(式(3.37))与对偶可行性条件(式(3.38))是等价的. 因此，如果一个原始可行基 $\boldsymbol{B}$ 也是原问题(P)的最优基的话，则 $\boldsymbol{Y}=\boldsymbol{C}_B\boldsymbol{B}^{-1}$ 就是对偶问题(D)的一个可行解，且对应的目标函数值

$$W = \boldsymbol{Yb} = \boldsymbol{C}_B\boldsymbol{B}^{-1}\boldsymbol{b}$$

等于原问题(P)的目标函数值，可知 $\boldsymbol{Y}^* =\boldsymbol{C}_B\boldsymbol{B}^{-1}$ 也是对偶问题(D)的最优解.

下面给出问题(D)的基可行解的定义.

定义 3.3　设 $\boldsymbol{A}=(\boldsymbol{B},\boldsymbol{N})$，其中 $\boldsymbol{B}$ 是一个非奇异的 $m\times m$ 阶方阵，对应地 $\boldsymbol{C}=(\boldsymbol{C}_B,\boldsymbol{C}_N)$，则 $\boldsymbol{YB}=\boldsymbol{C}_B$ 的解 $\overline{\boldsymbol{Y}}=\boldsymbol{C}_B\boldsymbol{B}^{-1}$ 称为对偶问题(D)的一个基本解；若 $\overline{\boldsymbol{Y}}$ 还满足 $\overline{\boldsymbol{Y}}\boldsymbol{N}\geqslant\boldsymbol{C}_N$，则称 $\overline{\boldsymbol{Y}}$ 为(D)的一个基可行解；若有 $\overline{\boldsymbol{Y}}\boldsymbol{N}>\boldsymbol{C}_N$，则称 $\overline{\boldsymbol{Y}}$ 为非退化的基可行解，否则称为退化的基可行解.

定义中的 $\boldsymbol{B}$ 称为基. 显然，对应于一个基 $\boldsymbol{B}$，可以得到原问题(P)的一个基本解(式(3.35))，我们再给出下面的定义.

定义 3.4　如果原问题(P)的一个基本解 $\boldsymbol{X}$(即式(3.35))对应的检验数向量满足条件(式(3.37))，即

$$\boldsymbol{\sigma} = (\sigma_B,\sigma_N) = (\boldsymbol{0},\boldsymbol{C}_N - \boldsymbol{C}_B\boldsymbol{B}^{-1}\boldsymbol{N}) \leqslant \boldsymbol{0},$$

则称 $\boldsymbol{X}$ 为(P)的一个正则解.

于是可知，原问题(P)的正则解 $\boldsymbol{X}$ 与对偶问题(D)的基可行解 $\boldsymbol{Y}$ 是一一对应的，它们由同一个基 $\boldsymbol{B}$ 所决定，我们称这一基为正则基.

同原始单纯形法一样，求解对偶问题(D)也可以从(D)的一个基可行解开始，从一个基可行解迭代到另一个基可行解，使目标函数值减小. 也就是说，求解原问题(P)时，可以从(P)的一个正则解开始，从(P)的一个正则解迭代到另一个正则解，使目标函数值

$$Z = \boldsymbol{Yb} = \boldsymbol{C}_B\boldsymbol{B}^{-1}\boldsymbol{b} = \boldsymbol{CX}$$

减小，当迭代到 $\boldsymbol{X}_B=\boldsymbol{B}^{-1}\boldsymbol{b}\geqslant\boldsymbol{0}$ 时，即正则解满足原始可行性条件(式(3.36))时，就找到了原问题(P)的最优解. 这一方法称为**对偶单纯形法**.

下面讨论对偶单纯形法的具体措施.

假定已经找到问题(P)的一个正则基 $\boldsymbol{B}$,对应着初始正则解 $\boldsymbol{X}^{(0)}$,$\boldsymbol{X}^{(0)}$ 不是(P)的可行解,将问题(P)化为关于基 $\boldsymbol{B}$ 的典式:

$$\max Z = Z^{(0)} + \sum_{j=m+1}^{n} \sigma_j x_j;$$

$$\text{s.t.} \begin{cases} x_i + \sum\limits_{j=m+1}^{n} a'_{ij} x_j = b'_i \ (i=1,2,\cdots,m); \\ x_j \geqslant 0 \ (j=1,2,\cdots,n), \end{cases}$$

其中 $\sigma_j = c_j - \boldsymbol{C}_B \boldsymbol{B}^{-1} \boldsymbol{P}_j \leqslant 0 (j=m+1,\cdots,n)$,$b'_i(i=1,2,\cdots,m)$ 不全大于或等于 0.

对偶单纯形法所使用的表格与原单纯形法一样,可将典式中的数据放在原单纯形表上,即得对偶单纯形表.所不同的是这里保证 $\sigma_j \leqslant 0 (j=m+1,m+2,\cdots,n)$,而不保证 $\boldsymbol{B}^{-1}\boldsymbol{b} \geqslant \boldsymbol{0}$,即右端常数中可以出现负数(这就是我们从本章起,不强调右端常数非负这个条件的原因),表 3.7 就是一张对偶单纯形表.

表 3.7

			c_1	c_2	$\cdots$	c_m	c_{m+1}	c_{m+2}	$\cdots$	c_n
$\boldsymbol{C}_B$	$\boldsymbol{X}_B$	$\boldsymbol{b}$	x_1	x_2	$\cdots$	x_m	x_{m+1}	x_{m+2}	$\cdots$	x_n
c_1	x_1	b'_1	1				$a'_{1,m+1}$	$a'_{1,m+2}$	$\cdots$	a'_{1n}
c_2	x_2	b'_2		1			$a'_{2,m+1}$	$a'_{2,m+2}$	$\cdots$	a'_{2n}
$\vdots$	$\vdots$	$\vdots$			$\ddots$		$\vdots$	$\vdots$		$\vdots$
c_m	x_m	b'_m				1	$a'_{m,m+1}$	$a'_{m,m+2}$	$\cdots$	a'_{mn}
Z		$-Z^{(0)}$	0	0	$\cdots$	0	σ_{m+1}	σ_{m+2}	$\cdots$	σ_n

由表 3.7 可知,初始正则解为 $\boldsymbol{X}^{(0)} = (b'_1, b'_2, \cdots, b'_m, 0, \cdots, 0)^{\mathrm{T}}$.

对偶单纯形法的迭代方式与原单纯形法基本一致,所不同的是:先选出基变量,再选进基变量,决定主元并作换基运算,得到一个新的正则解 $\boldsymbol{X}^{(1)}$,从而完成一次迭代.算法的后半部分与原单纯形法完全一致,我们主要讲前面两点:

(1) 先选出基变量:若

$$b'_r = \min\{b'_i \mid b'_i < 0, 1 \leqslant i \leqslant m\},$$

则取与 b'_r 相对应的基变量 x_r 为出基变量.

(2) 再选进基变量:假定 x_k 为进基变量,我们分析一下 x_k 应满足什么条件,才能使迭代后得到的解仍为问题(P)的正则解.

因为 $b'_r < 0$,而换基运算的第一步是用主元 a'_{rk} 去除第 r 行中的各元素,为了使变换后的 b'_r 为正数,所以主元 a'_{rk} 必须从第 r 行的负元素中选取,即 $a'_{rk} < 0$.

设主元处在第 k 列,于是换基运算后,各检验数变为

$$\sigma'_j = \sigma_j - \frac{a'_{rj}}{a'_{rk}} \sigma_k \quad (j=1,2,\cdots,n).$$

因为要求迭代后得到的解仍为正则解,于是

$$\sigma'_j = \sigma_j - \frac{a'_{rj}}{a'_{rk}}\sigma_k \leqslant 0 \quad (j = 1,2,\cdots,n). \tag{3.39}$$

又因为 $a'_{rk}<0,\sigma_k<0,\sigma_j\leqslant 0(j=1,2,\cdots,n)$，于是当 $a'_{rj}\geqslant 0$ 时，不等式(3.39)自然成立；否则，当 $a'_{rj}<0$ 时，要使不等式(3.39)成立，必须

$$\frac{\sigma_k}{a'_{rk}} \leqslant \frac{\sigma_j}{a'_{rj}}.$$

因此可令

$$\theta=\min\left\{\frac{\sigma_j}{a'_{rj}}\mid a'_{rj}<0,1\leqslant j\leqslant n\right\}=\frac{\sigma_k}{a'_{rk}},$$

则取与 σ_k 相对应的非基变量 x_k 为进基变量.

出基变量 x_r 与进基变量 x_k 确定以后，以 a'_{rk} 为主元进行换基运算(方法与原单纯形法相同)即可得新的正则解 $\boldsymbol{X}^{(1)}$.

最后证明对应于新的正则解 $\boldsymbol{X}^{(1)}$，对偶问题(D)的目标函数值将得到改善，这是因为 $b'_r<0,a'_{rk}<0$ 及 $\sigma_k<0$，故

$$W^{(1)} = Z^{(0)} + \frac{\sigma_k}{a'_{rk}}b'_r < Z^{(0)}.$$

这样，上述求极大值问题(P)的迭代过程，实质上是在对对偶问题(D)求极小值，所以目标函数越小就越接近最优解. 直到得到对偶问题(D)的最小值，相应地也就求出了原问题(P)的最大值.

容易证明：若 $b'_r<0$，且所有的 $a'_{rj}\geqslant 0(j=1,2,\cdots,n)$，则原问题(P)无解(请读者自己证明).

和原始单纯形法一样，若对偶问题是非退化的(即对偶问题的每一个基可行解都是非退化的，或者说，对于原问题的每一个正则解，都有 $\sigma_j<0,j=m+1,m+2,\cdots,n$)，则每迭代一次，目标函数都将严格减小，从而一定能在有限次迭代后得到原问题的最优解，或者判定它无解.

2. 对偶单纯形法的迭代步骤

(1) 找一个正则基 $\boldsymbol{B}$ 和初始正则解 $\boldsymbol{X}^{(0)}$(这个问题下面还将进一步讨论)，将问题(P)化为关于基 $\boldsymbol{B}$ 的典式，列初始对偶单纯形表.

(2) 若 $\boldsymbol{b}'=\boldsymbol{B}^{-1}\boldsymbol{b}\geqslant\boldsymbol{0}$，则迭代停止，已求得原问题(P)的最优解；否则转下一步.

(3) 确定出基变量：若

$$b'_r = \min\{b'_i \mid b'_i < 0,1 \leqslant i \leqslant m\},$$

则取相应的变量 x_r 为出基变量.

(4) 若 $a'_{rj}\geqslant 0(j=1,2,\cdots,n)$，则迭代停止，原问题无解；否则转下一步.

(5) 确定进基变量：若

$$\theta = \min\left\{\frac{\sigma_j}{a'_{rj}} \mid a'_{rj} < 0,1 \leqslant j \leqslant n\right\} = \frac{\sigma_k}{a'_{rk}},$$

则取相应的变量 x_k 为进基变量.

(6) 以 a'_{rk} 为主元进行换基运算，得新的正则解，返回步骤(2).

例 3.5.1 用对偶单纯形法求解

$$\min Z = 9x_1 + 12x_2 + 15x_3;$$

$$\text{s.t.}\begin{cases} 2x_1 + 2x_2 + x_3 \geqslant 10; \\ 2x_1 + 3x_2 + x_3 \geqslant 12; \\ x_1 + x_2 + 5x_3 \geqslant 14; \\ x_j \geqslant 0\ (j = 1,2,3). \end{cases}$$

解 先将问题化为

$$\max Z' = -9x_1 - 12x_2 - 15x_3;$$

$$\text{s.t.}\begin{cases} -2x_1 - 2x_2 - x_3 + x_4 = -10; \\ -2x_1 - 3x_2 - x_3 + x_5 = -12; \\ -x_1 - x_2 - 5x_3 + x_6 = -14; \\ x_j \geqslant 0\ (j = 1,2,\cdots,6), \end{cases}$$

其中 x_4、x_5、x_6 为松弛变量,取初始正则基

$$\boldsymbol{B} = (\boldsymbol{P}_4, \boldsymbol{P}_5, \boldsymbol{P}_6) = \boldsymbol{I},$$

则问题已化为关于基 $\boldsymbol{B}$ 的典式,初始正则解为

$$\boldsymbol{X}^{(0)} = (0,0,0,-10,-12,-14)^{\mathrm{T}},$$

及目标函数值 $Z'^{(0)} = 0$.

列对偶单纯形表并进行迭代(见表 3.8).由表 3.8(Ⅰ)可知,因为

$$\min\{-10,-12,-14\} = -14,$$

故应取 x_6 为出基变量,又因为

表 3.8

序号	C			-9	-12	-15	0	0	0
	C_B	X_B	b	x_1	x_2	x_3	x_4	x_5	x_6
Ⅰ	0	x_4	-10	-2	-2	-1	1	0	0
	0	x_5	-12	-2	-3	-1	0	1	0
	0	x_6	-14	-1	-1	-5*	0	0	1
	Z'		0	-9	-12	-15	0	0	0
Ⅱ	0	x_4	-36/5	-9/5	-9/5	0	1	0	-1/5
	0	x_5	-46/5	-9/5	-14/5*	0	0	1	-1/5
	-15	x_3	14/5	1/5	1/5	1	0	0	-1/5
	Z'		42	-6	-9	0	0	0	-3
Ⅲ	0	x_4	-9/7	-9/14*	0	0	1	-9/14	-1/14
	-12	x_2	23/7	9/14	1	0	0	-5/14	1/14
	-15	x_3	15/7	1/14	0	1	0	1/14	-3/14
	Z'		501/7	-3/14	0	0	0	-45/14	-33/14
Ⅳ	-9	x_1	2	1	0	0	-14/9	1	1/9
	-12	x_2	2	0	1	0	1	-1	0
	-15	x_3	2	0	0	1	1/9	0	-2/9
	Z'		72	0	0	0	-1/3	-3	-7/3

$$\theta = \min\left\{\frac{-9}{-1}, \frac{-12}{-1}, \frac{-15}{-5}\right\} = 3,$$

故应取 x_3 为进基变量，以 $a_{33}=-5$ 为主元进行换基运算，得表 3.8(Ⅱ)，又由该表可知，因为

$$\min\left\{-\frac{36}{5}, -\frac{46}{5}\right\} = -\frac{46}{5}.$$

故应取 x_5 为出基变量. 又因为

$$\theta = \min\left\{\frac{-6}{-9/5}, \frac{-9}{-14/5}, \frac{-3}{-1/5}\right\} = \frac{45}{14}.$$

故应取 x_2 为进基变量. 以 $a'_{22}=-\frac{14}{5}$ 为主元进行换基运算，得表 3.8(Ⅲ)，再由该表可知，因为

$$\min\left\{-\frac{9}{7}\right\} = -\frac{9}{7},$$

故应取 x_4 为出基变量，又因为

$$\theta = \min\left\{\frac{-3/14}{-9/14}, \frac{-45/14}{-9/14}, \frac{-33/14}{-1/14}\right\} = \frac{1}{3},$$

故应取 x_1 为进基变量，以 $a''_{11}=-\frac{9}{14}$ 为主元进行换基运算，得表 3.8(Ⅳ). 至此，基变量的取值已全部非负，检验数已全部非正，故已求得最优解

$$\boldsymbol{X}^* = (2,2,2,0,0,0)^{\mathrm{T}}$$

及目标函数最优值 $Z'^* = -72$. 原问题的目标函数最优值 $Z^* = 72$.

由表 3.8(Ⅳ)还可以看出，其对偶问题的最优解为

$$\boldsymbol{Y}^* = \left(\frac{1}{3}, 3, \frac{7}{3}\right)$$

及目标函数最优值 $W^* = 72$.

3. 初始正则解的求法

前面介绍的对偶单纯形法的迭代步骤中，有一个找初始正则基和求初始正则解的问题还没有完全解决，下面就来讨论这个问题.

考虑标准形线性规划问题

$$(\mathrm{P}) \qquad \begin{aligned} &\max Z = \boldsymbol{CX}; \\ &\text{s.t.} \begin{cases} \boldsymbol{AX} = \boldsymbol{b}; \\ \boldsymbol{X} \geqslant \boldsymbol{0}. \end{cases} \end{aligned}$$

对于选定的基 $\boldsymbol{B}$，不妨设

$$\boldsymbol{B} = (\boldsymbol{P}_1, \boldsymbol{P}_2, \cdots, \boldsymbol{P}_m).$$

将问题(P)化为关于基 $\boldsymbol{B}$ 的典式后，若

$$\sigma_j \leqslant 0 \ (j = m+1, \cdots, n), \tag{3.40}$$

且 b'_i 不全大于或等于 0，即右端常数中有负数，而检验数全非正，则基 $\boldsymbol{B}$ 为正则基，

相应的解

$$X^{(0)}=(b'_1,b'_2,\cdots,b'_m,0,\cdots,0)^{\mathrm{T}}$$

为初始正则解,就可用对偶单纯形法求解;否则,若条件(式(3.40))不全满足,即检验数中有正数出现,这时 $X^{(0)}$ 不是正则解. 为了求一个初始正则基和初始正则解,我们增加一个约束条件

$$x_0+x_{m+1}+x_{m+2}+\cdots+x_n=M,$$

其中 $x_j\geqslant 0(j=m+1,m+2,\cdots,n)$ 为非基变量,$M>0$ 为一个充分大的数. 与原问题(P)的典式一起形成一个扩充问题:

$$\max Z=Z^{(0)}+\sum_{j=m+1}^{n}\sigma_j x_j;$$

$$\text{s. t.}\begin{cases}x_0+\sum\limits_{j=m+1}^{n}x_j=M;\\ x_i+\sum\limits_{j=m+1}^{n}a'_{ij}x_j=b'_i\ (i=1,2,\cdots,m);\\ x_j\geqslant 0\ (j=0,1,2,\cdots,n),\end{cases}\tag{3.41}$$

而扩充问题(式(3.41))的一个正则基和正则解是不难得到的,事实上,令

$$\sigma_k=\max\{\sigma_j\}.$$

若 $\sigma_k>0$,则把 x_0 作为出基变量,x_k 作为进基变量,经过一次迭代,就可得到一个正则解,因为这时必有 $\sigma_j\leqslant 0(j=1,2,\cdots,n)$. 我们便可由此开始用对偶单纯形法继续求解扩充问题,计算结果有两种可能:

(1) 若扩充问题(式(3.41))无可行解,则原问题(P)也无可行解.

事实上,若原问题有可行解

$$X^{(0)}=(x_1{}^{(0)},x_2{}^{(0)},\cdots,x_n{}^{(0)})^{\mathrm{T}},$$

令

$$\overline{X}^{(0)}=(x_0{}^{(0)},x_1{}^{(0)},\cdots,x_n{}^{(0)})^{\mathrm{T}},$$

其中

$$x_0{}^{(0)}=M-\sum_{j=m+1}^{n}x_j{}^{(0)},$$

则 $\overline{X}^{(0)}$ 一定是扩充问题(式(3.41))的可行解,与假设矛盾.

(2) 若扩充问题(式(3.41))有最优解 $\overline{X}^*=(x_0^*,x_1^*,\cdots,x_n^*)^{\mathrm{T}}$ 且目标函数最优值与 M 无关,则

$$X^*=(x_1^*,x_2^*,\cdots,x_n^*)^{\mathrm{T}}$$

必为原问题(P)的最优解.

事实上,如果原问题有可行解 $X'=(x'_1,x'_2,\cdots,x'_n)^{\mathrm{T}}$,使得 $Z(X')>Z(X^*)$,令 $\overline{X}'=(x'_0,x'_1,\cdots,x'_n)^{\mathrm{T}}$,其中

$$x'_0=M-\sum_{j=m+1}^{n}x'_j,$$

则 $\overline{X}'$ 是扩充问题(式(3.41))的可行解,又因扩充问题与原问题的目标函数相同,都

与 x'_0 无关，所以必有

$$Z(\overline{\boldsymbol{X}}') > Z(\overline{\boldsymbol{X}}^*).$$

这与 $\overline{\boldsymbol{X}}^*$ 是扩充问题的最优解矛盾.

例 3.5.2　用对偶单纯形法求解

$$\max Z = 2x_4 - 4x_5;$$

$$\text{s.t.}\begin{cases} x_1 + x_4 - 2x_5 = 2; \\ x_2 - 3x_4 + x_5 = 3; \\ x_3 - x_4 - x_5 = -2; \\ x_j \geqslant 0\ (j = 1,2,\cdots,5). \end{cases}$$

解　这一问题有一明显的基本解

$$\boldsymbol{X}^{(0)} = (2,3,-2,0,0)^{\mathrm{T}},$$

但它不是正则解（因检验数中有正数），增加约束条件 $x_0 + x_4 + x_5 = M$，得扩充问题为

$$\max Z = 2x_4 - 4x_5;$$

$$\text{s.t.}\begin{cases} x_0 + x_4 + x_5 = M; \\ x_1 + x_4 - 2x_5 = 2; \\ x_2 - 3x_4 + x_5 = 3; \\ x_3 - x_4 - x_5 = -2; \\ x_j \geqslant 0\ (j = 0,1,\cdots,5). \end{cases}$$

作单纯形表（见表 3.9（Ⅰ））. 由该表可知，$\sigma_4 = 2 > 0$，故取 x_4 为进基变量，x_0 为出基变量，以 $a_{04} = 1$ 为主元作换基运算，得表 3.9（Ⅱ）. 由该表可知，因检验数全非正，故已求得一个正则解，可用对偶单纯形法继续求解. 因 $b'_1 = 2 - M < 0$，故取 x_1 为出基变量，又因为

表 3.9

序号	C			0	0	0	0	2	−4
	$\boldsymbol{C}_B$	$\boldsymbol{X}_B$	$\boldsymbol{b}$	x_0	x_1	x_2	x_3	x_4	x_5
Ⅰ	0	x_0	M	1	0	0	0	1^*	1
	0	x_1	2	0	1	0	0	1	−2
	0	x_2	3	0	0	1	0	−3	1
	0	x_3	−2	0	0	0	1	−1	−1
	Z		0	0	0	0	0	2	−4
Ⅱ	2	x_4	M	1	0	0	0	1	1
	0	x_1	$2-M$	−1	1	0	0	0	-3^*
	0	x_2	$3+3M$	3	0	1	0	0	4
	0	x_3	$-2+M$	1	0	0	1	0	0
	Z		$-2M$	−2	0	0	0	0	−6

续表

序号	C			0	0	0	0	2	−4
	C_B	X_B	b	x_0	x_1	x_2	x_3	x_4	x_5
Ⅲ	2	x_4	$\frac{2}{3}+\frac{2}{3}M$	2/3	1/3	0	0	1	0
	−4	x_5	$-\frac{2}{3}+\frac{M}{3}$	1/3*	−1/3	0	0	0	1
	0	x_2	$\frac{17}{3}+\frac{5}{3}M$	5/3	4/3	1	0	0	0
	0	x_3	$-2+M$	1	0	0	1	0	0
	Z		−4	0	−2	0	0	0	0

$$\theta=\min\left\{\frac{-2}{-1},\frac{-6}{-3}\right\}=2$$

故取 x_0 或 x_5 为进基变量都可以,我们取 x_5 为进基变量,以 $a'_{15}=-3$ 为主元进行换基运算得表 3.9(Ⅲ). 由该表可以看出,因检验全非正,而右端常数全非负,故已求得扩充问题的最优解

$$\overline{\boldsymbol{X}}^*=\left(0,0,\frac{17}{3}+\frac{5}{3}M,-2+M,\frac{2}{3}+\frac{2}{3}M,-\frac{2}{3}+\frac{1}{3}M\right)^{\mathrm{T}}.$$

目标函数的最优值 $\overline{Z}^*=4$,故原问题有最优解为

$$\boldsymbol{X}^*=\left(0,\frac{17}{3}+\frac{5}{3}M,-2+M,\frac{2}{3}+\frac{2}{3}M,-\frac{2}{3}+\frac{1}{3}M\right)^{\mathrm{T}}. \tag{3.42}$$

目标函数的最优值 $Z^*=4$.

现在要确定一个使 $\boldsymbol{X}^*$ 是原问题的最优基可行解的最小的 M_0,由于要求 $\boldsymbol{X}^*\geqslant 0$,即要求

$$\begin{cases}\frac{17}{3}+\frac{5}{3}M\geqslant 0;\\ -2+M\geqslant 0;\\ \frac{2}{3}+\frac{2}{3}M\geqslant 0;\\ -\frac{2}{3}+\frac{1}{3}M\geqslant 0.\end{cases}$$

由此求出 $M_0=2$. 当 $M\geqslant M_0$ 时,式(3.42)都是原问题的最优解. 特别地,当 $M=M_0=2$ 时,得原问题的一个最优解 $\boldsymbol{X}^*=(0,9,0,2,0)^{\mathrm{T}}$ 及最优值 $Z^*=4$.

由表 3.9(Ⅲ)还可以看出,由于 $\sigma_0=0$,即非基变量的检验为零,故扩充问题的解不唯一,再令 x_0 为进基变量,用原单纯形法求出基变量. 因为

$$\theta=\min\left\{\frac{2/3+2/3M}{2/3},\frac{-2/3+1/3M}{1/3},\frac{17/3+5/3M}{5/3},\frac{-2+M}{1}\right\}=-2+M.$$

取 x_5 为出基变量，再进行一次换基运算，得表 3.10.

表 3.10

	C		0	0	0	0	2	−4
C_B	X_B	b	x_0	x_1	x_2	x_3	x_4	x_5
2	x_4	2	0	1	0	0	1	−2
0	x_0	$-2+M$	1	−1	0	0	0	3
0	x_2	9	0	3	1	0	0	−5
0	x_3	0	0	1	0	1	0	−3
Z		−4	0	−2	0	0	0	0

它所对应的正好是原问题的最优基可行解 $\boldsymbol{X}^*=(0,9,0,2,0)^{\mathrm{T}}$ 及最优值 $Z^*=4$.

习　题　3

3.1 某厂生产 A、B、C 三种产品，每种产品要经过Ⅰ、Ⅱ、Ⅲ三道工序加工，设每件产品在每道工序上加工所消耗的工时、每道工序可供利用的工时上限，以及每件产品的利润如表 3.11 所示.

试列出使总利润最大的线性规划模型，并写出它的对偶问题，同时，就这个对偶问题作出经济上的解释.

表 3.11

消耗 工序 / 产品	Ⅰ	Ⅱ	Ⅲ	单件利润/元
A	3	2	1	200
B	4	1	3	300
C	2	2	3	250
可用工时	60	40	20	

3.2 写出下列线性规划问题的对偶问题：

(1) $\max Z=10x_1+x_2+2x_3$；

$$\text{s. t.}\begin{cases}x_1+x_2+2x_3\leqslant 10;\\4x_1+x_2+x_3\leqslant 20;\\x_j\geqslant 0(j=1,2,3).\end{cases}$$

(2) $\min Z=2x_1+2x_2+4x_3$；

$$\text{s. t.}\begin{cases}2x_1+3x_2+5x_3\geqslant 2;\\3x_1+x_2+7x_3\leqslant 3;\\x_1+4x_2+6x_3\leqslant 5;\\x_j\geqslant 0(j=1,2,3).\end{cases}$$

(3) $\max Z=2x_1+x_2+3x_3+x_4$；

$$\text{s. t.}\begin{cases}x_1+x_2+x_3+x_4\leqslant 5;\\2x_1-x_2+3x_3=-4;\\x_1-x_3+x_4\geqslant 1;\\x_1,x_3\geqslant 0,x_2,x_4\text{ 无约束}.\end{cases}$$

(4) $\min Z=3x_1+2x_2-3x_3+4x_4$；

$$\text{s. t.}\begin{cases}x_1-2x_2+3x_3+4x_4\leqslant 3;\\x_2+3x_3+4x_4\geqslant -5;\\2x_1-3x_2-7x_3-4x_4=2;\\x_1\geqslant 0,x_4\leqslant 0,x_2,x_3\text{ 无约束}.\end{cases}$$

3.3 写出下列线性规划问题的对偶问题：

(1) $\min Z=\sum_{i=1}^{m}\sum_{j=1}^{n}c_{ij}x_{ij}$；

$$\text{s.t.}\begin{cases}\sum_{j=1}^{n}x_{ij}=a_i(i=1,2,\cdots,m);\\ \sum_{i=1}^{m}x_{ij}=b_j(j=1,2,\cdots,n);\\ x_{ij}\geqslant 0\ (i=1,2,\cdots,m;j=1,2,\cdots,n).\end{cases}$$

(2) $\max Z=\sum_{j=1}^{n}c_jx_j$；

$$\text{s.t.}\begin{cases}\sum_{j=1}^{n}a_{ij}x_j\leqslant b_i(i=1,2,\cdots,m_1\leqslant m);\\ \sum_{j=1}^{n}a_{ij}x_j=b_i(i=m_1+1,\cdots,m);\\ x_j\geqslant 0\ (j=1,2,\cdots,n_1\leqslant n);\\ x_j\ \text{无约束}\ (j=n_1+1,\cdots,n).\end{cases}$$

3.4 应用对偶理论,证明线性规划问题

$$\max Z=x_1-x_2+x_3;\quad \text{s.t.}\begin{cases}x_1\qquad -x_3\geqslant 4;\\ x_1-x_2+2x_3\geqslant 3;\\ x_j\geqslant 0\ (j=1,2,3).\end{cases}$$

是可行的,但无最优解.

3.5 应用弱对偶定理,证明线性规划问题

$$\max Z=x_1+2x_1+x_3;\quad \text{s.t.}\begin{cases}x_1+x_2-x_3\leqslant 2;\\ x_1-x_2+x_3=1;\\ 2x_1+x_2+x_3\geqslant 2;\\ x_1\geqslant 0,x_2\leqslant 0,x_3\ \text{无约束}.\end{cases}$$

的最大值不超过 1.

3.6 应用对偶理论,证明线性规划问题

$$\max Z=3x_1+2x_2;\quad \text{s.t.}\begin{cases}-x_1+2x_2\leqslant 4;\\ 3x_1+2x_2\leqslant 14;\\ x_1-x_2\leqslant 3;\\ x_1,x_2\geqslant 0.\end{cases}$$

有最优解,并证明其对偶问题也有最优解.

3.7 已知标准线性规划问题

$$\min Z=\boldsymbol{CX};\quad \text{s.t.}\begin{cases}A\boldsymbol{X}=\boldsymbol{b};\\ \boldsymbol{X}\geqslant\boldsymbol{0}.\end{cases}$$

具有最优解,假设将右端向量 $\boldsymbol{b}$ 改为另一向量 $\boldsymbol{d}$,如果改变后的问题是可行的,试证该问题一定有最优解.

3.8 设线性规划问题 LP_1：

$$\max Z_1=\sum_{j=1}^{n}c_jx_j;\quad \text{s.t.}\begin{cases}\sum_{j=1}^{n}a_{ij}x_j\leqslant b_i(i=1,2,\cdots,m);\\ x_j\geqslant 0\ (j=1,2,\cdots,n).\end{cases}$$

$\boldsymbol{Y}^*=(y_1^*,y_2^*,\cdots,y_m^*)$是其对偶问题的最优解,另有线性规划问题 LP_2：

$$\max Z_2=\sum_{j=1}^{n}c_jx_j;\quad \text{s.t.}\begin{cases}\sum_{j=1}^{n}a_{ij}x_j\leqslant b_i+k_i(i=1,2,\cdots,m);\\ x_j\geqslant 0\ (j=1,2,\cdots,n).\end{cases}$$

其中 $k_i(i=1,2,\cdots,m)$是给定的常数,试证：

$$Z_2^* \leqslant Z_1^* + \sum_{i=1}^{m} k_i y_i^*$$

3.9 考虑下列原始线性规划

$$\max Z = 2x_1 + x_2 + 3x_3;\quad \text{s.t.}\begin{cases} x_1 + x_2 + 2x_3 \leqslant 5; \\ 2x_1 + 3x_2 + 4x_3 = 12; \\ x_j \geqslant 0\ (j = 1,2,3). \end{cases}$$

(1) 写出其对偶问题；

(2) 已知(3,2,0)是上述原始问题的最优解，根据互补松弛定理，求出对偶问题的最优解；

(3) 如果上述规划中的第一个约束为资源约束，写出这种资源的影子价格.

3.10 已知线性规划问题

$$\max Z = x_1 + 2x_2 + 3x_3 + 4x_4;\quad \text{s.t.}\begin{cases} x_1 + 2x_2 + 2x_3 + 3x_4 \leqslant 20; \\ 2x_1 + x_2 + 3x_3 + 2x_4 \leqslant 20; \\ x_j \geqslant 0\ (j = 1,\cdots,4), \end{cases}$$

其对偶问题的最优解为 $y_1^* = 1.2$，$y_2^* = 0.2$，试根据对偶理论求出原问题的最优解.

3.11 已知线性规划问题

$$\min Z = 8x_1 + 6x_2 + 3x_3 + 6x_4;$$

$$\text{s.t.}\begin{cases} x_1 + 2x_2 \qquad\quad + x_4 \geqslant 3; \\ 3x_1 + x_2 + x_3 + x_4 \geqslant 6; \\ \qquad\qquad x_3 + x_4 \geqslant 2; \\ x_1 \qquad + x_3 \qquad \geqslant 2; \\ x_j \geqslant 0\ (j = 1,2,3,4). \end{cases}$$

(1) 写出其对偶问题；

(2) 已知原问题的最优解为 $\boldsymbol{X}^* = (1,1,2,0)^{\mathrm{T}}$，试根据对偶理论，直接求出对偶问题的最优解.

3.12 已知某线性规划问题的最优单纯形表如表3.12所示，表中 x_4、x_5 为松弛变量，问题的约束为≤形式.

(1) 写出原线性规划问题；

(2) 写出原问题的对偶问题；

(3) 直接由表3.12写出对偶问题的最优解.

表 3.12

$\boldsymbol{X}_B$	$\boldsymbol{b}$	x_1	x_2	x_3	x_4	x_5
x_3	5/2	0	1/2	1	1/2	0
x_1	5/2	1	−1/2	0	−1/6	1/3
		0	−4	0	−4	−2

3.13 已知线性规划问题

$$\min Z = 2x_1 - x_2 + 2x_3;$$

$$\text{s.t.}\begin{cases} -x_1 + x_2 + x_3 = 4; \\ -x_1 + x_2 - kx_3 \leqslant 6; \\ x_1 \leqslant 0, x_2 \geqslant 0, x_3\ \text{无约束}. \end{cases}$$

其最优解为 $\boldsymbol{X}^* = (-5,0,-1)^{\mathrm{T}}$，$Z^* = -12$.

(1) 求出 k 的值；

(2) 写出其对偶问题，并求对偶问题的最优解.

3.14 已知线性规划问题

$$\max Z = 5x_1 + 3x_2 + 6x_3;$$

$$\text{s. t.}\begin{cases} x_1 + 2x_2 + x_3 \leqslant 18; \\ 2x_1 + x_2 + 3x_3 = 16; \\ x_1 + x_2 + x_3 = 10; \\ x_1, x_2 \geqslant 0, x_3 \text{ 无约束}. \end{cases}$$

用两阶段法求解时得到的最终单纯形表如表 3.13 所示.

表 3.13

	C		5	3	6	−6	0
$\boldsymbol{C}_B$	$\boldsymbol{X}_B$	$\boldsymbol{b}$	x_1	x_2	x_3'	x_3''	x_4
0	x_4	8	0	1	0	0	1
5	x_1	14	1	2	0	0	0
−6	x_3''	4	0	1	−1	1	0
	Z	−46	0	−1	0	0	0

(1) 写出其对偶问题;

(2) 求出其对偶问题的最优解.

3.15 已知线性规划问题

$$\min Z = 15x_1 + 33x_2;$$

$$\text{s. t.}\begin{cases} 3x_1 + 2x_2 \geqslant 6; \\ 6x_1 + x_2 \geqslant 6; \\ \qquad\quad x_2 \geqslant 1; \\ x_j \geqslant 0\ (j = 1,2). \end{cases}$$

用两阶段法求解时得到的最终单纯形表如表 3.14 所示,x_3、x_4、x_5 为剩余变量.

表 3.14

	C		−15	−33	0	0	0
$\boldsymbol{C}_B$	$\boldsymbol{X}_B$	$\boldsymbol{b}$	x_1	x_2	x_3	x_4	x_5
0	x_4	3	0	0	−2	1	3
−15	x_1	4/3	1	0	−1/3	0	2/3
−33	x_2	1	0	1	0	0	−1
	Z	53	0	0	−5	0	−23

(1) 写出其对偶问题;

(2) 求出其对偶问题的最优解.

3.16 已知某实际问题的线性规划模型为

$$\max Z = \sum_{j=1}^{n} c_j x_j; \quad \text{s. t.}\begin{cases} \sum_{j=1}^{n} a_{ij} x_j \leqslant b_i (i = 1,2,\cdots,m); \\ x_j \geqslant 0\ (j = 1,2,\cdots,n). \end{cases}$$

若第 i 项资源的影子价格为 $y_i (i=1,2,\cdots,m)$.

(1) 若第一个约束条件两端乘以 2,变为 $\sum_{j=1}^{n}(2a_{1j})x_j \leqslant 2b_1$,$\hat{y}_1$ 是对应于这个新约束条件的影

子价格,求 $\hat{y}_1$ 与 y_1 的关系;

(2) 令 $x'_1=3x_1$,用 $x'_1/3$ 替换模型中所有的 x_1,问影子价格 y_i 是否变化?若 x_1 不可能在最优基中出现,问 x'_1 是否可能在最优基中出现;

(3) 如果目标函数变为 $\max Z=\sum_{j=1}^{n}2c_jx_j$,问影子价格有何改变?

(4) 如果模型中约束条件变为 $\sum_{j=1}^{n}a_{ij}x_j=b_i$,$i=1,2,\cdots,m$. 问(1)、(2)、(3)中的结论是否有变化?

3.17 用对偶单纯形法求解下列线性规划问题:

(1) $\min Z=10x_1+5x_2+4x_3$;

$$\text{s.t.}\begin{cases}3x_1+2x_2-3x_3\geqslant 3;\\4x_1\qquad\quad+2x_3\geqslant 10;\\x_j\geqslant 0(j=1,2,3).\end{cases}$$

(2) $\min Z=2x_1+x_2$;

$$\text{s.t.}\begin{cases}3x_1+x_2\geqslant 3;\\4x_1+3x_2\geqslant 6;\\x_1+2x_2\leqslant 3;\\x_1,x_2\geqslant 0.\end{cases}$$

(3) $\min Z=3x_1+2x_2+x_3$;

$$\text{s.t.}\begin{cases}x_1+x_2+x_3\leqslant 6;\\x_1\qquad\ -x_3\geqslant 4;\\\qquad x_2-x_3\geqslant 3;\\x_j\geqslant 0(j=1,2,3).\end{cases}$$

(4) $\min Z=5x_1+2x_2+4x_3$;

$$\text{s.t.}\begin{cases}3x_1+x_2+2x_3\geqslant 4;\\6x_1+3x_2+5x_3\geqslant 10;\\x_j\geqslant 0(j=1,2,3).\end{cases}$$

(5) $\min Z=2x_1-4x_2-3x_3+4x_4$;

$$\text{s.t.}\begin{cases}2x_1-3x_2-x_3+x_4+2x_5\leqslant -3;\\-x_1-2x_2-x_3+x_4+x_5\leqslant -2;\\x_1+x_2-3x_3+2x_4-3x_5\leqslant 4;\\x_j\geqslant 0(j=1,2,\cdots,5).\end{cases}$$

(6) $\max Z=9x_1-7x_2+4x_3$;

$$\text{s.t.}\begin{cases}5x_1+x_2+7x_3\leqslant 5;\\3x_1+4x_2+8x_3=4;\\2x_1+6x_2+8x_3\geqslant 6;\\x_j\geqslant 0\ (j=1,2,3).\end{cases}$$

第 4 章　灵敏度分析与参数规划

前几章讨论线性规划问题时，总是假设 a_{ij}、b_i、c_j（$i=1,2,\cdots,m;j=1,2,\cdots,n$）是不变的常数. 但实际上，这些数据往往是估计值或预测值，不可能很精确，而且随着情况的变化，这些数据也会经常发生变化. 例如，市场行情的变化会引起价值系数 c_j 的变化；工艺条件的改变会引起消耗系数 a_{ij} 的变化；资源投入量的改变会引起右端常数 b_i 的变化；增加新产品会引起决策变量的增加；增加新的资源限制会引起约束条件的增加，等等. 因此，很自然会提出这样两个问题：当这些数据中有一个或几个发生变化时，已求得的线性规划问题的最优解会有什么变化；或者这些数据在什么范围内变化时，已求得的线性规划问题的最优解或最优基不变. 这正是灵敏度分析所要讨论的问题. 灵敏度分析（sensitivity analysis）又称为**优化后分析**（postoptimality analysis），因为它是在已求得线性规划最优解的基础上，来讨论这些数据的变化对最优解的影响.

另外，本章还将讨论**参数规划问题**（parametric programming），研究当某些数据是某一个参数的线性函数时，该参数的连续变化对线性规划问题最优解的影响.

4.1　灵敏度分析的基本原理

考虑标准形线性规划问题

$$\text{(LP)}\quad \max Z = \boldsymbol{CX};\quad \text{s.t.}\begin{cases}\boldsymbol{AX} = \boldsymbol{b};\\ \boldsymbol{X} \geqslant \boldsymbol{0}.\end{cases}$$

对于选定的基 $\boldsymbol{B}$，不妨设 $\boldsymbol{B}=(\boldsymbol{P}_1,\boldsymbol{P}_2,\cdots,\boldsymbol{P}_m)$，将问题(LP)化为关于基 $\boldsymbol{B}$ 的典式

$$\max Z = \boldsymbol{C}_B\boldsymbol{B}^{-1}\boldsymbol{b} + (\boldsymbol{C}_N - \boldsymbol{C}_B\boldsymbol{B}^{-1}\boldsymbol{N})\boldsymbol{X}_N;$$
$$\text{s.t.}\begin{cases}\boldsymbol{X}_B + \boldsymbol{B}^{-1}\boldsymbol{N}\boldsymbol{X}_N = \boldsymbol{B}^{-1}\boldsymbol{b};\\ \boldsymbol{X}_B,\boldsymbol{X}_N \geqslant \boldsymbol{0}.\end{cases}$$

列出单纯形表(见表 4.1).

基本解 $\boldsymbol{X}=\begin{pmatrix}\boldsymbol{X}_B\\ \boldsymbol{X}_N\end{pmatrix}=\begin{pmatrix}\boldsymbol{B}^{-1}\boldsymbol{b}\\ \boldsymbol{0}\end{pmatrix}$是最优解的条件是

(1) $\boldsymbol{X}_B=\boldsymbol{B}^{-1}\boldsymbol{b}\geqslant\boldsymbol{0}$;　　(4.1)

(2) $\boldsymbol{\sigma}_N=\boldsymbol{C}_N-\boldsymbol{C}_B\boldsymbol{B}^{-1}N\leqslant\boldsymbol{0}$.　　(4.2)

式(4.1)称为**(原始)可行性条件**，式(4.2)称为**(原始)最优性条件**，又称为**正则性条件**.

表 4.1

$\boldsymbol{C}$			$\boldsymbol{C}_B$	$\boldsymbol{C}_N$
$\boldsymbol{C}_B$	$\boldsymbol{X}_B$	$\boldsymbol{b}$	$\boldsymbol{X}_B$	$\boldsymbol{X}_N$
$\boldsymbol{C}_B$	$\boldsymbol{X}_B$	$\boldsymbol{B}^{-1}\boldsymbol{b}$	$\boldsymbol{I}$	$\boldsymbol{B}^{-1}\boldsymbol{N}$
Z		$-\boldsymbol{C}_B\boldsymbol{B}^{-1}\boldsymbol{b}$	$\boldsymbol{0}$	$\boldsymbol{C}_N-\boldsymbol{C}_B\boldsymbol{B}^{-1}\boldsymbol{N}$

假定表 4.1 中的数据满足式(4.1)和式(4.2)，则它已是一张最优单纯形表，相应的解 $\boldsymbol{X}=\begin{pmatrix}\boldsymbol{B}^{-1}\boldsymbol{b}\\ \boldsymbol{0}\end{pmatrix}$为最优解，$\boldsymbol{B}$ 为最优基. 而当其中的某些数据发生变化时，就可能使这个最优解或最优基发生变化，例如，右端常数 $\boldsymbol{b}$ 的变化，就可能影响式(4.1)是否仍成立，目标函数系数 $\boldsymbol{C}$ 的变化，就可能影响式(4.2)是否仍成立，而系数矩阵 $\boldsymbol{A}$ 中的元素的变化，则可能同时影响这两个条件. 研究这些数据的变化对最优解或最优基的影响，这就是灵敏度分析的任务. 因为它是在已求得最优解的基础上进行分析，所以又称为优化后分析，灵敏度分析的理论依据就是看式(4.1)和式(4.2)是否仍成立，它所研究的问题概括起来说就是：

(1) 为了保持现有的最优解或最优基不变，找出这些数据变化的范围，即所谓数据的稳定性区间；

(2) 当这些数据的变化超出了式(4.1)的范围时，如何在原有最优解或最优基的基础上，作微小的调整，尽快求出新的最优解或最优基.

由表 4.1 可以看出，某些数据只和表中的某些块有关，因而当这些数据发生变化时，只需对表中的某些块进行修改，便可得到新问题的单纯形表，从而能够进行判别和迭代，而不必从头开始计算线性规划问题，这正是单纯形法的优点之一.

如前所述，在实际问题中，下面这些数据或条件是会经常发生变化的：

(1) 目标函数系数 c_j 的变化；

(2) 右端常数 b_i 的变化；

(3) 消耗系数 a_{ij} 的变化(包括增加新的变量和增加新的约束条件).

下面将分别讨论这些变化对最优解或最优基的影响.

4.2　目标函数系数的灵敏度分析

由表 4.1 可知，目标函数系数 c_j 的变化会引起检验数 σ_j 的变化，从而影响最优性条件(式(4.2))能否成立. 它又可分为 c_j 是对应的非基变量的系数和基变量的系数两种情况来讨论.

1. 非基变量 x_j 的价值系数 c_j 的变化

若对于最优基 $\boldsymbol{B}$ 而言，非基变量 x_j 的价值系数 c_j 改变为 $c'_j=c_j+\Delta c_j$，则变化

后的检验数为

$$\sigma'_j = c_j + \Delta c_j - \boldsymbol{C}_B \boldsymbol{B}^{-1} \boldsymbol{P}_j.$$

要保持原最优解不变,则必须有

$$\sigma'_j = c_j + \Delta c_j - \boldsymbol{C}_B \boldsymbol{B}^{-1} \boldsymbol{P}_j \leqslant 0.$$

由此可导出

$$\Delta c_j \leqslant -\sigma_j. \tag{4.3}$$

这就是保持原最优解不变时,非基变量 x_j 的目标系数 c_j 的变化范围. 当超出这个范围时,原最优解将不再是最优解了. 为了求新的最优解,必须在原最优单纯形表的基础上,继续往下迭代以求得新的最优解.

例 4.2.1 已知线性规划问题

$$\max Z = x_1 + 5x_2 + 3x_3 + 4x_4;$$

$$\text{s.t.}\begin{cases} 2x_1 + 3x_2 + x_3 + 2x_4 \leqslant 800; \\ 5x_1 + 4x_2 + 3x_3 + 4x_4 \leqslant 1200; \\ 3x_1 + 4x_2 + 5x_3 + 3x_4 \leqslant 1000; \\ x_j \geqslant 0 \ (j = 1,2,3,4) \end{cases}$$

的最优单纯形表如表 4.2 所示.

表 4.2

$\boldsymbol{C}$			1	5	3	4	0	0	0
$\boldsymbol{C}_B$	$\boldsymbol{X}_B$	$\boldsymbol{b}$	x_1	x_2	x_3	x_4	x_5	x_6	x_7
0	x_5	100	1/4	0	−13/4	0	1	1/4	−1
4	x_4	200	2	0	−2	1	0	1	−1
5	x_2	100	−3/4	1	11/4	0	0	−3/4	1
Z		−1300	−13/4	0	−11/4	0	0	−1/4	−1

(1) 为保持现有最优解不变,分别求非基变量 x_1、x_3 的系数 c_1、c_3 的变化范围.

(2) 当 c_1 变为 5 时,求新的最优解.

解 (1) 由表 4.2 可知 $\sigma_1 = -\dfrac{13}{4}$,$\sigma_3 = -\dfrac{11}{4}$,于是由式(4.3)知,要现有最优解不变,必须

$$\Delta c_1 \leqslant \frac{13}{4}, \quad \Delta c_3 \leqslant \frac{11}{4};$$

即当

$$c'_1 = c_1 + \Delta c_1 \leqslant 1 + \frac{13}{4} = \frac{17}{4};$$

$$c'_3 = c_3 + \Delta c_3 \leqslant 3 + \frac{11}{4} = \frac{23}{4}$$

时，原最优解不变.

(2) 当 $c'_1=5>\frac{17}{4}$ 时，已超出了 c_1 的变化范围，最优解要变，新的最优解可用下面的方法求得. 首先求出新的检验数

$$\sigma'_1=c'_1-\boldsymbol{C}_B\boldsymbol{B}^{-1}\boldsymbol{P}_1=5-(0,4,5)\begin{bmatrix}1/4\\2\\-3/4\end{bmatrix}=\frac{3}{4}>0,$$

故 x_1 应进基. 用新的检验数 $\sigma'_1=\frac{3}{4}$ 代替原来的检验数 $\sigma_1=-\frac{13}{4}$，其余数据不变，得新的单纯形表(见表 4.3(Ⅰ))，并继续迭代得表 4.3(Ⅱ).

表 4.3

序号	$\boldsymbol{C}$			5	5	3	4	0	0	0
	$\boldsymbol{C}_B$	$\boldsymbol{X}_B$	$\boldsymbol{b}$	x_1	x_2	x_3	x_4	x_5	x_6	x_7
Ⅰ	0	x_5	100	1/4	0	−13/4	0	1	1/4	−1
	4	x_4	200	2^*	0	−2	1	0	1	−1
	5	x_2	100	−3/4	1	11/4	0	0	−3/4	1
	Z		−1300	3/4	0	−11/4	0	0	−1/4	−1
Ⅱ	0	x_5	75	0	0	−3	−1/8	1	1/8	−7/8
	5	x_1	100	1	0	−1	1/2	0	1/2	−1/2
	5	x_2	175	0	1	2	3/8	0	−3/8	5/8
	Z		−1375	0	0	−2	−3/8	0	−5/8	−5/8

由表 4.3(Ⅱ)看出，已求得新的最优解

$$\boldsymbol{X}^*=(100,175,0,0,75)^{\mathrm{T}}$$

新的目标函数最优值 $Z^*=1375$.

2. 基变量 x_j 的价值系数 c_j 的变化

若对于最优基 $\boldsymbol{B}$ 而言，某个基变量 x_r 的价值系数 c_r 改变为 $c'_r=c_r+\Delta c_r$，因 $c_r\in\boldsymbol{C}_B$，则

$$\begin{aligned}(\boldsymbol{C}_B+\Delta\boldsymbol{C}_B)\boldsymbol{B}^{-1}\boldsymbol{A}&=\boldsymbol{C}_B\boldsymbol{B}^{-1}\boldsymbol{A}+(0,\cdots,\Delta c_r,\cdots,0)\boldsymbol{B}^{-1}\boldsymbol{A}\\&=\boldsymbol{C}_B\boldsymbol{B}^{-1}\boldsymbol{A}+\Delta c_r(a'_{r1},a'_{r2},\cdots,a'_{rn}),\end{aligned}$$

其中，$(a'_{r1},a'_{r2},\cdots,a'_{rn})$ 是矩阵 $\boldsymbol{B}^{-1}\boldsymbol{A}$ 的第 r 行. 于是，变化后的检验数为

$$\sigma'_j=c_j-\boldsymbol{C}_B\boldsymbol{B}^{-1}\boldsymbol{P}_j-\Delta c_r a'_{rj}=\sigma_j-\Delta c_r a'_{rj}\ (j=1,2,\cdots,n).$$

若要求最优解不变，则必须满足

$$\sigma'_j=\sigma_j-\Delta c_r a'_{rj}\leqslant 0\ (j=1,2,\cdots,n).$$

由此可以导出

当 $a'_{rj}<0$ 时，有 $\Delta c_r\leqslant\sigma_j/a'_{rj}$；

当 $a'_{rj}>0$ 时，有 $\Delta c_r\geqslant\sigma_j/a'_{rj}$.

因此，Δc_r 的允许变化范围是

$$\max_j\left\{\frac{\sigma_j}{a'_{rj}}\mid a'_{rj}>0\right\}\leqslant\Delta c_r\leqslant\min_j\left\{\frac{\sigma_j}{a'_{rj}}\mid a'_{rj}<0\right\}.\tag{4.4}$$

使用式(4.4)时，首先要在最优表上查出基变量 x_r 所在行中的元素 $a'_{rj}(j=1,2,\cdots,n)$，而且只取与非基变量所在列相对应的元素，将其中的正元素放在不等式左边，负元素放在不等式右边，分别求出 Δc_r 的上下界.

例 4.2.2 保持现有最优解不变，分别求例 4.2.1 中基变量 x_2、x_4 的变化范围，并问当 $\boldsymbol{C}_B$ 由(0,4,5)改变为(0,6,2)时，原最优解是否仍然保持最优？如果不是，该怎么办？

解 根据式(4.4)并利用表 4.2 中的数据，为使最优基变量(x_2,x_4,x_5)不变，Δc_4 的允许范围是：

$$\max\left\{\frac{-13/4}{2},\frac{-1/4}{1}\right\}\leqslant\Delta c_4\leqslant\min\left\{\frac{-11/4}{-2},\frac{-1}{-1}\right\},$$

即

$$-\frac{1}{4}\leqslant\Delta c_4\leqslant 1,$$

故当$\frac{15}{4}\leqslant c_4\leqslant 5$ 时，原最优解不变. 现在 c_4 变为 6，已超过了 Δc_4 的允许范围.

同样地，Δc_2 的允许范围是

$$\max\left\{\frac{-11/4}{11/4},\frac{-1}{1}\right\}\leqslant\Delta c_2\leqslant\min\left\{\frac{-13/4}{-3/4},\frac{-1/4}{-3/4}\right\},$$

即

$$-1\leqslant\Delta c_2\leqslant\frac{1}{3},$$

故当 $4\leqslant c_2\leqslant 16/3$ 时，原最优解不变. 现在 c_2 变为 2，也不在 Δc_2 的允许范围内.

当 $\boldsymbol{C}_B$ 由(0,4,5)改变为(0,6,2)时，即 c_4 变为 6，c_2 变为 2，都超过了它们的允许范围，需要求新的最优解，为此用变换后的 $\boldsymbol{C}'_B$ 代替 $\boldsymbol{C}_B$，将表 4.2 改写成表4.4(Ⅰ)，再继续迭代求得新的最优解(见表 4.4(Ⅱ)). 由该表可知，已求得最优解

$$\boldsymbol{X}^*=(0,0,0,300,200,0,100)^{\mathrm{T}},$$

目标函数最优值 $Z^*=1800$.

表 4.4

序号	C			1	2	3	6	0	0	0
	$\boldsymbol{C}_B$	$\boldsymbol{X}_B$	$\boldsymbol{b}$	x_1	x_2	x_3	x_4	x_5	x_6	x_7
Ⅰ	0	x_5	100	1/4	0	−13/4	0	1	1/4	−1
	6	x_4	200	2	0	−2	1	0	1	−1
	2	x_2	100	−3/4	1	11/4*	0	0	−3/4	1
	Z		−1400	−19/2	0	19/2	0	0	−9/2	4

续表

序号	C_B	X_B	b \ C	1	2	3	6	0	0	0
			b	x_1	x_2	x_3	x_4	x_5	x_6	x_7
Ⅱ	0	x_5	2400/11	−7/11	13/11	0	0	1	−7/11	2/11
	6	x_4	3000/11	16/11	8/11	0	1	0	5/11	−3/11
	3	x_3	400/11	−3/11	4/11	1	0	0	−3/11	4/11*
	Z		−19200/11	−76/11	−38/11	0	0	0	−21/11	6/11
Ⅲ	0	x_5	200	−1/2	1	−1/2	0	1	−1/2	0
	6	x_4	300	5/4	1	3/4	1	0	1/4	0
	0	x_7	100	−3/4	1	11/4	0	0	−3/4	1
	Z		−1800	−13/2	−4	−3/2	0	0	−3/2	0

4.3 右端常数的灵敏度分析

由于 $X_B=B^{-1}b$，$Z=C_BB^{-1}b$，因此右端常数 b_i 的变化，会影响到原最优解的可行性与目标函数值.

设某一个右端常数 b_r 变为 $b'_r=b_r+\Delta b_r$，并假设原问题中的其他系数不变，则使最终表中原问题的解相应地变为

$$X'_B=B^{-1}(b+\Delta b),$$

其中 $b=(b_1,b_2,\cdots,b_r,\cdots,b_m)^{\mathrm T}$，$\Delta b=(0,\cdots,\Delta b_r,\cdots,0)^{\mathrm T}$，这时

$$X'_B=B^{-1}(b+\Delta b)=B^{-1}b+B^{-1}\Delta b=B^{-1}b+B^{-1}\begin{bmatrix}0\\ \vdots\\ \Delta b_r\\ \vdots\\ 0\end{bmatrix}$$

$$=\begin{bmatrix}b'_1\\ \vdots\\ b'_i\\ \vdots\\ b'_m\end{bmatrix}+\begin{bmatrix}a'_{1r}\Delta b_r\\ \vdots\\ a'_{ir}\Delta b_r\\ \vdots\\ a'_{mr}\Delta b_r\end{bmatrix}=\begin{bmatrix}b'_1+a'_{1r}\Delta b_r\\ \vdots\\ b'_i+a'_{ir}\Delta b_r\\ \vdots\\ b'_m+a'_{mr}\Delta b_r\end{bmatrix},$$

其中 $(a'_{1r},a'_{2r},\cdots,a'_{mr})^{\mathrm T}$ 为逆矩阵 B^{-1} 中的第 r 列，若要求最优解 B 不变，则必须 $X'_B\geqslant 0$，即

$$b'_i+a'_{ir}\Delta b_r\geqslant 0\ (i=1,2,\cdots,m).$$

由此可以导出

当 $a'_{ir}>0$ 时,有 $\Delta b_r \geqslant -b'_i/a'_{ir}$;

当 $a'_{ir}<0$ 时,有 $\Delta b_r \leqslant -b'_i/a'_{ir}$;

因此,Δb_r 的允许变化范围是

$$\max\left\{-\frac{b'_i}{a'_{ir}}\middle|a'_{ir}>0\right\}\leqslant \Delta b_r \leqslant \min\left\{-\frac{b'_i}{a'_{ir}}\middle|a'_{ir}<0\right\}. \tag{4.5}$$

当 $\boldsymbol{b}$ 改变为 $\boldsymbol{b}+\Delta\boldsymbol{b}$ 以后,若最优基不变,则目标函数变为

$$Z'=\boldsymbol{C}_B\boldsymbol{B}^{-1}(\boldsymbol{b}+\Delta\boldsymbol{b})=Z^*+\boldsymbol{C}_B\boldsymbol{B}^{-1}\Delta\boldsymbol{b}.$$

使用式(4.5)时,首先要在最优表中查出最优基 $\boldsymbol{B}$ 的逆矩阵 $\boldsymbol{B}^{-1}$(它就在与初始表中单位矩阵——初始基相对应的位置,请参考第 2 章 2.3 节). 如果要分析 b_r,则只需将 $\boldsymbol{B}^{-1}$ 的第 r 列中的正元素放在不等式左边,负元素放在不等式右边,再按式(4.5)求出 Δb_r 的上、下界.

例如在例 4.2.1 中,我们可以从表 4.2 查出

$$\boldsymbol{B}^{-1}=\begin{pmatrix}1 & 1/4 & -1\\ 0 & 1 & -1\\ 0 & -3/4 & 1\end{pmatrix}.$$

然后可进行如下的分析.

例 4.3.1 在例 4.2.1 中:

(1) 为保持现有最优解不变,分别求 b_1、b_2、b_3 的允许变化范围;

(2) 如果 b_3 减少 150,验证原最优解是否可行? 如果不可行,求出改变后的最优解及最优值.

解 (1) 由式(4.5)及表 4.2 中的数据可得

$$\max\left\{-\frac{100}{1}\right\}\leqslant \Delta b_1 <+\infty,$$

即 $-100\leqslant \Delta b_1<+\infty$. 这是因为在 $\boldsymbol{B}^{-1}$ 中的第 1 列(表 4.2 中的第 5 列)只有一个非零元素 1,故 Δb_1 的上界无限制.

同理,可得

$$\max\left\{-\frac{100}{1/4},-\frac{200}{1}\right\}\leqslant \Delta b_2 \leqslant \min\left\{-\frac{100}{-3/4}\right\},$$

即

$$-200\leqslant \Delta b_2 \leqslant \frac{400}{3},$$

$$\max\left\{-\frac{100}{1}\right\}\leqslant \Delta b_3 \leqslant \min\left\{-\frac{100}{-1},-\frac{200}{-1}\right\},$$

即

$$-100\leqslant \Delta b_3 \leqslant 100.$$

(2) 当 $\Delta b_3=-150$ 时,已超过了 Δb_3 的变化范围[-100,100],因而原最优基不可行,又

$$X'_B = \begin{pmatrix} x_5 \\ x_4 \\ x_2 \end{pmatrix} = B^{-1}(b+\Delta b) = \begin{pmatrix} 1 & 1/4 & -1 \\ 0 & 1 & -1 \\ 0 & -3/4 & 1 \end{pmatrix}\begin{pmatrix} 800 \\ 1200 \\ 850 \end{pmatrix} = \begin{pmatrix} 250 \\ 350 \\ -50 \end{pmatrix},$$

及

$$Z' = C_B B^{-1}(b+\Delta b) = (0,4,5)\begin{pmatrix} 250 \\ 350 \\ -50 \end{pmatrix} = 1150.$$

用这些数据去替换表4.2中的相应数据，其余数据不变，得表4.5(Ⅰ)，再用对偶单纯形法进行迭代得表4.5(Ⅱ).由该表可知，已求得最优解

$$X'^* = \left(0,0,0,\frac{850}{3},\frac{700}{3},\frac{200}{3},0\right)^T$$

及目标函数最优值 $Z'^* = 3400/3$.

表 4.5

序号	C			1	5	3	4	0	0	0
	C_B	X_B	b	x_1	x_2	x_3	x_4	x_5	x_6	x_7
Ⅰ	0	x_5	250	1/4	0	−13/4	0	1	1/4	−1
	4	x_4	350	2	0	−2	1	0	1	−1
	5	x_2	−50	−3/4	1	11/4	0	0	−3/4*	1
	Z		−1150	−13/4	0	−11/4	0	0	−1/4	−1
Ⅱ	0	x_5	700/3	1/4	1/3	−7/3	0	1	0	−2/3
	4	x_4	850/3	1	4/3	5/3	1	0	0	1/3
	0	x_6	200/3	1	−4/3	−11/3	0	0	1	−4/3
	Z		−3400/3	−3	−1/3	−11/3	0	0	0	−4/3

4.4 技术系数的灵敏度分析

1. 个别技术系数 a_{ij} 的变化

根据变动的系数 a_{ij} 处于矩阵 A 中的哪一列又可分为两种情况来考虑：一是 a_{ij} 处于非基变量列中；二是 a_{ij} 处于基变量列中.

1) 非基变量 x_j 的系数列向量 P_j 的变化

若对于最优基 B 而言，非基变量 x_j 的系数列向量 P_j 改变为 $P'_j = P_j + \Delta P_j$，则变化后的检验数为

$$\sigma'_j = c_j - C_B B^{-1} P'_j = c_j - C_B B^{-1}(P_j + \Delta P_j) = \sigma_j - Y\Delta P_j (j = 1,2,\cdots,n),$$

其中 $Y = C_B B^{-1}$ 为对偶可行解.要使原最优基 B 保持不变，则必须 $\sigma'_j \leqslant 0$，即

$$Y\Delta P_j \geqslant \sigma_j \quad (j=1,2,\cdots,n). \tag{4.6}$$

特别地,当 $\Delta P_j=(0,\cdots,\Delta a_{ij},\cdots,0)^{\mathrm{T}}$ 时,则由式(4.6)可得

$$(y_1,\cdots,y_i,\cdots,y_m)\begin{pmatrix}0\\ \vdots\\ \Delta a_{ij}\\ \vdots\\ 0\end{pmatrix}=y_i\Delta a_{ij}\geqslant \sigma_j.$$

由此可导出:

当 $y_i>0$ 时,有 $\Delta a_{ij}\geqslant\sigma_j/y_i$;当 $y_i<0$ 时,有 $\Delta a_{ij}\leqslant\sigma_j/y_i$.

2) 基变量 x_j 的系数列向量 P_j 的变化

对于最优基 B 而言,当基变量 x_j 的系数列向量 P_j 发生变化时,对基 B 及其逆矩阵 B^{-1} 都有影响,即不仅影响现行最优解的可行性(式(4.1)),也影响到它的最优性(式(4.2)).这里不准备介绍求变化范围的一般公式,而建议按具体的最优化表格进行分析.

例 4.4.1 在例 4.2.1 中:

(1) 为保持现有最优解不变,分别求非基变量 x_1、x_3 的系数的变化范围;

(2) 若非基变量 x_3 的系数由 $\begin{pmatrix}1\\3\\5\end{pmatrix}$ 变为 $\begin{pmatrix}1\\4\\1\end{pmatrix}$,考察原最优解是否仍然保持最优?若不是,该怎么办?

解 (1) 由最优表(表 4.2)可以查得 $y_1=0,y_2=1/4,y_3=1$,且 $y_2>0,y_3>0$,故

$$\Delta a_{21}\geqslant\frac{\sigma_1}{y_2}=\frac{-13/4}{1/4}=-13,\quad \Delta a_{31}\geqslant\frac{\sigma_1}{y_3}=\frac{-13/4}{1}=-\frac{13}{4},$$

$$\Delta a_{23}\geqslant\frac{\sigma_3}{y_2}=\frac{-11/4}{1/4}=-11,\quad \Delta a_{33}\geqslant\frac{\sigma_3}{y_3}=\frac{-11/4}{1}=-\frac{11}{4}.$$

(2) 当 x_3 的系数由 $\begin{pmatrix}1\\3\\5\end{pmatrix}$ 变为 $\begin{pmatrix}1\\4\\1\end{pmatrix}$ 时,显然有

$$\Delta a_{13}=1-1=0,\quad \Delta a_{23}=4-3=1,\quad \Delta a_{33}=1-5=-4.$$

即

$$\Delta P_3=\begin{pmatrix}1\\4\\1\end{pmatrix}-\begin{pmatrix}1\\3\\5\end{pmatrix}=\begin{pmatrix}0\\1\\-4\end{pmatrix},$$

则

$$Y\Delta P_3=\left(0,\frac{1}{4},1\right)\begin{pmatrix}0\\1\\-4\end{pmatrix}=-\frac{15}{4}<-\frac{11}{4}=\sigma_3,$$

即不满足式(4.6),原最优解不再是最优解了.为了求新的最优解,应先求新的检验数

$$\sigma'_3 = c_3 - \boldsymbol{C}_B\boldsymbol{B}^{-1}\boldsymbol{P}'_3 = 3 - \left(0, \frac{1}{4}, 1\right)\begin{pmatrix}1\\4\\1\end{pmatrix} = 1 > 0,$$

故取 x_3 为进基变量,再计算

$$\boldsymbol{B}^{-1}\boldsymbol{P}'_3 = \begin{pmatrix}1 & 1/4 & -1\\0 & 1 & -1\\0 & -3/4 & 1\end{pmatrix}\begin{pmatrix}1\\4\\1\end{pmatrix} = \begin{pmatrix}1\\3\\-2\end{pmatrix}.$$

用它去替换表 4.2 中的第 3 列,得到表 4.6(Ⅰ),继续迭代得表 4.6(Ⅱ).由该表可以看出,已求得最优解

$$\boldsymbol{X}^* = \left(0, \frac{700}{3}, \frac{200}{3}, 0, \frac{100}{3}, 0, 0\right)^{\mathrm{T}}$$

及最优值 $Z^* = 4100/3$.

表 4.6

序号	**C**			1	5	3	4	0	0	0
	$\boldsymbol{C}_B$	$\boldsymbol{X}_B$	$\boldsymbol{b}$	x_1	x_2	x_3	x_4	x_5	x_6	x_7
Ⅰ	0	x_5	100	1/4	0	1	0	1	1/4	−1
	4	x_4	200	2	0	3*	1	0	1	−1
	5	x_2	100	−3/4	1	−2	0	0	−3/4	1
	Z		−1300	−13/4	0	1	0	0	−1/4	−1
Ⅱ	0	x_5	100/3	−5/12	0	0	−1/3	1	−1/12	−2/3
	3	x_3	200/3	2/3	0	1	1/3	0	1/3	−1/3
	5	x_2	700/3	7/12	1	0	2/3	0	−1/12	1/3
	Z		−4100/3	−47/12	0	0	−1/3	0	−7/12	−2/3

例 4.4.2 在例 4.2.1 中,若基变量 x_2 的技术系数列向量由 $\boldsymbol{P}_2 = (3,4,4)^{\mathrm{T}}$ 变为 $\boldsymbol{P}'_2 = (4,5,6)^{\mathrm{T}}$,而它在目标函数中的系数由 $c_2 = 5$ 变为 $c'_2 = 6$,试求变化后的最优解.

解 为便于利用最优表进行分析,首先要计算在最终表中对应于 x_2 的列向量

$$\boldsymbol{B}^{-1}\boldsymbol{P}'_2 = \begin{pmatrix}1 & 1/4 & -1\\0 & 1 & -1\\0 & -3/4 & 1\end{pmatrix}\begin{pmatrix}4\\5\\6\end{pmatrix} = \begin{pmatrix}-3/4\\-1\\9/4\end{pmatrix},$$

同时计算出 x_2 的检验数

$$\sigma'_2 = c'_2 - c_B\boldsymbol{B}^{-1}\boldsymbol{P}'_2 = 6 - (0,4,6)\begin{pmatrix}-3/4\\-1\\9/4\end{pmatrix} = -\frac{7}{2}.$$

注意 由于数据发生了变化,在最终表上,原基变量 x_2 的系数列向量不再是单位列向量,检验数 σ'_2 也不再为 0. 但如果我们仍然想保持原最优基不变,即还是把 x_2 作为基变量看待,则需将以上计算结果填入最终表 x_2 的列向量位置,得表 4.7(Ⅰ).

表 4.7

序号		**C**		1	6	3	4	0	0	0
	$\boldsymbol{C}_B$	$\boldsymbol{X}_B$	$\boldsymbol{b}$	x_1	x_2	x_3	x_4	x_5	x_6	x_7
Ⅰ	0	x_5	100	1/4	−3/4	−13/4	0	1	1/4	−1
	4	x_4	200	2	−1	−2	1	0	1	−1
	6	x_2	100	−3/4	9/4*	11/4	0	0	−3/4	1
	Z		−1400	−5/2	−7/2	−11/2	0	0	1/2	−2
Ⅱ	0	x_5	400/3	0	0	−7/3	0	1	0	−2/3
	4	x_4	2200/9	5/3	0	−7/9	1	0	2/3	−5/9
	6	x_2	400/9	−1/3	1	11/9	0	0	−1/3	4/9
	Z		−11200/9	−11/3	0	−11/9	0	0	−2/3	−4/9

细心的读者不难发现,表 4.7(Ⅰ)并不是一个正规的单纯形表,因为没有单位矩阵. 为了得到一个单位矩阵,注意到 x_2 仍为第 3 个基变量,故必须将 x_2 所在列变成单位列向量 $\begin{pmatrix}0\\0\\1\end{pmatrix}$,同时将 σ'_2 由 −7/2 变为 0,即以 $a'_{32}=9/4$ 为主元进行矩阵的初等变换(这种变换没有换基,x_2 仍为基变量),得表 4.7(Ⅱ).

由表 4.7(Ⅱ)可知已求得新的最优解

$$\boldsymbol{X}^* = \left(0,\frac{400}{9},0,\frac{2200}{9},\frac{400}{3},0,0\right)^{\mathrm{T}}$$

及目标函数最优值 $Z^*=11200/9$.

注意 若基变量系数的变化导致原始可行性条件(式(4.1))和对偶可行性条件(式(4.2))均被破坏,即产生了对原问题和对偶问题均为非可行解时,这就需要引入人工变量重新求解,或者用第 3 章 3.5 节中介绍的求初始正则解的方法求解,这里就不详细讨论了.

2. 增加新变量的灵敏度分析

如果增加一个新的变量 x_{n+1},它对应的价值系数为 c_{n+1},在约束矩阵中的对应系数列向量为 $\boldsymbol{P}_{n+1}=(a_{1,n+1},a_{2,n+1},\cdots,a_{m,n+1})^{\mathrm{T}}$,则把 x_{n+1} 看成非基变量,在原来的最优单纯形表中增加一列

$$\boldsymbol{P}'_{n+1} = \boldsymbol{B}^{-1}\boldsymbol{P}_{n+1} = \begin{pmatrix} a'_{1,n+1} \\ a'_{2,n+1} \\ \vdots \\ a'_{m,n+1} \end{pmatrix} \tag{4.7}$$

及检验数
$$\sigma_{n+1}=c_{n+1}-\boldsymbol{C}_B\boldsymbol{B}^{-1}\boldsymbol{P}_{n+1},\tag{4.8}$$
就得到了新问题的单纯形表.若 $\sigma_{n+1}\leqslant 0$,则原问题最优解不变;否则,可继续用单纯形法迭代求解.

例 4.4.3 在例 4.2.1 中新增一个决策变量 x_8(相当于生产计划中增加一种新产品),已知价值系数 $c_8=7$,技术系数 $\boldsymbol{P}_8=(3,2,5)^{\mathrm{T}}$.问该产品是否值得投产?如果值得投产,求新的最优解.

解 由式(4.7),得
$$\boldsymbol{P}'_8=\boldsymbol{B}^{-1}\boldsymbol{P}_8=\begin{pmatrix}1&1/4&-1\\0&1&-1\\0&-3/4&1\end{pmatrix}\begin{pmatrix}3\\2\\5\end{pmatrix}=\begin{pmatrix}-3/2\\-3\\7/2\end{pmatrix}.$$
再由式(4.8),得
$$\sigma_8=c_8-\boldsymbol{C}_B\boldsymbol{P}'_8=7-(0,4,5)\begin{pmatrix}-3/2\\-3\\7/2\end{pmatrix}=\frac{3}{2}>0,$$
故 x_8 可以进基,即新产品可以投产.为求新的最优解,在原最优单纯形表(表 4.2)的基础上再增加一列 x_8,将 $\boldsymbol{P}'_8$ 及 σ_8 填在相应的位置得表 4.8(Ⅰ).经过两次换基运算,得表 4.8(Ⅲ),求得最优解
$$\boldsymbol{X}^*=(0,0,0,0,200,800,0,200)^{\mathrm{T}}$$
及最优值 $Z^*=1400$.

表 4.8

序号	$\boldsymbol{C}$			1	5	3	4	0	0	0	7
	$\boldsymbol{C}_B$	$\boldsymbol{X}_B$	$\boldsymbol{b}$	x_1	x_2	x_3	x_4	x_5	x_6	x_7	x_8
Ⅰ	0	x_5	100	1/4	0	−13/4	0	1	1/4	−1	−3/2
	4	x_4	200	2	0	−2	1	0	1	−1	−3
	5	x_2	100	−3/4	1	11/4	0	0	−3/4	1	7/2*
	Z		−1300	−13/4	0	−11/4	0	0	−1/4	−1	3/2
Ⅱ	0	x_5	1000/7	−1/14	3/7	−29/14	0	1	−1/14	−4/7	0
	4	x_4	2000/7	19/14	6/7	5/14	1	0	5/14*	−1/7	0
	7	x_8	200/7	−3/14	2/7	11/14	0	0	−3/14	2/7	1
	Z		−9400/7	−41/14	−3/7	−55/14	0	0	1/14	−10/7	0
Ⅲ	0	x_5	200	1/5	3/5	−2	1/5	1	0	−3/5	0
	0	x_6	800	19/5	12/5	1	14/5	0	1	−2/5	0
	7	x_8	200	3/5	4/5	1	3/5	0	0	1/5	1
	Z		−1400	−16/5	−3/5	−4	−1/5	0	0	−7/5	0

3. 增加新约束条件的灵敏度分析

若在原线性规划问题中,再增加一个新的约束条件

$$a_{m+1,1}x_1 + a_{m+1,2}x_2 + \cdots + a_{m+1,n}x_n \leqslant b_{m+1}, \tag{4.9}$$

其中 $a_{m+1,j}(j=1,2,\cdots,n)$ 及 b_{m+1} 均为已知常数.则首先把已求得的原问题的最优解

$$\boldsymbol{X}^* = (x_1^*, x_2^*, \cdots, x_n^*)^{\mathrm{T}}$$

代入新增加的约束条件(式(4.9)),如果满足,则原问题的最优解 $\boldsymbol{X}^*$ 仍为新问题的最优解,计算停止;如果不满足,则将新的约束条件(式(4.9))加入系统,继续求解.

具体做法是在原最优单纯形表上增加一行和一列,增加的行中以 x_{n+1}(松弛变量)为基变量,并在变量 x_j 下面填入 $a_{m+1,j}(j=1,2,\cdots,n)$,增加的列 $\boldsymbol{P}_{n+1}$ 是一个单位列向量.它最下面的一个元素为1,其余元素均为0(包括 $\sigma_{n+1}=0$),这样增加一行以后,可能破坏了原最优表上的单位矩阵(最优基),要用矩阵的初等行变换将原单位矩阵恢复,然后再继续迭代求解.

例 4.4.4 在例 4.2.1 中增加一个新的约束条件

$$4x_1 + 2x_2 - 2x_3 + 4x_4 \leqslant 600,$$

问原最优解是否仍然保持?若不能,则求出新的最优解.

解 引入松弛变量 x_8,在表 4.2 中增加一行和一列,将有关数据填入,得表4.9(Ⅰ).

表 4.9

序号	$\boldsymbol{C}$			1	5	3	4	0	0	0	0
	$\boldsymbol{C}_B$	$\boldsymbol{X}_B$	$\boldsymbol{b}$	x_1	x_2	x_3	x_4	x_5	x_6	x_7	x_8
Ⅰ	0	x_5	100	1/4	0	−13/4	0	1	1/4	−1	0
	4	x_4	200	2	0	−2	1	0	1	−1	0
	5	x_2	100	−3/4	1	11/4	0	0	−3/4	1	0
	0	x_8	600	4	2	−2	4	0	0	0	1
	Z		−1300	−13/4	0	−11/4	0	0	−1/4	−1	0
Ⅱ	0	x_5	100	1/4	0	−13/4	0	1	1/4	−1	0
	4	x_4	200	2	0	−2	1	0	1	−1	0
	5	x_2	100	−3/4	1	11/4	0	0	−3/4	1	0
	0	x_8	−400	−5/2	0	1/2	0	0	−5/2*	2	1
	Z		−1300	−13/4	0	−11/4	0	0	−1/4	−1	0
Ⅲ	0	x_5	60	0	0	−16/5	0	1	0	−4/5	1/10
	4	x_4	40	1	0	−9/5	1	0	0	−1/5	2/5
	5	x_2	220	0	1	13/5	0	0	0	2/5	−3/10
	0	x_6	160	1	0	−1/5	0	0	1	−4/5	−2/5
	Z		−1260	−3	0	−14/5	0	0	0	−6/5	−1/10

事实上,表 4.9(Ⅰ)并不是一张正规单纯形表,因为将新约束条件的系数填入基变量 x_8 所在的行以后,破坏了原来的单位矩阵(最优基).为了恢复原来的单位矩阵,

需要用矩阵的初等行变换将单位列向量中新出现的非零元素变为零，这样得表4.9(Ⅱ)，然后再用对偶单纯法继续迭代得表4.9(Ⅲ)，则已求得新的最优解

$$\boldsymbol{X}^* = (0,220,0,40,60,160,0,0)^{\mathrm{T}}$$

及最优值 $Z^*=1260$.

若在原线性规划问题中，再增加一个新的等式约束条件

$$a_{m+1,1}x_1 + a_{m+1,2}x_2 + \cdots + a_{m+1,n}x_n = b_{m+1},$$

其中 $a_{m+1,j}(j=1,2,\cdots,n)$ 及 b_{m+1} 均为已知常数. 如果原问题的最优解 $\boldsymbol{X}^*=(x_1^*, x_2^*,\cdots,x_n^*)^{\mathrm{T}}$ 满足新增加的条件，则 $\boldsymbol{X}^*$ 也是新问题的最优解，计算停止；否则，引入人工变量 $x_{n+1}\geqslant 0$，将新增加的约束条件化为

$$a_{m+1,1}x_1 + a_{m+1,2}x_2 + \cdots + a_{m+1,n}x_n + x_{n+1} = b_{m+1},$$

然后再用大 M 法或两阶段法求解新问题.

最后再举一个综合的例子.

例 4.4.5 已知线性规划问题

$$\max Z = -5x_1 + 5x_2 + 13x_3;$$

$$\text{s.t.}\begin{cases} -x_1 + x_2 + 3x_3 \leqslant 20; \\ 12x_1 + 4x_2 + 10x_3 \leqslant 90; \\ x_j \geqslant 0\ (j=1,2,3) \end{cases}$$

的最优单纯形表如表4.10所示.

表 4.10

C			−5	5	13	0	0
$\boldsymbol{C}_B$	$\boldsymbol{X}_B$	$\boldsymbol{b}$	x_1	x_2	x_3	x_4	x_5
5	x_2	20	−1	1	3	1	0
0	x_5	10	16	0	−2	−4	1
Z		−100	0	0	−2	−5	0

试分别就下列情况进行灵敏度分析，并求新的最优解：

(1) 第2个约束条件的右端常数变为 $b_2=95$；

(2) 第1个约束条件的右端常数变为 $b_1=45$；

(3) 目标函数中 x_3 的系数变为 $c_3=8$；

(4) 目标函数中 x_2 的系数变为 $c_2=6$；

(5) 变量 x_1 的系数(包括目标函数)变为 $\begin{pmatrix} c_1 \\ a_{11} \\ a_{21} \end{pmatrix} = \begin{pmatrix} -2 \\ 0 \\ 5 \end{pmatrix}$；

(6) 变量 x_2 的系数(包括目标函数)变为 $\begin{pmatrix} c_2 \\ a_{12} \\ a_{22} \end{pmatrix} = \begin{pmatrix} 6 \\ 2 \\ 5 \end{pmatrix}$；

(7) 增加一个新变量 x_6,其系数为 $\begin{bmatrix} c_6 \\ a_{16} \\ a_{26} \end{bmatrix} = \begin{bmatrix} 10 \\ 3 \\ 5 \end{bmatrix}$;

(8) 增加一个新约束条件 $2x_1+3x_2+5x_3 \leqslant 50$;

(9) 第 2 个约束条件变为 $10x_1+4x_2+12x_3 \leqslant 100$.

解 (1) 因为 $-10 \leqslant \Delta b_2 < \infty$,现 $\Delta b_2 = 95-90=5$ 未超出上述范围,故最优基 $\boldsymbol{B}$ 不变,新的最优解为

$$\boldsymbol{X}_B^* = \begin{bmatrix} x_2^* \\ x_5^* \end{bmatrix} = \begin{pmatrix} 1 & 0 \\ -4 & 1 \end{pmatrix} \begin{pmatrix} 20 \\ 95 \end{pmatrix} = \begin{pmatrix} 20 \\ 15 \end{pmatrix},$$

即 $\boldsymbol{X}^* = (0,20,0,0,15)^{\mathrm{T}}$,新的最优值

$$Z^* = \boldsymbol{C}_B \boldsymbol{X}_B^* = (5,0)\begin{pmatrix} 20 \\ 15 \end{pmatrix} = 100.$$

(2) 因为 $-20 \leqslant \Delta b_1 \leqslant 5/2$,故 $\Delta b_2 = 45-20=25$ 已超出上述范围,故最优基要变.这时的基本解为

$$\boldsymbol{X}_B = \begin{pmatrix} x_2 \\ x_5 \end{pmatrix} = \boldsymbol{B}^{-1}\boldsymbol{b} = \begin{pmatrix} 1 & 0 \\ -4 & 1 \end{pmatrix}\begin{pmatrix} 45 \\ 90 \end{pmatrix} = \begin{pmatrix} 45 \\ -90 \end{pmatrix},$$

即 $\boldsymbol{X}=(0,45,0,0,-90)^{\mathrm{T}}$,它不是可行解,继续用对偶单纯形法迭代求解(见表4.11).

表 4.11

序号	$\boldsymbol{C}$			-5	5	13	0	0
	$\boldsymbol{C}_B$	$\boldsymbol{X}_B$	$\boldsymbol{b}$	x_1	x_2	x_3	x_4	x_5
Ⅰ	5	x_2	45	-1	1	3	1	0
	0	x_5	-90	16	0	-2^*	-4	1
	Z		-225	0	0	-2	-5	0
Ⅱ	5	x_2	-90	23	1	0	-5^*	3/2
	13	x_3	45	-8	0	1	2	$-1/2$
	Z		-135	-16	0	0	-1	-1
Ⅲ	0	x_4	18	$-23/5$	$-1/5$	0	1	$-3/10$
	13	x_3	9	6/5	2/5	1	0	1/10
	Z		-117	$-103/5$	$-1/5$	0	0	$-13/10$

由表 4.11(Ⅲ)可知新的最优解为 $\boldsymbol{X}^* = (0,0,9,18,0)^{\mathrm{T}}$,新的最优值 $Z^* = 117$.

(3) 因为 $\Delta c_3 \leqslant -(-2)=2$,现 $\Delta c_3 = 8-13=-5$,未超出变化范围,故现最优解不变.

(4) 因为

$$\max\left\{\frac{-2}{3},\frac{-5}{1}\right\} \leqslant \Delta c_2 \leqslant \min\left\{\frac{0}{-1}\right\},$$

即
$$-\frac{2}{3}\leqslant \Delta c_2\leqslant 0.$$
现 $\Delta c_2=6-5=1$,已超出上述变化范围,故最优解要变.新的最优解可通过表4.12迭代求得.

表 4.12

序号	C			-5	6	13	0	0
	C_B	X_B	b	x_1	x_2	x_3	x_4	x_5
Ⅰ	6	x_2	20	-1	1	3	1	0
	0	x_5	10	16^*	0	-2	-4	1
	Z		-120	1	0	-5	-6	0
Ⅱ	6	x_2	165/8	0	1	23/8	3/4	1/16
	-5	x_1	5/8	1	0	$-1/8$	$-1/4$	1/16
	Z		$-965/8$	0	0	$-39/8$	$-23/4$	$-1/16$

由表 4.12(Ⅱ)可知新的最优解
$$\boldsymbol{X}^*=\left(\frac{5}{8},\frac{165}{8},0,0,0\right)^{\mathrm{T}},$$
及最优值 $Z^*=965/8$.

(5) 非基变量的系数变化仅影响最优性,故应重新计算 x_1 的检验数
$$\sigma_1=c_1-\boldsymbol{C}_B\boldsymbol{B}^{-1}\boldsymbol{P}_1=-2-(5,0)\begin{pmatrix}1&0\\-4&1\end{pmatrix}\begin{pmatrix}0\\5\end{pmatrix}=-2<0,$$
所以原最优解 $\boldsymbol{X}^*=(0,20,0,0,10)^{\mathrm{T}}$ 不变.

(6) 基变量的系数变化既影响解的可行性,又影响解的最优性.与本节例 4.4.2 类似,为了便于利用最优表进行分析,首先要计算在最终表中对应于 x_2 的列向量
$$\boldsymbol{B}^{-1}\boldsymbol{P}'_2=\begin{pmatrix}1&0\\-4&1\end{pmatrix}\begin{pmatrix}2\\5\end{pmatrix}=\begin{pmatrix}2\\-3\end{pmatrix}$$
及相应的检验数 $\sigma'_2=c'_2-\boldsymbol{C}_B\boldsymbol{B}^{-1}\boldsymbol{P}'_2=6-(6,0)\begin{pmatrix}2\\-3\end{pmatrix}=-6.$

将上述数据替换表 4.10 的 x_2,得表 4.13(Ⅰ).

由于表 4.13(Ⅰ)中没有单位矩阵,故应将 x_2 所在的列变成单位列向量 $\begin{pmatrix}1\\0\\0\end{pmatrix}$,得表 4.13(Ⅱ).

由表 4.13(Ⅱ)再迭代一次,得表 4.13(Ⅲ),则已求得最优解
$$\boldsymbol{X}^*=\left(0,0,\frac{20}{3},0,\frac{70}{3}\right)^{\mathrm{T}},$$

及最优值 $Z^*=260/3$.

表 4.13

序号	C_B	X_B	b	x_1 (−5)	x_2 (6)	x_3 (13)	x_4 (0)	x_5 (0)
Ⅰ	6	x_2	20	−1	2	3	1	0
	0	x_5	10	16	−3	−2	−4	1
	Z		−120	1	−6	−5	−6	0
Ⅱ	6	x_2	10	−1/2	1	3/2*	1/2	0
	0	x_5	40	29/2	0	5/2	−5/2	1
	Z		−60	−2	0	4	−3	0
Ⅲ	13	x_3	20/3	−1/3	2/3	1	1/3	0
	0	x_5	70/3	46/3	−5/3	0	−10/3	1
	Z		−260/3	−2/3	−8/3	0	−13/3	0

(7) 增加一个新变量 x_6 以后,应首先求

$$\sigma_6=c_6-\boldsymbol{C}_B\boldsymbol{B}^{-1}\boldsymbol{P}_6=10-(5,0)\begin{pmatrix}1&0\\-4&1\end{pmatrix}\begin{pmatrix}3\\5\end{pmatrix}=-5<0,$$

故原最优解 $\boldsymbol{X}^*=(0,20,0,0,10)^{\mathrm{T}}$ 不变.

(8) 增加一个新约束条件 $2x_1+3x_2+5x_3\leqslant 50$,首先将现有最优解 $\boldsymbol{X}^*=(0,20,0,0,10)^{\mathrm{T}}$代入该条件可知,$\boldsymbol{X}^*$ 不满足新的约束条件.故应将新的约束条件添加松弛变量 x_6 后加到原最优表中,继续迭代(见表 4.14).

表 4.14

序号	C_B	X_B	b	x_1 (−5)	x_2 (5)	x_3 (13)	x_4 (0)	x_5 (0)	x_6 (0)
Ⅰ	5	x_2	20	−1	1	3	1	0	0
	0	x_5	10	16	0	−2	−4	1	0
	0	x_6	50	2	3	5	0	0	1
	Z		−100	0	0	−2	−5	0	0
Ⅱ	5	x_2	20	−1	1	3	1	0	0
	0	x_5	10	16	0	−2	−4	1	0
	0	x_6	−10	5	0	−4*	−3	0	1
	Z		−100	0	0	−2	−5	0	0
Ⅲ	5	x_2	25/2	11/4	1	0	−5/4	0	3/4
	0	x_5	15	27/2	0	0	−5/2	1	−1/2
	13	x_3	5/2	−5/4	0	1	3/4	0	−1/4
	Z		−95	−5/2	0	0	−7/2	0	−1/2

由表 4.14(Ⅲ)可知已求得最优解

$$\boldsymbol{X}^* = \left(0,\frac{25}{2},\frac{5}{2},0,15,0\right)^{\mathrm{T}},$$

及最优值 $Z^*=95$.

(9) 第 2 个约束条件变为

$$10x_1+4x_2+12x_3\leqslant 100$$

相当于改变了 a_{21},a_{23} 和 b_2,这时应首先计算

$$\sigma_1 = c_1-\boldsymbol{C}_B\boldsymbol{B}^{-1}\boldsymbol{P}_1 = -5-(5,0)\begin{pmatrix}1 & 0\\ -4 & 1\end{pmatrix}\begin{pmatrix}-1\\ 10\end{pmatrix}=0;$$

$$\sigma_3 = c_3-\boldsymbol{C}_B\boldsymbol{B}^{-1}\boldsymbol{P}_3 = 13-(5,0)\begin{pmatrix}1 & 0\\ -4 & 1\end{pmatrix}\begin{pmatrix}3\\ 12\end{pmatrix}=-2<0,$$

故最优性仍保持. 再计算

$$\boldsymbol{X}_B^* = \begin{bmatrix}x_2^*\\ x_5^*\end{bmatrix}=\boldsymbol{B}^{-1}\boldsymbol{b}=\begin{pmatrix}1 & 0\\ -4 & 1\end{pmatrix}\begin{pmatrix}20\\ 100\end{pmatrix}=\begin{pmatrix}20\\ 20\end{pmatrix},$$

即新的最优解为

$$\boldsymbol{X}^* = (0,20,0,0,20)^{\mathrm{T}}$$

及最优值

$$Z^*=\boldsymbol{C}_B\boldsymbol{X}_B^*=(5,0)\begin{pmatrix}20\\ 20\end{pmatrix}=100.$$

4.5 参数线性规划

在线性规划的实际应用中,由于某种原因,有时线性规划问题的目标函数系数 $\boldsymbol{C}$ 和约束条件的右端常数 $\boldsymbol{b}$ 会随着某个参数的变化而连续变化. 例如在制订生产计划时,产品的价格会由于原材料的供应价格的波动而波动,这样,代表总利润的目标函数中的价格系数 $\boldsymbol{C}$ 便会随着某个参数(即原材料价格升降的百分数)的变化而改变;又例如,在同样的问题中,供应原材料的厂家的生产发生变化,原材料的限制量产生波动时,那么约束条件的右端常数 $\boldsymbol{b}$ 也将随着某个参数(即原材料生产增长的百分数)而有所改变. 这种问题用灵敏度分析的方法处理是很不方便的,因为灵敏度分析是研究单个数据变化对最优解产生的影响,而当数据随着某个参数而连续变化时,研究它们对最优解的影响,则是参数线性规划所讨论的问题. 但是,由于这两种方法都是讨论数据的变化对最优解的影响,因而它们分析和处理问题的方法有许多相似之处. 下面主要讨论目标函数系数 $\boldsymbol{C}$ 和约束条件右端常数 $\boldsymbol{b}$ 是某个参变量的线性函数的情况.

1. 目标函数的系数含有参数的线性规划问题

考虑参数线性规划问题

$$\max Z = (\boldsymbol{C} + \lambda\boldsymbol{C}')\boldsymbol{X}; \tag{4.10}$$

$$\text{s.t.}\begin{cases}\boldsymbol{AX} = \boldsymbol{b};\\ \boldsymbol{X} \geqslant \boldsymbol{0},\end{cases} \tag{4.11}$$

其中 λ 为实参数,$\boldsymbol{C}'=(c'_1,c'_2,\cdots,c'_n)$是一个已知向量.

设对于某个 $\lambda=\lambda_0$(一般取 $\lambda_0=0$),我们已求得参数线性规划问题(式(4.10)~式(4.11))的最优基,不妨设为 $\boldsymbol{B}=(\boldsymbol{P}_1,\boldsymbol{P}_2,\cdots,\boldsymbol{P}_m)$及最优解

$$\boldsymbol{X}^* = (b'_1,b'_2,\cdots,b'_m,0,\cdots,0)^{\mathrm{T}}, \tag{4.12}$$

并将问题化为关于基 $\boldsymbol{B}$ 的典式(令 λ 为变量):

$$\max Z = (Z^* + \lambda Z'^*) + \sum_{j=m+1}^{n}(\sigma_j + \lambda\sigma'_j)x_j; \tag{4.13}$$

$$\text{s.t.}\begin{cases}x_i + \sum\limits_{j=m+1}^{n} a'_{ij}x_j = b'_i\,(i=1,2,\cdots,m);\\ x_j \geqslant 0\ (j=1,2,\cdots,n).\end{cases} \tag{4.14}$$

并令 $\sigma_j(\lambda)=\sigma_j+\lambda\sigma'_j$ 为关于 λ 的检验数,且

$$\sigma_j = c_j - \boldsymbol{C}_B\boldsymbol{B}^{-1}\boldsymbol{P}_j;\quad \sigma'_j = c'_j - \boldsymbol{C}'_B\boldsymbol{B}^{-1}\boldsymbol{P}_j\,(j=1,2,\cdots,n), \tag{4.15}$$

列出扩充的单纯形表(见表 4.15).

表 4.15

$\boldsymbol{C}'$				c'_1	c'_2	$\cdots$	c'_m	c'_{m+1}	c'_{m+2}	$\cdots$	c'_n
$\boldsymbol{C}$				c_1	c_2	$\cdots$	c_m	c_{m+1}	c_{m+2}	$\cdots$	c_n
$\boldsymbol{C}'_B$	$\boldsymbol{C}_B$	$\boldsymbol{X}_B$	$\boldsymbol{b}$	x_1	x_2	$\cdots$	x_m	x_{m+1}	x_{m+2}	$\cdots$	x_n
c'_1	c_1	x_1	b'_1	1				$a'_{1,m+1}$	$a'_{1,m+2}$	$\cdots$	a'_n
c'_2	c_2	x_2	b'_2		1			$a'_{2,m+1}$	$a'_{2,m+2}$	$\cdots$	a'_{2n}
$\vdots$	$\vdots$	$\vdots$	$\vdots$			$\ddots$		$\vdots$	$\vdots$		$\vdots$
c'_m	c_m	x_m	b'_m				1	$a'_{m,m+1}$	$a'_{m,m+2}$	$\cdots$	a'_{mn}
Z			$-Z^*$	0	0	$\cdots$	0	σ_{m+1}	σ_{m+2}	$\cdots$	σ_n
Z'			$-Z'^*$	0	0	$\cdots$	0	σ'_{m+1}	σ'_{m+2}	$\cdots$	σ'_n

注意 表 4.15 是在问题(式(4.10)~式(4.11))关于 $\lambda=\lambda_0$ 的最优单纯形表的基础上,增加了两行($\boldsymbol{C}'$行与 Z'行)和一列($\boldsymbol{C}'_B$ 列)而形成的,其中最下面两行应理解为 $Z+\lambda Z'$,即

$$Z^*(\lambda) = Z^* + \lambda Z'^* \quad 和 \quad \sigma_j(\lambda) = \sigma_j + \lambda\sigma'_j.$$

这就是典式(4.13)中各项的系数及常数项. σ'_j 可以由式(4.15)计算得到,也可以直接利用表 4.15 中的数据计算出来.

表 4.15 中的检验数 $\sigma_j(\lambda)$将随 λ 的不同而取不同的值,要求现在的最优解(式(4.12))仍是参数规划问题的最优解,则必须

$$\sigma_j + \lambda\sigma'_j \leqslant 0\ (j = 1,2,\cdots,n). \tag{4.16}$$

可以导出

当 $\sigma'_j > 0$ 时，有 $\lambda \leqslant -\sigma_j/\sigma'_j$；当 $\sigma'_j < 0$ 时，有 $\lambda \geqslant -\sigma_j/\sigma'_j$.

令

$$\bar{\lambda}_B = \begin{cases} \min\left\{-\dfrac{\sigma_j}{\sigma'_j} \middle| \sigma'_j > 0\right\}; \\ +\infty, \quad 当\ \sigma'_j \leqslant 0 \quad (j = 1,2,\cdots,n); \end{cases} \tag{4.17}$$

$$\underline{\lambda}_B = \begin{cases} \max\left\{-\dfrac{\sigma_j}{\sigma'_j} \middle| \sigma'_j < 0\right\}; \\ -\infty, \quad 当\ \sigma'_j \geqslant 0 \quad (j = 1,2,\cdots,n); \end{cases} \tag{4.18}$$

则式(4.16)等价于 $\underline{\lambda}_B \leqslant \lambda \leqslant \bar{\lambda}_B$.

我们将 $\underline{\lambda}_B$ 与 $\bar{\lambda}_B$ 分别称为基 $\boldsymbol{B}$ 的**下特征数**和**上特征数**，而将闭区间$[\underline{\lambda}_B,\bar{\lambda}_B]$称为基 $\boldsymbol{B}$ 的**最优区间**. 因此对于最优区间$[\underline{\lambda}_B,\bar{\lambda}_B]$中的每一个 λ，现在的最优解(式(4.12))都是最优解，其目标函数的最优值为

$$Z^*(\lambda) = Z^* + \lambda Z'^*,$$

即对于 $\boldsymbol{B}$ 的最优区间中的每一个 λ，参数规划问题(式(4.10)～式(4.11))的最优解是相同的，而目标函数的最优值是 λ 的函数.

现在我们再考虑对于最优区间$[\underline{\lambda}_B,\bar{\lambda}_B]$以外的 λ 值，最优解的变化情况.

设 $\lambda > \bar{\lambda}_B$($\bar{\lambda}_B$ 为一有限数)，求解相应的线性规划问题.

假设当 $j=k$ 时，$\bar{\lambda}_B$ 达到式(4.17)中的最小值，即 $\bar{\lambda}_B = -\dfrac{\sigma_k}{\sigma'_k}$，于是，当 $\lambda > \bar{\lambda}_B$ 时，有 $\lambda > -\dfrac{\sigma_k}{\sigma'_k}$. 又因为 $\sigma'_k > 0$，故有

$$\sigma_k(\lambda) = \sigma_k + \lambda\sigma'_k > 0.$$

由单纯形法的原理可知，当 $\lambda > \bar{\lambda}_B$ 时，若把非基变量 x_k 引入基变量，可使目标函数值增加，因此我们可以选 x_k 为进基变量. 再按最小比值法则计算

$$\theta = \min\left\{\frac{b'_i}{a'_{ik}} \mid a'_{ik} > 0\right\} = \frac{b'_r}{a'_{rk}},$$

则取 x_r 为出基变量(若 $a'_{ik} \leqslant 0, i=1,2,\cdots,m$，则问题无解)进行换基运算，得新的基可行解，再由最优性条件(式(4.16))又可求得使此解为最优解的特征区间，如此重复进行，直到新的特征区间的上界为$+\infty$为止(或者判定无最优解).

其次设 $\lambda < \underline{\lambda}_B$($\underline{\lambda}_B$ 为一有限数)，求解相应的线性规划问题.

假设当 $j=t$ 时，$\underline{\lambda}_B$ 达到式(4.18)中的最大值，即 $\underline{\lambda}_B = -\dfrac{\sigma_t}{\sigma'_t}$，于是，当 $\lambda < \underline{\lambda}_B$ 时，有 $\lambda < -\dfrac{\sigma_t}{\sigma'_t}$. 又因为这时 $\sigma'_t < 0$，故有

$$\sigma_t(\lambda) = \sigma_t + \lambda\sigma'_t > 0.$$

同上面一样处理，把 x 取为进基变量，再用最小比值法则确定出基变量 x_r，进行换基

迭代,得到一个新的基可行解.又用条件(式(4.16))求出使此解为最优解的特征区间,如此重复进行,直到新的特征区间的下界为$-\infty$为止(或者判定无最优解).

例 4.5.1 求解参数线性规划问题

$$\max Z=(3-6\lambda)x_1+(2-5\lambda)x_2+(5+2\lambda)x_3;$$

$$\text{s. t.}\begin{cases}x_1+2x_2+x_3\leqslant 430;\\3x_1\qquad+2x_3\leqslant 460;\\x_1+4x_2\qquad\leqslant 420;\\x_j\geqslant 0\ (j=1,2,3).\end{cases}$$

解 首先求解 $\lambda=0$ 的线性规划问题,得最优单纯形表(见表 4.16).

再在最优表 4.16 中增加 $\boldsymbol{C}'$ 和 Z' 两行及 $\boldsymbol{C}'_B$ 列得到扩充的单纯形表 4.17.

为使现在的最优解

$$\boldsymbol{X}_1^*=(0,100,230,0,0,20)^{\mathrm{T}}\tag{4.19}$$

仍为参数规划问题的最优解,由最优性条件(式(4.16))可知,有

$$\begin{cases}\sigma_1(\lambda)=\sigma_1+\lambda\sigma'_1=-4-\dfrac{41}{4}\lambda\leqslant 0;\\\sigma_4(\lambda)=\sigma_4+\lambda\sigma'_4=-1+\dfrac{5}{2}\lambda\leqslant 0;\\\sigma_5(\lambda)=\sigma_5+\lambda\sigma'_5=-2-\dfrac{9}{4}\lambda\leqslant 0,\end{cases}\tag{4.20}$$

表 4.16

	$\boldsymbol{C}$		3	2	5	0	0	0
$\boldsymbol{C}_B$	$\boldsymbol{X}_B$	$\boldsymbol{b}$	x_1	x_2	x_3	x_4	x_5	x_6
2	x_2	100	$-1/4$	1	0	1/2	$-1/4$	0
5	x_3	230	3/2	0	1	0	1/2	0
0	x_6	20	2	0	0	-2	1	1
	Z	-1350	-4	0	0	-1	-2	0

表 4.17

		$\boldsymbol{C}'$		-6	-5	2	0	0	0
		$\boldsymbol{C}$		3	2	5	0	0	0
$\boldsymbol{C}'_B$	$\boldsymbol{C}_B$	$\boldsymbol{X}_B$	$\boldsymbol{b}$	x_1	x_2	x_3	x_4	x_5	x_6
-5	2	x_2	100	$-1/4$	1	0	$1/2^*$	$-1/4$	0
2	5	x_3	230	3/2	0	1	0	1/2	0
0	0	x_6	20	2	0	0	-2	1	1
		Z	-1350	-4	0	0	-1	-2	0
		Z'	40	$-41/4$	0	0	5/2	$-9/4$	0

于是，由式(4.17)和式(4.18)，得

$$\bar{\lambda}_B = \min\left\{-\frac{-1}{5/2}\right\} = \frac{2}{5};$$

$$\underline{\lambda}_B = \max\left\{-\frac{-4}{-41/4}, -\frac{-2}{-9/4}\right\} = -\frac{16}{41},$$

即对于$\left[-\frac{16}{41}, \frac{2}{5}\right]$上的任一个 λ 的值，参数规划的最优解如式(4.19)所示，最优值是

$$Z_1^* = 1350 - 40\lambda.$$

再讨论 $\lambda > \frac{2}{5}$ 的情形：这时由式(4.20)可知，非基变量 x_4 对应的检验数 $\sigma_4(\lambda) > 0$，使表 4.17 不再是最优表，应取 x_4 为进基变量；又根据最小比值法则，应取 x_2 为出基变量，继续进行换基迭代，得表 4.18.

表 4.18

$\boldsymbol{C}'$				-6	-5	2	0	0	0
$\boldsymbol{C}$				3	2	5	0	0	0
$\boldsymbol{C}'_B$	$\boldsymbol{C}_B$	$\boldsymbol{X}_B$	$\boldsymbol{b}$	x_1	x_2	x_3	x_4	x_5	x_6
0	0	x_4	200	$-1/2$	2	0	1	$-1/2$	0
2	5	x_3	230	3/2	0	1	0	1/2	0
0	0	x_6	420	1	4	0	0	0	1
Z			-1150	$-9/2$	2	0	0	$-5/2$	0
Z'			-460	-9	-5	0	0	-1	0

为使现在的最优解

$$\boldsymbol{X}_2^* = (0,0,230,200,0,420)^{\mathrm{T}} \tag{4.21}$$

仍为参数规划问题的最优解，由式(4.17)和式(4.18)，有

$$\bar{\lambda}_B = +\infty;$$

$$\underline{\lambda}_B = \max\left\{-\frac{-9/2}{-9}, -\frac{2}{-5}, -\frac{-5/2}{-1}\right\} = \frac{2}{5},$$

即对于$\left(\frac{2}{5}, +\infty\right)$上的任一个 λ 的值，参数规划的最优解都如式(4.21)所示，最优值是

$$Z_2^* = 1150 + 460\lambda.$$

再讨论 $\lambda < -16/41$ 的情形：这时由式(4.20)知，非基变量 x_1 对应的检验数 $\sigma_1(\lambda) > 0$，使表 4.17 不再是最优表. 应取 x_1 为进基变量，再根据最小比值法则知，应取 x_6 为出基变量，进行换基迭代，得表 4.19.

为使现在的最优解

$$\boldsymbol{X}_3^* = \left(10, \frac{205}{2}, 215, 0, 0, 0\right)^{\mathrm{T}} \tag{4.22}$$

表 4.19

C'				-6	-5	2	0	0	0
C				3	2	5	0	0	0
C'_B	C_B	X_B	b	x_1	x_2	x_3	x_4	x_5	x_6
-5	2	x_2	205/2	0	1	0	1/4	-1/8	1/8
2	5	x_3	215	0	0	1	3/2	-1/4	-3/4
-6	3	x_1	10	1	0	0	-1	1/2	1/2
Z			-1310	0	0	0	-5	0	2
Z'			285/2	0	0	0	-31/4	23/8	41/8

仍为参数规划问题的最优解，由最优性条件(式(4.16))有

$$\begin{cases} \sigma_4(\lambda) = -5 - \dfrac{31}{4}\lambda \leqslant 0; \\ \sigma_5(\lambda) = \dfrac{23}{8}\lambda \leqslant 0; \\ \sigma_6(\lambda) = 2 + \dfrac{41}{8}\lambda \leqslant 0, \end{cases} \tag{4.23}$$

于是，由式(4.17)和式(4.18)，得

$$\bar{\lambda}_B = \min\left\{-\frac{0}{23/8}, -\frac{2}{41/8}\right\} = -\frac{16}{41};$$

$$\underline{\lambda}_B = \max\left\{-\frac{-5}{-31/4}\right\} = -\frac{20}{31},$$

即对于$\left[-\dfrac{20}{31}, -\dfrac{16}{41}\right]$上的任一个 λ 的值，参数规划的最优解都如式(4.22)所示，最优值是

$$Z_3^* = 1310 - \frac{285}{2}\lambda.$$

再讨论 $\lambda < -\dfrac{20}{31}$ 的情形：由式(4.23)知，非基变量 x_4 对应的检验数 $\sigma_4(\lambda) > 0$，使表4.19不再是最优表. 应取 x_4 为进基变量，再根据最小比值法则知，应取 x_3 为出基变量，作换基迭代，得表 4.20.

为使现在的最优解

$$X_4^* = \left(\frac{460}{3}, \frac{200}{3}, 0, \frac{430}{3}, 0, 0\right)^{\mathrm{T}} \tag{4.24}$$

仍为参数规划的最优解，由式(4.17)和式(4.18)知

$$\bar{\lambda}_B = \min\left\{-\frac{10/3}{31/6}, -\frac{-5/6}{19/12}, -\frac{-1/2}{5/4}\right\} = -\frac{20}{31};$$

$$\underline{\lambda}_B = -\infty,$$

表 4.20

C'				-6	-5	2	0	0	0
C				3	2	5	0	0	0
C'_B	C_B	X_B	b	x_1	x_2	x_3	x_4	x_5	x_6
-5	2	x_2	200/3	0	1	$-1/6$	0	$-1/12$	1/4
0	0	x_4	430/3	0	0	2/3	1	$-1/6$	$-1/2$
-6	3	x_1	460/3	1	0	2/3	0	1/3	0
Z			$-1780/3$	0	0	10/3	0	$-5/6$	$-1/2$
Z'			3760/3	0	0	31/6	0	19/12	5/4

即对于$\left(-\infty,-\dfrac{20}{31}\right)$上的任一个 λ 的值，参数规划的最优解都如式(4.24)所示，最优值是

$$Z_4^* = \frac{1780}{3} - \frac{3760}{3}\lambda$$

至此，问题已全部解答完毕. 现将此参数规划问题的解答列表(见表 4.21)如下：

表 4.21

最优区间	最优解 X^*	最优值 Z^*
$(-\infty,-20/31)$	$\left(\frac{460}{3},\frac{200}{3},0\right)^{\mathrm{T}}$	$\frac{1780}{3}-\frac{3760}{3}\lambda$
$[-20/31,-16/41)$	$\left(10,\frac{205}{2},215\right)^{\mathrm{T}}$	$1310-\frac{285}{2}\lambda$
$[-16/41,2/5]$	$(0,100,230)^{\mathrm{T}}$	$1350-40\lambda$
$(2/5,+\infty)$	$(0,0,230)^{\mathrm{T}}$	$1150+460\lambda$

2. 右端常数含有参数的线性规划问题

考虑下列参数线性规划问题

$$\max Z = \boldsymbol{CX};$$
$$\text{s.t.}\begin{cases}\boldsymbol{AX} = \boldsymbol{b} + \lambda \boldsymbol{b}^*; \\ \boldsymbol{X} \geqslant \boldsymbol{0},\end{cases} \tag{4.25}$$

其中 λ 为实参数，$\boldsymbol{b}^* = (b_1^*, b_2^*, \cdots, b_m^*)^{\mathrm{T}}$.

设对某个 $\lambda=\lambda_0$(一般取 $\lambda_0=0$)，我们已求得所给参数规划问题(式(4.25))的最优基，不妨设为 $\boldsymbol{B}=(\boldsymbol{P}_1,\boldsymbol{P}_2,\cdots,\boldsymbol{P}_m)$及最优解

$$\boldsymbol{X}^* = (b'_1, b'_2, \cdots, b'_m, 0, \cdots, 0)^{\mathrm{T}}, \tag{4.26}$$

并将问题化为关于基 $\boldsymbol{B}$ 的典式(令 λ 为变量)：

$$\max Z = Z^* + \sum \sigma_j x_j ;$$

$$\text{s.t.} \begin{cases} x_i + \sum_{j=m+1}^{n} a'_{ij} x_j = \boldsymbol{b}'_i + \lambda \boldsymbol{b}'^*_i \quad (i = 1,2,\cdots,m); \\ x_j \geqslant 0 \quad (j = 1,2,\cdots,n), \end{cases} \tag{4.27}$$

其中 $\boldsymbol{b}'=\boldsymbol{B}^{-1}\boldsymbol{b}$, $\boldsymbol{b}'^*=\boldsymbol{B}^{-1}\boldsymbol{b}^*$，列扩充的单纯形表(见表 4.22).

表 4.22

$\boldsymbol{C}$				c_1	c_2	$\cdots$	c_m	c_{m+1}	c_{m+2}	$\cdots$	c_n
$\boldsymbol{C}_B$	$\boldsymbol{X}_B$	$\boldsymbol{b}$	$\boldsymbol{b}^*$	x_1	x_2	$\cdots$	x_m	x_{m+1}	x_{m+2}	$\cdots$	x_n
c_1	x_1	b'_1	b'^*_1	1				$a'_{1,m+1}$	$a'_{1,m+2}$	$\cdots$	a'_{1n}
c_2	x_2	b'_2	b'^*_2		1			$a'_{2,m+1}$	$a'_{2,m+2}$	$\cdots$	a'_{2n}
$\vdots$	$\vdots$	$\vdots$	$\vdots$			$\ddots$		$\vdots$	$\vdots$		$\vdots$
c_m	x_m	b'_m	b'^*_m				1	$a'_{m,m+1}$	$a'_{m,m+2}$	$\cdots$	a'_{mn}
Z		$-Z^*$	$-Z'^*$	0	0	$\cdots$	0	σ_{m+1}	σ_{m+2}	$\cdots$	σ_{m+n}

注意 表 4.22 是在问题(式(4.25))关于 $\lambda=\lambda_0$ 的最优单纯形表的基础上，增加了一列 $\boldsymbol{b}^*$ 而形成的，其中 $\boldsymbol{b}$ 与 $\boldsymbol{b}^*$ 两列应理解为 $\boldsymbol{b}+\lambda\boldsymbol{b}^*$，即

$$Z^*(\lambda) = Z^* + \lambda Z'^*, \quad \boldsymbol{b}(\lambda) = \boldsymbol{b}' + \lambda \boldsymbol{b}'^*$$

表 4.22 中的右端常数将不再是常数，而是随参数 λ 的不同而取不同的值，记为 $\boldsymbol{b}(\lambda)$. 要现在的最优基 $\boldsymbol{B}$ 仍是参数规划问题的最优基，则必须 $\boldsymbol{b}(\lambda)\geqslant\boldsymbol{0}$，即

$$b'_i + \lambda b'^*_i \geqslant 0 \ (i = 1,2,\cdots,m). \tag{4.28}$$

由此可以导出

当 $b'^*_i>0$ 时，有 $\lambda\geqslant -b'_i/b'^*_i$；

当 $b'^*_i<0$ 时，有 $\lambda\leqslant -b'_i/b'^*_i$；

令

$$\underline{\lambda}_B = \begin{cases} \max\left\{-\dfrac{b'_i}{b'^*_i} \mid b'^*_i > 0\right\}; \\ -\infty, \quad \text{当 } b'^*_i \leqslant 0 \ (i = 1,2,\cdots,m), \end{cases} \tag{4.29}$$

$$\bar{\lambda}_B = \begin{cases} \min\left\{-\dfrac{b'_i}{b'^*_i} \mid b'^*_i < 0\right\}; \\ -\infty, \quad \text{当 } b'^*_i \geqslant 0 \ (i = 1,2,\cdots,m), \end{cases} \tag{4.30}$$

则式(4.28)等价于

$$\underline{\lambda}_B \leqslant \lambda \leqslant \bar{\lambda}_B.$$

我们将 $\underline{\lambda}_B$ 与 $\bar{\lambda}_B$ 分别称为基 $\boldsymbol{B}$ 的**下特征数和上特征数**，而将闭区间$[\underline{\lambda}_B,\bar{\lambda}_B]$称为基 $\boldsymbol{B}$ 的**最优区间**. 因此对于最优区间$[\underline{\lambda}_B,\bar{\lambda}_B]$中的每一个 λ，所对应的解

$$x_i = b'_i + \lambda b'^*_i \ (i = 1,2,\cdots,m)$$

及其余的 $x_j=0\ (j=m+1,\cdots,n)$ 都是最优解，其目标函数的最优值为

$$Z^*(\lambda)=Z^*+\lambda Z'^*,$$

即对于 $\boldsymbol{B}$ 的最优区间中的每一个 λ，参数规划问题(式(4.25))的最优解及目标函数的最优值都是参数 λ 的函数.

现在我们再考察对于最优区间 $[\underline{\lambda}_B,\bar{\lambda}_B]$ 外的 λ 值，最优解的变化情况.

首先考察 $\lambda>\bar{\lambda}_B$ 的情形.

假设当 $i=r$ 时，λ 达到式(4.30)的最小值，即 $\bar{\lambda}_B=-\dfrac{b'_r}{b'^*_r}$，于是，当 $\lambda>\bar{\lambda}_B$ 时，有

$$\lambda>-\frac{b'_r}{b'^*_r}.$$

又因为这时 $b'^*_r<0$，故有 $b'_r+\lambda b'^*_r<0$，即 $x_r=b'_r+\lambda b'^*_r<0$，这时应取基变量 x_r 为出基变量，用对偶单纯形法进行换基迭代，得到新的基本解.

另外，根据对偶单纯形法的原理，如果在单纯形表的第 r 行中，所有的 $a'_{rj}\geqslant 0$ $(j=1,2,\cdots,n)$，则此问题无可行解，即对于 $\lambda>\bar{\lambda}_B$ 无最优解. 再由可行性条件(式(4.28))可求得使此解为最优解的特征区间，如此重复进行，直到新的特征区间的上界为 $+\infty$ 为止(或判定无最优解).

其次考察 $\lambda<\underline{\lambda}_B$ 的情形.

假设当 $i=t$ 时，λ 达到式(4.29)的最大值，即 $\underline{\lambda}_B=-\dfrac{b'_t}{b'^*_t}$，于是，当 $\lambda<\underline{\lambda}_B$ 时，有

$$\lambda<-\frac{b'_t}{b'^*_t}.$$

又因为这时 $b'^*_t>0$，故有 $b'_t+\lambda b'^*_t<0$，即 $x_t=b'_t+\lambda b'^*_t<0$，这时应取 x_t 为出基变量，用对偶单纯形法进行换基迭代，得到新的基本解，再由可行性条件(式(4.28))可求得使此解为最优解的特征区间. 如此重复进行，直到新的特征区间的下界为 $-\infty$(或判定无最优解).

例 4.5.2　求解参数线性规划问题

$$\max Z=3x_1+2x_2+5x_3;$$

$$\text{s. t.}\begin{cases}x_1+2x_2+x_3\leqslant 430+\lambda;\\3x_1\qquad\quad+2x_3\leqslant 460-4\lambda;\\x_1+4x_2\qquad\quad\leqslant 420-4\lambda;\\x_j\geqslant 0\ (j=1,2,3).\end{cases}$$

解　首先，当 $\lambda=0$ 时，运用单纯形法可求得最优单纯形表(即表 4.16，当 $\lambda=0$ 时，例 4.5.2 与例 4.5.1 中的数据是一致的).

又因为

$$\boldsymbol{b}'^*=\boldsymbol{B}^{-1}\boldsymbol{b}^*=\begin{pmatrix}1/2&-1/4&0\\0&1/2&0\\-2&1&1\end{pmatrix}\begin{pmatrix}1\\-4\\-4\end{pmatrix}=\begin{pmatrix}3/2\\-2\\-10\end{pmatrix},$$

将它作为新的一列加到表 4.16,得到扩充的单纯形表(见表 4.23).

表 4.23

	C			3	2	5	0	0	0
C_B	X_B	b	b^*	x_1	x_2	x_3	x_4	x_5	x_6
2	x_2	100	3/2	−1/4	1	0	1/2	−1/4	0
5	x_3	230	−2	3/2	0	1	0	1/2	0
0	x_6	20	−10	2	0	0	−2	1	1
Z		−1350	7	−4	0	0	−1	−2	0

为使现在的最优基 $\boldsymbol{B}=(\boldsymbol{P}_2,\boldsymbol{P}_3,\boldsymbol{P}_6)$不变,则由可行性条件(式(4.28))知,有

$$\begin{cases} b_1(\lambda)=100+\dfrac{3}{2}\lambda\geqslant 0;\\ b_2(\lambda)=230-2\lambda\geqslant 0;\\ b_3(\lambda)=20-10\lambda\geqslant 0,\end{cases}\tag{4.31}$$

于是,由式(4.29)和式(4.30)可得

$$\bar{\lambda}_B=\min\left\{-\frac{230}{-2},-\frac{20}{-10}\right\}=2;$$

$$\underline{\lambda}_B=\max\left\{-\frac{100}{3/2}\right\}=-\frac{200}{3},$$

即对于$\left[-\dfrac{200}{3},2\right]$上的任一$\lambda$的值,参数规划问题的最优解是

$$\boldsymbol{X}_1^*=\left(0,100+\frac{3}{2}\lambda,230-2\lambda\right)^{\mathrm{T}};$$

目标函数的最优值为 $Z_1^*=1350-7\lambda$.

再讨论当 $\lambda>2$ 的情形:这时由式(4.31)可知,基变量 x_6 变成取负值,于是表 4.23对于原问题是不可行的.运用对偶单纯形法消除不可行性,即取 x_6 为出基变量,再用最小比值法则,计算 $\theta=\min\left\{\dfrac{-1}{-2}\right\}=2$,故取 x_4 为进基变量,进行换基迭代,得到表 4.24.

表 4.24

	C			3	2	5	0	0	0
C_B	X_B	b	b^*	x_1	x_2	x_3	x_4	x_5	x_6
2	x_2	105	−1	1/4	1	0	0	0	1/4
5	x_3	230	−2	3/2	0	1	0	1/2	0
0	x_4	−10	5	−1	0	0	1	−1/2	−1/2
Z		−1360	12	−5	0	0	0	−5/2	−1/2

为使现在的基 $\boldsymbol{B}=(\boldsymbol{P}_2,\boldsymbol{P}_3,\boldsymbol{P}_4)$ 为最优基，由式(4.29)和式(4.30)知，有

$$\underline{\lambda}_B=\max\left\{-\frac{-10}{5}\right\}=2;$$

$$\bar{\lambda}_B=\min\left\{-\frac{105}{-1},-\frac{230}{-2}\right\}=105,$$

即对于[2,105]上的任一个 λ 的值，参数规划的最优解为

$$\boldsymbol{X}_2^*=(0,105-\lambda,230-2\lambda)^{\mathrm{T}},$$

最优值为 $Z_2^*=1360-12\lambda$.

再讨论当 $\lambda>105$ 的情形：这时，基变量 x_2 变成取负值，但表 4.23 中 x_2 所在行中，约束条件的系数都是正数，所以原问题是不可行的，即当 $\lambda>105$ 时，原问题不存在最优解.

再讨论当 $\lambda<-200/3$ 的情形：由表 4.23 可知，基变量 x_2 首先为负值，故取 x_2 为出基变量，再由

$$\theta=\min\left\{\frac{-4}{-1/4},\frac{-1/4}{-2}\right\}=\frac{1}{8}.$$

应取 x_5 为进基变量，用对偶单纯形法进行换基迭代，得到表 4.25.

表 4.25

$\boldsymbol{C}$				3	2	5	0	0	0
$\boldsymbol{C}_B$	$\boldsymbol{X}_B$	$\boldsymbol{b}$	$\boldsymbol{b}^*$	x_1	x_2	x_3	x_4	x_5	x_6
0	x_5	−400	−6	1	−4	0	−2	1	0
5	x_3	430	1	1	2	1	1	0	0
0	x_6	420	−4	1	4	0	0	0	1
Z		−2150	−5	−2	−8	0	−5	0	0

为使现在的基 $\boldsymbol{B}=(\boldsymbol{P}_5,\boldsymbol{P}_3,\boldsymbol{P}_6)$ 为最优基，由式(4.29)和式(4.30)知，有

$$\underline{\lambda}_B=\max\left\{-\frac{430}{1}\right\}=-430;$$

$$\bar{\lambda}_B=\min\left\{-\frac{-400}{-6},-\frac{420}{-4}\right\}=-\frac{200}{3},$$

即对于 $\left[-430,-\dfrac{200}{3}\right)$ 内的任一个 λ 的值，参数规划的最优解为

$$\boldsymbol{X}_3^*=(0,0,430+\lambda)^{\mathrm{T}},$$

最优值为 $Z_3^*=2150+5\lambda$.

再讨论当 $\lambda<-430$ 的情形：这时，基变量 x_3 变成取负值，但从表 4.25 中 x_3 所在的行中，约束条件的系数都是正数，所以原问题是不可行的，即当 $\lambda<-430$ 时，原问题不存在最优解.

至此,问题已全部解答完毕,此参数规划的解答列表如表 4.26 所示.

表 4.26

最优区间	最优解 X^*	最优值 Z^*
$\left[-430,-\frac{200}{3}\right)$	$(0,0,430+\lambda)^{\mathrm{T}}$	$2150+5\lambda$
$\left[-\frac{200}{3},2\right)$	$\left(0,100+\frac{3}{2}\lambda,230-2\lambda\right)^{\mathrm{T}}$	$1350-7\lambda$
$[2,105]$	$(0,105-\lambda,230-2\lambda)^{\mathrm{T}}$	$1360-12\lambda$

习 题 4

4.1 已知线性规划问题

$$\max Z = 3x_1 + 8x_2;$$

$$\text{s.t.}\begin{cases}2x_1 + 4x_2 \leqslant 1600;\\ 6x_1 + 2x_2 \leqslant 1800;\\ \qquad\quad x_2 \leqslant 350;\\ x_1, x_2 \geqslant 0.\end{cases}$$

用单纯形法求解时得最终单纯形表如表 4.27 所示.

表 4.27

	$\boldsymbol{C}_j$		3	8	0	0	0
$\boldsymbol{C}_B$	$\boldsymbol{X}_B$	$\boldsymbol{b}$	x_1	x_2	x_3	x_4	x_5
3	x_1	100	1	0	1/2	0	−2
0	x_4	500	0	0	−3	1	10
8	x_2	350	0	1	0	0	1
	Z	−3100	0	0	−3/2	0	−2

(1) 要保持现有最优解不变,分别求 c_1、c_2 的变化范围;

(2) 要保持现有最优基不变,分别求 b_1、b_2、b_3 的变化范围;

(3) 当 b_3 变为 500 时,求新的最优解.

4.2 已知线性规划问题

$$\max Z = 6x_1 + 14x_2 + 13x_3;$$

$$\text{s.t.}\begin{cases}\frac{1}{2}x_1 + 2x_2 + x_3 \leqslant 24; & (1)\\ x_1 + 2x_2 + 4x_3 \leqslant 60; & (2)\\ x_j \geqslant 0\ (j = 1,2,3).\end{cases}$$

用单纯形法求解时得最终单纯形表如表 4.28 所示，求

表 4.28

	C_j		6	14	13	0	0
C_B	X_B	b	x_1	x_2	x_3	x_4	x_5
6	x_1	36	1	6	0	4	-1
13	x_3	6	0	-1	1	-1	1/2
Z		-294	0	-9	0	-11	$-1/2$

(1) 当约束条件(1)变为 $x_1+4x_2+2x_3\leqslant 68$ 时，问题的最优解如何变化？

(2) 如果约束条件不变，目标函数变为

$$\max Z(\theta)=6x_1+(14+3\theta)x_2+13x_2$$

时，求 θ 在 $[0,4]$ 区间内变化时最优解的变化.

4.3　已知线性规划问题

$$\max Z=10x_1+5x_2;$$
$$\text{s.t.}\begin{cases}3x_1+4x_2\leqslant 9;\\5x_1+2x_2\leqslant 8;\\x_1,x_2\geqslant 0.\end{cases}$$

用单纯形法求得最终单纯形表如表 4.29 所示，试用灵敏度分析的方法分别判断：

表 4.29

	C_j		10	5	0	0
C_B	X_B	b	x_1	x_2	x_3	x_4
5	x_2	3/2	0	1	5/14	$-3/14$
10	x_1	1	1	0	$-1/7$	2/7
Z		$-25/2$	0	0	$-5/14$	$-25/14$

(1) 目标函数系数 c_1 或 c_2 分别在什么范围内变动，现最优解不变；

(2) 约束条件右端常数 b_1、b_2 中，当保持一个不变时，另一个在什么范围内变化，现有的最优基不变；

(3) 问题的目标函数变为 $\max Z=12x_1+4x_2$ 时，最优解的变化；

(4) 约束条件右端常数项由 $\begin{pmatrix}9\\8\end{pmatrix}$ 变为 $\begin{pmatrix}11\\19\end{pmatrix}$ 时，最优解的变化.

4.4　已知线性规划问题

$$\max Z=2x_1-x_2+x_3;$$
$$\text{s.t.}\begin{cases}x_1+x_2+x_3\leqslant 6;\\-x_1+2x_2\leqslant 4;\\x_j\geqslant 0\ (j=1,2,3).\end{cases}$$

用单纯形法求得最终单纯形表如表 4.30 所示，试分别求当下列情况发生时的最优解：

表 4.30

	C_j		2	-1	1	0	0
C_B	X_B	b	x_1	x_2	x_3	x_4	x_5
2	x_1	6	1	1	1	1	0
0	x_5	10	0	3	1	1	1
	Z	-12	0	-3	-1	-2	0

(1) 目标函数变为 $\max Z=2x_1+3x_2+x_3$；(2) 约束条件右端项由 $\begin{pmatrix}6\\4\end{pmatrix}$ 变为 $\begin{pmatrix}3\\4\end{pmatrix}$；

(3) 增加一个新的约束条件 $-x_1+2x_3\geqslant 2$.

4.5 已知线性规划问题

$$\max Z=-5x_1+5x_2+13x_3;$$
$$\text{s.t.}\begin{cases}-x_1+x_2+3x_3\leqslant 20; & (1)\\ 12x_1+4x_2+10x_3\leqslant 90; & (2)\\ x_j\geqslant 0\ (j=1,2,3).\end{cases}$$

先用单纯形法求出最优解，再分析在下列条件单独变化的情况下最优解的变化；

(1) 约束条件(2)的右端项由 90 变为 70；

(2) 目标函数中 x_3 的系数由 13 变为 8；

(3) 变量 x_1 的系数(包括目标函数)由 $\begin{pmatrix}-5\\-1\\12\end{pmatrix}$ 变为 $\begin{pmatrix}-2\\0\\5\end{pmatrix}$；

(4) 变量 x_2 的系数(包括目标函数)由 $\begin{pmatrix}5\\1\\4\end{pmatrix}$ 变为 $\begin{pmatrix}6\\2\\5\end{pmatrix}$；

(5) 增加一个约束条件 $2x_1+3x_2+5x_3\leqslant 50$；

(6) 原约束条件(2)变为 $10x_1+5x_2+10x_3\leqslant 100$.

4.6 某厂生产Ⅰ、Ⅱ、Ⅲ三种产品，分别经过 A、B、C 三种设备加工. 已知生产单位各种产品所需的设备台时，设备的现有加工能力及每件产品可获得的利润如表 4.31 所示.

表 4.31

设备 \ 消耗 \ 产品	Ⅰ	Ⅱ	Ⅲ	设备能力/台时
A	1	1	1	100
B	10	4	5	600
C	2	2	6	300
单件利润/元	10	6	4	

(1) 制订最优生产计划；

(2) 产品Ⅲ每件的利润增加到多大时才值得安排生产？如产品Ⅲ每件利润增加到 50/6 元，求最优计划的变化；

(3) 产品Ⅰ的利润在多大范围内变化时，原最优计划保持不变；

(4) 如有一种新产品，加工一件需设备 A、B、C 的台时各为 1、4、3 小时，预期每件的利润为 8 元，问是否值得安排生产？

(5) 如合同规定该厂至少生产 10 件产品Ⅲ，试确定最优计划的变化.

4.7　某厂准备生产 A、B、C 三种产品，它们都要消耗劳动力和原材料，有关数据如表 4.32 所示.

表 4.32

消耗　产品 资源	A	B	C	资源限制
劳动力	6	3	5	45
原材料	3	4	5	30
单件利润/元	4	1	5	

(1) 试制订最优生产计划；

(2) 产品 A 的利润在什么范围内变动时，上述最优计划不变；

(3) 如设计一种新产品 D，单件消耗分别为劳动力 3 单位，原材料 2 单位，每件可获利润 2.5 元. 问该产品是否值得投产？并求新的最优计划.

4.8　分析下列参数规划问题中，当 θ 变化时，最优解的变化情况：

(1) $\max Z(\theta)=(3+2\theta)x_1+(5-\theta)x_2$；$(\theta\geqslant 0)$

$$\text{s.t.}\begin{cases} x_1 \leqslant 4; \\ 2x_2\leqslant 12; \\ 3x_1+2x_2\leqslant 18; \\ x_1, x_2\geqslant 0. \end{cases}$$

(2) $\min Z(\theta)=x_1+x_2-\theta x_3+2\theta x_4$；$(-\infty<\theta<+\infty)$

$$\text{s.t.}\begin{cases} x_1+x_3+2x_4=2; \\ 2x_1+x_2+3x_4=5; \\ x_j\geqslant 0\ (j=1,2,3,4). \end{cases}$$

(3) $\max Z=45x_1+80x_2$；$(-\infty<\theta<+\infty)$

$$\text{s.t.}\begin{cases} 5x_1+20x_2\leqslant 400+\theta; \\ 10x_1+15x_2\leqslant 450+5\theta; \\ x_1, x_2\geqslant 0. \end{cases}$$

(4) $\min Z=2x_4+8x_5$；$(-\infty<\theta<+\infty)$

$$\text{s.t.}\begin{cases} x_1+3x_4-x_5=3-\theta; \\ x_2-4x_4+2x_5=1+2\theta; \\ x_3-x_4+3x_5=-1+\theta; \\ x_j\geqslant 0\ (j=1,2,\cdots,5). \end{cases}$$

4.9　有一个全部约束条件是≤的极大化问题，它的最优单纯形表如表 4.33 所示，其中 x_3、x_4、x_5 是松弛变量.

表 4.33

$\boldsymbol{X}_B$	$\boldsymbol{b}$	x_1	x_2	x_3	x_4	x_5
x_2	2	0	1	1/2	−1/2	0
x_1	3/2	1	0	−1/8	3/8	0
x_5	4	0	0	1	−2	1
Z		0	0	−1/4	−1/4	0

(1) 在保持现行基不变的情况下,假如要把一个约束条件的右端扩大,应扩大哪一个,为什么?最多扩大多少?求出新的目标函数值.

(2) 设 c_1 和 c_2 是目标函数中 x_1 和 x_2 的系数,求使现行基变量始终保持最优性的比值 c_1/c_2 的范围.

4.10 有一标准型线性规划问题

$$\max Z = \boldsymbol{CX};$$
$$\text{s.t.}\begin{cases}\boldsymbol{AX} = \boldsymbol{b};\\ \boldsymbol{X} \geqslant \boldsymbol{0}.\end{cases}$$

其最优单纯形表如表 4.34 所示,其中 x_4、x_5 为初始基变量.

表 4.34

$\boldsymbol{X}_B$	$\boldsymbol{b}$	x_1	x_2	x_3	x_4	x_5
x_1	1	1	0	−1	3	−1
x_2	2	0	1	2	−1	1
Z		0	0	−3	−3	−1

(1) 利用最优表求 $c_j(j=1,2,\cdots,5)$;

(2) c_2 能变化多少而不致影响最优解?当 $c_2=1$ 时,求最优解;

(3) 假定用 $\boldsymbol{b}+\theta\boldsymbol{b}^*$ 代替 $\boldsymbol{b}$,其中 $\boldsymbol{b}^*=\begin{pmatrix}1\\-1\end{pmatrix}$,$-\infty<\theta<+\infty$,要使现行基仍可行,求 θ 的变化范围,当 $\theta=\dfrac{1}{2}$ 时,求最优解;

(4) 求各约束条件的影子价格.

4.11 某资源分配问题的数学模型为

$$\max Z=10x_1+6x_2+4x_3;$$
$$\text{s.t.}\begin{cases}x_1+x_2+x_3\leqslant 100;\\ 10x_1+4x_2+5x_3\leqslant 600;\\ 2x_1+2x_2+6x_3\leqslant 300;\\ x_j\geqslant 0\ (j=1,2,3).\end{cases} \tag{1}$$

其最优单纯形表如表 4.35 所示.根据这个最优表应用灵敏度分析的方法回答下列问题:

(1) 若产品Ⅲ值得生产,它的单位利润应是多少?若把产品Ⅲ的单位利润增至 25/3,求新的最优计划;

表 4.35

$\boldsymbol{X}_B$	$\boldsymbol{b}$	x_1	x_2	x_3	x_4	x_5	x_6
x_2	200/3	0	1	5/6	5/3	−1/6	0
x_1	100/3	1	0	1/6	−2/3	1/6	0
x_6	100	0	0	4	−2	0	1
Z	−2200/3	0	0	−8/3	−10/3	−2/3	0

(2) 要保持现有最优解不变,产品Ⅰ的利润可有多大范围的变动;

(3) 确定全部资源的影子价格;

(4) 现有一种新产品Ⅳ,该产品对三种资源的单件消耗分别为1、4、3,单件利润为8,问该产品是否值得投产?

(5) 若要求至少生产产品Ⅲ—10件,试确定最优计划;

(6) 若约束条件(1)的右端项为 $100+10\theta$,其中 θ 为未知参数.求 θ 的范围,使已给定的产品品种规划可行.

第5章　运输问题

运输问题(transportation problem)是一类特殊的线性规划问题，最早研究这类问题的是美国学者希奇柯克(Hitchcock)，后来由柯普曼(Koopman)详细地加以讨论. 在本书第1章1.1节的例1.1.4中，我们已经建立了这类问题的数学模型，这类问题既然是线性规划问题，那么，前面几章介绍的一些方法(特别是单纯形法)，对于它们当然也同样适用. 但是，由于运输问题的约束方程系数矩阵有其特殊的结构和性质，因而有比单纯形法更有效的方法来求解.

本章首先分析运输问题约束方程系数矩阵的结构及解的特征，然后讨论运输问题的一般解法——表上作业法，最后讨论几个扩展的运输问题.

5.1　运输问题的数学模型及其特征

1. 运输问题的数学模型

在第1章1.1节例1.1.4中，我们已经建立了运输问题的数学模型.

设有某种物资(如煤炭)共有 m 个产地 $A_1, A_2, \cdots, A_m$，其产量分别为 $a_1, a_2, \cdots, a_m$，另有 n 个销地 $B_1, B_2, \cdots, B_n$，其销量分别为 $b_1, b_2, \cdots, b_n$. 已知由产地 A_i $(i=1,2,\cdots,m)$ 运往销地 B_j $(j=1,2,\cdots,n)$ 的单位运价为 c_{ij}，其数据列入表5.1，问应如何调运，才能使总运费最省？

表 5.1

单位运价 \ 销地 / 产地	B_1	B_2	…	B_n	产量
A_1	x_{11} c_{11}	x_{12} c_{12}	…	x_{1n} c_{1n}	a_1
A_2	x_{21} c_{21}	x_{22} c_{22}	…	x_{2n} c_{2n}	a_2
⋮	⋮	⋮		⋮	⋮
A_m	x_{m1} c_{m1}	x_{m2} c_{m2}	…	x_{mn} c_{mn}	a_m
销量	b_1	b_2	…	b_n	

设 x_{ij} 表示由产地 A_i 运往销地 B_j $(i=1,2,\cdots,m; j=1,2,\cdots,n)$ 的运量，则当产

销平衡$\left(\text{即}\sum_{i=1}^{m}a_i=\sum_{j=1}^{n}b_j\right)$时，其数学模型为

$$\min Z=\sum_{i=1}^{m}\sum_{j=1}^{n}c_{ij}x_{ij};$$

$$\text{s. t.}\begin{cases}\sum_{j=1}^{n}x_{ij}=a_i(i=1,2,\cdots,m);\\ \sum_{i=1}^{m}x_{ij}=b_j(j=1,2,\cdots,n);\\ x_{ij}\geqslant 0\ (i=1,2,\cdots,m;j=1,2,\cdots,n).\end{cases}\tag{5.1}$$

当产大于销$\left(\text{即}\sum_{i=1}^{m}a_i>\sum_{j=1}^{n}b_j\right)$时，其数学模型为

$$\min Z=\sum_{i=1}^{m}\sum_{j=1}^{n}c_{ij}x_{ij};$$

$$\text{s. t.}\begin{cases}\sum_{j=1}^{n}x_{ij}\leqslant a_i(i=1,2,\cdots,m);\\ \sum_{i=1}^{m}x_{ij}=b_j(j=1,2,\cdots,n);\\ x_{ij}\geqslant 0(i=1,2,\cdots,m;j=1,2,\cdots,n).\end{cases}\tag{5.2}$$

当销大于产$\left(\text{即}\sum_{i=1}^{m}a_i<\sum_{j=1}^{n}b_j\right)$时，其数学模型为

$$\min Z=\sum_{i=1}^{m}\sum_{j=1}^{n}c_{ij}x_{ij};$$

$$\text{s. t.}\begin{cases}\sum_{j=1}^{n}x_{ij}=a_i(i=1,2,\cdots,m);\\ \sum_{i=1}^{m}x_{ij}\leqslant b_j(j=1,2,\cdots,n);\\ x_{ij}\geqslant 0\ (i=1,2,\cdots,m;j=1,2,\cdots,n),\end{cases}\tag{5.3}$$

并假设 $a_i\geqslant 0,b_j\geqslant 0,c_{ij}\geqslant 0(i=1,2,\cdots,m;j=1,2,\cdots,n)$.

下面将主要讨论产销平衡的运输问题(式(5.1))，对于产销不平衡的运输问题(式(5.2)和式(5.3))，将在5.4节中讨论，先看一个具体例子.

例5.1.1　设有某种物资共有3个产地 A_1、A_2、A_3，其产量分别为9、5、7个单位；另有4个销地 B_1、B_2、B_3、B_4，其销量分别为3、8、4、6个单位. 已知由产地 $A_i(i=1,2,3)$ 运往销地 $B_j(j=1,2,3,4)$ 的单位运价为 c_{ij}，其数据列入表5.2(为了表示清楚起见，我们将运价 c_{ij} 填在小方框内). 问如何调运才能使总运费最省，试建立此问题的数学模型.

解　设 x_{ij} 表示由产地 A_i 运往销地 $B_j(i=1,2,3;j=1,2,3,4)$ 的运量，则此问题的数学模型为求 $x_{ij}(i=1,2,3;j=1,2,3,4)$，使得

表 5.2

单位运价 销地 / 产地	B_1	B_2	B_3	B_4	产量
A_1	x_{11} 2	x_{12} 9	x_{13} 10	x_{14} 7	9
A_2	x_{21} 1	x_{22} 3	x_{23} 4	x_{24} 2	5
A_3	x_{31} 8	x_{32} 4	x_{33} 2	x_{34} 5	7
销量	3	8	4	6	21

$$\begin{aligned}\min Z = {} & 2x_{11} + 9x_{12} + 10x_{13} + 7x_{14} + x_{21} + 3x_{22} + 4x_{23} \\ & + 2x_{24} + 8x_{31} + 4x_{32} + 2x_{33} + 5x_{34};\end{aligned}$$

$$\text{s.t.}\begin{cases} x_{11} + x_{12} + x_{13} + x_{14} = 9; \\ x_{21} + x_{22} + x_{23} + x_{24} = 5; \\ x_{31} + x_{32} + x_{33} + x_{34} = 7; \\ x_{11} + x_{21} + x_{31} = 3; \\ x_{12} + x_{22} + x_{32} = 8; \\ x_{13} + x_{23} + x_{33} = 4; \\ x_{14} + x_{24} + x_{34} = 6; \\ x_{ij} \geqslant 0\ (i = 1,2,3; j = 1,2,3,4). \end{cases}$$

这是一个平衡运输问题.

2. 运输问题的特征

定理 5.1 平衡运输问题(式(5.1))必有可行解,也必有最优解.

证 设 $\sum_{i=1}^{m} a_i = \sum_{j=1}^{n} b_j = Q$, 取

$$x_{ij} = \frac{a_i b_j}{Q}\ (i = 1,2,\cdots,m; j = 1,2,\cdots,n), \tag{5.4}$$

则显然有 $x_{ij} \geqslant 0\ (i=1,2,\cdots,m; j=1,2,\cdots,n)$,又

$$\sum_{j=1}^{n} x_{ij} = \sum_{j=1}^{n} \frac{a_i b_j}{Q} = \frac{a_i}{Q}\sum_{j=1}^{n} b_j = a_i (i = 1,2,\cdots,m),$$

$$\sum_{i=1}^{m} x_{ij} = \sum_{i=1}^{m} \frac{a_i b_j}{Q} = \frac{b_j}{Q}\sum_{i=1}^{m} a_i = b_j (j = 1,2,\cdots,n),$$

所以式(5.4)是运输问题(式(5.1))的一个可行解.

又因为 $c_{ij} \geqslant 0\ (i=1,2,\cdots,m; j=1,2,\cdots,n)$,故对于任意一个可行解$\{x_{ij}\}$,问题(式(5.1))的目标函数值都不会为负数,即目标函数值有下界零.对于求极小值问题,目标函数值有下界,则必有最优解.证毕.

和一般的线性规划问题一样,运输问题的最优解也一定可以在基可行解中找到,

下面我们结合例 5.1.1 来研究在运输问题(式(5.1))中基可行解的特征.

根据单纯形法的原理,我们首先要确定约束系数矩阵 $\mathbf{A}$ 的秩.

对于例 5.1.1,如果将变量 x_{ij} $(i=1,2,3;j=1,2,3,4)$ 按字典序排列,则得约束系数矩阵 $\mathbf{A}$(见式(5.5)),其中前 3 行分别为第 1~3 个约束方程的系数,后 4 行分别为第 4~7 个约束方程的系数,这显然是一个(3+4)行和(3×4)列的矩阵. 如果在 $\mathbf{A}$ 中右边增加一列,将约束方程组的右端常数填入,则得约束方程组的增广矩阵,记为 $\overline{\mathbf{A}}$.

一般地,若将变量 x_{ij} $(i=1,2,\cdots,m;j=1,2,\cdots,n)$ 按字典序排列,得到运输问题(式(5.1))的约束方程组的系数矩阵和增广矩阵分别为

$$
\begin{array}{c}
\begin{array}{cccccccccccc}
x_{11} & x_{12} & x_{13} & x_{14} & x_{21} & x_{22} & x_{23} & x_{24} & x_{31} & x_{32} & x_{33} & x_{34}
\end{array}\\
\mathbf{A}=\left(\begin{array}{cccccccccccc}
1 & 1 & 1 & 1 & & & & & & & & \\
 & & & & 1 & 1 & 1 & 1 & & & & \\
 & & & & & & & & 1 & 1 & 1 & 1 \\
\hline
1 & & & & 1 & & & & 1 & & & \\
 & 1 & & & & 1 & & & & 1 & & \\
 & & 1 & & & & 1 & & & & 1 & \\
 & & & 1 & & & & 1 & & & & 1
\end{array}\right)
\end{array}
\tag{5.5}
$$

$$
\begin{array}{c}
\begin{array}{ccccccccccccc}
x_{11} & x_{12} & \cdots & x_{1n} & x_{21} & x_{22} & \cdots & x_{2n} & \cdots & x_{m1} & x_{m2} & \cdots & x_{mn}
\end{array}\\
\mathbf{A}=\left(\begin{array}{ccccccccccccc}
1 & 1 & \cdots & 1 & & & & & & & & & \\
 & & & & 1 & 1 & \cdots & 1 & & & & & \\
 & & & & & & & & \ddots & & & & \\
 & & & & & & & & & 1 & 1 & \cdots & 1 \\
1 & & & & 1 & & & & & 1 & & & \\
 & 1 & & & & 1 & & & & & 1 & & \\
 & & \ddots & & & & \ddots & & & & & \ddots & \\
 & & & 1 & & & & 1 & & & & & 1
\end{array}\right)
\begin{array}{l}
\left.\begin{array}{c} \\ \\ \\ \\ \end{array}\right\}\text{共有 } m \text{ 行}\\
\left.\begin{array}{c} \\ \\ \\ \\ \end{array}\right\}\text{共有 } n \text{ 行}
\end{array}
\end{array},
\tag{5.6}
$$

$$
\overline{\mathbf{A}}=\left(\begin{array}{cccccccccccccc}
1 & 1 & \cdots & 1 & & & & & & & & & & a_1 \\
 & & & & 1 & 1 & \cdots & 1 & & & & & & a_2 \\
 & & & & & & & & \ddots & & & & & \vdots \\
 & & & & & & & & & 1 & 1 & \cdots & 1 & a_m \\
1 & & & & 1 & & & & & 1 & & & & b_1 \\
 & 1 & & & & 1 & & & & & 1 & & & b_2 \\
 & & \ddots & & & & \ddots & & & & & \ddots & & \vdots \\
 & & & 1 & & & & 1 & & & & & 1 & b_n
\end{array}\right).
\tag{5.7}
$$

此两矩阵均属于一种大型稀疏矩阵,所谓“大型”是指矩阵的规模大,矩阵 $\mathbf{A}$ 共有 $m+n$ 行、mn 列,当 m 和 n 较大时,矩阵 $\mathbf{A}$ 和 $\overline{\mathbf{A}}$ 的规模是很大的. 所谓“稀疏”是指矩阵中的非零元素较少(一般仅占 5%),且矩阵 $\mathbf{A}$ 或 $\overline{\mathbf{A}}$ 中相应于 x_{ij} 的列向量为

$$P_{ij} = \begin{pmatrix} 0 \\ \vdots \\ 1 \\ 0 \\ \vdots \\ 1 \\ \vdots \\ 0 \end{pmatrix} \begin{matrix} \\ \\ \leftarrow \text{第 } i \text{ 行} \\ \\ \\ \leftarrow \text{第 } m+j \text{ 行} \\ \\ \\ \end{matrix}$$

即 $\boldsymbol{P}_{ij}$ 中的第 i 个分量和第 $m+j$ 个分量为 1,其余的元素均为 0,故非零元素共有 $2mn$ 个,而矩阵 $\boldsymbol{A}$ 的元素共有 $(m+n)\cdot mn$ 个,因此,非零元素占总元素的比例为

$$\frac{2mn}{(m+n)\cdot mn}=\frac{2}{m+n}.$$

正是由于运输问题(式(5.1))的系数矩阵 $\boldsymbol{A}$ 和增广矩阵 $\overline{\boldsymbol{A}}$ 具有上面所说的这种特殊结构,一般单纯形法对于它的求解虽然适用,但不是很有效,需要寻找求解运输问题的特殊途径.我们先证明下面几个重要性质.

定理 5.2 运输问题(式(5.1))的约束方程系数矩阵 $\boldsymbol{A}$(式(5.5))和增广矩阵 $\overline{\boldsymbol{A}}$(式(5.7))的秩相等,且等于 $m+n-1$.

证 假设 $m,n\geqslant 2$,则有 $m+n\leqslant mn$,于是 $\overline{\boldsymbol{A}}$ 的秩 $\leqslant m+n$. 又由平衡条件可知,$\overline{\boldsymbol{A}}$ 的前 m 行之和应等于后 n 行之和,因此 $\overline{\boldsymbol{A}}$ 的行是线性相关的,故必有 $\overline{\boldsymbol{A}}$ 的秩 $<m+n$.

其次,证明 $\overline{\boldsymbol{A}}$ 中至少存在一个 $m+n-1$ 阶的非奇异方阵 $\boldsymbol{B}$. 事实上,我们可以按下列方式选一个 $m+n-1$ 阶的子方阵 $\boldsymbol{B}$,使得

$$|\boldsymbol{B}| = \begin{array}{c} \begin{matrix} x_{11} & x_{12} & \cdots & x_{1n} & x_{21} & x_{31} & \cdots & x_{m1} \end{matrix} \\ \left|\begin{array}{cccc:cccc} & & & & 1 & & & \\ & & & & & 1 & & \\ & 0 & & & & & \ddots & \\ & & & & & & & 1 \\ 1 & & & & 1 & 1 & \cdots & 1 \\ \hdashline & 1 & & & & & & \\ & & \ddots & & & 0 & & \\ & & & 1 & & & & \end{array}\right| \end{array} \begin{array}{l} \left.\begin{matrix} \\ \\ \\ \\ \end{matrix}\right\} \text{前 } 2\sim m \text{ 行} \\ \neq 0 \\ \left.\begin{matrix} \\ \\ \\ \end{matrix}\right\} \text{后 } n \text{ 行} \end{array}$$

由此可知,$\overline{\boldsymbol{A}}$ 的秩恰为 $m+n-1$,又由于 $\boldsymbol{B}$ 事实上是包含在 $\boldsymbol{A}$ 中的,故 $\boldsymbol{A}$ 的秩也等于 $m+n-1$. 证毕. 这也再一次证明运输问题是有解的.

由于 $\boldsymbol{A}$ 与 $\overline{\boldsymbol{A}}$ 的秩都是 $m+n-1$,因此在问题(式(5.1))的约束方程组中,只有 $m+n-1$ 是独立的,可以证明,去掉其中任何一个方程,剩下的 $m+n-1$ 个方程都是独立的.

由线性规划的理论可知,约束方程组系数矩阵的秩就决定了基可行解中基变量的个数,因此我们可得如下的重要推论.

推论 5.1　运输问题(式(5.1))的基可行解中应包含 $m+n-1$ 个基变量.

对于例 5.1.1,显然 $\boldsymbol{A}$ 和 $\overline{\boldsymbol{A}}$ 的秩都为 $3+4-1=6$,故它的基可行解中,基变量共 6 个.

那么,究竟怎样的 $m+n-1$ 个变量可以作为基变量呢?为了回答这个问题,我们设这样的变量为

$$x_{i_1j_1},x_{i_2j_2},\cdots,x_{i_sj_s}(s=m+n-1),$$

根据第 1 章的定理 1.1 可知,只要这些变量对应的约束方程系数列向量

$$\boldsymbol{P}_{i_1j_1},\boldsymbol{P}_{i_2j_2},\cdots,\boldsymbol{P}_{i_sj_s}(s=m+n-1),$$

是线性无关的,那么这些变量就可以作为基变量.但是,要从一个很大的系数矩阵 $\boldsymbol{A}$ 中,选择 $m+n-1$ 个线性无关的列向量,其工作量也是很大的(首先,选择的方式多,共有 C_{mn}^{m+n-1} 种选法;其次,判断它是否线性无关的工作量也很大).因此我们不走直接从 $\boldsymbol{A}$ 中选择基向量这条路,而是根据运输问题的特点设计了另一种更直观和简便易行的方法.为此,我们首先引进闭回路的概念,它在运输问题的解法中作用很大.

定义 5.1　凡是能排列成

$$x_{i_1j_1},x_{i_1j_2},x_{i_2j_2},x_{i_2j_3},\cdots,x_{i_sj_s},x_{i_sj_1} \tag{5.8}$$

或

$$x_{i_1j_1},x_{i_2j_1},x_{i_2j_2},x_{i_3j_2},\cdots,x_{i_sj_s},x_{i_1i_s}$$

(其中 $i_1,i_2,\cdots,i_s$ 互不相同;$j_1,j_2,\cdots,j_s$ 互不相同)形式的变量集合,若用一条封闭折线将它们连接起来形成的图形称为一个**闭回路**,其中诸变量称为这个**闭回路的顶点**,连接相邻两个顶点及最后一个顶点与第一个顶点的线段称为**闭回路的边**.

例如,设 $m=4,n=5$,则集合为

$$\{x_{11},x_{14},x_{44},x_{45},x_{35},x_{32},x_{22},x_{21}\}.$$

若把各顶点标在运价表上(见表 5.3),且用线段把相邻两顶点以及最后一个顶点与第一个顶点连接起来,就形成了一条闭回路.

表 5.3

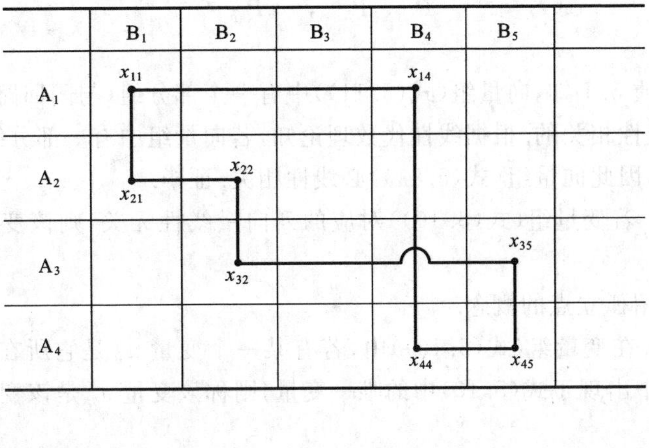

显然在该闭回路中,相邻两点或者是处在相同的行(第一个下标相同),或者是处在相同的列(第二个下标相同),而且如果第一、二两个顶点处在相同的行,则第二、三两个顶点就处在相同的列……依次类推,最后一个顶点必与第一个顶点处在相同的列.

另外,该闭回路也可以写成

$$\{x_{11},x_{21},x_{22},x_{32},x_{35},x_{45},x_{44},x_{14}\},$$

即第一、二两个顶点处在相同的列,第二、三两个顶点处在相同的行……依次类推,最后一个顶点与第一个顶点处在相同的行.

也就是说,闭回路上的顶点按顺时针排列和按反时针排列结果是一样的.

还要说明的是,这里 x_{34}(表 5.3 中未标出)不是闭回路的顶点,因为闭回路在这一点没有转弯.

显然,闭回路有以下几何性质:

(1) 每一个顶点都是转角点;

(2) 每一条边都是水平线或垂直线,闭回路是由这些水平线或垂直线构成的一条封闭折线;

(3) 每一行(或列)若有闭回路的顶点,则必有两个.

再根据运输问题(式(5.1))的约束方程系数矩阵 $\boldsymbol{A}$ 中的列向量 $\boldsymbol{P}_{ij}$ 的特征,可以推出闭回路有如下代数性质:

性质 5.1 构成闭回路的变量组(式(5.8))对应的列向量组

$$\boldsymbol{P}_{i_1j_1},\boldsymbol{P}_{i_1j_2},\boldsymbol{P}_{i_2j_2},\boldsymbol{P}_{i_2j_3},\cdots,\boldsymbol{P}_{i_sj_s},\boldsymbol{P}_{i_sj_1} \tag{5.9}$$

必线性相关.

证 由直接计算可知

$$\boldsymbol{P}_{i_1j_1}-\boldsymbol{P}_{i_1j_2}+\boldsymbol{P}_{i_2j_2}-\boldsymbol{P}_{i_2j_3}+\cdots+\boldsymbol{P}_{i_sj_s}-\boldsymbol{P}_{i_sj_1}=\boldsymbol{0},$$

故向量组(式(5.9))必线性相关.

性质 5.2 若变量组

$$x_{i_1j_1},x_{i_2j_2},\cdots,x_{i_rj_r} \tag{5.10}$$

中有一个部分组构成闭回路,则该变量组对应的列向量组

$$\boldsymbol{P}_{i_1j_1},\boldsymbol{P}_{i_2j_2},\cdots,\boldsymbol{P}_{i_rj_r} \tag{5.11}$$

是线性相关的.

证 由性质 5.1 知,向量组(式(5.11))中有一个部分组(与闭回路的顶点相对应的向量组)是线性相关的.根据线性代数理论知,若向量组中有一部分线性相关,则全体也线性相关,因此向量组(式(5.11))必线性相关.证毕.

推论 5.2 若变量组(式(5.10))对应的列向量线性无关,则该变量组一定不包含闭回路.

下面再介绍孤立点的概念.

定义 5.2 在变量组(式(5.10))中,若有某一个变量 x_{ij} 是它所在的行(第 i 行)或列(第 j 列)中出现于式(5.10)中的唯一变量,则称该变量 x_{ij} 是该变量组的一个孤

立点.

例如,由变量

$$x_{12},x_{14},x_{21},x_{24},x_{25},x_{32}$$

构成的变量组(见表5.4),由于在第1列的所有变量中,只有变量 x_{21} 属于该变量组,所以它是一个孤立点. 同理,x_{25}、x_{33} 也都是孤立点.

表 5.4

	B_1	B_2	B_3	B_4	B_5
A_1		x_{12} ∘		x_{14} ∘	
A_2	x_{21} ∘			x_{24} ∘	x_{25} ∘
A_3		x_{32} ∘	∘ x_{33}		

性质 5.3 若一变量组中不包含任何闭回路,则该变量组必有孤立点.

证 用反证法. 假设变量组中没有孤立点,即变量组的任一变量所在的行和列上至少还有变量组中的另一个变量. 现从该变量组中任取一变量 $x_{i_1j_1}$,按假设,必有组中另一变量与 $x_{i_1j_1}$ 同行,设它为 $x_{i_1j_2}$. 同理,又必有组中的一变量与 $x_{i_1j_2}$ 同列,设它为 $x_{i_2j_2}$. 同理,又有组中的一变量与 $x_{i_2j_2}$ 同行,设它为 $x_{i_2j_3}$,如此下去,可得一系列变量

$$x_{i_1j_1},x_{i_1j_2},x_{i_2j_2},x_{i_2j_3},\cdots \tag{5.12}$$

这些变量都属于原变量组,但原变量组是有限集合,因此,变量组(式(5.12))中必有重复出现的现象. 设 $x_{i_pj_p}$(或 $x_{i_pj_{p+1}}$)是第一次出现的与前面某一变量相重合的变量,设前面的那个变量为 $x_{i_qj_q}$(或 $x_{i_qj_{q+1}}$). 这时

$$x_{i_qj_q},x_{i_qj_{q+1}},x_{i_{q+1}j_{q+1}},\cdots,x_{i_{p-1}j_{p-1}},x_{i_{p-1}j_p}$$

是一个闭回路,但这与变量组不包含闭回路的假设矛盾. 证毕.

下面给出一个重要的定理.

定理 5.3 变量组(式(5.10))对应的列向量组线性无关的充要条件是该变量组中不包含任何闭回路.

证 先证必要性. 用反证法. 设变量组(式(5.10))对应的列向量组线性无关,但该变量组包含一条以其中某些变量为顶点的闭回路,则由性质5.1知这些变量对应的列向量必线性相关,因而变量组(式(5.10))也线性相关,这与假设矛盾.

再证充分性,即证若变量组(式(5.10))中不包含任何闭回路,则向量组(式(5.11))线性无关. 事实上,若存在一组数 $k_1,k_2,\cdots,k_r$,使得

$$k_1\boldsymbol{P}_{i_1j_1}+k_2\boldsymbol{P}_{i_2j_2}+\cdots+k_r\boldsymbol{P}_{i_rj_r}=\boldsymbol{0}, \tag{5.13}$$

因为变量组(式(5.10))中不包含任何闭回路,由性质5.3可知其中必有孤立点. 不妨设 $x_{i_1j_1}$ 为孤立点,又不妨设 $x_{i_1j_1}$ 是式(5.10)在第 i_1 行上唯一的变量(至于是第 j_1 列上唯一的变量的情形可以完全类似地给出证明). 这时,由 $\boldsymbol{P}_{ij}$ 的特征可以看出,式(5.13)的左端第 i_1 个分量的和是 k_1,而右端是0,所以 $k_1=0$. 从而式(5.13)变成

$$k_2\boldsymbol{P}_{i_2j_2}+k_3\boldsymbol{P}_{i_3j_3}+\cdots+k_r\boldsymbol{P}_{i_rj_r}=\boldsymbol{0},$$

但 $x_{i_2j_2},x_{i_3j_3},\cdots,x_{i_rj_r}$ 仍不包含闭回路,故在去掉 $x_{i_1j_1}$ 后,其中还有孤立点,设为 $x_{i_2j_2}$. 与前面类似地分析可证 $k_2=0$,同理,可得

$$k_3 = k_4 = \cdots = k_r = 0.$$

这就证明了向量组(式(5.11))线性无关.证毕.

由此得出下列重要推论.

推论 5.3 运输问题(式(5.1))中的一组 $m+n-1$ 个变量

$$x_{i_1 j_1}, x_{i_2 j_2}, \cdots, x_{i_s j_s} (s = m+n-1)$$

能构成基变量的充要条件是它不包含任何闭回路.

这个推论是很重要的,因为利用它来判断 $m+n-1$ 个变量是不是构成基变量组,就看它是不是包含闭回路.这种方法简便易行,它比直接判断这些变量对应的列向量是不是线性无关要简单得多.另外,在下面将看到利用基变量的这个特征,可以导出求运输问题(式(5.1))的初始基可行解的一些简便方法.

5.2 初始基可行解的求法

运输问题(式(5.1))的解法主要有图上作业法和表上作业法两种,我们这里主要介绍**表上作业法**(又称为**运输单纯形法**),它是根据单纯形法的原理和运输问题的特征,设计出来的一种便于在表上运算的方法.作为一种迭代算法,它的主要步骤是:

(1) 求一个初始基可行解(又称初始调运方案).

(2) 判别当前的基可行解是否为最优解.若是,则迭代停止;否则,转下一步.

(3) 改进当前的基可行解,得新的基可行解,再返回步骤(2).

本节首先介绍初始基可行解的求法,下节再介绍如何判断和改进.

我们知道,在线性规划问题的解法中,求初始基可行解是比较烦琐的.特别是当约束方程组的系数矩阵 $\boldsymbol{A}$ 中不含单位矩阵时,还要引入人工变量,用大 M 法或两阶段法来求初始基可行解.对于运输问题(式(5.1)),由于约束方程系数矩阵 $\boldsymbol{A}$ 中不包含单位矩阵,照理也要引入人工变量.但是由于运输问题的特殊性,可以不必引入人工变量,而是利用一些特殊的方法直接求出运输问题的初始基可行解.下面介绍几种常用的求运输问题(式(5.1))的初始基可行解的方法.

1. 西北角法(又称左上角法)

用这种方法来制定运输问题的初始调运方案(即初始基可行解),应遵循如下规则:

"优先安排运价表上编号最小的产地和销地之间(即运价表的西北角位置)的运输业务".

也就是,从运价表的西北角位置(即 x_{11} 处)开始,依次安排 m 个产地和 n 个销地之间的运输业务,从而得到一个初始调运方案,我们称这种方法为**西北角法**(或**左上角法**).

要说明的是,西北角法所遵循的规则纯粹是一种人为的规定,没有任何理论依据和实际背景，但它容易操作，特别适合在计算机上编程计算，因而仍不失为一种制定初始调运方案的好方法，受到广大实际工作者青睐.

首先通过例题介绍这种方法的基本思路和解题过程.

例 5.2.1 用西北角法求本章 5.1 节例 5.1.1 的一个初始调运方案(其运价表见表 5.2).

解 首先安排产地 A_1 与销地 B_1 之间的运输业务，即从运价表上西北角(或左上角)位置 x_{11} 开始分配运输量，并使 x_{11} 取尽可能大的数值. 现在产地 A_1 的产量为 9，而销地 B_1 的需求量为 3，故安排产地 A_1 运送 3 个单位的货物给销地 B_1，即取

$$x_{11} = \min\{a_1, b_1\} = \min\{9, 3\} = 3.$$

当产地 A_1 运出 3 个单位货物以后，还剩有 9－3＝6 个单位的货物，我们将这个数填在 a_1 的修正量处. 而当销地 B_1 接收到 3 个单位货物后，它的需求量已得到满足，于是 b_1 的修正量为 0，这时从产地 A_2、A_3 就不可能再运送货物给销地 B_1 了，即 $x_{21}=x_{31}=0$，并称第 1 列已饱和.

解这类问题时，通常总是先画一张运价与产销平衡表(见表 5.5). 表中的 x_{ij} 先暂时空着，然后把求出来的值逐个填进去，为了在表上能够看出哪些变量是基变量，哪些是非基变量，可以约定在代表基变量的格子中画上一个圈，把基变量取的值填在圈内，并把这种格子称为数字格或赋值格，它所对应的是基变量；而在代表非基变量的格子中画上“×”，它的值一定等于 0，这种打×的格子叫空格，它对应的是非基变量.

按照这些规定，本例中在决定了基变量 $x_{11}=3$ 和非基变量 x_{21} 和 x_{31} 之后，应将③填在 x_{11} 处，将“×”填在 x_{21} 和 x_{31} 处(见表 5.5). 这时运价表上西北角处得到赋值，而第 1 列的各变量 x_{i1} 都已确定，即第 1 列已饱和，可以将第 1 列从表中划掉了.

表 5.5

	B_1	B_2	B_3	B_4	产量	修正量
A_1	③ [2]	[9]	[10]	[7]	9	6
A_2	× [1]	[3]	[4]	[2]	5	
A_3	× [8]	[4]	[2]	[5]	7	
销量	3	8	4	6		
修正量	0					

再在剩下的运价表上，重复上述过程. 即决定 x_{12} 的值(即划去了第 1 列后的表中西北角的变量)，仍令 x_{12} 为基变量，并且使 x_{12} 取尽可能大的值，即取

$$x_{12} = \min\{a_1, b_2\} = \min\{6, 8\} = 6.$$

在表 5.6 中 x_{12} 的格子中填上⑥，然后令 $x_{13}=x_{14}=0$，即取 x_{13}、x_{14} 为非基变量，在对应的格子中打上“×”，这时 a_1 的修正量为 0，而 b_2 的修正量为 8－6＝2. 此时第 1 行

已饱和,可以划去.

表 5.6

	B_1	B_2	B_3	B_4	a_i	修正量
A_1	③ 2	⑥ 9	× 10	× 7	9	6,0
A_2	× 1	② 3	③ 4	× 2	5	3,0
A_3	× 8	× 4	① 2	⑥ 5	7	6,0
b_j	3	8	4	6		
修正量	0	2 0	1 0	0		

用同样的方法,可以得出 $x_{22}=2$ (x_{22}是基变量),$x_{32}=0$,划去第 2 列.

$x_{23}=3$ (x_{23}是基变量),$x_{24}=0$,划去第 2 行.

$x_{33}=1$ (x_{33}是基变量),划去第 3 列.

$x_{34}=6$ (x_{34}是基变量),同时划去第 3 行和第 4 列.

不难看出,表 5.6 中的各数("×"代表 0)构成了一个可行解(事实上,我们不断修改 a_i 和 b_j 的过程,就是为了保证所填的数,按行相加等于 a_i,按列相加等于 b_j);同时画圈的数恰好等于 $m+n-1=3+4-1=6$. 后面将证明,用该方法求得的解是一个基可行解,而且 $m+n-1$ 个画圈的地方正好是基变量.

本例中,用西北角法求出的初始基可行解 $\boldsymbol{X}^{(0)}$ 的各分量为

$$x_{11}^{(0)}=3,\quad x_{12}^{(0)}=6,\quad x_{22}^{(0)}=2,\quad x_{23}^{(0)}=3,$$

$x_{33}^{(0)}=1,x_{34}^{(0)}=6$,其余 $x_{ij}^{(0)}=0$.

其对应的目标函数值(总费用)为

$$Z^{(0)}=2\times3+9\times6+3\times2+4\times3+2\times1+5\times6=110$$

例 5.2.2 已知运输问题的运价及产销量表如表 5.7 所示,试用西北角法求初始基可行解.

表 5.7

	B_1	B_2	B_3	B_4	产量
A_1	7	8	1	4	3
A_2	2	6	5	3	5
A_3	1	4	2	7	8
销量	2	1	7	6	16

解 首先取

$$x_{11}^{(0)}=\min\{a_1,b_1\}=\min\{3,2\}=2,$$

在 x_{11} 处填②，则 $x_{21}^{(0)}=x_{31}^{(0)}=0$，在 x_{21}、x_{31} 处打上"×"。第1列已饱和，可以划去(见表5.8)。

表 5.8

	B_1	B_2	B_3	B_4	产量	修正量
A_1	② 7	① 8	× 1	× 4	3	1,0
A_2	× 2	⓪ 6	⑤ 5	× 3	5	0
A_3	× 1	× 4	② 2	⑥ 7	8	6,0
销量	2	1	7	6	16	
修正量	0	0	2 0	0		

再考虑 x_{12}，令

$$x_{12}^{(0)}=\min\{a_1,b_2\}=\{1,1\}=1.$$

在 x_{12} 处填①，这时 x_{13}、x_{14} 及 x_{22}、x_{32} 都必须为0，即第1行和第2列同时饱和。在这种情况下，规定只在一个方向上打"×"，即或者在行上，或者在列上打"×"，而不能同时在行与列上都打"×"。例如，若在第1行上打"×"，即取 $x_{13}^{(0)}=x_{14}^{(0)}=0$，且 x_{13}、x_{14} 为非基变量，这时划去第1行，而第2列的修正量为0。

再考虑 x_{22}，令

$$x_{22}^{(0)}=\min\{a_2,b_2\}=\min\{5,0\}=0.$$

在 x_{22} 处填⓪，表示 x_{22} 为基变量，但取值为0(属退化的解)，这时再在 x_{32} 处打"×"，划去第2列。继续做下去，可以得到

$x_{23}^{(0)}=5, x_{24}^{(0)}=0, x_{33}^{(0)}=2, x_{34}^{(0)}=6$，其余 $x_{ij}^{(0)}=0$。相应的目标函数值

$$Z^{(0)}=7\times2+8\times1+6\times0+5\times5+2\times2+7\times6=93.$$

注意 在 x_{22} 处写0并画圈，主要是使带圈的数目保持为 $m+n-1$ 个，前面已经说过，画圈的地方正好是基变量，而基变量必须是 $m+n-1$ 个。一般地说，在用西北角法求初始解时，应注意以下几点：

(1) 在填入一个画圈的数时，如果行和列同时饱和，规定只划去一行或一列，而不能同时划去行和列。这时行和列的修正量均为0，如果划去的是行(或列)，下次遇到修正量为0的列(或行)时，就必须在相应的西北角位置，取变量的值为0，并加上圈，这表明该基变量取0值(属于退化的解)，它与不填数字的地方取 $x_{ij}=0$ 是不同的。前者是基变量取0值，后者是非基变量取0值。这样可以保证画圈的数恰为 $m+n-1$。

(2) 在剩下最后一个空格时，只能填数(必要时可取0)并画圈，以保证画圈的数

为 $m+n-1$.

(3) 在某一行(或列)填最后一个数时,如果行和列都同时饱和,则规定只划去该行(或列),下次再遇到该列时,应写 0 并画圈.

如在上例中,A_3 的产量由 8 改为 2,B_4 的销量由 6 改为 0. 则在填入 $x_{33}=2$ 时,第 3 行与第 3 列均已饱和. 这时的第 3 列再无填数的空格,故应先划去这一列,最后在 x_{34} 处填⓪,这样才不致使画圈的数减少.

下面,我们把西北角法的算法归纳一下.

在运算过程中,若以 I 表示当前还有货物可运出的产地 A_i 的下标集合;以 J 表示当前需求量尚未得到满足的销地 B_j 的下标集合;以 Δ 表示已画圈点的集合(即基变量的集合). 那么,西北角法的算法步骤如下:

(1) 取 $I=\{1,2,\cdots,m\}$, $J=\{1,2,\cdots,n\}$; $\Delta=\varnothing$, $x_{ij}=0$ $(i=1,2,\cdots,m;j=1,2,\cdots,n)$.

(2) 确定 p 和 q:取 $p=\min\{i\mid i\in I\}$, $q=\min\{j\mid j\in J\}$.

(3) 取 $\varepsilon=\min\{a_p,b_q\}$,令 $x_{pq}=\varepsilon$ 并加圈填入 A_p 与 B_q 交叉处的格子点. 修改 $a_p=a_p-\varepsilon$, $b_q=b_q-\varepsilon$, $\Delta=\Delta\cup\{x_{pq}\}$,如果 $a_p=0$,则取 $I=I-\{p\}$;如果 $b_q=0$,则取 $J=J-\{q\}$.

(4) $a_p+b_q=0$? 若满足则转步骤(5);否则返回步骤(2).

(5) $I=\varnothing$? 若是,则 x_{ij} $(i=1,2,\cdots,m;j=1,2,\cdots,n)$ 为所求,Δ 为基变量集合,算法停止;否则,取 $\Delta=\Delta\cup\{x_{p,q+1}\}$ 或取 $\Delta=\Delta\cup\{x_{p+1,q}\}$,令 $x_{p,q+1}=0$ 或 $x_{p+1,q}=0$ 并加圈填入相应的位置,返回步骤(2).

关于用西北角法求得的解是基可行解且画圈的个数恰为 $m+n-1$,这一性质我们将在介绍了下面的算法之后一道证明.

2. 最小元素法

用西北角法制定运输问题(式(5.1))的初始调运方案时,完全没有考虑运价的大小这个因素,这显然与常理不合,如果考虑运价的大小这个因素,遵循如下规划:"优先安排单位运价最小的产地与销地之间的运输业务",依次安排最小元素、次小元素,从而得到一个初始基可行解. 这种算法称为**最小元素法**. 显然,用这种方法制定出来的调运方案,其总运费一般会比用西北角法制定的调运方案要省(当然也不一定是最省的).

下面通过例子来介绍这种方法.

例 5.2.3 用最小元素法求本节例 5.2.1 的初始调运方案.

解 首先从运价表(c_{ij})上的最小元素所处的格子(若有几个格子同时达到最小值,则可任取其中一个)开始分配,其余方法与西北角法大体一致.

本例中,第一个最小元素为 $c_{21}=1$,故先定 x_{21} 的值,和前面一样,令 x_{21} 为基变量,给 x_{21} 以尽可能大的值,即令

$$x_{21}^{(0)}=\min\{a_2,b_1\}=\min\{5,3\}=3.$$

在 x_{21} 处填入③,并在 x_{11}, x_{31} 处打上"×",即令 $x_{11}^{(0)}=x_{31}^{(0)}=0$,这时第 1 列的修正量为

0,即第 1 列已饱和,可以划去.第 2 行的修正量为 5－3＝2(见表 5.9).

表 5.9

	B_1	B_2	B_3	B_4	产量	修正量
A_1	× 2	⑤ 9	× 10	④ 7	9	5,0
A_2	③ 1	× 3	× 4	② 2	5	2,0
A_3	× 8	③ 4	④ 2	× 5	7	3,0
销量	3	8	4	6		
修正量	0	5 0	0	4 0		

再在剩下的运价表上找最小元素,这里 $c_{24}=c_{33}=2$ 都是最小,故可任取一个.如取 c_{33},则令

$$x_{33}^{(0)}=\min\{a_3,b_3\}=\min\{7,4\}=4,$$

在 x_{33} 处填入④,并在 x_{13},x_{23} 处打上"×",即令 $x_{13}^{(0)}=x_{23}^{(0)}=0$,划去第 3 列.

用同样的方法可得

$$x_{24}^{(0)}=2,x_{22}^{(0)}=0,\text{划去第 2 行}.$$

$$x_{32}^{(0)}=3,x_{34}^{(0)}=0,\text{划去第 3 行}.$$

$$x_{14}^{(0)}=4,\text{划去第 4 列}.$$

$$x_{12}^{(0)}=5,\text{同时划去第 1 行和第 2 列}.$$

相应的目标函数值(总费用)

$$Z^{(0)}=9\times5+7\times4+1\times3+2\times2+4\times3+2\times4=100.$$

由此可以看出,用最小元素法找出的初始基可行解比用西北角法求出的结果要好些.

在使用最小元素法时应注意的问题与我们在西北角法中强调的 3 点相同,这里不再重复.

例 5.2.4　用最小元素法求下列运输问题的初始调运方案(见表 5.10).

表 5.10

	B_1	B_2	B_3	产量
A_1	1	2	2	1
A_2	3	1	3	2
A_3	2	3	1	4
销量	1	2	4	7

解 在三个最小元素 $c_{11}=c_{22}=c_{33}=1$ 中任取一个,如取 c_{11},令

$$x_{11}^{(0)}=\min\{a_1,b\}=\min\{1,1\}=1.$$

在 x_{11} 处填①,在 x_{12}、x_{13} 处打×,即令 $x_{12}^{(0)}=x_{13}^{(0)}=0$. 这时 a_1、b_1 的修正量均为 0,我们划去第 1 行(见表 5.11).

表 5.11

	B_1	B_2	B_3	产量	修正量
A_1	① 1	× 2	× 2	1	0
A_2	× 3	② 1	× 3	2	0
A_3	⓪ 2	⓪ 3	④ 1	4	0
销量	1	2	4	7	
修正量	0	0	0		

再令

$$x_{22}^{(0)}=\min\{a_2,b_2\}=\min\{2,2\}=2,$$

在 x_{22} 处填②,在 x_{21}、x_{23} 处打×,即令 $x_{21}^{(0)}=x_{23}^{(0)}=0$,这时 a_2、b_2 的修正量均为 0,我们划去第 2 行.

然后令

$$x_{33}^{(0)}=\min\{a_3,b_3\}=\min\{4,4\}=4,$$

在 x_{33} 处填④,这时 a_3、b_3 的修正量也均为 0. 因为只剩下一行还有未填数的格子,故不能打×(也可以看作是在第 3 列上打×,即划去第 3 列).

最后再令

$$x_{31}^{(0)}=0,\quad x_{32}^{(0)}=0.$$

并在 x_{31} 和 x_{32} 处填入⓪.

即初始基可行解为

$$x_{11}^{(0)}=1,\quad x_{22}^{(0)}=2,\quad x_{31}^{(0)}=0,\quad x_{32}^{(0)}=0,\quad x_{33}^{(0)}=4,$$

其余 $x_{ij}^{(0)}=0$.

相应的目标函数值为

$$Z^{(0)}=1\times1+1\times2+1\times3+2\times0+3\times0=7.$$

这样,在使用最小元素法时应注意的问题中,除了在西北角法中说明的三点外,还应加上一条,即

在只剩下一行或一列还未填数或打×的格子中,按余额分配,只准填数画圈(必要时写 0 画圈),不准打×. 这样做也是为了保证画圈的数字个数为 $m+n-1$ 个.

现将最小元素法的算法步骤归纳如下:

(1) 取 $I=\{1,2,\cdots,m\}$,$J=\{1,2,\cdots,n\}$,$\Delta=\varnothing$,$x_{ij}=0$ $(i=1,2,\cdots,m;j=1,2,\cdots,n)$.

(2) 确定 p 和 q:取

$$c_{pq}=\min\{c_{ij} \mid i\in I, j\in J\}.$$

(3) 取 $\varepsilon=\min\{a_p, b_q\}$.

令 $x_{pq}=\varepsilon$ 并加圈填入 A_p 与 B_q 交叉处的格子点处,修改 $a_p=a_p-\varepsilon, b_q=b_q-\varepsilon$, $\Delta=\Delta\cup\{x_{pq}\}$. 如果 $a_p=0$,则取 $I=I-\{p\}$;如果 $b_q=0$,则取 $J=J-\{q\}$.

(4) $a_p+b_q=0$? 若满足,则转步骤(5);否则,返回步骤(2).

(5) 判定是否有 $I=\varnothing$. 若是,则 $x_{ij}(i=1,2,\cdots,m;j=1,2,\cdots,n)$为所求,$\Delta$ 为基变量集合,算法停止;否则,取

$$c_{rs}=\min\{c_{ij} \mid i\in I, j\in J\}, \Delta=\Delta\cup\{x_{rs}\}.$$

令 $p=r, q=s$ 返回步骤(3).

西北角法与最小元素法的比较:

西北角法的最大优点是实现简单,特别适合编制程序上机计算,但缺点是所制定的初始方案往往离最优解较远,后面的调整量较大;而最小元素法的最大优点是制定的初始方案一般离最优解较近,后面调整量较小. 但要在一张大型的运价表上每次搜索最小元素,其计算量也是很可观的(即使是在计算机上搜索也是如此). 当然,当问题的规模不大,用手工计算时,可以通过人的判断力,很快找到最小元素,这样也不会花费太多的计算量. 因此,用手工计算时,一般采用最小元素法求初始调运方案较好.

最后,我们证明这两种算法所共有的一个重要性质.

定理 5.4 用西北角法或最小元素法得到的一组变量$\{x_{ij}\}$的值是运输问题(式(5.1))的一个基可行解,而圈中的数恰是对应的基变量的值,个数为 $m+n-1$.

证 首先,根据$\{x_{ij}\}$的取法可知,每填一个画圈的数,就要修改相应行的产量和列的需求量,因而这样得到的一个解必是问题(式(5.1))的一个可行解.

其次,我们证明画圈的个数恰是 $m+n-1$ 个,因为采用这两种方法,每填一个画圈的数,就要划去一行或一列,即行数与列数之和总是减少 1,如表 5.12 所示.

表 5.12

行数+列数	画圈的个数
$m+n$	0
$m+n-1$	1
$m+n-2$	2
⋮	⋮
3	$m+n-3$
2	$m+n-2$

不难看出,若表中至少有两行,则划去一行后,行数与列数之和就减少 1,对于划去的列也有类似的结论. 但在表中若只有一行时,这个结论就不成立了. 例如有一行四列,那么行数与列数之和为 5,而划去一行,则行数与列数之和就变成 0 了. 为了避免出现这种情况,在最小元素法中,我们加了步骤(4)的规定,即在只剩下一行(或一列)时,不准打×,即不准划去一行(或一列),只准划去列(或行). 而在西北角法中,在只剩下一行(或一列)时,永远不会出现打×的情况,因此每填一个画圈的数,行数与列数之和永远减少 1,如表 5.12 所示.

在填了 $m+n-2$ 个画圈的数之后,行数与列数之和为 2,即只剩下一行一列(即

一个格子点),这时显然只能再填一个数,就把所有的行和列消去了,故一共填了 $m+n-1$ 个画圈的数.

下面再证明,这 $m+n-1$ 个画圈的数对应的变量集合不包含闭回路.

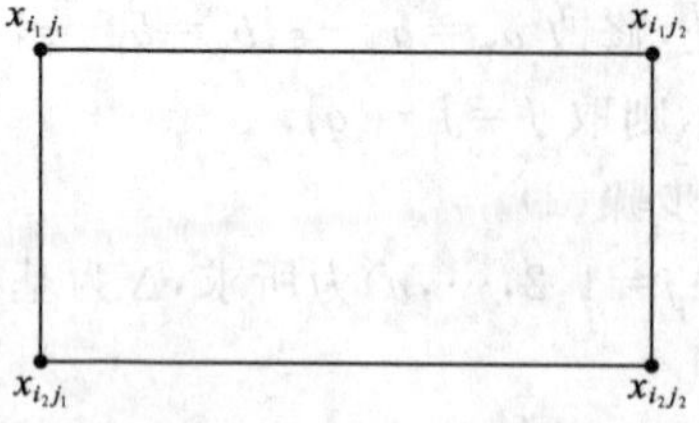

图 5.1

用反证法.假设这组画圈的数中含有一个闭回路,如图 5.1 所示.为了简便起见,我们仅选择 4 个画圈的点构成的闭回路,一般情况的证明完全一样.

假定在填 $x_{i_1j_1}$ 这个画圈的数时划去的是行,那么 $x_{i_1j_2}$ 这个数就一定要比 $x_{i_1j_1}$ 先填,并且填 $x_{i_1j_2}$ 时划去的应是列.因此,$x_{i_2j_2}$ 这个数就要比 $x_{i_1j_2}$ 先填,而且填 $x_{i_2j_2}$ 时划去的应是行,这又说明 $x_{i_2j_1}$ 一定比 $x_{i_2j_2}$ 先填,而且填 $x_{i_2j_1}$ 时划去的应是列.这样一来,$x_{i_1j_1}$ 处根本就不能填数了,因而得出矛盾.故这组变量不含闭回路.再由推论 5.3 知,这 $m+n-1$ 个画圈的数必是基变量的值.

综上所述,用西北角法和最小元素法得到的一个解$\{x_{ij}\}$,其中画圈的个数恰为 $m+n-1$ 个,且不含闭回路,因而这个解一定是基可行解.证毕.

3. 元素差额法(亦称 Vogel 近似法)

元素差额法是在最小元素法的基础上改进的一种求初始方案的方法.在分配运量以确定产销关系时,不是从最小元素开始,而是从运价表中各行和各列的最小元素和次小元素之差额来确定产销关系,因此称为**元素差额法**.

下面结合具体例子来介绍元素差额法的计算步骤.

例 5.2.5 用元素差额法求下列运输问题的初始调运方案(见表 5.13).

表 5.13

	B_1	B_2	B_3	B_4	产量	差额		
A_1	× 5	× 15	⑤ 3	② 14	7	2	2	11
A_2	③ 1	× 9	× 2	① 7	4	1	1	5
A_3	× 7	⑥ 4	× 11	③ 5	9	1	2	6
销量	~~3~~	~~6~~	~~5~~	6	20			
差额	4	5	1	2				
	4		1	2				
			1	2				

解 第 1 步:找出运价表上每行运价中的最小元素和次小元素,并计算其差额,填入表的右边"差额"栏的第 1 列;找出运价表上每列运价中的最小元素和次小元素,

并计算其差额，填入表下边"差额"栏的第1行.

例如，由表5.13的 A_1 行可以看出：从 A_1 运往 B_3 的运价最小，即 $c_{13}=3$；运往 B_1 的运价为次小，即 $c_{11}=5$，它们的差额是2，所以在 A_1 行的右边写上差额2. 又如由表5.13的 B_1 列可以看出：从 A_2 到 B_1 的运价 $c_{21}=1$ 最小；从 A_1 到 B_1 的运价 $c_{11}=5$ 为次小，它们的差额是4，所以在 B_1 列的下边写上差额4. 用同样的方法可求出其他各行和各列的差额，详见表5.13所示的第1列差额和第1行差额.

第2步：在第1列差额和第1行差额中选出差额最大者，并对该最大差额所在的行（或列）中的最小元素进行分配（分配的方法与最小元素法相同）. 如果出现有几个相同的最大差额的行或列，则可任取一行或一列进行分配.

在本例的7个差额（分别是2、1、1和4、5、1、2）中，最大者是5，它出现在 B_2 列. 而 B_2 列中的最小元素是4，它所在的行是第3行，于是要定出 x_{32} 的值. 和前面一样，令 x_{32} 为基变量，并给 x_{32} 以尽可能大的值，即令

$$x_{32}=\min\{a_3,b_2\}=\min\{9,6\}=6.$$

在 x_{32} 格左上角填上6并画圈，在 x_{12}，x_{22} 格左上角打上"×"，同时修改 $a_3=9-6=3$，$b_2=6-6=0$. 即 B_2 列已饱和，可以划去（见表5.13）.

第3步：在新的运价表上（B_2 列已划去）重新计算差额，重复上述手续.

在本例中，新的6个差额（2、1、2和4、1、2）中最大者是4，它出现在 B_1 列，而 B_1 列中的最小元素是1，它所在的行是第2行. 故要定出 x_{21} 的值，令

$$x_{21}=\min\{a_2,b_1\}=\min\{4,3\}=3.$$

在 x_{21} 处填上3并画圈，在 x_{11}、x_{31} 处打上"×"，同时修改 $a_2=4-3=1$，$b_1=3-3=0$，即 B_1 列已饱和，可以划去（见表5.13）.

再计算新的差额，重复第1、2步.

表5.13中第三次差额有5个（11、5、6和1、2），其中最大差额为11，它出现在 A_1 行，这一行中的最小元素是3（已填过、打过×的格子不再考虑），它是在第3列，所以要定出 x_{13}. 令

$$x_{13}=\min\{a_1,b_3\}=\min\{7,5\}=5.$$

在 x_{13} 处填上5并画圈，在 x_{23}，x_{33} 处打上×. 同时修改 $a_1=7-5=2$，$b_3=5-5=0$，划去 B_3 列.

在剩下最后一行或一列按余额分配时，只准填数画圈（必要时填零画圈），不准打×，以确保画圈的数字个数为 $m+n-1$ 个.

这里最后剩下 B_4 列，先就其中的最小元素 $c_{34}=5$ 处分配，令

$$x_{34}=\min\{a_3,b_4\}=\min\{3,6\}=3.$$

在 x_{34} 处填上3并画圈，同时修改 $a_3=3-3=0$，$b_4=6-3=3$. 这时，第3行已饱和可以划去.

再考虑 B_4 列剩下的元素中最小者 $c_{24}=7$，令

$$x_{24}=\min\{a_2,b_4\}=\min\{1,3\}=1.$$

在 x_{24} 处填上 1 并画圈，同时修改 $a_2=1-1=0$，$b_4=3-1=2$. 这时，第 2 行已饱和可以划去.

最后剩下 $c_{14}=14$，令

$$x_{14}=\min\{a_1,b_4\}=\min\{2,2\}=2.$$

在 x_{14} 处填上 2 并画圈，至此已全部分配完毕，这样便得初始调运方案(见表 5.13)，其对应的运费为

$$Z=3\times5+14\times2+1\times3+7\times1+4\times6+5\times3=92.$$

如果用元素差额法求解本节例 5.2.1，所得的初始调运方案参见表 5.14，对应的运费为

$$Z=2\times3+9\times5+7\times1+2\times5+4\times3+2\times4=88.$$

表 5.14

	B_1	B_2	B_3	B_4	产量
A_1	③ 2	⑤ 9	× 10	① 7	9
A_2	× 1	× 3	× 4	⑤ 2	5
A_3	× 8	③ 4	④ 2	× 5	7
销量	3	8	4	6	21

具体演算请读者自行完成.

显然，从计算的角度考虑，元素差额法比西北角法和最小元素法都要好，所得的初始解更接近最优解. 但它也有不足之处，每次都要计算最小元素与次小元素的差额，其计算量也不小.

5.3 最优性判别与基可行解的改进

在求出初始基可行解之后，就应该判别这个初始方案是不是最优的，即运费是不是最省的？如果不是，又如何进一步改进？下面先介绍检验数的求法和最优性判别定理，再介绍基可行解的改进方法.

1. 检验数的求法与最优性判别

下面介绍两种求检验数的方法：闭回路法和位势法.

1）闭回路法

我们仍用例子来说明这种方法.

例 5.3.1 用闭回路法求上节例 5.2.3 中用最小元素法求出的初始基可行解对应的检验数(见表 5.9).

解　为了便于讨论,我们再将表 5.9 中的有关数据列入表 5.15 中,略去了"×"号. 即初始解中,画圈的数为基变量的值,空格处对应的是非基变量.

表 5.15

	B_1	B_2	B_3	B_4	产　量
A_1	2	⑤　9	10	④　7	9
A_2	③　1	3	4	②　2	5
A_3	8	③　4	④　2	5	7
销量	3	8	4	6	

根据单纯形法的原理,检验数 σ_j 是指将问题化为典式后,非基变量 x_j 在目标函数中的系数,且基变量的检验数定义为 0. 因此,在运输问题中,我们也只要计算非基变量(即空格处)的检验数.

为此,我们从表 5.15 中的每一个空格出发作一条闭回路,并要求该闭回路上的其余顶点均为画圈的点(即基变量),后面将证明这样的闭回路必存在而且是唯一的.

例如,从 x_{11} 出发可以作唯一的一条闭回路

$$\{x_{11},x_{14},x_{24},x_{21}\}$$

为了表示清楚,我们将这个闭回路单独画出来,并将运量标在顶点旁(见图 5.2,读者也可以在表 5.15中用虚线将有关顶点连接起来,形成一条闭回路).

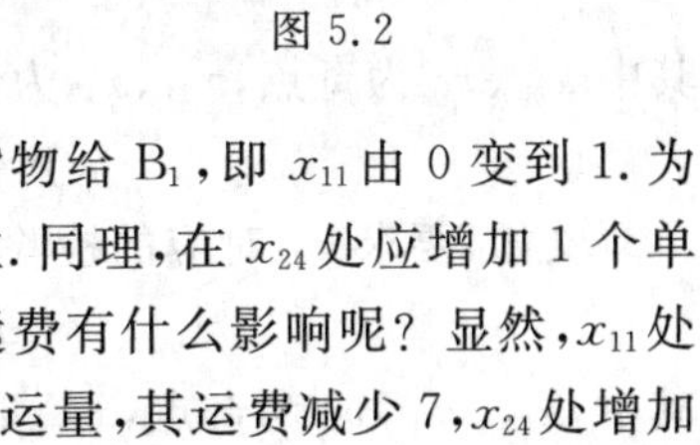

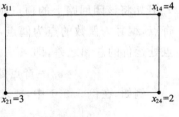

图 5.2

按原初始方案知,A_1 并不把货物调运给 B_1. 现在假如把调运方案改变一下,让 A_1 调运 1 个单位的货物给 B_1,即 x_{11} 由 0 变到 1. 为了保持新的平衡,则在该闭回路 x_{14} 处应减少 1 个单位. 同理,在 x_{24} 处应增加 1 个单位,x_{21} 处应减少 1 个单位. 这样经过调整后的方案对运费有什么影响呢? 显然,x_{11} 处增加 1 个单位运量,其运费增加 2,x_{14} 处减少 1 个单位运量,其运费减少 7,x_{24} 处增加 1 个单位运量,其运费增加 2,x_{21} 处减少 1 个单位运量,其运费减少 1. 则总运费的改变量为

$$c_{11}-c_{14}+c_{24}-c_{21}=2-7+2-1=-4,$$

即总运费减少 4. 这说明对原给定的方案,作出把 A_1 处的物资运给 B_1 一个单位的变化,就会使总运费减少 4,这无疑是合算的. 今后我们就把 −4 这个数称为非基变量 x_{11} 的检验数,并把它填在表 5.15 中 x_{11} 的位置,但不加圈.

类似地,在空格 x_{13} 处作一闭回路

$$\{x_{13},x_{33},x_{32},x_{12}\}.$$

如在 x_{13} 处增加 1 个单位货物,则总运费的改变量为

$$c_{13}-c_{33}+c_{32}-c_{12}=10-2+4-9=3,$$

即总运费增加 3,当然这样的调整是不合理的.这个数字 3 就是非基变量 x_{13} 的检验数,并把它填在表 5.16 中 x_{13} 的位置,但不加圈.

同理可以通过作闭回路的方法求出其余各非基变量(空格处)对应的检验数,并把它们列入表 5.16 中.

表 5.16

	B_1		B_2		B_3		B_4		产　量
A_1	−4	2	⑤	9	3	10	④	7	9
A_2	③	1	−1	3	2	4	②	2	5
A_3	7	8	③	4	④	2	3	5	7
销量	3		8		4		6		

用闭回路法求检验数的一般方法是:对于给定的调运方案(基可行解),从非基变量 x_{ij} 出发作一条闭回路,要求该闭回路上其余的顶点均为基变量(画圈的点),并从 x_{ij} 开始将该闭回路上的顶点顺序编号(顺时针或逆时针均可).称编号为奇数的点为奇点,编号为偶数的点为偶点,则 x_{ij} 处对应的检验数 σ_{ij} 等于奇点处运价的总和与偶点处运价的总和之差,即

$$\sigma_{ij}=\text{奇点处运价的总和}-\text{偶点处运价的总和}.$$

例如,在例 5.3.1 中,要求变量 x_{22} 对应的检验数 σ_{22},先作闭回路

$$\{x_{22},x_{24},x_{14},x_{12}\},$$

其中 x_{22}、x_{14} 为奇点,x_{24}、x_{12} 为偶点,故

$$\sigma_{22}=(3+7)-(2+9)=-1.$$

又如,要求 x_{23} 对应的检验数 σ_{23},先作闭回路

$$\{x_{23},x_{24},x_{14},x_{12},x_{32},x_{33}\},$$

其中,x_{23}、x_{14}、x_{32} 为奇点,x_{24}、x_{12}、x_{33} 为偶点,故

$$\sigma_{23}=(4+7+4)-(2+9+2)=2.$$

同理可求出其余非基变量,对应的检验数(见表 5.16).

2)位势法

在第 2 章中介绍单纯形法时,我们曾给出一个检验数的计算式(2.21),即

$$\sigma_j=c_j-c_B\boldsymbol{B}^{-1}\boldsymbol{P}_j=c_j-\boldsymbol{YP}_j, \tag{5.14}$$

其中,$\boldsymbol{Y}=\boldsymbol{C}_B\boldsymbol{B}^{-1}$ 为关于基 $\boldsymbol{B}$ 的对偶变量.

利用这一原理,也可以类似地求出运输问题的基可行解中,非基变量 x_{ij} 对应的检验数.为此,我们首先写出运输问题(式(5.1))的对偶问题.

由于运输问题的约束条件共有 $m+n$ 个，前 m 个是关于产地产量的限制，后 n 个是关于销地销量的限制. 因此，其对偶问题中的对偶变量也应有 $m+n$ 个，前 m 个记为 $u_1,u_2,\cdots,u_m$；后 n 个记为 $v_1,v_2,\cdots,v_n$，并记

$$\boldsymbol{Y}=(u_1,u_2,\cdots,u_m;v_1,v_2,\cdots,v_n)$$

又由于运输问题的约束系数矩阵 $\boldsymbol{A}$ 的特殊结构，根据第 3 章中介绍的对偶问题的规则，可以直接写出运输问题(式(5.1))的对偶问题：

$$\max W=\sum_{i=1}^{m}a_iu_i+\sum_{j=1}^{n}b_jv_j;$$

$$\text{s.t.}\begin{cases}u_i+v_j\leqslant c_{ij}\,(i=1,2,\cdots,m;j=1,2,\cdots,n);\\ u_i,v_j\ \text{无符号限制},\end{cases}\tag{5.15}$$

其中对偶变量 $u_i(i=1,2,\cdots,m)$ 和 $v_j(j=1,2,\cdots,n)$ 又称为**位势**.

再根据式(5.14)，可以写出运输问题的检验数计算公式

$$\sigma_{ij}=c_{ij}-\boldsymbol{YP}_{ij}$$

$$=c_{ij}-(u_1,\cdots,u_m;v_1,\cdots,v_n)\begin{pmatrix}0\\ \vdots\\ 1\\ 0\\ \vdots\\ 1\\ \vdots\\ 0\end{pmatrix}=c_{ij}-(u_i+v_j),$$

即
$$\sigma_{ij}=c_{ij}-(u_i+v_j).\tag{5.16}$$

因此，如果能求出对偶变量 $u_i(i=1,2,\cdots,m)$ 和 $v_j(j=1,2,\cdots,n)$ 的值，就可以由式(5.16)求出相应变量对应的检验数. 但是，如果要通过求解问题(式(5.15))去确定 u_i 和 v_j，显然也是很麻烦的. 幸运的是，在单纯形法中，有一个重要的规定，即基变量对应的检验数为零. 根据这一原理，我们可以建立起关于 u_i 和 v_j 的一个方程组，并且能很快地求出 u_i 和 v_j.

设给定了一个初始调运方案，其基变量为

$$x_{i_1j_1},x_{i_2j_2},\cdots,x_{i_sj_s}\,(s=m+n-1).$$

对应的运价为 $c_{i_1j_1},c_{i_2j_2},\cdots,c_{i_sj_s}$，则由式(5.16)的左边为零，于是可得如下的方程组

$$\begin{cases}u_{i_1}+v_{j_1}=c_{i_1j_1};\\ u_{i_2}+v_{j_2}=c_{i_2j_2};\\ \qquad\vdots\\ u_{i_s}+v_{j_s}=c_{i_sj_s}.\end{cases}\tag{5.17}$$

注意　这个方程组中共有 $s=m+n-1$ 个方程，而要确定的未知数共有 $m+n$

个,故其中必有一个自由未知量,取它为任意常数,就可以把其余的未知量解出来.例如,取 $u_{i_1}=0$,就可以决定其余的 $u_i(i=2,\cdots,s)$ 和 $v_j(j=1,2,\cdots,s)$,这种通过求位势来计算检验数的方法称为位势法.下面通过例子来介绍这种方法.

例 5.3.2 用位势法求表 5.15 中的初始基可行解对应的检验数.

解 我们先在表 5.15 上增加一行一列,用来记录位势 u_i 和 v_j,得表 5.17.

表 5.17

	v_j	6	9	7	7	
u_i	产地\销地	B_1	B_2	B_3	B_4	产量
0	A_1	−4 2	⑤ 9	3 10	④ 7	9
−5	A_2	③ 1	−1 3	2 4	② 2	5
−5	A_3	7 8	③ 4	④ 2	3 5	7
	销量	3	8	4	6	21

对于现有的初始基可行解,其中画圈的数代表基变量的取值,这些基变量是

$$x_{12},x_{14},x_{21},x_{24},x_{32},x_{33}$$

这时按方程组(5.17)的构造方法可以写出下列方程组

$$\begin{cases} u_1+v_2=c_{12}=9; \\ u_1+v_4=c_{14}=7; \\ u_2+v_1=c_{21}=1; \\ u_2+v_4=c_{24}=2; \\ u_3+v_2=c_{32}=4; \\ u_3+v_3=c_{33}=2. \end{cases}$$

如果取 $u_1=0$,很容易解得

$$v_2=9,\quad u_3=-5,\quad v_3=7,\quad v_4=7,\quad u_2=-5,\quad v_1=6.$$

在实际计算时,可以不必写出方程组(5.17),只需记住要求的一组位势 $u_1,u_2,\cdots,u_m;v_1,v_2,\cdots,v_n$ 应使得对于每一个画圈的数字格(基变量),都有 $u_i+v_j=c_{ij}$.只要知道其中一个(例如 u_i),就可以很快求出另一个(例如 v_j),这些工作都可以在表上进行(见表 5.17).

另外,在各个 u_i 和 v_j 中,可取任意一个的值为零.但为了减少计算量,也可以选择各行(或各列)中画圈的个数最多的行(或列),令相应的 u_i(或 v_j)为零.

如在本例中,由于各行中画圈的个数均为 2,所以就选第一行的 u_1 取零值,即令 $u_1=0$,并在表 5.17 的左边一列的第一个位置写上一个 0.因为 $u_1=0$,不难看出 $v_2=9$,$v_4=7$;由 $v_2=9$,又可得 $u_3=-5$;由 $v_4=7$,可得到 $u_2=-5$;由 $u_2=-5$,可得 $v_1=$

6;由 $u_3=-5$,可得 $v_3=7$. 把这些位势 u_i 和 v_j 的值分别填在表 5.17 的最左边一列和最上边一行,同时原表中的空格"×"就不再画出来.

求出位势后,再用式(5.16)来求各空格处(非基变量)对应的检验数 σ_{ij},例如

$$\sigma_{11}=c_{11}-(u_1+v_1)=2-(0+6)=-4;$$
$$\sigma_{13}=c_{13}-(u_1+v_3)=10-(0+7)=3;$$
$$\sigma_{22}=c_{22}-(u_2+v_2)=3-(-5+9)=-1;$$
$$\sigma_{23}=c_{23}-(u_2+v_3)=4-(-5+7)=2;$$
$$\sigma_{31}=c_{31}-(u_3+v_1)=8-(-5+6)=7;$$
$$\sigma_{34}=c_{34}-(u_3+v_4)=5-(-5+7)=3.$$

将这些数据填入表 5.17 中相应的位置,但不加圈,就得到与表 5.16 完全相同的表.

上面介绍的两种求检验数的方法中,由于检验数的定义方式与单纯形法完全一致,因此最优性判别条件也是完全一致的,注意到运输问题(式(5.1))中的目标函数是求极小值,于是有如下定理.

定理 5.5　对于运输问题(式(5.1))的一个基可行解,若所有的检验数

$$\sigma_{ij}\geqslant 0,$$

则此基可行解必为最优解.

显然,上例中用最小元素法求出的初始解还不是最优解(因为检验数中有负数),需要改进.

2. 基可行解的改进

和单纯形法一样,运输问题(式(5.1))中基可行解改进(又称为运输方案的**调整**)的方法也是进行换基运算,即从非基变量中选一个作为**进基变量**,去替换原基变量中的某一个(也称为**出基变量**),得到一个新的基可行解,且使对应的目标函数值减少.

首先,应选哪一个非基变量作为进基变量呢? 也和单纯法一样,若

$$\sigma_{rs}=\min\{\sigma_{ij}\mid\sigma_{ij}<0,1\leqslant i\leqslant m,1\leqslant j\leqslant n\},\tag{5.18}$$

则取相应的非基变量 x_{rs} 作为进基变量. 若有几个 σ_{ij} 同时达到极小,则可任取一个作为 σ_{rs}.

其次,应选哪一个基变量作为出基变量呢? 为了说明这个问题,我们先证明以下定理.

定理 5.6　设变量组

$$x_{i_1j_1},x_{i_2j_2},\cdots,x_{i_sj_s}\ (s=m+n-1)\tag{5.19}$$

是运输问题(式(5.1))的一组基变量,y 是一个非基变量. 则在变量组

$$y,x_{i_1j_1},x_{i_2j_2},\cdots,x_{i_sj_s}\tag{5.20}$$

中,存在唯一的闭回路,它包含非基变量 y 为一个顶点,而其余的顶点都是基变量组(5.19)中的点.

证　首先证此闭回路的存在性. 用反证法,若变量组(5.20)不构成闭回路,则由定理 5.3 知,它们所对应的约束系数列向量必线性无关,而这些变量共有 $m+n$ 个,

这与约束系数矩阵的秩为 $m+n-1$ 个是矛盾的.

再证闭回路的唯一性. 仍用反证法,设经过非基变量 y(对应的列向量记为 $\boldsymbol{P}_y$)有两条闭回路,分别记此两条闭回路上其余的顶点(均为基变量)对应的列向量为 $\{\boldsymbol{P}_{ij}\}$ 和 $\{\boldsymbol{P}'_{ij}\}$,则根据性质 5.1,必有

$$\alpha_y \boldsymbol{P}_y + \sum \alpha_{ij} \boldsymbol{P}_{ij} = 0, \quad \alpha_y \neq 0;$$
$$\alpha'_y \boldsymbol{P}_y + \sum \alpha'_{ij} \boldsymbol{P}'_{ij} = 0, \quad \alpha'_y \neq 0.$$

从以上两式消去 $\boldsymbol{P}_y$,得

$$\sum \alpha'_y \alpha_{ij} \boldsymbol{P}_{ij} - \sum \alpha_y \alpha'_{ij} \boldsymbol{P}'_{ij} = 0.$$

由于 $\{\boldsymbol{P}_{ij}\}$ 与 $\{\boldsymbol{P}'_{ij}\}$ 中至少有一个列向量不同,又 $\alpha'_y\alpha_{ij}$ 与 $\alpha_y\alpha'_{ij}$ 不全为 0,这就得出原基变量组(5.19)所对应的列向量线性相关,与假设矛盾. 证毕.

根据定理 5.6,我们就可以按照如下的办法从基变量中决定哪一个变量作为出基变量,并确定调整量的值,这种方法通常称为**闭回路调整法**.

闭回路调整法:

从进基变量 x_{rs} 出发作一条闭回路(作法与前面相同,即要求该闭回路上除 x_{rs} 外,其余的顶点均为画圈的点),并从 x_{rs} 出发将该闭回路上的顶点顺序编号(作法同前). 则调整量为

$$\theta = \min\{\text{闭回路上各偶点处的运量 } x_{ij}\} = x_{kt} \tag{5.21}$$

调整的方法是:在该闭回路上,将奇点处的运量加上 θ,偶点处的运量减去 θ,而表中其余点处的运量不变,这样就得到新的基可行解. 其中取得 θ 值的 x_{kt} 就变为零,也就是说 x_{kt} 为出基变量.

下面结合例子来说明.

例 5.3.3 对例 5.3.1 继续求解.

解 由表 5.16 可知现有的解不是最优解,须继续调整. 为此,先选进基变量,由式(5.18)可知,有

$$\sigma_{rs} = \min\{-4, -1\} = -4,$$

故应相应的变量 x_{11} 进基.

从 x_{11} 出发作一条闭回路(见图 5.2)

$$\{x_{11}, x_{14}, x_{24}, x_{21}\},$$

故按式(5.21),有

$$\theta = \min\{4,3\} = 3 = x_{21}$$

于是应取 x_{21} 出基.

在该闭回路进行调整,得

$$x_{11} = 0 + \theta = 0 + 3 = 3;$$
$$x_{14} = 4 - \theta = 4 - 3 = 1;$$
$$x_{24} = 2 + \theta = 2 + 3 = 5;$$

$$x_{21} = 3 - \theta = 3 - 3 = 0.$$

其余的运量不变，得新的基可行解(见表5.18). 注意：在表 5.18 中，x_{11} 处填上 3 并应画圈，表示 x_{11} 已是基变量. 而 $x_{21}=0$，表示 x_{21} 已出基，表上不作记号(相当于前面的╳).

表 5.18

	v_j	2	9	7	7	
u_i	销地 产地	B_1	B_2	B_3	B_4	产 量
0	A_1	③ 2	⑤ 9	3 10	① 7	9
−5	A_2	4 1	−1 3	2 4	⑤ 2	5
−5	A_3	11 8	③ 4	④ 2	3 5	7
	销 量	3	8	4	6	

对应于这个新的调运方案，其总运费为

$$Z = 2\times3 + 9\times5 + 7\times1 + 2\times5 + 4\times3 + 2\times4 = 88.$$

显然，总运费的改变量为

$$\sigma_{rs}\theta = (-4)\times3 = -12.$$

即总运费比原来减少 12.

下面转入第 2 轮迭代：重新求位势，求检验数并进行判别. 这些工作都可以在表上进行(见表 5.18). 由于计算都很简单，我们就不多作解释了. 表中，画圈的数字表示基变量的值，不画圈的数表示检验数.

由表 5.18 可知，还有负检验数，故现在的还不是最优解，须继续调整.

因为只有一个检验数 $\sigma_{22}=-1<0$，故取相应的变量 x_{22} 为进基变量.

从 x_{22} 出发作闭回路(见图 5.3)，$\{x_{22}, x_{24}, x_{14}, x_{12}\}$ 调整量为

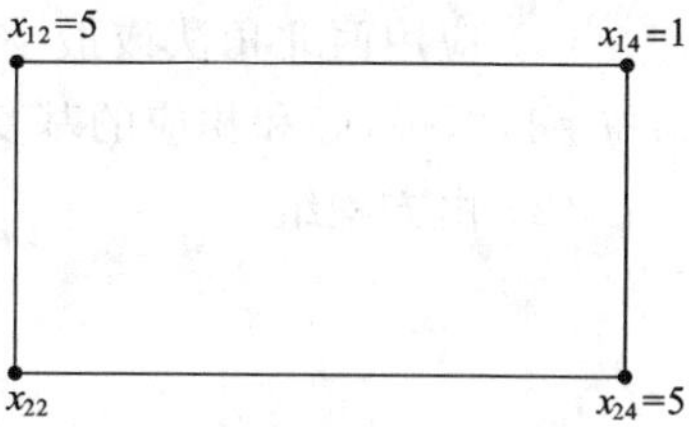

图 5.3

$$\theta = \min\{x_{24}, x_{12}\} = \min\{5,5\} = 5.$$

这时两个变量 x_{24}、x_{12} 的值均为极小值 5，但每次只取一个变量出基，而且可以取其中任何一个变量出基. 例如取 x_{24} 出基，在该闭回路上进行调整，得

$$x_{22} = 0+5 = 5, x_{24} = 5-5 = 0,$$

$$x_{14} = 1+5 = 6, x_{12} = 5-5 = 0.$$

其余的运量不变，得新的基可行解(见表5.19).

表 5.19

u_i	v_j 销地/产地	2 B₁	9 B₂	7 B₃	7 B₄	产量
0	A_1	③ 2	⓪ 9	3 10	⑥ 7	9
−6	A_2	5 1	⑤ 3	3 4	1 2	5
−5	A_3	11 8	③ 4	④ 2	3 5	7
	销量	3	8	4	6	

注意 在表 5.19 中，x_{22} 处填上 5 并应画圈，表示 x_{22} 已是基变量，而 $x_{24}=0$，并取 x_{24} 出基，故 x_{24} 处不作记号. 但 $x_{12}=0$，而变量 x_{12} 并未出基，故在 x_{12} 处应写 0 并画圈，表示这是基变量取零值(属退化的解)，以保证画圈的个数仍为 $m+n-1=6$.

对应于这个新的基可行解，其总运费为

$$Z=2\times3+9\times0+7\times6+3\times5+4\times3+2\times4=83.$$

总运费的改变为 $\sigma_{rs}\theta=(-1)\times5=-5$，即总运费比原来减少 5.

那么现在这个新的调运方案是否最优方案呢？还应重新求位势，求检验并进行判别，这些工作都在表上进行(见表 5.19).

由表 5.19 可以看出，检验已全部非负，故现有的基可行解是最优解，即已求得最优调运方案：

$x_{11}^*=3, x_{12}^*=0, x_{14}^*=6, x_{22}^*=5, x_{32}^*=3, x_{33}^*=4$，其余的 $x_{ij}^*=0$. 其最小总费用为 $Z^*=83$.

最后，我们用表上作业法求解运输问题(式(5.1))的算法步骤如下：

(1) 应用西北角法或最小元素法求得问题的一个初始基可行解 x_{ij} $(i=1,2,\cdots,m;j=1,2,\cdots,n)$ 和相应的基变量组 Δ.

(2) 由方程组

$$\begin{cases}u_i+v_j=c_{ij} & (x_{ij}\in\Delta);\\ u_1=0,\end{cases}$$

求得(位势)或对偶解 u_i 和 v_j $(i=1,2,\cdots,m;j=1,2,\cdots,n)$，也可以在表上直接计算.

(3) 计算检验数

$$\sigma_{ij}=c_{ij}-(u_i+v_j)\quad(i=1,2,\cdots,m;j=1,2,\cdots,n);$$

并取

$$\sigma_{rs}=\min\{\sigma_{ij}\mid 1\leqslant i\leqslant m;1\leqslant j\leqslant n\}.\tag{5.22}$$

(4) 判别 $\sigma_{rs}\geqslant0$? 若是，则 x_{ij} $(i=1,2,\cdots,m;j=1,2,\cdots,n)$ 即为最优解，算法停止；否则，从 x_{rs} 出发找一条闭回路 E，使该闭回路上的其余顶点均为 Δ 中的点，从 x_{rs} 起将 E 中的顶点顺序(顺时针或逆时针均可)编号，记编号为奇数的点的集合为 E^+，编号为偶数的点的集合为 E^-（显然，$x_{rs}\in E^+$）。

(5) 取
$$\theta=\min\{x_{ij}\mid x_{ij}\in E^-\}=x_{kt}. \tag{5.23}$$

(6) 取
$$x_{ij}=\begin{cases}x_{ij}+\theta, & 当\ x_{ij}\in E^+;\\ x_{ij}-\theta, & 当\ x_{ij}\in E^-;\\ x_{ij}, & 其他.\end{cases} \tag{5.24}$$

令 $\Delta=(\Delta\cup\{x_{rs}\})-\{x_{kt}\}$，返回步骤(2)。

注意 (1) 在式(5.22)中，若同时有几个 σ_{ij} 达到极小值且小于0，则在步骤(4)中，只取其中一个(可任取)为 σ_{rs}，令对应的变量 x_{rs} 为进基变量(即从 x_{rs} 起作闭回路)。

(2) 在式(5.23)中，若 E^- 中同时有几个 x_{ij} 的值均达到极小值 θ，则在步骤(5)中，也只取其中一个(可任取)作为出基变量 x_{kt}. 其他几个点的值经过式(5.24)调整后应变为0，但应画圈，说明这些变量还在基内. 简单地说，每次换基时，只能按"一进一出"的原则处理，以保证基变量的个数始终是 $m+n-1$ 个.

最后再用例子说明表上作业法的求解全过程.

例 5.3.4 已知运输问题的产量、销量及运价(见表5.20)，试求最优调运方案.

解 用最小元素法求初始基可行解 $\{x_{ij}^{(0)}\}$，然后求位势，计算检验数并作判别和迭代. 整个求解过程如表5.21～表5.24所示.

表 5.20

	B_1	B_2	B_3	B_4	a_i
A_1	2	4	3	1	40
A_2	10	8	5	4	60
A_3	7	6	6	8	50
b_j	40	30	40	40	

表 5.21

	B_1	B_2	B_3	B_4	a_i	修正量
A_1	⓪ 2	4	3	㊵ 1	40	0
A_2	⑳ 10	8	㊵ 5	4	60	20,0
A_3	⑳ 7	㉚ 6	6	8	50	20,0
b_j	40	30	40	40		
修正量	20 0	0	0		0	

表 5.22

u_i \ v_j	2	1	−3	1	a_i
0	⓪ [2]	3 [4]	6 [3]	㊵ [1]	40
8	⑳ [10]	1 [8]	㊵ [5]	−5 [4]	60
5	⑳ [7]	㉚ [6]	4 [6]	2 [8]	50
b_j	40	30	40	40	

表 5.23

u_i \ v_j	2	1	2	1	a_i
0	⑳ [2]	3 [4]	1 [3]	⑳ [1]	40
3	5 [10]	4 [8]	㊵ [5]	⑳ [4]	60
5	⑳ [7]	㉚ [6]	−1 [6]	2 [8]	50
b_j	40	30	40	40	

表 5.24

u_i \ v_j	2	2	2	1	a_i
0	㊵ [2]	2 [4]	1 [3]	⓪ [1]	40
3	5 [10]	3 [8]	⑳ [5]	㊵ [4]	60
4	1 [7]	㉚ [6]	⑳ [6]	3 [8]	50
b_j	40	30	40	40	

由表 5.24 可知,已求得最优解

$$x_{11}^* = 40, x_{14}^* = 0, x_{23}^* = 20, x_{24}^* = 40, x_{32}^* = 30, x_{33}^* = 20.$$

其余 $x_{ij}^* = 0$,目标函数的最优值为

$$Z^* = 40\times2+0\times1+20\times5+40\times4+30\times6+20\times6 = 640.$$

5.4　运输问题的扩展

1. 不平衡运输问题

对于产大于销(即 $\sum_{i=1}^{m}a_i > \sum_{j=1}^{m}b_j$)的运输问题(式(5.2)),我们可以虚设一个销地 B_{n+1},它的销量为

$$b_{n+1} = \sum_{i=1}^{m}a_i - \sum_{j=1}^{n}b_j$$

同时,假设产地 A_i 运往此销地的单位运价为 $c_{i,n+1}=0(i=1,2,\cdots,m)$.这实际上相当于将产地 A_i 多余的货物存起来,经过这样处理以后,问题(式(5.2))就转化为一个具有 m 个产地和 $n+1$ 个销地的平衡运输问题了,其模型为

$$\min Z = \sum_{i=1}^{m}\sum_{j=1}^{n+1}c_{ij}x_{ij};$$

$$\text{s.t.}\begin{cases}\sum_{j=1}^{n+1}x_{ij} = a_i(i=1,2,\cdots,m);\\ \sum_{i=1}^{m}x_{ij} = b_j(j=1,2,\cdots,n+1);\\ x_{ij} \geqslant 0\ (i=1,2,\cdots,m;j=1,2,\cdots,n+1).\end{cases}$$

对于销大于产(即 $\sum_{i=1}^{m}a_i < \sum_{j=1}^{n}b_j$)的运输问题(式(5.3)),我们可以虚设一个产地 A_{m+1},其产量为

$$a_{m+1} = \sum_{j=1}^{n}b_j - \sum_{i=1}^{m}a_i.$$

同时,假设从此产地运往各销地 B_j 的单位运价为 $c_{m+1,j}=0(j=1,2,\cdots,n)$,这实际上相当于缺货.经过这样处理以后,问题也就转化为一个具有 $m+1$ 个产地和 n 个销地的平衡运输问题了,其模型为

$$\min Z = \sum_{i=1}^{m+1}\sum_{j=1}^{n}c_{ij}x_{ij};$$

$$\text{s.t.}\begin{cases}\sum_{j=1}^{n}x_{ij} = a_i(i=1,2,\cdots,m+1);\\ \sum_{i=1}^{m+1}x_{ij} = b_j(j=1,2,\cdots,n);\\ x_{ij} \geqslant 0\ (i=1,2,\cdots,m+1;j=1,2,\cdots,n).\end{cases}$$

将不平衡运输问题转化为平衡运输问题以后,就可以用前面介绍的表上作业法

求解了.但要注意一点,就是在用最小元素法制定初始方案时,当然应以原运价表为主来进行分配,最后才考虑将多余或不足的物资往运价为0的单元去分配,不然会闹出所有的物资都不调出才是最优的笑话.

例 5.4.1 已知某物资的产量、销量及运价如表5.25所示,试制定最优调运方案.

表 5.25

产地 \ 运价 \ 销地	B_1	B_2	B_3	B_4	a_i
A_1	2	11	3	4	70
A_2	10	3	5	9	50
A_3	7	8	1	2	70
b_j	20	30	40	60	150 \ 190

解 这是一个产大于销的问题,我们虚设一个销地 B_5,其销量

$$b_5 = 190 - 150 = 40,$$

并假设 $c_{i5}=0(i=1,2,3)$,得新的运价表5.26.

表 5.26

	B_1	B_2	B_3	B_4	B_5	a_i	修正量
A_1	⑳ 2	11	3	㉚ 4	⑳ 0	70	50,20,0
A_2	10	㉚ 3	5	9	⑳ 0	50	20,0
A_3	7	8	㊵ 1	㉚ 2	0	70	30,0
b_j	20	30	40	60	40		
修正量	0	0	0	30 0	20 0		

用最小元素法制定初始调运方案并调整得最优调运方案,即

$$x_{11}^* = 20, x_{14}^* = 30, x_{15}^* = 20, x_{22}^* = 30, x_{25}^* = 20, x_{33}^* = 40, x_{34}^* = 30,$$

其余 $x_{ij}^*=0$,目标函数最优值为

$$\begin{aligned} Z^* &= 20\times 2 + 30\times 4 + 20\times 0 + 30\times 3 + 20\times 0 + 40\times 1 + 30\times 2 \\ &= 350, \end{aligned}$$

其中 $x_{15}^*=20$ 表示产地 A_1 还剩20个单位的物资未运出去,$x_{25}^*=20$ 表示产地 A_2 还

剩 20 个单位的物资未运出去.

例 5.4.2　设有三个化肥厂供应四个地区的农用化肥. 假设每个地区使用各厂的化肥效果相同，各化肥厂年产量、各地区的需要量（单位：万吨），以及从各化肥厂到各地区运送化肥的运价（万元/万吨）如表 5.27 所示，试求使总运费最省的化肥调运方案.

表 5.27

单位运价（化肥厂＼地区）	B_1	B_2	B_3	B_4	产　量
A_1	16	13	22	17	50
A_2	14	13	19	15	60
A_3	19	20	23	—	50
最低需求	30	70	0	10	
最高需求	50	70	30	不限	

解　这是一个产销不平衡的运输问题，总产量为 160 万吨，四个地区的最低需求量为 110 万吨，最高需求量不限. 根据现有产量，在满足 B_1、B_2 和 B_3 地区最低需求的情况下，最多能供应 B_4 地区

$$[(50+60+50)-(30+70+0)]\text{万吨}=60\text{万吨}.$$

这四个地区的最高需求量为

$$(50+70+30+60)\text{万吨}=210\text{万吨},$$

大于产量.

为求得平衡，在产销平衡表中，增加一个假想的化肥厂 A_4，其年产量为

$$(210-160)\text{万吨}=50\text{万吨}.$$

由于各地区的需求量包括两部分：最低需求量和额外需求量部分（最高需求量减去最低需求量），前者必须满足，后者在有条件时尽量满足. 如地区 B_1 的最低需求量是 30 万吨，它是必须要满足的，所以不能由假想化肥厂 A_4 供应，为此令单位运价为 M（充分大的正数），而另一部分为（50－30）万吨＝20 万吨，这是属于额外需求部分，只是在有条件时尽量满足，因此可以考虑由假想的化肥厂 A_4 供应，为此令相应的运价为 0. 其他地区都可以作类似地分析，即凡是对需求要分成两部分的地区，实际上都可以按两个地区来对待. 这样就可以将原运输表 5.27 改写成如下的运输表（表 5.28）.

这样将原问题转化为一个平衡运输问题，根据表上作业法，可求得这个问题的最优调运方案如表 5.29 所示.

表 5.28

单位运价 地区 / 化肥厂	B_1'	B_1''	B_2	B_3	B_4'	B_4''	供产量
A_1	16	16	13	22	17	17	50
A_2	14	14	13	19	15	15	60
A_3	19	19	20	23	M	M	50
A_4	M	0	M	0	M	0	50
需求量	30	20	70	30	10	50	210

表 5.29

运量 地区 / 化肥厂	B_1'	B_1''	B_2	B_3	B_4'	B_4''	供应量
A_1			㊿				50
A_2			⑳		⑩	㉚	60
A_3	㉚	⑳	⓪				50
A_4				㉚		⑳	50
需求量	30	20	70	30	10	50	210

由表 5.29 可以看出，地区 B_1 的最高需求量 50 万吨全部满足了，地区 B_4 供应了 40 万吨，而地区 B_3 没有供应，地区 B_2 的 70 万吨是必须保证供应的，这种供应方式显然是合理的.

2. 转运问题

前面讨论的运输问题，都是假定任意产地与销地之间都有直达路线，可以直接运输物资，并且产地只输出货物，销地只输入货物，但实际情况可能更复杂一些. 例如，可以考虑下列更一般的情况：

(1) 产地与销地之间没有直达路线，货物由产地到销地必须通过某中间站转运；

(2) 某些产地既输出货物，也吸收一部分货物；某销地既吸收货物，又输出部分货物，即产地或销地也可以起中转站的作用，或者既是产地又是销地；

(3) 产地与销地之间虽然有直达路线，但直达运输的费用(或运输距离)比经过某些中转站还要高(或远).

存在以上情况的运输问题，统称为**转运问题**.

解决这类问题的思路是先将它化为无转运的平衡运输问题，再用表上作业法求解，为此，需要作如下假设：

(1) 首先根据具体问题求出最大可能中转量 Q(Q 是大于总产量 $\sum_{i=1}^{m} a_i$ 的一个数)；

(2) 纯中转站可视为输出量和输入量均为 Q 的一个产地和一个销地；

(3) 兼中转站的产地 A_i 可视为一个输入量为 Q 的销地及一个产量为 a_i+Q 的产地；

(4) 兼中转站的销地 B_j 可视为一个输出量为 Q 的产地及一个销量为 b_j+Q 的销地.

在此假设的基础上，列出各产地的输出量、各销地的输入量及各产销地之间的运价表，然后用表上作业法求解.

下面举例说明这一转化过程.

例 5.4.3 已知某物资的产量、销量及运价如表 5.30 所示.

表 5.30

单位运价 / 销地 / 产地	B_1	B_2	B_3	B_4	产量
A_1	3	11	3	10	7
A_2	1	9	2	8	4
A_3	7	4	10	5	9
销量	3	6	5	6	20

另外还假定这些物资在三个产地之间可以互相调运，在四个销地之间也可以互相调运，其运价如表 5.31 和表 5.32 所示.

表 5.31

	A_1	A_2	A_3
A_1	0	1	3
A_2	1	0	M
A_3	3	M	0

表 5.32

	B_1	B_2	B_3	B_4
B_1	0	1	4	2
B_2	1	0	2	1
B_3	4	2	0	3
B_4	2	1	3	0

另外再假定还有四个纯中转站 T_1、T_2、T_3、T_4，它们到各产地、各销地及中转站之间的运价如表 5.33 所示.

表 5.33

	A_1	A_2	A_3	T_1	T_2	T_3	T_4	B_1	B_2	B_3	B_4
T_1	2	3	1	0	1	3	2	2	8	4	6
T_2	1	5	M	1	0	1	1	4	5	2	7
T_3	4	M	2	3	1	0	2	1	8	2	4
T_4	3	2	3	2	1	2	0	1	M	2	6

问在考虑到产销地之间直接运输和非直接运转的各种可能方案的情况下,怎样将三个产地 A_1、A_2、A_3 所产的物资运往四个销地 B_1、B_2、B_3、B_4,使总运费最省.

解 从表 5.30 看出,从 A_1 到 B_2 的运费为 11,而与表 5.31 结合起来看,如从 A_1 经 A_3 运往 B_2,总费用为 3+4=7,如果再结合表 5.33 看,从 A_1 经 T_2 运往 B_2 只需1+5=6,而再结合表 5.32 可知,从 A_1 到 B_2 运费最少的路径是从 A_1 经 A_2 到 B_1,最后到 B_2,其总运费只需 1+1+1=3.可见这个问题中,从每个产地到各销地之间的运输方案是很多的.为了把这个问题仍当作一般的运输问题处理,可以这样做:

(1) 由于问题中所有产地、中间转运站、销地都可以既看作产地,又可以看作销地,因此可把整个问题当作有 11 个产地和 11 个销地的扩大的运输问题.

(2) 对扩大的运输问题建立单位运价表(见表 5.34).

表 5.34

销地 / 产地	A_1	A_2	A_3	T_1	T_2	T_3	T_4	B_1	B_2	B_3	B_4	产量
A_1	0	1	3	2	1	4	3	3	11	3	10	27
A_2	1	0	M	3	5	M	2	1	9	2	8	24
A_3	3	M	0	1	M	2	3	7	4	10	5	29
T_1	2	3	1	0	1	3	2	2	8	4	6	20
T_2	1	5	M	1	0	1	1	4	5	2	7	20
T_3	4	M	2	3	1	0	2	1	8	2	4	20
T_4	3	2	3	2	1	2	0	1	M	2	6	20
B_1	3	1	7	2	4	1	1	0	1	4	2	20
B_2	11	9	4	8	5	8	M	1	0	2	1	20
B_3	3	2	10	4	2	2	2	4	2	0	3	20
B_4	10	8	5	6	7	4	6	2	1	3	0	20
销量	20	20	20	20	20	20	20	23	26	25	26	

(3) 所有中间转运站的产量等于销量.由于运费最少时不可能出现一批物资来回倒运现象,所以每个转运站的转运数不超过总产量 20,因此,可以规定四个中转站 T_1、T_2、T_3、T_4 的产量和销量均为 20.由于实际的转运量

$$\sum_{j=1}^{n} x_{ij} \leqslant a_i, \quad \sum_{i=1}^{m} x_{ij} \leqslant b_j.$$

可以在每个约束条件中增加一个松弛变量 x_{ii},x_{ii} 相当于一个虚构的转运站,意义就是自己运给自己,$(20-x_{ii})$就是每个转运站的实际转运量,x_{ii} 对应的运价 $c_{ii}=0$.

(4) 扩大的运输问题中,原来的产地与销地也有转运站的作用,所以同样在原来产量与销量的数字上加 20,即三个产地 A_1、A_2、A_3 的产量改成 27、24、29,销量均为

20;四个销地 B_1、B_2、B_3、B_4 的销量改成 23、26、25、26,产量均为 20,同时引进 x_{ii} 作为松弛变量.

下面列出扩大运输问题的产销平衡与单位运价表(见表 5.34).

由于表 5.34 是一个产销平衡的运输问题,所以可以用表上作业法求解(计算略).

习 题 5

5.1 判别下列各表(表 5.35～表 5.37)中给出的各方案能否作为表上作业法求解的初始方案,为什么?

(1) **表 5.35**

产地 \ 销地	B_1	B_2	B_3	B_4	B_5	B_6	产量
A_1	20	10					30
A_2		30	20				50
A_3			10	10	50	5	75
A_4						20	20
销量	20	40	30	10	50	25	

(2) **表 5.36**

产地 \ 销地	B_1	B_2	B_3	B_4	B_5	B_6	产量
A_1					30		30
A_2	20	30					50
A_3		10	30	10		25	75
A_4					20		20
销量	20	40	30	10	50	25	

(3) **表 5.37**

产地 \ 销地	B_1	B_2	B_3	B_4	产量
A_1			6	5	11
A_2	5	4		2	11
A_3		5	3		8
销量	5	9	9	7	

5.2 已知运输问题的产销平衡表与单位运价表如表 5.38～表 5.43 所示,试用表上作业法分别求最优解(表中 M 代表充分大的正数).

(1) **表 5.38**

产地 \ 销地	B_1	B_2	B_3	B_4	产量
A_1	3	7	6	4	5
A_2	2	4	3	2	2
A_3	4	3	8	5	3
销量	3	3	2	2	

(2) **表 5.39**

产地 \ 销地	B_1	B_2	B_3	B_4	产量
A_1	10	6	7	12	4
A_2	16	10	5	9	9
A_3	5	4	10	10	4
销量	5	2	4	6	

(3)

表 5.40

销地 产地	B_1	B_2	B_3	B_4	B_5	产量
A_1	10	20	5	9	10	9
A_2	2	10	8	30	6	4
A_3	1	20	7	10	4	8
销量	3	5	4	6	3	

(4)

表 5.41

销地 产地	B_1	B_2	B_3	B_4	B_5	产量
A_1	8	6	3	7	5	20
A_2	5	M	8	4	7	30
A_3	6	3	9	6	8	30
销量	25	25	20	10	20	

(5)

表 5.42

销地 产地	B_1	B_2	B_3	B_4	B_5	产量
A_1	10	18	29	13	22	100
A_2	13	M	21	14	16	120
A_3	0	6	11	3	M	140
A_4	9	11	23	18	19	80
A_5	24	28	36	30	34	60
销量	100	120	100	60	80	

(6)

表 5.43

销地 产地	B_1	B_2	B_3	B_4	B_5	B_6	产量
A_1	9	12	9	6	9	10	5
A_2	7	3	7	7	5	5	6
A_3	6	5	9	11	3	11	2
A_4	6	8	11	2	2	10	9
销量	4	4	6	2	4	2	

5.3 如果运输问题的单位运价表第 r 行的元素 c_{rj} 都加上一个常数 k,问最优解是否发生变化?目标函数值变化多大?

5.4 如果运输问题的单位运价表第 l 列的元素 c_{il} 都加上一个常数 k,问最优解是否发生变化?目标函数值变化多大?

5.5 某地区有 A、B、C 三个化肥厂,供应Ⅰ、Ⅱ、Ⅲ、Ⅳ四个产粮区的需要,其供应量、需求量和从各化肥厂到各产粮区的每吨化肥的运价如表 5.44 所示,试制定使总运费最省的化肥调运方案(运价的单位为元/吨).

5.6 已知某运输问题的产销平衡表与单位运价表如表 5.45 所示.

(1) 求最优调运方案;

(2) 如产地 A_3 的产量变为 130,而 B_2 地区的销量又必须满足,试重新确定最优调运方案.

表 5.44

产地＼销地	Ⅰ	Ⅱ	Ⅲ	Ⅳ	供应量/万吨
A	5	8	7	3	7
B	4	9	10	7	8
C	8	4	2	9	3
需求量/万吨	6	6	3	3	

表 5.45

产地＼销地	B_1	B_2	B_3	B_4	B_5	产量
A_1	10	15	20	20	40	50
A_2	20	40	35	30	30	100
A_3	30	35	40	55	25	150
销量	25	115	60	30	70	

5.7 已知某运输问题的产销平衡表和单位运价表如表 5.46 所示.

表 5.46

产地＼销地	B_1	B_2	B_3	B_4	B_5	B_6	产量
A_1	2	1	3	3	3	5	50
A_2	4	2	2	4	4	4	40
A_3	3	5	4	2	4	1	60
A_3	4	2	2	1	2	2	31
销量	30	50	20	40	30	11	

(1) 求最优调运方案；

(2) 单位运价表中的 c_{12}、c_{35}、c_{41} 分别在什么范围内变化时，上面求出的最优方案不变？

5.8 已知甲、乙两处分别有 70 吨和 55 吨物资外运，A、B、C 三处各需要物资 35、40、50 吨，物资可以直接运达目的地，也可以经某些点转运，已知各处之间的距离(千米)如表 5.47～表 5.49 所示. 试制定一个最优调运方案.

表 5.47

始＼终	甲	乙
甲	0	12
乙	10	0

表 5.48

始＼终	A	B	C
甲	10	14	12
乙	15	12	18

表 5.49

始＼终	A	B	C
A	0	14	11
B	10	0	4
C	8	12	0

5.9 甲、乙两个煤矿分别生产煤 500 万吨，供应 A、B、C 三个电厂发电需要，各电厂用量分别为 300、300、400 万吨. 已知煤矿之间、煤矿与电厂之间以及各电厂之间相互距离(单位:km)如表 5.50～表 5.52 中所示，且煤可以直接运达，也可经转运抵达. 试确定从煤矿到各电厂间煤的最优调运方案.

表 5.50

始 \ 终	甲	乙
甲	0	120
乙	100	0

表 5.51

始 \ 终	A	B	C
甲	150	120	80
乙	60	160	40

表 5.52

始 \ 终	A	B	C
A	0	70	100
B	50	0	120
C	100	150	0

5.10 某厂生产 A、B、C、D 四种产品，根据订货和市场预测，这四种产品的需求量，除产品 B 只需 7000 件外，其他三种产品没有确定的数量，产品 A 最少 3000 件，最多 5000 件；产品 C 最多 3000 件；产品 D 至少 1000 件. 工厂的甲、乙、丙三个车间，除了车间丙不能生产产品 D 外，都能生产这四种产品，它们的生产能力和单位成本如表 5.53 所示. 问如何安排生产可使总成本最小？试用表格形式列出这个问题的"运输模型".

表 5.53

车间 \ 成本 \ 产品	A	B	C	D	生产能力
甲	16	13	22	17	5000
乙	14	13	19	15	6000
丙	19	20	23	—	5000

第6章 目标规划

目标规划(goal programming)是在线性规划的基础上,为适应经济管理中多目标决策的需要而逐步发展起来的一个运筹学分支. 1961年,美国学者查恩斯(A. Charnes)和库柏(W. W. Coopor)在《管理模型及线性规划的工业应用》一书中,首次提出了目标规划的有关概念,并建立了相应的数学模型. 1965年,尤吉·艾吉里(Yuji Ijiri)引入了优先因子和权系数等概念,进一步扩充了目标规划规模,之后又有人对目标规划的求解方法进行了研究和改进,形成了今天的目标规划的理论和方法. 目前研究较多的有线性目标规划、非线性目标规划、线性整数目标规划和0-1目标规划等. 本章主要讨论线性目标规划,简称**目标规划**.

目标规划与线性规划相比,有以下优点.

(1) 线性规则只讨论一个线性目标函数在一组线性约束条件下的极值问题,而实际问题中,往往要考虑多个目标的决策问题,这些目标可能互相矛盾,也可能没有统一的度量单位,很难比较. 目标规划就能统筹兼顾地处理多种目标的关系,求得更切合实际要求的解.

(2) 线性规划是在满足所有约束条件的可行解中求最优解,而在实际问题中,往往存在一些互相矛盾的约束条件,如何在这些互相矛盾的约束条件下,找到一个满意解,就是目标规划所要讨论的问题.

(3) 线性规划问题中的约束条件是不分主次、同等对待的,是一律要满足的"硬约束",而在实际问题中,多个目标和多个约束条件并不一定是同等重要的,而是有轻重缓急和主次之分的,如何根据实际情况去确定模型和求解,使其更加切合实际,则是目标规划的任务.

(4) 线性规划的最优解可以说是绝对意义下的最优,为了求得这个最优解,往往要花去大量的人力、物力和财力,而在实际问题中,却并不一定需要去找这种绝对最优解. 目标规划所求的满意解是指尽可能地达到或接近一个或几个已给定的指标值,这种满意解更能满足实际的需要.

因此可以认为,目标规划更能确切地描述和解决经济管理中的许多实际问题,目前,目标规划的理论和方法已经在经济计划、生产管理、经营管理、市场分析、财务管理等方面得到广泛的应用.

6.1 目标规划的基本概念及其数学模型

为了阐述目标规划的基本概念和建立目标规划模型,我们先看两个具体例子.

例 6.1.1 某厂计划在下一个生产周期内生产甲、乙两种产品,已知每件产品消耗的资源数、现有资源限制及每件产品可获得的利润如表 6.1 所示. 试制订生产计划,使获得的总利润最大;同时,根据市场预测,产品甲的销路不是太好,应尽可能少生产;而产品乙的销路较好,可以扩大生产. 试建立此问题的数学模型.

表 6.1

单位消耗 \ 产品 / 资源	甲	乙	资源限制
钢材	9	4	3600
煤炭	4	5	2000
设备台时	3	10	3000
单件利润	70	120	

解 设 x_1、x_2 分别表示甲、乙两种产品的生产件数,于是问题可归结为:求 x_1、x_2,使得

$$\max Z_1 = 70x_1 + 120x_2; \tag{6.1}$$

$$\min Z_2 = x_1; \tag{6.2}$$

$$\max Z_3 = x_2; \tag{6.3}$$

$$\text{s. t.}\begin{cases} 9x_1 + 4x_2 \leqslant 3600; \\ 4x_1 + 5x_2 \leqslant 2000; \\ 3x_1 + 10x_2 \leqslant 3000; \\ x_1, x_2 \geqslant 0. \end{cases} \tag{6.4}$$

这是一个多目标规划问题,用线性规划方法很难找到最优解.

例 6.1.2 在第 1 章的例 1.2.4 中,已知线性规划问题为

$$\max Z = 2x_1 + 3x_2; \tag{6.5}$$

$$\text{s. t.}\begin{cases} -x_1 + 2x_2 \leqslant 2; \\ 2x_1 - x_2 \leqslant 3; \\ x_2 \geqslant 4; \\ x_1, x_2 \geqslant 0. \end{cases} \tag{6.6}$$

由前面的讨论可知,此问题无可行解(约束条件是互相矛盾的),更无最优解.

在线性规划的理论和方法中,这两类问题都不可能继续求解. 下面我们介绍如何用目标规划的方法来解决这些问题,首先介绍目标规划的有关概念.

1. 目标规划的基本概念

1) 目标值和正、负偏差变量

目标规划通过引入目标值和正、负偏差变量,可以将目标函数转化为目标约束.

所谓**目标值**是指预先给定的某个目标的一个期望值. **实现值**或**决策值**是指当决策变量 $x_j(j=1,2,\cdots,n)$ 选定以后,目标函数的对应值. 显然,实现值和目标值之间会有一定的差异,这种差异称为**偏差变量**(事先无法确定的未知量). **正偏差变量**表示实现值超过目标值的部分,记为 d^+;**负偏差变量**表示实现值未达到目标值的部分,记为 d^-. 因为在一次决策中,实现值不可能既超过目标值同时又未达到目标值,所以有

$$d^+ \times d^- = 0,$$

并规定

$$d^+ \geqslant 0, d^- \geqslant 0. \tag{6.7}$$

在实际计划工作中，利润指标往往是由上级主管部门或工厂计划部门预先规定并要求实现的数值.例如在本节例 6.1.1 中，如果预先规定要求实现的利润指标是 50000 元，这就是目标值.而工厂在安排了甲、乙两种产品的产量(决策)后，可能实现的利润额与规定的利润指标 50000 元之间会有一定的差距，这个差距就是偏差变量.

当在实现规定的利润指标时，可能出现以下三种情况之一：

(1) 完成或超额完成规定的利润指标，则表示 $d^+ \geqslant 0, d^- = 0$；

(2) 未完成规定的利润指标，则表示 $d^+ = 0, d^- \geqslant 0$；

(3) 恰好完成利润指标，则表示 $d^+ = 0, d^- = 0$.

以上三种情况只能出现其中一种，故有 $d^+ \times d^- = 0$.

2) 目标约束和绝对约束

在引入了目标值和正、负偏差变量之后，可以将原目标函数加上负偏差变量 d^-，减去正偏差变量 d^+，并令其等于目标值，这样形成一个新的函数方程，把它作为一个新的约束条件，加入到原问题中去，称这种新的约束条件为**目标约束**.

例如在例 6.1.1 中，若规定 Z_1 的目标值为 50000，正、负偏差变量分别为 d_1^+、d_1^-，则目标函数(式(6.1))可以转化为目标约束

$$70x_1 + 120x_2 + d_1^- - d_1^+ = 50000.$$

同理，若规定 Z_2 的目标值为 200，Z_3 的目标值为 250，用 d_j^+、d_j^- ($j=1,2,3$)分别表示 Z_j($j=1,2,3$)的正、负偏差变量，则目标函数(式(6.1)～式(6.3))就可以转化为三个目标约束

$$\begin{cases} 70x_1 + 120x_2 + d_1^- - d_1^+ = 50000; \\ x_1 \qquad\qquad + d_2^- - d_2^+ = 200; \\ \qquad\qquad x_2 + d_3^- - d_3^+ = 250, \end{cases} \tag{6.8}$$

其中 $d_j^+, d_j^- \geqslant 0$ ($j=1,2,3$).

绝对约束又称系统约束，是指必须严格满足的等式和不等式约束，如线性规划问题的所有约束条件都是绝对约束，不满足这些约束条件的解称为非可行解，所以它们是硬约束.例如在例 6.1.1 中，如果原来的约束条件(式(6.4))不作任何处理而予以保留，则它们是绝对约束，而目标约束是目标规划所特有的，它把约束右端项看作要求的目标值.在达到此目标值时允许发生正或负偏差，因此在这些约束中加入正、负偏差变量，它们是软约束，线性规划问题的目标函数，在给定目标值和加入正、负偏差变量之后，可以转化为目标约束.

有时也可以根据需要将绝对约束转化为目标约束，这时只需将该约束的右端项看作目标值，再引入正、负偏差变量即可.例如在例 6.1.1 中，我们可以把约束条件(式(6.4))中的第一个约束条件

$$9x_1 + 4x_2 \leqslant 3600$$

转化为目标约束

$$9x_1 + 4x_2 + d_4^- - d_4^+ = 3600, \quad d_4^+ \geqslant 0, d_4^- \geqslant 0.$$

3) 达成函数

凡满足目标约束和绝对约束的解,应如何判别它的优劣呢?从决策者的要求来分析,他总希望将来得到的结果与规定的目标值之间的偏差越小越好,由此决策者可根据自己的要求构造一个使总偏差量为最小的目标函数,这种函数称为**达成函数**,记为

$$\min Z = f(d^+, d^-), \tag{6.9}$$

即达成函数是正、负偏差变量的函数.

一般来说,可能提出的要求只能是以下三种情况之一,对应于每种要求,可分别构造的达成函数是:

(1) 要求恰好达到规定的目标值,即正、负偏差变量都要尽可能地小,这时的达成函数是

$$\min Z = f(d^+ + d^-). \tag{6.10}$$

(2) 要求不超过目标值,即允许达不到目标值,就是正偏差变量要尽可能地小,这时的达成函数是

$$\min Z = f(d^+). \tag{6.11}$$

(3) 要求超过目标值,但不得低于目标值,即必须是负偏差变量尽可能地小,这时的达成函数是

$$\min Z = f(d^-). \tag{6.12}$$

对于由绝对约束转化而成的目标约束,也可以根据需要,按照上面三种方式,将正、负偏差变量列入达成函数中去.

4) 优先因子(优先等级)与权系数

上面只分析了达成函数的基本组成部分,即对正、负偏差变量的控制,但是要正确写出达成函数,还必须引入**优先因子**和**权系数**这两个重要概念.我们知道,在一个多目标决策问题中,要找出使所有目标都达到最优的解是很不容易的;在有些情况下,这样的解根本不存在(当这些目标是互相矛盾时).实际做法是:决策者将这些目标分出主次,或根据这些目标的轻重缓急不同,区别对待.也就是说,将这些目标按其重要程度排序,并用优先因子 $P_k(k=1,2,\cdots,K)$来标记,即要求第一位达到的目标赋予优先因子 P_1,要求第二位达到的目标赋予优先因子 P_2……要求第 K 位达到的目标赋予优先因子 P_K,并规定

$$P_1 \gg P_2 \gg \cdots \gg P_k \gg P_{k+1} \gg \cdots \gg P_K.$$

符号“$\gg$”表示“远大于”,表示 P_k 与 P_{k+1} 不是同一个级别的量,即 P_k 比 P_{k+1} 有更大的优先权.这些目标优先等级因子也可以理解为一种特殊的系数,可以量化,但必须满足

$$P_k > MP_{k+1} \quad (k=1,2,\cdots,K),$$

其中,$M>0$ 是一个充分大的数.

决策者可以根据各目标对本部门经营管理的不同重要程度,给每个目标赋予相应的优先因子 P_k $(k=1,2,\cdots,K)$. 各目标应赋予何级优先因子,可采用民主评议或专家评定等方法来确定. 同一目标在不同的情况下,可能赋予不同的优先因子;不同的目标,若它们的重要程度彼此不相上下,也可以赋予同一优先因子. 决策时,首先要保证 P_1 级目标的实现,这时可以不考虑次级目标;而 P_2 级目标是在实现 P_1 级目标的基础上考虑的. 或者说,是在不破坏 P_1 级目标的基础上再考虑 P_2 级目标……依此类推. 总之,是在不破坏上一级目标的前提下,再考虑下一级目标的实现.

在同一个优先级别中,可能包含有两个或多个目标,它们的正、负偏差变量的重要程度还可以有差别,这时还可以给处于同一优先级的正、负偏差变量赋予不同的权系数 ω_k^+ 和 ω_k^-,这些都由决策者按具体情况而定(关于权系数确定的方法这里不作专门论述,请读者参考有关著作). 目标规划的目标函数(或准则函数)是按各目标约束的正、负偏差变量和赋予相应的优先因子及权系数而构成的.

5) 满意解

目标规划问题的求解是分级进行的,首先求满足 P_1 级目标的解;然后在保证 P_1 级目标不被破坏的前提下,再求满足 P_2 级目标的解……依此类推. 总之,是在不破坏上一级目标的前提下,实现下一级目标的最优,因此,这样最后求出的解就不是通常意义下的最优解,我们称它为**满意解**. 之所以叫满意解,是因为对于这种解来说,前面的目标是可以保证实现或部分实现的,后面的目标就不一定能保证实现或部分实现,有些可能就无法实现.

满意解这一概念的提出是对最优化概念的一种突破,显然它更切合实际,更便于运用,因而受到广大实际工作者的欢迎而被广泛采用.

以上介绍的几个基本概念,实际上就是建立目标规划模型时必须分析的几个要素,把这些要素分析清楚了,目标规划的模型也就建立起来了.

例 6.1.3 在例 6.1.1 中,若提出下列要求:

(1) 第 1 级目标是:要完成或超额完成利润指标 50000 元;

(2) 第 2 级目标是:产品甲的生产件数不得超过 200 件;产品乙的生产件数不得低于 250 件;

(3) 第 3 级目标是:现有钢材 3600 吨必须用完.

试建立目标规划模型.

解 在前面分析的基础上,下面主要分析达成函数的构造方法. 按照第 1 级目标的要求,显然有 $P_1 d_1^-$;在第 2 级目标中有两个目标,即对产品甲和产品乙的产量分别有不同的要求,为了区别起见,我们就用它们的单件利润比作为各自的权系数,于是第 2 级目标可以写成$P_2(7d_2^+ + 12d_3^-)$;第 3 级目标为 $P_3(d_4^+ + d_4^-)$.

根据以上分析,我们可以建立起此问题的目标规划模型为

$$\min Z = P_1 d_1^- + P_2(7d_2^+ + 12d_3^-) + P_3(d_4^+ + d_4^-);$$

$$\text{s.t.}\begin{cases} 70x_1 + 120x_2 + d_1^- - d_1^+ = 50000; \\ x_1 + d_2^- - d_2^+ = 200; \\ x_2 + d_3^- - d_3^+ = 250; \\ 9x_1 + 4x_2 + d_4^- - d_4^+ = 3600; \\ 4x_1 + 5x_2 \leqslant 2000; \\ 3x_1 + 10x_2 \leqslant 3000; \\ x_1, x_2 \geqslant 0, d_j^+, d_j^- \geqslant 0\ (j = 1,2,3,4). \end{cases}$$

注意,该模型的约束条件中,最后两个不等式约束为绝对约束,前面四个约束条件为目标约束,达成函数中的各级目标之间均用加号连接.

例 6.1.4 在例 6.1.2 中,若提出下列要求:

(1) P_1:约束条件“$x_2 \geqslant 4$”必须保证;

(2) P_2:约束条件(式(6.7))中的第 1、2 两个条件可以突破,但不得低于现有的右端项;

(3) P_3:目标函数保证为 5.

试建立此问题的目标规划模型.

解 引入正、负偏差变量,将原目标函数和约束条件都转化为目标约束,根据题意得目标规划模型为

$$\min Z = P_1 d_3^- + P_2(d_1^- + d_2^-) + P_3(d_4^+ + d_4^-);$$

$$\text{s.t.}\begin{cases} -x_1 + 2x_2 + d_1^- - d_1^+ = 2; \\ 2x_1 - x_2 + d_2^- - d_2^+ = 3; \\ x_2 + d_3^- - d_3^+ = 4; \\ 2x_1 + 3x_2 + d_4^- - d_4^+ = 5; \\ x_1, x_2 \geqslant 0, d_j^+, d_j^- \geqslant 0\ (j = 1,2,3,4). \end{cases}$$

2. 目标规划的数学模型及建模步骤

综合以上分析,可以写出目标规划的一般模型.

设有 L 个目标,K 个优先等级($K \leqslant L$)的一般目标规划问题.在同一个优先级别中的不同目标,它们的正、负偏差变量的重要程度还可以有差别,这时还可以给同一优先级别的正、负偏差变量赋予不同的权系数 ω_{kl}^+ 和 ω_{kl}^-,则目标规划问题的一般数学模型可表述为

$$\min Z = \sum_{k=1}^{K} P_k \sum_{l=1}^{L} (w_{kl}^- d_l^- + w_{kl}^+ d_l^+); \tag{6.13}$$

$$\text{s.t.}\begin{cases} \sum_{j=1}^{n} c_{lj} x_j + d_l^- - d_l^+ = q_l\ (l = 1,2,\cdots,L); & (6.14) \\ \sum_{j=1}^{n} a_{ij} = b_i (i = 1,2,\cdots,m); & (6.15) \\ x_j \geqslant 0\ (j = 1,2,\cdots,n); & (6.16) \\ d_l^+, d_l^- \geqslant 0\ (l = 1,2,\cdots,L). & (6.17) \end{cases}$$

其中,式(6.13)是目标规划数学模型的目标函数,即达成函数.目标函数中有 L 个目标,根据 L 个目标的优先程度,把它们分成 K 个优先等级,即 $P_1 \gg P_2 \gg \cdots \gg P_K$;$w_{kl}$ 是权系数,d_l^-、d_l^+ 是正、负偏差变量($k=1,2,\cdots,K$;$l=1,2,\cdots,L$).

式(6.14)是目标规划的约束条件,即目标约束,$q_l(l=1,2,\cdots,L)$是 L 个目标的预定目标值.

式(6.15)是目标规划的约束条件,即系统约束,这是人力、物力、财力等资源的约束.

式(6.16)、式(6.17)是目标规划的约束条件,即非负约束.

目标规划问题建立模型的步骤是:

(1) 根据要研究的问题所提出的各目标与条件,确定目标值,列出目标约束与绝对约束;

(2) 可根据决策者的需要,将某些或全部绝对约束转化为目标约束,这时只需要给绝对约束加上负偏差变量和减去正偏差变量即可;

(3) 给各目标赋予相应的优先因子 P_k,$k=1,2,\cdots,K$;

(4) 对同一优先等级中的各偏差变量,若需要,可按其重要程度不同,赋予相应的权系数 w_{kl}^+ 与 w_{kl}^-;

(5) 根据决策者的要求,按下列三种情况:

① 恰好达到目标值,取 $d_L^+ + d_L^-$;

② 允许超过目标值,取 d_L^-;

③ 不允许超过目标值,取 d_L^+

构造一个由优先因子和权系数相对应的偏差变量组成的,要求实现极小化的目标函数,即达成函数.

下面再看两个例子.

例 6.1.5 某计算机制造厂生产 A、B、C 三种型号的计算机,它们在同一条生产线上装配.三种产品的工时消耗分别为 5、8、12 小时.生产线上每月正常运转时间是 170 小时.这三种产品的利润分别为每台 1000、1440、2520 元.该厂的经营目标是:

P_1:充分利用现有工时,必要时可以加班;

P_2:A、B、C 的最低产量分别为 5、5、8 台,并依单位工时的利润比例确定权系数;

P_3:生产线的加班工时每月不超过 20 小时;

P_4:A、B、C 的月销售指标分别定为 10、12、10 台,并依单位工时的利润比例确定权系数.

试建立目标规划模型.

解 设 A、B、C 三种产品的产量分别为 x_1、x_2、x_3,单位工时的利润分别为

$$1000/5 = 200, 1440/8 = 180, 2520/12 = 210$$

故单位工时的利润比例为 20 : 18 : 21,于是得目标规划模型为

$$\min Z = P_1 d_1^- + P_2(20d_2^- + 18d_3^- + 21d_4^-) + P_3 d_8^+ + P_4(20d_5^- + 18d_6^- + 21d_7)\text{；}$$

$$\text{s.t.}\begin{cases} 5x_1 + 8x_2 + 12x_3 + d_1^- - d_1^+ = 170\text{；} \\ x_1 + d_2^- - d_2^+ = 5\text{；} \\ x_2 + d_3^- - d_3^+ = 5\text{；} \\ x_3 + d_4^- - d_4^+ = 8\text{；} \\ x_1 + d_5^- - d_5^+ = 10\text{；} \\ x_2 + d_6^- - d_6^+ = 12\text{；} \\ x_3 + d_7^- - d_7^+ = 10\text{；} \\ d_1^+ + d_8^- - d_8^+ = 20\text{；} \\ x_j, d_i^+, d_i^- \geqslant 0\ (j = 1,2,3; i = 1,2,\cdots,8). \end{cases}$$

例 6.1.6 某公司从两个不同的仓库向三个用户提供某种产品,由于在计划期内供不应求,公司决定重点保证某些用户的需要,同时又使总运输费用最小.现已知各仓库的供应量(吨)、各用户的需求量(吨)以及从各仓库到每一用户的单位运费(元/吨)如表6.2所示.

表 6.2

单位运费 / 用户 / 仓库	B_1	B_2	B_3	供应量
A_1	10	4	12	3000
A_2	8	10	3	4000
需求量	2000	1500	5000	8500 / 7000

根据供求关系和公司的经营条件,公司确定了下列目标:

P_1:完全满足用户 B_3 的需要；

P_2:至少满足各用户 75%的需要；

P_3:使总运费最小；

P_4:从仓库 A_2 到用户 B_1 只能用船运货,最小运量为 1000 吨；

P_5:从仓库 A_1 到用户 B_3,从仓库 A_2 到用户 B_2 之间的公路正在大修,运货量应尽量少；

P_6:平衡用户 B_1 和 B_2 之间的供货满意水平.

试建立目标规划模型.

解

1) 选择变量

设 x_{ij} 为从仓库 i 到用户 j 的运输量($i=1,2;j=1,2,3$)；d_l^-、d_l^+ 为第 l 个目标约

束条件中,未达到规定目标的负偏差变量和超过目标的正偏差变量.

2）建立约束条件

(1) 供货约束.由于仓库供货不可能超过现有的供应量,故正偏差变量没有意义,则有

$$x_{11}+x_{12}+x_{13}+d_1^-=3000,\quad x_{21}+x_{22}+x_{23}+d_2^-=4000,$$

(2) 需求约束.由于供不应求,又要考虑各用户间的供货平衡,因此向各用户的实际供应量不可能超过其需求量,故正偏差变量也没有意义,则有

$$x_{11}+x_{21}+d_3^-=2000;\quad x_{12}+x_{22}+d_4^-=1500;\quad x_{13}+x_{23}+d_5^-=5000.$$

(3) 船载装货量约束.希望最小装货量为1000吨,即

$$x_{21}+d_6^--d_6^+=1000.$$

(4) 至少满足各用户75%的需求量,即

$$x_{11}+x_{21}+d_7^--d_7^+=2000\times 75\%=1500;$$
$$x_{12}+x_{22}+d_8^--d_8^+=1500\times 75\%=1125;$$
$$x_{13}+x_{23}+d_9^--d_9^+=5000\times 75\%=3750.$$

(5) 正在大修公路的运货量尽量少,也就是其运货量尽量等于零.显然,负偏差变量没有意义,故有

$$x_{13}-d_{10}^+=0;\quad x_{22}-d_{11}^+=0.$$

(6) 平衡用户1与用户2的供货量,即其供货量与需求量的比例应相等,故有

$$\frac{x_{11}+x_{21}}{2000}=\frac{x_{12}+x_{22}}{1500},$$

改写成目标约束,则为

$$3x_{11}-4x_{12}+3x_{21}-4x_{22}+d_{12}^--d_{12}^+=0.$$

(7) 运输费用的目标约束.运输费用尽量小,但实际问题不可能等于零,也不可能小于零,故负偏差变量没有意义,则有

$$10x_{11}+4x_{12}+12x_{13}+8x_{21}+10x_{22}+3x_{23}-d_{13}^+=0.$$

3）达成函数

按给定各目标的优先等级及具体含义,各目标的表达式为

(1) 完全满足用户3的需求:$\min d_5^-$;

(2) 至少满足各用户75%的需求:$\min(d_7^-+d_8^-+d_9^-)$;

(3) 总运费最少:$\min d_{13}^+$;

(4) 船的最小运货量为1000吨:$\min d_6^-$;

(5) 大修公路运货量尽量少:由于从仓库1到用户3与从仓库2到用户2这两条公路的单位运费不同,所以其重要程度也应有别.由于$c_{13}=12$,$c_{22}=10$,故d_{10}^+是d_{11}^+的1.2倍,即d_{11}^+的权系数若为1,则d_{10}^+的权系数就为1.2,于是有$\min(1.2d_{10}^++d_{11}^+)$;

(6) 尽量使用户1和用户2的供货平衡,意味着既不使用户1比用户2多,也不使用户2比用户1多,这就有$\min(d_{12}^++d_{12}^+)$.

由于问题是追求总偏差变量最小,故其达成函数为

$$\min Z = P_1 d_5^- + P_2(d_7^- + d_8^- + d_9^-) + P_3 d_{13}^+ + P_4 d_6^- + P_5(1.2d_{10}^+ + d_{11}^+) + P_6(d_{12}^+ + d_{12}^+).$$

归纳起来,这个问题的目标规划模型为

$$\min Z = P_1 d_5^- + P_2(d_7^- + d_8^- + d_9^-) + P_3 d_{13}^+ + P_4 d_6^- + P_5(1.2d_{10}^+ + d_{11}^+) + P_6(d_{12}^+ + d_{12}^+);$$

$$\text{s.t.}\begin{cases} x_{11} + x_{12} + x_{13} + d_1^- = 3000; \\ x_{21} + x_{22} + x_{23} + d_2^- = 4000; \\ x_{11} + x_{21} + d_3^- = 2000; \\ x_{12} + x_{22} + d_4^- = 1500; \\ x_{13} + x_{23} + d_5^- = 5000; \\ x_{21} + d_6^- - d_6^+ = 1000; \\ x_{11} + x_{21} + d_7^- - d_7^+ = 1500; \\ x_{12} + x_{22} + d_8^- - d_8^+ = 1125; \\ x_{13} + x_{23} + d_9^- - d_9^+ = 3750; \\ x_{13} - d_{10}^+ = 0; \\ x_{22} - d_{11}^+ = 0; \\ 3x_{11} - 4x_{12} + 3x_{21} - 4x_{22} + d_{12}^- - d_{12}^+ = 0; \\ 10x_{11} + 4x_{12} + 12x_{13} + 8x_{21} + 10x_{22} + 3x_{23} - d_{13}^+ = 0; \\ x_{ij} \geqslant 0, i = 1,2; j = 1,2,3; \\ d_l^+, d_l^- \geqslant 0, l = 1,2,\cdots,13. \end{cases}$$

6.2 目标规划的图解法

与线性规划问题一样,图解法虽然只适用于两个决策变量的目标规划问题,但其操作简便,原理一目了然,并且有助于理解一般目标规划问题的求解原理和过程.

图解法解题的步骤为

(1) 确定各约束条件的可行域,即将所有约束条件(包括目标约束和绝对约束,暂不考虑正、负偏差变量)在坐标平面上表示出来;

(2) 在目标约束所代表的边界线上,用箭头标出正、负偏差变量值增大的方向;

(3) 求满足最高优先等级目标的解;

(4) 转到下一个优先等级的目标,在不破坏所有较高优先等级目标的前提下,求出该优先等级目标的解;

(5) 重复步骤(4),直到所有优先等级的目标都已审查完毕为止;

(6) 确定最优解或满意解.

下面通过例子来说明目标规划图解法的原理和步骤.

例 6.2.1 用图解法求解目标规划问题:

$$\min Z = P_1(d_1^- + d_1^+) + P_2 d_2^-;$$

$$\text{s.t.}\begin{cases}10x_1 + 12x_2 + d_1^- - d_1^+ = 62.5; & (6.18)\\ x_1 + 2x_2 + d_2^- - d_2^+ = 10; & (6.19)\\ 2x_1 + x_2 \leqslant 8; & (6.20)\\ x_1, x_2, d_1^-, d_1^+, d_2^-, d_2^+ \geqslant 0. & (6.21)\end{cases}$$

解 确定各个约束条件的可行域. 在 x_1Ox_2 坐标平面上,暂不考虑每个约束方程中的正、负偏差变量,将上述每一个约束方程用一条直线表示出来,再用两个箭头分别表示上述目标约束方程中的正、负偏差变量,如图 6.1 所示. 其中,阴影区域 OAB 为满足条件(式(6.20))的可行域.

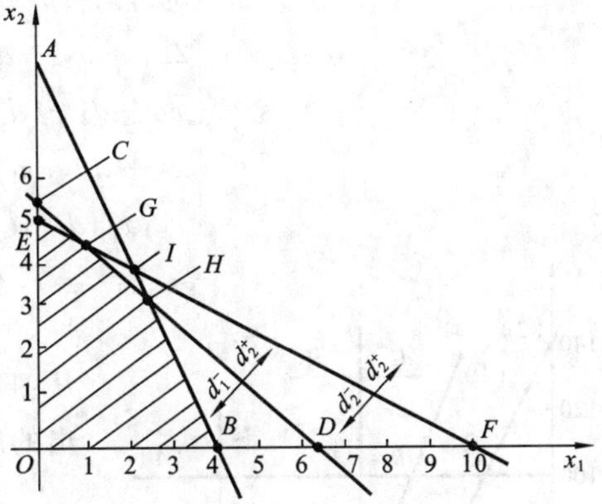

图 6.1

接着先考虑具有最高优先等级的目标 $P_1(d_1^- + d_1^+)$,即 $\min(d_1^- + d_1^+)$. 为了实现这个目标,必须 $d_1^- = d_1^+ = 0$. 从图6.1可以看出,凡落在直线 CD 上的点都能体现 $d_1^- = d_1^+ = 0$,但如果同时还要满足条件(式(6.20)),则只有线段 CH 上的点才能实现. 这也就是说,在线段 CH 上的任何一点都能使最高优先等级目标$(d_1^- + d_1^+) = 0$.

其次,考虑第二优先等级的目标 $P_2 d_2^-$. 从图6.1可以看出,直线 EF 与 EF 右上方的点均能实现 $d_2^- = 0$. 若同时满足条件(式(6.20)),则应为三角形 AEI 上的点能实现 $d_2^- = 0$. 但第二优先等级目标的实现应在不影响第一优先等级目标的前提下,显然,在三角形 AEI 中,只有线段 CG 上的点才能实现这一要求,这就是问题的解.

于是,C、G 两点及 CG 线段上的所有点(无穷多个)均是该问题的最优解. 其中,C 点对应的解为:$x_1 = 0, x_2 = 5.2083$;G 点对应的解为:$x_1 = 0.6250, x_2 = 4.6875$.

例 6.2.2 已知一个生产计划的线性规划模型为

$$\min Z = 30x_1 + 12x_2;$$

$$\text{s.t.}\begin{cases}2x_1 + x_2 \leqslant 140;\\ x_1 \qquad\ \leqslant 60;\\ \qquad x_2 \leqslant 100;\\ x_1, x_2 \geqslant 0,\end{cases}$$

其中目标函数为总利润,三个约束条件分别为甲、乙、丙三种资源限制. x_1、x_2 为产品A、B的产量,现有下列目标:

第一,要求总利润必须超过 2500 元;

第二,考虑到产品 A、B 受市场的影响,为避免造成产品积压,其生产量不要超过 60 件和 100 件;

第三,由于原料甲供应比较紧张,因此不要超过现有量 140 件.

试建立目标规划模型,并用图解法求解.

解 由于产品 A 与产品 B 的单件利润之比为 2.5 : 1,分别以它们为权系数,得目标规划问题

$$\min Z = P_1 d_1^- + P_2(2.5d_3^+ + d_4^+) + P_3 d_2^+;$$

$$\text{s.t.}\begin{cases} 30x_1 + 12x_2 + d_1^- - d_1^+ = 2500; & (6.22)\\ 2x_1 + x_2 + d_2^- - d_2^+ = 140; & (6.23)\\ x_1 + d_3^- - d_3^+ = 60; & (6.24)\\ x_2 + d_4^- - d_4^+ = 100; & (6.25)\\ x_1, x_2, d_l^+, d_l^- \geqslant 0 \ (l = 1,2,3,4). & (6.26)\end{cases}$$

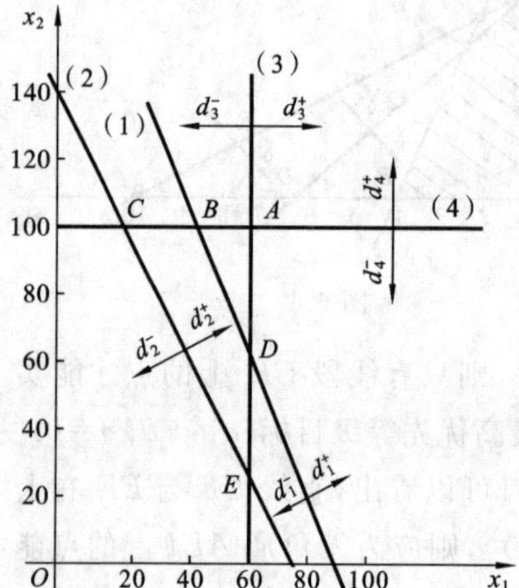

图 6.2

确定各条件的可行域如图 6.2 所示.

首先,考虑具有第一优先等级的目标 $P_1 d_1^-$,从图 6.2 可以看出,在直线(1)上及其右上方区域出的所有点均能实现此目标.

其次,考虑具有第二优先等级的目标 $P_2(2.5d_3^+ + d_4^+)$,这分别为直线(3)上及其左方、直线(4)上及其下方.从图 6.2 可以看出,同时满足第一、第二优先等级目标的点为三角形 ABD 上的点.

最后,考虑具有第三优先等级的目标 $P_3 d_2^+$,而这需在直线(2)上及其左下方.显然,若使 $d_2^+ = 0$,必然违反 $d_1^- = 0$ 的目标,即实现第三等级目标与实现第一等级目标相矛盾.为此,则需采取在满足第一等级目标实现的前提下,来寻求 d_2^+($d_2^+ \neq 0$)的最小值的办法,这也就是在三角形 ABD 内寻找距离直线(2)最近的点.从图 6.2 可知,D 点是到直线(2)距离最近的点,即 D 点实现了使目标函数总偏差的最小化.于是,确定 D 点的坐标 $x_1 = 60$,$x_2 = 58.3$ 为所求的满意解.

将上述结果代入已知目标规划模型,由于 D 点在直线(1)、(3)上,故 $d_1^- = d_1^+ = 0$,$d_3^- = d_3^+ = 0$;D 点在直线(2)的右上边,故 $d_2^- = 0$,d_2^+ 存在;D 点又在直线(4)下方,故 $d_4^+ = 0$,d_4^- 存在.于是,目标函数

$$\min Z = P_1 d_1^- + P_2(2.5d_3^+ + d_4^+) + P_3 d_2^+;$$

变为

$$\min Z = P_3 d_2^+.$$

将 $x_1 = 60$、$x_2 = 58.3$ 代入约束条件,有

$$\begin{cases}30\times 60+12\times 58.3=2499.6\approx 2500;\\ 2\times 60+58.3=178.3>140;\\ 1\times 60=60;\\ 1\times 58.3=58.3<100.\end{cases}$$

以上验算表明，若 A、B 的计划生产量分别为 60 件和 58.3 件，所需甲种原料的数量超过了现有库存量. 这就意味着，在现有资源条件下，求得的解为非可行解. 为了使这个解能成为可行解，工厂领导必须采取先进的技术手段和有效的管理措施降低 A、B 产品对甲种原料的消耗量，显然，A、B 产品每件所需甲种原料量应变为原有消耗量的 78.5%(140/178.3=0.785)，才能使求得的生产方案($x_1=60,x_2=58.3$)成为可行方案.

在上述两个例子中，前一个例子求得的结果为可行解，后一个例子求得的结果为非可行解. 这就表明目标规划模型的求解结果可以是非可行解，而这正是目标规划模型与线性规划模型在求解思想上的差别，即线性规划立足于求最优解，目标规划立足于求满意解. 目标规划模型的满意解虽然可能是非可行解，但它却有助于了解问题的薄弱环节以便有的放矢地改进工作.

6.3　目标规划的单纯形法

对于本章所讨论的线性目标规划而言，其模型与线性规划模型具有相似的结构. 虽然在目标函数中含有表示优先等级的优先因子及正、负偏差变量，但如果把优先因子看作具有不同数量等级的若干个很大的正数，而把正、负偏差变量看作线性规划模型中的松弛变量，便可考虑用线性规划的单纯形法来进行求解. 不过，由于在目标规划模型的目标函数中，带有表示不同优先等级的优先因子及权系数，并且要求首先寻求高优先等级目标的实现，然后才能转到下一级，同时，较低等级目标的实现以不破坏高等级目标实现为前提. 因此，求解目标规划的单纯形表的形式与线性规划略有不同，具体如表 6.3 所示.

表 6.3

$\boldsymbol{C}_B$	$\boldsymbol{X}_B$	$\boldsymbol{b}$	c_1	c_2	$\cdots$	c_{n+2m}
			x_1	x_2	$\cdots$	x_{n+2m}
c_{J1}	x_{J1}	b_{01}	e_{11}	e_{12}	$\cdots$	e_{1n+2m}
c_{J2}	x_{J2}	b_{02}	e_{21}	e_{22}	$\cdots$	e_{2n+2m}
$\vdots$	$\vdots$	$\vdots$	$\vdots$	$\vdots$		$\vdots$
c_{Jm}	x_{Jm}	b_{0m}	e_{m1}	e_{m2}	$\cdots$	e_{mn+2m}
	P_1	$-a_1$	σ_{11}	σ_{12}	$\cdots$	σ_{1n+2m}
	P_2	$-a_2$	σ_{21}	σ_{22}	$\cdots$	σ_{2n+2m}
σ_{kj}	$\vdots$	$\vdots$	$\vdots$	$\vdots$		$\vdots$
	P_K	$-a_K$	σ_{K1}	σ_{K2}	$\cdots$	σ_{Kn+2m}

在上述表格中,为了使表达具有通用性,所有的变量(决策变量和偏差变量)均用 $x_j(j=1,2,\cdots,n+2m)$ 表示,它们在目标函数中的优先等级和权系数一律用 c_j 表示;$J_1,J_2,\cdots,J_m$ 代表基变量的下标,$b_{01},b_{02},\cdots,b_{0m}$ 为基变量的值;表内的元素以 e_{ij} 表示($i=1,2,\cdots,m;j=1,2,\cdots,n+2m$).这样,表 6.3 的上半部与一般线性规划的单纯形表则完全相同.

表 6.3 的下半部与一般单纯形表不同.线性规划单纯形表只有一个检验数行,而这里有 K 行检验数.这是由于目标规划模型有 K 个目标优先等级,不同等级的优先因子是不可比较的,且目标的实现遵循由高等级往低等级的次序,即在表 6.3 中表现为按目标优先等级 $P_1,P_2,\cdots,P_K$ 的次序,从上往下排列的 K 行检验数.因此,检验数是一个 $K\times(n+2m)$ 矩阵,其中 σ_{kj} 表示 P_k 优先等级目标位于第 j 个变量下面的检验数($k=1,2,\cdots,K;j=1,2,\cdots,n+2m$).与线性规划检验数的定义相同,此时检验数的计算公式为

$$\sigma_{kj}=c_j-\sum_{i=1}^{m}c_{Ji}e_{ij},\quad k=1,2,\cdots,K; \tag{6.27}$$

在上述计算结果中,按目标优先等级次序排列的优先因子的系数,即为第 j 个变量在各优先等级行中的检验数.由于在检验数中含有不同等级的优先因子,又因 $P_1\gg P_2\gg\cdots\gg P_K$,所以从每个检验数的整体来看,其正、负首先取决于 P_1 系数的正、负.若 P_1 的系数为零,则取决于 P_2 系数的正、负,依此类推.检验数的具体运算过程见后边的例题.

表 6.3 下半部的 $a_k(k=1,2,\cdots,K)$ 表示第 k 个优先等级目标的达到情况,即为目标的偏离值.它的数值为该表上部 $\boldsymbol{C}_B$ 列中 P_k 的系数与 P_k 所在行之 b 列中基变量值乘积的和,即

$$a_k=\sum_{i=1}^{r}c_{Ji}b_{0i},\quad k=1,2,\cdots,K, \tag{6.28}$$

其中,r 为第 k 个优先等级中包含的目标个数.表中列入的是 $-a_k$(理由与单纯形法相同).

目标规划的单纯形法与一般线性规划单纯形法的求解过程大体相同,只不过由于是多个目标,且多个目标须按优先等级的次序实现,使其计算步骤略有区别.

求解目标规划的单纯形法的计算步骤如下:

(1) 建立目标规划模型的初始单纯形表.为了简便起见,一般假定初始解在原点,即以约束条件中的所有负偏差变量或松弛变量为初始基变量,按目标优先等级从左至右分别计算出各列的检验数,填入表的下半部.

(2) 检验是否为满意解.目标规划的判别准则与过程如下:

① 首先从上往下检查 $\boldsymbol{b}$ 列下部元素 $a_k(k=1,2,\cdots,K)$ 是否全部为零?如果全部为零,则表示全部目标均已达到,得满意解,停止计算,转到步骤(6);否则,转入②.

② 如果某一个 $a_k>0$,则说明第 k 个优先等级 P_k 的目标尚未达到,必须检查 P_k

这一行的检验数 $\sigma_{kj}(j=1,2,\cdots,n+2m)$. 若 P_k 这一行的某些负检验数的同列上面（较高优先等级）没有正检验数，说明尚未得到满意解，还可继续改进，转到步骤(3)步；若 P_k 这一行的全部负检验数的同列上面都有正检验数，说明这个目标虽然尚未达到，但已不能再改进，故得满意解，转到步骤(6).

(3) 确定进基变量. 在 P_k 行，从那些上面没有正检验数的负检验数中，选绝对值最大者，记这一列为 s 列，则 x_s 就是进基变量. 若 P_k 这一行中有几个相同的绝对值最大的负检验数，则依次比较它们各列下部的检验数，取其绝对值最大的负检验所在列为 s 列. 假如仍无法确定，则选最左边的变量（即变量下标小者）为进基变量.

(4) 确定出基变量. 确定出基变量的方法与线性规划相同，即依据最小比值法则

$$\theta=\min\left\{\frac{b_{si}}{e_{is}}\middle|e_{is}>0\right\}=\frac{b_{0r}}{e_{rs}}, \tag{6.29}$$

故确定 x_r 为出基变量，e_{rs} 为主元素.

若有 n 个相同的行可供选择时，则选其中最上面那一行所对应的变量为出基变量 x_r.

(5) 旋转变换. 以 e_{rs} 为主元素进行旋转变换，得新单纯形表，即得到一组新解，返回步骤(2).

(6) 对求得的解进行分析. 若计算结果满意，停止运算；若不满意，则需修改模型，即调整目标优先等级和权系数，或者改变目标值，重新进行步骤(1).

在上述计算过程中，从步骤(2)到步骤(5)是一个单纯形算法的迭代循环，增加步骤(6)的目的是加强分析，以求得到切实可行的满意解.

下面通过例子来进一步说明单纯形法的求解步骤.

例 6.3.1　用单纯形法求解例 6.2.2：

$$\min Z=P_1d_1^-+2.5P_2d_3^++P_2d_4^++P_3d_2^+;$$

$$\text{s.t.}\begin{cases}30x_1+12x_2+d_1^--d_1^+=2500;\\2x_1+x_2+d_2^--d_2^+=140;\\x_1+d_3^--d_3^+=60;\\x_2+d_4^--d_4^+=100;\\x_1,x_2,d_l^+,d_l^-\geqslant 0,l=1,2,3,4.\end{cases}$$

解　(1) 确定初始解，列初始单纯形表.

在本例中，由于各目标约束均存在负偏差变量，故以这些负偏差变量为基变量. 计算检验数，并将有关数据填入单纯形表，得表 6.4.

其中各变量的检验数依式(6.27)计算，例如：

$$\sigma_{k1}=0-(30\times P_1+2\times 0+1\times 0+0\times 0)=-30P_1;$$

$$\sigma_{k2}=0-(12\times P_1+1\times 0+0\times 0+1\times 0)=-12P_1;$$

其余的 σ_{kj} 均可类似计算（见表 6.4），再用公式(6.28)计算 a_k：

$$a_k=P_1\times 2500+0\times 140+0\times 60+0\times 100=2500P_1$$

即 $a_1=2500, a_2=a_3=0$. 将这些数据反号后填入表 6.4 的相应位置.

表 6.4

C_B	X_B	b	0	0	P_1	0	0	P_3	0	$2.5P_2$	0	P_2
			x_1	x_2	d_1^-	d_1^+	d_2^-	d_2^+	d_3^-	d_3^+	d_4^-	d_4^+
P_1	d_1^-	2500	30	12	1	−1	0	0	0	0	0	0
0	d_2^-	140	2	1	0	0	1	−1	0	0	0	0
0	d_3^-	60	[1]	0	0	0	0	0	1	−1	0	0
0	d_4^-	100	0	1	0	0	0	0	0	0	1	−1
σ_{kj}	P_1	−2500	−30	−12	0	1	0	0	0	0	0	0
	P_2	0	0	0	0	0	0	0	0	2.5	0	1
	P_3	0	0	0	0	0	0	1	0	0	0	0

(2) 检验是否获得满意解.

由于 $a_1=2500\neq 0$,说明第一个优先等级的目标没有达到;又由于 P_1 这一行为最高优先等级,且存在负检验数,故没有得到满意解,需换基改进.

(3) 确定进基变量. 在 P_1 这一行,检验数绝对值最大者为 x_1 列,故选 x_1 为进基变量.

(4) 确定出基变量. 依最小比值法则有

$$\min=\left\{\frac{2500}{30},\frac{140}{2},\frac{60}{1}\right\}=60,$$

故选 d_3^- 为出基变量,主元素在表中用"[]"标出.

(5) 进行旋转变换,得新单纯形表(见表 6.5).

表 6.5

C_B	X_B	b	0	0	P_1	0	0	P_3	0	$2.5P_2$	0	P_2
			x_1	x_2	d_1^-	d_1^+	d_2^-	d_2^+	d_3^-	d_3^+	d_4^-	d_4^+
P_1	d_1^-	700	0	12	1	−1	0	0	−30	30	0	0
0	d_2^-	20	0	1	0	0	1	−1	−2	[2]	0	0
0	x_1	60	1	0	0	0	0	0	1	−1	0	0
0	d_4^-	100	0	1	0	0	0	0	0	0	1	−1
σ_{kj}	P_1	−700	0	−12	0	1	0	0	30	−30	0	0
	P_2	0	0	0	0	0	0	0	0	2.5	0	1
	P_3	0	0	0	0	0	0	1	0	0	0	0

重复上述过程,得表 6.6.

至此,$a_1=0$,P_1 行所有的检验数均非负,这说明 P_1 目标已达到. 但仍有 $a_2=175/3\neq 0$,P_2 行存在负检验数,且有的负检验数的同列上面没有正检验数,故仍未得到满意解，继续迭代，详见表 6.7.

表 6.6

C_B	X_B	b	0	0	P_1	0	0	P_3	0	$2.5P_2$	0	P_2
			x_1	x_2	d_1^-	d_1^+	d_2^-	d_2^+	d_3^-	d_3^+	d_4^-	d_4^+
P_1	d_1^-	400	0	−3	1	−1	−15	[15]	0	0	0	0
$2.5P_2$	d_3^+	10	0	1/2	0	0	1/2	−1/2	−1	1	0	0
0	x_1	70	1	1/2	0	0	1/2	−1/2	0	0	0	0
0	d_4^-	100	0	1	0	0	0	0	0	0	1	−1
σ_{kj}	P_1	−400	0	3	0	1	15	−15	0	0	0	0
	P_2	−25	0	−5/4	0	0	−5/4	5/4	5/2	0	0	1
	P_3	0	0	0	0	0	0	1	0	0	0	0
P_3	d_2^+	80/3	0	−1/5	1/15	−1/15	−1	1	0	0	0	0
$2.5P_2$	d_3^+	70/3	0	[2/5]	1/30	−1/30	0	0	−1	1	0	0
0	x_1	250/3	1	2/5	1/30	−1/30	0	0	0	0	0	0
0	d_4^-	100	0	1	0	0	0	0	0	0	1	−1
σ_{kj}	P_1	0	0	0	1	0	0	0	0	0	0	0
	P_2	−175/3	0	−1	−1/12	1/12	0	0	5/2	0	0	1
	P_3	−80/3	0	1/5	−1/15	1/15	1	0	0	0	0	0

表 6.7

C_B	X_B	b	0	0	P_1	0	0	P_3	0	$2.5P_2$	0	P_2
			x_1	x_2	d_1^-	d_1^+	d_2^-	d_2^+	d_3^-	d_3^+	d_4^-	d_4^+
P_2	d_2^+	115/3	0	0	1/12	−1/12	−1	1	−1/2	1/2	0	0
0	x_2	175/3	0	1	1/12	−1/12	0	0	−5/2	5/2	0	0
0	x_1	60	1	0	0	0	0	0	−1	1	0	0
0	d_4^-	125/3	0	0	−1/12	1/12	0	0	5/2	−5/2	1	−1
σ_{kj}	P_1	0	0	0	1	0	0	0	0	0	0	0
	P_2	0	0	0	0	0	0	0	0	5/2	0	1
	P_3	−115/3	0	0	−1/12	1/12	1	0	1/2	−1/2	0	0

在表 6.7 中，$a_3=115/3\neq 0$，即 P_3 优先等级目标没有达到，但 P_3 行的全部负检验数的同列上面均有非负检验数，说明已不能再改进. 因若选任一负检验数对应的变量进基，则会破坏 P_1 行或 P_2 行检验数的非负性，故得满意解：

$$x_1 = 60,\quad x_2 = 175/3,\quad d_2^+ = 115/3,\quad d_4^- = 125/3$$

(6) 结果分析.上述计算结果表明,工厂应生产 A 产品 60 件,B 产品 175/3 件,2500 元的利润目标刚好达到. $d_4^- = 125/3$,表明 B 产品比最高生产限额少 125/3 件,满足目标要求. $d_2^+ = 115/3$ 表明甲种原料超过现有库存量 115/3kg,甲种原料不得超过现有库存量的目标没有达到.而从表 6.7 还可以看出,在 d_1^- 这一列中,P_3 等级的检验数有负数,但 P_1 等级的检验数却是正数,这说明要优先保证 P_1 目标,P_3 目标就无法达到,也就意味着要达到 P_3 目标,则必须损害 P_1 等级目标,即按现有消耗水平和原料库存量,无法实现 2500 元的利润目标.工厂为实现 2500 元的利润目标,可以考虑采取的措施有:降低 A、B 产品对甲种原料的消耗量,以满足现有甲种原料库存量的目标;或者改变 P_3 等级目标的指标值,增加甲种原料 115/3kg,而若很难实现上述措施,则需改变现有目标的优先等级,以取得可行的满意结果.

在表 6.7 中,P_3 行的检验数中存在 $-1/12$ 和 $-1/2$,若选择 $-1/12$ 对应的 d_1^- 进基,就会破坏优先等级高的 P_1 最优性条件,这是不允许的;而如选择 $-1/2$ 对应的 d_3^+ 进基,又会破坏优先等级较高的 P_2 的最优性条件(读者可自行验证),这也是不允许的.因此,用单纯形法求解目标规划时,判断是否达到最优的准则除像用单纯形法求解线性规划那样所有的检验数均为非负外,还有另外一种形式,即若某一行存在负检验数,但在负检验数所在列的上面均有正检验数时,也满足判别准则,表明已获得满意解.

例 6.3.2 某厂生产 A、B 两种产品,平均每小时生产一件,工厂的生产能力为每周开工 80 小时.根据市场预测,下周的最大销售量是 A 产品 70 件、B 产品 45 件,且已知 A、B 产品的单位利润分别为 25 元与 15 元.现工厂领导设立了如下四个目标:

P_1——避免生产开工不足;P_2——限制加班时间不得超过 10 小时;

P_3——达到最大销售量;P_4——尽可能减少加班时间.

试用目标规划方法求解.

解 若设 A、B 产品每周的生产时间分别为 x_1 小时和 x_2 小时,则可建立如下目标规划模型:

$$\min Z = P_1 d_1^- + P_2 d_4^+ + P_3(5d_2^- + 3d_3^-) + P_3(3d_2^+ + 5d_3^+) + P_4 d_1^-;$$

$$\text{s.t.}\begin{cases} x_1 + x_2 + d_1^- - d_1^+ = 80; \\ x_1 + d_2^- - d_2^+ = 70; \\ x_2 + d_3^- - d_3^+ = 45; \\ d_1^+ + d_4^- - d_4^+ = 10; \\ x_1, x_2, d_l^-, d_l^+ \geqslant 0, l = 1,2,3,4. \end{cases}$$

其中,d_1^- 为生产时间不足 80 小时的负偏差变量(开工不足),d_1^+ 为生产时间超过 80 小时的正偏差变量(加班时间);d_2^-、d_3^- 分别为 A、B 产品的生产量不足最大销售量的负偏差变量,d_2^+、d_3^+ 分别为 A、B 产品的生产量超过最大销售量的正偏差变量;d_4^- 为加班时间不足10小时的负偏差变量，d_4^+ 为加班时间超过10小时的正偏差变量.因为考虑到A、B两种产品的单位利润之比为25/15=5/3，即就获得利润而言，销售3件A产品等于销售5件B产品，故在销售目标中，当不足最大销售量时，确定A、B产品的权系数分别为5和3；而在超过最大销售量时，确定A、B产品的权系数分别为3和5.

运用单纯形法求解上述模型的迭代过程参见表6.8.

表6.8

C_B	X_B	b	0	0	P_1	P_4	$5P_3$	$3P_3$	$3P_3$	$5P_3$	0	P_2
			x_1	x_2	d_1^-	d_1^+	d_2^-	d_2^+	d_3^-	d_3^+	d_4^-	d_4^+
P_1	d_1^-	80	1	1	1	−1	0	0	0	0	0	0
$5P_3$	d_2^-	70	[1]	0	0	0	1	−1	0	0	0	0
$3P_3$	d_3^-	45	0	1	0	0	0	0	1	−1	0	0
0	d_4^-	10	0	0	0	1	0	0	0	0	1	−1
σ_{kj}	P_1	−80	−1	−1	0	1	0	0	0	0	0	0
	P_2	0	0	0	0	0	0	0	0	0	0	1
	P_3	−485	−5	−3	0	0	0	8	0	8	0	0
	P_4	0	0	0	0	1	0	0	0	0	0	0
P_1	d_1^-	10	0	[1]	1	−1	−1	1	0	0	0	0
0	x_1	70	1	0	0	0	1	−1	0	0	0	0
$3P_3$	d_3^-	45	0	1	0	0	0	0	1	−1	0	0
0	d_4^-	10	0	0	0	1	0	0	0	0	1	−1
σ_{kj}	P_1	−10	0	−1	0	1	1	−1	0	0	0	0
	P_2	0	0	0	0	0	0	0	0	0	0	1
	P_3	−135	0	−3	0	0	5	3	0	8	0	0
	P_4	0	0	0	0	1	0	0	0	0	0	0
0	x_2	10	0	1	1	−1	−1	1	0	0	0	0
0	x_1	70	1	0	0	0	1	−1	0	0	0	0
$3P_3$	d^-	35	0	0	−1	1	1	−1	1	−1	0	0
0	d_4^-	10	0	0	0	[1]	0	0	0	0	1	−1
σ_{kj}	P_1	0	0	0	1	0	0	0	0	0	0	0
	P_2	0	0	0	0	0	0	0	0	0	0	1
	P_3	−105	0	0	3	−3	2	6	0	8	0	0
	P_4	0	0	0	0	0	0	0	0	0	0	0
0	x_2	20	0	1	1	0	−1	1	0	0	1	−1
0	x_1	70	1	0	0	0	1	−1	0	0	0	0
$3P_3$	d_3^-	25	0	0	−1	0	1	−1	1	−1	−1	1
P_4	d_1^+	10	0	0	0	1	0	0	0	0	1	−1
σ_{kj}	P_1	0	0	0	1	0	0	0	0	0	0	0
	P_2	0	0	0	0	0	0	0	0	0	0	1
	P_3	−75	0	0	3	0	2	6	0	8	3	−3
	P_4	−10	0	0	0	0	0	0	0	0	−1	1

由表 6.8 可以得出：

$$x_1 = 70,\quad x_2 = 20,\quad d_1^+ = 10,\quad d_3^- = 25.$$

即工厂每周生产 A、B 产品时间分别为 70 小时和 20 小时. 由于 $a_1 = a_2 = 0$,故第一、第二两个目标均已达到;而 $a_3 = 75$,说明第三个目标没有达到,$d_3^- = 25$,即 B 产品的生产量与最大销售量还差 25 件;又 $a_4 = 10$,说明第四个目标也没达到,$d_1^+ = 10$,表明必须加班 10 个小时.

在目标规划模型中,目标间有了区别优先次序的优先等级和权系数,是否就不会出现多重解的现象了呢? 其实不然,目标规划模型也会产生多重解,本章 6.2 节例 6.2.1 的图 6.1 正是这种情形.

6.4 目标规划的灵敏度分析

目标规划模型求解之后,可能会发生一些变化,例如,出现了新的目标、需要增加新的产品、可用的资源增加或减少、有关的费用上升或下降,当然也许会发现原来建立的模型有错误,等等. 虽然,对上述情况可以重新建模并求解,但这要增加许多工作量. 因此,目标规划同线性规划一样,也存在利用原有问题的最终单纯形表,进行优化后分析,即所谓的灵敏度分析.

下面就以本章 6.3 节例 6.3.2 为示例来讨论灵敏度分析的几种主要情况:目标函数中系数 c_j 的变化、右端常数项 b_i 的变化、增加新的约束条件(或目标)和增加新的决策变量等.

1. 目标函数中系数 c_j 变化

目标规划模型中 c_j 变化的分析要较线性规划模型中 c_j 变化的分析复杂. 这一方面是由于在线性规划模型中,目标函数只有一个,而在目标规划模型中,c_j 的变化则可能同时包括优先等级或权系数的变化. 另一方面,在目标规划模型中,c_j 的变化可能导致整个目标优先等级结构的变化,即改变了目标的优先次序或改变了目标的优先等级,且由于两个不同性质的目标又是不能比较的,故变化后不能被配于同一优先等级.

现通过示例,分两种情况进行讨论.

1) 优先等级次序的变化

在单纯形表中,优先等级次序的变化涉及左端和顶端的数值,由此,据式(6.27)和式(6.28)将会影响到检验数和目标偏离值的取值,即导致解可能仍为满意解,也可能不是. 如果优先等级次序变化所涉及的变量均为非基变量,则不会改变现有的满意解;而若优先等级次序变化所涉及的变量含有的基变量,则可能引起满意解的变化.

例 6.4.1 在本章 6.3 节例 6.3.2 中,分析下列变化对满意解的影响.

(1) 若将目标 1 和目标 2 的优先等级对换一下,即新的目标函数为

$$\min Z = P_1 d_4^+ + P_2 d_1^- + P_3(5d_2^- + 3d_3^-) + P_3(3d_2^+ + 5d_3^+) + P_4 d_1^+.$$

(2) 若改变原有的目标 3 和目标 4，使新的目标函数为

$$\min Z = P_1 d_1^- + P_2 d_4^+ + P_3 d_1^+ + P_4(5d_2^- + 3d_3^-) + P_4(3d_2^+ + 5d_3^+).$$

解 (1) 由于 d_1^- 与 d_4^+ 均为非基变量，据式(6.27)，改变它们对应的优先等级，d_1^- 与 d_4^+ 两列检验数虽有变化，但并不改变其符号，如 d_1^- 列由 $(1,0,3,0)^{\mathrm{T}}$ 变为 $(0,1,3,0)^{\mathrm{T}}$，d_4^- 列由 $(0,1,3,1)^{\mathrm{T}}$ 变为 $(1,0,3,1)^{\mathrm{T}}$. 所以现有解仍为满意解.

(2) 由于这种变化涉及基变量 d_3^- 与 d_1^+，据式(6.27)、式(6.28)必然会影响到检验数和偏差值的变化. 为此，将目标函数优先等级的变化直接反映到表 6.8 的最终单纯形表中，并重新求其检验数，若不符合判别准则要求，则需继续迭代，以获得新的满意解. 具体计算过程见表 6.9.

表 6.9

C_B	X_B	b	0	0	P_1	P_3	$5P_4$	$3P_4$	$3P_4$	$5P_4$	0	P_2
			x_1	x_2	d_1^-	d_1^+	d_2^-	d_2^+	d_3^-	d_3^+	d_4^-	d_4^+
0	x_2	20	0	1	1	0	−1	1	0	0	1	−1
0	x_1	70	0	0	0	1	−1	0	0	0	0	0
$3P_4$	d_3^-	25	0	0	−1	0	−1	1	−1	−1	1	1
P_3	d_1^+	10	0	0	0	1	0	0	0	0	[1]	−1
σ_{kj}	P_1	0	0	0	1	0	0	0	0	0	0	0
	P_2	0	0	0	0	0	0	0	0	0	0	1
	P_3	−10	0	0	0	0	0	0	0	0	−1	1
	P_4	−75	0	0	3	0	2	6	0	8	3	−3
0	x_2	10	0	1	1	−1	−1	1	0	0	0	0
0	x_1	70	1	0	0	0	1	−1	0	0	0	0
$3P_4$	d_3^-	35	0	0	−1	1	1	−1	1	−1	0	0
0	d_4^-	10	0	0	0	1	0	0	0	0	1	−1
σ_{kj}	P_1	0	0	0	1	0	0	0	0	0	0	0
	P_2	0	0	0	0	0	0	0	0	0	0	1
	P_3	0	0	0	0	1	0	0	0	0	0	0
	P_4	−105	0	0	3	3	2	6	0	8	0	0

由表 6.9 知新的满意解为

$$x_1 = 70,\quad x_2 = 10,\quad d_3 = 35,\quad d_4 = 10.$$

目标 1、2、3 均已达到，而目标 4 没有达到.

2) 权系数的变化

据式(6.27)与式(6.28)知，偏差变量权系数的变化也会引起最终单纯形表中检

验数行诸元素的变化.如果仅是非基变量(为偏差变量)的权系数发生变化,则只有检验数的变化,这种变化当然就可能影响到满意解.而若是基变量(为偏差变量)的权系数发生变化,则既会影响到检验数,又会影响到目标偏差值,于是,需按判别准则重新进行判别.

例 6.4.2 在本章 6.3 节例 6.3.2 中,假如 A、B 两种产品的单位利润发生如下变化,试进行灵敏度分析.

(1) A 的利润从 25 元增加到 35 元;(2) B 的利润从 15 元增加到 30 元.

解 (1)A 的利润从 25 元增加到 35 元,将使 A、B 两种产品的单位利润之比变为 7∶3,反映到模型中则为:第三优先等级的 d_2^- 的权系数由 5 变成 7,d_3^+ 的权系数也由 5 变成 7.

依式(6.27),按变化后的权系数求 d_2^- 与 d_3^+ 的检验数分别为

$$7P_3-[0\times(-1)+0\times1+3P_3\times1+P_4\times0]=4P_3;$$

$$7P_3-[0\times0+0\times0+3P_3\times(-1)+P_4\times0]=10P_3,$$

即表 6.8 中 P_3 行与 d_2^- 列相交叉的检验数由 2 变成 4,P_3 行与 d_3^+ 列相交叉的检验数由 8 变成 10,满足判别准则,原解仍为满意解.

(2) B 的利润从 15 元增加到 30 元,将使 A、B 两种产品的单位利润之比为5∶6,反映到模型中则为:第三优先等级的 d_3^- 的权系数由 3 变成 6,d_2^+ 的权系数也由 3 变成 6.

由于 d_3^- 是基变量,这不仅要依式(6.27)重新计算检验数,尚需依式(6.28)重新计算偏差值,具体计算结果列成表 6.10.

表 6.10

		a_k	0	0	P_1	P_4	$5P_3$	$6P_3$	$6P_3$	$5P_3$	0	P_2
			x_1	x_2	d_1^-	d_1^+	d_2^-	d_2^+	d_3^-	d_3^+	d_4^-	d_4^+
σ_{jk}	P_1	0	0	0	1	0	0	0	0	0	0	0
	P_2	0	0	0	0	0	0	0	0	0	0	1
	P_3	−150	0	0	6	0	−1	12	0	11	6	−6
	P_4	−10	0	0	0	0	0	0	0	0	−1	1

在表 6.10 中,第三目标的偏差值由 75 变成 150,同时在第三目标行的检验数中出现了负数且其同列上面没有正检验数.显然,表 6.8 的最终表已不是满意解.所以,确定 d_2^- 为进基变量,而从表 6.8 的最终表中可以看出,d_3^- 应从基中离去,继续迭代就会得到新的满意解.具体运算过程请读者自己完成.

2. 右端常数项 b_i 变化

右端常数项 b_i 的变化不仅会影响最优表中基变量的取值 b_{0i},还会影响到目标的偏离值 a_k.这样,就可能会使基变量由正值变为负值,使解变得不满足非负条件了.

因此，同线性规划右端常数项变化时的灵敏度分析一样，此处关键是求出基变量的新值：

$$\overline{\boldsymbol{X}}_B = \boldsymbol{X}_B + \boldsymbol{B}^{-1}\Delta \boldsymbol{b}, \tag{6.30}$$

故对于 b_i 变化主要是分析解的可行性，如果新解的基变量的值非负，则这个解就是满意解，而若新解的值出现负数，则必须对解进行调整，直到出现可行解为止.

例 6.4.3　在本章例 6.3.2 中，对常数项的下列变化进行灵敏度分析.

(1) 第一个约束条件右端常数项由 80 变为 90；

(2) 第一个约束条件右端常数项由 80 变为 55.

解　(1) 据题意知 $\Delta b=10$，从表 6.8 最终表可知

$$\boldsymbol{B}^{-1} = \begin{pmatrix} 1 & -1 & 0 & 1 \\ 0 & 1 & 0 & 0 \\ -1 & 1 & 1 & -1 \\ 0 & 0 & 0 & 1 \end{pmatrix},$$

由式(6.30)有

$$\overline{\boldsymbol{X}}_B = \begin{pmatrix} \overline{x}_2 \\ \overline{x}_1 \\ \overline{d}_3^- \\ \overline{d}_1^+ \end{pmatrix} = \begin{pmatrix} 20 \\ 70 \\ 25 \\ 10 \end{pmatrix} + \begin{pmatrix} 1 & -1 & 0 & 1 \\ 0 & 1 & 0 & 0 \\ -1 & 1 & 1 & -1 \\ 0 & 0 & 0 & 1 \end{pmatrix} \begin{pmatrix} 10 \\ 0 \\ 0 \\ 0 \end{pmatrix} = \begin{pmatrix} 30 \\ 70 \\ 15 \\ 10 \end{pmatrix},$$

即新解为　　$x_1 = 70,\quad x_2 = 30,\quad d_3^- = 50,\quad d_1^+ = 10.$

显然，基变量的值均为非负，故此解仍为满意解.

此解说明，增加了正常生产能力(每周开工时间由 80 小时增加到 90 小时)，x_1 值不变，使 x_2 值由 20 增加到 30，即提高了 B 产品的产量. 第三和第四两个目标仍未达到，只不过销售量的负偏差值由 25 件下降到 15 件.

(2) 据题意知，$\Delta b=-25$，同理有

$$\overline{\boldsymbol{X}}_B = \begin{pmatrix} \overline{x}_2 \\ \overline{x}_1 \\ \overline{d}_3^- \\ \overline{d}_1^+ \end{pmatrix} = \begin{pmatrix} 20 \\ 70 \\ 25 \\ 10 \end{pmatrix} + \begin{pmatrix} 1 & -1 & 0 & 1 \\ 0 & 1 & 0 & 0 \\ -1 & 1 & 1 & -1 \\ 0 & 0 & 0 & 1 \end{pmatrix} \begin{pmatrix} -25 \\ 0 \\ 0 \\ 0 \end{pmatrix} = \begin{pmatrix} -5 \\ 70 \\ 50 \\ 10 \end{pmatrix},$$

显然，这个解已不可行. 该解说明在正常生产时间减少 25 小时的情况下，A 产品的生产时间若为 70 小时，B 产品的生产时间就为负值. 这也就意味着 A 产品需要 70 小时的生产时间已是不可能的了.

当因 b_i 变化出现非可行解时，既可视情况采取某些办法进行调整运算，使这些值变成非负，也可以运用目标规划的对偶单纯形法继续求解. 目标规划的对偶单纯形法求解思想与线性规划对偶单纯形法的基本相同，这里不作介绍，请读者参阅有关文献自学.

3. 增加新的约束条件(或目标)

增加新的约束条件(或目标),一般会改变解的最优性和目标达到程度,这是因为增加一个新的约束条件(或目标),在单纯形表中要增加一行和一列(或两列),还要按新的要求构造新的目标函数,从而需分别计算检验数和偏差值.

将新行和新列引入到原有最终单纯形表中,并经过变换使其满足单纯形表的要求,即得到一个新解.如果新解是可行的,则只需检查其最优性;而若新解不可行,则需用对偶单纯形法求解或进行必要调整,直到成为可行解为止.

例 6.4.4 在本章例 6.3.2 中,若增加一个新的约束条件

$$x_2 + d_5^- - d_5^+ = 30.$$

且假定目标函数也随之改变为

$$\min Z = P_1 d_1^- + P_2 d_5^- + P_3 d_4^+ + P_4(5d_2^- + 3d_3^-) + P_4(3d_2^+ + 5d_3^+) + P_5 d_1^+,$$

试分析对原有解的影响.

解 将新的约束条件引入到表 6.8 的最终表中,并以 d_5^- 为基变量.由于在表 6.8的最终表中,x_2、x_1、d_3^-、d_1^+ 为基变量,故这些变量必须从新约束条件中消去.在此例中,即使新约束条件中的 x_2 的系数为零.为此,由表 6.8 的最终表知 x_2 的方程为

$$x_2 + d_1^- - d_2^- + d_2^+ + d_4^- - d_4^+ = 20.$$

用新约束条件方程减去此方程,有

$$-d_1^- + d_2^- - d_2^+ - d_4^- + d_4^+ + d_5^- - d_5^+ = 10.$$

将上述方程列入表 6.8 最终表,并计算检验数诸行数字,结果如表 6.11 所示.

表 6.11

C_B	X_B	b	0	0	P_1	P_5	$5P_4$	$3P_4$	$3P_4$	$5P_4$	0	P_3	P_2	0
			x_1	x_2	d_1^-	d_1^+	d_2^-	d_2^+	d_3^-	d_3^+	d_4^-	d_4^+	d_5^-	d_5^+
0	x_2	20	0	1	1	0	−1	1	0	0	1	−1	0	0
0	x_1	70	1	0	0	0	1	−1	0	0	0	0	0	0
$3P_4$	d_3^-	25	0	0	−1	0	1	−1	1	−1	−1	1	0	0
P_5	d_1^+	10	0	0	0	1	0	0	0	0	1	−1	0	0
P_2	d_5^-	10	0	0	−1	0	[1]	−1	0	0	−1	1	1	−1
σ_{kj}	P_1	0	0	0	1	0	0	0	0	0	0	0	0	0
	P_2	−10	0	0	1	0	−1	1	0	0	1	−1	0	1
	P_3	0	0	0	0	0	0	0	0	0	1	0	0	0
	P_4	−75	0	0	3	0	2	6	0	8	3	−3	0	0
	P_5	−10	0	0	0	0	0	0	0	0	1	1	0	0

表 6.11 所示解虽然为可行解,但不满足最优判别条件,故继续进行单纯形法迭代,得表 6.12.

表 6.12

C_B	X_B	b	0	0	P_1	P_5	$5P_4$	$3P_4$	$3P_4$	$5P_4$	0	P_3	P_2	0
			x_1	x_2	d_1^-	d_1^+	d_2^-	d_2^+	d_3^-	d_3^+	d_4^-	d_4^+	d_5^-	d_5^+
0	x_2	30	0	1	0	0	0	0	0	0	0	0	1	−1
0	x_1	60	1	0	1	0	0	0	0	0	1	−1	−1	1
$3P_4$	d_3^-	15	0	0	0	0	0	0	1	−1	0	0	−1	1
P_5	d_1^+	10	0	0	0	1	0	0	0	0	1	−1	0	0
$5P_4$	d_2^-	10	0	0	−1	0	1	−1	0	0	−1	1	1	−1
	P_1	0	0	0	1	0	0	0	0	0	0	0	0	0
	P_2	0	0	0	0	0	0	0	0	0	0	0	1	0
σ_{kj}	P_3	0	0	0	0	0	0	0	0	0	0	1	0	0
	P_4	−95	0	0	5	0	0	8	0	2	5	−5	−2	2
	P_5	−10	0	0	0	0	0	0	0	0	−1	1	0	0

至此，得新满意解为

$$x_1 = 60,\quad x_2 = 30,\quad d_1^+ = 10,\quad d_2^- = 10,\quad d_3^- = 15.$$

上述结果表明，加入新约束条件后，生产方案改为A产品60件，B产品30件；第一、第二、第三目标均已实现，而达到最大销售量和尽可能减少加班时间之后三个目标没有实现.

4. 增加新决策变量

增加新的决策变量是否影响到解的最优性，这要考虑这个新变量是基变量还是非基变量.若这个新决策变量能减小现有的偏差值，它就会成为基变量，从而改变现有的满意解；而如果这个变量是非基变量，原有的解就仍为满意解.

增加新决策变量将在单纯形表中增添新的列，根据这个新决策变量的技术系数 P_l，如同线性规划增加新变量的灵敏度分析那样，求出在最终表中的新列 $P'_l = B^{-1}P_l$. 假如这个新决策变量不改变原有目标函数（即在目标函数中的系数为零），则只需求出这个新决策变量的检验数，并进行最优性判别.若满足判别准则，原解就仍为满意解；否则，这个新决策变量将成为进基变量，继续迭代，就会得到新的满意解.如果这个新决策变量的增加，改变原有的目标函数，则需像例6.4.4那样，综合考虑这些因素，修改原最终表，并进一步进行判别或求解.

习 题 6

6.1 某彩色电视机厂生产A、B、C三种规格的电视机，装配工作在同一生产线上完成，三种产品装配时的工时消耗分别为6、8、10小时，生产线每月正常工作时间为200小时；三种电视机销售后，每台可获利分别为500、650、800元；每月销售量预计为12、10、6台.该厂经营目标如下：

P_1：利润指标为每月 1.6×10^4 元，争取超额完成；P_2：充分利用现有生产能力；

P_3：可以适当加班，但加班时间不得超过 24 小时；P_4：产量以预计销售量为标准.

试建立该问题的目标规划模型.

6.2 某厂生产甲、乙、丙三种产品，需要消耗 A、B 两种原材料，已知每件产品对原材料的消耗、每件产品的成本及原材料的现有存量如表 6.13 所示. 要求制订生产计划，依次满足下列目标：

P_1：甲的产量要超过 80；P_2：丙的产量恰好达到 100；P_3：原材料 A 的现有量不得超过；

P_4：总成本限制在 3×10^4 元以下；P_5：原材料 B 的现有量可以超过.

试建立此问题的目标规划模型.

表 6.13

消耗 原材料 / 产品	A	B	单位成本	需要量
甲	10	4	25	80 以上
乙	6	8	25	
丙	8	12	30	100
现有量	1500	1600		

表 6.14

产品 / 原料	A	B	库存量/kg
甲	0.5	0.3	3000
乙	0.1	0.3	1800
利润/(元/kg)	7	10	

6.3 某工厂用甲、乙两种原料生产 A、B 两种产品，其单位产品消耗原料的用量、原料库存量及产品利润参见表 6.14. 在制订产品生产计划时，工厂领导认为利润目标最重要，希望能超额完成 78500 元；其次保证用户至少需要产品 A650 件，产品 B600 件的订货；此外希望充分利用现有库存原料，不够可以外购.

试建立这个问题的目标规划模型.

6.4 在上题中，假如工厂经过市场调查发现甲、乙原料是市场上短缺物资，价格太高，且工厂目前资金也很紧张，故考虑在制订生产计划时，遵循如下目标：

(1) 不允许外购原料；(2) 尽量完成用户订货要求；(3) 力争完成 53600 元的利润指标. 那么，与上题相比，新的模型有哪些变化？

6.5 有一供销不平衡的物资调运问题如表 6.15所示. 其中，$\sum_{i=1}^{3}a_i<\sum_{j=1}^{3}b_j$，现要制订物资调运计划，使其满足以下目标：

表 6.15

运价 用户 / 仓库	B_1	B_2	B_3	供应量/万吨
A_1	c_{11}	c_{12}	c_{13}	a_1
A_2	c_{21}	c_{22}	c_{23}	a_2
A_3	c_{31}	c_{32}	c_{33}	a_3
需求量/万吨	b_1	b_2	b_3	

(1) 保证满足重点用户 B_2 的需求指标；

(2) 总运费不超过预算指标 s 元；

(3) 至少满足各用户需求指标的 80%；

(4) 由 A_1 至 B_1 的运输量按合同规定不少于 f 万吨；

(5) A_1 至 B_3 的道路危险，运量要减少到最低点.

试建立该问题的目标规划模型.

6.6 若题 6.5 的目标及优先等级变为

P_1：①从每个仓库运出所有货物；②至少满足各用户需求指标的 80%；

P_2：①保证满足重点用户 B_2 的需求指标；②从 A_1 到 B_3 的运量要尽可能少；

P_3：总的运输费用最小.

试建立其目标规划模型.

6.7 目标规划模型的目标函数表达式如下，试判断其逻辑关系是否正确.

(1) $\max Z=d^-+d^+$； (2) $\max Z=d^--d^+$； (3) $\min Z=d^-+d^+$； (4) $\min Z=d^--d^+$

6.8 用图解法求解下列目标规划问题：

(1) $\min Z=P_1d_1^++P_2d_3^++P_3d_2^+$；

$$\text{s.t.}\begin{cases}-x_1+2x_2+d_1^--d_1^+=4;\\x_1-2x_2+d_2^--d_2^+=4;\\x_1+2x_2+d_3^--d_3^+=8;\\x_1,x_2,d_i^-,d_i^+\geqslant 0\ (i=1,2,3).\end{cases}$$

(2) $\min Z=P_1d_3^++P_2d_2^-+P_3(d_1^-+d_1^+)$；

$$\text{s.t.}\begin{cases}6x_1+2x_2+d_1^--d_1^+=24;\\x_1+x_2+d_2^--d_2^+=5;\\5x_2+d_3^--d_3^+=15;\\x_1,x_2,d_i^-,d_i^+\geqslant 0\ (i=1,2,3).\end{cases}$$

(3) $\min Z=P_1(d_1^-+d_1^+)+P_2(d_2^-+d_2^+)$；

$$\text{s.t.}\begin{cases}x_1+x_2\leqslant 4;\\x_1+2x_2\leqslant 6;\\2x_1+3x_2+d_1^--d_1^+=18;\\3x_1+2x_2+d_2^--d_2^+=18;\\x_1,x_2,d_i^-,d_i^+\geqslant 0\ (i=1,2).\end{cases}$$

(4) $\min Z=P_1d_1^-+P_2d_2^-$；

$$\text{s.t.}\begin{cases}2x_1+x_2\leqslant 6;\\x_1+2x_2\leqslant 6;\\2x_1+3x_2+d_1^--d_1^+=12;\\3x_1+2x_2+d_2^--d_2^+=12;\\x_i,d_i^-,d_i^+\geqslant 0\ (i=1,2).\end{cases}$$

(5) $\min Z=d_1^-$；

$$\text{s.t.}\begin{cases}8x_1+6x_2+d_1^--d_1^+=140;\\4x_1+2x_2\leqslant 60;\\2x_1+4x_2\leqslant 48;\\x_1,x_2,d_1^-,d_1^+\geqslant 0.\end{cases}$$

(6) $\min Z=P_1d_1^-+P_2d_2^++P_3d_3^-$；

$$\text{s.t.}\begin{cases}2x_1+\dfrac{3}{2}x_2+d_1^--d_1^+=210;\\x_1+d_2^--d_2^+=60;\\x_1+d_3^-=45;\\x_2\leqslant 80;\\x_1,x_2,d_1^-,d_1^+\geqslant 0.\end{cases}$$

6.9 用单纯形法求解下列目标规划问题：

(1) $\min Z=P_1d_1^-+P_2d_2^++P_3(d_3^-+d_3^+)$；

$$\text{s.t.}\begin{cases}3x_1+x_2+x_3+d_1^--d_1^+=60;\\x_1-x_2+2x_3+d_2^--d_2^+=10;\\x_1+x_2-x_3+d_3^--d_3^+=20;\\x_i,d_i^-,d_i^+\geqslant 0\ (i=1,2,3).\end{cases}$$

(2) $\min Z=d_1^-+d_2^-$；

$$\text{s.t.}\begin{cases}x_1+d_1^--d_1^+=15;\\4x_1+5x_2+d_2^--d_2^+=200;\\3x_1+4x_2\leqslant 120;\\x_1-2x_2\geqslant 15;\\x_i,d_i^-,d_i^+\geqslant 0\ (i=1,2).\end{cases}$$

(3) $\min Z=P_1d_1^-+P_2d_4^++5P_3d_2^-+3P_3d_3^-+P_4d_1^+$；

$$\text{s.t.}\begin{cases}x_1+x_2+d_1^--d_1^+=80;\\x_1+d_2^--d_2^+=60;\\x_2+d_3^--d_3^+=45;\\x_1+x_2+d_4^--d_4^+=90;\\x_1,x_2,d_i^-,d_i^+\geqslant 0\ (i=1,2,3,4).\end{cases}$$

(4) $\min Z=P_1d_1^-+P_2(d_2^-+d_2^+)$；

$$\text{s.t.}\begin{cases}x_1+x_2\leqslant 100;\\x_1-x_2+d_1^--d_1^+=45;\\2x_1+3x_2+d_2^--d_2^+=60;\\x_i,d_i^-,d_i^+\geqslant 0\ (i=1,2).\end{cases}$$

6.10 给定目标规划问题

$$\min Z = P_1 d_1^- + P_2 d_2^+ + P_3 d_3^-;$$

$$\text{s.t.}\begin{cases}-5x_1 + 5x_2 + 4x_3 + d_1^- - d_1^+ = 100;\\ -x_1 + x_2 + 3x_3 + d_2^- - d_2^+ = 20;\\ 12x_1 + 4x_2 + 10x_3 + d_3^- - d_3^+ = 90;\\ x_i, d_i^-, d_i^+ \geqslant 0\ (i = 1,2,3).\end{cases}$$

(1) 求满意解;

(2) 若约束右端项增加 $\Delta \boldsymbol{b} = (0,0,5)^{\mathrm{T}}$,问满意解如何变化?

(3) 若目标函数变为 $\min Z = P_1(d_1^- + d_1^+) + P_3 d_3^-$,问满意解如何变化?

(4) 若第二个约束条件右端项改为45,问满意解如何变化?

6.11 已知目标规划问题

$$\min Z = P_1(d_1^- + d_1^+) + P_2 d_2^+;$$

$$\text{s.t.}\begin{cases}x_1 \leqslant 6;\\ 2x_1 - x_2 + d_1^- - d_1^+ = 2;\\ 2x_1 - 3x_2 + d_2^- - d_2^+ = 6;\\ x_i, d_i^-, d_i^+ \geqslant 0\ (i = 1,2).\end{cases}$$

有多个满意解,试用单纯形法求出其中两个.

6.12 已知目标规划问题

$$\min Z = P_1(d_1^- + d_1^+) + 2P_2 d_4^- + P_2 d_3^- + P_3 d_1^-;$$

$$\text{s.t.}\begin{cases}x_1 + d_1^- - d_1^+ = 20;\\ x_2 + d_2^- - d_2^+ = 35;\\ -5x_1 + 3x_2 + d_3^- - d_3^+ = 220;\\ x_1 - x_2 + d_4^- - d_4^+ = 60;\\ x_1, x_2 \geqslant 0, d_i^-, d_i^+ \geqslant 0\ (i = 1,2,3,4).\end{cases}$$

(1) 求满意解;

(2) 当第二个约束右端项由35变为75时,求变化后的解;

(3) 若增加一个新的目标约束 $-4x_1 + x_2 + d_5^- - d_5^+ = 8$.该目标要求尽量达到目标值,且列为第一级优先目标考虑,其余目标依次降一级考虑,求变化后的解.

第7章 整数规划

整数规划是数学规划的一个重要分支. 在一个规划问题中,如果它的某些变量(或全部变量)要求取整数时,这个规划问题就称为整数规划问题(integer programming). 特别地,当这个规划问题是线性规划问题时,就称此问题为**整数线性规划**问题,简称为**整数规划问题**(记为 IP).

整数规划有很现实的意义,因为在很多线性规划问题中,决策变量往往代表的是人数、机器台数等,这时,非整数解显然是不合要求的. 整数规划在工业、商业、交通运输、经济管理和军事等领域都有重要的应用.

求解整数规划问题是相当困难的,到目前为止,整数规划问题还没有一个很有效的解法,但是,由于在理论及应用方面提出的许多问题都可以归结为整数规划问题,所以对整数规划的研究在理论上和实践上都有着重大意义.

本章只讨论整数线性规划的一些基本概念和常用算法,还将介绍一些特殊的整数规划问题(0-1 规划、分配问题)的解法.

7.1 整数规划问题及其数学模型

1. 整数规划问题的实例

例 7.1.1 合理下料问题.

设用某种型号的圆钢下零件 $A_1,A_2,\cdots,A_m$ 的毛坯,在一根圆钢上,下料的不同方式有 $B_1,B_2,\cdots,B_n$ 种,每种下料方式可以得到各种零件的毛坯数以及每种零件的需要量如表 7.1 所示. 问应怎样安排下料方式,使得既满足需要,又使所用的原材料最少?

表 7.1

方式 / 零件个数 / 零件	B_1	B_2	$\cdots$	B_n	零件需要量
A_1	a_{11}	a_{12}	$\cdots$	a_{1n}	b_1
A_2	a_{21}	a_{22}	$\cdots$	a_{2n}	b_2
$\vdots$	$\vdots$	$\vdots$		$\vdots$	$\vdots$
A_m	a_{m1}	a_{m2}	$\cdots$	a_{mn}	b_m

设 x_j 表示用 $B_j(j=1,2,\cdots,n)$ 种方式下料的圆钢的根数,则这一问题的数学模型为:求 $x_j(j=1,2,\cdots,n)$,使得

$$\min Z=\sum_{j=1}^{n}x_j;$$

$$\text{s.t.}\begin{cases}\sum_{j=1}^{n}a_{ij}x_j\geqslant b_i\quad(i=1,2,\cdots,m);\\ x_j\geqslant 0\ (j=1,2,\cdots,n),\text{且为整数}.\end{cases}$$

在这个例子中,所有的变量均要求是整数,这类问题称为**全整数规划问题**.

例 7.1.2 选址问题。

某公司计划在几个地点建厂,可供选择的地点有 $A_1,A_2,\cdots,A_m$,它们的生产能力分别是 $a_1,a_2,\cdots,a_m$(为简便起见,假设生产同一种产品);第 i 个工厂的建设费用为 $f_i(i=1,2,\cdots,m)$;又有 n 个地点 $B_1,B_2,\cdots,B_n$ 需要销售这种产品,其销量分别为 $b_1,b_2,\cdots,b_n$;从工厂 A_i 运往销地 B_j 的单位运费为 c_{ij}(见表 7.2). 试决定应在哪些地方建厂,使得既满足各地的需求,又使总建设费和总运输费用最省?

表 7.2

单位运价 / 销地 / 厂址	B_1	B_2	…	B_n	生产能力	建设费用
A_1	c_{11}	c_{12}	…	c_{1n}	a_1	f_1
A_2	c_{21}	c_{22}	…	c_{2n}	a_2	f_2
⋮	⋮	⋮		⋮	⋮	⋮
A_m	c_{m1}	c_{m2}	…	c_{mn}	a_m	f_m
销量	b_1	b_2	…	b_n		

设 x_{ij} 表示从工厂 A_i 运往销地 B_j 的运量$(i=1,2,\cdots,m;j=1,2,\cdots,n)$,又设

$$y_i=\begin{cases}1,&\text{在 }A_i\text{ 建厂}\quad(i=1,2,\cdots,m)\\0,&\text{不在 }A_i\text{ 建厂}\quad(i=1,2,\cdots,m)\end{cases},$$

则问题可归结为:求 x_{ij} 和 $y_i(i=1,2,\cdots,m;j=1,2,\cdots,n)$,使得

$$\min Z=\sum_{i=1}^{m}\sum_{j=1}^{n}c_{ij}x_{ij}+\sum_{i=1}^{m}f_jy_i;$$

$$\text{s.t.}\begin{cases}\sum_{j=1}^{n}x_{ij}\leqslant a_iy_i\quad(i=1,2,\cdots,m);\\ \sum_{i=1}^{m}x_{ij}\geqslant b_j\quad(j=1,2,\cdots,n);\\ x_{ij}\geqslant 0,y_i=0\text{ 或 }1\quad(i=1,2,\cdots,m;j=1,2,\cdots,n).\end{cases}$$

在这个例子中，x_{ij} 可以取非负实数，而 y_i 只能取 0 或 1. 这类问题称为**混合整数规划问题**.

例 7.1.3 机床任务分配问题。

设有 m 台同一类型的机床，有 n 种零件要在这些机床上加工，已知各种零件的加工时间分别为 $a_1,a_2,\cdots,a_n$. 问如何分配，使各机床的总加工任务相等，或者说尽可能均衡.

设 $x_{ij}=\begin{cases}1, & \text{分配第 } i \text{ 台机床加工第 } j \text{ 种零件} \\ 0, & \text{相反}\end{cases} \quad (i=1,2,\cdots,m;j=1,2,\cdots,n)$

于是第 i 台机床加工各种零件的总时间为

$$\sum_{j=1}^{n} a_j x_{ij} \quad (i=1,2,\cdots,m),$$

又由于一个零件只能在一台机床上加工，所以有

$$\sum_{i=1}^{m} x_{ij} = 1 \quad (j=1,2,\cdots,n).$$

于是，问题可归结为：求 $x_{ij}(i=1,2,\cdots,m;j=1,2,\cdots,n)$，使得

$$\min Z = \max\left\{\sum_{j=1}^{n} a_j x_{1j}, \sum_{j=1}^{n} a_j x_{2j}, \cdots, \sum_{j=1}^{n} a_j x_{mj}\right\};$$

$$\text{s. t.}\begin{cases}\displaystyle\sum_{i=1}^{m} x_{ij} = 1 \quad (j=1,2,\cdots,n); \\ x_{ij} = 0 \text{ 或 } 1 \quad (i=1,2,\cdots,m;j=1,2,\cdots,n).\end{cases}$$

在这个例子中，所有变量均取 0 或 1，这类问题称为 **0-1 规划问题**.

2. 整数规划的数学模型

一般地，整数规划的数学模型是

$$\max Z(\text{或 } \min Z) = \sum_{j=1}^{n} c_j x_j; \tag{7.1}$$

$$\text{s. t.}\begin{cases}\displaystyle\sum_{j=1}^{n} a_{ij} x_j = b_i (i=1,2,\cdots,m); & (7.2) \\ x_j \geqslant 0 (j=1,2,\cdots,n) \text{ 且部分或全部为整数}. & (7.3)\end{cases}$$

依照决策变量取整要求的不同，整数规划可分为纯整数规划、全整数规划、混合整数规划、0-1 整数规划.

纯整数规划：所有决策变量要求取非负整数（这时引进的松弛变量和剩余变量可以不要求取整数）.

全整数规划：除了要求所有决策变量取非负整数外，而且系数 a_{ij} 和常数项 b_i 也都要求是整数（这时引进的松弛变量和剩余变量也必须是整数）.

全整数规划可以推广到系数 a_{ij} 和常数项 b_i 为有理数的情形. 因为若系数 a_{ij} 和常数项 b_i 为有理数，则以 a_{ij} 和 b_i 的公分母遍乘约束方程的所有各项，就能够将系数

和常数项都化为整数,而得到全整数规划.

混合整数规划:只有一部分的决策变量要求取非负整数,另一部分可以取非负实数.

0-1 整数规划:所有决策变量只能取 0 或 1 两个整数.

3. 整数规划与线性规划的关系

从数学模型上看,整数规划似乎是线性规划的一种特殊情况,求解只需在线性规划解的基础上,通过舍入取整,寻求满足整数要求的解即可.但是实际上整数规划与线性规划之间确实有着很大的不同,通过舍入取整得到的整数解也不一定就是整数规划问题的最优解,有时甚至不能保证所得的解是整数可行解.

下面举一例说明.

例 7.1.4 设整数规划问题

$$\max Z = x_1 + x_2;$$
$$\text{s. t.}\begin{cases} 14x_1 + 9x_2 \leqslant 51; \\ -6x_1 + 3x_2 \leqslant 1; \\ x_1, x_2 \geqslant 0 \ \text{且为整数}. \end{cases}$$

首先不考虑对变量的整数约束,得线性规划问题(称为**松弛问题**):

$$\max Z = x_1 + x_2;$$
$$\text{s. t.}\begin{cases} 14x_1 + 9x_2 \leqslant 51; \\ -6x_1 + 3x_2 \leqslant 1; \\ x_1, x_2 \geqslant 0. \end{cases}$$

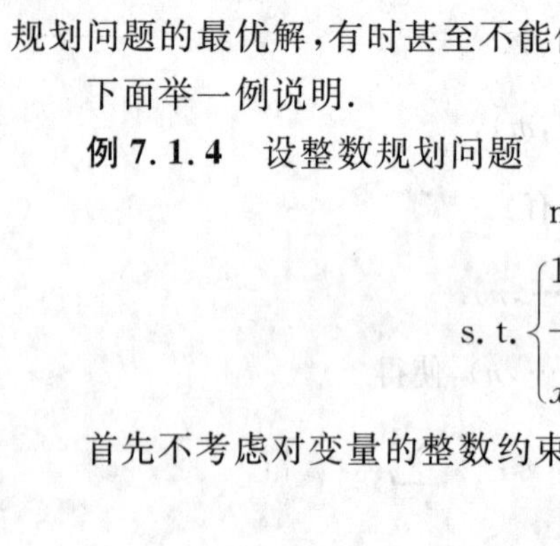

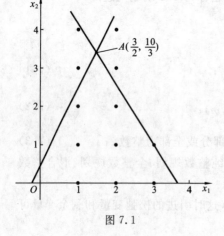

图 7.1

对于这个问题,可以用图解法得到最优解(见图 7.1 中的 A 点):

$$x_1 = \frac{3}{2}, \quad x_2 = \frac{10}{3}$$

且有 $Z=29/6$.

现在求整数最优解.

如果用"舍入取整"的方法,可以得到 4 个点,即(1,3),(2,3),(1,4),(2,4),它们是 A 点附近的点,但由图可知,这 4 个点都不是可行点,显然它们都不可能是整数规划的最优解.

关于整数规划问题的可行解和最优解的定义与线性规划类似,只是要加上满足整数条件.一般来说,整数规划问题的可行解是相应的线性规划问题可行域内的整数格子点,因此,对于松弛问题的可行解集是有界凸集而言,其整数规划的可行解集是一个有限集(见图 7.1).

既然整数规划的可行解是一个有限集,我们可以将这个集合内的每一个点对应的目标函数值都一一计算出来，然后从中找出最大者，就是整数规划问题的最优解，这种方法称为**完全枚举法**.

如上例，有整数可行解

$\boldsymbol{X}^{(0)}=(0,0)^{\mathrm{T}},\boldsymbol{X}^{(1)}=(1,0)^{\mathrm{T}},\boldsymbol{X}^{(2)}=(2,0)^{\mathrm{T}},\boldsymbol{X}^{(3)}=(3,0)^{\mathrm{T}},\boldsymbol{X}^{(4)}=(1,1)^{\mathrm{T}},\boldsymbol{X}^{(5)}=(1,2)^{\mathrm{T}},\boldsymbol{X}^{(6)}=(2,1)^{\mathrm{T}},\boldsymbol{X}^{(7)}=(2,2)^{\mathrm{T}},\boldsymbol{X}^{(8)}=(3,1)^{\mathrm{T}}$,

相应的目标函数值为

$Z^{(0)}=0,Z^{(1)}=1,Z^{(2)}=2,Z^{(3)}=3,Z^{(4)}=2,Z^{(5)}=3,Z^{(6)}=3,Z^{(7)}=4,Z^{(8)}=4$.

因此得最优解 $\boldsymbol{X}^*=(2,2)^{\mathrm{T}}$ 或 $\boldsymbol{X}^*=(3,1)^{\mathrm{T}}$，最优值 $Z^*=4$.

完全枚举法的问题是计算量太大，特别是当变量个数很多和约束条件的个数也很多时，这个工作是很费时的，有时甚至是不可能实现的. 因此，如何巧妙地构造枚举过程是必须研究的问题，目前用得较多的是将完全枚举法变成部分枚举法. 常用的求解整数规划的方法有分枝定界法和割平面法，对于特别的 0-1 规划问题的求解，可以采用隐枚举法和匈牙利法. 下面各节将逐一介绍这几种方法.

7.2　分枝定界法

由 Land Doing 和 Dakin 等人于 20 世纪 60 年代初提出的**分枝定界法**就是一个部分枚举的方法. 由于这种方法便于计算机求解，所以成为目前求解整数规划的重要方法之一，它可以用于求解纯整数规划或混合整数规划问题.

分枝定界法由“分枝”和“定界”两部分组成，其基本解题思路可大致叙述如下：

考虑纯整数规划问题

$$\max Z=\sum_{j=1}^{n}c_jx_j; \tag{7.4}$$

$$(\mathrm{IP})\quad \text{s.t.}\begin{cases}\sum_{j=1}^{n}a_{ij}x_j=b_i\ (i=1,2,\cdots,m); & (7.5)\\ x_j\geqslant 0\ (j=1,2,\cdots,n)\text{ 且为整数}. & (7.6)\end{cases}$$

(1) 首先不考虑整数约束，解(IP)的松弛问题(LP)，可能得到以下情况之一：

① 若(LP)没有可行解，则(IP)也没有可行解，迭代停止；

② 若(LP)有最优解，并符合(IP)的整数条件，则(LP)的最优解即为(IP)的最优解，迭代停止；

③ 若(LP)有最优解，但不符合(IP)的整数条件，为讨论方便，不妨设(LP)的最优解为

$$\boldsymbol{X}^{(0)}=(b'_1,b'_2,\cdots,b'_r,\cdots,b'_m,0,\cdots,0)^{\mathrm{T}},$$

目标函数最优值为 $Z^{(0)}$，其中 $b'_i(i=1,2,\cdots,m)$ 不全为整数.

(2) 定界. 记(IP)的目标函数最优值为 Z^*，以 $Z^{(0)}$ 作为 Z^* 的上界，记为 $\overline{Z}=$

$Z^{(0)}$. 再用视察法找(IP)的一个整数可行解 $\boldsymbol{X}'$，并以其对应的目标函数值 Z' 作为 Z^* 的下界，记为 $\underline{Z}=Z'$，也可以令 $\underline{Z}=-\infty$，则有

$$\underline{Z} \leqslant Z^* \leqslant \overline{Z}, \tag{7.7}$$

(3) 分枝. 在(LP)的最优解 $\boldsymbol{X}^{(0)}$ 中，任选一个不符合整数条件的变量，例如 $x_r = b'_r$(不为整数)，以$[b'_r]$表示不超过 b'_r 的最大整数. 构造两个约束条件：

$$x_r \leqslant [b'_r] \tag{7.8}$$

和

$$x_r \geqslant [b'_r]+1 \tag{7.9}$$

将这两个约束条件分别加入问题(IP)，形成两个子问题(IP1)和(IP2)，再解这两个子问题的松弛问题(LP1)和(LP2).

(4) 修改上、下界. 修改界值按照以下两点规则：

① 在各分枝问题中，找出目标函数值最大者作为新的上界；

② 从已符合整数条件的分枝中，找出目标函数值最大者作为新的下界.

(5) 比较与剪枝. 各分枝的目标函数值中，若有小于 $\underline{Z}$ 者，则剪掉此枝，表明此子问题已经探查清楚，不必再分枝了；否则，还要继续分枝.

如此反复进行，一直到最后得到 $\underline{Z}=Z^*=\overline{Z}$ 为止，即得整数最优解 $\boldsymbol{X}^*$.

例 7.2.1 用分枝定界法求解整数规划问题

$$\max Z = x_1 + x_2;$$

$$(\text{IP}) \quad \text{s. t.} \begin{cases} 14x_1 + 9x_2 \leqslant 51; \\ -6x_1 + 3x_2 \leqslant 1; \\ x_1, x_2 \geqslant 0; \\ x_1, x_2 \text{ 为整数}. \end{cases}$$

解 首先解相应的松弛问题(LP)，可以用图解法求出(LP)的最优解(见图7.2中的 A 点)

$$\boldsymbol{X}^{(0)} = \left(\frac{3}{2}, \frac{10}{3}\right)^{\mathrm{T}}$$

及最优值 $Z^{(0)}=29/6$，可行域记为 D，显然 $\boldsymbol{X}^{(0)}$ 不是整数解.

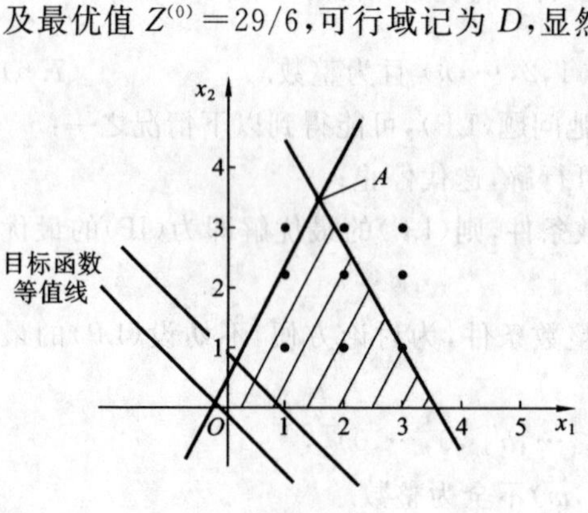

图 7.2

定界：取 $\overline{Z}=Z^{(0)}=29/6$，再用视察法找一个整数可行解 $\boldsymbol{X}'=(0,0)^{\mathrm{T}}$ 及 $Z'=0$，取 $\underline{Z}=Z'=0$，即

$$0 \leqslant Z^* \leqslant 29/6$$

分枝：任取一个不为整数的变量，如 $x_1=\dfrac{3}{2}$，构造两个约束条件(这时 $\left[\dfrac{3}{2}\right]=1$)

$$x_1 \leqslant 1 \quad \text{和} \quad x_1 \geqslant 2$$

分别加入原问题(IP)，形成两个子问题：

$$\text{(IP1)}\quad \max Z = x_1 + x_2;\quad \text{s.t.}\begin{cases}14x_1 + 9x_2 \leqslant 51;\\ -6x_1 + 3x_2 \leqslant 1;\\ x_1 \leqslant 1;\\ x_1, x_2 \geqslant 0;\\ x_1, x_2 \text{ 为整数.}\end{cases}$$

$$\text{(IP2)}\quad \max Z = x_1 + x_2;\quad \text{s.t.}\begin{cases}14x_1 + 9x_2 \leqslant 51;\\ -6x_1 + 3x_2 \leqslant 1;\\ x_1 \geqslant 2;\\ x_1, x_2 \geqslant 0;\\ x_1, x_2 \text{ 为整数.}\end{cases}$$

这两个子问题的松弛问题分别记为(LP1)和(LP2),它们的可行域 D_1 和 D_2 分别表示在图 7.3 的左半部分和右半部分. 由图 7.3 还可以看出,原来的可行域 D 中有一部分(即 $1<x_1<2$ 的部分)丢掉了,显然这丢掉的部分中不包含(IP)的任何整数可行解.

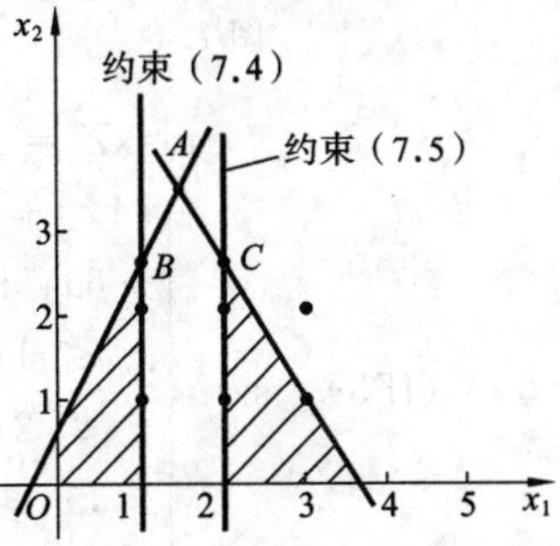

图 7.3

继续解(LP1)和(LP2),得最优解分别为

$$\boldsymbol{X}^{(1)} = (1, 7/3)^{\mathrm{T}},\quad Z^{(1)} = 10/3,$$
$$\boldsymbol{X}^{(2)} = (2, 23/9)^{\mathrm{T}},\quad Z^{(2)} = 41/9.$$

即图 7.3 中的 B 点和 C 点.

修改上、下界:由于 $Z^{(2)}>Z^{(1)}$,故取新的上界 $\bar{Z}=41/9$. 下界还不能修改,因为没有符合整数条件的可行解出现,即

$$0 \leqslant Z^* \leqslant 41/9.$$

再分枝:由于 $Z^{(2)}>Z^{(1)}$,故先对(IP2)进行分枝,取 $x_2=23/9$,构造两个约束条件$\left(\text{这时}\left[\dfrac{23}{9}\right]=2\right)$

$$x_2 \leqslant 2 \quad \text{和} \quad x_2 \geqslant 3$$

分别加入问题(IP2),形成两个子问题:

$$\text{(IP3)}\quad \max Z = x_1 + x_2;\quad \text{s.t.}\begin{cases}14x_1 + 9x_2 \leqslant 51;\\ -6x_1 + 3x_2 \leqslant 1;\\ x_1 \geqslant 2;\\ x_2 \leqslant 2;\\ x_1, x_2 \geqslant 0;\\ x_1, x_2 \text{ 为整数.}\end{cases}$$

$$\text{(IP4)}\quad \max Z = x_1 + x_2;\quad \text{s.t.}\begin{cases}14x_1 + 9x_2 \leqslant 51;\\ -6x_1 + 3x_2 \leqslant 1;\\ x_1 \geqslant 2;\\ x_2 \geqslant 3;\\ x_1, x_2 \geqslant 0;\\ x_1, x_2 \text{ 为整数.}\end{cases}$$

这两个问题的松弛问题分别记为(LP3)和(LP4). 它们的可行域 D_3 和 D_4 分别表示在图 7.4 的下半部分和上半部分. 由图 7.4 还可看出,显然有 $D_4=\varnothing$(空集),即(LP4)无可行解. 问题(LP3)的最优解为

$$\boldsymbol{X}^{(3)} = \left(\frac{33}{14}, 2\right)^{\mathrm{T}},\quad Z^{(3)} = 61/14.$$

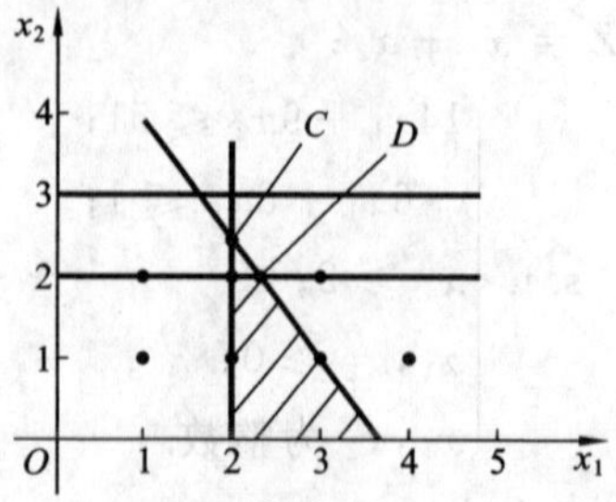

图 7.4

即图 7.4 中的 D 点.

再考虑(IP1),由(LP1)的最优解 $\boldsymbol{X}^{(1)}=(1,7/3)^{\mathrm{T}}$ 仍不为整数. 取 $x_2=\dfrac{7}{3}$ 构造两个约束条件$\left(这时\left[\dfrac{7}{3}\right]=2\right)$

$$x_2\leqslant 2 \quad 和 \quad x_2\geqslant 3$$

分别加入问题(IP1)形成两个子问题

$$\text{(IP5)}\quad \max Z=x_1+x_2;\quad \text{s.t.}\begin{cases}14x_1+9x_2\leqslant 51;\\ -6x_1+3x_2\leqslant 1;\\ x_1\leqslant 1;\\ x_2\leqslant 2;\\ x_1,x_2\geqslant 0;\\ x_1,x_2\ 为整数.\end{cases}$$

$$\text{(IP6)}\quad \max Z=x_1+x_2;\quad \text{s.t.}\begin{cases}14x_1+9x_2\leqslant 51;\\ -6x_1+3x_2\leqslant 1;\\ x_1\leqslant 1;\\ x_2\geqslant 3;\\ x_1,x_2\geqslant 0;\\ x_1,x_2\ 为整数.\end{cases}$$

这两个问题的松弛问题分别记为(LP5)和(LP6),它们的可行域 D_5 和 D_6 分别表示在图 7.5 的下半部分和上半部分. 由图 7.5 还可看出,显然有 $D_6=\varnothing$,即(LP6)无可行解. 问题(LP5)的最优解

$$\boldsymbol{X}^{(5)}=(1,2)^{\mathrm{T}},\quad Z^{(5)}=3.$$

即图 7.5 中的 E 点.

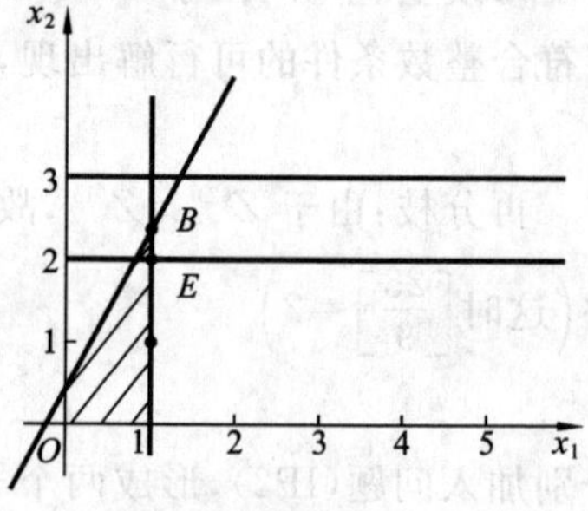

图 7.5

再修改上、下界:显然 $Z^{(3)}=61/14$ 可以作为新的上界,而 $Z^{(5)}=3$ 可以作为新的下界,这是因为 $\boldsymbol{X}^{(5)}=(1,2)^{\mathrm{T}}$ 已符合整数条件. 所以有

$$3\leqslant Z^{*}\leqslant 61/14.$$

再分枝:对(IP3)继续分枝. 由于 $\boldsymbol{X}^{(3)}=\left(\dfrac{33}{14},2\right)^{\mathrm{T}}$ 不为整数,取 $x_1=\dfrac{33}{14}$ 构造两个约束条件

$$x_1\leqslant 2 \quad 和 \quad x_1\geqslant 3$$

分别加入问题(IP3)形成两个子问题

$$\text{(IP7)}\quad \max Z=x_1+x_2;\quad \text{s.t.}\begin{cases}14x_1+9x_2\leqslant 51;\\ -6x_1+3x_2\leqslant 1;\\ x_1\geqslant 2;\\ x_2\leqslant 2;\\ x_1\leqslant 2;\\ x_1,x_2\geqslant 0;\\ x_1,x_2\ 为整数.\end{cases}$$

$$\text{(IP8)}\quad \max Z=x_1+x_2;\quad \text{s.t.}\begin{cases}14x_1+9x_2\leqslant 51;\\ -6x_1+3x_2\leqslant 1;\\ x_1\geqslant 2;\\ x_2\leqslant 2;\\ x_1\geqslant 3;\\ x_1,x_2\geqslant 0;\\ x_1,x_2\ 为整数.\end{cases}$$

这两个子问题的松弛问题分别记为(LP7)和(LP8),它们的可行域 D_7 和 D_8 分别表示在图 7.6 的左边和右边,问题(LP7)的最优解为

$$\boldsymbol{X}^{(7)} = (2,2)^{\mathrm{T}}, \quad Z^{(7)} = 4.$$

即图 7.6 中的 G 点. 问题(LP8)的最优解为

$$\boldsymbol{X}^{(8)} = (3,1)^{\mathrm{T}}, \quad Z^{(8)} = 4.$$

即图 7.6 中的 F 点.

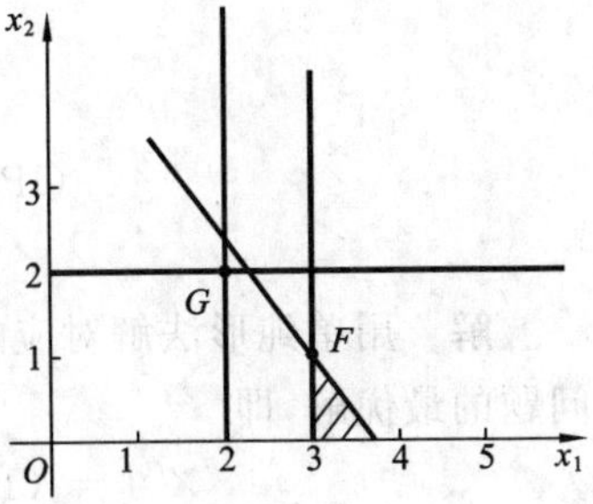

图 7.6

重新定界:由于 $\boldsymbol{X}^{(7)}$ 和 $\boldsymbol{X}^{(8)}$ 均为整数解,故有

$$\underline{Z} = \overline{Z} = 4$$

即已求得最优解

$$\boldsymbol{X}^{*} = \boldsymbol{X}^{(7)} = (2,2)^{\mathrm{T}},$$

或

$$\boldsymbol{X}^{*} = \boldsymbol{X}^{(8)} = (3,1)^{\mathrm{T}},$$

目标函数最优值 $Z^{*} = 4$.

以上的求解过程可以用一个树形图表示如图 7.7 所示.

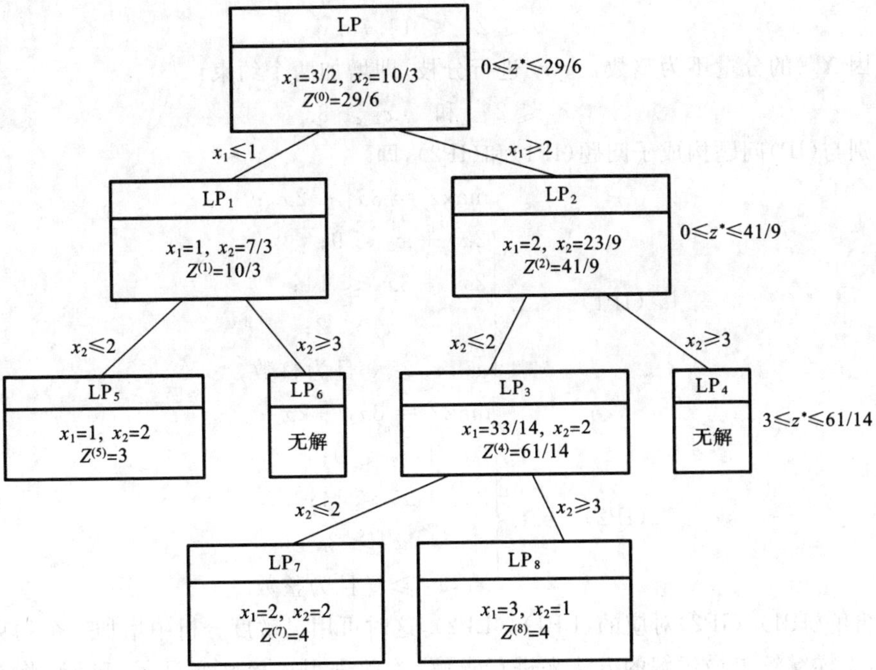

图 7.7

上面的求解过程是用图解法来做的,这样做是为了便于说明分枝的几何意义,容易理解. 但在实际计算时,还是用单纯形法在表格上进行,请看下面的例子.

例 7.2.2 用分枝定界法求解整数规划(用单纯形法计算).

$$\text{(IP)}\quad \max Z = 3x_1 + 2x_2;\quad \text{s.t.}\begin{cases} 2x_1 + x_2 \leqslant 9; \\ 2x_1 + 3x_2 \leqslant 14; \\ x_1, x_2 \geqslant 0 \text{ 且为整数}. \end{cases}$$

解 用单纯形法解对应的(LP)问题,得最优单纯形表如表 7.3 所示,得到(LP)问题的最优解,即

$$\boldsymbol{X}^{(0)} = (13/4, 5/2)^{\mathrm{T}},\quad Z^{(0)} = 59/4 = 14.75.$$

表 7.3

$\boldsymbol{X}_B$	$\boldsymbol{b}$	x_1	x_2	x_3	x_4
x_1	13/4	1	0	3/4	−1/4
x_2	5/2	0	1	−1/2	1/2
Z	−59/4	0	0	−5/4	−1/4

取上界 $\overline{Z}=14.75$,取下界 $\underline{Z}=0$,即

$$0 \leqslant Z^* \leqslant 14.75.$$

因 $\boldsymbol{X}^{(0)}$ 的分量不为整数,选 x_2 进行分枝,即增加两个约束:

$$x_2 \leqslant 2 \quad \text{和} \quad x_2 \geqslant 3.$$

并分别与(IP)问题构成子问题(IP1)和(IP2),即

$$\text{(IP1)}\quad \max Z = 3x_1 + 2x_2;\quad \text{s.t.}\begin{cases} 2x_1 + x_2 \leqslant 9; \\ 2x_1 + 3x_2 \leqslant 14; \\ x_2 \leqslant 2; \\ x_1, x_2 \geqslant 0 \text{ 且为整数}, \end{cases}$$

$$\text{(IP2)}\quad \max Z = 3x_1 + 2x_2;\quad \text{s.t.}\begin{cases} 2x_1 + x_2 \leqslant 9; \\ 2x_1 + x_2 \leqslant 14; \\ x_2 \geqslant 3; \\ x_1, x_2 \geqslant 0 \text{ 且为整数}. \end{cases}$$

再解(IP1)、(IP2)对应的(LP1)、(LP2),这时可用灵敏度分析中增加一个约束条件后,怎样继续求最优解的方法来进行求解,为此先引入松弛变量 x_5 和 x_6,将新增加的约束条件化为

$$x_2 + x_5 = 2 \quad \text{和} \quad -x_2 + x_6 = -3,$$

然后将它们分别加入最优表 7.3 中(即在原表中增加一行一列),得表 7.4(Ⅰ)和表 7.5(Ⅰ).

由于表 7.4(Ⅰ)、表 7.5(Ⅰ)不是正规单纯形表(单位矩阵给破坏了),因此要先

用初等变换将其变为正规单纯形表(即恢复单位矩阵)得表 7.4(Ⅱ)和表 7.5(Ⅱ),然后再用对偶单纯形法迭代得表 7.4(Ⅲ)、表 7.5(Ⅲ).

表 7.4

序号	X_B	b	x_1	x_2	x_3	x_4	x_5
Ⅰ	x_1	13/4	1	0	3/4	−1/4	0
	x_2	5/2	0	1	−1/2	1/2	0
	x_5	2	0	1	0	0	1
	Z	−59/4	0	0	−5/4	−1/4	0
Ⅱ	x_1	13/4	1	0	3/4	−1/4	0
	x_2	5/2	0	1	−1/2	1/2	0
	x_5	−1/2	0	0	1/2	−1/2*	1
	Z	−59/4	0	0	−5/4	−1/4	0
Ⅲ	x_1	7/2	1	0	1/2	0	−1/2
	x_2	2	0	1	0	0	1
	x_4	1	0	0	−1	1	−2
	Z	−29/2	0	0	−3/2	0	−1/2

表 7.5

序号	X_B	b	x_1	x_2	x_3	x_4	x_6
Ⅰ	x_1	13/4	1	0	3/4	−1/4	0
	x_2	5/2	0	1	−1/2	1/2	0
	x_6	−3	0	−1	0	0	1
	Z	−59/4	0	0	−5/4	−1/4	0
Ⅱ	x_1	13/4	1	0	3/4	−1/4	0
	x_2	5/2	0	1	−1/2	1/2	0
	x_6	−1/2	0	0	−1/2*	1/2	1
	Z	−59/4	0	0	−5/4	−1/4	0
Ⅲ	x_1	5/2	1	0	0	1/2	3/2
	x_2	3	0	1	0	0	−1
	x_3	1	0	0	1	−1	−2
	Z	−27/2	0	0	0	−3/2	−5/2

由表 7.4 得到(LP1)的最优解为

$$X^{(1)}=(7/2,2)^{T},\quad Z^{(1)}=29/2=14.5.$$

由表 7.5 得到(LP2)的最优解为

$$X^{(2)}=(5/2,3)^{T},\quad Z^{(2)}=27/2=13.5.$$

因为 $Z^{(1)}>Z^{(2)}$,故修改上界 $\bar{Z}=14.5$,我们优先考虑(IP1),因为对应(LP1)仍没有得到整数解,还需继续分枝,即增加两个约束:

$$x_1\leqslant 3 \quad 和 \quad x_1\geqslant 4.$$

并分别与(IP1)构成新的子问题(IP3)和(IP4)

$$\max Z=3x_1+2x_2;$$
$$(\text{IP3})\quad \text{s.t.}\begin{cases}2x_1+x_2\leqslant 9;\\2x_1+3x_2\leqslant 14;\\x_2\leqslant 2;\\x_1\leqslant 3;\\x_1,x_2\geqslant 0\ 且为整数,\end{cases}$$

$$\max Z=3x_1+2x_2;$$
$$(\text{IP3})\quad \text{s.t.}\begin{cases}2x_1+x_2\leqslant 9;\\2x_1+3x_2\leqslant 14;\\x_2\leqslant 2;\\x_1\geqslant 4;\\x_1,x_2\geqslant 0\ 且为整数.\end{cases}$$

再解这两个问题对应的(IP3)和(IP4),与前面一样,计算过程见表 7.6 和表7.7.

由表 7.6 可知(LP3)的最优解为

$$X^{(3)}=(3,2)^{T},\quad Z^{(3)}=13.$$

表 7.6

序号	X_B	b	x_1	x_2	x_3	x_4	x_5	x_7
Ⅰ	x_1	7/2	1	0	1/2	0	−1/2	0
	x_2	2	0	1	0	0	1	0
	x_4	1	0	0	−1	1	−2	0
	x_7	3	1	0	0	0	0	1
	Z	−29/2	0	0	−3/2	0	−1/2	0
Ⅱ	x_1	7/2	1	0	1/2	0	−1/2	0
	x_2	2	0	1	0	0	1	0
	x_4	1	0	0	−1	1	−2	0
	x_7	−1/2	0	0	[−1/2]	0	1/2	1
	Z	−29/2	0	0	−3/2	0	−1/2	0
Ⅲ	x_1	3	1	0	0	0	0	1
	x_2	2	0	1	0	0	1	0
	x_4	2	0	0	0	1	−3	−2
	x_3	1	0	0	1	0	−1	−2
	Z	−13	0	0	0	0	−2	−3

表 7.7

序号	X_B	b	x_1	x_2	x_3	x_4	x_5	x_8
Ⅰ	x_1	7/2	1	0	1/2	0	−1/2	0
	x_2	2	0	1	0	0	1	0
	x_4	1	0	0	−1	1	−2	0
	x_8	−4	−1	0	0	0	0	1
	Z	−29/2	0	0	−3/2	0	−1/2	0
Ⅱ	x_1	7/2	1	0	1/2	0	−1/2	0
	x_2	2	0	1	0	0	1	0
	x_4	1	0	0	−1	0	−2	0
	x_8	−1/2	0	0	1/2	1	[−1/2]	1
	Z	−29/2	0	0	−3/2	0	−1/2	0
Ⅲ	x_1	4	1	0	0	0	0	−1
	x_2	1	0	1	1	0	0	2
	x_4	3	0	0	−3	1	0	−4
	x_5	1	0	0	−1	0	1	−2
	Z	−14	0	0	−2	0	0	−1

由表 7.7 可知(LP4)的最优解为

$$X^{(4)}=(4,1)^{\mathrm{T}},\quad Z^{(4)}=14.$$

显然，两个问题都得到了整数解，但由于$Z^{(3)}<Z^{(4)}$，故$\boldsymbol{X}^{(3)}=(3,2)^{\mathrm{T}}$不可能是原问题的最优解，此问题已查清(可以剪枝)，并修改下界$\underline{Z}=Z^{(3)}=13$.

而$Z^{(4)}>Z^{(2)}$，于是原问题的最优解也不可能在(LP2)中出现，故此问题也已查清，可以剪枝. 只剩下(LP4)问题，此问题已是整数解，故原问题的最优解已经找到，即

$$\boldsymbol{X}^{*}=(4,1)^{\mathrm{T}},\quad Z^{*}=14$$

用树形图表示以上解题过程见图 7.8.

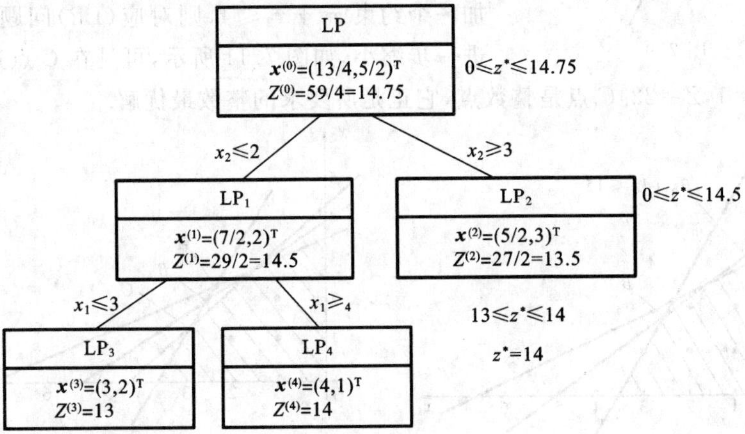

图 7.8

7.3 割平面法

求解整数规划的另一个有效的方法是割平面法. 它是由 R. E. Gomory 提出来的，故又称 Gomory **割平面法**. 此方法仍然是用线性规划的方法求解整数规划问题，其主要解题思路叙述如下：

对于整数规划问题(IP)，首先不考虑对变量的整数要求，求得对应松弛问题(LP)的最优解. 如果得到最优解是一个非整数解，构造一个新的约束，对松弛问题的可行域进行切割，在保证其整数可行解不被切割掉的情况下，重复这个过程，逐步切割可行域，直到得到一个整数的最优极点为止.

为了直观，我们首先用图解法说明割平面法的解题过程.

例 7.3.1 求解整数规划问题

$$\max Z=6x_1+4x_2;$$

$$(\mathrm{IP})\quad \text{s.t.}\begin{cases}2x_1+4x_2\leqslant 13;\\ 2x_1+x_2\leqslant 7;\\ x_1,x_2\geqslant 0\text{ 且为整数}.\end{cases}$$

如果不考虑以上(IP)问题的整数约束，我们容易用图解法求出对应(LP)问题的最

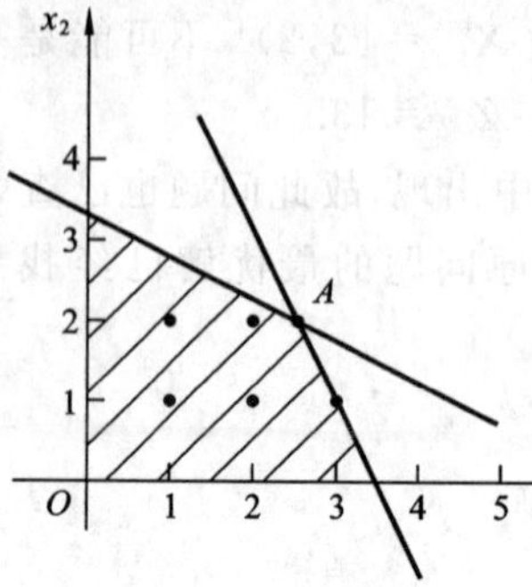

图 7.9

优解，如图 7.9 所示. 目标函数值在 A 点达到最大：$x_1=5/2, x_2=2, Z=23$. 显然，A 点不是(IP)问题的可行解，图 7.9 中标出的整数点是(IP)问题的可行解.

对于以上问题，增加一个约束 $3x_1+4x_2\leqslant 15$，此约束将原可行域的边缘部分切去，如图7.10所示，平移目标函数等值线，可见在 B 点达到最大：$x_1=13/5, x_2=9/5, Z=22.8$. B 点仍然不是整数解，再增加一个约束 $x_1+x_2\leqslant 4$，则对应(LP)问题的可行域进一步缩小，如图 7.11 所示，可见在 C 点达到最大：$x_1=3, x_2=1, Z=22$. C 点是整数点，它正是所要求的整数最优解.

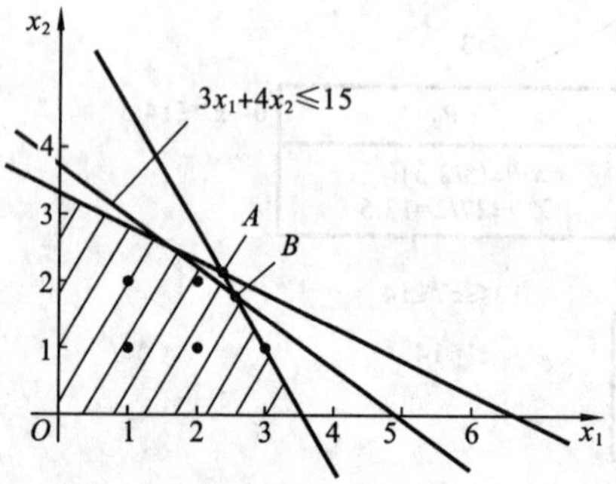

图 7.10

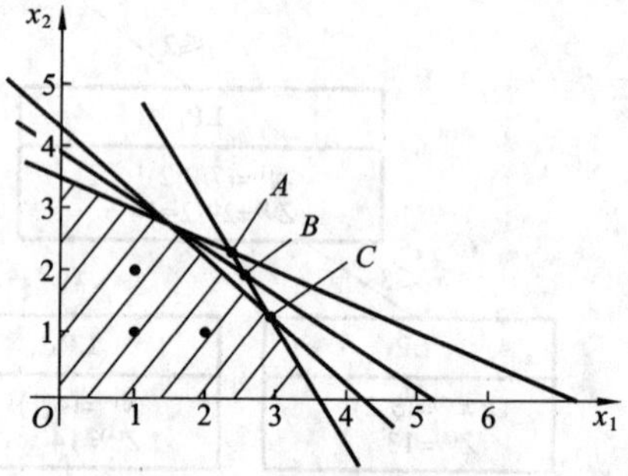

图 7.11

由于整数规划的可行解集是由对应(LP)问题的可行域内的全部整数点所组成的. 若(LP)问题的最优解是可行域内的整数点，则此解亦为(IP)问题的最优解；若不是整数点，则增加一个约束条件得到缩小的可行域，在图上犹如切割掉了可行域的某一部分边缘区域(要求整数点不会被切割掉). 这样做下去，直到使目标函数达到最优的整数点，出现在新可行域的顶点上. 对于二维问题而言，新增加的约束条件是一条直线；对于三维问题而言，新增加的约束就是一个平面；而三维以上就称之为超平面. 由于每增加一个约束就相当于对原有各个约束条件所构成的凸集进行一次切割，因此，称这种解法为**割平面法**.

割平面法的关键在于如何选取割平面，才能使切割的部分只包含非整数解，而不切割掉任何整数可行解. 下面介绍怎样产生割平面.

假设(IP)问题对应的(LP)问题的最优单纯形表如表 7.8 所示，为了讨论方便，不妨设最优基为 $B=(\boldsymbol{P}_1, \boldsymbol{P}_2, \cdots, \boldsymbol{P}_m)$，于是有

$$\boldsymbol{X}_B=\boldsymbol{B}^{-1}\boldsymbol{b}-\boldsymbol{B}^{-1}\boldsymbol{N}\boldsymbol{X}_N.$$

令

$$\boldsymbol{X}_N=\boldsymbol{0} \quad \text{得} \quad \boldsymbol{x}_B=\boldsymbol{B}^{-1}\boldsymbol{b}.$$

如果 $\boldsymbol{B}^{-1}\boldsymbol{b}$ 的各分量全为整数，原问题(IP)的最优解为 $\boldsymbol{X}_B=\boldsymbol{B}^{-1}\boldsymbol{b}, \boldsymbol{X}_N=\boldsymbol{0}$. 如果 $\boldsymbol{B}^{-1}\boldsymbol{b}$ 的分量中不全为整数，不妨设其第 r 个分量 b'_r 不是整数，则对应于单纯形表中第 r 行的方程为

表 7.8

X_B	b	x_1	x_2	$\cdots$	x_r	$\cdots$	x_m	x_{m+1}	x_{m+2}	$\cdots$	x_n
x_1	b'_1	1						$a'_{1,m+1}$	$a'_{1,m+2}$	$\cdots$	a'_{1n}
x_2	b'_2		1					$a'_{2,m+1}$	$a'_{2,m+2}$	$\cdots$	a'_{2n}
$\vdots$	$\vdots$			$\ddots$				$\vdots$	$\vdots$	$\vdots$	$\vdots$
x_r	b'_r				1			$a'_{r,m+1}$	$a'_{r,m+2}$		a'_{rn}
$\vdots$	$\vdots$					$\ddots$		$\vdots$	$\vdots$		
x_m	b'_m						1	$a'_{m,m+1}$	$a'_{m,m+2}$	$\cdots$	a'_{mn}
Z	$-Z^{(0)}$	0	0	$\cdots$	0	$\cdots$	0	σ_{m+1}	σ_{m+2}	$\cdots$	σ_n

$$x_r+\sum_{j=m+1}^{n}a'_{rj}x_j=b'_r; \tag{7.10}$$

令
$$a'_{rj}=[a'_{rj}]+f_{rj},\quad 0\leqslant f_{rj}<1; \tag{7.11}$$
$$b'_r=[b'_r]+f_r,\quad 0<f_r<1, \tag{7.12}$$

其中，$[a'_{rj}]$表示不超过 a'_{rj} 的最大整数，f_{rj}是 a'_{rj} 的小数部分；$[b'_r]$表示不超过 b'_r的最大整数，f_r是 b'_r的小数部分.

这时方程式(7.10)就可写成

$$x_r+\sum_{j=m+1}^{n}([a'_{rj}]+f_{rj})x_j=[b'_r]+f_r, \tag{7.13}$$

整理得到
$$x_r+\sum_{j=m+1}^{n}[a'_{rj}]x_j-[b'_r]=f_r-\sum_{j=m+1}^{n}f_{rj}x_j. \tag{7.14}$$

考察上式，为了满足左端为整数，即要求右端也要为整数，于是

$$0\leqslant f_{rj}<1,\quad 0<f_r<1.$$

又因为 $x_j>0$，因而有
$$\sum_{j=m+1}^{n}f_{rj}x_j\geqslant 0,$$

于是有
$$f_r-\sum_{j=m+1}^{n}f_{rj}x_j\leqslant f_r<1. \tag{7.15}$$

即式(7.14)的右端为小于 1 的整数，由此得到整数要求的必要条件为

$$f_r-\sum_{j=m+1}^{n}f_{rj}x_j\leqslant 0 \tag{7.16}$$

称之为 Gomory **割平面方程**.

可以证明，按照式(7.16)构造割平面对可行域进行切割，可以割去原来非整数最优解，但又不会割去整数规划的整数可行解. 这两个特点恰好是割平面的两条性质：

性质 7.1 割平面约束条件(式(7.16))割去了对应(LP)问题的非整数最优解.

证 设(LP)问题的最优非整数解为 $\boldsymbol{X}^{(0)}$，证明以上性质只需证明 $\boldsymbol{X}^{(0)}$ 不满足割平面约束（式（7.16））即可. 用反证法：$\boldsymbol{X}^{(0)}$ 为最优解，则其非基变量 $\boldsymbol{X}_N^{(0)}=$

$(x_{m+1}^{(0)},x_{m+2}^{(0)},\cdots,x_n^{(0)})^{\mathrm{T}}=(0,0,\cdots,0)^{\mathrm{T}}$.

若 $\boldsymbol{X}^{(0)}$ 满足割平面约束条件(式(7.16)),即

$$f_r-\sum_{j=m+1}^{n}f_{rj}x_j^{(0)}\leqslant 0.$$

因所有的非基变量为零,故 $\sum_{j=m+1}^{n}f_{rj}x_j^{(0)}=0$,从而 $f_r=0$,这与前面 f_r 是非负小数的规定相矛盾.所以,$\boldsymbol{X}^{(0)}$ 不满足切割约束条件(式(7.16)).证毕.

性质 7.2 割平面未割去(IP)问题的任一整数可行解.

证 只需证明原整数规划问题的任一整数可行解都满足割平面约束(式(7.16)).设

$$\boldsymbol{X}^{(1)}=(x_1^{(1)},x_2^{(1)},\cdots,x_n^{(1)})^{\mathrm{T}}$$

是原(IP)问题的任一整数可行解,则 $\boldsymbol{X}^{(1)}$ 的分量 $x_j^{(1)}$ 必满足方程

$$x_i^{(1)}=b'_i-\sum_{j=m+1}^{n}a'_{ij}x_j^{(1)}\quad(i=1,2,\cdots,m);$$

设

$$a'_{ij}=[a'_{ij}]+f_{ij},0\leqslant f_{ij}<1;$$
$$b'_i=[b'_i]+f_i,0<f_i<1;$$

则

$$x_i^{(1)}=[b'_i]-\sum_{j=m+1}^{n}[a'_{ij}]x_j^{(1)}+(f_i-\sum_{j=m+1}^{n}f_{ij}x_j^{(1)}),$$

即

$$x_i^{(1)}+\sum_{j=m+1}^{n}[a'_{ij}]x_j^{(1)}-[b'_i]=f_i-\sum_{j=m+1}^{n}f_{ij}x_j^{(1)}.$$

上式从左边看必然为整数,因而右边为整数,由于 $0<f_i<1$,故 f_i 与 $\sum_{j=m+1}^{n}f_{ij}x_j^{(1)}$ 之差不能为正整数,即

$$f_i-\sum_{j=m+1}^{n}f_{ij}x_j^{(1)}\leqslant 0,$$

所以推得 $\boldsymbol{X}^{(1)}$ 满足割平面约束条件(式(7.16)),于是(IP)问题的任一整数解均未被割去.证毕.

综上所述,我们将求解整数规划的割平面法的步骤归纳如下:

(1) 用单纯形法求解(IP)对应的松弛问题(LP).

若(LP)问题没有可行解,则(IP)问题亦无可行解,计算停止;

若(LP)问题有最优解,且符合(IP)问题的整数要求,则(LP)问题的最优解即为(IP)问题的最优解,计算停止;

若(LP)问题有最优解,但不符合(IP)问题的整数约束,则转下一步.

(2) 从(LP)的最优解中,任选一个不为整数的分量 x_r,将最优单纯形表中该行的系数 a'_{rj} 和 b'_r 分解为整数部分和小数部分之和,并以该行为源行,按式(7.16)作割平面方程.

(3) 将所得的割平面方程作为一个新的约束条件置于最优单纯形表中(同时增

加一个单位列向量)得表7.9,用对偶单纯形法求出新的最优解,返回步骤(1).

表7.9中的最下面一行(x_{n+1}行)就是由新增加的割平面方程(式(7.16))经过变换得到的,即通过引入松弛变量 $x_{n+1}\geqslant 0$,将式(7.16)化为

$$-\sum_{j=m+1}^{n} f_{rj}x_j + x_{n+1} = -f_r \tag{7.17}$$

然后将有关数据填入表7.8中即得.我们进一步分析表7.9不难发现,这新增加的一行中的数据可以由原来的 x_r 行的数据直接得到,方法是将源行 x_r 行中的每一个数 $a'_{rj}(j=m+1,\cdots,n)$ 及 b'_r 分解为整数部分和非负的小数部分,再将小数部分 f_{rj} 和 f_r 反号填在对应变量的下边即可,当然还须增加一个单位列向,这是因为增加了一个基变量 x_{n+1} 的缘故.所以在实际计算中,割平面方程(式(7.16)或式(7.17))也可以不必列出,直接在表上计算就可以了.

表 7.9

X_B	b	x_1	x_2	$\cdots$	x_r	$\cdots$	x_m	x_{m+1}	x_{m+2}	$\cdots$	x_n	x_{n+1}
x_1	b'_1	1						$a'_{1,m+1}$	$a'_{1,m+2}$	$\cdots$	a'_{1n}	0
x_2	b'_2		1					$a'_{2,m+1}$	$a'_{2,m+2}$	$\cdots$	a'_{2n}	0
$\vdots$	$\vdots$			$\ddots$				$\vdots$	$\vdots$		$\vdots$	$\vdots$
x_r	b'_r				1			$a'_{r,m+1}$	$a'_{r,m+2}$	$\cdots$	a'_{rn}	0
$\vdots$	$\vdots$					$\ddots$		$\vdots$	$\vdots$		$\vdots$	$\vdots$
x_m	b'_m						1	$a'_{m,m+1}$	$a'_{m,m+2}$	$\cdots$	a'_{mn}	0
x_{n+1}	$-f_r$							$-f_{r,m+1}$	$-f_{r,m+2}$	$\cdots$	$-f_{rn}$	1
Z	$-Z^{(0)}$	0	0	$\cdots$	0	$\cdots$	0	σ_{m+1}	σ_{m+2}	$\cdots$	σ_n	0

例 7.3.2 用割平面法求解

$$\max Z = 3x_1 - x_2;$$

$$\text{s.t.}\begin{cases} 3x_1 - 2x_2 \leqslant 3; \\ 5x_1 + 4x_2 \geqslant 10; \\ 2x_1 + x_2 \leqslant 5; \\ x_1, x_2 \geqslant 0, \text{且全为整数}. \end{cases}$$

解 将对应的松弛问题化为标准形后,再引入人工变量,用大 M 法求解.其过程如下:先写出大 M 问题:

$$\max Z = 3x_1 - x_2 - Mx_6$$

$$\text{s.t.}\begin{cases} 3x_1 - 2x_2 + x_3 = 3 \\ 5x_1 + 4x_2 - x_4 + x_6 = 10 \\ 2x_1 + x_2 + x_5 = 5 \\ x_j \geqslant 0 \ (j=1,2,\cdots,6) \end{cases}$$

其中,x_3,x_4,x_5 为松弛变量,x_6 为人工变量.再列表求解(见表 7.10).

表 7.10

序号	C			3	-1	0	0	0	$-M$
	C_B	X_B	b	x_1	x_2	x_3	x_4	x_5	x_6
Ⅰ	0	x_3	3	3^*	-2	1	0	0	0
	$-M$	x_6	10	5	4	0	-1	0	1
	0	x_5	5	2	1	0	0	1	0
	Z		$10M$	$3+5M$	$-1+4M$	0	$-M$	0	0
Ⅱ	3	x_1	1	1	$-2/3$	$1/3$	0	0	0
	$-M$	x_6	5	0	$22/3^*$	$-5/3$	-1	0	1
	0	x_5	3	0	$7/3$	$-2/3$	0	1	0
	Z		$-3+5M$	0	$1+\frac{22}{3}M$	$-1-\frac{5}{3}M$	$-M$	0	0
Ⅲ	3	x_1	$16/11$	1	0	$2/11$	$-1/11$	0	$1/11$
	-1	x_2	$15/22$	0	1	$-5/22$	$-3/22$	0	$3/22$
	0	x_5	$31/22$	0	0	$-3/22$	$7/22^*$	1	$-7/22$
	Z		$-81/22$	0	0	$-17/22$	$3/22$	0	$-\frac{3}{22}-M$
Ⅳ	3	x_1	$13/7$	1	0	$1/7$	0	$2/7$	0
	-1	x_2	$9/7$	0	1	$-2/7$	0	$3/7$	0
	0	x_4	$31/7$	0	0	$-3/7$	1	$22/7$	-1
	Z		$-30/7$	0	0	$-5/7$	0	$-3/7$	$-M$

由表 7.10(Ⅳ)可知,最优解为

$$X^{(0)}=\left(\frac{13}{7},\frac{9}{7}\right)^{\mathrm{T}},\quad Z^{(0)}=\frac{30}{7}.$$

即图 7.12 中的 A 点.显然 $X^{(0)}$ 不是整数规划问题的最优解,引进以 x_1 为源行的割平面

$$-\frac{1}{7}x_3-\frac{2}{7}x_5\leqslant-\frac{6}{7},\tag{7.18}$$

即

$$x_3+2x_5\geqslant 6,\tag{7.19}$$

而由第一、三约束条件可得

$$\begin{cases}x_3=3-3x_1+2x_2,\\x_5=5-2x_1-x_2.\end{cases}$$

代入割平面方程式(7.19),得 $x_1\leqslant 1$.

从图7.12可以看出，割平面 $x_1 \leqslant 1$ 割去了(LP)问题的最优解 $\boldsymbol{X}^{(0)}$，但未割去原问题的任一整数可行点.

引入松弛变量 $x_7 \geqslant 0$，将割平面方程(7.18)化为

$$-\frac{1}{7}x_3-\frac{2}{7}x_5+x_7=-\frac{6}{7} \qquad (7.20)$$

将式(7.20)中的有关数据写在表7.10(Ⅳ)的下面一行，并增加一列(x_7 列)，得新的单纯形表(见表7.11(Ⅰ))，再用对偶单纯形法进行迭代(见表7.11(Ⅱ)、(Ⅲ))，得最优解

$$\boldsymbol{X}^{(1)}=\left(1,\frac{5}{4}\right)^{\mathrm{T}}, \quad Z^{(1)}=\frac{7}{4}.$$

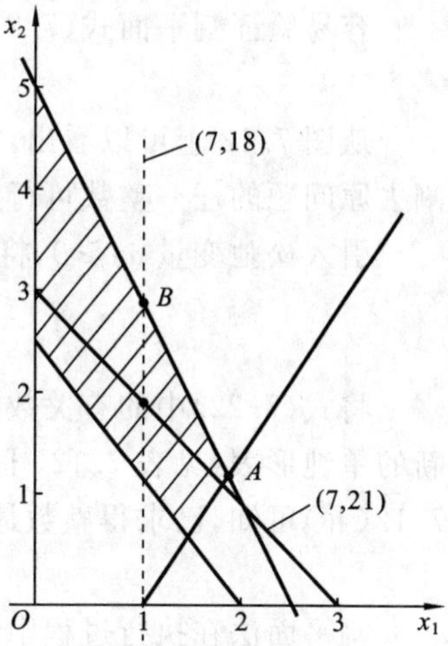

图7.12

但 $\boldsymbol{X}^{(1)}$ 仍不是整数解，继续作割平面，再以 x_5 行为源行，求得割平面

$$-\frac{1}{4}x_4-\frac{1}{4}x_7 \leqslant -\frac{3}{4}. \qquad (7.21)$$

表7.11

序号	$\boldsymbol{X}_B$	$\boldsymbol{b}$	x_1	x_2	x_3	x_4	x_5	x_7
Ⅰ	x_1	13/7	1	0	1/7	0	2/7	0
	x_2	9/7	0	1	−2/7	0	3/7	0
	x_4	31/7	0	0	−3/7	1	22/7	0
	x_7	−6/7	0	0	−1/7	0	−2/7*	1
	Z	−30/7	0	0	−5/7	0	−3/7	0
Ⅱ	x_1	1	1	0	0	0	0	1
	x_2	0	0	1	−1/2	0	0	3/2
	x_4	−5	0	0	−2*	1	0	11
	x_5	3	0	0	1/2	0	1	−7/2
	Z	−3	0	0	−1/2	0	0	−3/2
Ⅲ	x_1	1	1	0	0	0	0	1
	x_2	5/4	0	1	0	−1/4	0	−5/4
	x_3	5/2	0	0	1	−1/2	0	−11/2
	x_5	7/4	0	0	0	1/4	1	−3/4
	Z	−7/4	0	0	0	−1/4	0	−17/4

容易验证割平面式(7.21)等价于

$$x_1 + x_2 \geqslant 3,$$

从图7.12上可以看出,割平面(7.21)割去了最优解 $\boldsymbol{X}^{(1)}$(即图中的 B 点),但未割去原问题的任一整数可行解.

引入松弛变量 $x_8 \geqslant 0$,将割平面方程写成

$$-\frac{1}{4}x_4 - \frac{1}{4}x_7 + x_8 = -\frac{3}{4}. \tag{7.22}$$

将式(7.22)中的有关数据写在表7.11(Ⅲ)的下面一行,并增加一列(x_8 列),得新的单纯形表(见表7.12(Ⅰ)),再用对偶单纯形法进行迭代(见表7.12(Ⅱ)).由表7.12(Ⅱ)可知,已求得整数最优解

$$\boldsymbol{X}^* = (1,2)^{\mathrm{T}}, \quad Z^* = 1.$$

割平面法在执行过程中经常会遇到收敛很慢的情况,因此人们常常将该算法与分枝定界法结合起来使用,能收到比较好的效果.

表7.12

序号	$\boldsymbol{X}_B$	$\boldsymbol{b}$	x_1	x_2	x_3	x_4	x_5	x_7	x_8
Ⅰ	x_1	1	1	0	0	0	0	1	0
	x_2	5/4	0	1	0	−1/4	0	−5/4	0
	x_3	5/2	0	0	1	−1/2	0	−11/2	0
	x_5	7/4	0	0	0	1/4	1	−3/4	0
	x_8	−3/4	0	0	0	−1/4*	0	−1/4	1
	Z	−7/4	0	0	0	−1/4	0	−17/4	0
Ⅱ	x_1	1	1	0	0	0	0	1	0
	x_2	2	0	1	0	0	0	−1	−1
	x_3	4	0	0	1	0	0	−5	−2
	x_5	1	0	0	0	0	1	−1	1
	x_4	3	0	0	0	1	0	1	−4
	Z	−1	0	0	0	0	0	−4	−1

7.4 0-1整数规划与隐枚举法

0-1整数规划是一种特殊形式的整数规划.这时的决策变量 x_i 只取两个值0或1,故称 x_i 为0-1变量.

例7.4.1 某地区工商银行根据该地区的供应情况,计划抽调 a 万元资金对某三个行业给予低息贷款,但由于资金有限,只能在第一个行业的四个企业 A_1, A_2, A_3, A_4 中,至多选两个单位,在第二个行业的五个企业 A_5, A_6, A_7, A_8, A_9 中,至多选

三个单位,在第三个行业的三个企业 A_{10},A_{11},A_{12} 中,至多选两个单位给予贷款.预计企业 A_i 获得 a_i 万元贷款后,每万元贷款可获利 b_i 万元($i=1,2,\cdots,12$).问该地区工商银行应如何发放贷款,既可改善该市的供应状况,又可使总利润达到最大,建立此问题的数学模型.

解 以上问题是否对 A_i 企业发放贷款,可以用 0-1 变量描述,设

$$x_i=\begin{cases}1, & \text{给予 } A_i \text{ 贷款;}\\ 0, & \text{不给予 } A_i \text{ 贷款.}\end{cases}$$

所以此问题可以用 0-1 规划来解决,此问题的数学模型为

$$\max Z=\sum_{i=1}^{12} b_i x_i;$$

$$\text{s.t.}\begin{cases}\sum\limits_{i=1}^{12} a_i x_i \leqslant a;\\ \sum\limits_{i=1}^{4} x_i \leqslant 2;\\ \sum\limits_{i=5}^{9} x_i \leqslant 3;\\ \sum\limits_{i=10}^{12} x_i \leqslant 2;\\ x_j=0,1\ \ (j=1,2,\cdots,12).\end{cases}$$

此外,投资项目的确定,投资场所的选择、确定新产品的开发等问题都可归结为 0-1 规划问题.一般地,0-1 规划的数学模型为

$$\max Z=\sum_{j=1}^{n} c_i x_i;$$

$$\text{s.t.}\begin{cases}\sum\limits_{j=1}^{n} a_{ij} x_j \leqslant b_i\ \ (i=1,2,\cdots,m);\\ x_j=0,1\ \ (j=1,2,\cdots,n).\end{cases}$$

对于 0-1 规划问题,由于每个变量只取 0,1 两个值,人们自然会想到用穷举法来解,即排出全部变量取值为 0 或 1 的每一种组合,算出目标函数在每一组合(点)上的函数值,找出最大值即可求出问题的最优解.这样,我们需要比较目标函数在 2^n 个组合(点)上取值的大小,当 n 很大时,计算量是相当大的.因此,我们希望设计一种算法,只需比较目标函数值在一小部分排列组合(点)上取值的大小,而根据一定的判别法则舍去不包含最优解的排列组合,就能求出最优解.本节讨论的**隐枚举法**就是基于这种想法而设计的.

1. 过滤性隐枚举法

用隐枚举法解 0-1 规划,其基本思想是:从所有变量均取 0 值出发,然后,依次令一些变量取值 1,直至得到一个可行解.若这个可行解不是最优解,我们可以认为第

一个可行解就是目前得到的最好的可行解,并引入一个**过滤性条件**作为新的约束条件加入到原问题中去,以排除一批相对较劣的可行解,然后再依次检查变量取0或1的各种组合,看是否能对前面所得到的最好可行解有所改进,直到获得最优解为止,这种方法称为**过滤性隐枚举法**.

下面用例题介绍应用隐枚举法解0-1规划问题的具体算法.

例 7.4.2 求解下列0-1规划问题

$$\max Z = 3x_1 - 2x_2 + 5x_3;$$

$$\text{s.t.}\begin{cases} x_1 + 2x_2 - x_3 \leqslant 2; & (1) \\ x_1 + 4x_2 + x_3 \leqslant 4; & (2) \\ x_1 + x_2 \qquad\quad \leqslant 3; & (3) \\ \qquad 4x_2 + x_3 \leqslant 6; & (4) \\ x_1, x_2, x_3 = 0, 1. \end{cases}$$

解 首先用试察法求一个可行解.易看出 $x_1=1, x_2=0, x_3=0$ 是一个可行解,$Z=3$.

因为目标函数是求极大值,认为目前得到的可行解是最好的可行解,则凡是目标函数值小于3的组合都不必再讨论,于是可增加一个约束

$$3x_1 - 2x_2 + 5x_3 \geqslant 3. \tag{0}$$

从而舍去了不可能包含最优解的排列组合,称该式为**过滤性条件**.

这样问题的约束条件变成5个,并且将过滤性条件(0)作为优先考虑的条件,按照(0)～(4)的顺序排好.本例中共有3个变量,每个变量取0或1两个值,如果用完全枚举法,共有 $2^3=8$ 个解.对每个解,依次代入约束条件(0)～(4)的左边,求出数值;看是否满足不等式条件,如果某一条件不满足,则其他条件就不用检查了,因为它不是可行解,这样可以减少运算次数.本例的计算过程可列表进行(见表7.13).

表 7.13

(x_1, x_2, x_3)	约束条件					满足条件? 是(√),否(×)	Z 值
	(0)	(1)	(2)	(3)	(4)		
(0,0,0)	0					×	
(0,0,1)	5	−1	1	0	1	√	5
(0,1,0)	−2					×	
(0,1,1)	3	1	5			×	
(1,0,0)	3	1	1	1	0	√	3
(1,0,1)	8	0	2	1	1	√	8
(1,1,0)	1					×	
(1,1,1)	6	2	6			×	

由表7.14可知,最优解为

$$\boldsymbol{X}^* = (1,0,1)^{\mathrm{T}}, \quad Z^* = 8.$$

在计算过程中，若遇到 Z 值已超过过滤性条件(0)右边的值，则应修改过滤性条件，使右边保持迄今为止最大者，然后继续做．例如，当检查点(0,0,1)时，因 $Z=5$ (>3)，所以应将条件(0)修改成

$$3x_1-2x_2+5x_3\geqslant 5. \tag{0'}$$

这种对过滤性条件的改变，更可以减少计算量．

注意，在实际计算时，还可重新排列 x_j 的顺序，使目标函数中 x_j 的系数保持是递增(或不减)的，这样做也可以减少计算量．

在上例中，我们可将目标函数改写为

$$Z=-2x_2+3x_1+5x_3$$

变量也按(x_2,x_1,x_3)的顺序依次取值：(0,0,0)，(0,0,1)，(0,1,0)，…，(1,1,1)，如果再结合过滤性条件，更可以使计算简化．

我们将上例改写成

$$\max Z=-2x_2+3x_1+5x_3;$$

$$\text{s.t.}\begin{cases}-2x_2+3x_1+5x_3\geqslant 3; & (0)\\ 2x_2+x_1-x_3\leqslant 2; & (1)\\ 4x_2+x_1+x_3\leqslant 4; & (2)\\ x_2+x_1\qquad\leqslant 3; & (3)\\ 4x_2+\qquad x_3\leqslant 6; & (4)\\ x_j=0\text{ 或 }1\quad (j=1,2,3). \end{cases}$$

计算过程如下(见表 7.14～表 7.16)．

表 7.14

(x_2,x_1,x_3)	约束条件					是否满足条件	Z 值
	(0)	(1)	(2)	(3)	(4)		
(0,0,0)	0					×	
(0,0,1)	5	−1	1	0	1	√	5

表 7.15

(x_2,x_1,x_3)	约束条件					是否满足条件	Z 值
	(0′)	(1)	(2)	(3)	(4)		
(0,1,0)	3					×	
(0,1,1)	8	0	2	1	1	√	8

改进过滤性条件，用

$$-2x_2+3x_1+5x_3\geqslant 5 \tag{0'}$$

代替(0)，继续进行．

表 7.16

(x_2,x_1,x_3)	约束条件					是否满足条件?	Z 值
	(0″)	(1)	(2)	(3)	(4)		
(1,0,0)	2					×	
(1,0,1)	3					×	
(1,1,0)	1					×	
(1,1,1)	6					×	

再改进过滤性条件,用

$$-2x_2+3x_1+5x_3\geqslant 8 \tag{0″}$$

代替(0′),再继续进行.

至此,Z 值已不能改进,即得最优解,解答如前,但计算已简化.

2. 分枝隐枚举法

下面介绍将分枝定界法和隐枚举法结合起来求解 0-1 规划的一种方法,称为**分枝隐枚举法**.

设给定 0-1 规划模型为

$$\max Z=\sum_{j=1}^{n}c_jx_j;$$

$$(\text{I})\qquad \text{s. t.}\begin{cases}\sum_{j=1}^{n}a_{ij}x_j\leqslant b_i, & i=1,2,\cdots,m;\\ x_j=0,1, & j=1,2,\cdots,n.\end{cases}$$

我们总可以假定目标函数的系数 $c_j\geqslant 0, j=1,2,\cdots,n$,若 c_j 为负,则令 $x_j=1-x'_j$.

例如:
$$\min Z=2x_1-4x_2+6x_3;$$

$$\text{s. t.}\begin{cases}3x_1+2x_2+x_3\leqslant 4;\\ x_1-3x_2+4x_3\geqslant 2;\\ x_j=0,1\ (j=1,2,3).\end{cases}$$

因为 x_2 的系数 $c_2=-4$,则令 $x_2=1-x'_2$,代入目标函数和约束方程,有

$$\max Z=2x_1+4x'_2+6x_3-4;$$

$$\text{s. t.}\begin{cases}3x_1-2x'_2+x_3\leqslant 2;\\ x_1+3x'_2+4x_3\geqslant 5;\\ x_1,x'_2,x_3=0,1.\end{cases}$$

对于 c_j,还可以进一步假定

$$c_1\leqslant c_2\leqslant\cdots\leqslant c_n. \tag{7.23}$$

因为只需重新调整变量的编号,即可使不等式成立.

于是，我们总可以从使目标函数取最大值的点 $\boldsymbol{X}^{(0)}=(1,1,\cdots,1)$ 开始，然后根据目标函数值的不断减少来确定试探解，当某一试探解满足约束条件时，也就是所要求的最优解.

具体步骤叙述如下：

(1) 取 $\boldsymbol{X}^{(0)}=(1,1,\cdots,1)$ 为试探解.

令 $S_0=\sum_{j=1}^{n}c_j$，显然，S_0 是目标函数 Z 的一切可能取值中的最大者，如果 $\boldsymbol{X}^{(0)}$ 满足所有约束条件，则 $\boldsymbol{X}^{(0)}$ 是规划（Ⅰ）的最优解，计算停止；否则，转下一步.

(2) 取试探解 $\boldsymbol{X}^{(1)}=(0,1,\cdots,1)$

$$S_1=\sum_{j=2}^{n}c_j.$$

显然 S_1 仅小于 S_0，如果 $\boldsymbol{X}^{(1)}$ 满足约束，那么 $\boldsymbol{X}^{(1)}$ 就是规划（Ⅰ）的最优解，否则转下一步.

(3) 取试探解 $\boldsymbol{X}^{(2)}=(1,0,1,\cdots,1)$

而
$$S_2=\sum_{j=1,j\neq 2}^{n}c_j.$$

由条件式(7.23)可知，S_2 仅小于 S_1，因此，如果 $\boldsymbol{X}^{(2)}$ 满足约束，则 $\boldsymbol{X}^{(2)}$ 是规划（Ⅰ）的最优解，否则转下一步.

(4) 若 $c_1+c_2<c_3$，则取试探解 $\boldsymbol{X}_1^{(3)}=(0,0,1,\cdots,1)$，这时，

$$S_3^1=\sum_{j=3}^{n}c_j;$$

若 $c_1+c_2=c_3$，则依次取试探解：

$\boldsymbol{X}_1^{(3)}=(0,0,1,\cdots,1)$，$\boldsymbol{X}_2^{(3)}=(1,1,0,1,\cdots,1)$，这时，

$$S_3^1=\sum_{j=3}^{n}c_j,\quad S_3^2=\sum_{j=1,j\neq 3}^{n}c_j.$$

显然，S_3^1 或 S_3^2 都仅小于 S_2，因此，如果 $\boldsymbol{X}_1^{(3)}$ 或 $\boldsymbol{X}_2^{(3)}$ 满足约束条件，那就是要求的最优解，否则继续寻找可行解.

一般地，对于试探解 $\boldsymbol{X}^{(k)}=(1,\cdots,1,\underset{\substack{\uparrow\\ \text{第 }k\text{ 个分量}}}{0},1,\cdots,1)$，

其相应的
$$S_k=\sum_{j=1,j\neq k}^{n}c_j.$$

如果 $\boldsymbol{X}^{(k)}$ 满足约束条件，则 $\boldsymbol{X}^{(k)}$ 便是最优解，否则，转下一步.

(5) 在前 k 个系数 c_j 中，若存在 $c_{j1},c_{j2},\cdots,c_{jr}$

满足
$$C_k<\pi_r=C_{j1}+C_{j2}+\cdots+C_{jr}<C_{k+1}(1\leqslant j_1,j_2,\cdots,j_r\leqslant k).\tag{7.24}$$

而且如果存在各个大小不等的 π_r 适合不等式(7.24).

例如有如下一些

$$\pi_p < \cdots < \pi_r < \cdots < \pi_t. \tag{7.25}$$

适合不等式(7.24),则依次取试探解

$$\begin{cases} \boldsymbol{X}_l^{(k+1)} = (x_1^{(k+1)}, x_2^{(k+1)}, \cdots, x_n^{(k+1)}), \quad l = p, \cdots, r, \cdots, t; \\ \boldsymbol{X}_j^{(k+1)} = \begin{cases} 0, & j = j_1, j_2, \cdots, j_l; \\ 1, & 1 \leqslant j \leqslant n, j \neq j_1, j_2, \cdots, j_l. \end{cases} \end{cases} \tag{7.26}$$

进行试探,这时相应的

$$S_{k+1}^l = \sum_{j=1}^n c_j, l = p, \cdots, r, \cdots, t; \quad j \neq j_1, j_2, \cdots, j_l.$$

显然 S_{k+1}^p 值仅小于 S_k 的值,其余的则有如下的关系式

$$S_{k+1}^l < \cdots < S_{k+1}^r < \cdots < S_{k+1}^p.$$

因此,如果对式(7.25)中的某个 π_l,试探解 $\boldsymbol{X}_l^{(k+1)}$ 满足规划(Ⅰ)的约束条件,则 $\boldsymbol{X}_l^{(k-1)}$ 便是最优解,否则转下一步.

(6) 若存在某个 $\pi_k = c_{j1} + c_{j2} + \cdots + c_{jk}$. 使得 $\pi_k = C_{k+1}$,则可分别取试探解 $\boldsymbol{X}_k^{(k+1)}, \boldsymbol{X}^{(k+1)}, \boldsymbol{X}_k^{(k+1)}$ 按式(7.26)定义

$$\boldsymbol{X}^{(k+1)} = (1, \cdots, 1, 0, 1, \cdots, 1)$$

$$\uparrow$$

第 $k+1$ 个分量

进行试探,如果 $\boldsymbol{X}_k^{(k+1)}$ 或 $\boldsymbol{X}^{(k+1)}$ 满足规划(Ⅰ)的约束条件,则得到最优解,否则转回第(6)步,继续试探,直至得到可行解为止.

以上讨论是对目标函数极大化而言,若问题是求目标函数极小值,求解步骤相同,只是试探采用如下顺序依次取得

$$\boldsymbol{X}^{(0)} = (0, 0, \cdots, 0), \quad \boldsymbol{X}^{(1)} = (1, 0, \cdots, 0), \quad \boldsymbol{X}^{(2)} = (0, 1, 0, \cdots, 0), \cdots$$

逐一进行试探,直至求得最优解为止.

例 7.4.3 求解

(Ⅰ)

$$\max Z = -3x_1 - 7x_2 + x_3 - x_4;$$

$$\text{s. t.} \begin{cases} 2x_1 - x_2 + x_3 - x_4 \geqslant 1; \\ x_1 - x_2 + 6x_3 + 4x_4 \geqslant 6; \\ 5x_1 + 3x_2 \qquad + x_4 \geqslant 5; \\ x_j = 0, 1, \quad j = 1, 2, 3, 4. \end{cases}$$

解 由于目标函数中变量 x_1, x_2, x_4 的系数均为负数,作如下变换:

$$\begin{cases} x_1 = 1 - x'_1; \\ x_2 = 1 - x'_2; \\ x_3 = x_3; \\ x_4 = 1 - x'_4, \end{cases}$$

代入目标函数和约束条件,原规划(Ⅰ)经整理得规划(Ⅱ)

(Ⅱ)
$$\max Z=x'_1+x'_2+3x_3+7x'_4-11;$$
$$\text{s.t.}\begin{cases}x'_1+x'_2-2x_3+x'_4\geqslant 1;\\6x'_1-4x'_2-x_3+x'_4\geqslant 2;\\x'_2+5x_3+3x'_4\leqslant 4;\\x'_1,x'_2,x_3,x'_4=0,1.\end{cases}$$

因为 $c_1=c_2<c_3<c_4$,从 $\boldsymbol{X}'^{(0)}=(1,1,1,1)$开始进行试探. $\boldsymbol{X}'^{(0)}$不满足约束条件,故 $\boldsymbol{X}'^{(0)}$不是可行解,再选取 $\boldsymbol{X}'^{(1)}=(0,1,1,1)$进行试探,这样依次进行下去,见表7.17.

表 7.17

考虑	试探解 $\boldsymbol{X}'^{(k)}$	满足约束条件否? (1)	(2)	(3)	S_k
$c_1=c_2<c_3<c_4$	$\boldsymbol{X}'^{(0)}=(1,1,1,1)$	√	√	×	
	$\boldsymbol{X}'^{(1)}=(0,1,1,1)$	×			
	$\boldsymbol{X}'^{(2)}=(1,0,1,1)$	×			
$c_1+c_2<c_3$	$\boldsymbol{X}'^{(3)}_1=(0,0,1,1)$	×			
	$\boldsymbol{X}'^{(3)}=(1,1,0,1)$	√	√	√	$S_3=-2$

由表 7.18 可知,$\boldsymbol{X}'^{(3)}=(1,1,0,1)$是规划(Ⅱ)的最优解,故 $\boldsymbol{X}^{(3)}=(1,0,1,0)$是原问题的最优解,$Z^*=-2$.

例 7.4.4 求解
$$\min Z=8x_1+2x_2+5x_3+7x_4+4x_5;$$
$$\text{s.t.}\begin{cases}-3x_1-3x_2+3x_3+2x_4+x_5\leqslant -2;\\x_1-3x_2+x_3-x_4-2x_5\leqslant -4;\\-2x_1+x_2-x_3+x_4+2x_5\geqslant 3;\\x_j=0,1,j=1,2,\cdots,5;\end{cases}$$

解 将目标函数按系数由小到大排序
$$2x_2+4x_5+5x_3+7x_4+8x_1.$$
作如下变换 $x_2=y_1,x_5=y_2,x_3=y_3,x_4=y_4,x_1=x_5$,于是原规划变为
$$\min Z=2y_1+4y_2+5y_3+7y_4+8y_5;$$
$$\text{s.t.}\begin{cases}-3y_1+y_2+3y_3+2y_4-3y_5\leqslant -2; & (1)\\-3y_1-2y_2+y_3-y_4+y_5\leqslant -4; & (2)\\y_1+2y_2-y_3+y_4-2y_5\geqslant 3; & (3)\\y_j=0,1,j=1,2,\cdots,5.\end{cases}$$

由于求目标函数极小值,故试探从 $\boldsymbol{Y}^{(0)}$开始
$$\boldsymbol{Y}^{(0)}=(0,0,0,0,0).$$
表 7.18 所示为求解过程.

表 7.18

考　虑 c_k	$\boldsymbol{Y}^{(k)}$	满足约束条件否? (1)	(2)	(3)	S_k
$c_1<c_2<c_3<c_4<c_5$	$\boldsymbol{Y}^{(0)}=(0,0,0,0,0)$	×			$s_0=0$
	$\boldsymbol{Y}^{(1)}=(1,0,0,0,0)$	√	×		$s_1=2$
	$\boldsymbol{Y}^{(2)}=(0,1,0,0,0)$	×			$s_2=4$
	$\boldsymbol{Y}^{(3)}=(0,0,1,0,0)$	×			$s_3=5$
$c_3<c_1+c_2<c_4$	$\boldsymbol{Y}_1^{(4)}=(1,1,0,0,0)$	√	√	√	$s_4=6$

$\boldsymbol{Y}_1^{(4)}$ 是规划(Ⅱ)的最优解,于是 $\boldsymbol{X}_1^{(4)}=(0,1,0,0,1)$ 为原问题(Ⅰ)的最优解 $Z=6$.

7.5　分配问题与匈牙利法

在实际中经常会遇到这样的问题,某单位需要完成 n 项任务,恰好有 n 个人可以承担这些任务.由于每个人的专长不同,同一件工作由不同的人去完成,效率(例如所花的时间或费用)是不同的,于是就会出现应分配哪个人去完成哪项任务,使完成这几项任务的总效率最高(例如总时间最省、总费用最少等),这类问题称为**分配问题**,又称为**指派问题**.

1. 分配问题的数学模型

问题　设有 n 个人被分配去做 n 件工作,规定每个人只做一件工作,每件工作只由一个人去做.已知第 i 个人去做第 j 件工作的效率(时间或费用)为 C_{ij} $(i=1,2,\cdots,n;j=1,2,\cdots,n)$,并假设 $c_{ij}\geqslant 0$.问应如何分配才能使总效率(总时间或总费用)最高(见表 7.19)?

表 7.19

效率 工作 / 人员	B_1	B_2	…	B_n	人数
A_1	C_{11}	C_{12}	…	C_{1n}	1
A_2	C_{21}	C_{22}	…	C_{2n}	1
⋮	⋮	⋮		⋮	⋮
A_n	C_{n1}	C_{n2}	…	C_{nn}	1
工作数	1	1	…	1	n

设决策变量

$$x_{ij}=\begin{cases}1, & \text{分配第 } i \text{ 个人去做第 } j \text{ 件工作；}\\ 0, & \text{相反；}\end{cases}$$

$$(\text{其中 } i,j=1,2,\cdots,n).$$

于是分配问题的数学模型为

（Ⅰ）

$$\min Z=\sum_{i=1}^{n}\sum_{j=1}^{n}c_{ij}x_{ij};$$

$$\text{s.t.}\begin{cases}\sum_{j=1}^{n}x_{ij}=1\ (i=1,2,\cdots,n);\\ \sum_{i=1}^{n}x_{ij}=1\ (j=1,2,\cdots,n);\\ x_{ij}=0 \text{ 或 } 1\ (i,j=1,2,\cdots,n).\end{cases}\tag{7.27}$$

这是一个典型的0-1规划问题，也是一类特殊的运输问题，当然可以采用前面介绍的方法求解. 然而，针对这类问题的特殊性，又设计出一种更有效的算法，这就是下面要介绍的**匈牙利法**.

根据我们对运输问题特点的分析可知，分配问题约束条件系数矩阵 $\boldsymbol{A}$ 的秩为 $2n-1$，故它的基可行解中共有 $2n-1$ 个基变量. 但实际上，只需找出 n 个1即可（即分配 n 个人去做 n 件不同的工作），而其余 $n-1$ 个基变量取值为0，因此这是一个高度退化的线性规划问题.

例 7.5.1 设有五项工作A、B、C、D、E，需分配甲、乙、丙、丁、戊五个人去完成，每个人只能完成一件工作，每件工作只能由一个人去完成. 五个人分别完成各项工作所需的费用如表7.20所示. 问如何分配工作才能使总费用最省？

表 7.20

费用 工作 / 人	A	B	C	D	E
甲	7	5	9	8	11
乙	9	12	7	11	9
丙	8	5	4	6	8
丁	7	3	6	9	6
戊	4	6	7	5	11

以上提出的问题就是一个分配问题. 类似地还有 n 种农作物，如何根据不同农作物对不同类型的土地适应情况，分配到 n 种类型的土地上播种的问题；n 项工程如何根据不同公司对各项工程的工作效率不同，分派到 n 个公司去完成的问题等都属于分配问题.

2. 匈牙利法

考察分配问题的数学模型,在式(7.27)中,将目标函数的系数 c_{ij} $(i,j=1,2,\cdots,n)$排成下列矩阵

$$(c_{ij})=\begin{pmatrix} c_{11} & c_{12} & \cdots & c_{1n} \\ c_{21} & c_{22} & \cdots & c_{2n} \\ \vdots & \vdots & & \vdots \\ c_{n1} & c_{n2} & \cdots & c_{nn} \end{pmatrix}$$

称之为分配问题的**效益矩阵**.它有下列两个基本性质.

定理 7.1 从效益矩阵(c_{ij})第 k 行(或第 k 列)的每一个元素中减去一个常数 a,得到的矩阵(c'_{ij})所表示的分配问题与原问题具有相同的最优解.

证 设从(c_{ij})的第 k 行各元素减去常数 a 得到(c'_{ij}),

$$c'_{ij}=\begin{cases} c_{ij}, & i\neq k; \\ c_{ij}-a, & i=k, \end{cases}$$

因为对于任意可行解(x_{ij})有 $\sum\limits_{j=1}^{n}x_{ij}=1\ (i=1,2,\cdots,n)$.

因此

$$\begin{aligned} Z' &=\sum_{i=1}^{n}\sum_{j=1}^{n}c'_{ij}x_{ij}=\sum_{\substack{i=1\\ i\neq k}}^{n}\sum_{j=1}^{n}c_{ij}x_{ij}+\sum_{j=1}^{n}(c_{kj}-a)x_{kj} \\ &=\sum_{\substack{i=1\\ i\neq k}}^{n}\sum_{j=1}^{n}c_{ij}x_{ij}+\sum_{j=1}^{n}c_{kj}x_{kj}-\sum_{j=1}^{n}ax_{kj} \\ &=\sum_{i=1}^{n}\sum_{j=1}^{n}c_{ij}x_{ij}-a\sum_{j=1}^{n}x_{kj}=\sum_{i=1}^{n}\sum_{j=1}^{n}c_{ij}x_{ij}-a, \end{aligned}$$

即

$$Z'=Z-a, \tag{7.28}$$

由

$$(\text{Ⅱ})\quad \min Z'=\sum_{i=1}^{n}\sum_{j=1}^{n}c'_{ij}x_{ij};$$

$$\text{s.t.}\begin{cases} \sum\limits_{i=1}^{n}x_{ij}=1\ (j=1,2,\cdots,n); \\ \sum\limits_{j=1}^{n}x_{ij}=1\ (i=1,2,\cdots,n); \\ x_{ij}=0,1\ (i,j=1,2,\cdots,n). \end{cases}$$

构成另一个分配问题,其效益矩阵为(c'_{ij}),称为**缩减效益矩阵**,由式(7.28)知,$Z'=Z-a$,这表明两个分配问题的目标函数只相差一个常数.这样,在同样的约束条件下,两个分配问题具有相同的最优解.

同理可证,从(c_{ij})第 k 列中的每一个元素减去一个常数 b,得到的效益矩阵(c''_{ij})

所表示的分配问题也与原分配问题具有相同的最优解(读者自己证之).

根据定理7.1,我们可以将求解效益矩阵为(c_{ij})的分配问题化成求解效益矩阵为(c'_{ij})的分配问题,这里(c'_{ij})是由(c_{ij})的各行、各列中分别减去该行、该列的最小元素而得到的.不难看出(c'_{ij})中的每行、每列中至少有一个零元素.

如果这些零元素分布在效益矩阵的不同的行和不同的列上,则称这些零元素为**独立的零元素**.

如果得到了独立的零元素,且这些零元素的个数恰好等于效益矩阵的阶数,则将独立零元素所在位置对应的 x_{ij} 取1,将其余变量取为0.这时,就找到了分配问题(Ⅱ)的最优解,即为问题(Ⅰ)的最优解.

如果没有得到独立的零元素,或者独立零元素的个数小于效益矩阵的阶数,则必须寻找某种方法继续调整缩减效益矩阵,直至找到的独立零元素的个数等于效益矩阵的阶数为止,称这些独立零元素对应的效益矩阵为**全分配矩阵**.

所以说,分配问题求解的关键是如何调整效益矩阵,使之成为全分配矩阵.下面介绍的关于矩阵中零元素的定理就是构造这类算法的基础.

定理7.2 若方阵中的一部分元素为零,一部分元素非零,则覆盖方阵内所有零元素的最少直线数,等于矩阵中独立零元素的最多个数(证略).

这个定理是匈牙利数学家康尼格(D. König)首先提出来的,后来美国学者库恩(W. W. Kuhn)于1955年提出分配问题的解法时引用了这个定理,并把这个算法称为**匈牙利法**,以后在方法上虽有不断改进,但仍用这一名称.

根据以上两个定理,可将匈牙利法的解题步骤归纳如下:

第一步:将原分配问题的效益矩阵(c_{ij})进行变换得矩阵(c'_{ij}),使各行各列中都出现零元素,其方法是:

(1) 从效益矩阵(c_{ij})的每行元素中减去该行的最小元素;

(2) 再从所得效益矩阵的每列元素中减去该列的最小元素.

第二步:进行试分配,求初始分配方案.为此按以下步骤进行:

(1) 从零元素最少的行(或列)开始,给这个零元素加圈,记作◎,然后划去该零元素所在列(或行)的其他零元素,记作∅;

(2) 给只有一个零元素的列(或行)中的零元素加圈◎,然后划去该零元素所在行(或列)的零元素,记作∅;

(3) 反复进行(1)、(2)两步,直到所有零元素都被圈出或划去为止;

(4) 若仍有没有画圈或划去的零元素,且同行(或列)的零元素至少有两个.这时可用不同的方案去试探,从剩有零元素最少的行(或列)开始,比较这行各零元素所在列中零元素的数目,选择零元素较少的那列的这个零元素加圈,然后划去同列同行的其他零元素.如此反复进行,直到所有的零元素都已圈出或划去为止;

(5) 若◎元素的数目 m 等于矩阵的阶数 n,那么这个分配问题的最优解已得到,令画圈处的变量 $x_{ij}=1$,其余变量 $x_{ij}=0$,即为所求的最优解;否则,若 $m<n$,则转入

下一步.

第三步:寻找覆盖所有零元素的最少直线,以确定该矩阵中能找到的最多的独立零元素的个数.为此按以下步骤进行:

(1) 对没有◎的行打√号;

(2) 对已打√号的行中所有含∅元素的列打√号;

(3) 再对打有√号的列中含有◎元素的行打√号;

(4) 重复(2)、(3),直到得不出新的打√号的行、列为止;

(5) 对没有打√号的行画横线,有打√号的列画纵线,这就得到覆盖所有零元素的最少直线数.

令这些直线数为 l. 若 $l<n$,说明必须再变换当前的矩阵,才能找到 n 个独立零元素,则转第四步;若 $l=n$,而 $m<n$,则返回第三步(4),另行试探.

第四步:调整 (c'_{ij}),使之增加一些零元素.为此按如下步骤进行:

(1) 在没有被直线段覆盖的元素中,找出最小元素 θ;

(2) 在没有被直线段覆盖的元素中,减去这个最小元素 θ;

(3) 将被两条直线段覆盖(横线和纵线交叉处)的元素加上这个最小元素 θ;

(4) 被一条直线覆盖(横线或纵线)的元素不变.

得新的缩减矩阵 (c_{ij}^2),若得到 n 个独立的零元素,则已求得最优解,否则再返回第三步.

例 7.5.2 用匈牙利法求解本节例 7.5.1.

解 第一步:先将效益矩阵 (c_{ij}) 进行如下变换

$$(c_{ij})=\begin{pmatrix}7&5&9&8&11\\9&12&7&11&9\\8&5&4&6&9\\7&3&6&9&6\\4&6&7&5&11\end{pmatrix}\begin{matrix}-5\\-7\\-4\\-3\\-4\end{matrix}\rightarrow\begin{pmatrix}2&0&4&3&6\\2&5&0&4&2\\4&1&0&2&5\\4&0&3&6&3\\0&2&3&1&7\end{pmatrix}\rightarrow\begin{pmatrix}2&0&4&2&4\\2&5&0&3&0\\4&1&0&1&3\\4&0&3&5&1\\0&2&3&0&5\end{pmatrix}.$$
$$\qquad\qquad\qquad\qquad\qquad\qquad -1\ -2$$

第二步:进行试分配,求初始分配方案,得

$$(c_{ij}^1)=\begin{pmatrix}2&◎&4&2&4\\2&5&\varnothing&3&◎\\4&1&◎&1&3\\4&\varnothing&3&5&1\\◎&2&3&\varnothing&5\end{pmatrix}.$$

第三步:寻找覆盖所有零元素的最少直线,以确定最多独立零元素的个数.为此,先对矩阵 (c_{ij}^1) 的第 4 行打√,再对第 2 列打√,最后对第 1 行打√,得

$$(c_{ij}^1)=\begin{pmatrix} 2 & ◎ & 4 & 2 & 4 \\ 2 & 5 & \varnothing & 3 & ◎ \\ 4 & 1 & ◎ & 1 & 3 \\ 4 & \varnothing & 3 & 5 & 1 \\ ◎ & 2 & 3 & \varnothing & 5 \end{pmatrix}.\begin{matrix} \surd \\ \\ \\ \surd \\ \\ \end{matrix}$$

$$\begin{matrix} & \surd & & & \end{matrix}$$

再用直线去覆盖第 2、3、5 行和第 2 列，得覆盖所有零元素的最少直线数为 $4<5$(矩阵的阶数).

第四步：调整(c_{ij}^1)，使之增加一些零元素. 为此，先找出没有被直线覆盖的元素中的最小元素 $\theta=1$，然后将矩阵(c_{ij}^1)变换为

$$(c_{ij}^2)=\begin{pmatrix} 1 & 0 & 3 & 1 & 3 \\ 2 & 6 & 0 & 3 & 0 \\ 4 & 2 & 0 & 1 & 3 \\ 3 & 0 & 2 & 4 & 0 \\ 0 & 3 & 3 & 0 & 5 \end{pmatrix}.$$

再返回第二步，进行试分配，得

$$(c_{ij}^2)=\begin{pmatrix} 1 & ◎ & 3 & 1 & 3 \\ 2 & 6 & ◎ & 3 & \varnothing \\ 4 & 2 & \varnothing & 1 & 3 \\ 3 & \varnothing & 2 & 4 & \text{F} \\ ◎ & 3 & 3 & \varnothing & 5 \end{pmatrix}.$$

再进行第三步，寻找覆盖所有零元素的最少直线，得

$$(c_{ij}^2)=\begin{pmatrix} 1 & ◎ & 3 & 1 & 3 \\ 2 & 6 & ◎ & 3 & \varnothing \\ 4 & 2 & \varnothing & 1 & 3 \\ 3 & \varnothing & 2 & 4 & ◎ \\ ◎ & 3 & 3 & \varnothing & 5 \end{pmatrix}\begin{matrix} \surd \\ \surd \\ \surd. \\ \surd \\ \\ \end{matrix}$$

$$\begin{matrix} & \surd & \surd & & \surd \end{matrix}$$

此时最少直线仍为 $4<5$，再进行第四步. 先找出未被直线覆盖的最小元素 $\theta=1$，再进行调整，得

$$(c_{ij}^3)=\begin{pmatrix} 0 & 0 & 3 & 0 & 3 \\ 1 & 6 & 0 & 2 & 0 \\ 3 & 2 & 0 & 0 & 3 \\ 2 & 0 & 2 & 3 & 0 \\ 0 & 4 & 4 & 0 & 6 \end{pmatrix}.$$

再返回第二步，进行试分配，得

$$(c_{ij}^3)=\begin{pmatrix} \varnothing & ◎ & 3 & \varnothing & 3 \\ 1 & 6 & ◎ & 2 & \varnothing \\ 3 & 2 & \varnothing & ◎ & 3 \\ 2 & \varnothing & 2 & 3 & ◎ \\ ◎ & 4 & 4 & \varnothing & 6 \end{pmatrix}.$$

此时,独立零元素的个数 $m=5$,于是已求得最优解 $x_{12}^*=x_{23}^*=x_{34}^*=x_{45}^*=x_{51}^*=1$,其余 $x_{ij}^*=0$.

目标函数最优值

$$Z^*=5\times1+7\times1+6\times1+6\times1+4\times1=28.$$

这个问题有多个最优解,例如

$$(c_{ij}^3)=\begin{pmatrix} ◎ & \varnothing & 3 & \varnothing & 3 \\ 1 & 6 & \varnothing & 2 & ◎ \\ 3 & 2 & ◎ & \varnothing & 3 \\ 2 & ◎ & 2 & 3 & \varnothing \\ \varnothing & 4 & 4 & ◎ & 6 \end{pmatrix}$$

也是最优解.

一般来说,当分配问题的效益矩阵经过变换后,得到的缩减矩阵中,若同行和同列中都有两个或两个以上的零元素时,这时可以任选一行(列)中某一个零元素进行分配,同时划去同行(列)中的其他零元素,这时会出现多重最优解.

以上讨论仅限于目标函数为极小化的分配问题,对于目标函数为极大化的分配问题

$$\max Z=\sum_{i=1}^{n}\sum_{j=1}^{n}c_{ij}x_{ij};$$

$$\text{s. t.}\begin{cases}\sum_{j=1}^{n}x_{ij}=1 \quad (i=1,2,\cdots,n);\\ \sum_{i=1}^{n}x_{ij}=1 \quad (j=1,2,\cdots,n);\\ x_{ij}=0\text{ 或 }1 \quad (i,j=1,2,\cdots,n).\end{cases} \tag{7.29}$$

可以令

$$c'_{ij}=M-c_{ij} \quad (i,j=1,2,\cdots,n), \tag{7.30}$$

其中 M 是足够大的正数(如选 c_{ij} 中最大元素作为 M 即可),将问题(式(7.29))转化为

$$\min Z'=\sum_{i=1}^{n}\sum_{j=1}^{n}c'_{ij}x_{ij};$$

$$\text{s. t.}\begin{cases}\sum_{j=1}^{n}x_{ij}=1 \quad (i=1,2,\cdots,n);\\ \sum_{i=1}^{n}x_{ij}=1 \quad (j=1,2,\cdots,n);\\ x_{ij}=0,1 \quad (i,j=1,2,\cdots,n).\end{cases} \tag{7.31}$$

此时,$c'_{ij}\geqslant0$,可以用匈牙利法求解.此问题与极大目标函数的原问题具有相同的最优解,因为,由式(7.30)有

$$Z' = \sum_{i=1}^{n}\sum_{j=1}^{n} c'_{ij} x_{ij} = \sum_{i=1}^{n}\sum_{j=1}^{n}(M - c_{ij}) x_{ij}$$

$$= \sum_{i=1}^{n}\sum_{j=1}^{n} M x_{ij} - \sum_{i=1}^{n}\sum_{j=1}^{n} c_{ij} x_{ij} = nM - \sum_{i=1}^{n}\sum_{j=1}^{n} c_{ij} x_{ij}. \quad (7.32)$$

上式中，nM 为常数，所以当 $\sum_{i=1}^{n}\sum_{j=1}^{n} c'_{ij} x_{ij}$ 取最小时，$\sum_{i=1}^{n}\sum_{j=1}^{n} c_{ij} x_{ij}$ 为最大.

在实际工作中，我们还会碰到人数少于工作或工作少于人数的分配问题，称这类问题为**不平衡分配问题**. 对于不平衡分配问题，可依照运输问题中的处理方法，化为平衡分配问题，再按匈牙利法求解.

习 题 7

7.1 某科学实验卫星拟从下列仪器装置中选若干件装上，有关数据资料见表 7.21. 要求：

表 7.21

仪器代号	体　积	重　量	价　值
A_1	v_1	w_1	c_1
A_2	v_2	w_2	c_2
A_3	v_3	w_3	c_3
A_4	v_4	w_4	c_4
A_5	v_5	w_5	c_5
A_6	v_6	w_6	c_6

(1) 装入卫星的仪器装置的总体积不超过 v，总重量不超过 w；

(2) A_1 与 A_3 中最多安装一件；

(3) A_2 与 A_4 中至少安装一件；

(4) A_5 与 A_6 或者都安上，或者都不安.

总的目标是装上去的仪器装置使该科学卫星发挥最大的实验价值，试建立这个问题的数学模型.

7.2 某钻井队要从以下 10 个可供选择的井位中确定 5 个钻井探油，使总的钻探费用为最小. 若 10 个井位的代号为 $s_1, s_2, \cdots, s_{10}$，相应的钻探费用为 $c_1, c_2, \cdots, c_{10}$，并且井位选择上要满足下列限制条件：

(1) 或选择 s_1 和 s_7，或选择 s_8；

(2) 选择了 s_3 或 s_4，就不能选 s_5，或者反过来也一样；

(3) 在 s_5, s_6, s_7, s_8 中最多只能选两个，试建立此问题的整数规划模型.

7.3 某市为方便学生上学，拟在新建的居民小区增设若干所小学. 已知备选校址代号及其能覆盖的居民小区编号如表 7.22 所示，试建立此问题的整数规划模型.

表 7.22

校址代号	小区编号
A	1,5,7
B	1,2,5
C	1,3,5
D	2,4,5
E	3,6
F	4,6

7.4 用分枝定界法解下列整数规划问题.

(1) $\max Z=2x_1+3x_2$;

$$\text{s.t.}\begin{cases}5x_1+7x_2\leqslant 35;\\4x_1+9x_2\leqslant 36;\\x_1,x_2\geqslant 0\text{ 且为整数.}\end{cases}$$

(2) $\max Z=x_1+x_2$;

$$\text{s.t.}\begin{cases}2x_1+5x_2\leqslant 16;\\6x_1+5x_2\leqslant 30;\\x_1,x_2\geqslant 0\text{ 且为整数.}\end{cases}$$

(3) $\max Z=40x_1+90x_2$;

$$\text{s.t.}\begin{cases}9x_1+7x_2\leqslant 56;\\7x_1+20x_2\leqslant 70;\\x_1,x_2\geqslant 0\text{ 且为整数.}\end{cases}$$

(4) $\max Z=3x_1+13x_2$;

$$\text{s.t.}\begin{cases}2x_1+9x_2\leqslant 40;\\11x_1-8x_2\leqslant 82;\\x_1,x_2\geqslant 0\text{ 且为整数.}\end{cases}$$

7.5 用割平面法求解下列整数规划问题.

(1) $\max Z=7x_1+9x_2$;

$$\text{s.t.}\begin{cases}-x_1+3x_2\leqslant 6;\\7x_1+x_2\leqslant 35;\\x_1,x_2\geqslant 0\text{ 且为整数.}\end{cases}$$

(2) $\min Z=4x_1+5x_2$

$$\text{s.t.}\begin{cases}3x_1+2x_2\geqslant 7;\\x_1+4x_2\geqslant 5;\\3x_1+x_2\geqslant 2;\\x_1,x_2\geqslant 0\text{ 且为整数.}\end{cases}$$

(3) $\max Z=4x_1+6x_2+2x_3$;

$$\text{s.t.}\begin{cases}4x_1-4x_2\leqslant 5;\\-x_1+6x_2\leqslant 5;\\-x_1+x_2+x_3\leqslant 5;\\x_j\geqslant 0\ (j=1,2,3)\text{且为整数.}\end{cases}$$

(4) $\max Z=11x_1+4x_2$;

$$\text{s.t.}\begin{cases}-x_1+2x_2\leqslant 4;\\5x_1+2x_2\leqslant 16;\\2x_1-x_2\leqslant 4;\\x_1,x_2\geqslant 0\text{ 且为整数.}\end{cases}$$

7.6 用隐枚举法求解下列 0-1 规划问题.

(1) $\max Z=3x_1+2x_2-5x_3-2x_4+3x_5$;

$$\text{s.t.}\begin{cases}x_1+x_2+x_3+2x_4+x_5\leqslant 4;\\7x_1\quad+3x_3-4x_4+3x_5\leqslant 8;\\11x_1-6x_2+3x_4-3x_5\geqslant 3;\\x_j=0\text{ 或 }1\ (j=1,2,\cdots,5).\end{cases}$$

(2) $\max Z=2x_1-x_2+5x_3-3x_4+4x_5$;

$$\text{s.t.}\begin{cases}3x_1-2x_2+7x_3-5x_4+4x_5\leqslant 6;\\x_1-x_2+2x_3-4x_4+2x_5\leqslant 0;\\x_j=0\text{ 或 }1\ (j=1,2,\cdots,5).\end{cases}$$

(3) $\max Z=8x_1+2x_2-4x_3-7x_4-5x_5$;

$$\text{s.t.}\begin{cases}3x_1+3x_2+x_3+2x_4+3x_5\leqslant 4;\\5x_1+3x_2-2x_3-x_4+x_5\leqslant 4;\\x_j=0\text{ 或 }1,\ (j=1,2,\cdots,5).\end{cases}$$

7.7 用匈牙利法求解下列分配问题,已知效益矩阵分别为

(a)

$$(c_{ij})=\begin{pmatrix}7&9&10&12\\13&12&16&17\\15&16&14&15\\11&12&15&16\end{pmatrix},$$

(b)

$$(c_{ij})=\begin{pmatrix}3&8&2&10&3\\8&7&2&9&7\\6&4&2&7&5\\8&4&2&3&5\\9&10&6&9&10\end{pmatrix}.$$

7.8 已知下列五名运动员各种姿势的游泳成绩(各 50m 接力)如表 7.23 所示,试问如何从中选拔一个参加 200m 混合泳的接力队,使预期比赛成绩为最好.

表 7.23

	赵	钱	张	王	周
仰泳	37.7	32.9	33.8	37.0	35.4
蛙泳	43.4	33.1	42.2	34.9	41.8
蝶泳	33.3	28.5	38.9	30.4	33.6
自由泳	29.2	26.4	29.6	28.5	31.1

7.9 求具有最大利润的分配问题(见表 7.24).

表 7.24

利　润	B_1	B_2	B_3	B_4	B_5
A_1	3	2	1	3	4
A_2	4	3	2	3	5
A_3	5	4	3	6	4
A_4	6	6	3	7	6
A_5	7	6	6	4	3

7.10 有六辆卡车,需派往五个不同的目的地,不同分配的运输成本如表 7.25 所示,求使总运输成本最小的分配方案和最低运输费用.

表 7.25

利　润	B_1	B_2	B_3	B_4	B_5	B_6
A_1	46	62	39	51	28	47
A_2	24	31	49	65	74	53
A_3	29	38	56	49	38	42
A_4	43	51	32	36	43	49
A_5	26	43	34	60	38	36
A_6	76	50	42	58	51	32

7.11 分配甲、乙、丙、丁四个人去完成五项任务,每人完成各项任务的时间如表 7.26 所示.由于任务数多于人数,故规定其中有一个人可兼完成两项任务,其余三人每人完成一项任务,试确定使总花费时间为最少的分配方案.

表 7.26

时间　任务 人	A	B	C	D	E
甲	25	29	31	42	37
乙	39	38	26	20	33
丙	34	27	28	40	32
丁	24	42	36	23	45

7.12 从甲、乙、丙、丁、戊五人中挑选四人去完成四项工作.已知每人完成各项工作的时间如表7.27所示,规定每项工作只能由一个人去单独完成,每个人最多承担一项任务,又假定对甲必须保证分配一项任务,丁因某种因不能承担第四项任务.在满足上述条件下,问如何分配,使完成四项总的花费时间为最少?

表 7.27

工作 \ 时间 \ 人	甲	乙	丙	丁	戊
1	10	2	3	15	9
2	5	10	15	2	4
3	15	5	14	7	15
4	20	15	13	6	8

第8章 动态规划

动态规划(dynamic programming)是运筹学的另一个重要分支,是解决多阶段决策过程最优化的一种数量化方法.动态规划是由美国学者贝尔曼(R. Bellman)所建立的,1951年,他提出了解决多阶段决策问题的"最优化原理",并且研究了许多实际问题.1957年,贝尔曼的专著《动态规划》问世,标志着这一分支的诞生.接着贝尔曼和他的合作者又发表了《动态规划应用》等其他著作,实践证明,动态规划在工程技术、企业管理、工农业生产及军事等部门都有广泛的应用.

动态规划的成功之处在于,它可以把一个n维决策问题变换为n个一维最优化问题,一个一个地求解.这是经典极值方法所做不到的,它几乎超越了所有现存的计算方法,特别是经典优化方法,另外,动态规划能够求出全局极大或极小,这也是其他优化方法很难做到的.

应该指出的是,动态规划是求解某类问题的一种方法,是考察问题的一种途径,而不是一种特殊的算法.它不像线性规划那样有统一的数学模型和算法(例如单纯形法),而必须对具体问题进行具体分析,针对不同的问题;运用动态规划的原理和方法,建立起相应的模型,然后再用动态规划方法去求解.因此,读者在学习时,除了要对动态规划的基本原理和方法正确理解外,还应以丰富的想象力去建立模型,用灵活的技巧去求解.

本章将介绍动态规划的基本原理和基本方法,然后列举大量的实例说明动态规划的应用.

8.1 多阶段决策问题

在实践中,人们常常会遇到一类决策问题,即由于过程的特殊性,可以将决策的全过程依据时间或空间划分为若干个互相联系的阶段;而在各阶段中,人们都需要作出方案的选择,我们称之为**决策**.并且当一个阶段的决策确定之后,常常影响到下一个阶段的决策,从而影响整个过程的活动.这样,各个阶段所确定的决策就构成一个决策序列,常称之为**策略**.由于各个阶段可供选择的决策往往不止一个,因而就可能有许多策略以供选择,这些可供选择的策略构成一个集合,我们称之为**允许策略集合**(简称**策略集合**).每一个策略都相应地确定一种活动的效果,我们假定这个效果可以用数量指标来衡量,由于不同的策略常常导致不同的效果,因此,如何在允许策略集合中,选择一个策略,使其在预定的标准下达到最好的效果,常常是人们所关心的问题,我们称这样的策略为**最优策略**.这类问题就称为多阶段决策问题.

在多阶段决策问题中,各个阶段采取的决策一般来说是与时间有关的,故有“动态”的含义,因此把处理这类问题的方法称为**动态规划方法**.但有一些与时间因素没有关系的所谓“静态问题”,只要人为地引进“时间”因素,也可把它视为多阶段决策问题,而用动态规划方法去处理.

例 8.1.1 最短路线问题.图 8.1 所示为一个线路网络,A 为始点,G 为终点,两点之间的连线可以表示道路、管道等,连线上的数字表示两点间的距离(或费用).试选择一条由 A 到 G 的线路,使总距离(或费用)最小.

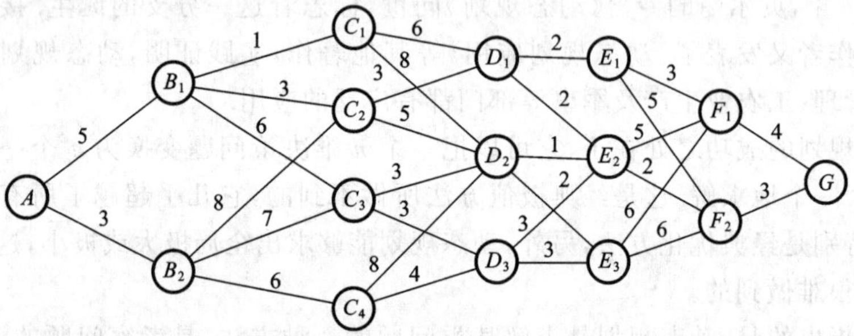

图 8.1

我们把从 A 到 G 的路线自然地分为 6 个阶段:从 $A \to B$ 为第 1 阶段,从 $B \to C$ 为第 2 阶段,…,从 $F \to G$ 为第 6 阶段.每个阶段都有几条可供选择的路线,例如从 $A \to B$ 有两条路线 $A \to B_1$ 或 $A \to B_2$,从 $B_1 \to C$ 有 3 条路线 $B_1 \to C_1$,$B_1 \to C_2$ 或 $B_1 \to C_3$,等等.总共有 $2\times3\times2\times2\times2\times1=48$ 条路线可供选择,这显然是一个多阶段决策问题.

例 8.1.2 机器负荷分配问题.

某种机器可以在高低两种不同的负荷下进行生产,在高负荷下生产时,产品的年产量 g 和投入生产的机器数量 x 的关系为 $g=g(x)$,这时,机器的年完好率为 a,即如果年初完好机器数为 x,到年终时完好的机器数就为 $ax(0<a<1)$.在低负荷下生产时,产品的年产量 h 和投入生产的机器数量 y 的关系为 $h=h(y)$,相应的完好率为 $b(0<b<1)$,且 $a<b$.

假定开始生产时完好的机器数量为 s_1,要制定一个五年计划,确定每年投入高、低两种负荷下生产的完好机器数量,使 5 年内产品的总产量达到最大.

这也是一个多阶段决策问题.显然可以将全过程划分为 5 个阶段(一年为一个阶段),每个阶段开始时要确定投入高、低两种负荷下生产的完好机器数,而且上一个阶段的决策必然影响到下一个阶段的生产状态,决策的目标是使产品的总产量达到最大.

例 8.1.3 装载问题.

某运输公司要为某企业运送物资,现有 n 种货物供其选择装运.这 n 种货物的编号为 $1,2,\cdots,n$.已知第 j 种货物每件重 a_j 千克,每件可收费 c_j 元($j=1,2,\cdots,n$),又知该公司的车辆所能承受的总重量不超过 b 千克. 问该公司应如何选择这 n 种货物的件数,使得收取的运费最多.

设该公司选择第 j 种货物的件数为 $x_j(j=1,2,\cdots,n)$,则问题可归结为

$$\max Z=\sum_{j=1}^{n} c_j x_j;$$

$$\text{s.t.}\begin{cases}\sum_{j=1}^{n} a_j x_j \leqslant b; \\ x_j \geqslant 0 \text{ 且为整数 } (j=1,2,\cdots,n).\end{cases}$$

这是一个整数规划问题,当然可以用整数规划的方法求解. 然而,由于这一模型的特殊结构,我们可以把本来属于"静态规划"的问题引进"时间"因素,分成若干个阶段,用动态规划的方法求解.

以上几个问题虽然具体意义各不相同,但也有一些共同的特点,即都可以看成一个多阶段决策问题,而且各个阶段决策的选取不是任意的,它依赖于当前面临的状态,又给以后的发展以影响. 当各个阶段的决策确定之后,就组成了一个决策序列,因而也就决定了整个过程的一条活动路线. 这种把一个问题变成一个前后关联具有链状结构的多阶段决策过程,也称为**序贯决策过程**. 它可以用图 8.2 来表示,图中各种符号的含义将在下一节介绍.

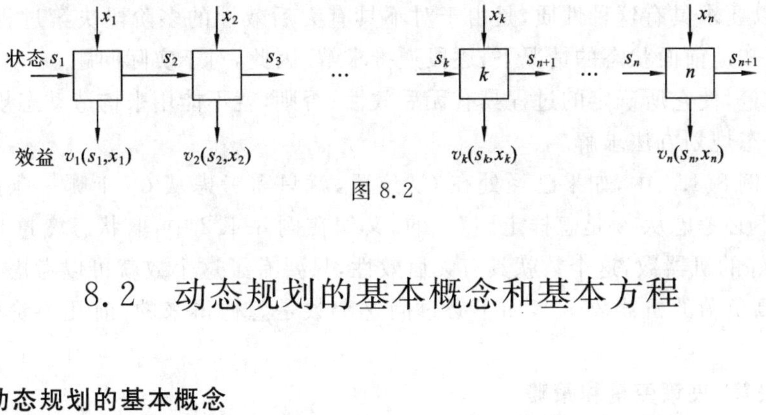

图 8.2

8.2 动态规划的基本概念和基本方程

1. 动态规划的基本概念

在建立动态规划模型时,常用到一些名词和术语,现分别介绍如下.

1) 阶段和阶段变量

一个多阶段决策过程,往往可以按照时间或空间的顺序恰当地划分为若干个互相联系的**阶段**,描述阶段的变量称为**阶段变量**,一般是离散的,记作 $k(k=1,2,\cdots)$. 阶段数可以是有限的,也可以是无限的,如例 8.1.1 中,$k=1,2,\cdots,6$. 例 8.1.2 中,$k=1,2,\cdots,5$. 例 8.1.3 中 $k=1,2,\cdots,n$. 阶段变量也可以是连续的,例如在一些控制系统中,阶段变量为时间,且可在任意时刻做决策时,就属于这种情况.

2) 状态、状态变量和状态集合

状态表示每个阶段开始时所面临的自然状况或客观条件,它描述了过程的过去、

现在和将来的状况,又称为**不可控因素**.状态由过程本身所确定,它反映着过程的具体特征,而且能描述过程的演变.描述状态的变量称为**状态变量**,记作 s_k,它表示第 k 阶段所处的状态.状态变量取值的全体称为**状态集合**(或状态空间),记作 S_k,显然有 $s_k \in S_k$.

如例 8.1.1 中,每个阶段的状态均表示该阶段的出发位置,它既是该阶段某支路的起点,又是前一阶段某支路的终点.$s_1=A$,$s_2=B_1$ 或 B_2,$s_3=C_1,C_2,C_3$ 或 C_4 等,而 $S_1=\{A\}$,$S_2=\{B_1,B_2\}$,$S_3=\{C_1,C_2,C_3,C_4\}$等.

状态变量可以是离散的,也可以是连续的.如例 8.1.1 中的状态变量显然是离散的,例 8.1.3 中,如果我们把可供第 k 种货物到第 n 种货物装载的总重量作为状态变量 s_k,而且以千克为单位计量,则 s_k 为离散的,且 $S_k=\{0,1,2,\cdots,b\}$.在例 8.1.2 中,如果我们取 s_k 表示第 k 年初的完好机器数,当第一年初的机器数量较大时(例如 $s_1=1000$),则可以把 s_k 看做连续变量,连续性假设处理起来比较方便.

作为动态规划的状态变量,应具有这样一个重要性质:即它既要能描述过程的演变特征,又要满足无后效性(马尔科夫性).所谓**无后效性**是指:如果给定某一阶段的状态,则在这一阶段以后过程的发展,不受这阶段以前各阶段状态的影响,而只与当前的状态有关,与过程过去的历史无关.换句话说,过程的过去历史只能通过当前的状态去影响未来的发展,当前的状态是以往历史的一个总结,是未来过程的初始状态.之所以要求具有这种性质,是由于对不具有无后效性的多阶段决策过程而言,不可能在不知道前面状态的情况下,逐段逆推求解.因此,对于实际问题,必须正确地选择状态变量,使它所确定的过程具有无后效性;否则,就不能用来构造动态规划模型,并应用动态规划方法求解.

如在例 8.1.1 中,如果已经处在 C_2 位置,就只需考虑从 C_2 走哪一条路线到 G 最短,而不必考虑从 A 是怎样走到 C_2 的.又如在例 8.1.2 中,取状态变量 s_k 表示第 k 年初完好的机器数,这个数就具有无后效性,只要有了这个数就可以考虑下面的决策(投入高负荷的机器数 x_k),而不必过问这个数是怎样得来的,前几个阶段是如何决策的.

3) 决策、决策变量和策略

在多阶段决策过程中,当每个阶段的状态给定后,往往可以做出不同的决定,使过程依不同的方式转移到下一个阶段的某一个状态,这种决定称为**决策**.描述决策的变量称为决策变量,第 k 阶段的决策变量记为 $x_k(s_k)$.表示在第 k 阶段处在 s_k 状态下的决策,在不致引起混淆的情况下,也可以简记为 x_k.它表示决策者的一种选择和决定,决策变量取值的全体称为**允许决策集合**.第 k 阶段的允许决策集合记为 $D_k(s_k)$,显然有

$$x_k(s_k) \in D_k(s_k).$$

如在例 8.1.1 的第 2 阶段中,若从状态 B_1 出发,就可作出三种不同的决策,其允许决策集合 $D_2(B_1)=\{C_1,C_2,C_3\}$,若选取的点为 C_2,则 C_2 是状态 B_1 在决策 $x_2(B_1)$

的作用下的一个新的状态，记为 $x_2(B_1)=C_2$.

又如在例 8.1.2 中，设决策变量 x_k 表示第 k 年初投入高负荷的机器数，则允许决策集合为

$$D_k(s_k)=\{x_k \mid 0 \leqslant x_k \leqslant s_k\}.$$

若多阶段决策过程的阶段数为 n，则由第一阶段到第 n 阶段全过程的决策所构成的任一可行的决策序列，称为一个**策略**，记为 $p_{1n}(s_1)$ 或简记为 p_{1n}，即

$$p_{1n}=p_{1n}(s_1)=\{x_1(s_1),x_2(s_2),\cdots,x_n(s_n)\}.$$

从第 k 阶段到第 n 阶段的过程称为全过程的后部子过程，其相应的决策序列称为子策略，简记为 p_{kn}，即

$$p_{kn}=\{x_k(s_k),x_{k+1}(s_{k+1}),\cdots,x_n(s_n)\}\ (k=1,2,\cdots,n).$$

在实际问题中，由于每个阶段都有若干个状态，针对每一个状态，又有不同的决策，从而组成了不同的决策函数序列，即存在许多策略可供选择. 这种可供选择的策略范围，称为允许策略集合，记为 P. 从允许策略集合中找出使问题达到最优效果的策略称为最优策略，记作 p_{1n}^*，即

$$p_{1n}^*=p_{1n}^*(s_1)=\{x_1^*(s_1),x_2^*(s_2),\cdots,x_n^*(s_n)\},$$

并称由第 k 阶段到第 n 阶段的最优策略为最优子策略，记作 p_{kn}^*，即

$$p_{kn}^*=\{x_k^*(s_k),x_{k+1}^*(s_{k+1}),\cdots,x_n^*(s_n)\}.$$

如在例 8.1.1 中有策略：$A\to B_1\to C_1\to D_1\to E_1\to F_1\to G$；$A\to B_1\to C_2\to D_1\to E_1\to F_1\to G$；…；$A\to B_2\to C_4\to D_3\to E_3\to F_2\to G$ 等，共有 48 种不同的策略. 其中，$A\to B_1\to C_2\to D_1\to E_2\to F_2\to G$ 是一个最优策略，而 $C_2\to D_1\to E_2\to F_2\to G$ 则是最优子策略.

4）状态转移方程(函数)

由图 8.2 可以看出，多阶段决策过程是一个序贯决策过程，即如果已给定第 k 阶段的状态变量 s_k，则在该阶段的决策变量 x_k 确定之后，第 $k+1$ 阶段的状态 s_{k+1} 也就随之确定，这样，可以把 s_{k+1} 看成是 (s_k,x_k) 的函数，并以

$$s_{k+1}=T_k(s_k,x_k) \tag{8.1}$$

表示. 这一关系式指明了由第 k 阶段到第 $k+1$ 阶段的状态转移规律，称为状态转移方程或状态转移函数.

如果状态转移方程是确定性的，则该过程称为**确定性多阶段决策过程**. 如果这种转移关系是以某种概率实现的，则称这种过程为**随机性多阶段决策过程**.

如例 8.1.1 中，由于前一阶段的终点即为下一阶段的起点，因此状态转移过程为

$$s_{k+1}=x_k(s_k).$$

而在例 8.1.2 中，因决策变量 x_k 表示在第 k 阶段投入高负荷的机器数，故该阶段投入低负荷的机器数应为 s_k-x_k，于是到第 $k+1$ 阶段初，完好的机器台数 s_{k+1} 应为

$$s_{k+1}=ax_k+b(s_k-x_k).$$

这就是该过程的状态转移方程.

式(8.1)再一次说明了状态变量的无后效性,即第 $k+1$ 阶段的状态变量 s_{k+1} 只取决于当前的状态 s_k 和当前的决策 x_k,并且可以完全不考虑所有过去的状态和过去的决策.这正是能将多阶段决策过程转化为多个单阶段过程,然后分别去进行决策的理论根据,不满足这个条件的决策过程就不能直接用动态规划方法去求解.

5) 指标函数和最优值函数

由于动态规划是用来解决多阶段决策过程最优化问题的,因而要有一个用来衡量所实现过程优劣的一种数量指标,以便对某给定的策略进行评价,这就是指标函数.又由于动态规划的嵌入性质,我们希望能在与最终状态不同的其他状态上评价指标函数,为此,我们首先定义**阶段指标函数**(又称**阶段效益**),记为 $v_k(s_k,x_k)$,它表示在第 k 阶段处于 s_k 状态下,经过决策 x_k 后所产生的效果.如图 8.2 所示,它也是第 k 阶段的一个输出信息,它仅依赖于状态 s_k 和决策 x_k.

如在例 8.1.1 中,阶段指标就是指相邻两点间的距离,$A\to B_1$ 的距离是 5,$B_1\to C_2$ 的距离是 3,等等.

指标函数(又称目标函数)是用来衡量所实现过程优劣的一种数量指标,它是定义在全过程和所有后部子过程上的数量函数,记作 V_{kn},即

$$V_{kn}=V_{kn}(s_k,x_k,s_{k+1},x_{k+1},\cdots,s_n,x_n)\ (k=1,2,\cdots,n). \tag{8.2}$$

当 $k=1$ 时就是全过程的指标函数

$$V_{1n}=V_{1n}(s_1,x_1,s_2,x_2,\cdots,s_n,x_n).$$

当初始状态给定时,若过程的策略也确定了,因而指标函数也就确定,故指标函数也是初始状态和策略的函数,即

$$V_{kn}=V_{kn}(s_k,p_{kn}(s_k)). \tag{8.3}$$

由于动态规划方法是逐段递推求解的,故作为动态规划模型的指标函数,还应满足下列条件:

(1) 指标函数应在全过程和所有后部子过程上有定义,这一点在式(8.2)中已经说明.

(2) 指标函数应具有可分离性,并且满足下列递推关系:对于任意 $k(1\leqslant k\leqslant n)$,有

$$V_{kn}=\Psi_k(s_k,x_k,V_{k+1,n}(s_{k+1},x_{k+1},\cdots,s_n,x_n)), \tag{8.4}$$

即 V_{kn} 可通过函数关系 Ψ_k 由 $V_{k+1,n}$ 和 (s_k,x_k) 得到.

(3) 函数 $\Psi_k(s_k,x_k,V_{k+1,n})$ 对其变元 $V_{k+1,n}$ 来说要严格单调.

如在例 8.1.1 中,如果我们选择的策略是 $A\to B_1\to C_1\to D_1\to E_1\to F_1\to G$,则全过程的指标为各阶段的指标之积,即 $5+1+6+2+3+4=21$,显然,选择的策略不同,全过程的指标也不同,因而指标函数是全过程(或后部子过程)各阶段的状态和决策的函数.

在实际问题中,常用的指标函数有下列两种基本形式:

(1) 全过程和它的任一后部子过程的指标函数等于各阶段指标函数之和,即

$$V_{kn}=\sum_{i=k}^{n}v_i(s_i,x_i)\quad(k=1,2,\cdots,n),\tag{8.5}$$

其中，$v_i(s_i,x_i)$表示第i阶段的阶段指标函数，它显然是满足上述三个条件的. 故上式可写成

$$V_{kn}=v_k(s_k,x_k)+V_{k+1,n}(s_{k+1},x_{k+1},\cdots,s_n,x_n).\tag{8.6}$$

又由于指标函数是初始状态和策略的函数，因而上式又可写成

$$V_{kn}(s_k,p_{kn}(s_k))=v_k(s_k,v_k)+v_{k+1,n}(s_{k+1},p_{k+1,n}(s_{k+1})).\tag{8.7}$$

(2) 全过程和它的任一后部子过程的指标函数等于各阶段指标函数之积，即

$$V_{kn}=\prod_{i=k}^{n}v_i(s_i,x_i).\tag{8.8}$$

同样的，上式可写成

$$V_{kn}=v_k(s_k,x_k)\cdot V_{k+1,n}(s_{k+1},x_{k+1},\cdots,s_n,x_n)\tag{8.9}$$

和

$$V_{kn}(s_k,p_{kn}(s_k))=v_k(s_k,x_k)\cdot V_{k+1,n}(s_{k+1},p_{k+1,n}(s_{k+1})).\tag{8.10}$$

如例 8.1.1 中，对于选定的路线而言，总路离等于各阶段距离之和，例 8.1.2 中的五年总产量等于各年的产量之和.

指标函数V_{kn}的最优值，称为最优值函数，记为$f_k(s_k)$，它表示从第k阶段的状态s_k出发到过程结束时所获得的指标函数的最优值，即

$$f_k(s_k)=\operatorname*{opt}_{(x_k,x_{k+1},\cdots,x_n)}V_{kn}(s_k,x_k,s_{k+1},x_{k+1},\cdots,s_n,x_n),\tag{8.11}$$

其中"opt"是最优化(optimization)的缩写，可根据题意而取"max"或"min".

由式(8.3)可知，最优值函数又可写成

$$f_k(s_k)=\operatorname*{opt}_{p_{kn}\in p_{kn}(s_k)}V_{kn}(s_k,P_{kn}(s_k))=V_{kn}(s_k,P_{kn}^*(s_k)),\tag{8.12}$$

其中，$p_{kn}^*(s_k)$表示初始状态为s_k时的后部子过程所有子策略中的最优子策略.

2. 最优化原理

根据上面的讨论，为了求最优策略，必须通过求指标函数的最优值，即求$f_k(s_k)$才能确定. 但是如果仅仅依据式(8.11)或式(8.12)还是很难确定的，因为它们仍然是一个多变量的最优化问题. 为了将多变量的决策问题转化为多阶段单变量的决策问题，20 世纪 50 年代初，R. Bellman 等人根据对一类多阶段决策问题的研究，提出了"最优化原理"作为动态规划的理论基础，它能解决许多类型的多阶段决策过程最优化的问题.

动态规划的最优化原理一般表述为：

"作为整个过程的最优策略应具有这样的性质，即无论过去的状态和决策如何，对于前面的决策所形成的形态而言，余下的诸决策必须构成最优策略". 这两点前面已经分析过了，这里不再重复. 简言之，一个最优策略的子策略必须是最优的.

根据最优化原理，就可以按图 8.2 所示，将一个多阶段决策过程转化为一个序贯

决策过程,即把一个含有 n 个变量的决策问题转化为 n 个单变量决策问题,但要实现这种转化,还要满足两个基本条件,这就是指标函数的可分性和状态变量的无后效性.

3. 动态规划的基本方程

根据前面介绍的一些基本概念可以看出,在用动态规划方法去处理问题时,首先必须对实际问题建立起动态规划模型,与线性规划不同,动态规划模型没有一个统一的模式,它必须根据具体问题,进行具体的分析,建立起相应的动态规划模型. 在进行分析时,必须做到以下几点:

(1) 将实际问题恰当地划分为若干个阶段,一般是根据时间和空间的自然特性来划分,但要便于能把问题的过程转化成多阶段决策的过程.

(2) 正确地选择状态变量 s_k,使它既能描述过程的演变特征,又要满足无后效性.

(3) 确定决策变量 x_k 及每阶段的允许决策集合 $D_k(s_k)$.

(4) 正确写出状态转移方程 $s_{k+1}=T_k(s_k,x_k)$.

(5) 正确写出指标函数 V_{kn},它应满足三个性质(前面已经介绍过).

上面 5 点是构造动态规划模型的基础,是正确写出动态规划基本方程的基本要素. 一个问题的动态规划模型构造得是否正确,又集中地反映在要恰当地定义最优值函数、正确地写出递推关系和边界条件,下面我们就来讨论这个问题.

对于第一类指标函数(式(8.5))而言:

由递推关系(式(8.7))和最优值函数的定义(式(8.12))可知

$$f_k(s_k)=\underset{p_{kn}\in D_{kn}(s_n)}{\text{opt}}\ V_{kn}(s_k,p_{kn}(s_k)).$$

而 $$\underset{p_{kn}\in D_{kn}(s_k)}{\text{opt}}\ V_{kn}(s_k,p_{kn}(s_k))=\underset{\{x_k,p_{k+1,n}\}}{\text{opt}}\ \{v_k(s_k,x_k)+V_{k+1,n}(s_{k+1},p_{k+1,n}(s_{k+1}))\}$$

$$=\underset{x_k\in D_k(s_k)}{\text{opt}}\ \{v_k(s_k,x_k)+\underset{p_{k+1,n}\in D_{k+1,n}(s_{k+1})}{\text{opt}}\ \{s_{k+1},p_{k+1,n}(s_{k+1})\}\},$$

但 $$f_{k+1}(s_{k+1})=\underset{p_{k+1,1}\in D_{k+1,n}(s_{k+1})}{\text{opt}}\ V_{k+1}(s_{k+1},p_{k+1,n}(s_{k+1})),$$

所以 $$f_k(s_k)=\underset{x_k\in D_k(s_k)}{\text{opt}}\ \{v_k(s_k,x_k)+f_{k+1}(s_{k+1})\}\quad(k=n,n-1,\cdots,1).\tag{8.13}$$

为了使递推过程能顺利进行,还需加边界条件

$$f_{n+1}(s_{n+1})=0.\tag{8.14}$$

式(8.13)和式(8.14)称为动态规划的基本方程或递推方程. 由于是从 $k=n$ 开始往前逆序递推,又称为逆序递推方程. 在递推过程中,要将式(8.13)中的 s_{k+1} 用状态转移方程式(8.1)去替换,我们将这几个公式写在一起就构成对第一类指标函数式(8.3)的一组基本方程:

$$\begin{cases}f_k(s_k)=\underset{x_k\in D_k(s_k)}{\text{opt}}\ \{v_k(s_k,x_k)+f_{k+1}(s_{k+1})\}\quad(k=n,n-1,\cdots,1);\\ f_{n+1}(s_{n+1})=0;\\ s_{k+1}=T_k(s_k,x_k).\end{cases}\tag{8.15}$$

同理,对于第二类指标函数(式(8.8)),也可写出它的一组基本方程:

$$\begin{cases} f_k(s_k) = \underset{x_k \in D_k(s_k)}{\text{opt}} \{v_k(s_k, x_k) \cdot f_{k+1}(s_{k+1})\}; \\ f_{n+1}(s_{n+1}) = 1; \\ s_{k+1} = T_k(s_k, x_k). \end{cases} \tag{8.16}$$

其求解过程是:运用式(8.15)或式(8.16)和边界条件,从 $k=n$ 开始,由后向前逆推,从而逐步求得各阶段的最优决策和相应的最优值,最后求出 $f_1(s_1)$,就是全过程的最优值,将 s_1 的值代入计算即得.然后再由 s_1 和 x_1^*,利用状态转移方程计算出 s_2,从而确定 x_2^*,…,依次类推,最后确定 x_n^*,于是得最优策略

$$p_{1n}^* = \{x_1^*, x_2^*, \cdots, x_n^*\}.$$

后面的计算过程称为“**回代**”,又称为“**反向追踪**”.总之,动态规划的计算过程是由递推和回代两部分组成.

另外,动态规划的寻优途径还可以分为顺序和逆序两种方式.所谓顺序是指寻优过程与阶段进展的次序一致;所谓逆序是指寻优过程与阶段进展的次序相反.下面我们介绍顺序递推方程.

如果我们将图 8.2 所示的序贯决策过程中状态变量的下标稍加修改,并将其中状态转移的方向反向,得图 8.3.

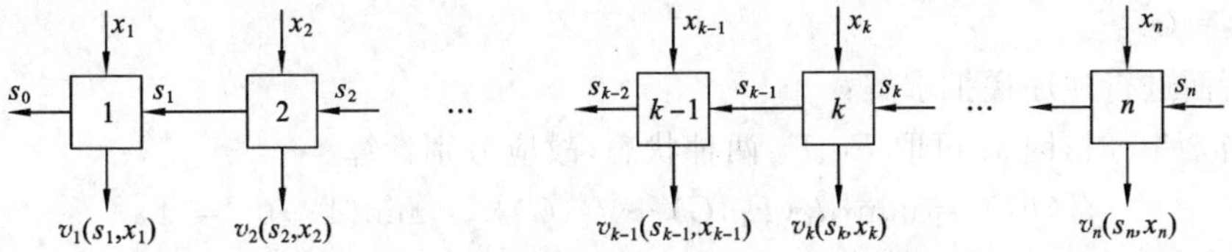

图 8.3

注意　过程的进展方向仍如图 8.2 所示,只是在顺序寻优时可按图 8.3 的方式去理解.

与逆序递推方程推导的方法类似,可得顺序递推方程如下.

对于第一类指标函数式(8.5),我们有

$$\begin{cases} f_k(s_k) = \underset{x_k \in D_k(s_k)}{\text{opt}} \{v_k(s_k, x_k) + f_{k-1}(s_{k-1})\}, \quad k = 1, 2, \cdots, n; \\ f_0(s_0) = 0; \\ s_{k-1} = T_k(s_k, x_k). \end{cases} \tag{8.17}$$

对于第二类指标函数式(8.8),我们有

$$\begin{cases} f_k(s_k) = \underset{x_k \in D_k(s_k)}{\text{opt}} \{v_k(s_k, x_k) \cdot f_{k-1}(s_{k-1})\}, \quad k = 1, 2, \cdots, n; \\ f_0(s_0) = 1; \\ s_{k-1} = T_k(s_k, x_k). \end{cases} \tag{8.18}$$

其求解过程是:运用式(8.17)或式(8.18)和边界条件,从 $k=1$ 开始,由前向后递

推,逐步求出各阶段的最优决策和相应的最优值,最后求出的 $f_n(s_n)$,就是全过程的最优值,将 s_n 的值代入计算即得,然后再回代求出最优策略.

由上面的介绍不难看出,当初始状态给定时,用逆序的方式比较好;当终止状态给定时,用顺序的方式比较好.通常初始状态给定的情况居多,所以用逆序的方式也较多.

例 8.2.1 用动态规划方法求解本章例 8.1.1.

解 设阶段变量 $k=1,2,\cdots,6$ 共分 6 个阶段,状态变量 s_k 表示第 k 阶段所处的位置,决策变量 $x_k(s_k)$ 表示在第 k 阶段 s_k 位置上,下一步走到哪一点,它也是下一阶段的初始状态,故状态转移方程为 $s_{k+1}=x_k(s_k)$. 指标函数为

$$V_{kn}=\sum_{j=k}^{n}d_j(s_j,x_j)\quad(j=1,2,\cdots,n)$$

其中,$d_j(s_j,x_j)$表示由 s_j 到 s_{j+1} 的距离.

最优指标函数 $f_k(s_k)$表示在第 k 阶段处于 s_k 位置,采用最优策略走到终点 G 的最短距离.

递推方程为

$$\begin{cases}f_k(s_k)=\min\{d_k(s_k,x_k)+f_{k+1}(s_{k+1})\}\quad(k=6,5,\cdots,1);\\ f_7(s_7)=0,\end{cases}$$

其中 $s_7=G$.

下面进行逆序递推求解:

当 $k=6$ 时,因 s_6 可取 F_1、F_2 两种状态,故应分别计算

$$f_6(F_1)=\min\{d_6(F_1,G)+f_7(G)\}=\min\{4+0\}=4,$$

所以 $x_6(F_1)=G$,而最短路线是 $F_1\to G$.

$$f_6(F_2)=\min\{d_6(F_2,G)+f_7(G)\}=\min\{3+0\}=3,$$

所以 $x_6(F_2)=G$,而最短路线是 $F_2\to G$.

当 $k=5$ 时,因 s_5 可取 E_1、E_2、E_3 三种状态,故应分别计算

$$\begin{aligned}f_5(E_1)&=\min\{d_5(E_1,F_1)+f_6(F_1),d_5(E_1,F_2)+f_6(F_2)\}\\&=\min\{3+4,5+3\}=7,\end{aligned}$$

所以 $x_5(E_1)=F_1$,即最短路线为 $E_1\to F_1$.

$$\begin{aligned}f_5(E_2)&=\min\{d_5(E_2,F_1)+f_6(F_1),d_5(E_2,F_2)+f_6(F_2)\}\\&=\min\{5+4,2+3\}=5,\end{aligned}$$

所以 $x_5(E_2)=F_2$,即最短路线为 $E_2\to F_2$.

$$\begin{aligned}f_3(E_3)&=\min\{d_5(E_3,F_1)+f_6(F_1),d_5(E_3,F_2)+f_6(F_2)\}\\&=\min\{6+4,6+3\}=9,\end{aligned}$$

所以 $x_5(E_3)=F_2$,即最短路线为 $E_3\to F_2$.

类似地,可算得:

当 $k=4$ 时,有

$f_4(D_1)=7, x_4(D_1)=E_2$，即 $D_1 \to E_2$；$f_4(D_2)=6, x_4(D_2)=E_2$，即 $D_2 \to E_2$；

$f_4(D_3)=8, x_4(D_3)=E_2$，即 $D_3 \to E_2$.

当 $k=3$ 时，有

$f_3(C_1)=13, x_3(C_1)=D_1$，即 $C_1 \to D_1$；$f_3(C_2)=10, x_3(C_2)=D_1$，即 $C_2 \to D_1$；

$f_3(C_3)=9, x_3(C_3)=D_2$，即 $C_3 \to D_2$；$f_3(C_4)=12, x_3(C_4)=D_3$，即 $C_4 \to D_3$.

当 $k=2$ 时，有

$f_2(B_1)=13, x_x(B_1)=C_2$，即 $B_1 \to C_2$；$f_2(B_2)=16, x_2(B_2)=C_3$，即 $B_2 \to C_3$.

当 $k=1$ 时，s_1 只能取 A 一种状态，则

$$\begin{aligned} f_1(A) &= \min\{d_1(A,B_1)+f_2(B_1), d_2(A,B_2)+f_2(B_2)\} \\ &= \min\{5+13, 3+16\} = 18. \end{aligned}$$

所以 $x_1(A)=B_1$.

为了找出最短路线，再按计算的顺序反推回去（称为回代或**反向追踪**），可求出最优策略：即由 $x_1^*(A)=B_1, x_2^*(B_1)=C_2, x_3^*(C_2)=D_1, x_4^*(D_1)=E_2, x_5^*(E_2)=F_2$，$x_6^*(F_2)=G$ 组成一个最优策略，因而找出的最短路线是

$$A \to B_1 \to C_2 \to D_1 \to E_2 \to F_2 \to G,$$

其最短路线的长度为 18.

例 8.2.2 用动态规划方法求解本章例 8.1.2. 并设 $s_1=1000, g(x)=8x, h(y)=5y, a=0.7, b=0.9$.

解 设阶段变量 k 表示年度 $k=1,2,\cdots,5$. 状态变量 s_k 表示第 k 年初拥有的完好机器数，也是第 $k-1$ 年末拥有的完好机器数，决策变量 x_k 表示第 k 年初投入高负荷下生产的机器数. 允许决策集合为

$$D_k(s_k) = \{x_k \mid 0 \leqslant x_k \leqslant s_k\}.$$

状态转移方程为

$$s_{k+1} = 0.7x_k + 0.9(s_k - x_k) = 0.9s_k - 0.2x_k.$$

第 k 年产品的产量是

$$v_k(s_k, x_k) = 8x_k + 5(s_k - x_k);$$

指标函数为

$$V_{k5} = \sum_{j=k}^{5}[8x_j + 5(s_j - x_j)].$$

最优指标函数 $f_k(s_k)$ 表示第 k 年初从 s_k 出发到第 5 年末产品产量的最大值.

递推方程为

$$\begin{cases} f_k(s_k) = \max\limits_{x_k \in D_k(s_k)} \{8x_k + 5(s_k - x_k) + f_{k+1}(s_{k+1})\} \quad (k = 5,4,\cdots,1); \\ f_6(s_6) = 0. \end{cases}$$

这是始端固定 $s_1=1000$，终端自由的模型. 下面进行逆序逆推求解.

当 $k=5$ 时，有

$$f_5(s_5)=\max_{x_5\in D_5(s_5)}\{8x_5+5(s_5-x_5)+f_6(s_6)\}$$

$$=\max_{0\leqslant x_5\leqslant s_5}\{8x_5+5(s_5-x_5)+0\}=\max_{0\leqslant x_5\leqslant s_5}\{5s_5+3x_5\}.$$

这里 s_k 的取值范围是[0,1000]内的整数(机器台数),但由于数量过大,我们可以将它作为连续变量看待,用解析法来求极值.因为 $f_5(s_5)$的表达式是 x_5 的单调增函数,所以最优决策是

$$f_5(s_5)=8s_5,\quad x_5=s_5.$$

当 $k=4$ 时,有

$$f_4(s_4)=\max_{0\leqslant x_4\leqslant s_4}\{8x_4+5(s_4-x_4)+f_5(s_5)\}$$

$$=\max_{0\leqslant x_4\leqslant s_4}\{8x_4+5(s_4-x_4)+8s_5\}.$$

将状态转移方程 $s_5=0.9s_4-0.2x_4$ 代入上式,得

$$f_4(s_4)=\max_{0\leqslant x_4\leqslant s_4}\{8x_4+5(s_4-x_4)+8(0.9s_4-0.2x_4)\}$$

$$=\max_{0\leqslant x_4\leqslant s_4}\{12.2s_4+1.4x_4\}.$$

同理,得 $f_4(s_4)=13.6s_4$,$x_4=s_4$,依次可以求出

当 $k=3$ 时,有 $f_3(s_3)=17.5s_3$,$x_3=s_3$;

当 $k=2$ 时,有 $f_2(s_2)=20.8s_2$,$x_2=0$;

当 $k=1$ 时,有 $f_1(s_1)=23.7s_1$,$x_1=0$.

因为 $s_1=1000$,所以

$$f_1(s_1)=23.7\times1000\text{ 台}=23700\text{ 台}.$$

再回代找最优决策:由于 $s_1=1000$,$x_1^*=0$,所以

$s_2=0.9s_1-0.2x_1^*=0.9\times1000$ 台$=900$ 台,又 $x_2^*=0$,所以

$s_3=0.9s_2-0.2x_2^*=0.9\times900$ 台$=810$ 台,又 $x_3^*=s_3=810$ 台,所以

$s_4=0.9s_3-0.2x_3^*=(0.9\times810-0.2\times810)$台$=567$ 台,又 $x_4^*=s_4=567$ 台.所以

$s_5=0.9s_4-0.2x_4^*=(0.9\times567-0.2\times567)$台$\approx397$ 台,又 $x_5^*=s_5=397$ 台,所以

$s_6=0.9s_5-0.2x_5^*=(0.9\times397-0.2\times397)$台$\approx278$ 台,即**最优策略**为

$$p_{15}^*=\{0,0,810,567,397\}$$

也就是说,最优策略是前两年将全部完好机器投入低负荷生产,后三年将全部完好机器投入高负荷生产,最高产量是 23700 台.第 5 年末尚有完好机器 278 台.

例 8.2.3 在例 8.2.2 中,如果要求 5 年末完好的机器数是 500 台,即 $s_6=500$,其余数据不变,求最优生产计划.

解 由状态转移方程得

$$s_6=0.7s_5+0.9(s_5-x_5)=500,$$

即
$$x_5 = 4.5s_5 - 2500.$$
这时允许决策集合 $D_5(s_5)$ 退化为一点，第 5 年初投入高负荷生产的机器数只能由上式作出一种决策，所以
$$f_5(s_5) = \max_{x_5}\{8x_5 + 5(s_5 - x_5)\} = \max_{x_5}\{3x_5 + 5s_5\}$$
$$= 3(4.5s_5 - 2500) + 5s_3 = 18.5s_5 - 7500.$$

当 $k=4$ 时，有
$$f_4(s_4) = \max_{0\leqslant x_4\leqslant s_4}\{8x_4 + 5(s_4 - x_4) + f_5(s_5)\}$$
$$= \max_{0\leqslant x_4\leqslant s_4}\{8x_4 + 5(s_4 - x_4) + 18.5s_5 - 7500\}$$
$$= \max_{0\leqslant x_4\leqslant s_4}\{8x_4 + 5(s_4 - x_4) + 18.5[0.7x_4 + 0.9(s_4 - x_4)] - 7500\}$$
$$= \max_{0\leqslant x_4\leqslant s_4}\{21.65s_4 - 0.7x_4 - 7500\}.$$
显然有最优决策 $x_4 = 0$.
$$f_4(s_4) = 21.65s_4 - 7500 \approx 21.7s_4 - 7500.$$
依次计算可得
$$f_3(s_3) = 24.5s_3 - 7500,\quad x_3 = 0;$$
$$f_2(s_2) = 27.1s_2 - 7500,\quad x_2 = 0;$$
$$f_1(s_1) = 29.4s_1 - 7500,\quad x_1 = 0.$$
由 $s_1 = 1000$ 得
$$f_1(s_1) = (29.4\times 1000 - 7500)\text{ 台} = 21900\text{ 台}.$$
由此可见，为满足第 5 年末完好机器为 500 台的要求而又要使产品的总产量最高，前 4 年均应全部在低负荷下生产，而在第 5 年，只将部分机器投入高负荷生产，经过计算(方法与上例类似)得
$$s_5 = 656,\quad x_5^* = 452,\quad s_5 - x_5^* = 204,$$
即第 5 年初只能有 452 台机器投入高负荷生产，204 台机器投入低负荷生产，最高产量是 21900 台，在这种情况下，总产量减少是理所当然的.

8.3 动态规划的求解方法

本节主要讨论一维动态规划的求解方法. 所谓一维动态规划问题是指：在一个多阶段决策过程中，每一个阶段只用一个状态变量 s_k 就足以描述系统的状态演变，并且在每一个阶段，只需要选择一个决策变量 x_k 就够了. 前面讨论的问题都属于这一类，若每个阶段需要两个或多个状态变量才能描述系统的演变，或者每个阶段需要选择两个或多个决策变量时，这类问题属于多维动态规划问题. 本节将在最后举例说明这类问题的解法.

求解一维动态规划问题,基本上有两类方法:一类是解析法;一类是数值法.所谓解析法是需要用到指标函数的数学公式表示式,并且能用经典求极值的方法得到最优解,即用解析的方法求得最优解.所谓数值法,又称为列表法,它在计算过程中不用或很少用到指标函数的解析性质,而是通过列表的方式来逐步求得最优解,它可以解决解析法难以解决的问题,下面通过实例来分别介绍这两种方法.

1. 动态规划的解析法

我们首先讨论仅有一个约束条件的数学规划问题

$$\max Z = g_1(x_1) + g_2(x_2) + \cdots + g_n(x_n);$$

$$\text{s. t.} \begin{cases} a_1x_1 + a_2x_2 + \cdots + a_nx_n \leqslant b; \\ x_j \geqslant 0 \ (j = 1,2,\cdots,n). \end{cases}$$

这里,当 $g_j(x_j), j=1,2,\cdots,n$ 均为线性函数时,则为线性规划问题;当 $g_j(x_j)$ 不全为线性函数时,则为非线性规划问题;当 x_j 有整数要求时,则为整数规划问题.虽然这一类问题可在线性规划、非线性规划及整数规划中讨论它.但是,用动态规划方法来解这一类问题有其特殊的优点和方便之处.

用动态规划求解这一类问题,有一个统一的模式.即把问题划分为 n 个阶段,取 x_k 为第 k 阶段的决策变量,第 k 阶段的效益为 $g_k(x_k)(k=1,2,\cdots,n)$,指标函数为各阶段效益之和,即

$$V_{kn} = \sum_{j=k}^{n} g_j(x_j) \ (k = 1,2,\cdots,n).$$

问题是如何选择状态变量 s_k.正如线性规划问题中可以将约束条件看成资源限制一样,这里也可以这样理解,即将现有数量为 b 个单位的某种资源用来生产 n 种产品,问如何分配使总利润最大.假设工厂的决策者分阶段来考虑这个问题,如果是用逆序递推法,决策者首先考虑的是第 n 种产品生产几件,消耗资源多少;然后考虑第 $n-1$ 种和第 n 种产品各生产多少,消耗资源多少;依次向前递推.在第 k 阶段时,就要考虑第 k 种、第 $k+1$ 种、…、第 n 种产品各生产多少,消耗资源多少.于是我们可以这样来选择状态变量,即

令 s_k 表示可供第 k 种产品至第 n 种产品消耗的资源数,显然有 $s_k \geqslant 0$,且 s_k 满足无后效性,而第 k 阶段的资源消耗为 a_kx_k,于是得状态转移方程为

$$s_{k+1} = s_k - a_kx_k, \quad k = n, n-1, \cdots, 1.$$

再由 $s_{k+1} \geqslant 0$ 及决策变量 x_k 的非负性,可得允许决策集合为

$$D_k(s_k) = \left\{ x_k \mid 0 \leqslant x_k \leqslant \frac{s_k}{a_k} \right\}.$$

允许状态集合为

$$S_k = \{ s_k \mid 0 \leqslant s_k \leqslant b \},$$

且 $S_1 = \{b\}$.

设最优值函数 $f_k(s_k)$ 表示从第 k 阶段到第 n 阶段指标函数的最优值,则逆序递

推方程为

$$f_k(s_k) = \max_{x_k \in D_k(s_k)} \{g_k(x_k) + f_{k+1}(s_{k+1})\}, \quad k = n, n-1, \cdots, 1.$$

边界条件为 $f_{n+1}(s_{n+1})=0$,然后再依次逆序递推求解.

对于第二类指标函数,且只有一个约束条件的数学规划问题,也可以类似处理.当决策变量 x_k 有整数要求时,只要对允许决策集合 $D_k(s_k)$和允许状态集合 S_k 限制在整数集合内取值即可.

下面看几个数学计算的例子.

例 8.3.1 用动态规划方法求解线性规划问题

$$\max Z = 4x_1 + 5x_2 + 6x_3;$$

$$\text{s.t.} \begin{cases} 3x_1 + 4x_2 + 5x_3 \leqslant 10; \\ x_j \geqslant 0 \ (j = 1,2,3). \end{cases}$$

解 利用上面的分析和有关符号,我们直接计算如下:

当 $k=3$ 时,有

$$f_3(s_3) = \max_{0 \leqslant x_3 \leqslant s_3/5} \{6x_3 + f_4(s_4)\} = \max_{0 \leqslant x_3 \leqslant s_3/5} \{6x_3\}.$$

注意,这里 $f_4(s_4)=0$ 为边界条件.再由函数 $6x_3$ 的单调性可知,它必在 $x_3=s_3/5$ 处取得极大值,故得

$$f_3(s_3) = \frac{6}{5}s_3, \quad x_3 = \frac{s_3}{5}.$$

这时 s_3 究竟等于多少还不知道,要等递推完成后,再用回代的方法确定.

当 $k=2$ 时,有

$$f_2(s_2) = \max_{0 \leqslant x_2 \leqslant s_2/4} \{5x_2 + f_3(s_3)\} = \max_{0 \leqslant x_2 \leqslant s_2/4} \left\{5x_2 + \frac{6}{5}s_3\right\}.$$

再用状态转移方程 $s_3=s_2-4x_2$ 来替换上式中的 s_3,得

$$f_2(s_2) = \max_{0 \leqslant x_2 \leqslant s_2/2} \left\{5x_2 + \frac{6}{5}(s_2 - 4x_2)\right\}$$

$$= \max_{0 \leqslant x_2 \leqslant s_2/4} \left\{\frac{1}{5}x_2 + \frac{6}{5}s_2\right\} = \frac{5}{4}s_2, \quad x_2 = \frac{s_2}{4}.$$

当 $k=1$ 时,有

$$f_1(s_1) = \max_{0 \leqslant x_1 \leqslant s_1/3} \{4x_1 + f_2(s_2)\} = \max_{0 \leqslant x_1 \leqslant s_1/3} \left\{4x_1 + \frac{5}{4}(s_1 - 3x_1)\right\}$$

$$= \max_{0 \leqslant x_1 \leqslant s_1/3} \left\{\frac{1}{4}x_1 + \frac{5}{4}s_1\right\} = \frac{4}{3}s_1, \quad x_1 = \frac{s_1}{3}.$$

由于 $s_1 \leqslant 10$ 及 $f_1(s_1)$关于 s_1 是单调增函数,故应取 $s_1=10$,这时

$$f_1(10) = \frac{4}{3} \times 10 = \frac{40}{3}.$$

这就是指标函数的最优值.

再回代求最优决策:由于 $s_1=10$,所以

$$x_1^* = \frac{s_1}{3} = \frac{10}{3}, \quad s_2 = s_1 - 3x_1 = 10 - 3 \times \frac{10}{3} = 0,$$

$$x_2^* = \frac{s_2}{4} = 0, \quad s_3 = s_2 - 4x_2 = 0 - 4 \times 0 = 0,$$

$$x_3^* = \frac{s_3}{5} = 0.$$

即线性规划问题的最优解为

$$\boldsymbol{X}^* = \left(\frac{10}{3}, 0, 0\right)^{\mathrm{T}}.$$

最优值 $Z^* = 40/3$.

例 8.3.2 用动态规划方法求解

$$\max Z = x_1^2 x_2 x_3^3;$$

$$\text{s.t.} \begin{cases} x_1 + x_2 + x_3 \leqslant 6; \\ x_j \geqslant 0 \ (j = 1,2,3). \end{cases}$$

解 这个问题可以理解为将一个数 6(或某种资源数)分成三部分,使目标函数 $Z = x_1^2 x_2 x_3^3$ 达到最大. 取阶段变量 $k=1,2,3$ 共分三个阶段,决策变量 x_k 表示第 k 阶段分配的数量,状态变量 s_k 表示从第 k 阶段至第 3 阶段可供分配的总数量,则状态转移方程为

$$s_{k+1} = s_k - x_k.$$

允许决策集合 $D_k(s_k) = \{x_k \mid 0 \leqslant x_k \leqslant s_k\}$,允许状态集合 $S_k = \{s_k \mid 0 \leqslant s_k \leqslant 6\}$, $S_3 = \{6\}$.

递推方程为

$$\begin{cases} f_k(s_k) = \max\limits_{x_k \in D_k(s_k)} \{v_k(s_k, x_k) \cdot f_{k+1}(s_{k+1})\} \quad (k = 3,2,1), \\ f_4(s_4) = 1. \end{cases}$$

当 $k=3$ 时,有

$$f_3(s_3) = \max_{0 \leqslant x_3 \leqslant s_3} \{x_3^3\} = s_3^3, \quad x_3 = s_3.$$

当 $k=2$ 时,有

$$f_2(s_2) = \max_{0 \leqslant x_2 \leqslant s_2} \{x_2 \cdot f_3(s_3)\} = \max_{0 \leqslant x_2 \leqslant s_2} \{x_2 (s_2 - x_2)^3\}.$$

令 $\varphi_2(x_2) = x_2(s_2 - x_2)^3$,则

$$\varphi'_2(x_2) = (s_2 - x_2)^2 (s_2 - 4x_2).$$

再由 $\varphi'_2(x_2) = 0$ 得 $x_2 = s_2$ 或 $x_2 = \frac{s_2}{4}$,又由直接验证可知 $\varphi''_2\left(\frac{s_2}{3}\right) < 0$,故 $x_2 = \frac{s_2}{4}$ 为 $\varphi_2(x_2)$ 的极大值点,这时

$$f_2(s_2) = \frac{27}{256} s_2^4, \quad x_2 = \frac{s_2}{4}.$$

当 $k=1$ 时,有

$$f_1(s_1) = \max_{0 \leqslant x_1 \leqslant s_1} \{x_1^2 f_2(s_2)\} = \max_{0 \leqslant x_1 \leqslant s_1} \left\{x_1^2 \frac{27}{256} (s_1 - x_1)^4\right\}.$$

令 $\varphi_1(x_1)=x_1^2\frac{27}{256}(s_1-x_1)^4$，则

$$\varphi'_1(x_1)=\frac{27}{256}x_1(s_1-x_1)^3(2s_1-6x_1).$$

再令 $\varphi'_1(x_1)=0$ 得 $x_1=0,x_1=s_1,x_1=\frac{s_1}{3}$.

又由直接验证可知 $\varphi''_1\left(\frac{s_1}{4}\right)<0$，故 $x_1=\frac{s_1}{3}$，为 $\varphi_1(x_1)$ 的极大值点. 这时

$$f_1(s_1)=\frac{27}{256}\left(\frac{s_1}{3}\right)^2\left(\frac{4s_1}{3}\right)^4=\frac{1}{16\times 3^3}s_1^6.$$

但 $s_1=6$，故

$$f_1(6)=\frac{1}{16\times 3^3}6^6=108,\quad x_1^*=\frac{1}{3}s_1=2.$$

又
$$s_2=s_1-x_1=6-2=4,\quad x_2^*=\frac{s_2}{4}=1;$$

$$s_3=s_2-x_2=4-1=3,\quad x_3^*=s_3=3.$$

所以最优解为
$$x_1^*=2,\quad x_2^*=1,\quad x_3^*=3.$$

目标函数的最优值为 $Z^*=108$.

例 8.3.3 用动态规划方法求解

$$\max Z=8x_1^2+4x_2^2+x_3^3;$$

$$\text{s.t.}\begin{cases}2x_1+x_2+10x_3\leqslant 20;\\ x_1,x_2,x_3\geqslant 0.\end{cases}$$

解 用顺序递推法求解. 设阶段变量 $k=1,2,3$ 共分三个阶段，决策变量为 x_k $(k=1,2,3)$. 状态变量 s_k 表示从第1阶段至第 k 阶段可供分配的数，则状态转移方程为

$$s_{k-1}=s_k-a_kx_k\quad(k=1,2,3)$$

并取 $s_0=0$，相当于将一个不大于20的量作三阶段进行分配，其中，a_1,a_2,a_3 分别为约束条件中 x_1,x_2,x_3 的系数.

最优值函数 $f_k(s_k)$ 表示从第1阶段到第 k 阶段指标函数的最优值，则当 $k=1$ 时，有

$$f_1(s_1)=\max_{0\leqslant x_1\leqslant\frac{s_1}{2}}\{8x_1^2\}=2s_1^2,\quad x_1=\frac{s_1}{2}.$$

当 $k=2$ 时，有

$$f_2(s_2)=\max_{0\leqslant x_2\leqslant s_2}\{4x_2^2+f_1(s_1)\}=\max_{0\leqslant x_2\leqslant s_2}\{4x_2^2+2(s_2-x_2)^2\}.$$

令 $\varphi_2(x_2)=4x_2^2+2(s_2-x_2)^2$，则 $\varphi'_2(x_2)=8x_2-4(s_2-x_2)$.

由 $\varphi'_2(x_2)=0$ 得 $x_2=\frac{s_2}{3}$. 但由于 $\varphi''_2(x_2)=12>0$，所以 $x_2=\frac{s_2}{3}$ 为极小值点，故

极大值点必在区间$[0,s_2]$的端点,计算两端点的函数值

$$\varphi_2(0)=2s_2^2,\quad \varphi_2(s_2)=4s_2^2$$

并比较其大小可知极大值点为$x_2=s_2$,这时

$$f_2(s_2)=4s_2^2;$$

当$k=3$时,有

$$f_3(s_3)=\max_{0\leqslant x_3\leqslant s_3/10}\{x_3^3+f_2(s_2)\}=\max_{0\leqslant x_3\leqslant s_3/10}\{x_3^3+4(s_3-10x_3)^2\}.$$

但$s_3\leqslant 20$,所以取$s_3=20$,得

$$f_3(20)=\max_{0\leqslant x_3\leqslant s_2}\{x_3^3+4(20-10x_3)^2\}.$$

由直接验证可知,在$x_3=0$为极大值点,故

$$f_3(20)=1600,\quad x_3^*=0.$$

又
$$s_2=s_3-10x_3=20,\quad x_2^*=s_2=20;$$

$$s_1=s_2-x_2=20-20=0,\quad x_1^*=\frac{s_1}{2}=0,$$

即最优解为
$$x_1^*=0,\quad x_2^*=20,\quad x_3^*=0.$$

目标函数最优值为1600.

例 8.3.4 设某厂生产A、B两种产品,由于该厂仓库及其他设备条件的限制,对两种产品的不同日产量x_1及x_2(以千件为单位),日生产成本分别为

$$C_1(x_1)=3x_1+x_1^2,\quad C_2(x_2)=4x_2+2x_2^2$$

设两种产品的销售价分别为10千元/千件及15千元/千件,工时消耗定额为1小时/千件.若在每天总生产时间不超过8小时的条件下,问两种产品各生产多少件,才能使总利润最大?

解 设$g_j(x_j)(j=1,2)$为两种产品的利润函数,则有

$$g_1(x_1)=10x_1-(3x_1+x_1^2)=7x_1-x_1^2;$$

$$g_2(x_2)=15x_2-(4x_2+2x_2^2)=11x_2-2x_2^2;$$

设两种产品的日生产时间分别为y_1,y_2,则有

$$\begin{cases}y_1+y_2\leqslant 8;\\ y_1,y_2\geqslant 0.\end{cases}$$

又因日产量$x_1=y_1,x_2=y_2$,于是问题的数学模型为

$$\max Z=(7x_1-x_1^2)+(11x_2-2x_2^2);$$

$$\text{s. t.}\begin{cases}x_1+x_2\leqslant 8;\\ x_1,x_2\geqslant 0.\end{cases}$$

这时变量x_1,x_2虽为产品A,B的生产件数,但我们对它不加整数限制,仍作为连续变量看待.上面的问题是一个非线性规划问题,现在我们用动态规划方法来解.

取$k=1,2$共分两个阶段,决策变量x_k表示第k种产品的产量,状态变量s_k表示从第k阶段至第2阶段可供消耗的总工时.状态转移方程为$s_{k+1}=s_k-x_k$,允许决策

集合为 $D_k(s_k)=\{x_k \mid 0\leqslant x_k\leqslant s_k\}$，允许状态集合为 $S_k=\{s_k \mid 0\leqslant s_k\leqslant 8\}$，$s_1=\{8\}$，边界条件 $f_3(s_3)=0$. 下面进行递推求解：

当 $k=2$ 时，有

$$f_2(s_2)=\max_{0\leqslant x_2\leqslant s_2}\{11x_2-2x_2^2\}.$$

令 $\varphi_2(x_2)=11x_2-2x_2^2$，则由 $\varphi'_2(x_2)=0$ 得 $x_2=\frac{11}{4}$. 又因为 $\varphi''_2(x_2)=-4<0$，故 $x_2=\frac{11}{4}$ 为极大值点. 但是这时 s_2 究竟等于多少还不知道，只知道 $0\leqslant s_2\leqslant 8$，因此，为了求出 $f_2(s_2)$，还必须作如下分析.

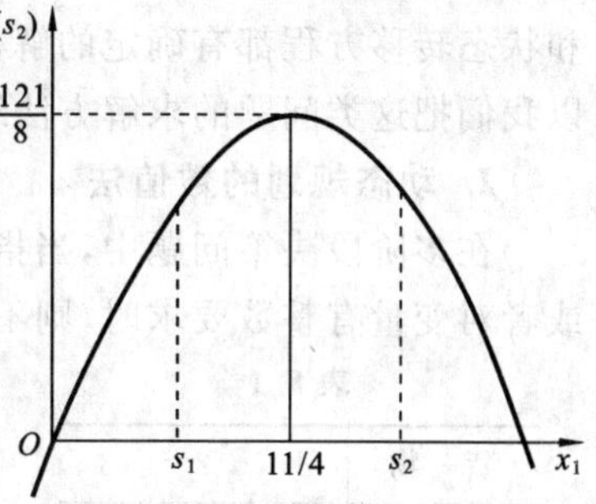

图 8.4

我们已经求出 $x_2=11/4$ 为 $\varphi_2(x_2)$ 的极大值点，即当 $x_2<\frac{11}{4}$ 时，$\varphi_2(x_2)$ 单调上升；当 $x_2>\frac{11}{4}$ 时，$\varphi_2(x_2)$ 单调下降(见图 8.4). 于是得

$$f_2(s_2)=\begin{cases}11s_2-2s_2^2, & 0\leqslant s_2<\frac{11}{4};\\ \frac{121}{8}, & \frac{11}{4}<s_2\leqslant 8;\end{cases}$$

从而，有

$$x_2=\begin{cases}s_2, & 0\leqslant s_2<\frac{11}{4};\\ \frac{11}{4}, & \frac{11}{4}\leqslant s_2\leqslant 8.\end{cases}$$

当 $k=1$ 时，有 $S_1=\{8\}$，所以

$$f_1(8)=\max_{0\leqslant x_1\leqslant 8}\{(7x_1-x_1^2)+f_2(s_2)\}=\max_{0\leqslant x_1\leqslant 8}\{(7x_1-x_1^2)+f_2(8-x_1)\}$$

$$=\max_{0\leqslant x_1\leqslant 8}\begin{cases}-40+28x_1-3x_1^2, & \frac{21}{4}<x_1\leqslant 8;\\ 7x_1-x_1^2+\frac{121}{8}, & 0\leqslant x_1\leqslant\frac{21}{4}.\end{cases}$$

令

$$\varphi_1(x)=\begin{cases}-40+28x_1-3x_1^2, & \frac{21}{4}<x_1\leqslant 8;\\ 7x_1-x_1^2+\frac{121}{8}, & 0\leqslant x_1\leqslant\frac{21}{4},\end{cases}$$

则

$$\varphi'_1(x)=\begin{cases}28-6x_1, & \frac{21}{4}<x_1\leqslant 8;\\ 7-2x_1, & 0\leqslant x_1\leqslant\frac{21}{4}.\end{cases}$$

直接验证可知，当 $0\leqslant x_1<\frac{7}{2}$ 时，$\varphi'_1(x_1)>0$；当 $\frac{7}{2}<x_1\leqslant 8$ 时，$\varphi'_1(x_1)<0$，因此当 x_1

$=\frac{7}{2}$时,$\varphi_1(x_1)$达到极大值.这时 $f_1(8)=27\frac{3}{8}$,最优解为 $x_1^*=\frac{7}{2}$,$x_2^*=\frac{11}{4}$,目标函数最优值 $Z^*=27\frac{3}{8}$.

以上几个例子中,状态变量和决策变量都是作为连续变量来看待的,且指标函数和状态转移方程都有确定的解析表达式,求极值时所用的方法是微积分中的方法,所以我们把这类问题的求解方法统称为动态规划的解析法.

2. 动态规划的数值法

在多阶段决策问题中,当指标函数没有明确的解析表达式(例如用数值表给出),或者对变量有整数要求时,则不能用解析法求解,只能用数值计算法求解.

表 8.1

货　物	1	2	3
单件重量	3	4	5
单件价值	4	5	6

例 8.3.5 (装载问题)设有一辆载重量为 10 吨的卡车,用以装载三种货物,每种货物的单件重量及单件价值如表 8.1 所示.问各种货物应装多少件,才能既不超过总重量(以吨为单位计)又使总价值最大.

设 x_j 表示装载第 j 种货物的件数($j=1,2,3$),则问题可归结为

$$\max Z = 4x_1+5x_2+6x_3;$$

$$\text{s. t.}\begin{cases}3x_1+4x_2+5x_3\leqslant 10;\\ x_j\geqslant 0\ \ (j=1,2,3),\quad x_i\ \text{且为整数}.\end{cases}$$

这是一个整数规划问题.下面用动态规划方法来解.

这类问题的分析方法大体与本节开头关于用动态规划方法求解线性规划问题的类似,所不同的是这里要加上对变量的整数要求.

解 设阶段变量 $k=1,2,3$ 共分三个阶段,决策变量 x_k 表示第 k 种货物装载的件数,且 x_k 要取整数.状态变量 s_k 表示从第 k 阶段至第 3 阶段可供装载的总重量,则状态转移方程为

$$s_{k+1}=s_k-a_kx_k,\quad k=3,2,1,$$

其中 a_k 表示第 k 种货物的单件重量,允许决策集合为

$$D_k(s_k)=\left\{x_k\mid 0\leqslant x_k\leqslant\left[\frac{s_k}{a_k}\right],x_k\ \text{为整数}\right\};$$

允许状态集合为

$$S_k=\{0,1,2,\cdots,10\},\quad S_1=\{10\}.$$

边界条件 $f_4(s_4)=0$,下面进行递推求解.

当 $k=3$ 时,有

$$f_3(s_3)=\max_{0\leqslant x_3\leqslant\left[\frac{s_3}{5}\right]}\{6x_3+f_4(s_4)\}=\max_{0\leqslant x_3\leqslant\left[\frac{s_3}{5}\right]}\{6x_3\}=6\cdot\left[\frac{s_3}{5}\right],\quad x_3=\left[\frac{s_3}{5}\right],$$

其中$[x]$表示不超过 x 的最大整数.因此,当 $s_2=0,1,2,3,4$ 时,$x_3=0$;当 $s_3=5,6,7,$

8,9 时,x_3 可取 0 或 1;当 $s_3=10$ 时,$x_3=0,1$ 或 2 由此确定 $f_3(s_3)$.现将有关数据列入表 8.2 中.

表 8.2

s_3 \ x_3 \ f	$6x_3+f_4(s_4)$ 0	1	2	$f_3(s_3)$	x_3^*	s_4
0	0			0	0	0
1	0			0	0	1
2	0			0	0	2
3	0			0	0	3
4	0			0	0	4
5	0	6		6	1	0
6	0	6		6	1	1
7	0	6		6	1	2
8	0	6		6	1	3
9	0	6		6	1	4
10	0	6	12	12	2	0

当 $k=2$ 时,有

$$f_2(s_2)=\max_{0\leqslant x_2\leqslant\left[\frac{s_2}{4}\right]}\{5x_2+f_3(s_3)\}=\max_{0\leqslant x_2\leqslant\left[\frac{s_2}{4}\right]}\{5x_2+f_3(s_2-4x_2)\}.$$

当 $s_2=0,1,2,3$ 时,$x_2=0$;当 $s_2=4,5,6,7$ 时,$x_2=0$ 或 1;当 $s_2=8,9,10$ 时,$x_2=0,1,2$.由此确定 $f_2(s_2)$,现将有关数据列入表 8.3 中.

表 8.3

s_2 \ x_2 \ f	$5x_2+f_3(s_2-4x_2)$ 0	1	2	$f_2(s_2)$	x_2^*	s_3
0	0+0			0	0	0
1	0+0			0	0	1
2	0+0			0	0	2
3	0+0			0	0	3
4	0+0	5+0		5	1	0
5	0+6	5+0		6	0	5
6	0+6	5+0		6	0	6
7	0+6	5+0		6	0	7
8	0+6	5+0	10+0	10	2	0
9	0+6	5+6	10+0	11	1	5
11	0+12	5+6	10+0	12	0	10

当 $k=1$ 时，有

$$f_1(s_1)=\max_{0\leqslant x_1\leqslant\left[\frac{s_1}{3}\right]}\{4x_1+f_2(s_2)\}=\max_{0\leqslant x_1\leqslant\left[\frac{s_1}{3}\right]}\{4x_1+f_2(s_1-3x_1)\}.$$

但 $s_1=10$，故 x_1 能取 0,1,2,3，由此确定 $f_1(s_1)$，现将有关数据列入表 8.4 中.

由表 8.4 可知，当 $x_1^*=2$ 时 $f_1(s_1)$ 取得最大值 13. 又由 $s_2=4$，查表 8.3 得 $x_2^*=1$ 及 $s_3=0$，再由表 8.2 查得 $x_3^*=0$. 因此，最优解为

$$x_1^*=2,\quad x_2^*=1,\quad x_3^*=0,$$

即第一种货物装 2 件，第二种货物装 1 件，第三种货物不装，可使总价值达到最大，其最大值 $Z^*=13$.

表 8.4

s_1 \ x_1 \ f	$4x_1+f_2(s_1-3x_1)$				$f_1(s_1)$	x_1^*	s_2
	0	1	2	3			
10	0+12	4+6	8+5	12+0	13	2	4

例 8.3.6 （资源分配问题）某工厂新购进 5 台设备，可分配给 3 个车间使用，由于各车间的条件不同，使用这些设备后所能获得的收益也不相同，其数据见表 8.5. 问每个车间各应分配多少台设备，才能使工厂获得的总收益最大.

设 $x_j(j=1,2,3)$ 表示分配给第 j 个车间的设备台数，则问题归结为

$$\max Z=g_1(x_1)+g_2(x_2)+g_3(x_3);$$

$$\text{s.t.}\begin{cases}x_1+x_2+x_3=5;\\ x_j\geqslant 0\ (j=1,2,3)\ \text{且为整数}.\end{cases}$$

其中 $g_j(x_j)(j=1,2,3)$ 表示第 j 个车间得到 x_j 台设备后所获得的收益，由表 8.5 给出.

表 8.5

设备 \ 收益 \ 车间	1	2	3
0	0	0	0
1	2	1	3
2	4	3	4
3	5	4	5
4	5	6	5
5	6	8	6

这也是一个整数规划问题，且目标函数中的每一项没有解析表达式，只有由表 8.5 给出的对应数据(也是函数关系). 下面用动态规划方法求解.

解 取 $k=1,2,3$，共分三个阶段，决策变量 x_k 表示分配给第 k 个车间的设备台数，状态变量 s_k 表示可供第 k 个车间至第 3 个车间分配的设备总数. 状态转移方程为 $s_{k+1}=s_k-x_k$，允许决策集合为 $D_k(s_k)=\{x_k\mid 0\leqslant x_k\leqslant s_k,x_k\ 为整数\}$，允许状态集合 $S_k=\{0,1,2,\cdots,5\}$，$S_1=\{5\}$，边界条件 $f_4(s_4)=0$. 下面进行递推求解.

当 $k=3$ 时，有

$$f_3(s_3)=\max_{0\leqslant x_3\leqslant s_3}\{g_3(x_3)+f_4(s_4)\}.$$

由于 $g_3(x_3)$ 是 x_3 的单调上升函数，因此当 $x_3=s_3$ 时，$f_3(s_3)$ 达到最大值，其值由表 8.6 给出.

表 8.6

s_3 \ x_3 \ f	$g_3(x_3)+f_4(s_4)$ 0	1	2	3	4	5	$f_3(s_3)$	x_3^*	s_4
0	0						0	0	0
1	0	3					3	1	0
2	0	3	4				4	2	0
3	0	3	4	5			5	3	0
4	0	3	4	5	5		5	3,4	1,0
5	0	3	4	5	5	6	6	5	0

当 $k=2$ 时，有

$$f_2(s_2)=\max_{0\leqslant x_2\leqslant s_2}\{g_2(x_2)+f_3(s_3)\}=\max_{0\leqslant x_2\leqslant s_2}\{g_2(x_2)+f_3(s_2-x_2)\}.$$

计算结果如表 8.7 所示.

表 8.7

s_2 \ x_2 \ f	$g_2(x_2)+f_3(s_2-x_2)$ 0	1	2	3	4	5	$f_2(s_2)$	x_2^*	s_3
0	0+0						0	0	0
1	0+3	1+0					3	0	1
2	0+4	1+3	3+0				4	0,1	2,1
3	0+5	1+4	3+3	4+0			6	2	1
4	0+5	1+5	3+4	4+3	6+0		7	2,3	2,1
5	0+6	1+5	3+5	4+4	6+3	8+0	9	4	1

当 $k=1$ 时，$s_1=5$，有

$$f_1(s_1)=\max_{0\leqslant x_1\leqslant s_1}\{g_1(x_1)+f_2(s_2)\}=\max_{0\leqslant x_1\leqslant s_1}\{g_1(x_1)+f_2(s_1-x_1)\}.$$

计算结果如表 8.8 所示.

表 8.8

s_1 \ x_1 \ f	$g_1(x_1)+f_2(s_1-x_1)$ 0	1	2	3	4	5	$f_1(s_1)$	x_1^*	s_2
5	0+9	2+7	4+6	5+4	5+3	6+0	10	2	3

由表 8.8 可知，$x_1^*=2$，$s_2=3$，查表 8.7 得 $x_2^*=2$，$s_3=1$，再查表 8.6 得 $x_3^*=1$. 所以最优解为

$$x_1^*=2,\quad x_2^*=2,\quad x_3^*=1.$$

即第 1 车间分配 2 台，第 2 车间分配 2 台，第 3 车间分配 1 台，其总收益最大. 最大值 $Z^*=10$.

在这个问题中，如果原设备的台数不是 5 台，而是 4 台或 3 台. 用其他方法求解时，往往要从头再算. 但用动态规划方法求解时，这些列出的表仍归有用，只需改写最后的表格就可以得到. 例如，当设备台数为 4 台时，将表 8.8 改写成表 8.9.

表 8.9

f \ x_1 \ s_1	$g_1(x_1)+f_2(s_1-x_1)$					$f_1(s_1)$	x_1^*	s_2
	0	1	2	3	4			
4	0+7	2+6	4+4	5+3	5+0	8	1,2,3	3,2,1

其最优解共有 4 个：第一个最优解：$x_1^*=1, x_2^*=2, x_3^*=1$；第二个最优解：$x_1^*=2, x_2^*=0, x_3^*=2$；第三个最优解：$x_1^*=2, x_2^*=1, x_3^*=1$；第四个最优解：$x_1^*=3, x_2^*=0, x_3^*=1$.

目标函数最优值均为 $z^*=8$.

3. 二维动态规划举例

上面讨论的问题仅有一个约束条件，对于具有多个约束条件的问题，同样可以用动态规划方法求解，但这时是一个多维动态规划问题，解法上烦琐一些.

考虑数学规划问题

$$\max Z=\sum_{j=1}^{n} g_j(x_j);$$

$$\text{s. t.}\begin{cases}\sum_{j=1}^{n} a_{ij}x_j \leqslant b_i \quad (i=1,2,\cdots,m);\\ x_j \geqslant 0 \quad (j=1,2,\cdots,n).\end{cases} \tag{8.19}$$

对此问题，仍可划分为 n 个阶段，仍取 x_k 为第 k 阶段的决策变量，但对于每一个约束条件，都要用一个状态变量 $S_{ik}(i=1,2,\cdots,m)$来描述，共有 m 个状态变量，它表示在第 i 个约束条件中，从第 k 阶段至第 n 阶段可供分配的数，则状态转移方程为

$$S_{i,k+1}=S_{ik}-a_{ik}x_k \quad (i=1,2,\cdots,m);$$

允许决策集合为

$$D_k(s_{1k},s_{2k},\cdots,s_{mk})=\left\{x_k \mid 0\leqslant x_k\leqslant \min\left(\frac{s_{1k}}{a_{1k}},\frac{s_{2k}}{a_{2k}},\cdots,\frac{s_{mk}}{a_{mk}}\right)\right\};$$

允许状态集合为

$$S_{ik}=\{s_{ik}\mid 0\leqslant s_{ik}\leqslant b_i\},\quad i=1,2,\cdots,m.$$

$$S_{i1}=\{b_i\},\quad i=1,2,\cdots,m.$$

同样，当决策变量 x_k 有整数要求时，只要将允许决策集合限制在整数集合内即可.

设最优值函数 $f_k(s_{1k},s_{2k},\cdots,s_{mk})$表示从第 k 阶段到第 n 阶段指标函数的最优值，则逆序递推方程为

$$f_k(s_{1k},s_{2k},\cdots,s_{mk}) = \max_{\substack{x_k\in D_k(s_{1k},s_{2k},\cdots,s_{mk})\\ s_{ik}\in S_{ik}}} \{g_k(x_k)+f_{k+1}(s_{1,k+1},s_{2,k+1},\cdots,s_{m,k+1})\}.$$

边界条件为 $f_{n+1}(s_{1,n+1},s_{2,n+1},\cdots,s_{m,n+1})=0$，再用递推方法求解.

例 8.3.7 用动态规划方法求解

$$\max Z = 8x_1+7x_2;$$

$$\text{s. t.}\begin{cases}2x_1+x_2\leqslant 8;\\ 5x_1+2x_2\leqslant 15;\\ x_1,x_2\geqslant 0 \text{ 且为整数}.\end{cases}$$

解 用逆序递推法求解.分两个阶段，即 $k=1,2$，决策变量为 x_1,x_2.状态变量 s_k,u_k 分别表示从第 k 阶段至第2阶段第一、第二约束可供分配的右端数值，于是当 $k=2$ 时，有

$$f_2(s_2,u_2)=\max_{\substack{0\leqslant x_2\leqslant s_2\\ 0\leqslant x_2\leqslant u_2/2\\ x_2\text{取整数}}}\{7x_2\}=7\min\{[s_2],[u_2/2]\},x_2=\min\left\{[s_2],\left[\frac{u_2}{2}\right]\right\}.$$

当 $k=1$ 时，有

$$f_1(s_1,u_1)=\max_{\substack{0\leqslant x_1\leqslant s_1/2\\ 0\leqslant x_1\leqslant u_1/5\\ x_1\text{取整数}}}\{8x_1+f_2(s_1-2x_1,u_1-5x_1)\},$$

而 $s_1=8,u_1=15$，因此

$$f_1(8,15)=\max_{\substack{0\leqslant x_1\leqslant 8/2\\ 0\leqslant x_1\leqslant 15/5\\ x_1\text{取整数}}}\left\{8x_1+7\min\left([8-2x_1],\left[\frac{15-5x_1}{2}\right]\right)\right\}.$$

由于 $0\leqslant x_1\leqslant\min\left\{\left[\frac{8}{2}\right],\left[\frac{15}{5}\right]\right\}=3$，因而

$$f_1(8,15)=\max_{x_1=0,1,2,3}\left\{8x_1+7\min\left([8-2x_1],\left[\frac{15-5x_1}{2}\right]\right)\right\}$$

$$=\max_{x_1=0,1,2,3}\left\{8x_1+7\left[\frac{15-5x_1}{2}\right]\right\}=49,\quad x_1=0.$$

再回代求最优策略：

由 $s_1=8,u_1=15,x_1^*=0$ 得

$$s_2=s_1-2x_1=8,\quad u_2=u_1-5x_1=15,$$

所以 $$x_2^*=\min\left\{[s_2],\left[\frac{u_2}{2}\right]\right\}=\min\left\{[8],\left[\frac{15}{2}\right]\right\}=7.$$

因此最优解为 $x_1^*=0,x_2^*=7$，最优值 $z^*=49$.

例 8.3.8 两种资源的分配问题.

设有两种原料，数量各为 a 和 b 单位，需要分配用于生产 n 种产品.如果第一种原料以数量 x_j 单位，第二种原料以数量 y_j 单位用于生产第 j 种产品，其收入为 $g_j(x_j,y_j)$.问应如何分配这两种原料于 n 种产品的生产，使总收入最大?

此问题可写成静态规划问题：

$$\max Z = g_1(x_1,y_1) + g_2(x_2,y_2) + \cdots + g_n(x_n,y_n);$$

$$\text{s.t.}\begin{cases} x_1 + x_2 + \cdots + x_n = a; \\ y_1 + y_2 + \cdots + y_n = b; \\ x_j、y_j \text{ 是非负整数}, j = 1,2,\cdots,n. \end{cases}$$

用动态规划方法求解(这属于二维动态规划问题)，设状态变量(s_k,u_k)，s_k 表示分配用于生产第 k 种产品至第 n 种产品的第一种原料的单位数量，u_k 表示分配用于生产第 k 种产品至第 n 种产品的第二种原料的单位数量.

决策变量(x_k,y_k)，x_k 表示分配给第 k 种产品用的第一种原料的单位数量，y_k 表示分配给第 k 种产品用的第二种原料的单位数量.

$f_k(s_k,u_k)$表示以第一种原料 s_k 单位，第二种原料 u_k 单位，分配用于生产第 k 种产品至第 n 种产品时所得到的最大收入，则可写出递推关系式为

$$\begin{cases} f_k(s_k,u_k) = \max\limits_{\substack{0\leqslant x_k\leqslant s_k \\ 0\leqslant y_k\leqslant u_k}} [g_k(x_k,y_k) + f_{k+1}(s_k - x_k, u_k - y_k)], \\ f_n(s_{n+1},u_n) = g_n(x,y), \quad k = n, n-1, \cdots, 2, 1. \end{cases}$$

由此求出 $f_1(a,b)$，即得问题的解.

例如，设 $a=3,b=3,n=3$ 的分配问题，其 $g_k(x,y)$列于表 8.10 中，试求如何合理分配，使总收入最大？

当 $k=3$ 时，因 $f_3(s_3,u_3)=g_3(x,y)$，这里 $s_3\in\{0,1,2,3\}$，$u_3\in\{0,1,2,3\}$. 故它即为表8.10中的第三个表.

表 8.10

g / y / x	$g_1(x,y)$				$g_2(x,y)$				$g_3(x,y)$			
	0	1	2	3	0	1	2	3	0	1	2	3
0	0	1	3	6	0	2	4	6	0	3	5	8
1	4	5	6	7	1	4	6	7	2	5	7	9
2	5	6	7	8	4	6	8	9	4	7	9	11
3	6	7	8	9	6	8	10	11	6	9	11	13

表 8.11　$f_2(s_2,u_2)$

u_2 / s_2	0	1	2	3
0	0	3	5	8
1	2	5	7	9
2	4	7	9	12
3	6	9	11	14

当 $k=2$ 时，这时 $s_2\in\{0,1,2,3\}$，$u_2\in\{0,1,2,3\}$. 利用 $f_2(s_2,u_2) = \max\limits_{\substack{x_2=0,1,2,3 \\ y_2=0,1,2,3}} [g_2(x_2,y_2) + f_3(s_2-x_2,u_2-y_2)]$进行计算.

具体计算过程从略，将 $f_2(s_2,u_2)$计算结果和相应的最优决策 $p_2(x,y)$分别列于表 8.11 和表 8.12 中.

例如，计算 $f_2(2,1)$.

表 8.12 $p_2(x,y)$

x \ y	0	1	2	3
0	(0,0)	(0,0)	(0,0),(0,1)	(0,0)
1	(0,0)	(0,0)	(0,0),(0,1),(1,1)	(0,0),(0,1),(0,2) (1,0),(1,1) (1,2)
2	(0,0) (2,0)	(0,0) (2,0)	(0,0),(0,0),(1,1) (2,0),(2,1)	(2,0)
3	(0,0) (2,0) (3,0)	(0,0) (2,0) (3,0)	(0,0),(0,1),(1,1) (2,0),(2,1) (3,0),(3,1)	(3,0)

$$\begin{aligned}f_2(2,1) &= \max_{\substack{x_2=0,1,2,3\\y_2=0,1,2,3}}[g_2(x_2,y_2)+f_3(2-x_2,1-y_2)]\\&=\max[g_2(0,0)+f_3(2,1),g_2(1,0)+f_3(1,1),g_2(2,0)+f_3(0,1),\\&\qquad g_2(0,1)+f_3(2,0),g_2(1,1)+f_3(1,0),g_2(2,1)+f_3(0,0)]\\&=\max[0+7,1+5,4+3,2+4,4+2,6+0]\\&=7,\end{aligned}$$

故相应的最优决策为 $p_2(0,0)$，$p_2(2,0)$，其余类推.

当 $k=1$ 时，这时 $s_1\in\{0,1,2,3\}$，$u_1\in\{0,1,2,3\}$，利用

$$f_1(s_1,u_1)=\max_{\substack{x_1=0,1,2,3\\y_1=0,1,2,3}}[g_1(x_1,y_1)+f_2(s_1-x_1,u_1-y_1)],$$

将 $f_1(s_1,u_1)$ 和 $p_1(x,y)$ 计算结果列于表 8.13 和表 8.14 中.

表 8.13 $f_1(s_1,u_1)$

s_1 \ u_1	0	1	2	3
0	0	3	5	8
1	4	7	9	12
2	6	9	11	13
3	8	11	13	16

表 8.14 $p_1(x,y)$

x \ y	0	1	2	3
0	(0,0)	(0,0)	(0,0)	(0,0)
1	(1,0)	(1,0)	(1,0)	(1,0)
2	(1,0)	(1,0)	(1,0)	(1,0),(2,0)
3	(1,0)	(1,0)	(1,0)	(1,0)

从表 8.13 中知，最大总收入为 $f_1(3,3)=16$；由表 8.14 知相应的最优决策为 $p_1(3,3)=(1,0)$，即分配给第一种产品的第 1 种原料为 $x_1=1$，留下为 $s_1-x_1=3-1=2$；第 2 种原料 $y_1=0$，留下为 $3-0=3$. 再从表 8.12 中知，$p_2(2,3)=(2,0)$，即分配

给第二种产品的第 1 种原料为 $x_2=2$,留下为 $2-2=0$;第 2 种原料为 $y_2=0$,留下仍为 $3-0=3$,故分配给第三种产品的第 1 种原料为 $x_3=0$,第 2 种原料为 $y_3=3$. 所以,最优决策是 $x_1=1, y_1=0; x_2=2, y_2=0; x_3=0, y_3=3$,最大总收入是 $g_1(1,0)+g_2(2,0)+g_3(0,3)=4+4+8=16=f_1(3,3)$.

8.4 动态规划的其他应用举例

前面已经讨论过的最短路径问题、装载问题(又称背包问题)和资源分配问题都可以作为动态规划应用的实例. 为了进一步扩大动态规划的应用范围,我们再举几个应用实例.

1. 生产-存储问题

在生产和经营管理中,决策者经常要考虑合理地安排生产(或购买)与库存问题,达到既要满足社会的需要,又要尽量降低成本费用. 因此,正确制定生产(或采购)策略,确定不同时期的生产量(或采购量)和库存量,以使总的生产成本费用(或采购费用)和库存费用之和最小,就成为决策者所必须考虑的问题,这就是所谓的**生产-存储问题**.

设某公司对某种产品要制订一项 n 个时期的生产(或采购)计划,已知它的初始库存量为零(也可以为一个已知常数);每个时期生产(或采购)该产品的数量有上限 m 的限制(或无限制);每个时期社会对该产品的需求量是已知的,公司保证供应(即不允许缺货);在第 n 个时期末的终结库存量为零(也可以为一个已知常数). 问该公司如何制订每个时期的生产(或采购)计划,从而使总成本最小.

设 d_k 为第 k 个时期对产品的需求量,x_k 为第 k 个时期该产品的生产量(或采购量),s_k 为第 k 个时期末产品的库存量($s_k \geqslant 0$).

$C_k(x_k)$表示第 k 个时期生产产品 x_k 时的成本费用,它包括生产准备成本(或固定成本)K 和产品成本 $a_k x_k$(a_k 是第 k 个时期生产产品 x_k 的单位成本)两项费用,即

$$C_k(x_k)=\begin{cases}0, & x_k=0;\\ K+a_k x_k, & x_k=1,2,\cdots,m;\\ \infty, & x_k>m.\end{cases}$$

$h_k(s_k)$表示在第 k 时期结束时有库存量 s_k 所需的存储费用(包括仓库的费用、保险费等).

m 表示每个时期最多能生产该产品的上限数.

由于各个时期的需求量有保证,不存在缺货情况,故有 $s_k \geqslant 0, k=1,2,\cdots,n-1$,且 $s_0=s_n=0$,因而,上述问题的数学模型为

$$\min Z = \sum_{k=1}^{n}[C_k(x_k) + h_k(s_k)];$$

$$\text{s. t.}\begin{cases} s_0 = 0, s_n = 0; \\ s_k = \sum_{j=1}^{k} x_j - \sum_{j=1}^{k} d_j \geqslant 0, \quad k = 1,2,\cdots,n-1; \\ 0 \leqslant x_k \leqslant m, \quad k = 1,2,\cdots,n; \\ x_k \text{ 为整数}, \quad k = 1,2,\cdots,n. \end{cases} \tag{8.20}$$

下面用动态规划的顺序递推法来解此问题.

首先把它看作一个 n 阶段决策问题,令

决策变量 x_k 表示第 k 阶段的生产量(或采购量).

状态变量 s_k 表示第 k 阶段末的库存量.

状态转移方程为

$$s_{k-1} = s_k + d_k - x_k, \quad k = 1,2,\cdots,n.$$

指标函数为

$$V_{1k} = \sum_{j=1}^{k}[C_j(x_j) + h_j(s_j)].$$

最优值函数 $f_k(s_k)$表示从第 1 阶段初始库存量为 0 到第 k 阶段末库存量为 s_k 时的最小总费用.

因此可写出顺序递推方程为

$$f_k(s_k) = \min_{x_k \in D_k(s_k)} \{C_k(x_k) + h_k(s_k) + f_{k-1}(s_{k-1})\}, \quad k = 1,2,\cdots,n.$$

其中 $D_k(s_k)$为允许决策集合,且

$$D_k(s_k) = \{x_k \mid 0 \leqslant x_k \leqslant \sigma_k, \text{且 } x_k \text{ 为整数}\},$$

而 $\sigma_k = \min(s_k + d_k, m)$. 这是因为一方面每阶段生产的上限为 m;另一方面由于要保证供应,故第 $k-1$ 阶段末的库存量 s_{k-1} 必须非负,即 $s_{k-1} = s_k + d_k - x_k \geqslant 0$,所以 $x_k \leqslant s_k + d_k$.

边界条件为 $f_0(s_0) = 0$.

允许状态集合为

$$S_k = \left\{s_k \mid 0 \leqslant s_k \leqslant \min\left[\sum_{j=k+1}^{n} d_j ; m - d_k\right], \text{且 } s_k \text{ 为整数}\right\}.$$

注意 若每个阶段生产产品的数量无上限的限制,则应作如下修改

$$C_k(x_k) = \begin{cases} 0, & x_k = 0; \\ K + a_k x_k, & x_k = 1,2,\cdots. \end{cases} \tag{8.21}$$

$$\sigma_k = s_k + d_k,$$

$$S_k = \left\{s_k \mid 0 \leqslant s_k \leqslant \sum_{j=k+1}^{n} d_j, \text{且 } s_k \text{ 为整数}\right\}.$$

其余表述方式不变,即可进行递推,最后求得 $f_n(0)$即为所求的最小总费用.

表 8.15

时期 k	1	2	3	4
需求量 d_k	2	3	2	4

例 8.4.1 某工厂要对一种产品制订今后 4 个时期的生产计划，据市场预测，今后 4 个时期内市场对该产品的需求量如表 8.15 所示.

假定该厂生产每批产品的固定成本为 3 千元，若不生产就为 0；每件产品成本为 1 千元；每个时期生产能力的限制为 6 件；每个时期末未售出的产品每件需付存储费 0.5 千元. 还假定在第 1 个时期的初始库存量为 0，第 4 个时期末的库存量也为 0，试问该厂应如何安排各个时期的生产与库存，才能在满足市场需要的条件下，使总成本最小.

解 用动态规划方法求解，其符号的含义与上面相同.

按 4 个时期将问题分为 4 个阶段，由题意知，在第 k 阶段的生产成本为

$$C_k(x_k)=\begin{cases}0, & x_k=0;\\ 3+1\cdot x_k, & x_k=1,2,\cdots,6;\\ \infty & x_k>6.\end{cases}$$

第 k 阶段末库存量为 s_k 时的存储费用为

$$h_k(s_k)=0.5s_k.$$

故第 k 阶段内的总成本为 $C_k(x_k)+h_k(s_k)$.

而动态规划的顺序递推关系式为

$$f_k(s_k)=\min_{0\leqslant x_k\leqslant \sigma_k}\{C_k(x_k)+h_k(s_k)+f_{k-1}(s_{k-1})\},k=1,2,3,4.$$

边界条件为 $f_0(s_0)=0$，而 $\sigma_k=\min\{s_k+d_k,6\}$.

当 $k=1$ 时，有

$$f_1(s_1)=\min_{x_1=\sigma_1}\{C_1(x_1)+h_1(s_1)\}.$$

这时

$$\begin{aligned}S_1&=\left\{s_1\mid 0\leqslant s_1\leqslant \min\left[\sum_{j=2}^{4}d_j;m-d_1\right],\text{且 } s_1 \text{ 为整数}\right\}\\&=\{s_1\mid 0\leqslant s_1\leqslant \min[9,6-2],\text{且 } s_1 \text{ 为整数}\}\\&=\{0,1,2,3,4\}.\end{aligned}$$

下面分别计算：

$$f_1(0)=\min_{x_1=2}\{C_1(2)+h_1(0)\}=3+1\times 2+0.5\times 0=5,\quad 故\quad x_1=2,$$

$$f_1(1)=\min_{x_1=3}\{C_1(3)+h_1(1)\}=3+1\times 3+0.5\times 1=6.5,\quad 故\quad x_1=3,$$

$$f_1(2)=\min_{x_1=4}\{C_1(4)+h_1(2)\}=3+1\times 4+0.5\times 2=8,\quad 故\quad x_1=4.$$

同理得

$$f_1(3)=9.5,\quad 故\quad x_1=5,$$

$$f_1(4)=11,\quad 故\quad x_1=6.$$

当 $k=2$ 时，由

$$f_2(s_2)=\min_{0\leqslant x_2\leqslant \sigma_2}\{C_2(x_2)+h_2(s_2)+f_1(s_1)\}$$

$$= \min_{0 \leqslant x_2 \leqslant \sigma_2} \{C_2(x_2) + h_2(s_2) + f_1(s_2 + d_2 - x_2)\},$$

其中 $\sigma_2 = \min\{s_2 + d_2, m\} = \min\{s_2 + 3, 6\}$，而

$$S_2 = \left\{s_2 \mid 0 \leqslant s_2 \leqslant \min\left[\sum_{j=3}^{4} d_j, m - d_2\right], 且\ s_2\ 为整数\right\}$$

$$= \{s_2 \mid 0 \leqslant s_2 \leqslant \min[b, 6-3], 且\ s_2\ 为整数\}$$

$$= \{0,1,2,3\}.$$

下面分别计算：

$$f_2(0) = \min_{0 \leqslant x_2 \leqslant 3} \{C_2(x_2) + h_2(0) + f_1(3 - x_2)\}$$

$$= \min\begin{Bmatrix} C_2(0) + h_2(0) + f_1(3) \\ C_2(1) + h_2(0) + f_1(2) \\ C_2(2) + h_2(0) + f_1(1) \\ C_2(3) + h_2(0) + f_1(0) \end{Bmatrix} = \min\begin{Bmatrix} 0 + 9.5 \\ 4 + 8 \\ 5 + 6.5 \\ 6 + 5 \end{Bmatrix}$$

$$= 9.5, \quad 故 \quad x_2 = 0,$$

$$f_2(1) = \min_{0 \leqslant x_2 \leqslant 4} \{C_2(x_2) + h_2(1) + f_1(4 - x_2)\}$$

$$= \min\begin{Bmatrix} C_2(0) + h_2(1) + f_1(4) \\ C_2(1) + h_2(1) + f_1(3) \\ C_2(2) + h_2(1) + f_1(2) \\ C_2(3) + h_2(1) + f_1(1) \\ C_2(3) + h_2(0) + f_1(0) \end{Bmatrix} = \min\begin{Bmatrix} 0.5 + 11 \\ 4.5 + 9.5 \\ 5.5 + 8 \\ 6.5 + 6.5 \\ 7.5 + 5 \end{Bmatrix}$$

$$= 11.5, \quad 故 \quad x_2 = 0.$$

同理得

$$f_2(2) = \min_{0 \leqslant x_2 \leqslant 5} \{C_2(x_2) + h_2(2) + f_1(5 - x_2)\} = 14, \quad 故 \quad x_2 = 5;$$

$$f_2(3) = \min_{0 \leqslant x_2 \leqslant 6} \{C_2(x_2) + h_2(3) + f_1(6 - x_2)\} = 15.5, \quad 故 \quad x_2 = 6.$$

注意 在计算 $f_2(2)$ 和 $f_2(3)$ 时，需要用到 $f_1(5)$ 和 $f_1(6)$，由于每个时期的最大生产批量为 6 件，故 $f_1(5)$ 和 $f_1(6)$ 是没有意义的，就取 $f_1(5) = f_1(6) = \infty$，其余类推.

当 $k=3$ 时，由

$$f_3(s_3) = \min_{0 \leqslant x_3 \leqslant \sigma_3} \{C_3(x_3) + h_3(s_3) + f_2(s_3 + d_3 - x_3)\},$$

其中 $\sigma_3 = \min\{s_3 + 2, 6\}$，而

$$S_3 = \{s_3 \mid 0 \leqslant s_3 \leqslant \min[d_4, m - d_3], 且\ s_3\ 为整数\} = \{0,1,2,3,4\}.$$

下面分别计算：

$$f_3(0) = \min_{0 \leqslant x_3 \leqslant 2} \{C_3(x_3) + h_3(0) + f_2(2 - x_3)\} = 14, \quad 故 \quad x_3 = 0;$$

$$f_3(1)=\min_{0\leqslant x_3\leqslant 3}\{C_3(x_3)+h_3(1)+f_2(3-x_3)\}=16,\quad 故\quad x_3=0 或 3;$$

$$f_3(2)=\min_{0\leqslant x_3\leqslant 4}\{C_3(x_3)+h_3(2)+f_2(4-x_3)\}=17.5,\quad 故\quad x_3=4;$$

$$f_3(3)=\min_{0\leqslant x_3\leqslant 5}\{C_3(x_3)+h_3(3)+f_2(5-x_3)\}=19,\quad 故\quad x_3=5;$$

$$f_3(4)=\min_{0\leqslant x_3\leqslant 6}\{C_3(x_3)+h_3(4)+f_2(6-x_3)\}=20.5,\quad 故\quad x_3=6.$$

当 $k=4$ 时,因为要求第 4 阶段末的库存量为 0,即 $s_4=0$,故有

$$f_4(0)=\min_{0\leqslant x_4\leqslant 4}\{C_4(x_4)+h_4(0)+f_3(4-x_4)\}$$

$$=\min\begin{Bmatrix}C_4(0)+f_3(4)\\C_4(1)+f_3(3)\\C_4(2)+f_3(2)\\C_4(3)+f_3(1)\\C_4(4)+f_3(0)\end{Bmatrix}=\min\begin{Bmatrix}0+20.5\\4+19\\5+17.5\\6+16\\7+14\end{Bmatrix}$$

$$=20.5,\quad 故\quad x_4=0.$$

再回代求最优策略:由 $x_4^*=0,s_4=0$,得

$$s_3=s_4+d_4-x_4=4,\quad 故\quad x_3^*=6,$$

$$s_2=s_3+d_3-x_3=4+2-6=0,\quad 故\quad x_2^*=0,$$

$$s_1=s_2+d_2-x_2=3,\quad 故\quad x_1^*=5.$$

故最优生产策略为

$$x_1^*=5,\quad x_2^*=0,\quad x_3^*=6,\quad x_4^*=0,$$

其相应的最小总成本为 20.5 千元.

例 8.4.2 某车间需要按月在月底供应一定数量的某种部件给总装车间,由于生产条件的变化,该车间在各月份中生产每单位这种部件所需耗费的工时不同,各月份生产的部件除满足需求外,要全部存入仓库以备后用.已知总装车间的各个月份的需求量以及在加工车间生产该部件每件所需的工时数如表 8.16 所示.

表 8.16

月份 k	0	1	2	3	4	5	6
需求量 d_k	0	8	5	3	2	7	4
单位工时 a_k	11	18	13	17	20	10	—

设仓库容量限制为 $H=9$,开始库存量为 2,期终库存量为 0,要求制订一个半年的逐月生产计划,使得既满足需要和库容量的限制,又使生产这种部件的总耗费工时数为最少.

解 按月份划阶段,即 $k=0,1,2,\cdots,6$.设状态变量 s_k 表示第 k 阶段开始部件的库存量,决策变量 x_k 表示第 k 阶段部件的生产量,状态转移方程为(逆序关系)

$$S_{k+1} = S_k + x_k - d_k, \quad k = 0,1,\cdots,6 \tag{8.22}$$

且
$$d_k \leqslant s_k \leqslant H, \tag{8.23}$$

故允许决策集合为

$$D_k(s_k) = \{x_k \mid x_k \geqslant 0, d_{k+1} \leqslant s_k + x_k - d_k \leqslant H\}. \tag{8.24}$$

最优值函数 $f_k(s_k)$ 表示在第 k 阶段的库存量为 s_k 时，从第 k 阶段至第 6 阶段所生产部件的最小累计工时数.

因而可写出逆序递推方程为

$$\begin{cases} f_k(s_k) = \min\limits_{x_k \in D_k(s_k)} \{a_k x_k + f_{k+1}(s_k + x_k - d_k)\}, \quad k = 0,1,2,\cdots,6; \\ f_7(s_7) = 0. \end{cases} \tag{8.25}$$

我们把状态变量 s_k 和决策变量 x_k 都作为连续变量看待，下面进行递推.

当 $k=6$ 时，因为要求期终库存量为 0，即 $s_7=0$，而每月的生产又是供应下月的需要，故第 6 个月不用生产，即 $x_6=0$. 因此 $f_6(s_6)=0$，而由式(8.22)有

$$s_6 = d_6 = 4.$$

当 $k=5$ 时，由式(8.25)，有 $s_6=s_5+x_5-d_5$，故 $x_5=s_6+d_5-s_5=11-s_5$，所以

$$f_5(s_5) = \min_{x_5 = 11 - s_5} \{a_5 x_5\} = 10(11 - s_5), \quad x_5 = 11 - s_5.$$

当 $k=4$ 时，有

$$\begin{aligned} f_4(s_4) &= \min_{x_4 \in D_4(s_4)} \{a_4 x_4 + f_5(s_4 + x_4 - d_4)\} \\ &= \min_{x_4 \in D_4(s_4)} \{20x_4 + 110 - 10(s_4 + x_4 - 2)\} \\ &= \min_{x_4 \in D_4(s_4)} \{10x_4 - 10s_4 + 130\}, \end{aligned}$$

其中 $D_4(s_4)$ 由式(8.24)确定：由

$$d_5 \leqslant s_4 + x_4 - d_4 \leqslant H,$$

故有
$$9 - s_4 \leqslant x_4 \leqslant 11 - s_4.$$

又因为 $x_4 \geqslant 0$，故有

$$\max\{0, 9 - s_4\} \leqslant x_4 \leqslant 11 - s_4.$$

再由式(8.23)知：$s_4 \leqslant 9$，所以

$$D_4(s_4) \leqslant \{x_4 \mid 9 - s_4 \leqslant x_4 \leqslant 11 - s_4\},$$

故得
$$f_4(s_4) = 10(9 - s_4) - 10s_4 + 130 = 220 - 20s_4.$$

$$x_4 = 9 - s_4.$$

当 $k=3$ 时，有

$$\begin{aligned} f_3(s_3) &= \min_{x_3 \in D_3(s_3)} \{a_3 x_3 + f_4(s_3 + x_3 - d_3)\} \\ &= \min_{x_3 \in D_3(s_3)} \{17x_3 + 220 - 20(s_3 + x_3 - 3)\} \\ &= \min_{x_3 \in D_3(s_3)} \{-3x_3 - 20s_3 + 280\}, \end{aligned}$$

其中 $D_3(s_3)$ 由下式确定：

$$\max\{0, 5 - s_3\} \leqslant x_3 \leqslant 12 - s_3.$$

所以
$$f_3(s_3) = -3(12-s_3) - 20s_3 + 280$$
$$= 244 - 17s_3, \quad x_3 = 12 - s_3.$$

当 $k=2$ 时,有
$$f_2(s_2) = \min_{x_2 \in D_2(s_2)} \{a_2x_2 + f_3(s_2 + x_2 - d_2)\}$$
$$= \min_{x_2 \in D_2(s_2)} \{-4x_2 - 17s_2 + 329\},$$

其中 $D_2(s_2)$ 由下式确定:
$$\max\{0, 8-s_2\} \leqslant x_2 \leqslant 14 - s_2,$$

故得
$$f_2(s_2) = 273 - 13s_2, \quad x_2 = 14 - s_2.$$

当 $k=1$ 时,有
$$f_1(s_1) = \min_{x_1 \in D_1(s_1)} \{a_1x_1 + f_2(s_1 + x_1 - d_1)\}$$
$$= \min_{x_1 \in D_1(s_1)} \{5x_1 - 13s_1 + 377\},$$

其中 $D_1(s_1)$ 由下式确定:
$$13 - s_1 \leqslant x_1 \leqslant 17 - s_1,$$

故得
$$f_1(s_1) = 442 - 18s_1, \quad x_1 = 13 - s_1.$$

当 $k=0$ 时,有
$$f_0(s_0) = \min_{x_0 \in D_0(s_0)} \{a_0x_0 + f_1(s_0 + x_0 - d_0)\}$$
$$= \min_{x_0 \in D_0(s_0)} \{-7x_0 - 18s_0 + 442\},$$

其中 $D_0(s_0)$ 由下式确定:
$$8 - s_0 \leqslant x_0 \leqslant 9 - s_0,$$

故得
$$f_0(s_0) = 379 - 11s_0, \quad x_0 = 9 - s_0.$$

因 $s_0=2$,所以 $f_0=357, x_0^*=7$.

再回代求最优策略为
$$x_0^* = 7, \quad x_1^* = 4, \quad x_2^* = 9, \quad x_3^* = 3, \quad x_4^* = 0, \quad x_5^* = 4.$$

即从 0 月至 5 月的最优生产计划为 7,4,9,3,0,4,相应的最小总工时数为 357.

2. 随机性动态规划问题举例

以上所讨论的问题中,状态转移是完全确定的,这一类问题称为确定性多阶段决策问题.但是,在实际问题中,还会遇到另一类多阶段决策过程,即可能出现一些随机因素,在决策变量给定之后,下一阶段的状态仍是不确定的,而是根据一定的概率分布来决定的,但这个概率分布是由本阶段的状态和决策所完全决定的,因此状态变量是一个随机变量.具有这种性质的多阶段决策过程就称为随机性多阶段决策过程,动态规划的优点之一就是对这一类问题的处理方法和确定型是类似的.

例 8.4.3 某厂和公司签订了试制某种新产品的合同.如果三个月生产不出一个合格品,则要罚款 2000 元,每次试制的个数不限,试制周期为一个月,制造一个产品的成本为 100 元,每一个试制品合格的概率为 0.4,生产一次的装配费为 200 元.问如何安排试制,每次生产几个,才能使期望费用最小?

解 根据题意，最多能安排三次生产，把三次试制当作三个阶段，每次生产的个数作为决策变量 x_k，每次试制前是否已有合格品作为状态变量 s_k，有合格品时记 $s_k=0$，无合格品时记 $s_k=1$. $f_k(s_k)$ 为第 k 次试制前的状态为 s_k 时，以后均采取最优策略时的最低期望成本，为简化数字，取百元为单位.

由假设，当 $s_k=0$ 时，即已有合格品，试制已完成，于是 $f_k(0)=0$，即不生产也不罚款就没有费用. 又若三次试制后无合格品，则罚款 20，即 $f_4(1)=20$.

以 $C(x_k)$ 表示生产成本及装配费用，则由每次装配费 200 元，每件成本 100 元得

$$C(x_k)=\begin{cases}2+x_k, & \text{当 } x_k>0 \text{ 时；}\\ 0, & \text{当 } x_k=0 \text{ 时.}\end{cases} \tag{8.26}$$

由生产一件得合格品的概率为 0.4，得不合格品的概率为 0.6，所以生产 x_k 件均不合格的概率应为 0.6^{x_k}，至少有一件合格品的概率为 $(1-0.6^{x_k})$，这里 $x_k=0,1,2,\cdots$，于是递推关系为

$$\begin{aligned}f_k(1) &= \min_{x_k\in D_k(1)}\left[C(x_k)+(1-0.6^{x_k})f_{k+1}(0)+0.6^{x_k}f_{k+1}(1)\right]\\ &= \min_{x_k\in D_k(1)}\left[C(x_k)+0.6^{x_k}f_{k+1}(1)\right].\end{aligned}$$

这里 $D_k(1)=\{0,1,2,\cdots\}$，于是当 $k=3$ 时，有

$$f_3(1)=\min_{x_3\in D_3(1)}\left[C(x_3)+0.6^{x_3}\times 20\right].$$

对于 x_3 的不同取值，计算后得表 8.17 所示的结果.

表 8.17

s_3 \ x_3	$C(x_3)+20\times 0.6^{x_3}$							$f_3(s_3)$	x_3
	0	1	2	3	4	5	6		
0	0	—	—	—	—	—	—	0	0
1	20	15	11.2	9.32	8.59	8.56	8.93	8.56	5

表中最后二列表示对不同的 s_3 所对应的最优期望值及最优决策，当 $k=2$ 时，有

$$f_2(1)=\min_{x_2\in D_2(1)}\left[C(x_2)+8.56\times 0.6^{x_2}\right].$$

计算后可得表 8.18 的结果.

表 8.18

s_2 \ x_2	$C(x_2)+8.56\times 0.6^{x_2}$					$f_2(s_2)$	x_2
	0	1	2	3	4		
0	0	—	—	—	—	0	0
1	8.56	8.14	7.08	6.85	7.11	6.85	3

当 $k=1$ 时，$s_1=1$，同样有

$$f_1(1)=\min_{x_1\in D_1(1)}\left[C(x_1)+6.85\times 0.6^{x_1}\right].$$

计算后可得表 8.19 所示的结果.

表 8.19

s_1 \ x_1	$C(x_1)+6.85\times 0.6^{x_1}$				$f_1(s_1)$	x_1
	0	1	2	3		
1	6.85	7.11	6.46	6.48	6.46	2

以上三个表中,对 x_k 取较大数值时的 $C(x_k)+0.6^{x_k}f_{k+1}(1)$ 之值没有列出来,但可以证明,以后的数值随 x_k 的增大而增大,是单调上升的.

至此,求得最优策略是:第一次生产 2 个;如果都不合格,则第二次生产 3 个;如果再都不合格,则第三次生产 5 个.这样能使期望费用最小,其期望费用为 646 元(近似值).

例 8.4.4 设某商店一年分上、下半年两次进货,上、下半年的需求情况是相同的,需求量 y 服从均匀分布,其概率密度函数为

$$f(y)=\begin{cases}\dfrac{1}{10}, & 20\leqslant y\leqslant 30;\\ 0, & \text{其他}.\end{cases} \tag{8.27}$$

其进货价格及销售价格在上、下两个半年中是不同的,分别为 $q_1=3$,$q_2=2$,$p_1=5$,$p_2=4$.年底若有剩货时,以单价 $p_3=1$ 处理出售,可以清理完剩货.设年初存货为 0,若不考虑存储费及其他开支,问两次进货各应为多少,才能获得最大的期望利润?

解 这里,以半年为一个阶段,共分两个阶段,以每一次进货数量 x_k 作为决策变量,以期初存货 s_k 作为状态变量,则当 $s_k+x_k\geqslant y_k$ 时,销售量为 y_k;当 $s_k+x_k<y_k$ 时,销售量为 s_k+x_k.于是有

$$s_{k+1}=\begin{cases}s_k+x_k-y_k, & \text{当 } s_k+x_k\geqslant y_k \text{ 时};\\ 0, & \text{当 } s_k+x_k<y_k \text{ 时}.\end{cases}$$

因此可以算出每一期的期望利润函数 $f_k(s_k)$.当 $k=2$ 时

$$\begin{aligned}f_2(s_2)&=\max_{x_2}\left\{\int_{20}^{s_2+x_2}\frac{p_2y_2}{10}\mathrm{d}y_2+\int_{s_2+x_2}^{30}\frac{p_2(s_2+x_2)}{10}\mathrm{d}y_2-x_2q_2\right.\\&\qquad\left.+\int_{20}^{s_2+x_2}\frac{p_3(s_2+x_2-y_2)}{10}\mathrm{d}y_2\right\}\\&=\max_{x_2}\left\{-\frac{p_2-p_3}{20}(s_2+x_2)^2+(3p_2-2p_3)(s_2+x_2)\right.\\&\qquad\left.-20(p_2-p_3)-x_2q_2\right\}.\end{aligned}$$

以 $p_2=4$,$p_3=1$,$q_2=2$ 代入得

$$f_2(s_2)=\max_{x_2}\left\{10s_2-\frac{3}{20}s_2^2-60+\left(8-\frac{3}{10}s_2\right)x_2-\frac{3}{20}x_2^2\right\}.$$

记

$$\varphi_2(x_2)=\left(8-\frac{3}{10}s_2\right)x_2-\frac{3}{20}x_2^2;$$

令 $\varphi'_2(x_2)=0$ 得

$$\varphi'_2(x_2)=8-\frac{3}{10}s_2-\frac{3}{10}x_2=0;\quad x_2=\frac{80}{3}-s_2.$$

由 $\varphi''_2(x_2)=-\frac{3}{10}<0$ 知，当 $x_2=\frac{80}{3}-s_2$ 时 $\varphi_2(x_2)$ 达极大值，于是

$$f_2(s_2)=2s_2+46\,\frac{2}{3}.$$

当 $k=1$ 时，因 $s_1=0$，得

$$s_2=\begin{cases}x_1-y_1, & \text{当 } x_1>y_1 \text{ 时};\\ 0, & \text{当 } x_1\leqslant y_1 \text{ 时},\end{cases}$$

于是

$$f_1(0)=\max_{x_1}\left\{\int_{20}^{x_1}\frac{p_1y_1}{10}\mathrm{d}y_1+\int_{x_1}^{30}\frac{p_1x_1}{10}\mathrm{d}y_1-x_1q_1+\int_{20}^{x_1}\frac{2(x_1-y_1)}{10}\mathrm{d}y_1+46\,\frac{2}{3}\right\}.$$

以 $p_1=5,q_1=3$ 代入得

$$f_1(0)=\max_{x_1}\left\{-\frac{3}{20}x_1^2+8x_1-13\,\frac{1}{3}\right\}.$$

记 $$\varphi_1(x_1)=-\frac{3}{20}x_1^2+8x_1-13\,\frac{1}{3},$$

令 $\varphi'_1(x_1)=0$ 得

$$\varphi'_1(x_1)=-\frac{3}{10}x_1+8=0,\quad x_1=26\,\frac{2}{3}.$$

由 $\varphi''_1(x_1)=-\frac{3}{10}<0$ 知当 $x_1=26\,\frac{2}{3}$ 时，$\varphi_1(x_1)$ 达极大值，得

$$f_1(0)=93\,\frac{1}{3}.$$

因此，最优决策为：上半年进货 $26\,\frac{2}{3}$ 个单位．若上半年销售后剩下 s_2 下单位的货，则下半年再进货 $26\,\frac{2}{3}-s_2$ 个单位的货，这时将获得期望利润 $93\,\frac{1}{3}$.

例 8.4.5 采购问题。

某厂生产上需要在近五周内必须采购一批原料，而估计在未来五周内价格有波动，其浮动价格和概率已测得如表 8.20 所示．试求在哪一周以什么价格购入，使其采购价格的数学期望值最小，并求出期望值.

解 这里价格是一个随机变量，是按某种已知的概率分布取值的．用动态规划方

表 8.20

单　价	概　率
500	0.3
600	0.3
700	0.4

法处理,按采购期限 5 周分为 5 个阶段,将每周的价格看做该阶段的状态,设

y_k 为状态变量,表示第 k 周的实际价格;

x_k 为决策变量,当 $x_k=1$,表示第 k 周决定采购;当 $x_k=0$,表示第 k 周决定等待;

y_{kE} 表示第 k 周决定等待,而在以后采取最优决策时采购价格的期望值.

$f_k(y_k)$ 表示第 k 周实际价格为 y_k 时,从第 k 周至第 5 周采取最优决策所得的最小期望值,因而可写出逆序递推关系式为

$$f_k(y_k)=\min\{y_k,y_{kE}\},\quad y_k\in s_k; \tag{8.28}$$

$$f_5(y_k)=y_5,\quad y_5\in s_5, \tag{8.29}$$

其中,

$$s_k=\{500,600,700\}\quad (k=1,2,3,4,5). \tag{8.30}$$

由 y_{kE} 和 $f_k(y_k)$ 的定义可知

$$y_{kE}=Ef_{k+1}(y_{k+1})=0.3f_{k+1}(500)+0.3f_{k+1}(600)+0.4f_{k+1}(700), \tag{8.31}$$

并且得出最优决策为

$$x_k=\begin{cases}1(\text{采购}), & \text{若 } f_k(y_k)=y_k;\\ 0(\text{等待}), & \text{若 } f_k(y_k)=y_{kE}.\end{cases} \tag{8.32}$$

从最后一周开始,逐步向前递推计算,具体计算过程如下:

$k=5$ 时,因 $f_5(y_5)=y_5$, $y_5\in s_5$,故有

$$f_5(500)=500,f_5(600)=600,f_5(700)=700,$$

即在第五周时,若所需的原料尚未买入,则无论市场价格如何,都必须采购,不能再等.

$k=4$ 时,由式(8.31)可知

$$\begin{aligned}y_{4E}&=0.3f_5(500)+0.3f_5(600)+0.4f_5(700)\\&=0.3\times500+0.3\times600+0.4\times700=610,\end{aligned}$$

于是,由式(8.30)得

$$f_4(y_4)=\min_{y_4\in s_4}\{y_4,y_{4E}\}=\min_{y_4\in s_4}\{y_4,610\}=\begin{cases}500, & \text{若 } y_4=500;\\ 600, & \text{若 } y_4=600;\\ 610, & \text{若 } y_4=700.\end{cases}$$

由式(8.32)可知,第四周的最优决策为

$$x_4=\begin{cases}1(\text{采购}), & \text{若 } y_4=500 \text{ 或 } 600;\\ 0(\text{等待}), & \text{若 } y_4=700.\end{cases}$$

同理求得

$$f_3(y_3)=\min_{y_3\in s_3}\{y_3,y_{3E}\}=\min_{y_3\in s_3}\{y_3,574\}$$

$$=\begin{cases}500; & \text{若 } y_3=500;\\ 574; & \text{若 } y_3=600 \text{ 或 } 700.\end{cases}$$

故
$$x_3=\begin{cases}1, & 若\ y_3=500;\\0, & 若\ y_3=600\ 或\ 700.\end{cases}$$

$$f_2(y_2)=\min_{y_2\in s_2}\{y_2,y_{2E}\}=\min_{y_2\in s_2}\{y_2,551.8\}$$
$$=\begin{cases}500, & 若\ y_2=500;\\551.8, & 若\ y_2=600\ 或\ 700;\end{cases}$$

故
$$x_2=\begin{cases}1, & 若\ y_2=500;\\0, & 若\ y_2=600\ 或\ 700.\end{cases}$$

$$f_1(y_1)=\min_{y_1\in s_1}\{y_1,y_{1E}\}=\min\{y_1,536.26\}$$
$$=\begin{cases}500, & 若\ y_1=500;\\536.26, & 若\ y_1=600\ 或\ 700.\end{cases}$$

故
$$x_1=\begin{cases}1, & 若\ y_1=500;\\0, & 若\ y_1=600\ 或\ 700.\end{cases}$$

由上可知，最优采购策略为：在第一、二、三周时，若价格为500就采购，否则应该等待；在第四周时，价格为500或600应采购，否则就等待；在第五周时，无论什么价格都要采购.

依照上述最优策略进行采购时，价格（单价）的数学期望值为

$$\begin{aligned}&500\times0.3[1+0.7+0.7^2+0.7^3+0.7^3\times0.4]\\&\quad+600\times0.3[0.7^3+0.4\times0.7^3]+700\times0.4^2\times0.7^3\\&=500\times0.80106+600\times0.14406+700\times0.05488\\&=525.382\approx525,\end{aligned}$$

且
$$0.80106+0.14406+0.05488=1.$$

3. 复合系统工作可靠性问题

若某种机器的工作系统由 n 个部件串联组成，只要有一个部件失灵，整个系统就不能工作. 为提高系统工作的可靠性，在每一个部件上均装有主要元件的备用件，并且设计了备用元件自动投入装置. 显然，备用元件越多，整个系统正常工作的可靠性越大，但备用元件多了，整个系统的成本、重量、体积均相应加大，工作精度也降低，因此，最优化问题是在考虑上述限制条件下，应如何选择各部件的备用元件数，使整个系统的工作可靠性最大.

设部件 $i(i=1,2,\cdots,n)$ 上装有 u_i 个备用件时，它正常工作的概率为 $p_i(u_i)$，因此，整个系统正常工作的可靠性，可用它正常工作的概率衡量. 即

$$P=\prod_{i=1}^{n}p_i(u_i).$$

设装一个部件 i 备用元件费用为 c_i，重量为 w_i，要求总费用不超过 c，总重量不

超过 w,则这个问题有两个约束条件,它的静态规划模型为

$$\max P = \prod_{i=1}^{n} p_i(u_i);$$

$$\text{s. t.}\begin{cases}\sum_{i=1}^{n} c_i u_i \leqslant c; \\ \sum_{i=1}^{n} w_i u_i \leqslant w; \\ u_i \geqslant 0 \text{ 且为整数}, \quad i = 1,2,\cdots,n.\end{cases}$$

这是一个非线性整数规划问题,因 u_i 要求为整数,且目标函数是非线性的,非线性整数规划是个较为复杂的问题,但是用动态规划方法来解还是比较容易的.

为了构造动态规划模型,根据有两个约束条件,就选二维状态变量,采用两个状态变量符号 x_k, y_k 来表达,其中

x_k——由第 k 个到第 n 个部件所容许使用的总费用.

y_k——由第 k 个到第 n 个部件所容许具有的总重量.

决策变量 u_k 为部件 k 上装的备用元件数,这里决策变量是一维的.

这样,状态转移方程为

$$x_{k+1} = x_k - u_k c_k,$$
$$y_{k+1} = y_k - u_k w_k \quad (1 \leqslant k \leqslant n).$$

允许决策集合为

$$D_k(x_k, y_k) = \{u_k : 0 \leqslant u_k \leqslant \min([x_k/c_k],[y_k/w_k])\}.$$

最优值函数 $f_k(x_k, y_k)$为由状态 x_k 和 y_k 出发,从部件 k 到部件 n 的系统的最大可靠性.

因此,整机可靠性的动态规划基本方程为

$$\begin{cases} f_k(x_k, y_k) = \max\limits_{u_k \in D_k(x_k, y_k)} [p_k(u_k) f_{k+1}(x_k - c_k u_k, y_k - w_k u_k)]; \\ f_{n+1}(x_{n+1}, y_{n+1}) = 1 \qquad k = n, n-1, \cdots, 1. \end{cases}$$

边界条件为 1,这是因为 x_{n+1}、y_{n+1} 均为零,装置根本不工作,故可靠性当然为 1,最后计算得$f_1(c, w)$即为所求问题的最大可靠性.

这个问题的特点是指标函数为连乘积形式,而不是连加形式,但仍满足可分离性和递推关系;边界条件为 1 而不是零. 它们是由研究对象的特性所决定的,另外,这里可靠性 $p_i(u_i)$是 u_i 的严格单调上升函数,而且 $p_i(u_i) \leqslant 1$.

在这个问题中,如果静态模型的约束条件增加为三个,例如要求总体积不许超过 v,则状态变量就要选为三维的(x_k, y_k, z_k). 它说明静态规划问题的约束条件增加时,对应的动态规划的状态变量维数也需要增加,而决策变量维数可以不变.

例 8.4.6 某厂设计一种电子设备,由三种元件 D_1、D_2、D_3 组成. 已知这三种元件的价格和可靠性如表 8.21 所示,要求在设计中所使用元件的费用不超过 105 元,

试问应如何设计使设备的可靠性达到最大(不考虑重量的限制).

表 8.21

元　件	单价/元	可靠性
D_1	30	0.9
D_2	15	0.8
D_3	20	0.5

解　按元件种类划分为三个阶段,设状态变量 s_k 表示能容许用在 D_k 元件至 D_3 元件的总费用;决策变量 x_k 表示在 D_k 元件上的并联个数;p_k 表示一个 D_k 元件正常工作的概率,则 $(1-p_k)^{x_k}$ 为 x_k 个 D_k 元件不正常工作的概率.令最优值函数 $f_k(s_k)$ 表示由状态 s_k 开始从 D_k 元件至 D_3 元件组成的系统的最大可靠性,因而有

$$f_3(s_3) = \max_{1\leqslant x_2\leqslant[s_3/20]} [1-(0.5)^{x_3}];$$

$$f_2(s_2) = \max_{1\leqslant x_2\leqslant[s_2/15]} \{[1-(0.2)^{x_2}]f_3(s_2-15x_2)\};$$

$$f_1(s_1) = \max_{1\leqslant x_1\leqslant[s_1/30]} \{[1-(0.1)^{x_1}]f_2(s_1-30x_1)\}.$$

由于 $s_1=105$,故此问题为求出 $f_1(105)$ 即可.

而
$$f_1(105) = \max_{1\leqslant x_1\leqslant 3}\{[1-(0.1)^{x_1}]f_2(105-30x_1)\}$$
$$=\max\{0.9f_2(75), 0.99f_2(45), 0.999f_2(15)\}.$$

但
$$f_2(75) = \max_{1\leqslant x_2\leqslant 4}\{[1-(0.2)^{x_2}]f_3(75-15x_1)\}$$
$$=\max\{0.8f_3(60), 0.96f_3(45), 0.992f_3(30), 0.9984f_3(15)\}.$$

可是
$$f_3(60) = \max_{1\leqslant x_2\leqslant 3}[1-(0.5)^{x_3}] = \max\{0.5, 0.75, 0.875\} = 0.875;$$
$$f_3(45) = \max\{0.5, 0.75\} = 0.75;$$
$$f_3(30) = 0.5;$$
$$f_3(15) = 0,$$

所以
$$f_2(75) = \max\{0.8\times0.875, 0.96\times0.75, 0.992\times0.5, 0.9984\times0\}$$
$$=\max\{0.7, 0.72, 0.496\} = 0.72.$$

同理
$$f_2(45) = \max\{0.8f_3(30), 0.96f_3(15)\}$$
$$=\max\{0.4, 0\} = 0.4;$$
$$f_2(15) = 0,$$

故
$$f_1(105) = \max\{0.9\times0.72, 0.99\times0.4, 0.999\times0\}$$
$$=\max\{0.648, 0.396\} = 0.648.$$

从而求得 $x_1=1, x_2=2, x_3=2$ 为最优方案,即 D_1 元件用 1 个,D_2 元件用 2 个,D_3 元件用 2 个,其总费用为 100 元,可靠性为 0.648.

4. 排序问题

一批机器零件在若干台机器上加工,按照工艺技术上的要求进行.怎样合理地安排零件的加工顺序,使得完成加工任务所用总的加工时间最短,这就是所谓排序问题.排序问题不只是在零件加工方面有,在机器维修、计划安排等方面都存在着.排序问题种类繁多,有一台机器多个零件的排序问题,有多台机器多个零件的排序问题,多台里又分为同顺序和不同顺序两种.本节主要介绍同顺序两台机器 n 个零件(简写为 $2 \times n$)的排序问题.

设有 n 个零件需要在机床 A、B 上加工,每个零件都必须经过先 A 后 B 的两道加工工序,以 a_i、b_i 分别表示零件 $i(1 \leqslant i \leqslant n)$ 在 A、B 上的加工时间.问应如何在两机床上安排各零件加工的顺序,使得在机床 A 上加工第一个零件开始到在机床 B 上将最后一个零件加工完为止,所用的加工总时间最少?

先对问题分析一下:加工零件在机床 A 和 B 上都有加工顺序问题,其零件的加工顺序可以是不同的,当机床 B 上的加工顺序与机床 A 不同时,这意味着在机床 A 上加工完毕的某些零件,不能在机床 B 上立即加工,而是要等到另一个或一些零件加工完毕之后才能加工.这样,使机床 B 的等待加工时间增多,从而使总的加工时间加长了,所以,最优加工顺序只能在机床 A、B 上加工顺序相同的排序中才能找到(此结论可以证明).即使在相同的加工顺序情形,所有可能的方案仍有 $n!$ 个,这是一个不小的数,用穷举法是不现实的,下面用动态规划方法来研究同顺序两台机床加工 n 个零件的排序问题.

在加工顺序取定之后,零件在 A 上加工时设有等待时间,而在 B 上则可能出现等待,因此,寻求最优排序方案只有尽量减少在 B 上等待加工的时间,才能使总加工时间最短.设第 i 个零件在机床 A 上加工完毕以后,在 B 上要经过若干时间才能加工完,故对同一个零件来说,在 A、B 上总是出现加工完毕的时间差,我们以它来描述加工状态.

设在机床 A 上更换零件的时刻作为阶段;以 X 表示等待在机床 A 上加工零件的有序集合;以 x 表示不属于 X 的在机床 A 上最后加工完毕的零件;以 t 表示在 A 上加工完 x 的时刻算起到在 B 上加工完 x 所需的时间.这样,在 A 上加工完一个零件之后,就有 (X,t) 与之对应.

令 (X,t) 表示机床 A 和 B 在加工过程中的状态变量.

$f(X,t)$ 表示由状态 (X,t) 出发,对尚未加工的零件按最优加工顺序进行加工,把 X 中全部零件加工完所需要的时间.

$f(X,t,i)$ 表示由状态 (X,t) 出发,在 A 上加工零件 i,然后按最优加工顺序进行加工,把 $X \setminus \{i\}$ 中零件全部加工完所需要的时间.

$f(X,t,i,j)$ 表示由状态 (X,t) 出发,在 A 上相继加工零件 i 与 j 后,然后再按最优加工顺序进行加工,把 $X \setminus \{i,j\}$ 中零件全部加工完所需要的时间.

其中,$X \setminus \{i\}$ 表示从 X 中去掉零件 i 的零件集合,$X \setminus \{i,j\}$ 的意义相仿.

因而,有

$$f(X,t,i)=\begin{cases} a_i+f(X\backslash\{i\},t-a_i+b_i), & \text{当 } t\geqslant a_i \text{ 时};\\ a_i+f(X\backslash\{i\},b_i), & \text{当 } t\leqslant a_i \text{ 时}, \end{cases}$$

式中，状态 t 的转换关系参看示意图 8.5.

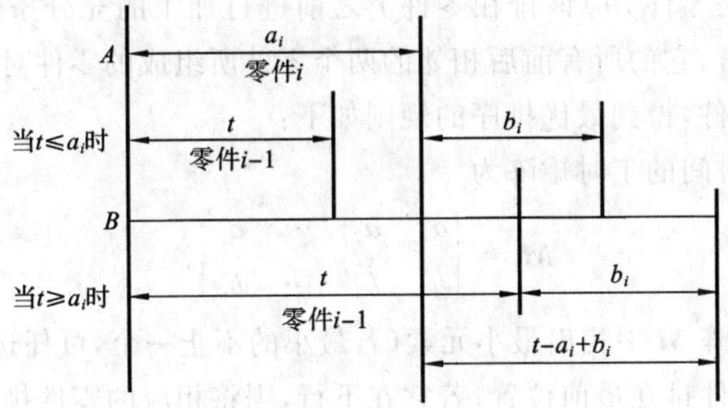

图 8.5

若记

$$z_i(t)=\max(t-a_i,0)+b_i,$$

则上式可以写成

$$f(X,t,i)=a_i+f[X\backslash\{i\},z_i(t)].$$

同理有

$$f(X,t,i,j)=a_i+a_j+f[X\backslash\{i,j\},z_{ij}(t)],$$

其中 $z_{ij}(t)$ 是在机床 A 上从 X 出发相继加工 i 和 j，并从 A 将零件 j 加工完的时刻算起，直至在机床 B 上继续加工完零件 i 和 j 所需要的时间，故 $(X\backslash\{i,j\},z_{ij}(t))$ 表示在机床 A 上加工 i 和 j 之后，由状态 (X,t) 转移到新的状态.

仿照 $z_i(t)$ 的定义，以 $X\backslash\{i,j\}$ 代替 $X\backslash\{i\}$，$z_i(t)$ 代替 t，a_j 代替 a_i，b_j 代替 b_i，则可得

$$z_{ij}(t)=\max[z_i(t)-a_j,0]+b_j,$$

故

$$\begin{aligned} z_{ij}(t)&=\max[\max(t-a_i,0)+b_i-a_j,0]+b_j\\ &=\max[\max(t-a_i-a_j+b_i,b_i-a_j),0]+b_j\\ &=\max[(t-a_i-a_j+b_i+b_j,b_i+b_j-a_j,b_j]. \end{aligned}$$

由 i、j 的对称性，可得

$$f(X,t,j,i)=a_j+a_i+f[X\backslash\{j,i\},z_{ji}(t)],$$

$$z_{ji}(t)=\max[t-a_i-a_j+b_i+b_j,b_i+b_j-a_i,b_i].$$

注意到 $f(X,t)$ 是 t 的单调增函数，故当 $z_{ij}(t)\leqslant z_{ji}(t)$ 时，就有

$$f(X,t,i,j)\leqslant f(X,t,j,i).$$

而由 $z_{ij}(t)$ 和 $z_{ji}(t)$ 的表示式可知，$z_{ij}(t)\leqslant z_{ji}(t)$ 就等价于

$$\max(b_i+b_j-a_j,b_j)\leqslant\max(b_i+b_j-a_i,b_i).$$

上式两边同减去 b_i 与 b_j,得

$$\max(-a_j,-b_i)\leqslant\max(-a_i,-b_j),$$

即有

$$\min(a_i,b_j)\leqslant\min(a_j,b_i).$$

这个条件就是零件 i 应该排在零件 j 之前进行加工的充分条件,即对于从头到尾的最优排序而言,它的所有前后相邻的两个零件所组成的零件对,都必须满足这个条件. 根据这个条件,得到最优排序的规则如下:

设零件加工时间的工时矩阵为

$$\boldsymbol{M}=\begin{bmatrix}a_1 & a_2 & \cdots & a_n\\ b_1 & b_2 & \cdots & b_n\end{bmatrix}.$$

(1)在工时矩阵 $\boldsymbol{M}$ 中找出最小元素(若最小的不止一个,可任选其一);若它在上行,则将相应的零件排在最前位置;若它在下行,则将相应的零件排在最后位置.

(2)将排定位置的零件所对应的列从 $\boldsymbol{M}$ 中划掉,然后对余下的零件重复按(1)进行,但那时的最前位置(或最后位置)是在已排定位置的零件之后(或之前). 如此继续下去,直至把所有零件都排完为止.

表 8.22

加工时间 机床 零件号码	A	B
1	3	6
2	7	2
3	4	7
4	5	3
5	7	4

这个关于 $2\times n$ 排序问题,寻求最优排序的规则简单易行,它是 Johnson 在 1954 年提出的,其基本思路是:尽量减少在机床 B 上等待加工的时间. 因此,把在机床 B 上加工时间长的零件先加工,在 B 上加工时间短的零件后加工.

例 8.4.7 设有 5 个零件需在机床 A 和 B 上加工,加工的顺序是先 A 后 B,每个零件在各机床上所需加工时间(单位:小时)如表 8.22 所示. 问如何安排加工顺序,使机床连续加工完所有零件的加工总时间最少? 并求出总加工时间.

解 零件的加工的工时矩阵为

$$\boldsymbol{M}=\begin{vmatrix}3 & 7 & 4 & 5 & 7\\ 6 & 2 & 7 & 3 & 4\end{vmatrix}.$$

根据最优排序规则,故最优加工顺序为

$$1\rightarrow 3\rightarrow 5\rightarrow 4\rightarrow 2.$$

总加工时间为 28 小时.

习 题 8

8.1 求图 8.6～图 8.8 各网络中从起点(左端点)到终点(右端点)的最短路线及其长度:

(1)

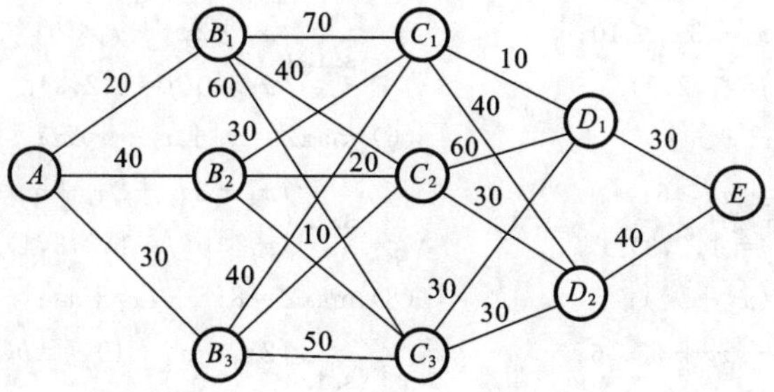

图 8.6

(2)

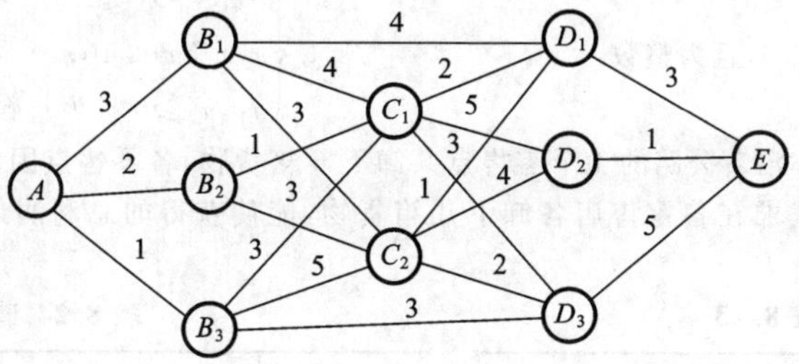

图 8.7

(3)

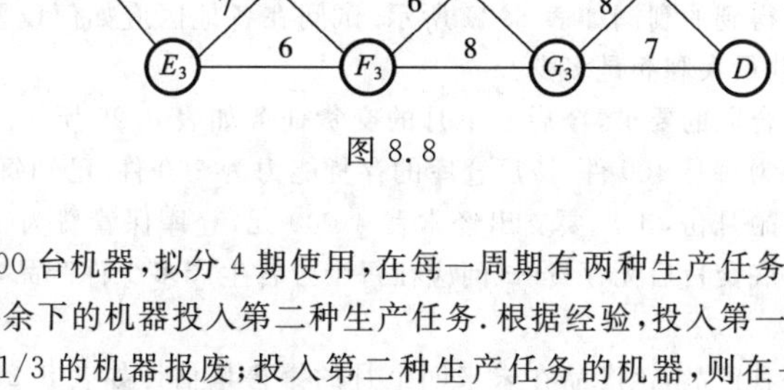

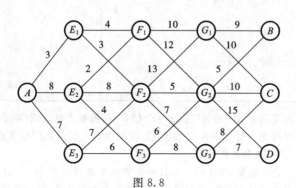

图 8.8

8.2　某工厂有 100 台机器，拟分 4 期使用，在每一周期有两种生产任务，若将 x_1 台机器投入第一种生产任务，则将余下的机器投入第二种生产任务. 根据经验，投入第一种生产任务的机器在一个生产周期中将有 1/3 的机器报废；投入第二种生产任务的机器，则在一个生产周期中将有 1/10的机器报废. 如果在一个生产周期中，第一种生产任务每台机器可收益 10 元，第二种生产任务每台机器可收益 7 元. 问怎样分配机器数，使总收益最大？其最大收益是多少？

8.3　用动态规划方法求解下列各题：

(1) $\max Z=5x_1-x_1^2+9x_2-2x_2^2$；

$$\text{s.t.}\begin{cases}x_1+x_2\leqslant 5;\\ x_1,x_2\geqslant 0.\end{cases}$$

(2) $\max Z=4x_1+9x_2+2x_3^2$；

$$\text{s.t.}\begin{cases}x_1+x_2+x_3=10;\\ x_j\geqslant 0(j=1,2,3).\end{cases}$$

(3) $\max Z=4x_1+9x_2+2x_3^2$;

$$\text{s.t.}\begin{cases}2x_1+4x_2+3x_3\leqslant 10;\\ x_j\geqslant 0(j=1,2,3).\end{cases}$$

(4) $\max Z=x_1x^2x_3$;

$$\text{s.t.}\begin{cases}x_1+2x_2+x_3\leqslant 9;\\ x_j\geqslant 0(j=1,2,3).\end{cases}$$

(5) $\min Z=x_1^3+x_2^2+x_3$;

$$\text{s.t.}\begin{cases}x_1+x_2+x_3\geqslant 6;\\ x_j\geqslant 0(j=1,2,3).\end{cases}$$

(6) $\max Z=x_1+x_2+x_3x_4$;

$$\text{s.t.}\begin{cases}x_1+2x_2+2x_3+x_4\leqslant 5;\\ x_j\geqslant 0(j=1,2,3,4).\end{cases}$$

(7) $\max Z=x_1x_2(x_3^2+x_4^3)$;

$$\text{s.t.}\begin{cases}x_1+x_2+x_2+x_4\leqslant 6;\\ x_j\geqslant 0(j=1,2,3,4).\end{cases}$$

(8) $\max Z=8x_1^2+4x_2^2+x_3^3$;

$$\text{s.t.}\begin{cases}2x_1+x_2+10x_2=b(b>0);\\ x_j\geqslant 0(j=1,2,3).\end{cases}$$

(9) $\max Z=3x_1(2-x_1)+2x_2(2-x_2)$;

$$\text{s.t.}\begin{cases}x_1+x_2\leqslant 3;\\ x_1,x_2\geqslant 0,\text{且为整数}.\end{cases}$$

(10) $\max Z=2x_1+3x_2$;

$$\text{s.t.}\begin{cases}3x_1+4x_2\leqslant 12;\\ x_1+5x_2\leqslant 10;\\ x_1,x_2\geqslant 0\text{ 且为整数}.\end{cases}$$

8.4 有一部货车沿着公路的4个零售点共卸下6箱货物,各零售点因出售该货物所得的利润如表8.23所示.试求在各零售店各卸下几箱货物,能使获得的总利润最大?其最大利润是多少?

表 8.23

箱数＼零售点	1	2	3	4
0	0	0	0	0
1	4	2	3	4
2	6	4	5	5
3	7	6	7	6
4	7	8	8	6
5	7	9	8	6
6	7	10	8	6

表 8.24

地区＼销售点	0	1	2	3	4
1	0	16	25	30	32
2	0	12	17	21	22
3	0	10	14	16	17

8.5 某公司打算在三个不同的地区设置4个销售点,根据市场预测,在不同的地区设置不同数量的销售点,每月可得到的利润如表8.24所示.试问在各地区应如何设置销售点,才能使每月获得的总利润最大?其最大利润是多少?

8.6 某工厂根据合同的要求,今后6个月的交货任务如表8.25所示.表中数字为月底的交货量,该厂的生产能力为每月400件,该厂仓库的存货能力为300件.已知每百件货物的生产费为10 000元,在进行生产的月份,工厂要支出经常费4 000元,仓库保管费为每百件货物每月1 000元,假定开始时及6月底交货后无存货.试问应在每个月各生产多少件产品,才能既满足交货任务又使总费用最少?

8.7 某厂生产一种产品,该产品在未来四个月的销售量估计如表8.26所示.该项产品的生产准备费用为每批500元,每件的生产费用为1元,每件的存贮费用为每月1元.假定1月初的存货为100件,5月初的存货为0.试求该厂在这4个月内的最优生产计划.

表 8.25

月　份	1	2	3	4	5	6
需求/百件	1	2	5	3	2	1

表 8.26

月　份	1	2	3	4
销售量/百件	4	5	3	2

8.8 某厂生产三种产品，各种产品重量与利润的关系如表 8.27 所示，现将此三种产品运往市场出售，运输能力总重量不超过 6 吨，问如何安排运输，使总利润最大？

表 8.27

种 类	1	2	3
重量/(吨/件)	2	3	4
单件利润/元	80	130	180

表 8.28

物 品	A	B	C	D	E
单件重量/kg	7	5	4	3	1
单件价值/元	9	4	3	2	0.5

8.9 某人外出旅游，需将 5 件物品装入包裹，使包裹重量有限制，总重量不超过 13kg. 物品的单件重量及价值如表 8.28 所示，试问如何装这些物品，使总价值最大？

8.10 某公司需要采购一批原料，为了不影响生产，这批原料必须在五周内采购到. 但是，估计在未来 5 周内，这种原料的价格可能随机浮动，其浮动价格及概率已测得如表 8.29所示，试制订一个最优采购策略，使采购价格的期望值最小.

表 8.29

单 价	500	600	700
概率	0.3	0.3	0.4

8.11 某厂在一年进行了 A、B、C 三种新产品试制，估计在年内这三种新产品研制不成功的概率分别为0.40，0.60，0.80. 厂方为了促进这三种新产品的研制，决定拨 2 万元补加研制费，假定这些补加研制费（以万元为单位）分配给不同新产品研制时，估计不成功的概率分别如表 8.30 所示.

试问应如何分配这些补加研制费，使这三种新产品都没有研制成功的概率最小.

表 8.30

新产品 / 研制费	不成功概率		
	A	B	C
0	0.40	0.60	0.80
1	0.20	0.40	0.50
2	0.15	0.20	0.30

表 8.31

工 件	1	2	3	4	5
车床	1.5	2.0	1.0	1.25	0.75
钻床	0.5	0.25	1.75	2.5	1.25

8.12 有 5 个工件，先要在车床上车削，然后在钻床上钻孔. 已知各个工件在车床、钻床上的加工时间如表 8.31 所示，试问如何安排各工件的加工顺序，使机床加工完所有工件的加工总时间最省.

8.13 设某商店一年分上、下半年两次进货，上、下半年的需求情况是相同的，需求量 y 服从均匀分布，其概率密度为

$$f(y)=\begin{cases}\dfrac{1}{10}, & 20\leqslant y\leqslant 30;\\ 0, & \text{其他}.\end{cases}$$

其进货价格及销售价格在上、下半年中是不同的，分别为 $q_1=3$，$q_2=2$；$p_1=5$，$p_1=4$. 年底若有剩货时，以单价 $p_3=1$ 处理出售，可以清理完剩货. 设年初存货为 0，不考虑存储费及其他开支，问两次各进货多少，才能使期望利润最大？用动态规划方法求解.

8.14 设某台机床每天可用工时为 s 小时，生产产品 A 或 B 一件都需 1 小时，其成本分别为 4 元和 3 元，已知各种产品的单位售价与该品的产量具有如下线性关系：

产品 A: $p_1=12-x_1$;

产品 B: $p_2=13-2x_2$,

其中 x_1,x_2 分别为产品 A,B 的产量,问如果要求机床每天必须工作 s 小时,产量 A 和 B 各应生产多少,才能使总的利润最大?

8.15 为保证某一设备的正常运转,需备有三种不同的零件 E_1,E_2,E_3.若增加备用零件的数量,可提高设备正常运转的可靠性,但增加了费用,而投资额仅为 8000 元.已知备用零件数与它的可靠性和费用的关系如表 8.32 所示.

表 8.32

备件数	增加的可靠性			设备的费用/千元		
	E_1	E_2	E_3	E_1	E_2	E_3
$Z=1$	0.3	0.2	0.1	1	3	2
$Z=2$	0.4	0.5	0.2	2	5	3
$Z=3$	0.5	0.9	0.7	3	6	4

现要求在既不超出投资额的限制,又能尽量提高设备运转的可靠性的条件下,问各种零件的备件数量应是多少为好?

第 9 章　图与网络分析

图与网络分析(graph theory and network analysis),是运筹学领域中发展迅速、而且十分活跃的一个分支,由于它对实际问题的描述具有直观性,故广泛应用于物理学、化学、信息论、控制论、计算机科学、社会科学以及现代经济管理科学等许多科学领域.

图与网络分析的内容十分丰富,本章只介绍图与网络的基本概念以及图论在路径问题、网络流问题等领域中的应用,重点讲明方法的物理概念、基本原理及计算步骤.

9.1　图与网络的基本概念

图的理论研究已有 200 多年的历史了,早期图论与“数学游戏”有着密切关系.所谓“哥尼斯堡七桥”问题就是其中之一.

200 多年前的东普鲁士有一座哥尼斯堡城(现属俄罗斯加里宁格勒),城中有一条河叫普雷格尔河,河中有两个岛屿共建七座桥,如图 9.1 所示.平时城中居民大都喜欢来这里散步,并提出这样一个问题:一个散步者能否经过每座桥恰恰一次再回到原出发点.

当时有许多人都探讨了这个问题,但不得其解.著名数学家欧拉(Euler)将这个问题简化为一个如图 9.2 所示图形,图中 4 个点 A、B、C、D 表示两岸和小岛,两两点间连线表示桥,于是问题转化为**一笔画问题**,即能否从某一点开始一笔画出这个图形,不许重复,最后回到原出发点.欧拉否定了这种可能性.原因是图中与每一个点相关联的线都是奇数条,为此他写下了被公认为世界第一篇有关图论方面的论文(1736 年).

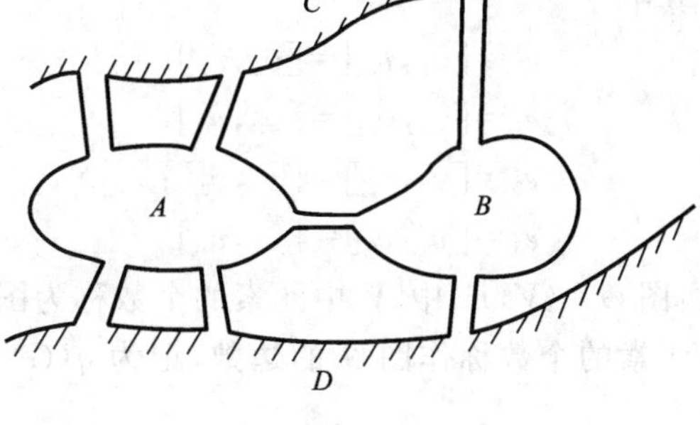

图 9.1

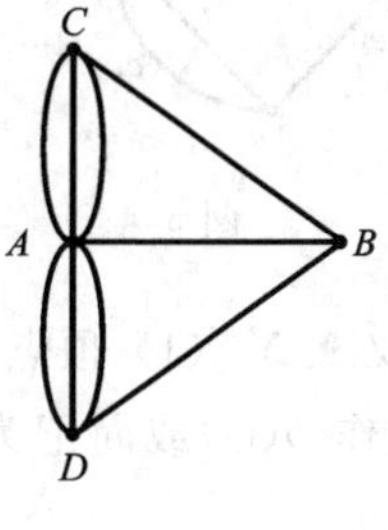

图 9.2

1859年哈密尔顿提出了另一种游戏:在一个实心的12面体(见图9.3)的20个顶点上标以世界上著名的城市名称,要求游戏者从某一城市出发,遍历各城市恰恰一次而返回原地,这就是所谓"绕行世界问题".作出图9.4,此问题变成在图9.4中,从某一点出发寻找一条路径,过所有20个点仅仅一次,再回到出发点,解决这个问题可以按序号1—2—3—4—…—20—1所形成的一个闭合路径,并称此路径为**哈密尔顿圈**.具有哈密尔顿圈的图称为**哈密尔顿图**.虽然这个绕行世界问题解决了,但是由此引出的"对于给定的一个连通图(定义见后),它是哈密尔顿图的充要条件是什么?"至今尚无定论,这是图论中一个著名的尚未解决的问题.

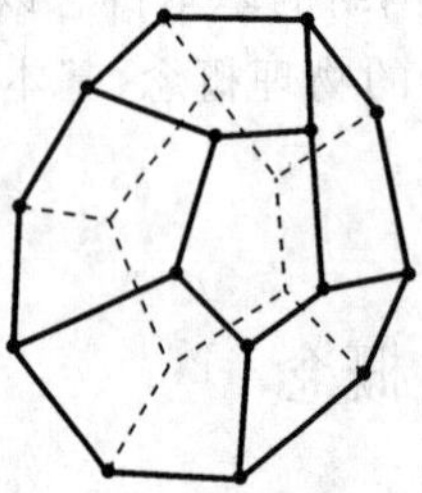

图9.3

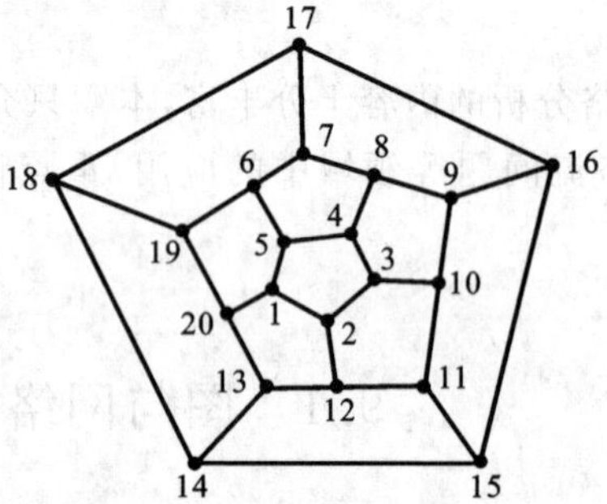

图9.4

由此可见,图论中所研究的图是由实际问题抽象出来的逻辑关系图,这种图与几何中的图形和函数论中所研究的图形是不相同的.这种图的画法具有一定的随意性,在保持相对位置和相互关系不变的前提下,点的位置不一定要按实际要求画,线的长度也不一定表示实际的长度,而且画成直线或曲线都可以.通俗地说,这种图是一种关系示意图.

定义9.1 图是由表示具体事物的点(**顶点**)的集合$V=\{v_1,v_2,\cdots,v_n\}$和表示事物之间关系边的集合$E=\{e_1,e_2,\cdots,e_m\}$所组成,且E中元素e_i是由V中的无序元素对$[v_i,v_j]$表示,即$e_i=[v_i,v_j]$,记为$G=(V,E)$,并称这类图为**无向图**.

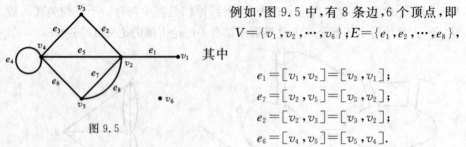

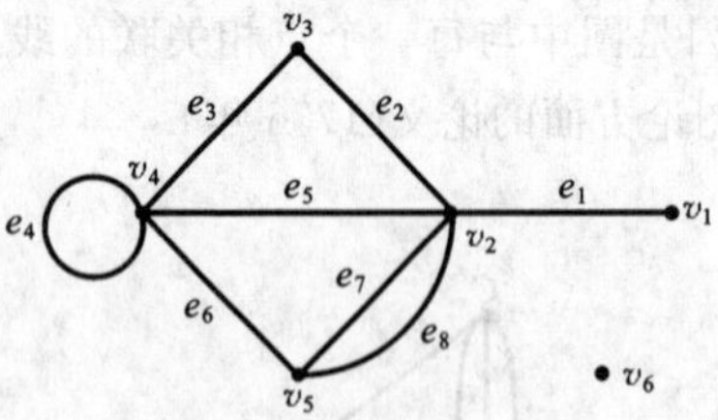

图9.5

例如,图9.5中,有8条边,6个顶点,即

$$V=\{v_1,v_2,\cdots,v_6\};E=\{e_1,e_2,\cdots,e_8\},$$

其中

$$e_1=[v_1,v_2]=[v_2,v_1];$$
$$e_7=[v_2,v_5]=[v_5,v_2];$$
$$e_2=[v_2,v_3]=[v_3,v_2];$$
$$e_6=[v_4,v_5]=[v_5,v_4].$$

定义9.2 (1)顶点数和边数:图$G=(V,E)$中,V中元素的个数称为图G的**顶点数**,记作$p(G)$或简记为p;E中元素的个数称作图G的**边数**,记为$q(G)$,或简记为q.

(2)端点和关联边:若$e_i=[v_i,v_j]\in E$,则称点v_i,v_j是边e_i的**端点**,边e_i是点v_i

和 v_j 的**关联边**.

(3) 相邻点和相邻边:同一条边的两个端点称为**相邻点**,简称**邻点**;有公共端点的两条边称为**相邻边**,简称**邻边**.

(4) 多重边与环:具有相同端点的边称为**多重边**或平行边;两个端点落在一个顶点的边称为**环**.

(5) 多重图和简单图:含有多重边的图称为**多重图**;无环也无多重边的图称为**简单图**.

(6) 次:以 v_i 为端点的边的条数称为点 v_i 的**次**,记作 $d(v_i)$.

(7) 悬挂点和悬挂边:次为1的点称为**悬挂点**;与悬挂点相连的边称为**悬挂边**.

(8) 孤立点:次为零的点称为**孤立点**.

(9) 奇点与偶点:次为奇数的点称为**奇点**;次为偶数的点称为**偶点**.

例如,图9.5中,$p(G)=6$,$q(G)=8$;$e_3=[v_4,v_3]$,v_4 与 v_3 是 e_3 的端点,e_3 是 v_4 和 v_3 的关联边;v_2 与 v_5 是邻点,e_3 与 e_2 是邻边;e_7 与 e_8 是多重边,e_4 是一个环;图9.5是一个多重图;v_1 是悬挂点,e_1 是悬挂边;v_6 是孤立点;v_2 是奇点,v_3 为偶点.

定理9.1 图 $G=(V,E)$ 中,所有点的次之和是边数的两倍,即

$$\sum_{v_i \in V} d(v_i) = 2q$$

定理9.1是显然的,因为在计算各点的次时,每条边都计算了两次,于是图 G 中全部顶点的次之和就是边数的2倍.

定理9.2 任一图 $G=(V,E)$ 中,奇点的个数为偶数.

证 设 V_1,V_2 分别是 G 中奇点和偶点的集合,由定理9.1可知

$$\sum_{v_i \in V_1} d(v_i) + \sum_{v_i \in V_2} d(v_i) = \sum_{v_i \in V} d(v_i) = 2q \tag{9.1}$$

因为 $\sum\limits_{v_i \in V} d(v_i)$ 是偶数,而 $\sum\limits_{v_i \in V_2} d(v_i)$ 也是偶数,故 $\sum\limits_{v_i \in V_1} d(v_i)$ 必也是偶数,由于偶数个奇数才能导致偶数,所以有奇点的个数必须为偶数.

定义9.3 (1) 链在一个图 $G=(V,E)$ 中,一个由点与边构成的交错序列(v_{i1},e_{i1},v_{i2},e_{i2},…,v_{ik-1},e_{ik-1},v_{ik}),如果满足 $e_{it}=[e_{it},e_{it+1}]$($t=1,2,\cdots,k-1$),则称此序列为一条联结 v_{i1},v_{ik} 的**链**,记为 $\mu=(v_{i1},v_{i2},\cdots,v_{ik})$,称点 v_{i2},v_{i3},…,v_{ik-1} 为链的**中间点**.

(2) 闭链与开链:若链 μ 中 $v_{i1}=v_{ik}$ 即始点与终点重合,则称此链为**闭链(圈)**;否则,称之为**开链**.

(3) 简单链与初等链:若链 μ 中,所含的边均不相同,则称之为**简单链**;若链 μ 中,顶点 v_{i1},v_{i2},…,v_{ik} 都不相同,则称此链为**初等链**.除非特别交代,以后我们讨论的均指初等链.

例如,图9.5中,$\mu_1=(v_2,e_2,v_3,e_3,v_4,e_6,v_5)$是一条链,由于链 μ_1 里所含的边和点均不相同,故是一条初等链;而 $\mu_2=(v_1,e_1,v_2,e_2,v_3,e_3,v_4,e_5,v_2,e_1,v_1)$是一条

闭链.

定义 9.4 (1) 回路:一条闭的链称为**回路**.

(2) 通路:一条开的初等链称为**通路**.

(3) 简单回路和初等回路;若回路中的边都互不相同,则称为**简单回路**;若回路中的边和顶点都互不相同,则称为**初等回路或圈**.

定义 9.5 一个图 G 的任意两个顶点之间,如果至少有一条通路将它们连接起来,则这个图 G 就称为**连通图**,否则称为**不连通图**.

例如,图 9.5 中,v_1 与 v_6 没有一条通路把它们连接起来,故此图是不连通图.本章以后讨论的图,除特别声明外,都是指连通图.

定义 9.6 (1)子图:设 $G_1=\{V_1,E_1\}$,$G_2=\{V_2,E_2\}$,如果 $V_1\subseteq V_2$,又 $E_1\subseteq E_2$,则称 G_1 为 G_2 的**子图**.

(2)真子图:若 $V_1\subset V_2$,$E_1\subset E_2$ 即 G_1 中不包含 G_2 中所有的顶点和边,则称 G_1 是 G_2 的**真子图**.

(3)部分图:若 $V_1=V_2$,$E_1\subset E_2$,即 G_1 中不包含 G_2 中所有的边,则称 G_1 是 G_2 的一个**部分图**.

(4)支撑子图:若 G_1 是 G_2 的部分图,且 G_1 是连通图,则称 G_1 是 G_2 的**支撑子图**.

(5)生成子图:若 G_1 是 G_2 的真子图,且 G_1 是不连通图,则称 G_1 是 G_2 的**生成子图**.

例如,图 9.6 中,(b)是(a)的真子图,(c)是(a)的部分图,(d)是(a)的支撑子图,(e)是(a)的生成子图.

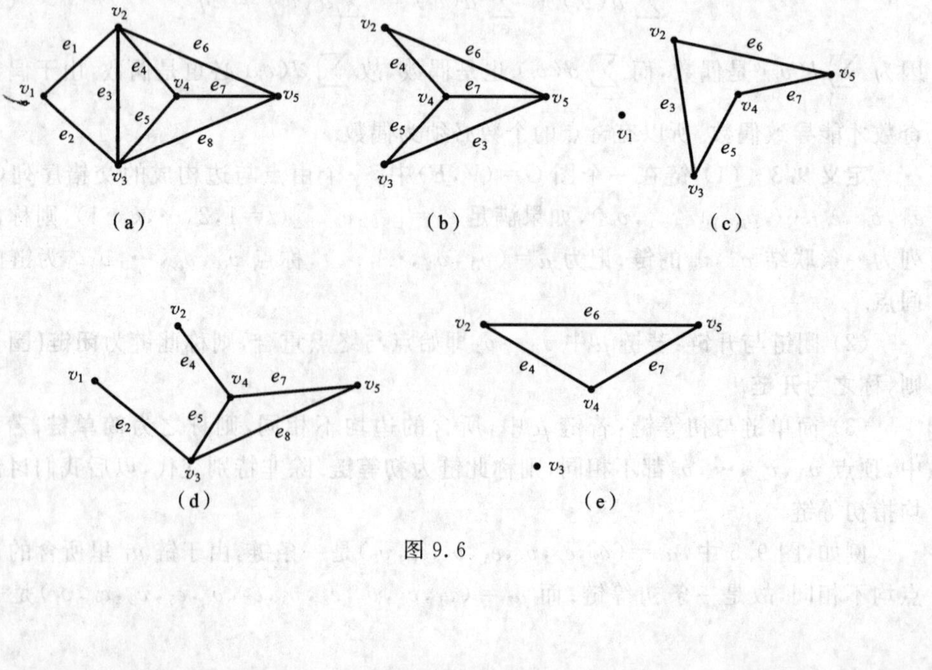

图 9.6

定义 9.7　设 $G=(V,E)$ 中，对于任意一条边 $e\in E$，如果相应都有一个权值 $w(e)$，则称 G 为**赋权图**，$w(e)$ 称为边 e 的**权**.

图 9.7 是一个赋权图.

$$e_1=[v_1,v_2],w(e_1)=1;e_2=[v_1,v_3],w(e_2)=4;e_3=[v_2,v_3],w(e_3)=2;$$

$$e_4=[v_2,v_4],w(e_4)=3;e_5=[v_3,v_4],w(e_5)=1;e_6=[v_2,v_5],w(e_6)=5;$$

$$e_7=[v_4,v_5],w(e_7)=2;e_8=[v_3,v_5],w(e_8)=3.$$

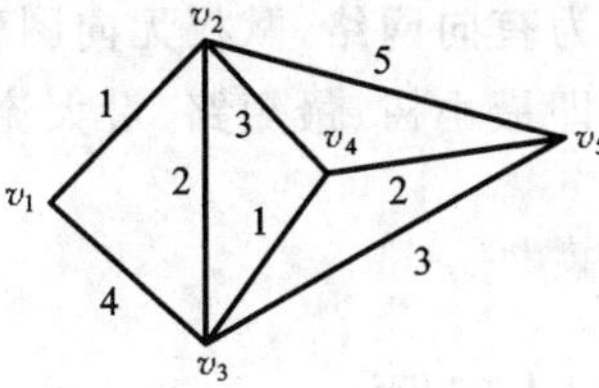

图 9.7

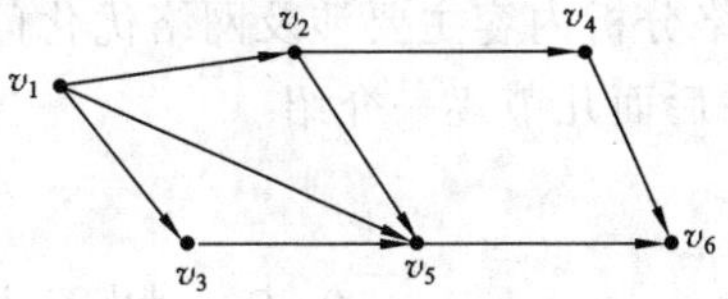

图 9.8

可见，赋权图不仅指出各点之间的邻接关系，而且也表示各点之间的数量关系，所以赋权图在图的理论及其应用方面有着重要的地位.

在很多实际问题中，事物之间的联系是带有方向性的. 如图 9.8 所示，v_1 表示某一水系的发源地，v_6 表示这个水系的入海口，图中的箭头则表示各支流的水流方向，图 9.8 是水系流向图.

可见图 9.8 中的边是有方向的，称这类图为**有向图**.

定义 9.8　设 $V=\{v_1,v_2,\cdots,v_n\}$ 是由 n 个顶点组成的非空集合，$A=\{a_1,a_2,\cdots,a_m\}$ 是由 m 条边组成的集合，且有 A 中元素 a_i 是 V 中一个有序元素对 (v_i,v_j)，则称 V 和 A 构成了一个**有向图**，记作 $G=(V,A)$，$a_i=(v_i,v_j)$ 表明 v_i 和 v_j 分别为边 a_i 的起点和终点，称有方向的边 a_i 为**弧**（在图中用带有箭头的线表示）.

例如，图 9.8 中，(v_1,v_2)，(v_1,v_3)，(v_2,v_5) 都是 A 中的元素，A 是弧的集合.

在有向图的讨论中，类似无向图，可以对多重边、环、简单图、链等概念进行定义，只是在无向图中，链与路、闭链与回路概念是一致的，而在有向图中，这两个概念却不能混为一谈. 概括地说，一条路必定是一条链. 然而在有向图中，一条链未必是一条路，只有在每相邻的两弧的公共结点是其中一条弧的终点，同时又是另一条弧的始点时，这条链才能叫做一条**路**.

例如，图 9.8 中，$\{v_1,(v_1,v_2),v_2,(v_2,v_5),v_5,(v_5,v_6),v_6\}$ 是一条链，也是一条路，而 $\{v_1,(v_1,v_2),v_2,(v_2,v_5),v_5,(v_3,v_5),v_3\}$ 是一条链但不是一条路.

我们还会碰到这样一类有向图（见图 9.9），这是某地区的交通运输的公路分布、走向及相应费用示意图. 箭头表示走向，箭头旁边的数字表示费用，称这类图为**赋权有向图**.

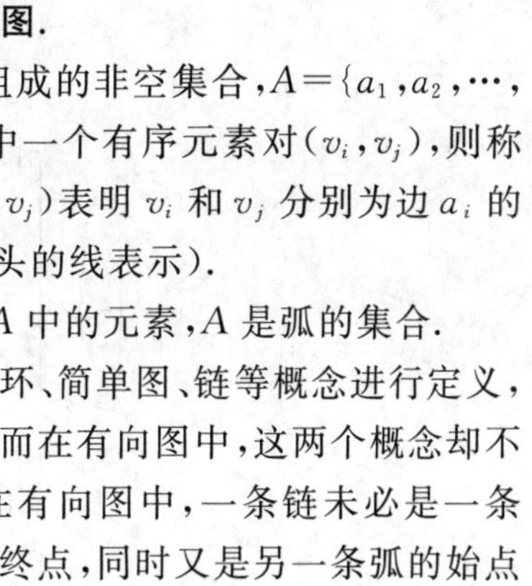

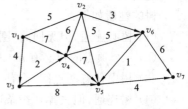

图 9.9

定义 9.9 设在有向图 $G=(V,A)$中,对于任意一条弧 $a_{ij}\in A$,如果相应都有一个权值 $w(a_{ij})$则称 G 为**赋权有向图**,$w(a_{ij})$称为弧 a_{ij} 的**权**,简记为 w_{ij}(权可以表示距离、费用和时间等).

在实际工作中,有很多问题的可行解方案都可通过一个赋权有向图表示,例如,物流渠道的设计、物资运输路线的安排、装卸设备的更新、排水管道的铺设等. 所以,赋权图被广泛应用于解决工程技术及科学管理等领域的最优化问题.

通常,我们称赋权图为**网络**,赋权有向图称为**有向网络**,赋权无向图称为**无向网络**. 本章网络分析内容主要涉及网络优化问题,即最小树、最短路、最大流等问题,这些我们将在后面几节逐一介绍.

9.2 树及最小树问题

树是图论中的一个重要概念,由于树的模型简单而实用,它在企业管理、线路设计等方面都有很重要的应用.

1. 树与树的性质

例 9.2.1 某企业的组织机构如下所示.

- 厂长
  - 行政办公室
    - 生产计划科
    - 技术科
      - 设计组
      - 工艺组
    - 供销科
    - 财务科
    - 行政科
  - 生产办公室
    - 一车间
      - 铸造工段
      - 锻压工段
    - 二车间
    - 三车间
    - 四车间

如果用图表示,如图 9.10 所示,则是一个呈树枝形状的图,"树"的名称由此而来.

定义 9.10 一个无回路(圈)的连通无向图称为**树**.

树的性质如下:

(1) 树必连通,但无回路(圈);

(2) n 个顶点的树必有 $n-1$ 条边;

(3) 树中任意两点间,恰有一条初等链;

(4) 树连通,但去掉任一条边,必变为不连通;

(5) 树无回路(圈),但不相邻顶点连一条边,恰得一回路(圈).

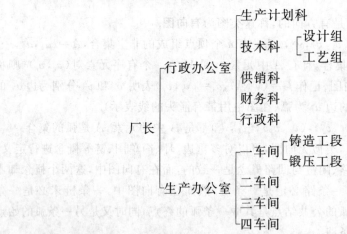

2. 支撑树与最小树

定义 9.11　设图 $G_1=(V,E_1)$ 是图 $G=\{V,E\}$ 的支撑子图，如果 G_1 是一棵树，记 $T=(V,E_1)$，则称 T 是 G 的一棵**支撑树**.

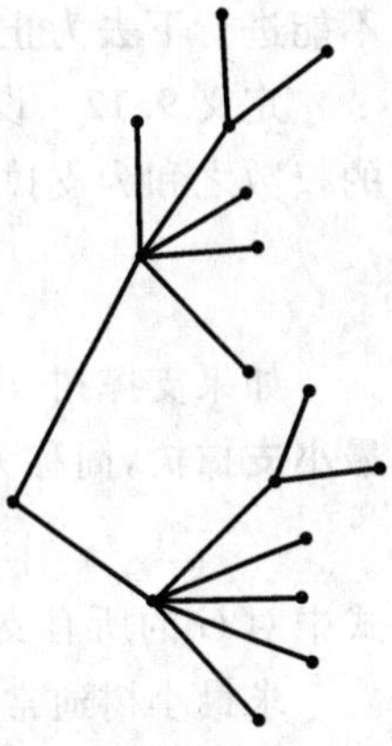

图 9.10

定理 9.3　图 G 有支撑树的充分必要条件是图 G 的连通.

证　必要性是显然的.

充分性：设 G 是连通图.

(i) 如果 G 不含圈，由定义 9.10 可知，G 本身就是一棵树，从而 G 是它自身的支撑树.

(ii) 如果 G 含圈，任取一圈，从圈中任意去掉一条边，得到图 G 的一个支撑子图 G_1，如果 G_1 不含圈，那么 G_1 是 G 的一棵支撑树(因为易见 G_1 是连通的)；如果 G_1 仍含圈，那么从 G_1 中任取一个圈，从圈中再任意去掉一条边，得到图 G 的一个支撑子图 G_2，如此重复，最终可以得到 G 的一个支撑子图 G_k，它不含圈，则 G_k 是图 G 的一棵支撑树.

由以上充分性的证明中，提供了一个寻求连通图的支撑树的方法，称这种方法为**"破圈法"**.

例 9.2.2　在图 9.6(a)中，用破圈法求出图的一棵支撑树.

解　取一圈 $\{v_1\ e_1\ v_2\ e_3\ v_3\ e_2\ v_1\}$ 去掉 e_3；取一圈 $\{v_1\ e_1\ v_2\ e_4\ v_4\ e_5\ v_3\ e_2\ v_1\}$ 去掉 e_5；取一圈 $\{v_2\ e_4\ v_4\ e_7\ v_5\ e_6\ v_2\}$ 去掉 e_7；取一圈 $\{v_1\ e_1\ v_2\ e_6\ v_5\ e_8\ v_3\ e_2\ v_1\}$ 去掉 e_6；

如图 9.11 所示，此图是图 9.6(a)的一个支撑子图，且为一棵树(无圈)，所以我们找到一棵支撑树 $T_1=\{V,E_1\}$，其中，$E_1=\{e_1,e_4,e_2,e_8\}$.

不难发现，图的支撑树不是唯一的，对于上例若这样做：

取一圈 $\{v_1\ e_1\ v_2\ e_3\ v_3\ e_2\ v_1\}$ 去掉 e_3；取一圈 $\{v_1\ e_1\ v_2\ e_4\ v_5\ e_5\ v_3\ e_2\ v_1\}$ 去掉 e_4；取一圈 $\{v_1\ e_1\ v_2\ e_6\ v_5\ e_8\ v_3\ e_2\ v_1\}$ 去掉 e_6；取一圈 $\{v_4\ e_7\ v_5\ e_8\ v_3\ e_5\ v_4\}$ 去掉 e_8.

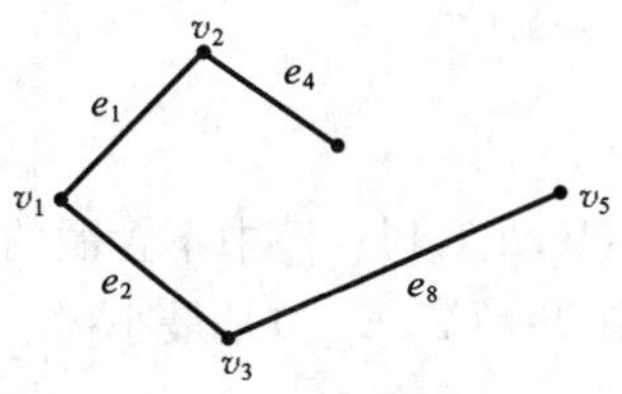

图 9.11

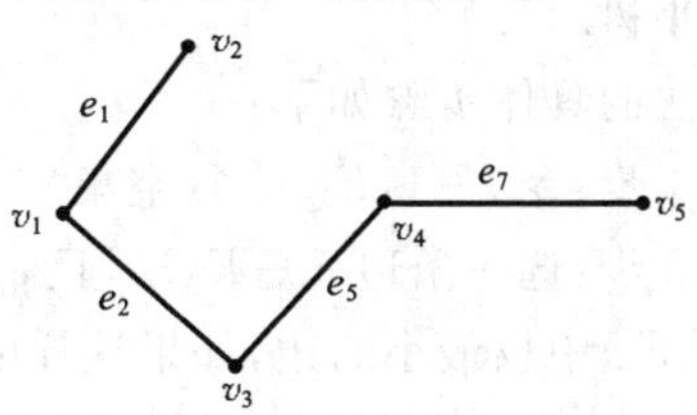

图 9.12

如图 9.12 所示，得到图 9.6(a)的另一棵支撑树 $T_2=\{V,E_2\}$，其中，$E_2=\{e_1,e_2,e_5,e_7\}$.

求图 G 的支撑树还有另外一种方法**"避圈法"**，主要步骤是在图中任取一条边 e_1，找出一条不与 e_1 构成圈的边 e_2，再找出不与 $\{e_1,e_2\}$ 构成圈的边 e_3. 一般地，设已有 $\{e_1,e_2,\cdots,e_k\}$，找出一条不与 $\{e_1,e_2,\cdots,e_k\}$ 构成圈的边 e_{k+1}，重复这个过程，直到不能进行下去为止，这时，由所有取出的边所构成的图是图 G 的一棵支撑树.

定义 9.12 设 $T=(V,E')$ 是赋权图 $G=(V,E)$ 的一棵支撑树，称 E' 中全部边上的权数之和为支撑树 T 的权，记为 $w(T)$，即

$$w(T)=\sum_{[v_i,v_j]\in T} w_{ij}. \tag{9.2}$$

如果支撑树 T^* 的权 $W(T^*)$ 是 G 的所有支撑树的权中最小者，则称 T^* 是 G 的**最小支撑树**，简称为**最小树**，即

$$w(T^*)=\min_T\{w(T)\}. \tag{9.3}$$

式中对 G 的所有支撑树 T 取最小.

求最小树通常用以下两种方法.

(1) 破圈法：在给定连通图 G 中，任取一圈，去掉一条最大权边(如果有两条或两条以上的边都是权最大的边，则任意去掉其中一条)，在余图中(是图 G 的支撑子图)任取一圈，去掉一条最大权边，重复下去，直到余图中无圈为止，即可得到图 G 的最小树.

例 9.2.3 用破圈法求图 9.7 的最小树.

解 取一圈 $\{v_1\ e_1\ v_2\ e_3\ v_3\ e_2\ v_1\}$ 去掉 e_2；取一圈 $\{v_2\ e_6\ v_5\ e_8\ v_3\ e_3\ v_2\}$ 去掉 e_6；取一圈 $\{v_2\ e_4\ v_4\ e_5\ v_3\ e_3\ v_2\}$ 去掉 e_8；取一圈 $\{v_4\ e_7\ v_5\ e_8\ v_3\ e_5\ v_4\}$ 去掉 e_8.

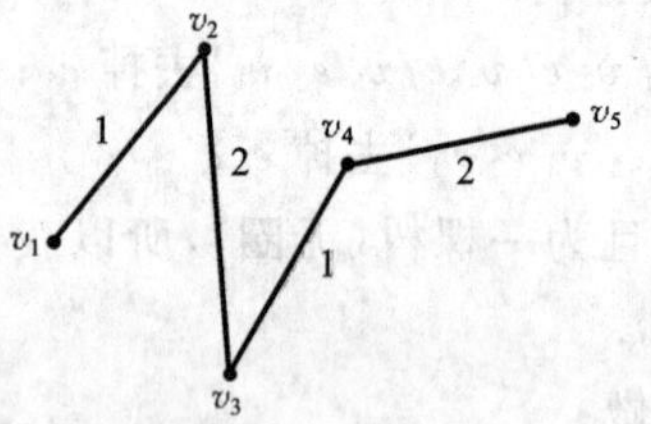

图 9.13

如图 9.13 所示，得到一棵支撑树，即为所求最小树 T^*，$w(T^*)=1+2+1+2=6$.

(2) 避圈法(Kruskal 算法)：在连通图 G 中，任取权值最小的一条边(若有两条或两条以上权相同且最小，则任取一条)，在未选边中选一条权值最小的边，要求所选边与已选边不构成圈，重复下去，直到不存在与已选边不构成圈的边为止，已选边与顶点构成的图 T 就是所求最小树.

算法的具体步骤如下：

第 1 步：令 $i=1, E_0=\varnothing$(空集).

第 2 步：选一条边 $e_i\in E\backslash E_i$，且 e_i 是使图 $G_i=(V,E_{i-1}\cup\{e\})$ 中不含圈的所有边 $e(e\in E\backslash E_i)$ 中权最小的边，如果这样的边不存在，则 $T=(V,E_{i-1})$ 是最小树.

第 3 步：把 i 换成 $i+1$，返回第 2 步.

例 9.2.4 用避圈法求图 9.7 的最小树.

解 在 $\{e_1,e_2,\cdots,e_8\}$ 中权值最小的边有 e_1,e_5，从中任取一条 e_1；在 $\{e_2,e_3,\cdots,e_8\}$ 中选取权值最小的边 e_5；在 $\{e_2,e_2,\cdots,e_8\}$ 中权值最小边有 e_3,e_7，从中任取一条边 e_3；在 $\{e_2,e_4,e_6,e_7,e_8\}$ 中选取 e_7；在 $\{e_2,e_4,e_6,e_8\}$ 中选取 e_4,e_8，但 e_4 与 e_8 都会与已选边构成圈，故停止，得到与图 9.13 一样的结果.

9.3 最短路问题

最短路问题是网络分析中的一个基本问题，它不仅可以直接应用于解决生产实际的许多问题，如管道铺设、线路安排、厂区布局等，而且经常被作为一个基本工具，用于解决其他的优化问题.

定义 9.13 给定一个赋权有向图 $D=(V,A)$，记 D 中每一条弧 $a_{ij}=(v_i,v_j)$ 上的权为 $w(a_{ij})=w_{ij}$，又给定 D 中的一个起点 V_s 和终点 V_t，设 P 是 D 中从 v_s 到 v_t 的一条路，则定义路 P 的权是 P 中所有弧的权之和，记为 $w(P)$，即

$$w(P)=\sum_{(v_i,v_j)\in P} w_{ij}. \tag{9.4}$$

又若 P^* 是图 D 中从 v_s 到 v_t 的一条路，且满足

$$w(P^*)=\min_P\{w(P)\mid P\text{ 为 }v_s\text{ 到 }v_t\text{ 的路}\}. \tag{9.5}$$

式中对 D 的所有从 v_s 到 v_t 的路 P 取最小，则称 P^* 为从 v_s 到 v_t 的**最短路**，$w(P^*)$ 为从 v_s 到 v_t 的**最短距离**.

在一个图 $D=(V,A)$ 中，求从 v_s 到 v_t 的最短路和最短距离的问题就称为**最短路问题**.

1. Dijkstra 标号法

下面介绍在一个赋权有向图中寻求最短路的方法，这种方法实际上求出了从给定点 v_s 到任一个顶点 v_j 的最短路.

如下事实是经常要利用的，即如果 P 是 D 中从 v_s 到 v_j 的最短路，v_i 是 P 中的一点，那么从 v_s 沿 P 到 v_i 路也是从 v_s 到 v_i 的最短路. 事实上，如果这个结论不成立，设 Q 是从 v_s 到 v_i 的最短路，令 P' 是从 v_s 沿 Q 到达 v_i，再从 v_i 沿 P 到达 v_j 的路，那么 P' 的权就比 P 的权小，这与 P 是从 v_s 到 v_j 的最短路矛盾.

Dijkstra 算法是目前公认最好的方法，它适用于所有的 $w_{ij}\geqslant 0$ 的情形.

Dijkstra 算法是一种标号法，它的基本思路是从起点 v_s 出发，逐步向外探寻最短路，执行过程中，给每一个顶点 v_j 标号

$$(\lambda_j,l_j).$$

其中 λ_j 是正整数，它表示获得此标号的前一点的下标；l_j 或表示从起点 v_s 到该点 v_j 的最短路的权(称为**固定标号**，记为 P 标号)或表示从起点 v_s 到该点 v_j 的最短路的权的上界(称为**临时标号**，记为 T 标号).

方法的每一步是去修改 T 标号，并且把某一个具有 T 标号的点改变为具有 P 标号的点，从而使 D 中具有 P 标号的顶点数多一个. 这样至多经过 $p-1$ 步，就可以求出从 v_s 到 v_t 及各点的最短路，再根据每个点标号的第一个数 λ_j 反向追踪找出最短路径.

用 P,T 分别表示某个顶点的 P 标号、T 标号，S_i 表示在第 i 步时已具有 P 标号

点的集合.

Dijkstra 算法的具体步骤:

开始时,令 $i=0,S_0=\{v_s\},\lambda_s=0,P(v_s)=0$,对于每个 $v_j\neq v_s$,令 $T(v_j)=+\infty$,$\lambda_j=s,k=s$.

(1) 如果 $S_i=V$,算法终止,这时,对于每个 $v_j\in S_i,L_j=P(v_j)$;否则,转下一步.

(2) 设 v_k 是刚获得 P 标号的点,考察每个使$(v_k,v_j)\in A$ 且 $v_j\notin S_i$ 的点 v_j,将 $T(v_j)$修改为

$$T(v_j)=\min\{T(v_j),P(v_k)+w_{kj}\} \tag{9.6}$$

如果 $T(v_j)>P(v_k)+w_{kj}$,则把 $T(v_j)$修改为 $P(v_k)+w_{kj}$,把 λ_j 修改为 k;否则不修改.

(3) 令 $T(v_{j_i})=\min\limits_{v_j\notin S_i}\{T(v_j)\}$. (9.7)

如果 $T(v_{j_i})<+\infty$,则把 v_{j_i} 的 T 标号变为 P 标号,即令 $P(v_{j_i})=T(v_{j_i})$,令 $S_{i+1}=S_i\cup\{v_{j_i}\},k=j_i$,把 i 换成 $i+1$,返回(1);否则,终止,这时对于每一个 $v_j\in S_i$,有 $l(v_j)=P(v_j)$;而对于每一个 $v_j\notin S_i$,有 $l(v_j)=T(v_j)$.

例 9.3.1 图 9.14 所示的是某地区交通运输的示意图. 试问:从 v_1 出发,经哪条路线到达 v_8 才能使总行程最短? 用 Dijkstra 算法求解.

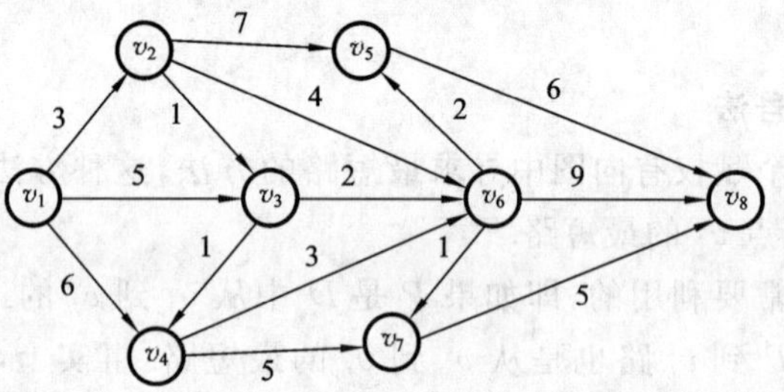

图 9.14

解 开始时 $i=0,s=1,S_0=\{v_1\},\lambda_1=0,P(v_1)=0$,令 $T(v_j)=+\infty,\lambda_j=1(j=2,3,\cdots,8),k=1$,即给起点 v_1 标(0,0),给其余的点标$(1,+\infty)$,这时 v_1 为获得 P 标号的点,其余均为 T 标号点.

考察与 v_1 相邻的点 v_2,v_3,v_4(见图 9.15):

因$(v_1,v_2)\in A,v_2\notin S_0$,故把 v_2 的临时标号修改为

$$\begin{aligned}T(v_2)&=\min\{T(v_2),P(v_1)+w_{12}\}\\&=\min\{+\infty,0+3\}=3,\end{aligned}$$

这时 $\lambda_2=1$,同理,得

$$T(v_3)=\min\{+\infty,0+5\}=5,\quad \lambda_3=1,$$

$$T(v_4)=\min\{+\infty,0+6\}=6,\quad \lambda_4=1.$$

其余点的 T 标号不变.

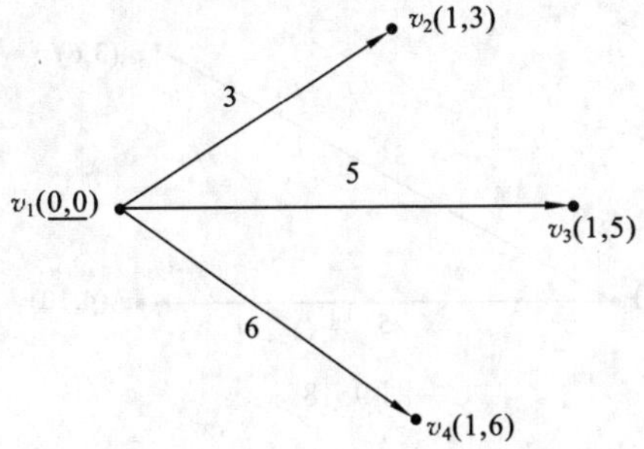

图 9.15

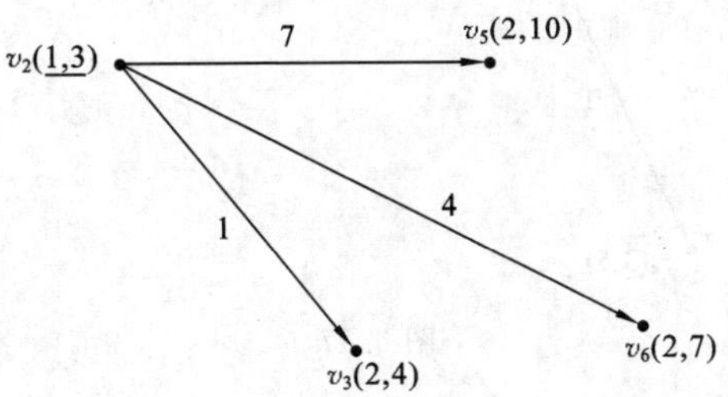

图 9.16

在所有的 T 标号中，最小的为 $T(v_2)=3$，于是令 $P(v_2)=3, S_1=S_0\cup\{v_2\}=\{v_1,v_2\}, k=2$.

$i=1$：

这时 v_2 为刚获得 P 标号的点，考察与 v_2 相邻的点 v_5, v_6, v_3（见图 9.16）：

因 $(v_2,v_5)\in A, v_5\notin S_1$，故把 v_5 的临时标号修改为

$$T(v_5)=\min\{T(v_5),P(v_2)+w_{25}\}=\min\{+\infty,3+7\}=10.$$

这时 $\lambda_5=2$，同理得

$$T(v_6)=\min\{+\infty,3+4\}=7,\quad \lambda_6=2.$$

$$T(v_3)=\min\{T(v_3),P(v_2)+w_{23}\}$$
$$=\min\{5,3+1\}=4,\quad \lambda_3=2. \tag{9.8}$$

在所有的 T 标号中，最小的为 $T(v_3)=4$，于是令 $P(v_3)=4, S_2=S_1\cup\{v_3\}=\{v_1,v_2,v_3\}, k=3$.

$i=2$：

这时 v_3 为刚获得 P 标号的点，考察与 v_3 相邻的点 v_4, v_6（见图 9.17）.

因 $(v_3,v_4)\in A, v_4\notin S_2$，故把 v_4 的临时标号修改为

$$T(v_4)=\min\{T(v_4),P(v_3)+w_{34}\}$$
$$=\min\{6,4+1\}=5,\quad \lambda_4=3.$$

同理得 $$T(v_6)=\min\{7,4+2\}=6,\quad \lambda_6=3.$$

在所有的 T 标号中，最小的为 $T(v_4)=5$，于是令 $P(v_4)=5, S_3=S_2\cup\{v_4\}=\{v_1,v_2,v_3,v_4\}, k=4$.

$i=3$：

这时 v_4 为刚获得 P 标号的点，考察与 v_4 相邻的点 v_6, v_7（见图 9.18）.

因为 $(v_4,v_6)\in A, v_6\notin S_3$，故把 v_6 的临时标号修改为

$$T(v_6)=\min\{T(v_6),P(v_4)+w_{46}\}=\min\{6,5+3\}=6.$$

这时 v_6 的临时标号不修改，故 $\lambda_6=3$，同理得

$$T(v_7)=\min\{+\infty,5+5\}=10,\quad \lambda_7=4.$$

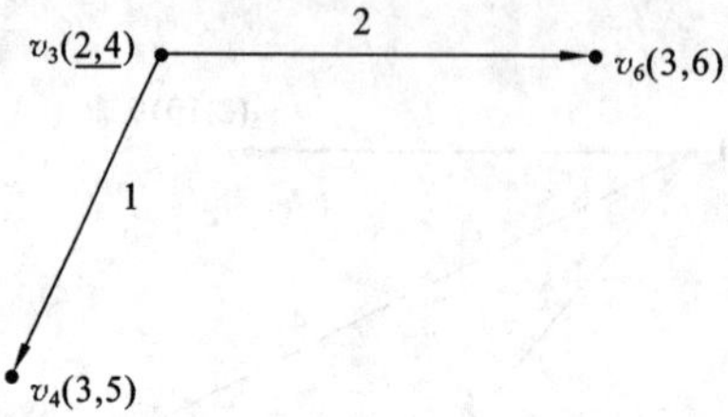

图 9.17

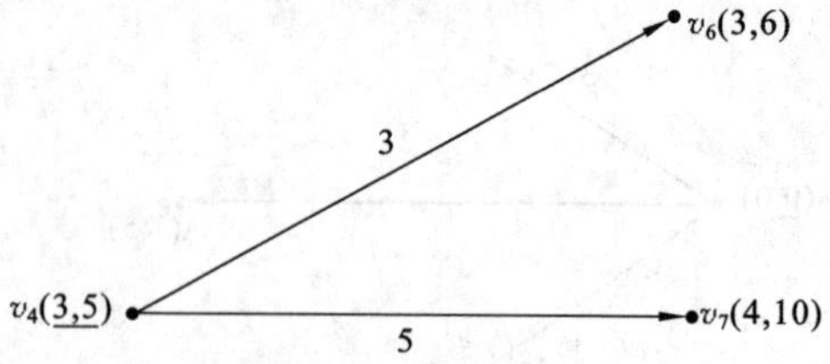

图 9.18

在所有的临时标号中,最小的为 $T(v_6)=6$. 于是令 $P(v_6)=6,S_4=S_3\cup\{v_6\}=\{v_1,v_2,v_3,v_4,v_6\},k=6$.

$i=4$:

这时 v_6 为刚获得 P 标号的点,考察与 v_6 相邻的点 v_5,v_7,v_8(见图 9.19):

因为$(v_6,v_5)\in A,v_5\notin S_4$,故把 v_5 的临时标号修改为

$$T(v_5)=\min\{T(v_5),P(v_6)+w_{65}\}=\min\{10,6+2\}=8.$$

这时 $\lambda_5=6$,同理得

$$T(v_7)=\min\{10,6+1\}=7,\quad \lambda_7=6.$$

$$T(v_8)=\min\{+\infty,6+9\}=15,\quad \lambda_8=6.$$

在所有的临时标号中,最小的为 $T(v_7)=7$,于是令 $P(v_7)=7,S_5=S_4\cup\{v_7\}=\{v_1,v_2,v_3,v_4,v_6,v_7\},k=7$.

$i=5$:

这时 v_7 为刚获得 P 标号的点,考察与 v_7 相邻的点 v_8(见图 9.20):

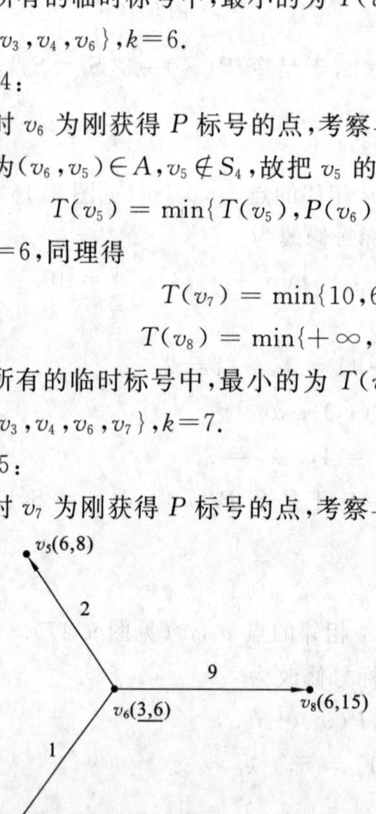

图 9.19

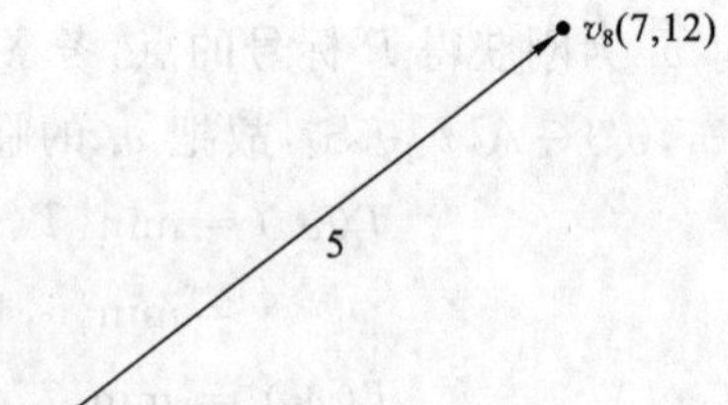

图 9.20

因为$(v_7,v_8)\varepsilon A,v_8\in S_5$,故把 v_8 的临时标号修改为

$$T(v_8)=\min\{T(v_8),P(v_7)+w_{78}\}=\min\{15,7+5\}=12,$$

这时 $\lambda_8=7$.

在所有的临时标号中,最小的为 $T(v_5)=8$,于是令 $P(v_5)=8,S_6=S_5\cup\{v_5\}=\{v_1,v_2,v_3,v_4,v_5,v_6,v_7\},k=5$.

$i=6$:

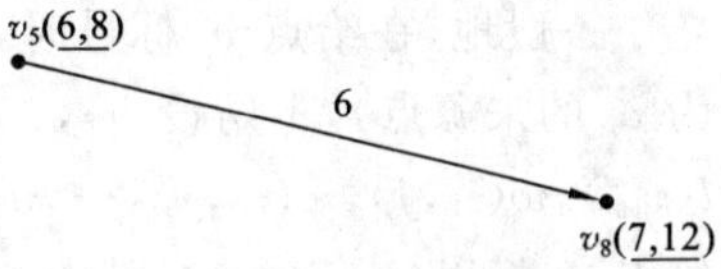

图 9.21

这时 v_5 为刚获得 P 标号的点，考察与 v_5 相邻的点 v_8（见图 9.21）：

因为 $(v_5,v_8)\in A$，$v_8\notin S_6$，故把 v_8 的临时标号修改为

$$\begin{aligned}T(v_8)&=\min\{T(v_8),P(v_5)+w_{58}\}\\&=\min\{12,8+6\}=12.\end{aligned}$$

这时 v_8 的临时标号不修改，故 $\lambda_8=7$.

最后只剩下 v_8 一个临时标号点，故令

$$P(v_8)=T(v_8)=12,\quad \lambda_8=7.$$

至此已找到从起点 v_1 到终点 v_8 的最短距离为 12，再根据第一个标号 λ_j 反向追踪求出最短路径为

$$v_1\to v_2\to v_3\to v_6\to v_7\to v_8.$$

事实上，按照这个算法，也找出了从起点 v_1 到各个中间点的最短路径和最短距离，例如

$$v_1\to v_2\to v_3\to v_6\to v_5$$

就是从 v_1 到 v_5 的最短路径，距离为 8.

为了简化计算，还可以采用每次只记录从起点 v_s 到各点的最短距离或上界的方法，为此，我们引入记号

$$L_i=(L_1^{(i)},L_2^{(i)},\cdots,L_n^{(i)})$$

表示在第 i 次标号中各点的距离或上界，例如上例中，我们也可以按如下方式进行：

$$L_0=(\underset{*}{0},\infty,\infty,\cdots,\infty).$$

有"∗"号的点表示 P 标号点.

$$L_1=(\underset{*}{0},\underset{*}{3},5,6,\infty,\cdots,\infty),v_1\to v_2;$$

$$L_2=(\underset{*}{0},\underset{*}{3},\underset{*}{4},6,10,7,\infty,\infty),v_2\to v_3;$$

$$L_3=(\underset{*}{0},\underset{*}{3},\underset{*}{4},\underset{*}{5},10,6,\infty,\infty),v_3\to v_4;$$

$$L_4=(\underset{*}{0},\underset{*}{3},\underset{*}{4},\underset{*}{5},10,\underset{*}{6},10,\infty),v_3\to v_6;$$

$$L_5=(\underset{*}{0},\underset{*}{3},\underset{*}{4},\underset{*}{5},8,\underset{*}{6},\underset{*}{7},15),v_6\to v_7;$$

$$L_6=(\underset{*}{0},\underset{*}{3},\underset{*}{4},\underset{*}{5},\underset{*}{8},\underset{*}{6},\underset{*}{7},12),v_6\to v_5;$$

$$L_7=(\underset{*}{0},\underset{*}{3},\underset{*}{4},\underset{*}{5},\underset{*}{8},\underset{*}{6},\underset{*}{7},\underset{*}{12}),v_7\to v_8;$$

最后，按后面的轨迹记录反向追踪即可求得从起点 v_1 到终点 v_8 的最短路，且最后一轮标号 L_7 中所表示的就是从起点 v_1 到各点的最短距离.

另外，本算法在给某个点标号时，也可以通过找该点的各个来源点的方法来实现，具体做法如下：

开始时，给起点 v_s 标 $(0,0)$，即 $\lambda_1=0$，$l(v_s)=0$.

一般地,在给点 v_j 标号时,要找出所有与 v_j 有弧相连且箭头指向 v_j 的各点(称为 v_j 的来源点),不妨设 $v_{i1},v_{i2},\cdots,v_{im}$ 是 v_j 的来源点,其标号为 $l(v_{i1}),l(v_{i2}),\cdots,l(v_{im}),w(i_1,j),w(i_2,j),\cdots,w(i_m,j)$ 为弧 $(v_{i_1},v_j),(v_{i_2},v_j),\cdots,(v_{i_m},v_j)$ 的权值,则给点 v_j 标以 $(v_k,l(v_j))$,其中

$$l(v_j)=\min\{(l(v_{i1})+w(v_{i1},v_j),l(v_{i2})+w(v_{i2},v_j),\cdots,l(v_{im})+w(v_{im},v_j))\}$$
$$=l(v_k)+w(v_k,v_j).$$

根据别尔曼最优化原理,由始点 v_1 到 v_j 的最短路径必是由 v_1 到某个 v_k 的最短路径再加上弧 (v_k,v_j) 的权值,v_k 是 v_1 到 v_j 最短路径上的点,且是 v_j 的来源点,显然,$l(v_j)$ 是 v_1 到 v_j 最短路径的长度,所以给每个顶点以标号 $(v_k,l(v_j)),j=1,2,\cdots,n$,即可获得最短路径线路和长度的信息.

下面,以图 9.14 为例,说明标号法的具体过程.

首先给始点 v_1 标号,第一个标号表示的是来源点,第二个标号表示 $l(v_1)$. 由于 v_1 是始点,故令始点的第一个标号为 0,令 $l(v_1)=0$,于是得到始点 v_1 的标号(0,0).

v_2 点的来源点是 v_1,且 $l(v_2)$ 可由式(9.8)计算,即

$$l(v_2)=\min\{l(v_1)+w(v_1,v_2)\}=\min\{0+3\}=3,$$

得到 v_2 的标号 $(v_1,3)$.

v_3 点的来源点有 v_1,v_2,计算

$$l(v_3)=\min\{l(v_1)+w(v_1,v_3),l(v_2)+w(v_2,v_3)\}$$
$$=\min\{0+5,3+1\}=4,$$

得到 v_3 的标号 $(v_2,4)$.

v_4 的来源点有 v_1,v_3,计算

$$l(v_4)=\min\{l(v_1)+w(v_1,v_4),l(v_3)+w(v_3,v_4)\}$$
$$=\min\{0+6,4+1\}=5,$$

于是得到 v_4 的标号 $(v_3,5)$.

v_5 的来源点有 v_2,v_6,但 v_6 还未标号,而 v_6 的来源点 v_2,v_3,v_4 都已获得标号,故可计算

$$l(v_6)=\min\{l(v_2)+w(v_2,v_6),l(v_3)+w(v_3,v_6),l(v_4)+w(v_4,v_6)\}$$
$$=\min\{3+4,4+2,5+3\}=6.$$

因而得到 v_6 的标号 $(v_3,6)$,计算

$$l(v_5)=\min\{l(v_2)+w(v_2,v_5),l(v_6)+w(v_6,v_5)\}$$
$$=\min\{3+7,6+2\}=8,$$

故 v_5 的标号为 $(v_6,8)$.

v_7 的来源点是 v_4,v_6,计算

$$l(v_7)=\min\{l(v_4)+w(v_4,v_7),l(v_6)+w(v_6,v_7)\}$$
$$=\min\{5+5,6+1\}=7,$$

得到 v_7 的标号 $(v_6,7)$.

最后终点 v_8 的来源点是 v_5, v_6, v_7，计算

$$
\begin{aligned}
l(v_8) &= \min\{l(v_5)+w(v_5,v_8), l(v_6)+w(v_6,v_8), l(v_7)+w(v_7,v_8)\} \\
&= \min\{8+6, 6+9, 7+5\} = 12,
\end{aligned}
$$

所以在终点 v_8 处标上 $(v_7, 12)$，标号过程结束，如图 9.22 所示.

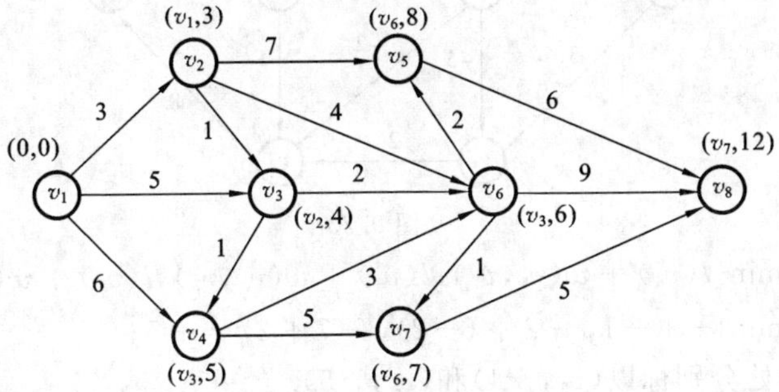

图 9.22

我们沿着第一个标号，由终点反向跟踪，很容易求得该网络最短路径 $v_1 \to v_2 \to v_3 \to v_6 \to v_7 \to v_8$，而终点 v_8 的第二个标号就是此最短路长度.

上述标号过程中，不仅可以求得 v_1 到 v_8 的最短路，而且从 v_1 到 v_j $(j=2,3,4,5,6,7)$ 的最短路也可求得，例如，v_1 到 v_5 的最短路是 $v_1 \to v_2 \to v_3 \to v_6 \to v_5$，最短路长度为 8.

归纳上述例子，可以总结标号法一般步骤如下：

(1) 始点 v_s 标以 $(0,0)$；

(2) 考虑需要标号的顶点 v_j，设 v_j 的来源点 $v_{i1}, v_{i2}, \cdots, v_{im}$ 均已获得标号，则 v_j 处应标以 $(v_k, l(v_j))$，其中 $l(v_k)$ 按式(9.8)确定.

(3) 重复第(2)步，直至终点 v_t 也获得标号为止，$l(v_t)$ 就是最短路径的长度.

(4) 确定最短路径，从网络终点的第一个标号反向跟踪，即得到网络的最短路径.

以上例 9.3.1 是非负权(即 $w(v_i, v_j) \geqslant 0$)网络最短路径的求解，对于含有负权(即 $w(v_i, v_j) < 0$)网络的情形，此标号法也是适用的.

例 9.3.2　求图 9.23 所示从始点 v_1 到各点的最短路径.

解　首先在始点 v_1 标以 $(0,0)$，然后在 v_3 处标以 $(v_1, -2)$，由于

$$
\begin{aligned}
l(v_2) &= \min\{l(v_1)+w(v_1,v_2), l(v_3)+w(v_3,v_2)\} \\
&= \min\{0+(-1), -2+(-3)\} = -5; \\
l(v_4) &= \min\{l(v_1)+w(v_1,v_4), l(v_3)+w(v_3,v_4)\} \\
&= \min\{0+3, -2+(-5)\} = -7,
\end{aligned}
$$

所以在 v_2 和 v_4 处依次标以 $(v_3, -5)$ 和 $(v_3, -7)$，然后在 v_6 处标以 $(v_3, -1)$.

由于

$$
\begin{aligned}
l(v_5) &= \min\{l(v_2)+w(v_2,v_5), l(v_3)+w(v_3,v_5), l(v_6)+w(v_6,v_5)\} \\
&= \min\{-5+2, -2+(-2), -1+1\} = -4;
\end{aligned}
$$

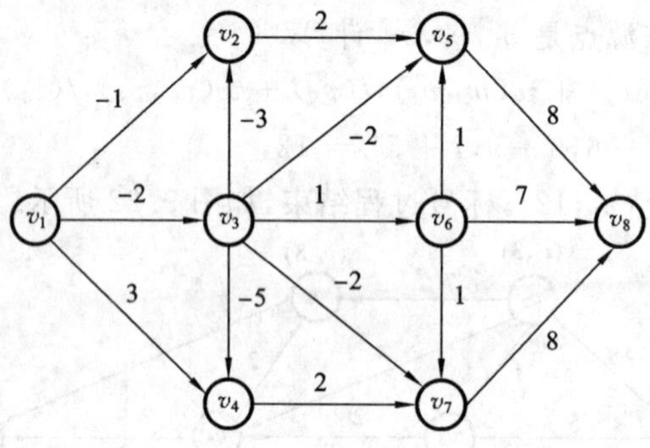

图 9.23

$$l(v_7)=\min\{l(v_6)+w(v_6,v_7),l(v_3)+w(v_3,v_7),l(v_4)+w(v_4,v_7)\}$$
$$=\min\{-1+1,-2+(-2),-7+2\}=-5;$$

所以在 v_5 和 v_7 处分别标以$(v_3,-4)$和$(v_4,-5)$.

最后由于

$$l(v_8)=\min\{l(v_5)+w(v_5,v_8),l(v_6)+w(v_6,v_8),l(v_7)+w(v_7,v_8)\}$$
$$=\min\{-4+8,-1+7,-5+8\}=3.$$

所以在终点 v_8 处应标以$(v_7,3)$.

所有点都获得标号,标号结果如图 9.24 所示,反追踪得到 v_1 至 v_8 的最短路为 $v_1\to v_3\to v_4\to v_7\to v_8$,长度为 3.

2. 福劳德(Floyd)算法(不允许有负回路*)

设图 G 有 N 个顶点,用 d_{ij}^m表示从顶点 i 到顶点 j 的最短路长度,但中间只允许经过前 m 个顶点(可以不通过其中一些点),当 $d_{ij}^m=\infty$,即表示 i 点到 j 点无路.

d_{ij}^0 表示从 i 到 j 最短路长度,无中间顶点,且当 $i=j$ 时,有 $d_{ij}^0=0$.

d_{ij}^N表示从 i 点到 j 点的最短路长度,中间经过 N 个顶点.

$\boldsymbol{D}^m$ 是一个 $N\times N$ 矩阵,$\boldsymbol{D}^m=\{d_{ij}^m\}$,$m=1,2,\cdots,N$.

例如,图 9.25 中,有 4 个顶点,v_1,v_2,v_3,v_4,$m=1,2,3,4$.

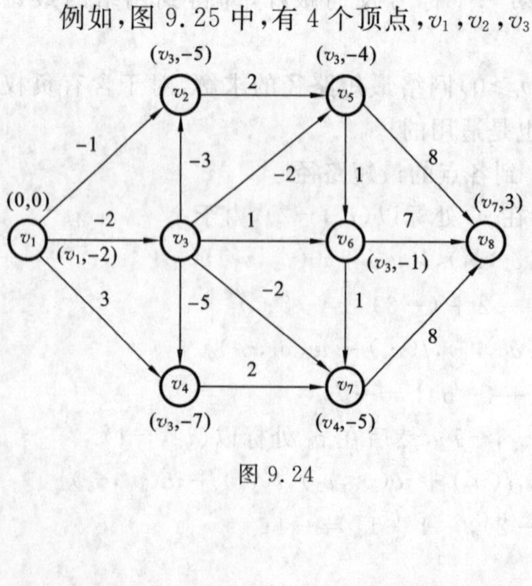

图 9.24

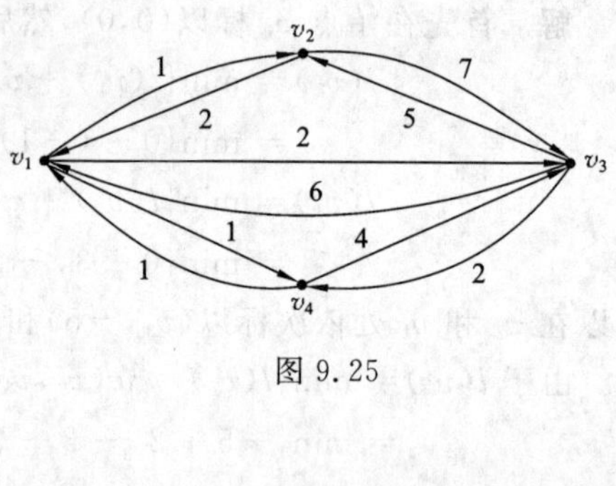

图 9.25

$$d_{11}^0=0;\quad d_{32}^0=5;\quad d_{24}^0=\infty;\quad d_{23}^0=7;$$

$$d_{23}^1=\min\{d_{21}^0+d_{13}^0,d_{23}^0\}=\min\{2+2,7\}=4;$$

$$d_{32}^1=\min\{d_{31}^0+d_{12}^0,d_{32}^0\}=\min\{6+1,5\}=5.$$

可知，从 i 到 m，从 j 到 m 及从 i 到 j 的最短路径分别为 d_{im}^{m-1}，d_{mj}^{m-1} 及 d_{ij}^{m-1}（只允许通过前 $m-1$ 个顶点）. 由于不存在负回路，故 i 到 j 的只经过前 m 个顶点的最短路径必为下述两条路径之一：$d_{im}^{m-1}+d_{mj}^{m-1}$ 或 d_{ij}^{m-1}，即

$$d_{ij}^m=\min\{d_{im}^{m-1}+d_{mj}^{m-1},d_{ij}^{m-1}\}.$$

可见，$\boldsymbol{D}^m$ 阵可由 $\boldsymbol{D}^{m-1}$ 阵递推得到，计算结果见表 9.1.

表 9.1

$d_{ij}^1=\min\{d^\circ{}_{i1}+d^\circ{}_{i1},d^\circ{}_{i1}\}$	相应的路径
$d_{11}^1=d_{11}^0=0$	
$d_{12}^1=d_{12}^0=1$	(v_1,v_2)
$d_{13}^1=d_{13}^0=2$	(v_1,v_3)
$d_{14}^1=d_{14}^0=1$	(v_1,v_4)
$d_{21}^1=d_{21}^0=2$	(v_2,v_1)
$d_{22}^1=d_{22}^0=0$	
$d_{23}^1=\min\{d_{21}^0+d_{13}^0,d_{23}^0\}=\min\{2+2,7\}=4$	$(v_2,v_1)(v_1,v_3)$
$d_{24}^1=\min\{d_{21}^0+d_{14}^0,d_{24}^0\}=\min\{2+1,\infty\}=3$	$(v_2,v_1)(v_1,v_4)$
$d_{31}^1=d^\circ{}_{31}=6$	(v_3,v_1)
$d_{32}^1=\min\{d_{31}^0+d_{12}^0,d_{32}^0\}=\min\{6+1,5\}=5$	(v_3,v_2)
$d_{33}^1=0$	
$d_{34}^1=\min\{d_{31}^0+d_{14}^0,d_{34}^0\}=\min\{6+1,2\}=2$	(v_3,v_4)
	(v_1,v_2)
$d_{41}^1=d_{41}^0=1$	(v_4,v_1)
$d_{42}^1=\min\{d_{41}^0+d_{12}^0,d_{42}^0\}=\min\{1+1,\infty\}=2$	$(v_4,v_1)(v_1,v_2)$
$d_{43}^1=\min\{d_{41}^0+d_{13}^0,d_{43}^0\}=\min\{1+2,4\}=3$	$(v_4,v_1)(v_1,v_3)$
$d_{44}^1=0$	

例 9.3.3　以图 9.25 为例，求任意两点间最短路径.

解

$$\boldsymbol{D}^0=\begin{pmatrix}d_{11}^0&d_{12}^0&d_{13}^0&d_{14}^0\\d_{21}^0&d_{22}^0&d_{23}^0&d_{24}^0\\d_{31}^0&d_{32}^0&d_{33}^0&d_{34}^0\\d_{41}^0&d_{42}^0&d_{43}^0&d_{44}^0\end{pmatrix}=\begin{pmatrix}0&1&2&1\\2&0&7&\infty\\6&5&0&2\\1&\infty&4&0\end{pmatrix},$$

由此得到

$$\boldsymbol{D}^1=\begin{pmatrix}0&1&2&1\\2&0&4&3\\6&5&0&2\\1&2&3&0\end{pmatrix},$$

同理可计算出 $\boldsymbol{D}^2,\boldsymbol{D}^3,\boldsymbol{D}^4$ 及相应的最短路线,其最后结果为

$$\boldsymbol{D}^4=\begin{bmatrix}0&1&2&1\\2&0&4&3\\3&4&0&2\\1&2&3&0\end{bmatrix}$$

对应路线如表 9.2 所示.

表 9.2 $\boldsymbol{D}^4$ 对应路线

	v_1	v_2	v_3	v_4
v_1		(v_1,v_2)	(v_1,v_3)	(v_1,v_4)
v_2	(v_2,v_1)		$(v_2,v_1)(v_1,v_3)$	$(v_2,v_1)(v_1,v_4)$
v_3	$(v_3,v_4)(v_4,v_1)$	$(v_3,v_4)(v_4,v_1)(v_1,v_2)$		(v_3,v_4)
v_4	(v_4,v_1)	$(v_4,v_1)(v_1,v_2)$	$(v_4,v_1)(v_1,v_3)$	

* **注意** 此方法不允许网络中出现负回路,所谓负回路,是指在图中有一回路 C,其权 $w(c)<0$.

例如,从 v_3 到 v_2 的最短路线为 $v_3\to v_4\to v_1\to v_2$,其路长为 4,从 v_2 到 v_4 的最短路为 $v_2\to v_1\to v_4$,其路长为 3.

9.4 网络最大流问题

网络最大流问题是网络的另一个基本问题.

许多系统包含了流量问题,例如,交通系统有车辆流,金融系统有现金流,控制系统有信息流等.最大流问题主要是确定这类系统网络所能承受的最大流量以及如何达到这个最大流通量.

1. 基本概念与定理

1) 网络与流

定义 9.14 (1) 网络:给定一个有向图 $D=(V,A)$,在 V 中指定一点称为**发点**(记为 v_s),该点只有发出去的弧,指定另一点称为**收点**(记为 v_t),该点只有指向它的弧,其余的点称为**中间点**.对于 A 中的每一条弧 (v_i,v_j),对应有一个数 $c(v_i,v_j)\geqslant 0$(简记 c_{ij}),称之为弧的**容量**.通常我们把这样的 D 叫做**网络**,记为 $D=(V,A,C)$.

(2) 网络流:在弧集 A 上定义一个非负函数 $f=\{f(v_i,v_j)\}$,$f(v_i,v_j)$ 是通过弧 (v_i,v_j) 的实际流量,简记 f_{ij},称 f 是网络上的**流函数**,简称**网络流**或**流**,称 $v(f)$ 为网络流的**流量**.

例 9.4.1 图 9.26 所示为联结某产品产地 v_s 和销地 v_t 的交通网.弧 (v_i,v_j) 表

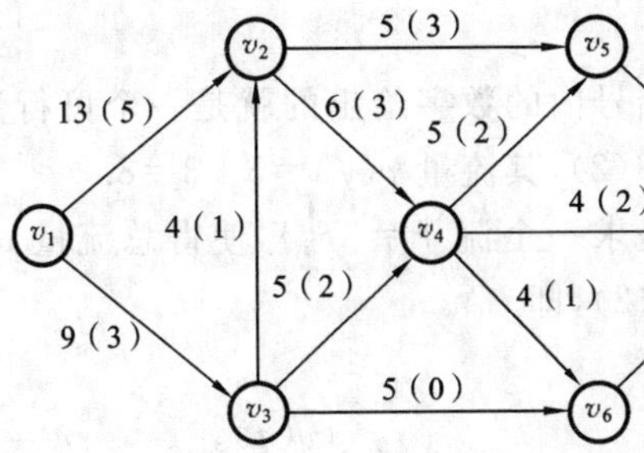

图 9.26

示从 v_i 到 v_j 的运输线，弧旁的数字表示这条运输线的最大通过能力 c_{ij}，括号内的数字表示该弧上的实际流 f_{ij}. 现要求制订一个运输方案，使从 v_s 运到 v_t 的产品数量最多.

2）可行流与最大流

在运输网络的实际问题中，我们可以看出，对于流有两条基本要求：一是每条弧上的流量必须是非负的且不能超过该弧的最大通过能力(即该弧的容量)；二是起点发出的流的总和(称为流量)，必须等于终点接收的流的总和，且各中间点流入的流量之和必须等于从该点流出的流量之和，即流入的流量之和与流出的流量之和的差为零，也就是说，各中间点只起转运作用，它既不产出新的物资，也不得截留过境的物资，因此有下面所谓可行流的定义.

定义 9.15　对于给定的网络 $D=(V,A,C)$ 和给定的流 $f=\{f_{ij}\}$，若 f 满足下列条件：

(1) 容量限制条件：对于每一条弧 $(v_i,v_j)\in A$，有

$$0\leqslant f_{ij}\leqslant c_{ij}. \tag{9.9}$$

(2) 平衡条件：

对于中间点：流出量＝流入量，即对于每个 $i(i\neq s,t)$，有

$$\sum_{(v_i,v_j)\in A} f_{ij}-\sum_{(v_k,v_i)\in A} f_{ki}=0. \tag{9.10}$$

对于发点 v_s，有

$$\sum_{(v_s,v_j)} f_{sj}=v(f). \tag{9.11}$$

对于收点 v_t，有

$$\sum_{(v_k,v_t)\in A} f_{kt}=v(f). \tag{9.12}$$

则称 $f=\{f_{ij}\}$ 为一个**可行流**，$v(f)$ 称为这个可行流的**流量**.

注意　我们这里所说的发点 v_s 是指只有从 v_s 发出去的弧，而没有指向 v_s 的弧；收点 v_t 是指只有弧指向 v_t，而没有从它发出去的弧.

可行流总是存在的，例如令所有弧上的流 $f_{ij}=0$，就得到一个可行流(称为零

流),其流量 $v(f)=0$.

如图 9.26 中,每条弧上括号内的数字给出的就是一个可行流 $f=\{f_{ij}\}$,它显然满足定义 9.15 中的条件(1)和(2),其流量 $v(f)=5+3=8$.

所谓**网络最大流问题**就是求一个流 $f=\{f_{ij}\}$,使得总流量 $v(f)$ 达到最大,并且满足定义 9.15 中的条件(1),(2),即

$$\max v(f) \tag{9.13}$$

$$\text{s. t.}\begin{cases}\displaystyle\sum_{(v_i,v_j)\in A} f_{ij}-\sum_{(v_k,v_i)\in A} f_{ki}=\begin{cases}v(f), & i=s;\\ 0, & i\neq s,t;\\ -v(f), & i=t.\end{cases} & (9.14)\\ 0\leqslant f_{ij}\leqslant c_{ij},\quad (v_i,v_j)\in A. & (9.15)\end{cases}$$

网络最大流问题是一个特殊的线性规划问题.我们将会看到利用图的特点,解决这个问题的方法较之线性规划的一般方法要方便和直观得多.

例 9.4.2 写出图 9.26 所示的网络最大流问题的线性规划模型.

解 设 $f=\{f_{ij}\}$,则其线性规划模型为

$$\max v(f);$$

$$\text{s. t.}\begin{cases}f_{s2}+f_{s3}=v(f);\\ f_{s2}+f_{32}-f_{25}-f_{24}=0;\\ f_{s3}-f_{32}-f_{34}-f_{36}=0;\\ f_{24}+f_{34}-f_{45}-f_{46}-f_{4t}=0;\\ f_{25}+f_{45}-f_{5t}=0;\\ f_{36}+f_{46}-f_{6t}=0;\\ f_{5t}+f_{4t}+f_{6t}=v(f);\\ 0\leqslant f_{ij}\leqslant c_{ij}.\end{cases}$$

3)增广链

在网络 $D=(V,A,C)$ 中,若给定一个可行流 $f=\{f_{ij}\}$,我们把网络中使 $f_{ij}=c_{ij}$ 的弧称为**饱和弧**,使 $0\leqslant f_{ij}<c_{ij}$ 的弧称为**非饱和弧**,把 $f_{ij}=0$ 的弧称为**零流弧**,把 $0<f_{ij}\leqslant c_{ij}$ 的弧称为**非零流弧**.

图 9.26 中的弧都是非饱和弧,而弧 (v_3,v_6) 为零流弧.

若 μ 是网络中联结发点 v_s 和收点 v_t 的一条链,我定义链的方向是从 v_s 到 v_t,则链上的弧被分为两类:一类是弧的方向与链的方向一致,我们称此类弧为**前向弧**,所有前向弧的集合记为 μ^+;另一类是弧的方向与链的方向相反,我们称这类弧为**后向弧**,所有后向弧的集合记为 μ^-.

如图 10.26 中,设

$\mu=\{v_s,(v_s,v_2),v_2,(v_3,v_2),v_3,(v_3,v_6),v_6,(v_6,v_t),v_t\}$ 是一条从 v_s 到 v_t 的链,则

$$\mu^+=\{(v_s,v_2),(v_3,v_6),(v_6,v_t)\},\quad \mu^-=\{(v_3,v_2)\}.$$

定义 9.16　设 $f=\{f_{ij}\}$ 是网络 $D=(V,A,C)$ 上的一个可行流，μ 是从 v_s 到 v_t 的一条链，若 μ 满足下列条件：

(1) 在弧 $(v_i,v_j)\in\mu^+$ 上，$0\leqslant f_{ij}<c_{ij}$，即 μ^+ 中的每一条弧都是非饱和弧；

(2) 在弧 $(v_i,v_j)\in\mu^-$ 上，$0<f_{ij}\leqslant c_{ij}$，即 μ^- 中的每一条弧都是非零流弧，则称 μ 是关于 f 的一条**增广链**.

如前面所说的链就是一条增广链，因为其中 μ^+ 上的弧均非饱和，如 $(v_s,v_2)\in\mu^+$，$f_{s2}=5<c_{s2}=13$；而 μ^- 上的弧为非零流弧，如 $(v_3,v_2)\in\mu^-$，$f_{32}=1>0$，显然这样的增广链不只一条.

4）截集与截量

定义 9.17　给定网络 $D=(V,A,C)$，若点集 V 被割分为两个非空集合 V_1 和 V_2，使得 $V=V_1+V_2$，$V_1\cap V_2=\varnothing$（空集），且 $v_s\in V_1$，$v_t\in V_2$，则把始点在 V_1，终点在 V_2 的弧的集合称为分离 v_s 和 v_t 的一个**截集**，记为 (V_1,V_2).

如图 9.26 中，设 $V_1=\{v_s,v_2,v_5\}$，$V_2=\{v_3,v_4,v_6,v_t\}$，则截集为

$$(V_1,V_2)=\{(v_s,v_3),(v_2,v_4),(v_5,v_t)\},$$

而弧 (v_3,v_2) 和弧 (v_4,v_5) 不是该集中的弧，因为这两条弧的起点在 V_2 中，与定义 9.18不符.

显然，一个网络的截集是很多的（但只有有限个），例如在图 9.26 中，还可以取 $V'_1=\{v_s,v_2\}$，$V'_2=\{v_3,v_4,v_5,v_6,v_t\}$，则截集为

$$(V'_1,V'_2)=\{(v_s,v_3),(v_2,v_4),(v_2,v_5)\}.$$

另外，若把网络 $D=(V,A,C)$ 中某截集的弧从网络 D 中去掉，则从 v_s 到 v_t 便不存在路，所以直观上说，截集是从 v_s 到 v_t 的必经之路.

定义 9.18　在网络 $D=(V,A,C)$ 中，给定一个截集 (V_1,V_2)，则把该截集中所有弧的容量之和称为这个**截集的容量**，简称为**截量**，记为 $c(V_1,V_2)$，即

$$C(V_1,V_2)=\sum_{\substack{(v_i,v_j)\in A\\ V_i\in V_1,V_j\in V_2}} C_{ij}. \tag{9.16}$$

例如在上面我们所举的两个截集中，有

$$c(V_1,V_2)=c_{s3}+c_{24}+c_{5t}=9+6+9=24,$$

而

$$c(V'_1,V'_2)=c_{s3}+c_{24}+c_{25}=9+6+5=20.$$

显然，截集不同，其截量也不同. 由于截集的个数是有限的，故其中必有一个截集的容量是最小的，称为**最小截集**，也就是通常所说的“**瓶颈**”.

不难证明，网络 $D=(V,A,C)$ 中，任何一个可行流 $f=\{f_{ij}\}$ 的流量 $V(f)$，都不会超过任一截集的容量，即

$$v(f)\leqslant c(V_1,V_2). \tag{9.17}$$

如果存在一个可行流 $f^*=\{f^*_{ij}\}$，网络 $D=(V,A,C)$ 中有一个截集 (V_1^*,V_2^*)，使得

$$v(f^*)=c(V_1^*,V_2^*),\tag{9.18}$$

则 $f^*=\{f_{ij}^*\}$必是最大流,而(V_1^*,V_2^*)必是 D 中的最小截集.

为了求网络最大流 f^*,我们也说明下面的重要定理.

定理 9.4 在网络 $D=(V,A,C)$中,可行流 $f^*=\{f_{ij}^*\}$是最大流的充要条件是 D 中不存在关于 f^* 的增广链.

证 先证必要性,用反证法.若 f^* 是最大流,假设 D 中存在着关于 f^* 的增广链 μ,令

$$\theta=\min\{\min_{\mu^+}(c_{ij}-f_{ij}^*),\min_{\mu^-}f_{ij}^*\}.\tag{9.19}$$

由增广链的定义可知,$\theta>0$,令

$$f_{ij}^{**}=\begin{cases}f_{ij}^*+\theta, & (v_i,v_j)\in\mu^+;\\ f_{ij}^*-\theta, & (v_i,v_j)\in\mu^-;\\ f_{ij}^*, & (v_i,v_j)\bar{\in}\mu.\end{cases}\tag{9.20}$$

不难验证$\{f_{ij}^{**}\}$是一个可行流,且有

$$v(f^{**})=v(f^*)+\theta>v(f^*).$$

这与 f^* 是最大流的假定矛盾.

再证充分性:即证明设 D 中不存在关于 f^* 的增广链,f^* 是最大流.

用下面的方法定义 V_1^*:令 $V_s\in V_1^*$,

若 $v_i\in V_1^*$,且有 $f_{ij}^*<c_{ij}$,则令 $v_j\in V_1^*$;

若 $v_i\in V_1^*$,且有 $f_{ji}^*>0$,则令 $v_j\in V_1^*$.

因为不存在关于 f^* 的增广链,故 $v_t\bar{\in}V_1^*$.

记 $V_2^*=V-V_1^*$,于是得到一个截集(V^*,V_2^*),显然有

$$f_{ij}^*=\begin{cases}c_{ij}, & (v_i,v_j)\in(V_1^*,V_2^*);\\ 0, & (v_i,v_j)\in(V_2^*,V_1^*).\end{cases}$$

所以 $V(f^*)=c(V_1^*,V_2^*)$,于是 f^* 必是最大流.定理得证.

由上述证明中可见,若 f^* 是最大流,则网络必定存在一个截集(V_1^*,V_2^*),使得式(9.18)成立.

定理 9.5 (最大流-最小截集定理)对于任意给定的网络 $D=(V,A,C)$,从发点 v_s 到收点 v_t 的最大流的流量必等于分割 v_s 和 v_t 的最小截集(V_1^*,V_2^*)的容量,即

$$v(f^*)=c(V_1^*,V_2^*)$$

由定理 9.4 可知,若给了一个可行流 $f^{(0)}=\{f_{ij}^{(0)}\}$,只要判断网络 D 有无关于 $f^{(0)}$ 的增广链,如果有增广链,则可以按定理 9.4 前半部分证明中的办法,由式(9.19)求出调整量 Q,再按式(9.20)的方法求出新的可行流.如果流有增广链,则得到最大流.而根据定理 9.4 后半部分证明中定义 V_1^* 的办法,可以根据 v_t 是否属于 V_1^* 来判断 D 中有无关于 f 的增广链.

在实际计算时，我们是用给顶点标号的方法来定义 V_1^* 的，在标号过程中，有标号的顶点表示是 V_1^* 中的点，没有标号的点表示不是 V_1^* 中的点. 一旦 v_t 有了标号，就表明找到一条从 v_s 到 v_t 的增广链；如果标号过程无法进行下去，而 V_t 尚未标号，则说明不存在从 V_s 到 V_t 的增广链，于是得到最大流，这时将已标号的点（至少有一个点 v_s）放在集合 V_1^* 中，将未标号点（至少有一个点 V_t）放在集合 V_2^* 中，就得到一个最小截集 (V_1^*, V_2^*).

2. 寻求最大流的标号法(Ford, Fulkerson)

从一个可行流 $f=\{f_{ij}\}$ 出发（若网络中没有给定 f，则可以设 f 是零流），经过标号过程与调整过程.

1）标号过程

在这个过程中，网络中的点或者是标号点（又分为已检查和未检查两种），或者是未标号点，每个标号点的标号包含两部分：第一个标号表明它的标号是从哪一点得到的，以便找出增广链；第二个标号是为确定增广链的调整量 θ 用的.

标号过程开始，总先给 v_s 标上 $(0, +\infty)$，这时 v_s 是标号而未检查的点，其余都是未标号点，一般地，取一个标号而未检查的点 v_i，对于一切未标号点 v_j：

(1) 若在弧 (v_i, v_j) 上，$f_{ij} < c_{ij}$，则给 v_j 标号 $(v_i^+, l(v_j))$，这里 $l(v_j) = \min[l(v_i), c_{ij} - f_{ij}]$，这时点 v_j 成为标号而未检查的点.

(2) 若在弧 (v_j, v_i) 上，$f_{ji} > 0$，则给 v_j 标号 $(v_i^-, l(v_j))$，这里 $l(v_j) = \min[l(v_i), f_{ji}]$，这时点 v_j 成为标号而未检查的点.

于是 v_i 成为标号而已检查过的点. 重复上述步骤，一旦 v_i 被标号，表明得到一条从 v_s 到 v_t 的增广链 μ，转入调整过程.

若所有标号都是已检查过，而标号过程进行不下去时，则算法结束，这时的可行流就是最大流.

2）调整过程

首先按 v_t 及其他点的第一个标号，利用“反向追踪”的办法，找出增广链 μ. 例如，设 v_t 的第一个标号为 v_k^+（或 v_k^-），则弧 (v_k, v_t)（或相应地 (v_t, v_k)）是 μ 上的弧，接下来检查 v_k 的第一个标号，若为 v_i^+（或 v_i^-），则找出 (v_i, v_k)（或相应地 (v_k, v_i)）. 再检查 v_i 的第一个标号，依此下去，直到 v_s 为止，这时被找出的弧就构成了增广链 μ，令调整量 θ 是 $l(v_t)$，即 v_t 的第二个标号.

$$\text{令}\quad f'_{ij} = \begin{cases} f_{ij} + \theta, & (v_i, v_j) \in \mu^+; \\ f_{ij} - \theta, & (v_i, v_j) \in \mu^-; \\ f_{ij}, & (v_i, v_j) \bar{\in} \mu. \end{cases}$$

去掉所有的标号，对新的可行流 $f' = \{f'_{ij}\}$，重新进入标号过程.

下面，以例题说明此算法求解过程.

例 9.4.3　用标号法求图 9.26 所示网络最大流，弧旁的数是 $c_{ij}(f_{ij})$.

解 对图 9.26 中各顶点进行标号.

首先给 v_s 标$(0,+\infty)$,即 $l(v_s)=\infty$.

检查 v_s:

在弧(v_s,v_2)上,因为 $f_{s2}<c_{s2}$,又有

$l(v_2)=\min\{l(v_s),c_{s2}-f_{s2}\}=\min\{\infty,13-5\}=8$,所以给 V_2 标$(v_s^+,8)$;

在弧(v_s,v_3)上,因为 $f_{s3}<c_{s3}$,又有

$l(V_3)=\min\{l(v_s),c_{s3}-f_{s3}\}=\min\{\infty,9-3\}=6$,所以给 V_3 标$(v_s^+,6)$.

检查 v_2:

在弧(v_2,v_5)上,因为 $f_{25}<c_{25}$,又有

$l(v_5)=\min\{l(v_2),c_{25}-f_{25}\}=\min\{8,5-3\}=2$,所以给 V_5 标$(v_2^+,2)$;

在弧(v_2,v_4)上,因为 $f_{24}<c_{24}$,又有

$l(v_4)=\min\{v(v_2),c_{24}-f_{24}\}=\min\{8,6-3\}=3$,所以给 V_4 标$(v_2^+,3)$.

在弧(v_3,v_2)上,因为 $f_{32}=1>0$,又有

$l(v_3)=\min\{l(v_2),f_{32}\}=\min\{8,1\}=1$,所以给 V_3 标$(v_2^-,1)$.

因为前面已给 v_3 标过号$(v_s^+,6)$,这里又给 v_3 标$(v_2^-,1)$它们分别表示两条不同的路线,这里不存在修改标号的问题(与最短路不同).因为我们的目标是尽快找到一条从 v_s 到 v_t 的增广链,即尽快使终点 v_t 获得标号,所以不必在中途过多停留.也就是说在对已标号点 v_i 进行检查时,每次只检查一个相邻点 v_j(不论前向弧或后向弧均可),再给 v_j 标号即可,而不必检查所有与 v_i 相邻的点.事实上,其余的相邻点也不会漏掉,因为以后还要通过检查这些点来找到新的增广链,以下我们就按这种思路进行.

检查 v_5:

在弧(v_5,v_t)上,因为 $f_{5t}<c_{5t}$,又有

$l(v_t)=\min\{l(v_5),c_{5t}-f_{5t}\}=\min\{2,9-5\}=2$,所以给 v_t 标$(v_5^+,2)$.

至此,终点 v_t 已获得标号,于是找到一条从 v_s 到 v_t 的增广链,再由标号的第一部分用反向追踪法找出路线,即

$$\mu_1=\{v_s,v_2,v_5,v_t\}$$

(见图 9.27).

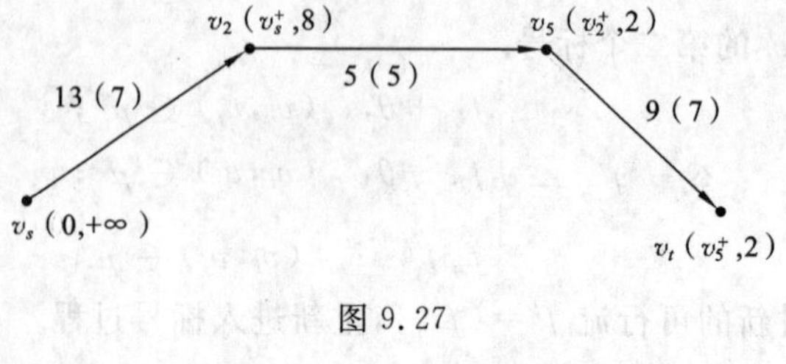

图 9.27

进行调整:

这时的调整量 $Q=l(v_t)=2$,再按式(9.20)调整,由于 μ_1 上各条弧均为前向弧,

故得

$$f_{s2}+Q=5+2=7,$$
$$f_{25}+Q=3+2=5,$$
$$f_{5t}+Q=5+2=7.$$

(见图 9.27),其余的 f_{ij} 不变.

对这个新的可行流再进入标号过程,寻找新增广链.

开始给 v_s 标$(0,+\infty)$,检查 v_s,给 v_2 标$(v_s^+,6)$,检查 v_2:

在弧(v_2,v_5)上,因为 $f_{25}=c_{25}$(见图 9.27),故该弧已饱和,标号无法进行下去.

在弧(v_2,v_4)上,因为 $f_{24}<c_{24}$,又有

$l(v_4)=\min\{l(v_2),c_{24}-f_{24}\}=\min\{6,6-3\}=3$,所以给 v_4 标$(v_2^+,3)$.

检查 v_4:

在弧(v_4,v_5)上,因为 $f_{45}<c_{45}$,又有

$l(v_5)=\min\{l(v_4),c_{45}-f_{45}\}=\min\{3,5-2\}=3$,故给 v_5 标$(v_4^+,3)$.

检查 v_5:

在弧(v_5,v_t)上,因为 $f_{5t}<c_{5t}$,又有

$l(v_t)=\min\{l(v_5),c_{5t}-f_{5t}\}=\min\{3,9-7\}=2$,所以给 v_t 标$(v_5^+,2)$.

于是又得到一条增广链

$$\mu_2=\{v_s,v_2,v_4,v_5,v_t\}$$

(见图 9.28).

进行调整:

这时 $Q=l(v_t)=2$. 调整结果如图 9.28 所示.

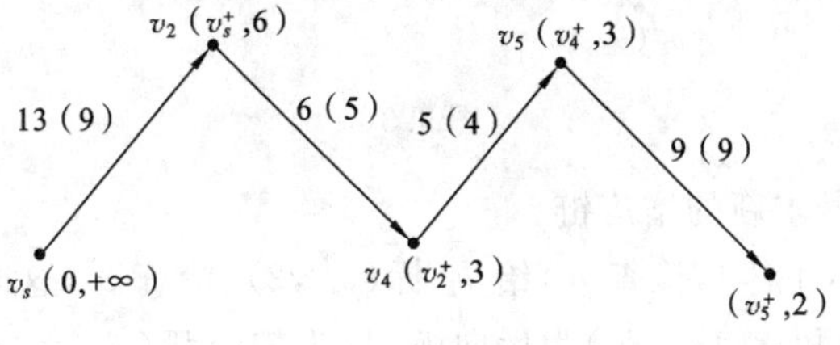

图 9.28

再重新标号求新的增广链.

开始给 v_s 标$(0,+\infty)$,检查 v_s,给 v_2 标$(v_s^+,4)$. 检查 v_2,给 v_4 标$(v_2^+,1)$,检查 v_4,给 v_5 标$(v_4^+,1)$,检查 v_5,因(v_s,v_t)已是饱和弧(见图 9.28),标号无法进行.

但在弧(v_4,v_t)上,$f_{4t}<c_{4t}$,又有

$l(v_t)=\min\{l(v_4),c_{4t}-f_{4t}\}=\min\{1,4-2\}=1$,所以给 v_t 标$(v_4^+,1)$.

于是又得到一条增广链:

$$\mu_3=\{v_s,v_2,v_4,v_t\}.$$

再进行调整(见图 9.29).

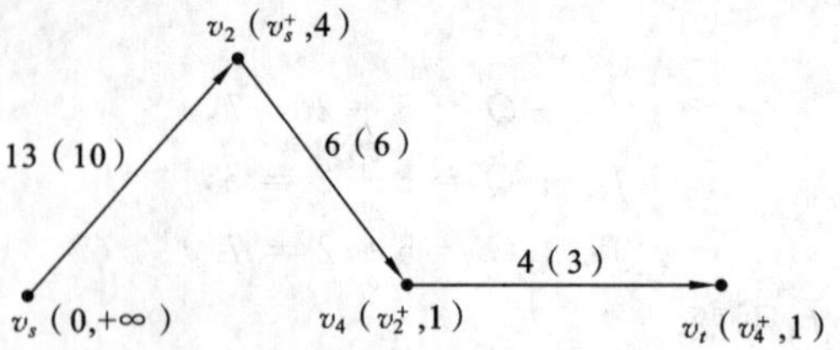

图 9.29

再重新进行标号求新的增广链：

开始给 v_s 标$(0,+\infty)$，检查 v_s，给 v_2 标$(v_s^+,3)$.

检查 v_2：

这时弧(v_2,v_5)，(v_2,v_4)均已饱和，而在弧(v_3,v_2)上，因 $f_{32}=1>0$，又有

$l(v_3)=\min\{l(v_2),f_{32}\}=\min\{3,1\}=1$，所以给 v_3 标$(v_2^-,1)$，表明弧(v_3,v_2)为后向弧.

检查 v_3，给 v_4 标$(v_3^+,1)$，检查 v_4，给 v_t 标$(v_4^+,1)$. 于是又得到一条增广链：

$$\mu_4=\{v_s,v_2,v_3,v_4,v_4\}.$$

再进行调整(见图 9.30).

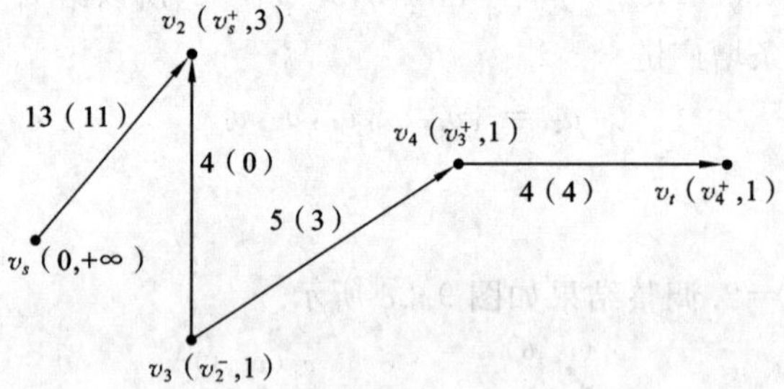

图 9.30

再重新进行标号求新的增广链：

开始给 v_s 标$(0,+\infty)$，检查 v_s，给 v_2 标$(v_s^+,2)$. 检查 v_2，这时(v_2,v_5)和(v_2,v_4)均为前向弧，都已饱和，弧(v_3,v_2)为后向弧，且为零流弧$(f_{32}=0)$，故标号无法进行. 但在弧(v_s,v_3)上，因为 $f_{s3}<c_{s3}$，又有

$l(v_3)=\min\{l(v_s),c_{s3}-f_{s3}\}=\min\{\infty,9-3\}=6$，所以给 v_3 标$(v_s,6)$.

检查 v_3，给 v_4 标$(v_3^+,2)$，检查 v_4，因为(v_4,v_t)已饱和(见图 9.30)，而在弧(v_4,v_6)上，因为 $f_{46}<c_{46}$，又有

$l(v_6)=\min\{l(v_4),c_{46}-f_{46}\}=\min\{2,4-1\}=2$. 所以给 v_6 标$(v_4^+,2)$，再检查 v_6，给 v_t 标$(v_6^+,2)$. 于是又得到一条增广链：

$$\mu_5=\{v_s,v_3,v_4,v_6,v_t\}.$$

再进行调整(见图 9.31).

再重新进行标号求新的增广链.

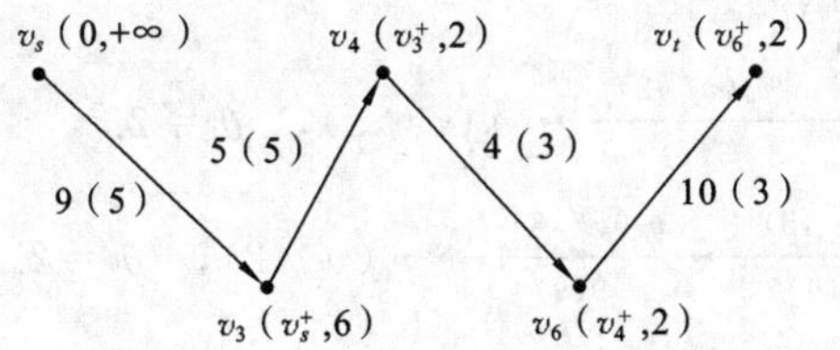

图 9.31

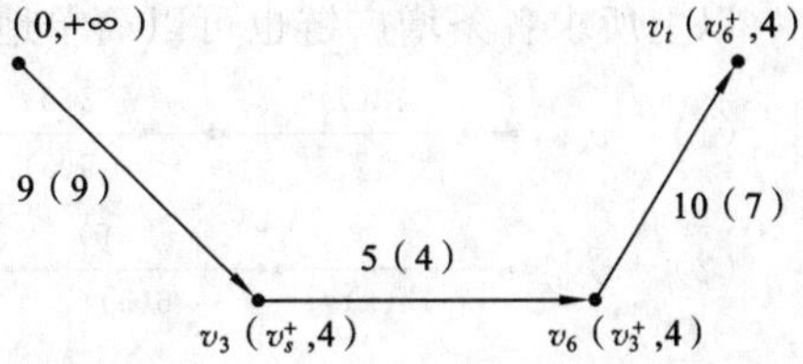

图 9.32

开始给 v_s 标$(0,+\infty)$，检查 v_s，给 v_3 标$(v_s^+,4)$；检查 v_3，因为(v_3,v_4)已饱和，而为弧(v_3,v_6)上标号还可以继续进行，给 v_6 标$(v_3^+,4)$；检查 v_6，给 v_t 标$(v_6^+,4)$，于是又得到一条增广链

$$\mu_6=\{v_s,v_3,v_6,v_t\}.$$

再进行调整(见图 9.32).

再重新进行标号：

开始给 v_s 标$(0,+\infty)$，检查 v_s：这时弧(v_s,v_3)已饱和，标号无法进行，而 v_2 还可以标号$(v_s^+,2)$.

再检查 v_2，如前所述，标号也无法进行.

至此已求得最大流. 我们将最大流 $f^*=\{f_{ij}^*\}$表示在图 9.33 中，最大流量为

$$v(f^*)=f_{s2}^*+f_{s3}^*=f_{4t}^*+f_{5t}^*+f_{6t}^*=20$$

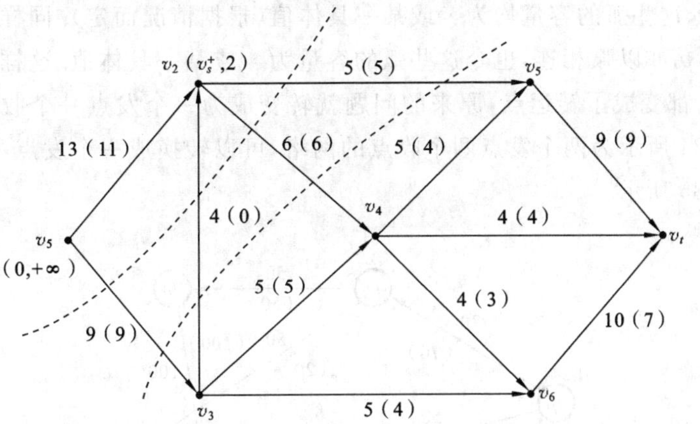

图 9.33

与此同时，可找到最小截集(v_1^*,v_2^*)，其中 v_1^* 为最后一轮已标号点的集合，v_2^* 为未标号点的集合，即

$$V_1^*=\{v_s,v_2\},\quad V_2^*=\{v_3,v_4,v_5,v_6,v_t\},$$

$$(V_1^*,V_2^*)=\{(v_s,v_3),(v_2,v_4),(v_2,v_5)\}.$$

最小截量为 $$C(V_1^*,V_2^*)=c_{53}+c_{24}+c_{25}=9+6+5=20,$$

所以 $$v(f^*)=C(V_1^*,V_2^*).$$

以上所求各条增广链也可以简单地标记为

(1) $\underset{(0,+\infty)}{v_s} \xrightarrow{13(7)} v_2(v_s^+,8) \xrightarrow{5(5)} v_5(v_2^+,2) \xrightarrow{9(7)} v_t(v_5^+,2)$, $\theta_1=2$.

(2) $\underset{(0,+\infty)}{v_s} \xrightarrow{13(9)} v_2(v_s^+,6) \xrightarrow{6(5)} v_4(v_2^+,3) \xrightarrow{5(4)} v_5(v_4^+,3) \xrightarrow{9(9)} v_t(v_5^+,2)$, $\theta_2=2$.

(3) $\underset{(0,+\infty)}{v_s} \xrightarrow{13(10)} v_2(v_s^+,4) \xrightarrow{6(6)} v_4(v_2^+,1) \xrightarrow{4(3)} v_t(v_4^+,1)$, $\theta_3=1$.

(4) $\underset{(0,+\infty)}{v_s} \xrightarrow{13(11)} v_2(v_s^+,3) \xleftarrow{4(0)} v_3(v_2^-,1) \xrightarrow{5(3)} v_4(v_3^+,1) \xrightarrow{4(4)} v_t(v_4^+,1)$, $\theta_4=1$.

(5) $\underset{(0,+\infty)}{v_s} \xrightarrow{9(5)} v_3(v_s^+,6) \xrightarrow{5(5)} v_4(v_3^+,2) \xrightarrow{4(3)} v_6(v_4^+,2) \xrightarrow{10(3)} v_t(v_6^+,2)$, $\theta_5=2$.

(6) $\underset{(0,+\infty)}{v_s} \xrightarrow{9(9)} v_3(v_s^+,4) \xrightarrow{5(4)} v_6(v_3^+,4) \xrightarrow{10(7)} v_t(v_6^+,4)$, $\theta_6=4$.

由上述可见,用标号法找增广链以求最大流的结果,同时也得到一个最小截集.最小截集的容量的大小影响总的运输量的提高,因此,为提高总的运输量,必须首先考虑增大最小截集中各弧的容量,提高它们的通过能力;反之,一旦最小截集中弧的通过能力降低,必然会使得运输量减少.

前面讨论都是对一个发点、一个收点的网络最大流问题.对于多个发点和收点的情形,我们可以采取虚设一个总发点 v_s 和总收点 v_t,从总发点 v_s 到各发点 v_{si} 均以弧相连,并且令这些弧的容量均为∞或某一具体值(根据情况而定).同样,从各个收点 v_{ti} 到总收点 v_t 亦以弧相连,也令这些弧的容量为∞或某一具体值.这样,原来的发点 v_{si} 与收点 v_{ti} 都变成了转运点,原来的问题就转变成为一个发点一个收点的网络图,例如,图 9.34 所示为两个发点两个收点的网络,可以转换成一个发点一个收点的网络,如图 9.35 所示.

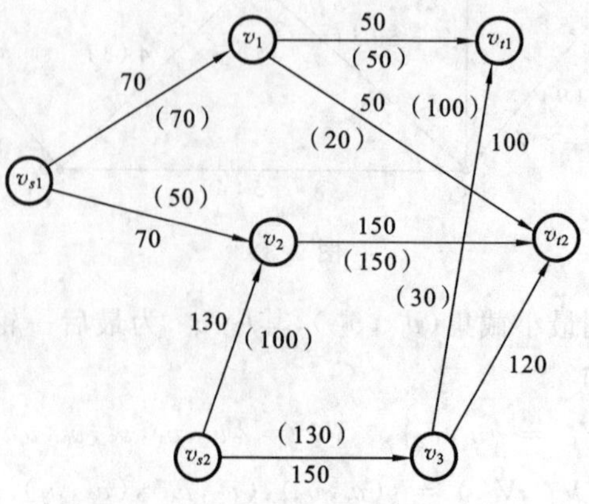

图 9.34

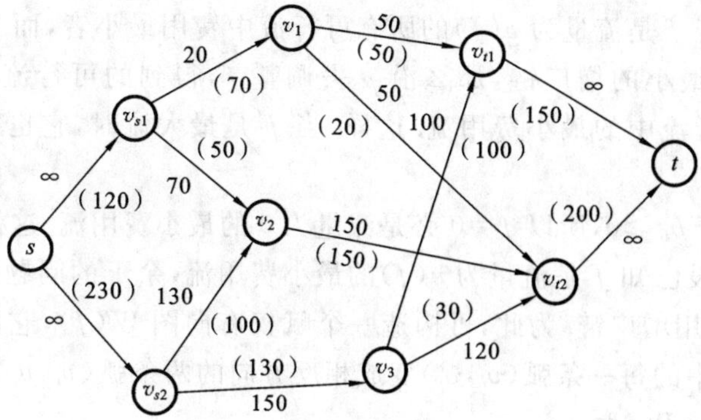

图 9.35

9.5 最小费用最大流问题

9.4 节讨论的最大流量问题，只是考虑如何充分发挥一个网络流的效用问题. 在实际问题中，例如，对于一个运输网络，人们关心的不只是流量问题，还要考虑费用问题，即希望找到一条运输费用最小的最大流，这就是本节要讨论的问题.

设在网络 $D=\{V,A,C\}$ 上，其每一条弧除给定容量 c_{ij} 外，还给定了单位流量的费用 b_{ij}，$(b_{ij}\geqslant 0)$，对于一个给定可行流 f，其相应的运输费用记为 $b(f)$，即

$$b(f)=\sum_{(v_i,v_j)\in A} b_{ij}f_{ij}.$$

最小费用最大流问题就是求一个最大流 f^* 使得费用 $b(f)$ 达到最小，即

$$b(f^*)=\min_{f\in\{f_{\max}\}}\{b(f)\},$$

其中，$\{f_{\max}\}$ 表示网络 D 中所有最大流的集合.

求解最小费用最大流问题的方法也很多，本节介绍一种常用的求解方法——对偶法.

对偶法的思路是首先确定网络最大流流量，然后找出最小费用流，并根据一定规则调整流量继找出最小费用流，直到所求最小费用流的流量就是最大流流量为止.

从上节可知，寻求最大流的方法是，从某个可行流 f 出发，找到关于这个流的一条增广链 μ，沿着 μ 调整 f，再对新的可行流寻求关于它的增广链，如此反复，直至求得最大流. 现在要寻求最小费用的最大流，首先考查一下，当沿着一条关于可行流 f 的增广链 μ，以 $\theta=1$ 调整 f，得到新的可行流 f' 时，$b(f')$ 比 $b(f)$ 增加多少？

注意 这时 $v(f')=v(f)+1$，不难看出

$$b(f')-b(f)=\left[\sum_{\mu+}b_{ij}(f'_{ij}-f_{ij})-\sum_{\mu-}b_{ij}(f'_{ij}-f_{ij})\right]=\sum_{\mu+}b_{ij}-\sum_{\mu-}b_{ij}$$

我们把 $\sum_{\mu+}b_{ij}-\sum_{\mu-}b_{ij}$ 称为这条增广链 μ 的“费用”.

可以证明,若 f 是流量为 $v(f)$ 的所有可行流中费用最小者,而 μ 是关于 f 的所有增广链中费用最小的增广链,那么沿 μ 去调整 f,得到的可行流 f',就是流量为 $v(f')$ 的所有可行流中的最小费用流. 这样,当 f' 是最大流时,它也就是所要求的最小费用最大流了.

注意到,由于 $b_{ij}\geqslant 0$,所以 $f=0$ 必是流量为 0 的最小费用流. 这样,总可以从 $f=0$ 开始. 一般地,设已知 f 是流量为 $v(f)$ 的最小费用流,余下的问题就是如何去寻求关于 f 的最小费用增广链. 为此,可构造一个赋权有向图 $W(f)$,它的顶点是网络 D 的顶点,而把 D 中的每一条弧 (v_i,v_j) 变成相反方向的两条弧 (v_i,v_j) 和 (v_j,v_i),而定义 $W(f)$ 中弧的权 W_{ij} 为

$$W_{ij}=\begin{cases} b_{ij}, & \text{若 } f_{ij}<c_{ij};\\ +\infty, & \text{若 } f_{ij}=c_{ij}. \end{cases}$$

$$W_{ji}=\begin{cases} -b_{ij}, & \text{若 } f_{ij}>0;\\ +\infty, & \text{若 } f_{ij}=0. \end{cases}$$

且规定长度为 $+\infty$ 的弧可以从 $W(f)$ 中略去.

于是在网络 D 中寻求关于 f 的最小费用增广链就等价于在赋权有向图 $W(f)$ 中,寻求从 v_s 到 v_t 的最短路,因此有如下算法:

开始取 $f^{(0)}=0$,一般情况下若在第 $k-1$ 步得到最小费用流 $f^{(k-1)}$,则构造赋权有向图 $W(f^{(k-1)})$,在 $W(f^{(k-1)})$ 中,寻求从 v_s 到 v_t 的最短路. 若不存在最短路(即最短路的权是 $+\infty$),则 $f^{(k-1)}$ 就是最小费用最大流;若存在最短路,则在原网络 D 中得到相应的增广链 μ,在增广链 μ 上对 $f^{(k-1)}$ 进行调整. 调整量为

$$\theta=\min\left[\min_{\mu^+}(c_{ij}-f_{ij}^{(k-1)}),\min_{\mu^-}(f_{ij}^{(k-1)})\right]$$

令

$$f_{ij}^{(k)}=\begin{cases} f_{ij}^{(k-1)}+\theta, & (v_i,v_j)\in\mu^+;\\ f_{ij}^{(k-1)}-\theta, & (v_i,v_j)\in\mu^-;\\ f_{ij}^{(k-1)}, & (v_i,v_j)\notin\mu. \end{cases}$$

得到新的可行流 $f^{(k)}$,再对 $f^{(k)}$ 重复上述步骤.

例 9.5.1 如图 9.36 所示的网络图中,弧旁的数字为 (b_{ij},c_{ij}),试求从 v_s 到 v_t 的最小费用最大流.

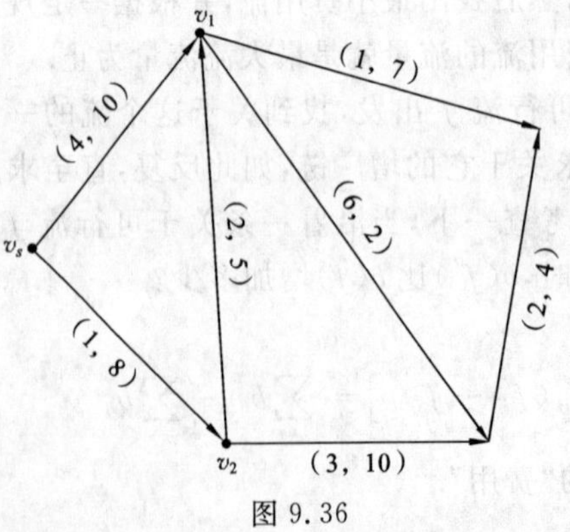

图 9.36

解 (1) 取 $f^{(0)}=0$ 为初始可行流.

(2) 构造赋权有向图 $W(f^{(0)})$,并求出从 v_s 到 v_t 的最短路 (v_s,v_2,v_1,v_t),如图 9.37(a) 所示(双箭头即为最短路).

(3) 在原网络 D 中,与这条最短路相应的增广链为 $\mu=(v_s,v_2,v_1,v_t)$.

(4) 在 μ 上进行调整,$\theta=5$,得 $f^{(1)}$(见图

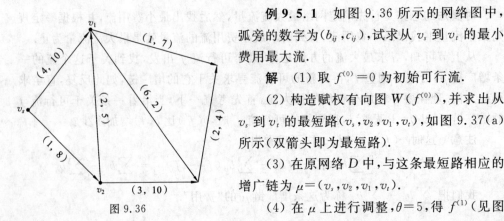

9.37(b)).

按照上述算法依次得 $f^{(1)}$，$f^{(2)}$，$f^{(3)}$，$f^{(4)}$，流量依次为 5，7，10，11；构造相应的赋权图为 $W(f^{(1)})$，$W(f^{(2)})$，$W(f^{(3)})$ 和 $W(f^{(4)})$，如图 9.37(b)～(i)所示.

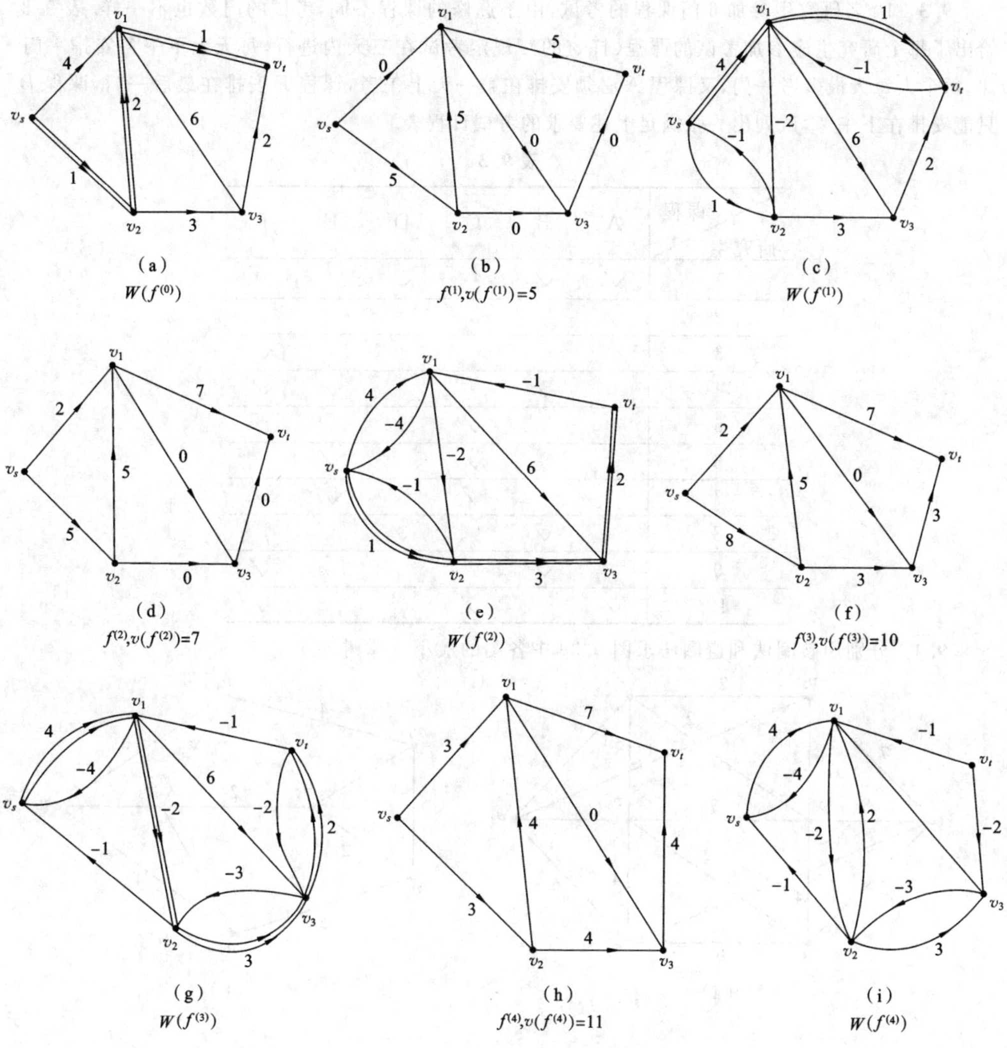

(a) $W(f^{(0)})$　(b) $f^{(1)}, v(f^{(1)})=5$　(c) $W(f^{(1)})$

(d) $f^{(2)}, v(f^{(2)})=7$　(e) $W(f^{(2)})$　(f) $f^{(3)}, v(f^{(3)})=10$

(g) $W(f^{(3)})$　(h) $f^{(4)}, v(f^{(4)})=11$　(i) $W(f^{(4)})$

图 9.37

注意　$W(f^{(4)})$中已不存在从 v_s 到 v_t 的最短路，所以 $f^{(4)}$ 为最小费用最大流.

习　题　9

9.1　下列各题所给的序列可以构成一个简单图的次的序列吗？为什么？

(1) 7,6,5,4,3,2　(2) 6,6,5,4,3,2,1　(3) 6,5,5,4,3,2,1

9.2 已知九个人 $v_1, v_2, \cdots, v_9$,其中 v_1 和两个人握过手,v_2, v_3, v_4, v_5 各和三个人握过手,v_6 和四个人握过手,v_7, v_8 各和五个人握过手,v_9 和六个人握过手. 证明这九个人中一定可以找出三个人互相握过手.

9.3 10 名研究生参加 6 门课程的考试,由于选修的课程不同,考试的门数也不一样. 表 9.3 给出了每个研究生应参加考试的课程(打√的). 规定考试在三天内进行,每天上下午各安排一门课,每个人每天最多考一门,又课程 A 必须安排在第一天上午考,课程 F 安排在最后一门,课程 B 只能安排在下午考,试列出一张满足上述要求的考试日程表.

表 9.3

研究生＼课程	A	B	C	D	E	F
1	√	√		√		
2	√		√			
3	√					√
4		√			√	√
5	√		√	√		
6			√		√	
7			√		√	√
8		√		√		
9	√	√				√
10	√		√			√

9.4 分别用破圈法和避圈法求图 9.38 中各图的最小支撑树.

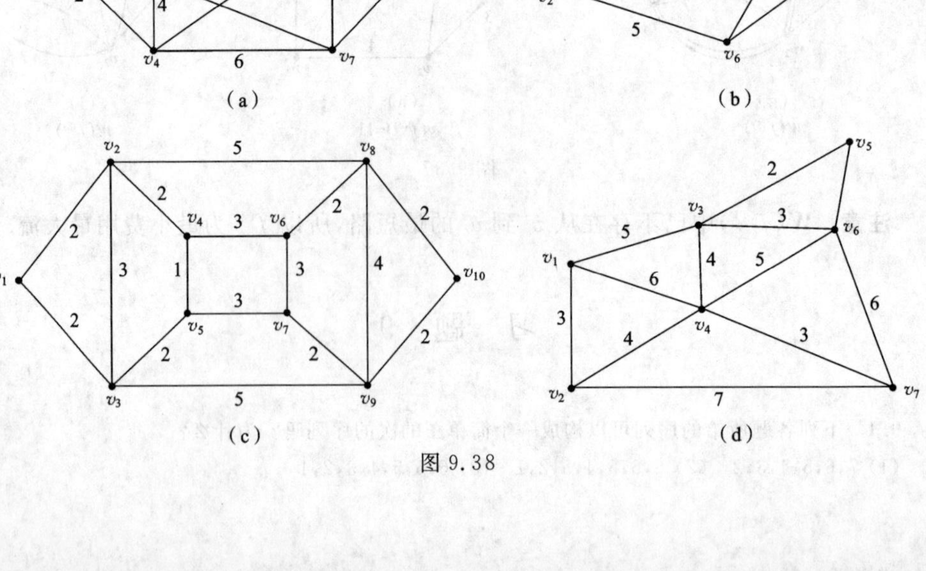

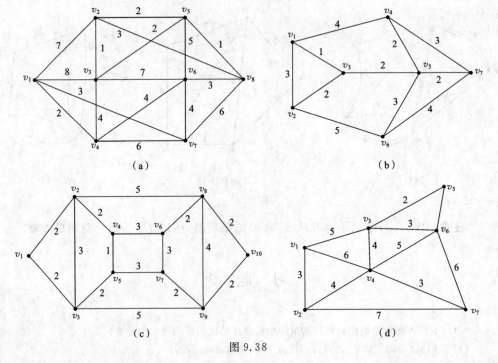

图 9.38

9.5　用 Dijkstra 方法求图 9.39 中各图从 v_5 到各点的最短路径和距离.

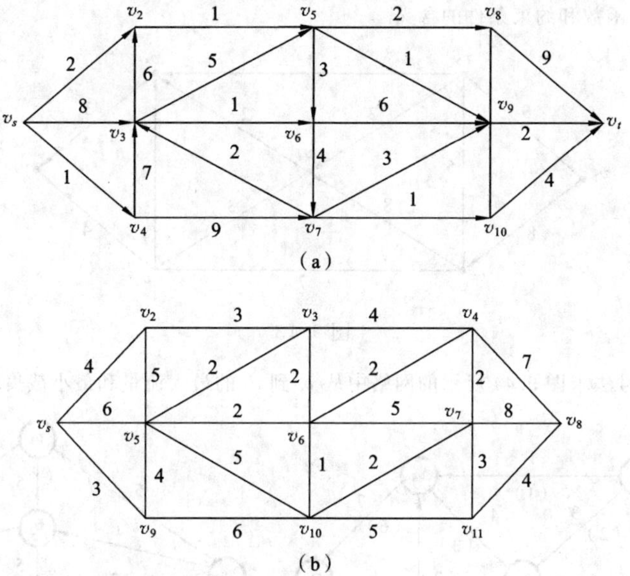

图 9.39

9.6　求图 9.40 中从 v_1 到各点的最短路径.

9.7　在图 9.41 中,用 Dijkstra 方法求从 v_1 到各点的最短路径.

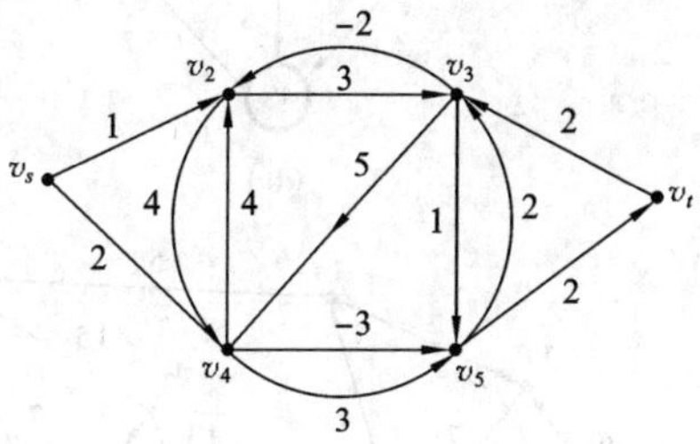

图 9.40

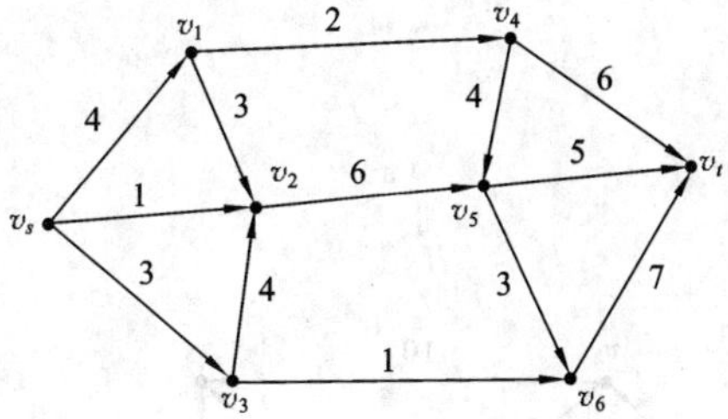

图 9.41

9.8　一辆货车从水泥厂运水泥至某建筑工地,如图 9.42 所示,图中 v_1 表水泥厂所在地,v_6 为建筑工地所在地.图中弧旁括弧内数字,第 1 个表示两点间距离,第 2 个表两点间汽车行驶所需时间.试分别依据最短距离和最少行驶时间确定水泥厂至建筑工地的汽车行驶路线.

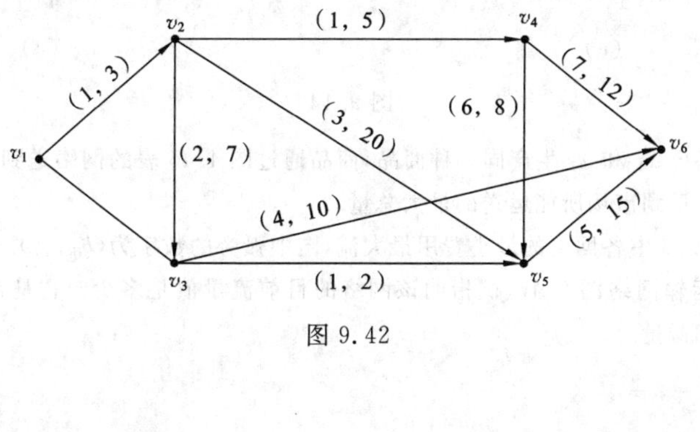

图 9.42

9.9 试将图 9.43 中求 v_1 至 v_7 点的最短路径问题归结为整数规划问题，具体说明整数规划模型中变量、目标函数和约束条件的含义.

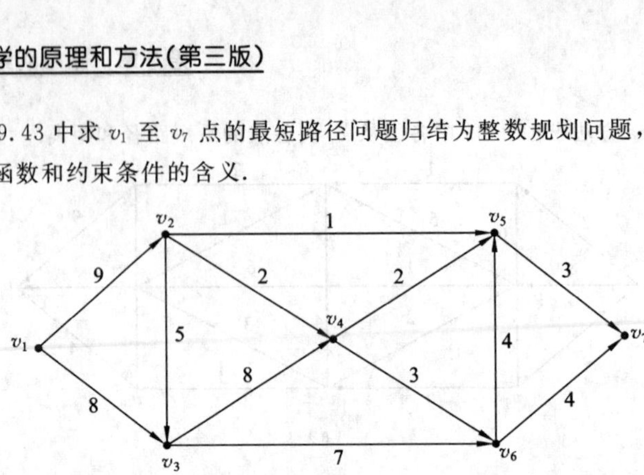

图 9.43

9.10 用标号法求图 9.44 所示的网络中从 v_s 到 v_t 的最大流量和最小截集.

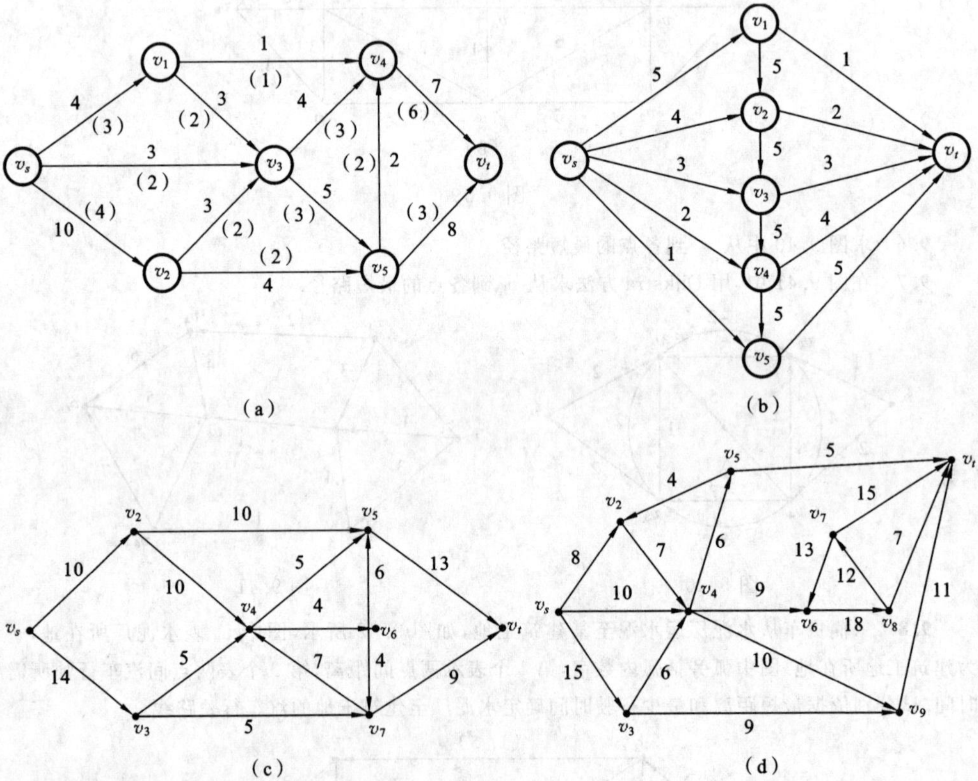

图 9.44

9.11 两家工厂 x_1 和 x_2 生产同一种商品，商品通过图 4.45 表的网络送到市场 y_1, y_2, y_3，利用标号法确定从工厂到市场所能运送的最大总量.

9.12 求图 9.46 中各网络的最小费用最大流，图中弧旁的数字为(b_{ij}, c_{ij}).

9.13 已知运输网络图 9.47，试指明该网络的目前流量值是多少？它是否为最大流？为什么？求最小截集和截量.

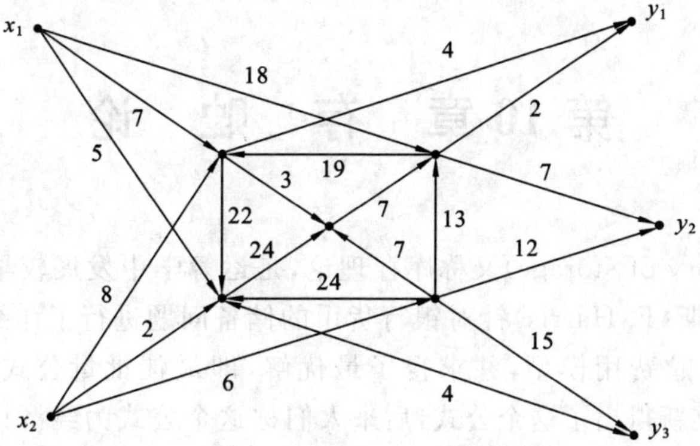

图 9.45

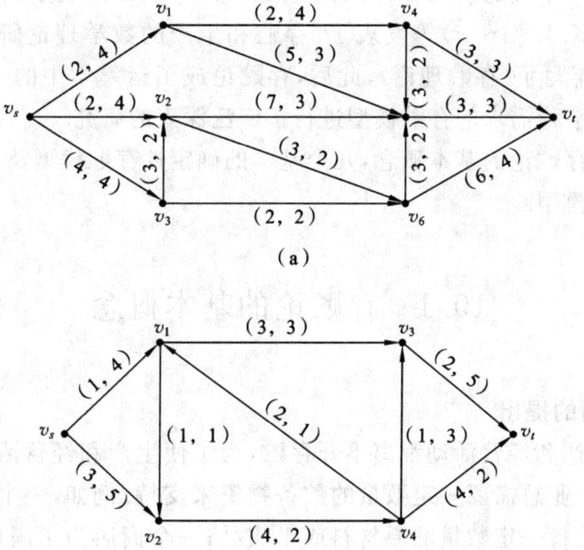

图 9.46

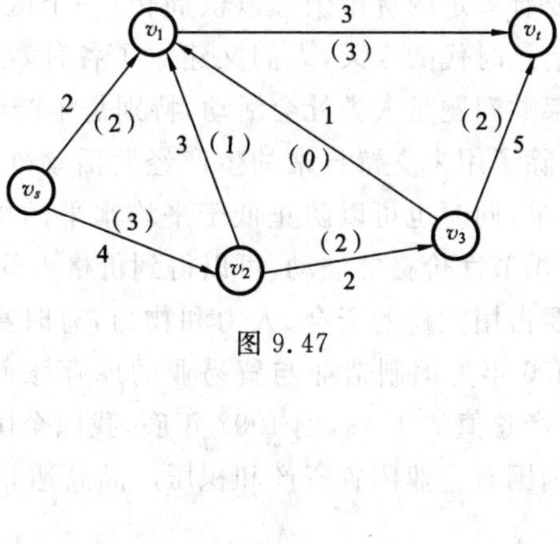

图 9.47

第10章 存 贮 论

存贮论(theory of storage)又称库存理论,是运筹学中发展较早的一个分支.早在1915年,哈里斯(F. Harris)针对银行货币的储备问题进行了详细的研究,建立了一个确定性的存贮费用模型,并求得了最优解,即最佳批量公式.1934年威尔逊(R. H. Wilson)重新得出了这个公式,后来人们称这个公式为经济订购批量公式(简记为EOQ公式).这是属于存贮论的早期工作,存贮论真正作为一门理论发展起来还是在20世纪50年代的事.1958年威汀(T. M. Whitin)发表了《存贮管理的理论》一书,随后阿罗(K. J. Arrow)等发表了《存贮和生产的数学理论研究》,毛恩(P. A. Moran)在1959年写了《存贮理论》,此后,存贮论成了运筹学中的一个独立分支,并陆续对随机或非平稳需求的存贮模型进行了广泛深入的研究.

本章将介绍存贮论的基本概念,几个基本的确定性存贮模型及其扩充,最后介绍几个随机性存贮模型.

10.1 存贮论的基本概念

1. 存贮问题的提出

现代化的生产和经营活动都离不开存贮,为了使生产和经营活动有条不紊地进行,一般的工商企业总需要一定数量的贮备物资来支持.例如,一个工厂为了连续进行生产,就需要贮备一定数量的原材料或半成品;一个商店为了满足顾客的需求,就必须有足够的商品库存;农业部门为了进行正常生产,需要贮备一定数量的种子、化肥、农药;军事部门为了战备的需要,要存贮各种武器、弹药等军用物资;一个银行为了进行正常的业务,需要有一定的货币余额以供周转;一个医院为了抢救病人,更需要一定的药品贮备;在信息时代的今天,人们又建立了各种数据库和信息库,存储大量的信息,等等.因此,存贮问题是人类社会活动,特别是生产经营活动中一个普遍存在的问题.物资的存贮,除了用来支持日常的生产经营活动外,有库存的调节还可以满足高于平均水平的需求,同时也可以防止低于平均水平的供给.此外,有时大批量物资的订货或利用物资季节性价格的波动,可以得到价格上的优惠.

但是,存贮物资需要占用大量的资金、人力和物力,有时甚至造成资源的严重浪费.据有关资料表明,1976年美国制造业与贸易业的库存账面值高达2760亿美元,相当于同年美国国民生产总值的17%,到1993年底,我国全国库存积压产品达2700亿元,到1995年初,我国国有企业闲置资产和积压产品高达5000亿元.可见,大量的库存物资所占用的资金，无论从相对数值还是绝对数值上来看都是十分惊人的，此外，大量的库存物资还会引起某些货物劣化变质，造成巨大损失，例如，药品、水果、蔬菜等，长期存放就会引起变质，特别是在市场经济条件下，过多地存贮物资还将承受市场价格波动的风险.

那么，一个企业究竟应存放多少物资为最适宜呢？对于这个问题，很难笼统地给出准确的回答，必须根据企业自身的实际情况和外部的经营环境来决定，若能通过科学的存贮管理，建立一套控制库存的有效方法，使物资存贮量减少到一个很小的百分比，从而降低物资的库存水平，减少资金的占用量，提高资源的利用率，这对一个企业乃至一个国家来讲，所带来的经济效益无疑是十分可观的，这正是现代存贮论所要研究的问题.

物资的存贮，按其目的的不同，可分为三种：生产存贮，它是企业为了维持正常生产而贮备的原材料或半成品；产品存贮，它是企业为了满足其他生产部门的需要而存贮的半成品或成品；供销存贮，它是指存贮在供销部门的各种物资，直接满足顾客的需要. 但不论哪种类型的存贮系统，一般都可以用如图 10.1 所示的形式来表示，也可以用“供-存-销”三个字来描述，即一个存贮系统，通过订货以及进货后的存贮与销售来满足顾客的需求. 或者说，由于生产或销售的需求，从存贮系统中取出一定数量的库存货物，这就是存贮系统的输出；存贮的货物由于不断输出而减少，必须及时作补充，补充就是存贮系统的输入，补充可以通过外部订货、采购等活动来进行，也可以通过内部的生产活动来进行. 在这个系统中，决策者可以通过控制订货时间的间隔和订货量的多少来调节系统的运行，使得在某种准则下系统运行达到最优，因此，存贮论中研究的主要问题可以概括为：何时订货(补充库存)，每次订多少货(补充多少库存)这两个问题.

图10.1

2. 存贮论的基本概念

为了对存贮问题有一个概括性的了解，下面说明存贮论中常用的几个基本概念.

1) 需求

对于一个存贮系统而言，需求就是它的输出，即从存贮系统中取出一定数量的物资以满足生产或消费的需要，存贮量因满足需求而减少. 单位时间的需求称为需求量或需求率，记作 D. 输出的方式可能是均匀连续式的，也可能是间断瞬间式的，图10.2表示了这两种不同输出方式. 其中 I 是初始存贮量，经过时间 t 后，存贮量为 Q，输出量为 I-Q.

对存贮系统来说，需求是客观存在的，它不受存贮系统控制. 存贮管理者必须设法了解或预测所存贮的物资的需求规律，关于需求量的预测方法很多，读者可参阅有关书籍.

需求量可以是确定性的，也可以是随机性的. 对于随机性需求，可以根据大量的统计资料，用某种随机分布来加以描述. 根据需求是确定性的还是随机性的，可以将

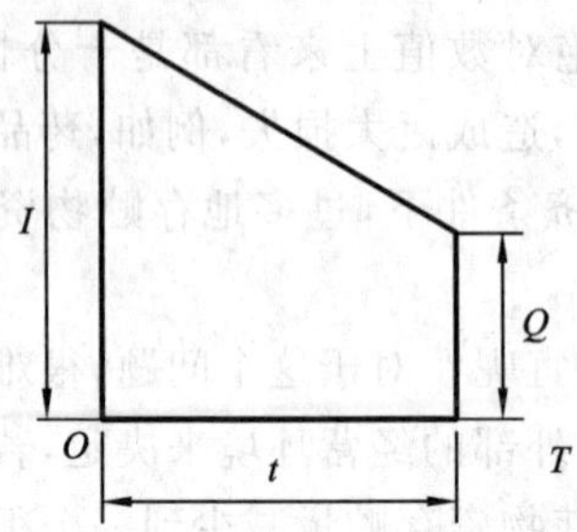

(a) 连续式输出

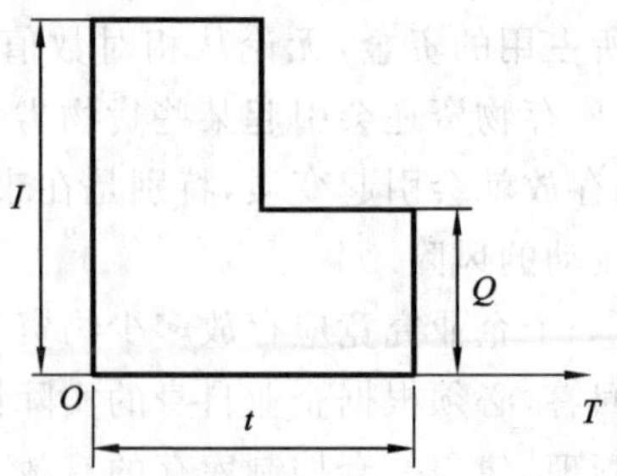

(b) 间断式输出

图 10.2

存贮模型分为确定性的和随机性的两类.

2) 补充供应

存贮由于需求而不断减少,必须加以补充,否则最终将无法满足需求.**补充**就是存贮系统的输入,补充可以通过向供货厂商订购或者自己组织生产来实现,存贮系统对于补充订货的订货时间及每次订货的数量是可以控制的.

从订货到货物入库往往需要一段时间,我们把这段时间称为**拖后时间**,从另一个角度看,为了在某一时刻能补充存贮,必须提前订货,那么这段时间也可称之为**提前时间**(或称**备货时间**).提前时间可以是确定性的,也可以是随机性的.

3) 费用

存贮论所要解决的问题是:多久补充一次,每次补充的数量应该是多少?决定多久补充一次以及每次补充数量的策略称为**存贮策略**.存贮策略的优劣如何衡量呢?最直接的衡量标准是,计算该策略所耗用的平均费用多少,为此有必要对存贮系统的费用进行详细的分析.一般来说,一个存贮系统主要包括下列一些费用:

(1) **存贮费**:包括存贮物资所占用资金应付的利息、物资的存贮损耗、陈旧和跌价损失、存贮物资的保险费、仓库建筑物及设备的修理折旧费、保险费、存贮物资的保养费、库内搬运费等,记每存贮单位物资单位时间所需花费的费用为 c_1(元/件·时间).

(2) **订货费**:对供销企业来说,订货费是指为补充库存,办理一次订货所发生的有关费用,包括订货过程中发生的订购手续费、联络通信费、人工核对费、差旅费、货物检查费、入库验收费等.对于生产企业、订货费相当于组织一次生产所必需的工夹具安装、设备调试、材料安排等费用,订货费只与订货次数有关,而与订购或生产的数量无关,记每次的订货费为 c_3 元.

(3) **缺货损失费**:它一般是指由于存贮供不应求时所引起的损失,如失去销售机会的损失、停工待料的损失以及不能履行合同而缴纳的罚款等.衡量缺货损失费有两种方式,当缺货费与缺货数量的多少和缺货时间的长短成正比时,一般以缺货一件为期一年(付货时间延期一年),造成的损失赔偿费来表示;另一种是缺货费仅与缺货数量有关而与缺货时间长短无关，这时以缺货一件造成的损失赔偿费来表示，记单位物资缺货单位时间的损失费为 c_2(元/件·时间).

由于缺货损失费涉及丧失信誉带来的损失，所以它比存贮费、订货费更难于准确确定，对不同的部门、不同的物资，缺货损失费的确定有不同的标准，要根据具体要求分析计算，将缺货造成的损失数量化.

在不允许缺货的情况下，在费用上处理的方式是将缺货损失费视为无穷大.

以上由存贮费、订货费和缺货损失费的意义可以知道，为了保持一定的库存，要付出存贮费；为了补充库存，要付出订货费；当存贮不足发生缺货时，要付出缺货损失费，这三项费用之间是相互矛盾、相互制约的. 存贮费与所存贮物资的数量和时间成正比，如降低存贮量，缩短存贮周期，自然会降低存贮费；但缩短存贮周期，就要增加订货次数，势必增大订货费支出；要防止缺货现象发生，就要增加安全库存量，这样在减少缺货损失费的同时，增大了存贮费的开支. 因此，我们要从存贮系统总费用为最小的前提出发，进行综合分析，以寻求一个最佳的订货批量和订货间隔时间.

一般，在进行存贮系统的费用分析时，是不必考虑所存贮物资的价格的，但有时由于订购批量大，物资的价格有一定的优惠折扣；在生产企业中，如果生产批量达到一定的数量，产品的单位成本也往往会降低，这时进行费用分析时，就需要考虑物资的价格因素.

4）存贮策略

如前所述，决定何时补充，每次补充多少的策略称之为存贮策略，常见的存贮策略有以下几种：

(1) t_0- 循环策略：每隔 t_0 时间补充存贮量为 Q，使库存水平达到 S，这种策略方法有时也称为**经济批量法**.

(2) (s,S) 策略：每当存贮量 $x>s$ 时不补充，当 $x\leqslant s$ 时补充存贮，补充量 $Q=S-x$，使库存水平达到 S，其中，s 称为**最低库存量**.

(3) (t_0,s,S) 混合策略：每经过 t_0 时间检查存贮量 x，当 $x>s$ 时不补充，当 $x\leqslant s$ 时补充存贮，补充量 $Q=S-x$，即使库存水平达到 S.

5）目标函数

要在一类策略中选择一个最优策略，就需要有一个衡量优劣的标准，这就是目标函数. 在存贮问题中，通常把目标函数取为平均费用函数或平均利润函数，选择的策略应使平均费用达到最小，或使平均利润达到最大.

确定存贮策略时，首先是把实际问题抽象为数学模型. 在形成模型过程中，对一些复杂的条件要尽量加以简化，只要模型能反映问题的本质就可以了，然后对模型用数学方法加以研究，得出数量的结论. 这些结论是否正确，还要拿到实践中去加以检验，如结论与实际不符，则要对模型重新加以研究和修改，存贮问题经过长期研究，已得出一些行之有效的模型. 从存贮模型来看，大体上可分为两类：一类叫做**确定性模型**，即模型中的数据皆为确定的数值；另一类叫做**随机性模型**，即模型中含有随机变量,而不是确定的数值.下面将按确定性存贮模型和随机性存贮模型两大类,分别介绍一些常用的存贮模型,并从中得出相应的存贮策略.

10.2 确定性存贮模型

1. 不允许缺货模型

模型一 不允许缺货、瞬时到货模型

本模型假设:

(1) 用户的需求是连续的、均匀的,需求率 D 为常数;

(2) 当存贮降至零时,可以立即得到补充,即一订货就交货;

(3) 缺货损失费为无穷大,即不允许缺货;

(4) 每次订货量不变,记为 Q,订货费不变,即 c_3 为常数;

(5) 单位存贮费不变,即 c_1 为常数.

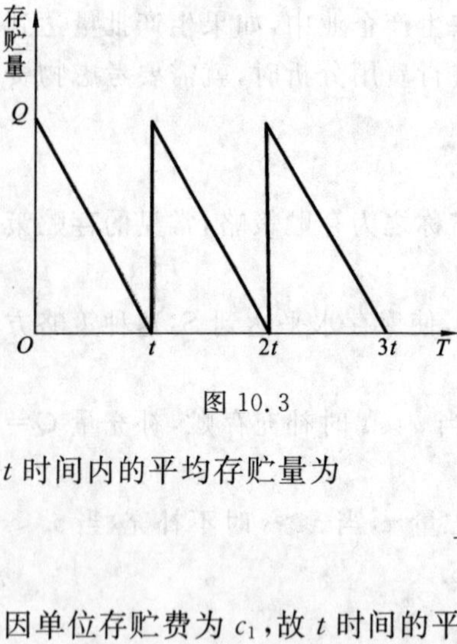

图 10.3

存贮量的变化情况如图 10.3 所示.

由于可以立即得到补充,所以不会出现缺货,在研究这种模型时,不再考虑缺货损失费,因此,在时间间隔 t 内平均总费用$C(t)$,包括存贮费、订货费和成本费等三项单位时间平均费用之和.

因为每隔 t 时间补充一次存贮,那么订货量必须满足 t 时间的需求 Dt,记订货量为 Q,则

$$Q=Dt.$$

t 时间内的平均存贮量为

$$\frac{1}{t}\int_0^t Dt\mathrm{d}t=\frac{1}{2}Dt,$$

因单位存贮费为 c_1,故 t 时间的平均存贮费为$\frac{1}{2}c_1Dt$.

又订货费为 c_3,设货物单价为 k,则在时间 t 内,订购费应是订货费与成本费之和,即

$$c_3+K\cdot Dt,$$

故 t 时间内的平均订购费为$\frac{c_3}{t}+KD$,

所以,在时间 t 内的平均总费用为

$$C(t)=\frac{1}{2}c_1Dt+\frac{c_3}{t}+KD. \tag{10.1}$$

t 取何值时 $c(t)$ 最小,只需对式(10.1)利用微积分求最小值的方法可求出,即先求

$$\frac{dC(t)}{dt}=\frac{1}{2}c_1D-\frac{c_3}{t^2},$$

再令$\frac{dC(t)}{dt}=0$，得

$$t^*=\sqrt{\frac{2c_3}{c_1D}},\tag{10.2}$$

即每隔 t^* 时间订货一次，可使平均总费用 $C(t)$ 最小，t^* 称为**最佳订货周期**. **最佳订货批量**为

$$Q^*=Dt^*=\sqrt{\frac{2c_3D}{c_1}}.\tag{10.3}$$

式(10.3)即存贮论中著名的**经济订货批量**(economic ordering quantity)**公式**，简称为 E. O. Q 公式，或**经济批量公式**.

由于 Q^*，t^* 皆与货物单价 K 无关，所以在费用函数式(10.1)中，可略去 KD 这项费用，如无特殊需要，不再考虑此项费用. 这时，式(10.1)改写为

$$C(t)=\frac{1}{2}c_1Dt+\frac{c_3}{t}.\tag{10.4}$$

将 t^* 的计算式(10.2)代入式(10.4)，得出最佳费用

$$C^*=C(t^*)=\sqrt{2c_1c_3D},\tag{10.5}$$

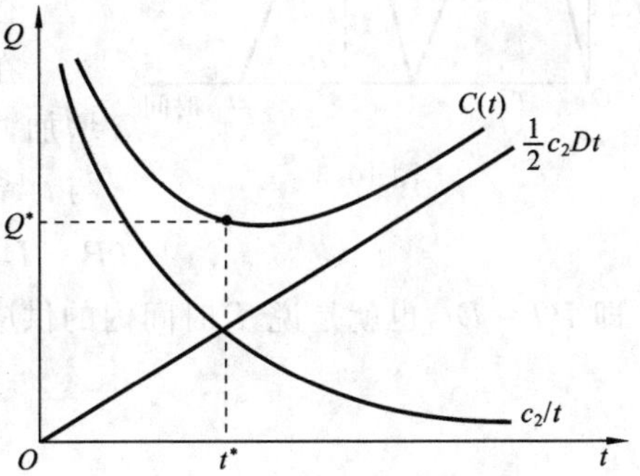

图 10.4

从费用曲线(见图 10.4)也可以求出 t^* 和 C^*. 式(10.2)是由于选 t 作为存贮策略变量推导出来的，如果选订货批量 Q 作为存贮策略变量，也可以推导出上述结果. 请读者自己完成.

例 10.2.1　某建筑公司每天需要某种标号的水泥 100 吨，设该公司每次向水泥厂订购，需支付订购费 100 元，每吨水泥在该公司仓库内每存放一天需付 0.08 元的存贮保管费. 若不允许缺货，且一订货就可提货，试问

(1) 每批订购时间多长，每次订购多少吨水泥，费用最省，其最小费用是多少？

(2) 从订购之日到水泥入库需 7 天时间，试问当库存为多少时应发出订货.

解　(1)这里 $D=100$，$c_1=0.08$，$c_3=100$，由式(10.2)、式(10.3)和式(10.5)，分别有

$$t^*=\sqrt{\frac{2c_3}{c_1D}}=\sqrt{\frac{2\times100}{0.08\times100}}\text{天}=5\text{天};$$

$$Q^*=\sqrt{\frac{2c_3D}{c_1}}=\sqrt{\frac{2\times100\times100}{0.08}}\text{吨}=500\text{吨};$$

$$C^*=\sqrt{2c_1c_3D}=\sqrt{2\times0.08\times100\times100}\text{元}=40\text{元}.$$

(2) 因拖后时间 $l=7$ 天，即订货的提前时间为 7 天，这 7 天内的需求量

$$s^* = Dl = 100 \times 7\ 吨 = 700\ 吨,$$

故当库存量为 700 吨时应发出订货，s^* 称为再订购点.

模型二 不允许缺货，逐步均匀到货模型

这种模型最早用在确定生产批量上，故又称为**生产批量模型**(production lot size).

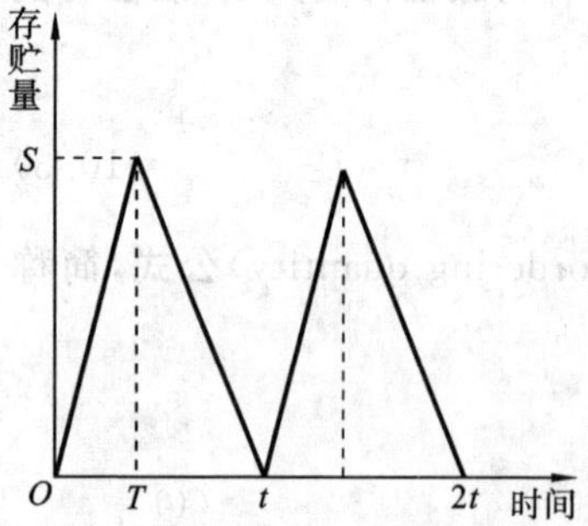

图 10.5

本模型的假设与模型一的基本相同，只是将假设(2)修改为"当存贮降至零时，一订货就逐步均匀到货."

设供货速率为 $P(P>D)$，供货持续时间为 T，订货量为 Q，则 $P=Q/T$.

存贮量的变化情况如图 10.5 所示.

在$[0,T]$时间区间内，存贮量以$(P-D)$的速度增加，在$[T,t]$时间区间内，存贮量以速度 D 减少，T 与 t 皆为待定数. 从图 10.5 易知

$$(P-D)T = D(t-T).$$

即 $PT=Dt$，也就是说 T 时间内的供应量等于 t 时间内的需求量，由此得

$$T = \frac{D}{P}t. \tag{10.6}$$

t 时间内平均存贮量为$\frac{1}{2}(P-D)T$，t 时间内所需的存贮费为

$$\frac{1}{2}c_1(P-D)Tt,$$

又订货费为 C_3，不考虑成本费，则单位时间的平均总费用为

$$C(t) = \frac{1}{t}\left[\frac{1}{2}c_1(P-D)Tt + C_3\right].$$

将式(10.6)代入上式，得

$$C(t) = \frac{1}{2P}c_1(P-D)Dt + \frac{c_3}{t}.$$

为使总费用最小，先求

$$\frac{\mathrm{d}C(t)}{\mathrm{d}t} = \frac{1}{2P}c_1(P-D)D - \frac{c_3}{t^2}$$

再令$\frac{\mathrm{d}C(t)}{\mathrm{d}t}=0$，得

$$t^* = \sqrt{\frac{2c_3}{c_1 D}}\sqrt{\frac{P}{P-D}}. \tag{10.7}$$

t^* 为最佳订货周期，最佳订货批量为

$$Q^* = Dt^* = \sqrt{\frac{2c_3 D}{c_1}}\sqrt{\frac{P}{P-D}}. \tag{10.8}$$

最小平均总费用为

$$C^* = C(t^*) = \sqrt{2c_1 c_3 D}\sqrt{\frac{P-D}{P}}. \tag{10.9}$$

利用 t^* 可求出最值进货(生产)持续时间为

$$T^* = \frac{D}{P}t^* = \sqrt{\frac{2c_3 D}{c_1 P(P-D)}}. \tag{10.10}$$

将式(10.7)～式(10.9)与式(10.2)、式(10.3)、式(10.5)相比较可以看出，模型二的 t^*、Q^* 是模型一的$\sqrt{\frac{P}{P-D}}$倍. 而这个因子是大于 1 的，即模型二中的最佳订货周期和最佳订货批量都较模型一增大，而费用反而是它的$\sqrt{\frac{P-D}{P}}$倍，即费用减少了. 这是因为逐步均匀进货，减少了存贮费用的结果.

例 10.2.2 某电视机厂自行生产扬声器用于装配本厂生产的电视机. 该厂每天生产 100 部电视机，而扬声器生产车间每天可以生产 5000 个，已知该厂每批电视机装备的生产准备费为 5000 元，而每个扬声器在一天内的存贮保管费为 0.02 元. 试确定该厂扬声器的最佳生产批量、生产时间和电视机的安装周期.

解 此存贮模型显然是一个不允许缺货、边生产边装配的模型，且 $D=100$，$P=5000$，$c_1=0.02$，$c_3=5000$，所以由式(10.7)和式(10.8)得

$$Q^* = \sqrt{\frac{2\times 5000\times 100\times 5000}{0.02\times(5000-100)}} \approx 7140; \quad t^* = \frac{Q^*}{D} = \frac{7140}{100} \approx 71,$$

即该厂每批扬声器的生产量为 7140 个，电视机的装配周期为 71 天. 又由式(10.10)，得

$$T^* = \frac{Dt^*}{P} = \frac{Q^*}{P} = \frac{7140}{5000}\text{天} \approx 1.5\text{天}$$

即扬声器的生产时间约为一天半.

2. 允许缺货模型

模型三 允许缺货、瞬时到货、缺货要补模型

本模型是允许缺货，并把缺货损失定量化，但缺货要在下一个订货周期内补足的存贮模型. 在使用这个模型时，企业应权衡一下利弊，只有当缺货损失较小，而由于允许缺货，所以企业可以在存贮量降至零后，还可以再等一段时间然后订货，这就意味着企业可以少付几次订货费和少付存贮费，这时发生缺货现象可能对企业还是有利的. 只有这样，才能使用这个模型.

本模型的假设条件除允许缺货外，其余条件皆与模型一的相同.

设单位存贮费为 c_1，每次订货费为 c_3，缺货损失费为 c_2(单位缺货损失)，需求率为 D，一订货就到货，求使平均总费用最小的最佳存贮策略.

存贮量的变化如图 10.6 所示.

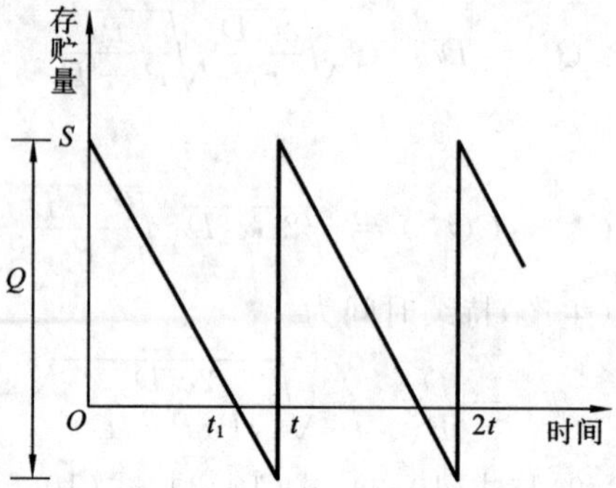

图 10.6

假设最初存贮量为 S,可以满足 t_1 时间内的需求,t_1 时间内的平均存贮量为$S/2$.

在$(t-t_1)$时间内的存贮量为零,平均缺货量为 $D(t-t_1)/2$.

由于 S 仅能满足 t_1 时间的需求,故 $S=Dt_1$.

在时间 t 内所需的存贮费为

$$\frac{1}{2}c_1 St_1 = \frac{1}{2}c_1 \frac{S^2}{D}.$$

在时间 t 内的缺货损失费为

$$\frac{1}{2}c_2 D(t-t_1)^2 = \frac{1}{2}c_2 \frac{(Dt-S)^2}{D}.$$

订货费:c_3.

根据单位时间的平均总费用应是存贮费、缺货损失费和订货费之和的单位时间平均费用,故有

$$C(t,s) = \frac{1}{t}\left[c_1 \frac{S^2}{2D} + c_2 \frac{(Dt-S)^2}{2D} + c_3\right].$$

式中有两个变量 t 和 S,利用多元函数求极值的方法求 $C(t,S)$的最小值,即联立求解$\frac{\partial C}{\partial s}=0$ 和$\frac{\partial C}{\partial t}=0$,得

$$t^* = \sqrt{\frac{2c_3}{c_1 D}}\sqrt{\frac{c_1+c_2}{c_2}}; \tag{10.11}$$

$$S^* = \sqrt{\frac{2c_3 D}{c_1}}\sqrt{\frac{c_2}{c_1+c_2}}, \tag{10.12}$$

分别是最佳订货周期和最佳的最大库存量.

平均总费用的最小值为

$$C^* = C(t^*, S^*) = \sqrt{2c_1 c_3 D}\sqrt{\frac{c_2}{c_1+c_2}}, \tag{10.13}$$

最佳订货批量为

$$Q^* = Dt^* = \sqrt{\frac{2c_3D}{c_1}}\sqrt{\frac{c_1+c_2}{c_2}}, \tag{10.14}$$

最大缺货量记为 q^*，则

$$q^* = Q^* - S^* = \sqrt{\frac{2Dc_1c_3}{c_2(c_1+c_2)}}. \tag{10.15}$$

若所缺的货不需要补充，则最佳经济批量就是 S^*.

此模型与模型一相比较，允许缺货造成的差别，仅在订货周期 t^* 和订货量 Q^* 是不允许缺货的$\sqrt{\frac{c_1+c_2}{c_2}}$倍，而费用却缩减到它的$\sqrt{\frac{c_2}{c_1+c_2}}$.

例 10.2.3 若在本节例 10.2.1 中允许水泥有缺货，其缺货损失估计为每吨 2 元，试确定该建筑公司的最佳订货策略.

解 此处 $c_2=2$. 由式(10.14)，得

$$Q^* = \sqrt{\frac{2\times100\times100\times(0.08+2)}{0.08\times2}}\text{吨} = 510\text{吨};$$

$$t^* = \frac{Q^*}{D} = \frac{510}{100}\text{天} = 5.1\text{天},$$

所以，当允许水泥有缺货时，建筑公司的订货周期延长了，且每次的订货量相对地增加了.

模型四 允许缺货、逐步均匀到货、缺货要补模型.

本模型的假设条件除允许缺货外，其余条件皆与模型二的相同，其存贮量的变化情况如图 10.7 所示.

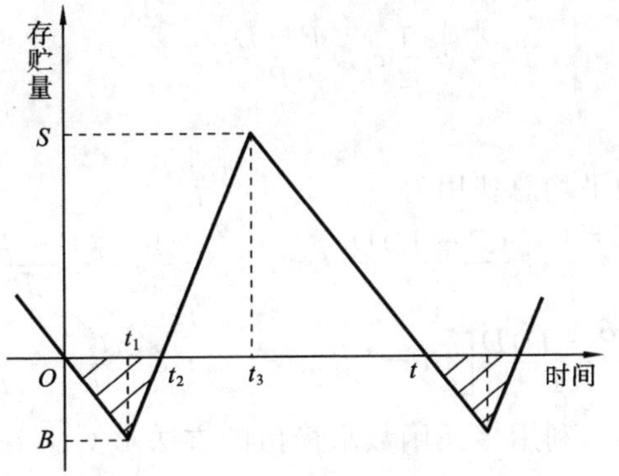

图 10.7

取$[0,t]$为一个订货周期，

$[0,t_2]$时间内存贮量为零，B 为最大缺货量，

$[t_1,t_3]$时间为进货时间，其中$[t_1,t_2]$时间内除满足需求外，还须补足$[0,t_1]$时间内的缺货，$[t_2,t_3]$时间内满足需求后的货物进入存贮，存贮量以$(P-D)$的速度增加，

S 表示存贮量，t_3 时刻存贮量达到最大，这时停止进货.

$[t_3,t]$时间存贮量以需求速度 D 减少，由图 10.7 易知

最大缺货量

$$B = Dt_1 = (P-D)(t_2-t_1),$$

所以

$$t_1 = \frac{P-D}{P}t_2, \tag{10.16}$$

最大存贮量为

$$S = (P-D)(t_3-t_2) = D(t-t_3),$$

所以

$$t_3 - t_2 = \frac{D}{P}(t-t_2), \tag{10.17}$$

在$[0,t]$时间内所需的费用有

存贮费：

$$\frac{1}{2}c_1(P-D)(t_3-t_2)(t-t_2);$$

将式(10.17)代入消去 t_3，得

$$\frac{1}{2}c_1(P-D)\frac{D}{P}(t-t_2)^2.$$

缺货损失费：$\frac{1}{2}c_2Dt_1t_2$.

将式(10.16)代入消去 t_1，得

$$\frac{1}{2}c_2D\frac{P-D}{P}t_2^2.$$

订货费：c_3.

在$[0,t]$时间内的平均总费用为

$$\begin{aligned} c(t,t_2) &= \frac{1}{t}\left[\frac{1}{2}c_1\frac{(P-D)D}{P}(t-t_2)^2 + \frac{1}{2}c_2\frac{(P-D)D}{P}t_2^2 + c_3\right] \\ &= \frac{(P-D)D}{2P}\left[c_1t - 2c_1t_2 + (c_1+c_2)\frac{t_2^2}{t}\right] + \frac{c_3}{t}. \end{aligned}$$

式中有两个变量 t 和 t_2，利用多元函数求极值的方法求 $C(t,t_2)$ 的最小值，即联立求解$\frac{\partial C(t,t_2)}{\partial t}=0$ 和$\frac{\partial C(t,t_2)}{\partial t_2}=0$，得

$$t^* = \sqrt{\frac{2c_3}{c_1D}}\cdot\sqrt{\frac{c_1+c_2}{c_2}}\cdot\sqrt{\frac{P}{P-D}}, \tag{10.18}$$

$$Q^* = Dt^* = \sqrt{\frac{2c_3D}{c_1}}\cdot\sqrt{\frac{c_1+c_2}{c_2}}\cdot\sqrt{\frac{P}{P-D}}\ . \tag{10.19}$$

分别为最佳订货周期和最佳订货批量，其最佳缺货时间为

$$t_2^* = \frac{c_1}{c_1+c_2}\cdot\sqrt{\frac{2c_3}{c_1 D}}\cdot\sqrt{\frac{c_1+c_2}{c_2}}\cdot\sqrt{\frac{P}{P-D}}. \tag{10.20}$$

最大存贮量为

$$S^* = D(t^* - t_3) = D\left(t^* - \frac{D}{P}t^* - \frac{P-D}{P}t_2\right)$$

$$=\sqrt{\frac{2c_3 D}{c_1}}\cdot\sqrt{\frac{c_2}{c_1+c_2}}\cdot\sqrt{\frac{P-D}{P}}. \tag{10.21}$$

最大缺货量为

$$B^* = Dt_1 = \frac{D(P-D)}{P}t_2 = \sqrt{\frac{2c_1c_3D}{(c_1+c_2)c_2}}\cdot\sqrt{\frac{P-D}{P}}. \tag{10.22}$$

最小平均总费用为

$$C^* = \sqrt{2c_1c_3D}\cdot\sqrt{\frac{c_2}{c_1+c_2}}\cdot\sqrt{\frac{P-D}{P}}. \tag{10.23}$$

将本模型中的一组公式(10.18)、式(10.19)、式(10.23)与前面的三个模型的对应公式相比较,不难发现,它们是前面公式的综合,其中模型一中的三个公式(10.2)、式(10.3)和式(10.5)是最基本的. 在此基础上,如果考虑逐步均匀到货,则在式(10.2)和式(10.3)中乘上因子$\sqrt{\frac{P}{P-D}}$,即得式(10.7)和式(10.8),在式(10.5)中乘上因子$\sqrt{\frac{P-D}{P}}$,即得式(10.9). 如果是允许缺货,瞬时到货,则在式(10.2)和式(10.3)中乘上因子$\sqrt{\frac{c_1+c_2}{c_2}}$,即得式(10.11)和式(10.14). 在式(10.5)中乘上因子$\sqrt{\frac{c_2}{c_1+c_2}}$,即得式(10.13),最后,如果是允许缺货,持续均匀到货,则将模型二和模型三中的两个因子分别乘到式(10.2)、式(10.3)和式(10.5)中,即得式(10.18)、式(10.19)和式(10.23).

例 10.2.4 某车间每年能生产本厂日常所需的某种零件 80000 个,全厂每年均匀地需要这种零件约 20000 个. 已知每个零件存贮一个月所需的存贮费是 0.10 元,每批零件生产前所需的安装费是 350 元,当供货不足时,每个零件缺货的损失费为 0.20 元/月,所缺的货到货后要补足. 试问应采取怎样的存贮策略最合适?

解 这是属于允许缺货,一订货就均匀进货,缺货要补的模型. 已知

$P=80000/12, D=20000/12, c_1=0.10, c_2=0.20, c_3=350$,由式(10.18)得最佳订货周期

$$t^* = \sqrt{\frac{2\times 350}{0.10\times 20000/12}}\cdot\sqrt{\frac{0.10+0.20}{0.20}}\cdot\sqrt{\frac{80000/12}{80000/12-20000/12}}\text{ 月}$$

$$=\sqrt{\frac{24\times 35}{200}}\sqrt{\frac{3}{2}}\sqrt{\frac{4}{3}} = \sqrt{\frac{48\times 35}{200}}\text{ 月}$$

$$\approx 2.9\text{ 月}.$$

最佳经济批量是

$$Q^* = Dt^* = \frac{20000}{12} \times 2.9\text{ 个} = 4833\text{ 个}.$$

最大存贮量

$$S^* = \sqrt{\frac{2 \times 350 \times 20000/12}{0.10}}\sqrt{\frac{0.20}{0.1+0.2}}\sqrt{\frac{80000/12-20000/12}{80000/12}}\text{ 个}$$
$$\approx 2415\text{ 个}.$$

3. 价格有折扣的存贮问题

以上讨论的存贮模型中,均假设存贮货物的单价是常量,得出的存贮策略与货物单价无关,但实际的订货问题有时与单价有关.例如,商品有所谓零售价、批发价和出厂价之分,购买同一种商品的数量不同,商品的单价也不同.一般情况下购买的数量越多,商品的单价越低.由于有价格优惠,订货时就希望多订一些货物,但订货多了,存贮费必然增加,造成资金的积压.如何在这两者之间权衡,使得既充分利用价格优惠,又使总费用最小,这就是讨论价格有折扣的存贮问题所必须解决的问题.下面我们仅就模型一来考虑价格有折扣的存贮问题.

模型五 价格有折扣的 EOQ 模型

除去货物单价随订购数量而变化外,本模型的条件皆与模型一的假设相同,问应如何制订相应的存贮策略?

记货物单价为 $K(Q)$,其中 Q 为订货量,为讨论方便,设 $K(Q)$ 按三个数量等级变化

$$K(Q) = \begin{cases} k_1, & 0 \leqslant Q < Q_1; \\ k_2, & Q_1 \leqslant Q < Q_2; \\ k_3 & Q_1 \geqslant Q_2, \end{cases}$$

且 $k_1 > k_2 > k_3$(见图 10.8).

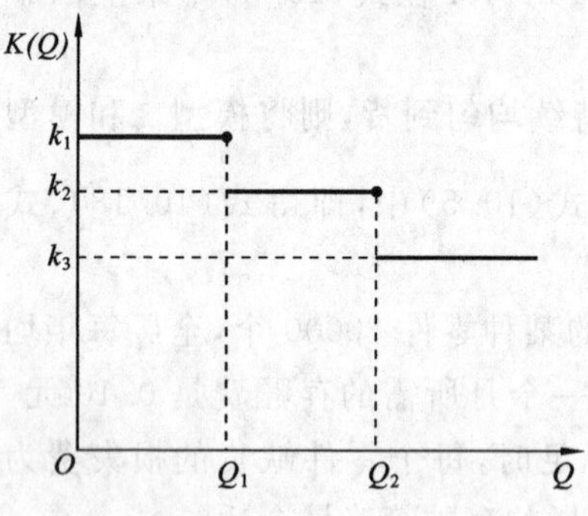

图 10.8

由公式(10.1)可知,在时间 t 内的平均总费用为

$$C(t) = \frac{1}{2}c_1 Dt + \frac{c_3}{t} + KD.$$

又因为 $Q=Dt$.所以在 t 时间内的总费用为

$$\frac{1}{2}c_1 Q\frac{Q}{D} + c_3 + KQ.$$

记平均每单位物资所需的总费用为 $C(Q)$,则

$$C(Q) = \frac{1}{2}c_1\frac{Q}{D} + \frac{c_3}{Q} + K. \tag{10.24}$$

显然有

$$C^1(Q) = \frac{1}{2}c_1\frac{Q}{D} + \frac{c_3}{Q} + k_1, \quad Q \in [0, Q_1);$$

$$C^2(Q) = \frac{1}{2}c_1\frac{Q}{D} + \frac{c_3}{Q} + k_2, \quad Q \in [Q_1, Q_2);$$

$$C^3(Q) = \frac{1}{2}c_1\frac{Q}{D} + \frac{c_3}{Q} + k_3, \quad Q \in [Q_2, \infty);$$

如果不考虑 $C^1(Q)$,$C^2(Q)$,$C^3(Q)$的定义域,它们之间只差一个常数,因此它们的导函数相同,故它们表示的是一族平行曲线(见图 10.9).

为求最小总费用,可先求

$$\frac{\mathrm{d}C(Q)}{\mathrm{d}Q} = \frac{c_1}{2D} - \frac{c_3}{Q^2}.$$

再令$\frac{\mathrm{d}C(Q)}{\mathrm{d}Q}=0$,得

$$Q_0 = \sqrt{\frac{2c_3D}{c_1}}. \qquad (10.25)$$

这就是模型一中的最佳经济批量. Q_0 究竟落在哪一个区间,事先难以预计. 假设 $Q_1 < Q_0 < Q_2$,这时也不能肯定 $C^2(Q_0)$最小,从图 10.9 的直观感觉启发我们考虑:是否 $C^3(Q_2)$的费用更小? 按此思路,我们给出价格有折扣情况下,求最佳订货批量 Q^* 的步骤:

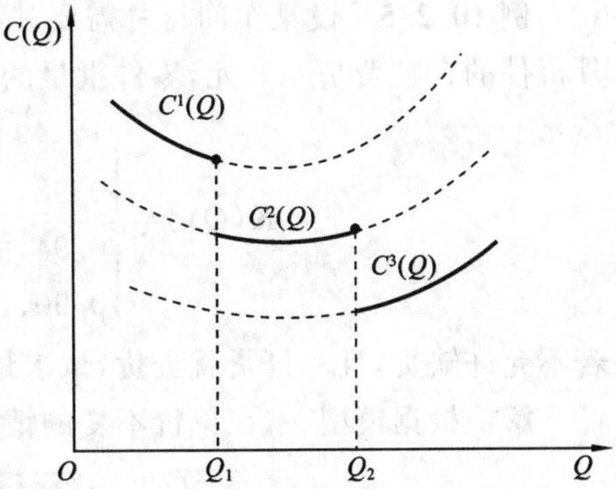

图 10.9

(1) 对 $C(Q)$(不考虑定义域)求得极值点 Q_0,即式(10.25).

(2) 若 $Q_0 < Q_1$,则计算 $C^1(Q_0)$,$C^2(Q_1)$和 $C^3(Q_2)$,取其中最小者对应的批量为 Q^*,例如,若

$$C^2(Q_1) = \min\{C^1(Q_0), C^2(Q_1), C^3(Q_2)\},$$

则取 $Q^* = Q_1$.

(3) 若 $Q_1 \leqslant Q_0 < Q_2$,则计算 $C^2(Q_0)$,$C^3(Q_2)$,由 $\min\{C^2(Q_0), C^3(Q_2)\}$决定 Q^*.

(4) 若 $Q_0 \geqslant Q_2$,则取 $Q^* = Q_0$.

以上步骤可以推广到单价具有 m 个等级折扣的情形,设订货量为 Q,其单价 $K(Q)$为

$$K(Q) = \begin{cases} k_1, & 0 \leqslant Q < Q_1; \\ k_2, & Q_1 \leqslant Q < Q_2; \\ \cdots \\ k_j, & Q_{j-1} \leqslant Q < Q_j; \\ \cdots \\ k_m, & Q \geqslant Q_{m-1}. \end{cases}$$

对应的平均单位货物所需费用为

$$C^j(Q)=\frac{1}{2}c_1\frac{Q}{D}+\frac{c_3}{Q}+K_j\ \ (j=1,2,\cdots,m).$$

首先按式(10.25)求出 Q_0，若 $Q_{j-1}\leqslant Q_0<Q_j$，则求

$$\min\{c^j(Q_0),C^{j+1}(Q_j),\cdots,C^m(Q_{m-1})\},$$

设其最小值为 $C^l(Q_{l-1})$，则取

$$Q^*=Q_{l-1},$$

即为最佳订货批量.

例 10.2.5 设某车间每月需要某种零件 30 000 个，每次的订购费是 500 元，每月每件的存贮费是 0.2 元，零件批量的单价如下：

$$K(Q)=\begin{cases}1, & 0\leqslant Q<10\ 000;\\ 0.98, & 10\ 000\leqslant Q<30\ 000;\\ 0.94, & 30\ 000\leqslant Q<50\ 000;\\ 0.90, & Q\geqslant 50\ 000.\end{cases}$$

若不允许缺货，且一订货就进货，试求最佳的订货批量.

解 根据模型一，在单价不变的情况下，求出最佳订购批量为

$$Q_0=\sqrt{\frac{2c_3D}{c_1}}=\sqrt{\frac{2\times 500\times 30\ 000}{0.2}}\text{ 个}\approx 12\ 247\text{ 个}.$$

因 $10\ 000<Q_0<30\ 000$，故应计算

$$C(Q_0)=C(12\ 247)=\frac{1}{2}c_1\frac{Q_0}{D}+\frac{c_3}{Q_0}+k_2$$

$$=\left(\frac{1}{2}\times 0.2\times\frac{12247}{30\ 000}+\frac{500}{12247}+0.98\right)\text{元/个}\approx 1.062\text{ 元/个};$$

$$C(Q_2)=C(30\ 000)=\frac{1}{2}c_1\frac{Q_2}{D}+\frac{c_3}{Q_2}+k_3$$

$$=\left(\frac{1}{2}\times 0.2\times\frac{30\ 000}{30\ 000}+\frac{500}{30\ 000}+0.94\right)\text{元/个}\approx 1.057\text{ 元/个};$$

$$C(Q_3)=C(50\ 000)=\frac{1}{2}c_1\frac{Q_3}{D}+\frac{c_3}{Q_3}+k_4$$

$$=\left(\frac{1}{2}\times 0.2\times\frac{50\ 000}{30\ 000}+\frac{500}{50\ 000}+0.90\right)\text{元/个}=1.077\text{ 元/个}.$$

由比较可知 $\min\{C(Q_0),C(Q_2),C(Q_3)\}=C(Q_2)$，

故应取 $Q_2=30\ 000$ 为最佳订购批量，即 $Q^*=30\ 000$ 个.

本模型中，由于订购批量不同，订货周期长短不一样，所以才利用平均单位货物所需费用比较优劣. 当然也可以利用单位时间内的平均总费用

$$C(Q)=\frac{1}{2}c_1Q+\frac{c_3D}{Q}+KD$$

作为比较的标准. 本例中

$$C(Q_0)=C(12\,247)=\left(\frac{1}{2}\times 0.2\times 12\,247+\frac{500\times 30\,000}{12247}+0.98\times 30\,000\right)\text{元}$$
$$\approx 31\,860\text{ 元；}$$
$$C(Q_2)=C(30\,000)=\left(\frac{1}{2}\times 0.2\times 30\,000+\frac{500\times 30\,000}{30\,000}+0.94\times 30\,000\right)\text{元}$$
$$=31\,700\text{ 元；}$$
$$C(Q_3)=C(50\,000)=\left(\frac{1}{2}\times 0.2\times 50\,000+\frac{500\times 30\,000}{50\,000}+0.90\times 30\,000\right)\text{元}$$
$$=32\,300\text{ 元；}$$

由于

$$\min\{C(Q_0),C(Q_2),C(Q_3)\}=C(Q_2),$$

所以，最佳经济批量

$$Q^*=30\,000\text{ 个}.$$

10.3 随机性存贮模型

随机性存贮模型的重要特点是需求为随机的，其概率分布为已知，在这种情况下，前面所介绍过的模型已经不适用了. 例如，商店对某种商品进货 500 件，这 500 件商品可能在一个月内售完，也可能在两个月之后还有剩余，事先不能准确预测. 这时商店如果想既不因缺货而失去销售机会，又不因滞销而过多积压资金，就必须采用新的存贮策略. 现在，可供选择的策略主要有三种：

第一种策略：定期订货，即每隔一定的时间就订货，但订货数量需要根据上一个周期末剩下货物的数量来决定，剩下的数量少，可以多订货；剩下的数量多，可以少订或不订货，这种策略称为**定期订货法**.

第二种策略：定点订货，即当存贮量降到某一确定的数量时就订货，不再考虑间隔的时间，这一确定的数量称为**订货点**，每次订货的数量不变，这种策略称为**定点订货法**.

第三种策略：(s,S)策略. 它是把定期订货法与定点订货法综合起来的一种方法，即每隔一定时间检查一次存贮，如果存贮数量高于一个数值 s，则不订货；如果存贮数量低于 s 则订货，其订货量是要使存贮量达到 S，这种策略可以简称为(s,S)策略.

此外，与确定性存贮模型不同的特点还有：在随机性存贮模型中，不允许缺货的条件也只能从概率的意义方面去理解. 例如，不允许缺货的概率为 0.9，等等. 存贮策略的优劣，通常是以营利的期望值的大小或损失期望值的大小作为衡量标准，下面我们分析几个典型的随机性存贮模型.

1. 单时期存贮模型

单时期存贮模型就是一种货物的一次性订货，只在满足一个特定时期的需要时发生的,即通常所说有“一锤子”买卖.也就是说,当存货销完时,并不发生补充进货问题.由于问题在所考虑的时期内,总需求量是不确定的,这就形成了两难的局面,因为货订得多,虽然可以获得更多的利润;但如果太多了,将会由于卖不出去而造成损失.反之,如果货订少了,虽然不会出现货物卖不出去而造成的损失,但却会因供不应求而失掉销售机会.例如,在筹备一个大型的国际性的运动会过程中,到底应准备多少食品、糕点、饮料呢?今年夏天应准备多少件款式时兴的时装呢?明年的挂历应准备多少呢?等等.像这样一类问题,其主要特征总是在“太多”与“太少”两者之间找一个适当的订货量.

模型六 需求是随机离散的单时期存贮模型

我们用一个典型例子——报童问题来分析这类模型的解法.

报童问题:有一报童每天售报数量是一个离散型随机变量,设销售量 r 的概率分布 $P(r)$ 为已知,每张报纸的成本为 u 元,售价为 v 元($v>u$),如果报纸当天卖不出去,第二天就要降价处理,设处理价为 w 元($w<u$).问报童每天最好准备多少份报纸?

这个问题就是要确定报童每天报纸的订货量 Q 为何值时,使赢利的期望值最大或损失的期望值最小?

下面我们用两种方法来解这个问题.

解法一 计算损失的期望值最小.

设售出报纸数量为 r,其概率为 $P(r)$ 为已知,$\sum_{r=0}^{\infty}P(r)=1$.设报童订购报纸数量为 Q,这时的损失有两种:

(1) 当供大于求($Q\geqslant r$)时,这时报纸因当天不能售完,第二天需降价处理,其损失的期望值为

$$\sum_{r=0}^{+\infty}(u-w)(Q-r)P(r).$$

(2) 当供不应求($Q<r$)时,这时因缺货而失去销售机会,其损失的期望值为

$$\sum_{r=Q+1}^{+\infty}(v-u)(r-Q)P(r),$$

故总损失的期望值为

$$C(Q)=(u-w)\sum_{r=0}^{Q}(Q-r)P(r)+(v-u)\sum_{r=Q+1}^{+\infty}(r-Q)P(r). \tag{10.26}$$

要从上式中决定 Q 的值,使 $C(Q)$ 最小.

由于报纸订购的份数 Q 只能取整数,需求量 r 也只能取整数,即都是离散变量,所以不能用微积分的方法求式(10.26)的极值.为此我们用差分法,设报童每天订购报纸的最佳批量为 Q^*,则必有

$$\begin{cases} C(Q^*)\leqslant C(Q^*+1); & (10.27)\\ C(Q^*)\leqslant C(Q^*-1). & (10.28)\end{cases}$$

同时成立,故将上两不等式联立求解可得最佳批量 Q^*.

从式(10.27)出发进行推导,有

$$(u-w)\sum_{r=0}^{Q}(Q-r)P(r)+(v-u)\sum_{r=Q+1}^{+\infty}(r-Q)P(r)$$
$$\leqslant (u-w)\sum_{r=0}^{Q+1}(Q+1-r)P(r)+(v-u)\sum_{r=Q+2}^{+\infty}(r-Q-1)P(r),$$

经化简后,得

$$(v-w)\sum_{r=0}^{Q}P(r)-(v-u)\geqslant 0,$$

即

$$\sum_{r=0}^{Q}P(r)\geqslant\frac{v-u}{v-w}. \tag{10.29}$$

从式(10.28)出发进行推导,有

$$(u-w)\sum_{r=0}^{Q}(Q-r)P(r)+(v-u)\sum_{r=Q+1}^{+\infty}(r-Q)P(r)$$
$$\leqslant (u-w)\sum_{r=0}^{Q-1}(Q-1-r)P(r)+(v-u)\sum_{r=Q}^{\infty}(r-Q+1)P(r).$$

经化简后,得

$$(v-w)\sum_{r=0}^{Q-1}P(r)-(v-u)\leqslant 0,$$

即

$$\sum_{r=0}^{Q-1}P(r)\leqslant\frac{v-u}{v-w}. \tag{10.30}$$

综合式(10.29)和式(10.30),得

$$\sum_{r=0}^{Q-1}P(r)\leqslant\frac{v-u}{v-w}\leqslant\sum_{r=0}^{Q}P(r). \tag{10.31}$$

由式(10.31)可以确定最佳订购批量 Q^*,其中$\frac{v-u}{v-w}$称为临界值.

解法二 计算赢利的期望值最大.

这时也可分两种情况:

(1) 当供大于求($Q\geqslant r$)时,这时只能售出 r 份报纸,故可赚$(v-u)r$.未售出的报纸降价处理后,每份损失$(u-w)$,共损失为$(u-w)(Q-r)$,因此,赢利的期望值为

$$\sum_{r=0}^{Q}[(v-u)r-(u-w)(Q-r)]P(r).$$

(2) 当供不应求($Q<r$)时,这时只有 Q 份报纸可供销售,故可赚$(v-u)Q$,无滞销损失,因此,赢利的期望值为

$$\sum_{r=Q+1}^{+\infty}(v-u)QP(r).$$

故总赢利的期望值为

$$C(Q)=\sum_{r=0}^{Q}[(v-u)r-(u-w)(Q-r)]P(r)+\sum_{r=Q+1}^{+\infty}(v-u)QP(r).$$

则最佳订购批量 Q^* 应满足

$$\begin{cases}C(Q^*)\geqslant C(Q^*+1); & (10.32)\\ C(Q^*)\geqslant C(Q^*-1). & (10.33)\end{cases}$$

从式(10.32)出发进行推导,有

$$\sum_{r=0}^{Q}[(v-u)r-(u-w)(Q-r)]P(r)+\sum_{r=Q+1}^{+\infty}(v-u)QP(r)$$
$$\geqslant\sum_{r=0}^{Q+1}[(v-u)r-(u-w)(Q+1-r)]P(r)+\sum_{r=Q+2}^{+\infty}(v-u)(Q+1)P(r).$$

经化简后,得

$$(v-u)\Big[1-\sum_{r=0}^{Q}P(r)\Big]-(u-w)\sum_{r=0}^{Q}P(r)\leqslant 0,$$

即

$$\sum_{r=0}^{Q}P(r)\geqslant\frac{v-u}{v-w}. \tag{10.34}$$

同理,从式(10.33)出发进行推导,得

$$\sum_{r=0}^{Q-1}P(r)\leqslant\frac{v-u}{v-w}. \tag{10.35}$$

综合式(10.34)和式(10.35),得

$$\sum_{r=0}^{Q-1}P(r)\leqslant\frac{v-u}{v-w}\leqslant\sum_{r=0}^{Q}P(r). \tag{10.36}$$

由此可以确定最佳订购批量 Q^*,式(10.36)与式(10.31)是一致的.

由上面的两种解看出,尽管报童问题中损失最小的期望值与赢利最大的期望值是不同的,但确定最佳订购批量的条件是相同的,即无论从哪一方面来考虑,最佳订购批量是一个确定的数值.另外,本模型有一个严格的约定,即两次订货之间没有联系,都看作独立的一次订货,这也是单时期模型的含义.这种存贮策略也可称为定期定量订货.

例 10.3.1 设某货物的需求量在 17 件至 26 件之间,已知需求量 r 的概率分布如表 10.1 所示.

表 10.1

需求量 r	17	18	19	20	21	22	23	24	25	26
概率 $P(r)$	0.12	0.18	0.23	0.13	0.10	0.08	0.05	0.04	0.04	0.03

并知其成本为每件 5 元，售价为每件 10 元，处理价为每件 2 元. 问应进货多少，能使总利润的期望值最大？

解 此题属于单时期需求是离散随机变量的存贮模型，已知 $u=5, v=10, w=2$. 由式(10.31)，得

$$\sum_{r=17}^{Q-1} P(r) \leqslant \frac{10-5}{10-2} \leqslant \sum_{r=17}^{Q} P(r),$$

即

$$\sum_{r=17}^{Q-1} P(r) \leqslant 0.625 \leqslant \sum_{r=17}^{Q} P(r).$$

因为 $P(17)=0.12,\quad P(18)=0.18,\quad P(19)=0.23,\quad P(20)=0.13,$

所以

$$P(17)+P(18)+P(19)=0.53<0.625;$$

$$P(17)+P(18)+P(19)+P(20)=0.66>0.625,$$

故最佳订货批量 $Q^*=20$ 件.

例 10.3.2 上例中，若因缺货造成的损失为每件 25 元的话，问最佳经济批量又该是多少？

解 凡售出一件商品的获利数，应看成是有形的获利与潜在的获利数之和，在式(10.31)中，若令

$k=v-u$，表示每售出一件物品的获利；

$h=u-w$，表示每处理一件物品的损失，

则式(10.31)可写成

$$\sum_{r=0}^{Q-1} P(r) \leqslant \frac{k}{k+h} \leqslant \sum_{r=0}^{Q} P(r). \tag{10.37}$$

对于本题，显然有

$$k=(10-5)+25=30,\quad h=5-2=3,$$

由式(10.37)，得

$$\sum_{r=17}^{Q-1} P(r) \leqslant \frac{30}{30+3} \leqslant \sum_{r=17}^{Q} P(r).$$

通过计算累计概率，可得

$$Q^*=24 \text{ 件}.$$

模型七 需求是随机连续的单时期存贮模型

设有某种单时期需求的物资，需求量 r 为连续型随机变量，已知其概率密度为 $\varphi(r)$，每件物品的成本为 u 元，售价为 v 元($v>u$)，如果当期销售不出去，下一期就要降价处理，设处理价为 w 元($w<u$)，求最佳订货批量 Q^*.

同需求为离散型随机变量一样，如果订货量大于需求量($Q\geqslant r$)时，其赢利的期望值为

$$\int_0^Q [(v-u)r-(u-w)(Q-r)]\varphi(r)\mathrm{d}r.$$

如果订货量小于需求量($Q \leqslant r$)时,其赢利的期望值为

$$\int_Q^\infty [(v-u)Q\varphi(r)\mathrm{d}r.$$

故总利润的期望值为

$$\begin{aligned}
C(Q) &= \int_0^Q [(v-u)r-(u-w)(Q-r)]\varphi(r)\mathrm{d}r + \int_Q^\infty [(v-u)Q\varphi(r)\mathrm{d}r \\
&= -uQ + (v-w)\int_0^Q r\varphi(r)\mathrm{d}r + w\int_0^Q Q\varphi(r)\mathrm{d}r + v[\int_0^\infty Q\varphi(r)\mathrm{d}r - \int_0^Q Q\varphi(r)\mathrm{d}r] \\
&= (v-u)Q + (v-w)\int_0^Q r\varphi(r)\mathrm{d}r - (v-w)\int_0^Q Q\varphi(r)\mathrm{d}r.
\end{aligned}$$

利用含有参变量积分的求导公式

$$\frac{\mathrm{d}}{\mathrm{d}t}\int_a^{b(t)} f(x,t)\mathrm{d}x = \int_a^b f'_t(x,t)\mathrm{d}x + f(b,t)\frac{\mathrm{d}b(t)}{\mathrm{d}t}.$$

有

$$\begin{aligned}
\frac{\mathrm{d}C(Q)}{\mathrm{d}Q} &= (v-u) + (v-w)Q\varphi(Q) - (v-w)\left[\int_0^Q \varphi(r)\mathrm{d}r + Q\varphi(Q)\right] \\
&= (v-u) - (v-w)\int_0^Q \varphi(r)\mathrm{d}r.
\end{aligned}$$

令$\frac{\mathrm{d}C(Q)}{\mathrm{d}t}=0$,得

$$\int_0^Q \varphi(r)\mathrm{d}r = \frac{v-u}{v-w}.$$

记 $F(Q)=\int_0^Q \varphi(r)\mathrm{d}r$,则有

$$F(Q) = \frac{v-u}{v-w}. \tag{10.38}$$

又因

$$\frac{\mathrm{d}^2C(Q)}{\mathrm{d}Q^2} = -(v-w)\varphi(Q) < 0,$$

故由式(10.38)求出的 Q^* 为 $C(Q)$的极大值点,即 Q^* 是使总利润的期望值最大的最佳经济批量,式(10.38)与式(10.31)是一致的.

例 10.3.3 书亭经营某种期刊,每册进价 0.80 元,售价 1.00,如过期,处理价为 0.50 元,根据多年统计表明,需求服从均匀分布,最高需求量 $b=1000$ 册,最低需求量 $a=500$ 册,问应进货多少,才能保证期望利润最高?

解 由概率论可知,均匀分布的概率密度为

$$\varphi(r) = \begin{cases} \dfrac{1}{b-a}, & a \leqslant r \leqslant b; \\ 0, & \text{其他}. \end{cases}$$

由式(10.38),得

$$F(Q)=\frac{v-u}{v-w}=\frac{1.00-0.80}{1.00-0.50}=0.40,$$

即

$$\int_0^Q \varphi(r)\,\mathrm{d}r=0.40.$$

又

$$\int_0^Q \varphi(r)\,\mathrm{d}r=\int_a^Q \frac{1}{b-a}\,\mathrm{d}r=\frac{Q-a}{b-a},$$

所以

$$\frac{Q-500}{1000-500}=0.40.$$

由此解得最佳订货批量为 $Q^*=700$ 册.

2. 多时期存贮模型

对于多时期(又称多周期)随机存贮问题来说,要解决的问题仍然是何时订货及每次订多少货的问题.由于多时期随机存贮问题较前面介绍的确定性存贮问题和单时期随机存贮问题更为复杂和更为广泛,在实际应用中,存贮系统的管理人员往往要根据不同物资的需求特点及货源情况,本着经济的原则采取不同的存贮策略.这里我们主要介绍一种所谓(s,S)**策略**,这种策略的含义在本章10.1节中已介绍过,现在我们针对多时期存贮模型的特点,介绍如何运用这种策略.

模型八 需求是随机离散的多时期(s,S)存贮模型

此类模型的特点在于订货的机会是周期出现.假设在一个阶段的开始时原有存贮量为I,若供不应求,则需承担缺货损失费;若供大于求,则多余部分仍需存贮起来,供下阶段使用.当本阶段开始时,按订货量Q,存贮量达到$I+Q$,则本阶段的总费用的期望值,应是订货费、存贮费和缺货损失费的期望值之和.

设货物的单位成本为K,单位存贮费为c_1,单位缺货损失费为c_2,每次订货费为c_3,需求r是离散的随机变量,取值为$r_0,r_1,r_2,\cdots,r_m(r_i<r_{i+1})$,其概率为$P(r_0)$,$P(r_1),P(r_2),\cdots,P(r_m),\sum_{i=0}^{m}P(r_i)=1$.

本阶段所需的各种费用有:

订购费:c_3+KQ.

存贮费:当需求$r<I+Q$时,未能售出的部分应存贮起来,故应付存贮费.当$r\geqslant I+Q$时,不需要付存贮费.于是所需存贮费的期望值为

$$\sum_{r\leqslant I+Q} c_1(I+Q-r)P(r).$$

缺货损失费:当需求$r>I+Q$时,$(r-I-Q)$部分需付缺货损失费,其期望值为

$$\sum_{r>I+Q} c_2(r-I-Q)P(r).$$

本阶段所需总费用的期望值为

$$C(I+Q)=c_3+KQ+\sum_{r\leqslant I+Q}c_1(I+Q-r)P(r)+\sum_{r>I+Q}c_2(r-I-Q)P(r).$$

记 $S=I+Q$ 表示存贮所达到的水平,则上式可写成

$$C(S)=c_3+K(S-I)+\sum_{r\leqslant S}c_1(S-r)P(r)+\sum_{r>S}c_2(r-S)P(r).$$

由 $C(S)$的最小值点 S 可以求出最佳经济批量 Q^*,因为 S 是离散变量,$C(S)$的最小值点可按下列方法求得:

(1) 将需求量 r 的随机值按大小顺序排列为

$$r_0,r_1,\cdots,r_i,r_{i+1},\cdots,r_m,r_i<r_{i+1}.$$

记 $\Delta r_i=r_{i+1}-r_i$,且 $\Delta r_i\neq 0(i=0,1,\cdots,m-1)$.

(2) S 只能从 $r_0,r_1,\cdots,r_m$ 中取值,当 S 取值 r_i 时,记为 S_i.

记 $\Delta S_i=S_{i+1}-S_i=r_{i+1}-r_i=\Delta r_i\neq 0\ (i=0,1,2,\cdots,m-1)$.

(3) 求 S 的值使 $C(S)$最小,因为

$$C(S_{i+1})=c_3+K(S_{i+1}-I)+\sum_{r\leqslant S_{i+1}}c_1(S_{i+1}-r)P(r)+\sum_{r>S_{i+1}}c_2(r-S_{i+1})P(r);$$

$$C(S_i)=c_3+K(S_i-I)+\sum_{r\leqslant S_i}c_1(S_i-r)P(r)+\sum_{r>S_i}c_2(r-S_i)P(r);$$

$$C(S_{i-1})=c_3+K(S_{i-1}-I)+\sum_{r\geqslant S_{i-1}}c_1(S_{i-1}-r)P(r)+\sum_{r>S_{i-1}}c_2(r-S_{i-1})P(r).$$

为选出使 $C(S_i)$最小的 S_i,S_i 应满足条件

$$\begin{cases}C(S_{i+1})-C(S_i)\geqslant 0; & (10.39)\\ C(S_i)-C(S_{i-1})\leqslant 0. & (10.40)\end{cases}$$

记 $\Delta C(S_i)=c(S_{i+1})-c(S_i)$; $\Delta C(S_{i-1})=c(S_i)-c(S_{i-1})$,

则由式(10.39)可推导出

$$\begin{aligned}\Delta C(S_i)&=K\Delta S_i+C_1\Delta S_i\sum_{r\leqslant S_i}P(r)-C_2\Delta S_i\sum_{r>S_i}P(r)\\&=K\Delta S_i+c_1\Delta S_i\sum_{r\leqslant S_i}P(r)-c_2\Delta S_i[1-\sum_{r\leqslant S_i}P(r)]\\&=K\Delta S_i+(c_1+c_2)\Delta S_i\sum_{r\leqslant S_i}P(r)-c_2\Delta S_i\geqslant 0.\end{aligned}$$

因 $\Delta S_i\neq 0$,所以

$$K+(c_1+c_2)\sum_{r\leqslant S_i}P(r)-c_2\geqslant 0,$$

于是有

$$\sum_{r\leqslant S_i}P(r)\geqslant\frac{c_2-K}{c_1+c_2}.$$

同理，由式(10.40)，可以推出

$$\sum_{r \leqslant S_{i-1}} P(r) \leqslant \frac{c_2 - K}{c_1 + c_2}.$$

记　$N=\dfrac{c_2-K}{c_1+c_2}$，并称为**临界值**，则由上两不等式，得

$$\sum_{r \leqslant S_{i-1}} P(r) \leqslant N = \frac{c_2 - K}{c_1 + c_2} \leqslant \sum_{r \leqslant S_i} P(r). \tag{10.41}$$

取满足式(10.41)的 S_i 为 S，则本阶段的最佳订货批量为

$$Q^* = S - I.$$

本模型还有另一方面的问题，即原存贮量 I 达到什么水平时可以不订货？假设这一水平是 s，当 $I>s$ 时可以不订货，当 $I\leqslant s$ 时要订货，其订货量为 $Q=S-I$，即使存贮达到 S. 现在的问题是如何找到这一水平点 s 呢？显然，在 s 和 S 点总费用的期望值有如下的关系：

$$\begin{aligned} & Ks + \sum_{r \leqslant s} C_1(s-r)P(r) + \sum_{r > s} C_2(r-s)P(r) \\ \leqslant\ & C_3 + KS + \sum_{r \leqslant S} C_1(s-r)P(r) + \sum_{r > S} C_2(r-S)P(r). \end{aligned} \tag{10.42}$$

因 s 也只能从 $r_0, r_1, \cdots, r_m$ 中取值，故取使式(10.42)成立的 r_i($r_i \leqslant S$)的值中最小者定为 s. 又因 $s<S$，故当 s 较小时，式(10.24)左端缺货损失费的期望值虽然会增加，但订货费及存贮费的期望值都会减少，这一增一减之间，使不等式(10.42)仍有可能成立. 在最不利的情况下，当 $s=S$ 时，不等式(10.42)还是成立的(因为 $c_3>0$)，因此我们相信一定能找到使不等式(10.42)成立的最小值 s. 当然，计算 s 要比计算 S 复杂一些，但就具体问题而言，计算 s 也是不难的.

例 10.3.4　某加工厂，生产原料的购进价为每箱 800 元，订购手续费为 85 元，每箱存贮保管费为 45 元，要是缺货，不得不用高价购进，每箱需 1 100 元. 某阶段生产开始时，原有存贮量为 12 箱，根据以往生产记录的分析，对原料需求的概率为(其中 r 以箱为单位)：

$$P(r=10)=0.05,\quad P(r=20)=0.05,$$
$$P(r=30)=0.05,\quad P(r=40)=0.05,$$
$$P(r=45)=0.05,\quad P(r=50)=0.10,$$
$$P(r=55)=0.20,\quad P(r=60)=0.20,$$
$$P(r=65)=0.15,\quad P(r=70)=0.10.$$

试求 S，s 和最佳订货量 Q^*.

解　此题属于多时期(s,S)存贮模型，已知 $K=800$，$c_1=45$，$c_2=1\,100$，$c_3=85$，由式(10.41)知

$$N = \frac{c_2 - K}{c_1 + c_2} = \frac{1\,100 - 800}{45 + 1100} \approx 0.26.$$

计算累加概率：

$$P(r=10)+P(r=20)+P(r=30)+P(r=40)$$
$$+P(r=45)=0.25<0.26.$$
$$P(r=10)+P(r=20)+P(r=30)+P(r=40)$$
$$+P(r=45)+P(r=50)=0.35>0.26,$$

所以应取 $S=50$,最佳订货量为

$$Q^*=S-I=(50-12)\text{ 箱}=38\text{ 箱}.$$

再求 s:

当 $S=50$ 时,式(10.42)的右端总费用期望值为

$$85+800\times 50+45\times[(50-10)\times 0.05+(50-20)\times 0.05$$
$$+(50-30)\times 0.05+(50-40)\times 0.05+(50-45)\times 0.05]$$
$$+1\,100\times[(55-50)\times 0.02+(60-50)\times 0.20+(65-50)\times 0.15$$
$$+(70-50)\times 0.10]=48296.25.$$

由于已算出 $S=50$,故可以作为 s 的 r 值应为 10,20,30,40 和 45 等几个值,将它们分别代入式(10.42)的左端,计算总费用的期望值.由于过小的 s,将使缺货损失费的期望值急速增加,且会远远超过订货费和存贮费用期望值的减少数,不等式(10.42)将会被破坏,故 s 的值也不能太小.

本例中,10 和 20 都不宜作为 s 的值,下面将 30 作为 s 的值代入式(10.42)的左端,得

$$800\times 30+45\times[(30-10)\times 0.05+(30-20)\times 0.05]$$
$$+1\,100\times[(40-30)\times 0.05+(45-30)\times 0.05+(50-30)\times 0.10$$
$$+(55-30)\times 0.02+(60-30)\times 0.20+(65-30)$$
$$\times 0.15+(70-30)\times 0.10]=49917.5.$$

将 40 作为 s 代入式(10.42)的左端,得

$$800\times 40+45\times[(40-10)\times 0.05+(40-20)\times 0.05$$
$$+(40-30)\times 0.05]+1\,100\times[(45-40)\times 0.05+(50-40)\times 0.10$$
$$+(55-40)\times 0.20+(60-40)\times 0.20+(65-40)\times 0.15$$
$$+(70-40)\times 0.10]=48\,635.$$

将 45 作为 s 代入式(10.42)的左端,得

$$800\times 45+45\times[(45-10)\times 0.05+(45-20)\times 0.05$$
$$+(45-30)\times 0.05+(45-40)\times 0.05]+1\,100\times[(50-45)$$
$$\times 0.10+(55-45)\times 0.20+(60-45)\times 0.20+(65-45)$$
$$\times 0.15+(70-45)\times 0.10]=48\,280.$$

经比较可知,48 280<48296.25,故应取 $s=45$.

模型九 需求是随机连续的多时期(s,S)模型

设货物的单位成本为 K,单位存贮费为 c_1,单位缺货损失费为 c_2,每次订货费为 c_3,需求 r 是连续的随机变量,概率密度为 $\varphi(r)$,分布函数为 $F(a)=\int_0^a \varphi(r)\mathrm{d}r(a>0)$,

期初存贮量为 I，订货量为 Q. 问如何确定订货量 Q，使损失的期望值最小（或赢利的期望值最大）？

本阶段所需的各种费用有

订购费：c_3+KQ；

存贮费：当需求 $r<I+Q$ 时，未能售出的部分应存贮起来，故应付存贮费. 当 $r\geqslant r+Q$ 时，不需要付存贮费，于是所需存贮费的期望值为

$$\int_0^S c_1(S-r)\varphi(r)\mathrm{d}r,$$

其中 $S=I+Q$ 为最大存贮量.

缺货损失费：当需求 $r>I+Q$ 时，$(r-S)$ 部分需付缺货损失费，其期望值为

$$\int_S^\infty c_2(r-S)\varphi(r)\mathrm{d}r.$$

本阶段所需总费用的期望值为

$$\begin{aligned}C(S)&=c_3+KQ+\int_0^S c_1(S-r)\varphi(r)\mathrm{d}r+\int_S^\infty c_2(r-S)\varphi(r)\mathrm{d}r\\&=c_3+K(S-I)+\int_0^S c_1(S-r)\varphi(r)\mathrm{d}r+\int_S^\infty c_2(r-S)\varphi(r)\mathrm{d}r.\end{aligned}$$

为求 $C(S)$ 的极小值，先求（利用含参变量积分的求导公式）

$$\frac{\mathrm{d}C(S)}{\mathrm{d}S}=K+c_1\int_0^S\varphi(r)\mathrm{d}r-c_2\int_S^\infty\varphi(r)\mathrm{d}r,$$

再令 $\frac{\mathrm{d}C(S)}{\mathrm{d}S}=0$，有

$$\int_0^S\varphi(r)\mathrm{d}r=\frac{c_2-K}{c_1+c_2},\tag{10.43}$$

即

$$F(S)=\frac{c_2-K}{c_1+c_2}.$$

记 $N=\frac{c_2-K}{c_1+c_2}$，并称之为**临界值**.

为得出本阶段的存贮策略，可先由式(10.43)确定 S 的值，再由

$$Q^*=S-I$$

确定最佳订货批量.

再讨论确定 s 的方法：

本模型中有订货费 c_3，如果本阶段不订货，就可以节省订货费 c_3，因此我们设想是否存在一个数 $s(s\leqslant S)$ 使下面的不等式能成立

$$\begin{aligned}&Ks+c_1\int_0^s(s-r)\varphi(r)\mathrm{d}r+c_2\int_s^\infty(r-s)\varphi(r)\mathrm{d}r\\&\leqslant c_3+KS+c_1\int_0^S(S-r)\varphi(r)\mathrm{d}r+c_2\int_S^\infty(r-S)\varphi(r)\mathrm{d}r.\end{aligned}\tag{10.44}$$

与模型八中式(10.42)的分析类似,一定能找到一个使式(10.44)成立的最小的 r 作为 s. 相应的存贮策略是:每阶段初期检查存贮量,当库存 $I<s$ 时需订货,订货数量为 Q,$Q=S-I$;当库存 $I\geqslant s$ 时,本阶段不订货,这属于定期订货但订货量不确定的情况.

例 10.3.5 某商店经销一种电子产品,每台进货价为 4 000 元,单位存贮费为 60 元,如果缺货,商店为了维护自己的信誉,以每台 4 300 元向其他商店进货后再卖给顾客,每次订购费为 5 000 元. 根据统计资料分析,这种电子产品的销售量服从在区间[75,100]内的均匀分布,即

$$\varphi(r)=\begin{cases}\dfrac{1}{25}, & 75\leqslant r\leqslant 100;\\ 0, & \text{其他}.\end{cases}$$

期初无库存,试确定最佳订货量及 s,S.

解 此题属于需求是连续随机变量的多时间(s,S)模型,已知

$K=4\ 000,\quad c_1=60,\quad c_2=4\ 300,\quad c_3=5\ 000,\quad I=0$,临界值为

$$N=\frac{c_2-K}{c_1+c_2}=\frac{4\ 300-4\ 000}{60+4\ 300}\approx 0.069,$$

由式(10.43),有
$$\int_0^S\varphi(r)\mathrm{d}r=\int_{75}^S\frac{1}{25}\mathrm{d}r=0.069,$$

所以
$$\frac{1}{25}(S-75)=0.069,\quad S=76.7.$$

最佳订购批量
$$Q^*=S-I=(76.7-0)\text{ 台}\approx 77\text{ 台}.$$

再求 s 的值:

我们可先将不等式(10.44)视为等式求解,即

$$4\ 000s+60\int_{75}^{s}(s-r)\frac{1}{25}\mathrm{d}r+4\ 300\int_{s}^{100}(r-s)\frac{1}{25}\mathrm{d}r$$
$$=5\ 000+4\ 000\times 76.7+60\int_{75}^{76.7}(76.7-r)\frac{1}{25}\mathrm{d}r+4\ 300\int_{76.7}^{100}(r-76.7)\frac{1}{25}\mathrm{d}r.$$

经积分和整理后,得方程

$$87.2s^2-13\ 380s+508\ 258=0.$$

解此方程,得
$$s=84.292\quad \text{或}\quad s=69.147.$$

由于 $84.292>S=76.7$,不合题意,应舍去,所以取 $s=69.147$ 台≈70 台.

因此这个问题的最优策略是:最佳订购批量 $Q^*=77$ 台,最大库存量 $S=77$ 台,最低库存量 $s=70$ 台.

习 题 10

10.1 某厂为了满足生产的需要,定期地向外单位订购一种零件,假定订货后供货单位能即

时供应. 这种零件平均日需求量为 100 个,每个零件一天的存贮费为 0.02 元,订购费一次为 100 元,假定不允许缺货,求最佳订购批量、订购间隔时间和单位时间总费用.

10.2　在题 10.1 中,假定供货单位不能即时供应,而是按一定的速度均匀供应,设每天供应量为 200 个,求最佳订购批量、订购间隔时间和单位时间总费用.

10.3　在题 10.1 中,假定允许缺货,每个零件缺货一天的损失费为 0.08 元,求最佳订购批量、最佳缺货量、订购间隔时间和单位时间总费用.

10.4　在题 10.3 中,假定是均匀供货,供应速度为每天 200 个,缺货损失费为每个每天 0.08 元. 求最佳订购批量、最佳缺货量、订货间隔时间和单位时间总费用.

10.5　在题 10.1 中,如果供货单位的交货期需延长 12 天,到时才能及时一次交货,求工厂仓库发出订单时的零件存贮量(即再订购点).

10.6　某公司有扩充业务的计划,每年需要招聘和培训新的工作人员 60 名(一年内的需求是均匀的). 培训采用办训练班的办法,开班一次需费用 1000 元(不论学员多少),每位应聘人员一年的薪金是 540 元,所以公司不愿意在不需要时招聘并训练这些人员;另一方面,在需要他们时却又不能延误,这要求事先进行成批训练. 在训练期间,虽未正式使用,但仍要支付全薪. 问每次应训练几名工作人员才经济？隔多长时间办一期训练班,全年的总费用多少？

10.7　某厂生产某种零件供装配车间使用,每年的需要量为 18 000 个,该厂每月可生产 3 000 个. 每次生产需固定开支 500 元,每个零件每月的存贮费为 0.15 元,求每次生产的最佳批量、最佳生产周期.

10.8　某产品每月用量为 4 件,装配费为每次 50 元,存贮费每月每件为 8 元,不允许缺货,求产品每次最佳生产量及最小费用. 若生产速度为每月 10 件,求每次最佳生产量及最小费用.

10.9　某单位每月需要某种机械零件 2000 个,每个成本 150 元,每年的存贮费用为成本的 16%,每次订购费 100 元,不允许缺货,及时供应,求最佳订购批量及最小费用.

10.10　在题 10.9 中,如果允许缺货,缺货损失费为每月每件 5 元,求库存量 S 及最大缺货量.

10.11　某厂生产某种产品每周的需求量为 4 000 件,每件每周的存贮费为 0.36 元,每次装配费 20 元,求最佳生产批量、最佳生产周期及最小费用.

10.12　在题 10.11 中,假定每周生产量为 16 000 件,其他条件不变,求最佳生产批量、最佳生产周期和单位时间平均最小费用.

10.13　在题 10.12 中,假定允许缺货,其缺货损失费为每周每件 1.10 元,求最佳订购批量,最大缺货量及最小费用.

10.14　某电视机厂自行生产所需的扬声器,已知生产准备费为每次 12 000 元,存贮费为每件每月 0.3 元,需要量为每月 8 000 个,生产成本随产量多少变化,产量 Q 与单位成本 K_j(元/个)的关系为

$$\begin{cases} k_1 = 11, & 0 < Q < 10\,000; \\ k_2 = 10, & 10\,000 \leqslant Q < 80\,000; \\ k_3 = 9.5, & Q \geqslant 80\,000. \end{cases}$$

求最佳的生产批量 Q^*.

10.15　某医院药房每年需某种药 1 000 瓶,每次订购费为 5 元,每瓶药每年保管费为 0.40 元,每瓶单价 2.50 元. 药厂提出的价格折扣条件为

(1) 订购超过 100 瓶时,价格折扣为 5%;

(2) 订购超过 300 瓶时,价格折扣为 10%.

问该医院每次应订购多少最为经济?

10.16 在题 10.15 中,如果医院每年对这种药的需要量为 100 瓶,其他条件不变,应采取什么存贮策略?如果每年需要量为 4000 瓶呢?

10.17 一食品商店要决定每天牛奶的进货量,根据过去的销售经验知,需求量(箱)的概率分布为

$$P(25)=0.1,\quad P(26)=0.3,\quad P(27)=0.5,\quad P(28)=0.1$$

若每箱进货价 8 元,售价 10 元,又如当天不能售出因牛奶变质而全部损失,试确定最佳订购批量.

10.18 某菜场每天售出蔬菜总数是一个随机变量,已知售出量(单位:千斤)的概率分布为

$$P(25)=0.05,\quad P(26)=0.1,\quad P(27)=0.5,\quad P(28)=0.30,\quad P(29)=0.05$$

蔬菜每百斤进货价 8 元,售价 10 元,因蔬菜不易保存,若当天不能售出则改为每百斤 3 元的处理价卖给饲养场作饲料.设菜场每天进货一次,求最佳订购量.

10.19 有位报童每月销售当月的某种杂志,根据以往的经验,杂志的销售量服从 $\mu=150,\sigma=25$ 的正态分布.假定杂志的进价为每份 3 元,售价 5 元,如果当月销售不完,下月只能以每份 1 元处理掉;如果缺货,他不会有什么直接的损失,问报童每天应进货多少份报纸才能获得的利润期望值最大?

10.20 某批发站供应一种季节性很强的商品,该商品在销售季节(一个时期)中的需求 r 服从指数分布:

$$\varphi(r)=\begin{cases}\dfrac{1}{10\ 000}e^{-r/10\ 000}, & r\geqslant 0;\\ 0, & \text{其他}.\end{cases}$$

批发站在时期开始时一次进货,进货价是每件 10 元,市场上的零售价是每件 35 元.商品的存贮费是每件 1 元,批发站必须保证顾客的订货要求.当批发站进货不足时,只能从市场上以零售价进货然后再卖给顾客,求批发站最佳的进货批量.

10.21 在题 10.20 中,如果需求量 r 的概率分布如表 10.2 所示.其他数据不变,求最佳订购批量.

表 10.2

需求量 r	8 000	9 000	10 000	11 000	12 000	13 000
概率 $P(r)$	0.10	0.20	0.25	0.20	0.15	0.10

10.22 某厂对原料需求的概率如表 10.3 所示.

表 10.3

需求量 r/吨	80	90	100	110	120
概率 $P(r)$	0.1	0.2	0.3	0.3	0.1

每次订购费 2 825 元,每吨单价 850 元,每吨原料的存贮费 45 元,缺货损失费是每吨 1 250 元,该厂希望制定 (s,S) 策略,试求 s,S 之值.

10.23　某商店经销一种电子产品，根据过去的经验，这种电子产品的月销售量服从在区间[5,10]内的均匀分布，即

$$\varphi(r)=\begin{cases}\dfrac{1}{5}, & 5\leqslant r\leqslant 10;\\ 0, & \text{其他}.\end{cases}$$

每次订购费为5元，进价每台3元，存贮费为每台每月1元.单位缺货损失费为5元，期初存货$I=10$台，求订货策略.

第 11 章　运筹学问题的 Excel 求解与应用

本书之前的章节，重点介绍了运筹学问题的求解方法及其手工计算过程，但复杂的运筹学问题，其求解过程计算量非常大，手工计算难以满足需要，借助软件进行求解是必然的选择.

随着计算机硬件和软件的发展，求解运筹学问题的软件工具越来越多，针对不同类型和特点的问题，选择合适的求解软件是首先要解决的问题. 下面简要介绍常见的几种运筹学问题求解工具的特点和适用范围，包括 LINGO、CPLEX、Matlab 和Excel Solver.

LINGO 是一种专门用来求解数学运筹学问题的优化计算软件包. LINGO 除了可以求解普通线性规划问题外，还可以用于求解整数规划、非线性规划问题，也可以用于一些线性和非线性方程组的求解. 由于 LINGO 执行速度快，求解和分析数学规划问题较为方便，而且还包含了一种建模语言和很多常见的数学函数以供使用者在建模分析求解时予以调用，并提供其他数据文件（如文本文件、Excel 电子表格文件、数据库文件等）的接口，易于方便地输入、求解和分析大规模最优化问题，因此在商业、工业、科研和政府等各个领域都得到了广泛应用. 虽然 LINGO 作为一个专业化的运筹学软件，对于模型的表达也较为灵活，但是其求解能力相对于 CPLEX 较差.

CPLEX 的早期版本是利用 C 语言代码开发的求解线性规划的单纯形法程序，经过多年的算法补充和软件改进，CPLEX 成为一种求解线性规划方面具有重要影响的优化引擎软件，CPLEX 解决过带有成千上万条约束和变量的复杂问题，并且不断为数学规划软件的性能设置新标准. 使用 CPLEX 能够更有效地对实际问题进行建模，有助于降低人们对实际问题建模的难度，通过调用已有的数学规划引擎求解所建立的模型，就能实现利用优化方法高效解决实际问题的目的. 针对大规模线性规划模型，CPLEX 强大的运算求解能力是其他求解运筹学问题的软件工具所无法替代的.

Matlab 是 Matrix Laboratory（矩阵实验室）的缩写，Matlab 以著名的线性代数软件包 LINPAK 和特征值计算软件包 EISPACK 的子程序为基础，发展成一种开发性程序设计软件，Matlab 具有自己的基于矩阵的语言，并且附加优化工具箱（单独提供的专用的 Matlab 函数集），通过调用强大的科学计算引擎，能够极大地提高实际问题建模求解的效率，由于良好的开放性和运行的可靠性，现在已经成为目前比较流行的优化软件工具. Matlab 的功能十分强大，解决运筹学问题只是其功能的一个方面，作为一个通用开发环境，其交互起来比 LINGO 和 CPLEX 更为方便.

相对于以上三种较为专业的优化软件，ExcelSolver 具有其独特的优势. 首先，

Microsoft Excel 是微软公司办公软件 Microsoft Office 的组件之一，使用方便，功能强大，入门快. 其次，作为 Excel 的插件，ExcelSolver 继承了 Excel 操作简单直观的特点，不需要学习者具有程序设计基础，也不需要学习特定的脚本语言，还有利于对求解问题的理解和分析. 最后，Excel 本身是一个开放的平台，能很好地与其他软件平台或者信息系统结合，相互调用. 当然，Excel Solver 在模型的表达能力相对比较弱，比较适合初学者. 关于 Excel Solver 的求解速度和求解规模，可以通过安装 Excel Solver 的升级产品 Solver premium 来改善. 因此，本书选择 Excel Solver 作为介绍和帮助本书读者学习和运用求解运筹学问题的软件工具的主要平台.

11.1　Excel 规划求解工具

1. 启用 Excel 规划求解工具

规划求解加载宏(简称规划求解)是 Excel 的一个用来求解运筹学问题的加载项，在 Microsoft Office 的典型安装状态下不会安装，只有在选择自定义安装该项或完全安装时才可以选择加载这个模块.

而针对 Excel 的不同版本(2003/2007/2010)，加载“规划求解”加载宏的方式也有所不同. 初学者在这个方面往往会遇到一些麻烦，下面分别介绍 Excel 各个版本如何安装“规划求解”加载宏.

1) Excel 2003 的“规划求解”宏的加载方法

如果 Excel 2003 的窗口菜单栏的“工具”菜单中没有规划求解的选项，则可以通过“工具”菜单的“加载宏”选项来添加“规划求解”. 此时，如果弹出“请插入安装光盘”的对话框，则说明当前安装的 Excel 是非完全安装，此时必须重新安装完整版本的 Excel，或者按照提示进行安装.

首先，单击 Excel 窗口菜单栏的“工具”菜单，在弹出的下拉菜单中单击“加载宏”命令，出现加载宏对话框，在“可用加载宏”下拉列表窗口选定“规划求解”(见图 11.1)，然后单击“确定”按钮. 加载后，在“工具”菜单上就会出现“规划求解”命令(见图 11.2). 下节开始就用“工具”|“加载宏”|“规划求解”的形式进行简略表达.

如果图 11.1 所示窗口中没有“规划求解”选项，那么当前的 Excel 2003 是精简版的，需要安装完整版的 Excel 2003.

2) Excel 2007 的“规划求解”宏的加载方法

Excel 2007 的功能布局方式与 Excel 2003 完全不同，Excel 2007 的“规划求解”宏的加载方法也不同，具体方法如下.

单击“Excel 徽标” |“Excel 选项”|“加载项”|“管理”|“EXCEL 加载项”|“规划求解加载项”命令，如图 11.3 所示.

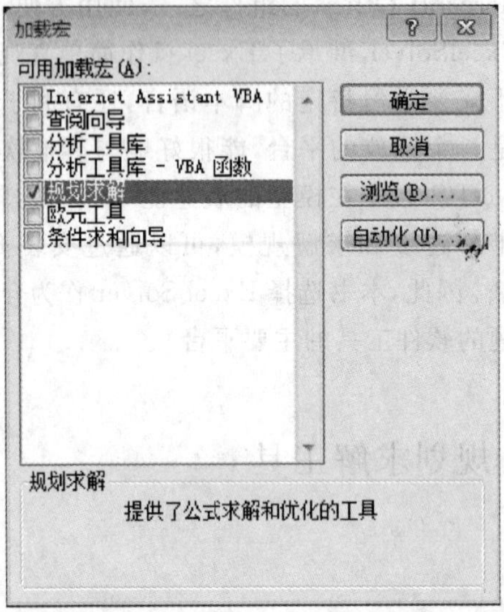

图 11.1 Excel 2003“加载宏”复选框

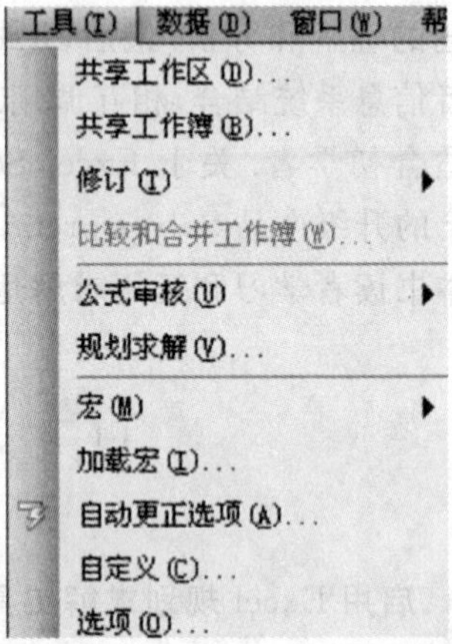

图 11.2 Excel 2003 中已加载规划求解工具的“工具”菜单

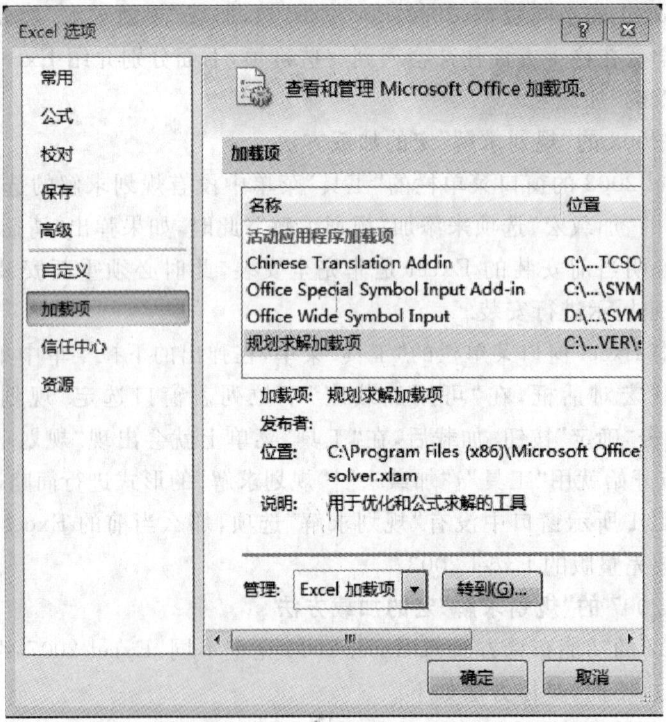

图 11.3 在 Excel 2007 中加载规划求解工具

如果这样还不能正常使用“规划求解”加载宏，就要修改 Excel 的相关设置. 具体方法如下。

单击“Excel 徽标”|“Excel 选项”|“信任中心”|“信任中心设置”|“宏设置”命令（见图 11.4），然后选择“禁止无数字签署的所有宏”，这样就可以使用“规划求解”加载宏了，此时，单击“数据”功能带最右边，就可以看到“分析”工作组上已经有了“规划求解”命令.

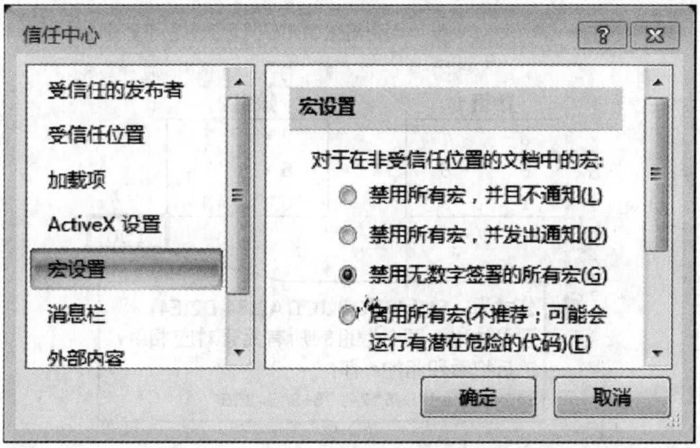

图 11.4　在 Excel 2007“信任中心”中修改宏设置

Excel 2010 的功能布局方式与 Excel 2007 的基本相同，Excel 2010 的“规划求解”宏的加载方法也类似的，不再赘述.

2. 求解运筹学问题常用的 Excel 函数

应用 Excel 求解运筹学问题需要先熟悉 Excel 的基本操作方法. 要提高建立 Excel线性规划模型的效率，还需要了解绝对引用、相对引用和混合引用的含义，以方便快速进行数据和公式的填充. 特别的是，在使用 Excel 处理线性规划的过程中，有一些常用的 Excel 函数是初学者不熟悉的. 下面详细介绍 SUMPRODUCT、SUM、MMULT 和 SUMIF 这四个函数.

1) SUMPRODUCT 函数

(1) 作用：在给定的几组数组中，将数组间对应的元素相乘，并返回乘积之和.

(2) 格式：SUMPRODUCT(数组 1,[数组 2],[数组 3], …)

(3) 参数：参数是为操作、事件、方法、属性、函数或过程提供信息的值. SUMPRODUCT函数具有下列参数：

数组 1 是必需的，数组 1 为选定的其相应元素需要进行相乘并求和的第一个数组.

数组 2，数组 3，…，数组 255 不是必需的，即第 2 个到第 255 个数组参数可以选择，也可以缺省.

(4) 注意事项：数组必须具有相同的尾数，否则函数 SUMPRODUCT 将返回错误值 #VALUE!.

函数 SUMPRODUCT 将非数值型的数组元素作为 0 处理.

(5) 示例:SUMPRODUCT 函数常用的形式是有两个数组参数的 SUMPRODUCT 函数和有三个数组参数的 SUMPRODUCT 函数.

有两个数组参数的 SUMPRODUCT 函数示例如图 11.5 所示.

建立过程为:在单元格 F5 处输入公式"＝SUMPRODUCT(A2:B4'D2:E4)",按回车确认,得到计算结果:156.

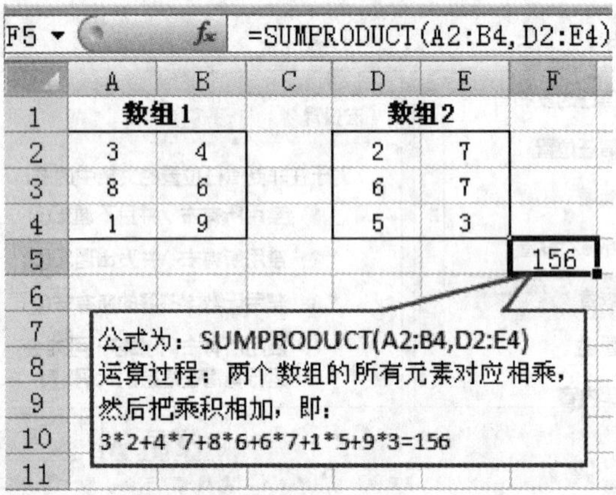

图 11.5　有两个数组参数的 SUMPRODUCT 函数示例

Excel 的运算逻辑过程为:两个数组的所有元素对应相乘,然后把乘积相加,即 $3*2+4*7+8*6+6*7+1*5+9*3=156$.

本例是一个有两个数组参数的,线性规划模型中无论是约束条件,还是目标函数都是两两数相乘后累加的形式,所以 SUMPRODUCT 函数在 Excel 处理线性规划的过程中经常使用.

有三个数组参数的 SUMPRODUCT 函数示例如图 11.6 所示.

建立过程为:在单元格 F5 处输入公式"＝SUMPRODUCT(A2:B4,D2:E4,G2:H4)",按回车确认,得到计算结果:577.

Excel 的运算逻辑过程为:三个数组的所有元素对应相乘,然后把乘积相加,即 $3*2*1+4*7*4+8*6*2+6*7*7+1*5*3+9*3*2=577$.

2) 以数组公式形式输入的 SUM 函数

(1) 作用:在给定的几组数组中,将数组间对应的元素相乘,并返回乘积之和.

(2) 格式:SUM(参数 1,[参数 2],[参数 3],…)

(3) 参数:SUM 函数具有下列参数:

参数 1 是必需的,它为想要相加的第一个参数.

参数 2,参数 3,…可选.想要相加的 2 到 255 个参数.

(4) 注意事项:

如果参数是一个数组或引用,则只计算其中的数字.数组或引用中的空白单元

图 11.6　有三个数组参数的 SUMPRODUCT 函数示例

格、逻辑值或文本将被忽略.

如果任意参数为错误值或为不能转换为数字的文本，Excel 将会显示错误.

(5) 示例：

SUM 函数是 Excel 中最常用的函数之一，使用比较灵活. SUM 函数将对您指定为参数的所有数字求和. 每个参数都可以是区域(工作表上的两个或多个单元格)、单元格引用(用于表示单元格在工作表上所处位置的坐标集)、数组(用于建立可生成多个结果或可对在行和列中排列的一组参数进行运算的单个公式)、常数(不是通过计算得出的值)、公式(单元格中的一系列值、单元格引用、名称或运算符的组合，可生成新的值)或另一函数的结果. 例如，SUM(A1:A5) 将对单元格 A1 到 A5(区域)中的所有数字求和. 再如，SUM(A1, A3, A5) 将对单元格 A1、A3 和 A5 中的数字求和.

以数组公式形式输入的 SUM 函数可以用来替代 SUMPRODUCT 函数，如图 11.7所示.

建立过程为：在单元格 F5 处输入公式“＝SUM(A2:B4 * D2:E4)”后，立即按“Ctrl＋Shift＋Enter”组合键，得到计算结果：156. 注意，此时公式状态栏上的公式显示为“{＝SUM(A2:B4 * D2:E4)}”.

如果输入公式后退出了输入文本的状态，可以双击输入了公式的单元格，或者选中输入了公式的单元格后按“F2”键，进入输入文本的状态.

Excel 的运算逻辑过程为：两个数组的所有元素对应相乘，然后把乘积相加，即 3 * 2＋4 * 7＋8 * 6＋6 * 7＋1 * 5＋9 * 3＝156.

同样，可以使用 SUM 函数替代三个或者多个数组参数的 SUMPRODUCT 函数. 例如：“{＝SUM(A2:B4 * D2:E4 * G2:H4)}”与“＝SUMPRODUCT(A2:B4, D2:E4,G2:H4)”等价.

尽管如此，笔者推荐使用 SUMPRODUCT 函数，它更直观表达了相乘后相加的概念.

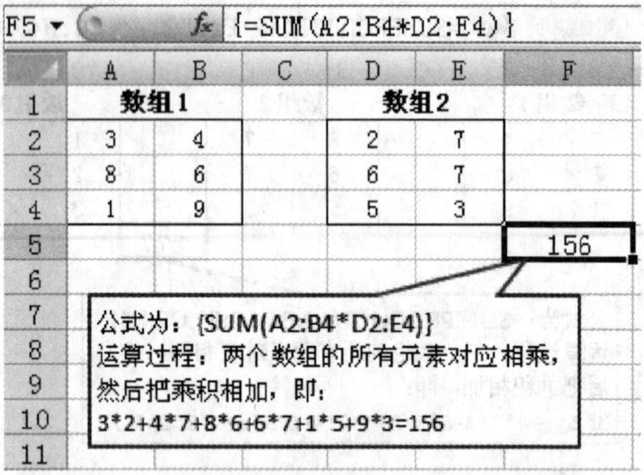

图 11.7 以数组公式形式输入的 SUM 函数

3）MMULT 函数

(1) 作用:MMULT 函数执行的运算是返回两个数组的矩阵乘积.

(2) 格式:MMULT(数组 1，数组 2)

(3) 参数:MMULT 函数具有下列参数:

数组 1，数组 2 是要进行矩阵乘法运算的两个数组.

(4) 注意事项:

数组 1 的列数必须与数组 2 的行数相同,而且两个数组中都只能包含数值.

数组 1 和数组 2 可以是单元格区域、数组常量或引用.

在以下情况下,MMULT 返回错误值"＃VALUE!":一是任意单元格为空或包含文字,二是数组 1 的列数与数组 2 的行数不相等.

两个数组 b 和 c 的矩阵乘积 a 为

$$a_{ij} = \sum_{k=1}^{n} b_{ik} c_{kj}$$

其中,i 为行数,j 为列数.

对于返回结果为数组的公式,必须以数组公式的形式输入.

(5) 示例:在图 11.8 所示窗口中,图 11.8(a)给出了以数组公式输入的情况,图 11.8(b)给出了以普通方式输入的情况.

数组公式输入的情况的建立过程为:先选中区域(D5:E6),然后在公式输入框中输入公式"＝MMULT(A2:B3,D2:E3)",接着按"Ctrl＋Shift＋Enter"组合键,得到计算结果如图 11.8 所示.注意,此时公式状态栏上的公式显示为"{＝MMULT(A2:B3,D2:E3)}",结果为一个数组.

注意输入前要先计算选中区域大小,否则得不到完整的数组,或者得到的数组中有些显示为"＃N/A".

如果输入公式后,直接按"Enter"键,此时公式状态栏上的公式显示为"＝

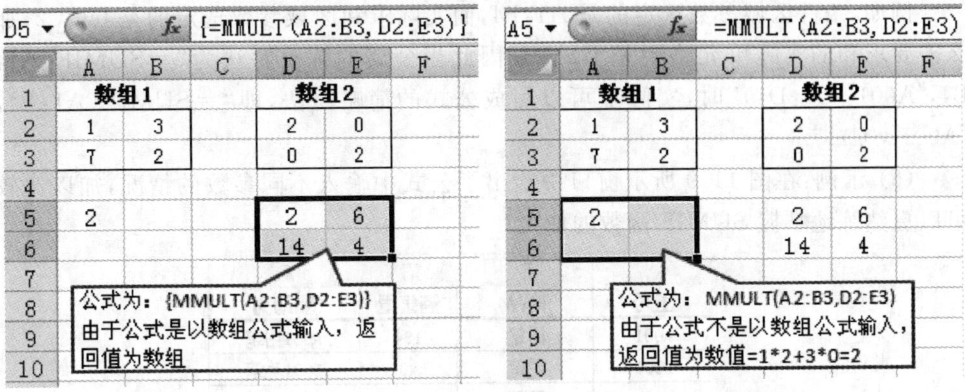

(a)　　　　　　　　　　(b)

图 11.8　MMULT 函数的简单示例

MMULT(A2:B3,D2:E3)”,得到的结果如图 11.8(b)的结果,返回一个值,计算过程为 1＊2＋3＊0＝2.

可以看出,MMULT 函数实现了在 Excel 中行与列对应数据相乘后相加,这直接用 SUMPRODUCT 函数不能实现.在某些比较复杂的 Excel 运筹学模型中,特定的数据布局情况下,必须用 MMULT 函数.

4) SUMIF 函数

(1) 作用:SUMIF 函数执行的运算是对区域中符合指定条件的值求和.

(2) 格式:SUMIF(条件区域, 求和条件,实际求和区域)

(3) 参数:SUMIF 函数具有下列参数:条件区域是用于条件判断的单元格区域;求和条件是由数字、逻辑表达式等组成的判定条件;实际求和区域在符合求和条件的情况下对需要求和的单元格区域进行求和运算.

(4) 注意事项:条件区域的这个参数是必需的.每个区域中的单元格都必须是数字或名称、数组或包含数字的引用.空值和文本值将被忽略.

求和条件的这个参数也是必需的.用于确定对哪些单元格求和的条件,其形式可以为数字、表达式、单元格引用、文本或函数.例如,条件可以表示为 32、″＞32″、B5、32、″32″、″苹果″ 或 TODAY().注意,任何文本条件或任何含有逻辑或数学符号的条件都必须使用双引号 (″) 括起来.如果条件为数字,则无需使用双引号.可以在求和条件参数中使用通配符(包括问号 (?) 和星号 (＊)).问号匹配任意单个字符;星号匹配任意一串字符.如果要查找实际的问号或星号,请在该字符前键入波形符 (～).

实际求和区域是可选参数,如果实际求和区域参数被省略,Excel 会对在条件区域参数中指定的单元格(即应用条件的单元格)求和.

实际求和区域参数与条件区域参数的大小和形状可以不同.求和的实际单元格通过以下方法确定:使用实际求和区域参数中左上角的单元格作为起始单元格,然后包括与条件区域参数大小和形状相对应的单元格.

例如,条件区域参数选定的是 A1:B4,而实际求和区域参数选定的是 C1:C2,那么需要求和的实际单元格则是 C1:D4. 因此当公式的标准写法为"=SUMIF(A1:B4,"A001",C1:D4)"时,实际上可以写成公式的简略写法,即"=SUMIF(A1:B4,"A001", C1)".

(5) 示例:在图 11.9 所示窗口中给出了公式中输入不同参数的情况,加以比较可以更熟练地掌握 SUMIF 函数的使用.

	A	B	C	D
1	工号	商品	销售量	辅助列
2	A001	铅笔	194	A001铅笔
3	B001	毛笔	40	B001毛笔
4	A002	毛笔	100	A002毛笔
5	B001	圆珠笔	130	B001圆珠笔
6	B002	圆珠笔	110	B002圆珠笔
7	A002	钢笔	74	A002钢笔
8	A003	钢笔	100	A003钢笔
9	A001	钢笔	143	A001钢笔
10	A002	圆珠笔	121	A002圆珠笔

(a)

公式	结果	含义
=SUMIF(A2:A10, "A001", C2:C10)	337	汇总工号为"A001"的销售量
=SUMIF(A2:A10, "A001", C2)	337	简写方式,汇总工号为"A001"的销售量
=SUMIF(A2:A10, A2, C2:C10)	337	汇总工号为A2单元格的销售量
=SUMIF(A2:A10, "A001", C3)	161	简写方式,汇总工号为"A001"的销售量,其中A2对应C3、A3对应C4……A10对应C11
=SUMIF(A2:A10, "A*", C2:C10)	732	汇总工号以"A"开头的销售量
=SUMIF(B2:B10, "?珠*", C2:C10)	361	汇总商品名称第2个字为"珠"的销售量

(b)

图 11.9 SUMIF 函数的简单示例

如果在公式框中输入"=SUMIF(A2:A10,"A001",C2:C10)",那么意味着对工号为"A001"的商品的销售量(C2: C10 区域)进行求和,即 C2+C9=194+143=337. 同样地,如果在公式框中输入"=SUMIF(A2:A10,"? 珠 * ",C2:C10)",这是一个求和条件参数含有通配符的公式的简写方式,意味着对商品名称第二个字为"珠",在此例中即"圆珠笔"的销售量(C2: C10 区域)进行求和,即 C5+C6+C10=130+110+121=361.

可以看出,SUMIF 函数实现了在 Excel 中筛选满足特定条件的数据进行求和汇总.

3. 运筹学模型在 Excel 中的布局

运筹学模型在 Excel 中布局的好坏关系到问题的可读性和求解的方便性,所以在录入相关数据到 Excel 的过程前,要先考虑数据的布局形式.

总体来说，运筹学模型在 Excel 中的布局要根据建模目的和实际数据的规模任意进行布局. 布局的过程中，尽量在一个表格中展开，除非模型非常复杂，或者有某些特殊需要，才将数据布局在不同的表格中. 下面介绍和分析在同一个表格中布局的两种常见方式.

1）从线性规划模型到 Excel 模型的常用布局形式

如果直接给出了线性规划数学模型，需要用 Excel 对其进行求解，那么，可以根据数学模型原有的形式稍加调整，即将相同的决策变量对齐，把约束条件一条一条地录到 Excel 的工作表当中，再将目标函数的相关系数录入，选定最优解和最优值所在的目标单元格就可以形成一个十分清晰的线性规划的模型描述.

例如，现需要用 Excel 求解线性规划模型如下：

$$\max Z=10x_1+18x_2;$$

$$\text{s. t.}\begin{cases}5x_1+2x_2\leqslant 170;\\ 2x_1+3x_2\leqslant 100;\\ x_1+5x_2\leqslant 150;\\ x_1,x_2\geqslant 0.\end{cases}$$

输入数据在 Excel 中的布局如图 11.10 所示.

	A	B	C	D	E	F
1		**x_1**	**x_2**			常数B
2	约束1	5	2		<=	170
3	约束2	2	3		<=	100
4	约束3	1	5		<=	150
5	常数C	10	18			
6	变量					
7	最优值					

矩阵A

图 11.10　从线性规划模型到 Excel 模型的常用布局形式

对比图 11.10 与对应的线性规划模型，Excel 模型的数据与线性规划模型中的数据基本一一对应，这有利于对将线性规划模型与 Excel 模型对应起来，易于记忆和理解模型.

2）根据实际问题直接到 Excel 模型的常用布局形式

上面的例子是没有给出线性规划模型的具体问题背景前提下建立的，如果考虑具体问题背景，上面的方式将不是最好的形式.

事实上，第 1 章例 1.1.1（资源的合理利用问题）的数学模型与上面例子的数学模型完全相同. 在有具体经济问题背景的情况下，采用如图 11.11 所示的布局更好.

按照图 11.11 的布局，Excel 模型的经济含义，包括产品、原料、价值系数、资源约束、单位利润、产量和最大利润（最优值）都非常清晰，有利于分析、理解和解决实际问题.

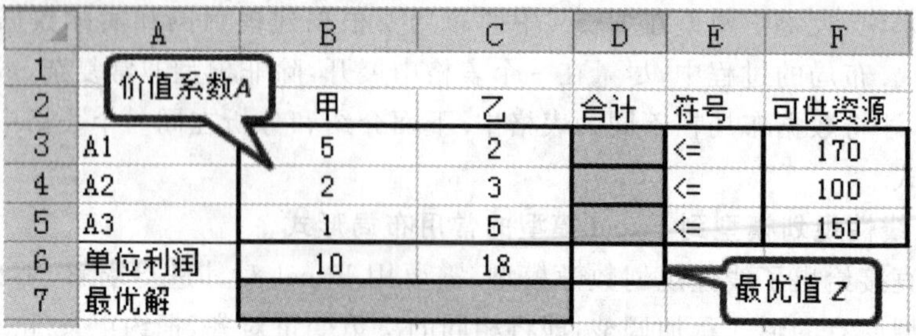

图 11.11 根据问题的实际意义进行布局

当然,某些特殊问题有相对固定的布局方式.无论是采用什么布局方式,关键是要有利于记忆、理解、展示、分析、调整与求解.

11.2 使用 Excel 规划求解工具求解线性规划模型

1. 输入模型中的表达式

以第 1 章例 1.1.1(资源的合理利用问题)为例,设计好布局的基本形式并将相关参数输入到 Excel 后,得到的形式请参考图 11.11.

接下来的任务是将约束条件中的表达式和目标函数表达式在 Excel 中表达出来,输入后的结果如图 11.12 所示."合计"列中表达了约束条件中的表达式和目标函数,具体公式如图 11.12 中的标注.

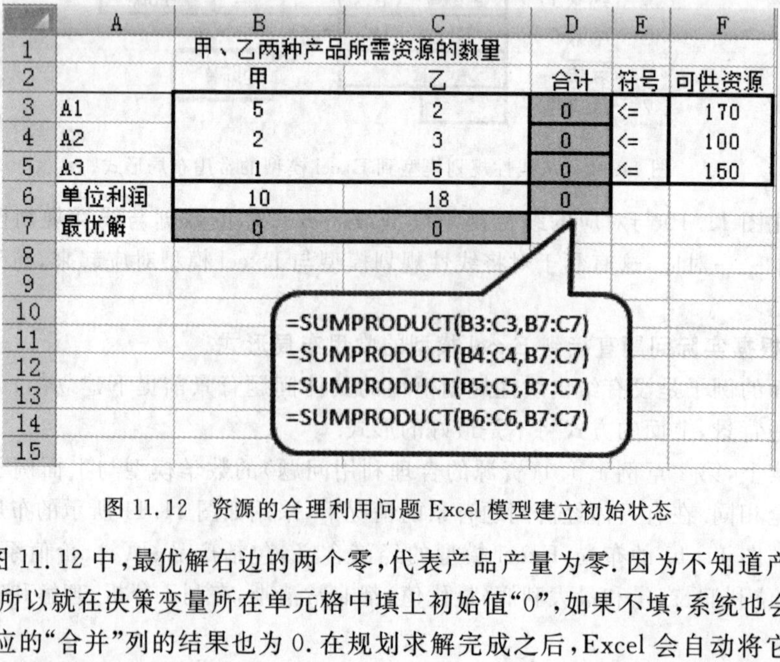

图 11.12 资源的合理利用问题 Excel 模型建立初始状态

在图 11.12 中,最优解右边的两个零,代表产品产量为零.因为不知道产品产量是多少,所以就在决策变量所在单元格中填上初始值"0",如果不填,系统也会默认它为 0,对应的"合并"列的结果也为 0.在规划求解完成之后,Excel 会自动将它们替换为求得的决策变量的最优解.在合计列所看到的 0 并不是赋予的初始值或者是录入的数据,而是显示的通过 Excel 函数求得的求解结果.

在输入公式过程中有几个问题需要注意:

(1) 输入公式:在输入公式的时候,必须以"＝"开头,在一个空单元格输入"＝"的时候,Excel 就默认开始输入一个公式,然后完整的输入公式的全部内容,完成后按"Enter"键即完成了公式的输入,公式所在单元格就会显示公式运算求得的结果.

(2) 输入函数:通常输入函数有以下两种方法。

直接手工输入:若对直接输入的函数比较熟悉,那么就可以在单元格中直接手工输入函数.与公式一样,在输入函数时也必须以"＝"开头,然后就是函数名,然后在函数后的括号中输入相关参数,输入好以后,按"Enter"键就可以得出结果.

使用"插入函数"对话框输入:当不知道或不确定函数格式、参数等具体信息时,可以使用"插入函数"对话框.

选中要插入的单元格,单击"插入函数"按钮

,就会弹出"插入函数"对话框,在"或选择类别中"选择"常用函数",很快便能在"选择函数"选项框中找到 SUMPRODUCT 函数.这比直接在"或选择类别中"默认选择 "全部"之后,按首字母排列查找要更为方便.

(3) 绝对引用和相对引用:运筹学问题中单元格的公式一般是纵向复制,因此,把放有资源系数的单元格区域相对引用,把放有决策变量的单元格区域绝对引用或混合引用可以避免重复输入公式.因此输入图 11.12 示例中的公式最方便的办法便是在单元格中输入"＝SUMPRODUCT(B3:C3,B＄7:C＄7)",然后纵向复制至单元格 D6,结果如图 11.13 所示.

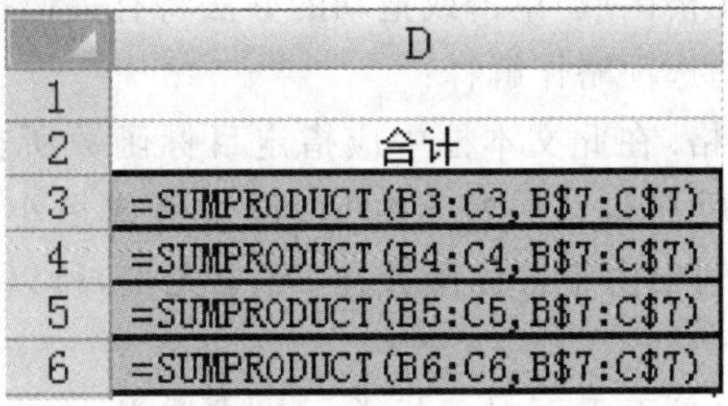

图 11.13　运用绝对引用和相对引用输入公式

2. 指定变量、目标函数和约束条件设置

将线性规划模型转入到 Excel 计算机模型,就是要告诉 Excel 计算机模型变量、目标函数和约束条件.

指定变量:指定变量实际上就是数学模型中的未知数 x_i,也就是决策变量,参考图 11.14 可以看出在此例中指定可变变量的区域为 B7:C7,也就是 x_1 和 x_2.

目标函数:在 Excel 中目标函数反映为含有公式的目标单元格.参考图 11.11 可以看出目标函数的值即单元格 D6,此例中需要求的是 D6 的最大值.该单元格必须包含公式,此例中的公式可以参看图 11.13 中 D6 的公式.

约束条件:在 Excel 中约束条件可以反映为含有提示符号的单元格区域,参考图 11.12 可以看出约束条件反映到了区域 D3:F5,而运算环节则要依靠在规划求解参数中添加约束条件加以实现.

单击“数据”|“分析”|“规划求解”,将会弹出“规划求解参数”对话框,设置好后的对话框如图 11.14 所示.

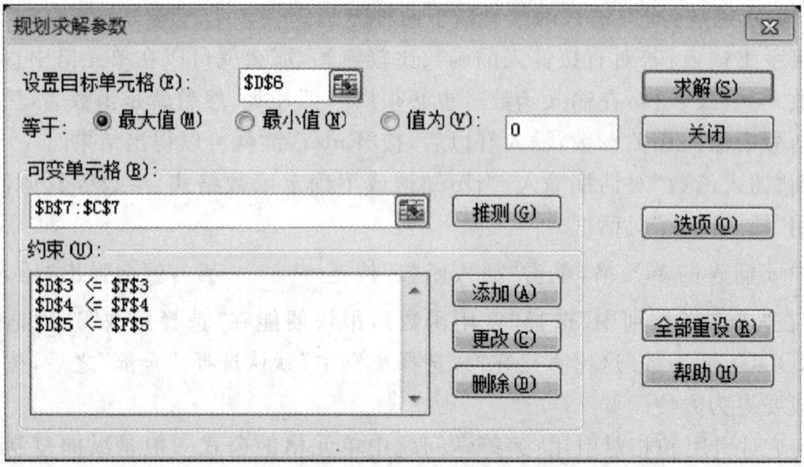

图 11.14 资源的合理利用问题的规划求解参数的设置

“规划求解参数”对话框的作用就是让求解软件知道模型的每个组成部分放在电子表格的什么地方,可以通过键入单元格(或单元格区域)的地址或用鼠标在电子表格相应的单元格(或单元格区域)单击或拖动的办法将有关信息加入到对话框相应的位置.下面分别对其中的选项略作解释:

(1) 设置目标单元格.在此文本框中应指定目标函数所在单元格的引用位置,此目标单元格,经求解后获得某一特定数值、最大值或最小值.由此可见,这个单元格必须包含公式.本例中由于目标函数在 D6 单元格,所以输入“D6”或点选该单元格.

(2) 等于.在此指定是否需要对目标单元格求取最大值、最小值或某一指定数值.如果需要让目标函数为某一指定数值,则要在右侧编辑框中键入.本例是求目标函数最大化,所以选择最大值.

(3) 可变单元格.可变单元格指定决策变量所在的各单元格、不含公式,可以有多个区域或单元格,求解时其中的数值不断调整,直到满足约束条件,并且“设置目标单元格”编辑框中指定的单元格达到目标值.可变单元格必须直接或间接与目标单元格相联系.本例的决策变量在 B7 和 C7 两个单元格中,所以在此键入“B7:C7”单元格引用区域或点选此区域.

(4) 推测.单击此按钮,自动定位“设置目标单元格”编辑框中公式引用的所有非公式单元格，并在“可变单元格”编辑框中输入其引用.

（5）约束. 在图 11.14 中列出了当前的所有约束条件，反映了三个资源约束条件.

（6）添加. 显示“添加约束”对话框，如图 11.15 所示. 在添加约束对话框中有三个选项，其中：

图 11.15　添加整数规划的约束条件

① 单元格引用位置指定需要约束其中数据的单元格或单元格区域，一般在此处添加约束函数不等式左侧的函数表达式的单元格或单元格区域.

② 约束值. 在此指定对“单元格引用位置”编辑框中输入的内容的限制条件，即对于单元格引用及其约束条件，选定相应的需要添加或修改的关系运算符（＜＝、＝、＞＝、int(整数）或 bin(0－1 变量)），然后在右侧的编辑框中输入数字、单元格或区域引用及公式等约束条件.

③ 添加. 单击“添加”按钮可以在不返回“规划求解参数”对话框的情况下继续添加其他约束条件. 当把所有的约束都一次添加上以后，只需单击“确定”键，回到“规划求解参数”对话框，就可以在“约束”一栏中显示刚刚添加的约束.

（7）更改. 单击“更改”按钮后显示“改变约束”对话框. 从本质上说，“改变约束”对话框与“添加约束”对话框没有区别，它们的各个选项都是一样的.

（8）删除. 删除选定的约束条件.

（9）关闭. 关闭对话框，不进行规划求解. 但保留通过“选项”、“添加”、“更改”或“删除”按钮所做的修改.

（10）全部重设. 清除规划求解中的当前设置，将所有的设置恢复为初始值.

（11）求解. 对定义好的问题进行求解. 单击“求解”键后，经过几秒钟的计算（小型问题），弹出“规划求解结果”对话框.

3. 设置求解选项并求解模型

1）设置求解选项

在图 11.14 所示的“规划求解选项”对话框中，单击“选项”按钮，显示“规划求解选项”对话框，可对求解运算的高级属性进行设定.

本例中的模型是线性的，而且所有变量都是非负的，所以选中“采用线性模型”和“假定非负”两个复选框，本对话框的其他选项采用默认值，对于求解大多数线性规划问题均如此设置. 设置完选项后，单击“确定”按钮，返回到“规划求解参数”对话框.

由于“规划求解选项”对话框中其他的选项一般采用默认值就可以了，又因为其中的一些设置涉及其他方面的知识，所以下面关于该对话框其他选项的介绍，有兴趣的同学可以了解一下，否则可以跳过这部分.

(1) 最长运算时间. 在此设定求解过程的时间. 可输入的最大值为 32767(秒)，默认值 100(秒)可以满足大多数小型规划求解要求.

(2) 迭代次数. 在此设定求解过程中迭代运算的次数，限制求解过程的时间. 可输入的最大值为 32767，默认值 100 次可满足大多数小型规划求解要求.

(3) 精度. 在此输入用于控制求解精度的数字，以确定约束条件单元格中的数值是否满足目标值或上下限. 精度值必须为小数(0 到 1 之间)，输入数字的小数位越少，精度越低. 例如，0.0001 比 0.01 精度高.

(4) 允许误差. 在此输入满足整数约束条件的目标单元格求解结果与最佳结果间的允许百分偏差. 这个选项只应用于具有整数约束条件的问题. 设置的允许误差值越大，求解过程就越快.

(5) 收敛度. 在此输入收敛度数值，当最近五次迭代时，目标单元格中数值的变化小于“收敛度”编辑框中设置的数值时，“规划求解”停止运行. 收敛度只应用于非线性规划问题，并且必须由一个在 0 和 1 之间的小数表示. 设置的数值越小，收敛度就越高. 例如，0.0001 表示比 0.01 更小的相对差别. 收敛度越低，“规划求解”得到结果所需的时间就越长.

(6) 采用线性模型. 当模型中的所有关系都是线性的，并且希望解决线性优化问题时，选中此复选框可加速求解进程.

(7) 显示迭代结果. 选中此复选框，每进行一次迭代后都将中断“规划求解”，并显示当前的迭代结果.

(8) 自动按比例缩放. 当输入和输出值数量差别很大时，可以使用此功能. 例如，对一项百万美元投资的盈利百分比进行放大.

(9) 假定非负. 对于在“添加约束”对话框的“约束值”编辑框中没有设置下限的可变单元格，假定其下限为 0.

(10) 估计. 指定在每个一维搜索中用来得到基本变量初始估值的逼近方案.

① 正切函数. 使用正切向量线性外推.

② 二次方程. 用二次函数外推法，提高非线性规划问题的计算精度.

(11) 导数. 指定用于估计目标函数和约束函数偏导数的差分方案.

① 向前差分. 用于大多数约束条件数值变化相对缓慢的问题.

② 中心差分. 用于约束条件变化迅速，特别是接近限定值的问题. 虽然此选项要求更多的计算，但在“规划求解”不能返回有效解时也许会有帮助.

(12) 搜索. 指定每次的迭代算法，以确定搜索方向.

① 牛顿法. 用准牛顿法迭代需要的内存比共轭法的多，但所需的迭代次数少.

② 共轭法. 比牛顿法需要的内存少，但要达到指定精度需要较多次的迭代运算.

当问题较大或内存有限,或单步迭代进程缓慢时,用此选项.

(13) 装入模型.显示"装入模型"对话框,输入对所要调入模型的引用.

(14) 保存模型.显示"保存模型"对话框,输入模型的保存位置.只有当需要在工作表上保存多个模型时才单击此命令.第一个模型会自动存储.

2) 求解线性规划模型

在"规划求解参数"对话框中,单击"求解"按钮求解线性规划模型(单击"关闭"按钮,不求解直接退出).

当规划求解不能得到最佳结果时,在"规划求解结果"对话框中就会显示下述信息.

(1) 满足所有约束条件."规划求解"不能进一步优化结果.这表明仅得到近似值,迭代过程无法得到比显示结果更精确的数值,或是无法进一步提高精度,或是精度值设置得太小,请在"规划求解选项"对话框中试着设置较大的精度值,再运行一次.

(2) 求解达到最长运算时间后停止.这表明在达到最长运算时间限制时,没有得到满意的结果.如果要保存当前结果并节省下次计算的时间,请单击"保存规划求解"或"保存方案"选项.

(3) 求解达到最大迭代次数后停止.这表明在达到最大迭代次数时,没有得到满意的结果.增加迭代次数也许有用,但是应该先检查结果数值来确定问题的原因.如果要保存当前值并节省下次计算的时间,请单击"保存规划求解"或"保存方案"选项.

(4) 目标单元格中数值不收敛.这表明即使满足全部约束条件,目标单元格数值也只是有增有减但不收敛.这可能是在设置问题时忽略了一项或多项约束条件.请检查工作表中的当前值,确定数值发散的原因,并且检查约束条件,然后再次求解.

(5) "规划求解"未找到合适结果.这表明在满足约束条件和精度要求的条件下,"规划求解"无法得到合理的结果,这可能是约束条件不一致所致.请检查约束条件公式或类型选择是否有误.

(6) "规划求解"应用户要求而中止.这表明在暂停求解过程之后,或在单步执行规划求解时,单击了"显示中间结果"对话框中的"停止"按钮.

(7) 无法满足设定的"采用线性模型"条件.这表明求解时选中了"采用线性模型"复选框,但是最后计算结果并不满足线性模型.计算结果对工作表中的公式无效.如果要验证问题是否为非线性的,请选定"自动按比例缩放"复选框,然后再运行一次.如果又一次出现同样信息,请清除"采用线性模型"复选框,再运行一次.

(8) "规划求解"在目标或约束条件单元格中发现错误值.这表明在最近的一次运算中,一个或多个公式的求解结果有误.请找到包含错误值的目标单元格或约束条件单元格,修改其中的公式或内容,以得到合理的求解结果.还有可能是在"添加约束”或“改变约束”对话框中键入了无效的名称或公式,或者在“约束”编辑框中直接键入了“integer”或“binary”. 如果要将数值约束为整数,请在比较操作符列表中单击“Int”;如果要将数值约束为二进制数,请单击“Bin”.

(9) 内存不够. Microsoft Excel 无法获得规划求解所需的内存. 请关闭一些文件或应用程序再试一次.

(10) 其他的 Excel 例程正在使用 SOLVER. DLL. 这表明有多个 Microsoft Excel任务在运行,其中一个任务正在使用 SOLVER. DLL. SOLVER. DLL 只能供一个任务使用.

4. 理解求解结果

运用规划求解工具对运筹学问题求解的结果的同时可能生成以下三份报告。

(1) 求解结果报告:列出目标单元格和可变单元格及其初始值和最终结果、约束条件以及有关约束条件的信息.

(2) 敏感性报告:提供有关求解结果对“规划求解参数”对话框的“设置目标单元格”框中所指定的公式的微小变化或约束条件的微小变化的敏感程度的信息. 含有整数约束条件的模型不能生成该报告. 对于非线性模型,该报告提供递减梯度和拉格朗日乘数;对于线性模型,该报告将包含递减成本、阴影价格、目标式系数(允许的增量和允许的减量)以及约束右侧的区域.

(3) 极限值报告:列出目标单元格和可变单元格及其各自的数值、上下限和目标值. 含有整数约束条件的模型不能生成该报告. 下限是在保持其他可变单元格数值不变并满足约束条件的情况下,某个可变单元格可以取到的最小值. 上限是在这种情况下可以取到的最大值.

第 1 章例 1.1.1 中的资源的合理利用问题的规划求解结果如图 11.16 所示,求解结果报告如表 11.1 所示.

	A	B	C	D	E	F
1		甲、乙两种产品所需资源的数量				
2		甲	乙	合计	符号	可供资源
3	A1	5	2	170	<=	170
4	A2	2	3	100	<=	100
5	A3	1	5	100	<=	150
6	单位利润	10	18	541		
7	最优解	28.26	14.35			

图 11.16　资源的合理利用问题的规划求解结果

从图 11.16 或表 11.1 可以看出,最优解为甲产品生产 28.26 个单位,乙产品生产14.35个单位,达到最大利润 541. 对比图 11.16 与表 11.1 发现,两者都能得出求解结果,表 11.1 中的求解结果报告比图 11.16 中的求解结果更直观.

求解结束后生成的敏感性报告如表 11.2 所示.

表 11.1　资源合理利用问题的求解结果报告

目标单元格　(最大值)

单元格	名称	初值	终值
$D$6	单位利润　合计	0	541

可变单元格

单元格	名称	初值	终值	整数
$B$7	最优解　甲	0.00	28.26	约束
$C$7	最优解　乙	0.00	14.35	约束

约束

单元格	名称	单元格值	公式	状态	型数值
$D$3	A1　合计	170	$D$3<=$F$3	到达限制值	0
$D$4	A2　合计	100	$D$4<=$F$4	未到限制值	50.43
$D$5	A3　合计	100	$D$5<=$F$5	到达限制值	0

表 11.2　资源合理利用问题的敏感性报告

可变单元格

单元格	名称	终值	递减成本	目标式系数	允许的增量	允许的减量
$B$7	最优解　甲	28.26	0	10	35	6.4
$C$7	最优解　乙	14.35	0	18	32	14

约束

单元格	名称	终值	阴影价格	约束限制值	允许的增量	允许的减量
$D$3	A1　合计	170	1.39	170	165.71	130
$D$4	A2　合计	99.57	0	100	1E+30	50.43
$D$5	A3　合计	100	3.04	150	105.45	66

在本书第 4 章讲过灵敏度分析的基本知识，而敏感性报告正是用于报告灵敏度分析的结果. 该报告由可变单元格和约束两部分组成，分别对应于目标函数中的系数 c_i 和资源约束常数 b_j 变化的分析.

可变单元格部分共提供五栏数据，"终值"栏显示了问题的最优解，"递减成本"对应于差额成本，"目标式系数"栏给出了 c_i 的现值，最后两栏给出了在保持最优解不变的前提下，c_i 允许增加或减少的值，这样就得到了 c_i 允许变化的范围. 在此示例中即为 $c_1 \in [10-6.4, 10+35]=[3.6, 45]$，即产品甲的单位利润的取值范围为 [3.6,45]，同理可以得到产品乙的单位利润的取值范围为 [4,50]，此时最优解不变

(最优值随产品的价格变化而变化).

同样,约束部分也提供了五栏数据,“终值”栏显示了当前得到的方案下资源的使用情况,“约束限制值”是现有的有限资源,结合“允许的增量”和“允许的减量”可以得到在最优解不变的前提下 b_j 的变化范围.特别需要指出的是表中资源 A2 允许的增量是用科学记数法表示的一个很大的值“1E+30”(1×10^{30}),实际上就表示无穷大,这是由于计算机的精度限制产生的.另外,第二栏的“阴影价格”实际上就是前面章节所说的影子价格,表示的是约束右端值增加(或减少)一个单位,目标值增加(或减少)的数量,影子价格的大小客观地反映了资源在系统中的稀缺程度,影子价格越高则说明这种资源越稀缺,影子价格为 0 则说明这种资源是富余的.在此示例中,资源 A3 的影子价格约为 3.04,则说明资源 A3 在范围[34,205.45]内每增加一个单位总利润就会增加 3.04 个单位(影子价格不变),可以看出在此例三种资源中 A1,A3 是稀缺资源,而 A2 是富余资源.

表 11.3 资源合理利用问题的极限值报告

单元格	目标式名称	值
$D$6	单位利润 合计	541

单元格	变量名称	值	下限极限	目标式结果	上限极限	目标式结果
$B$7	最优解 甲	28.26	0.00	258.26	28.26	540.87
$C$7	最优解 乙	14.35	0.00	282.61	14.35	540.87

极限值报告(见表 11.3)与前两份报告不同的即在最后两个表格部分“下限极限”和“上限极限”部分,在此例中,在满足约束条件和保持其他可变单元格数值不变的情况下,甲产品可以一个单位都不生产而全部生产乙产品,此时总利润为 258.26,同样也可以乙产品一个单位都不生产而全部生产甲产品,此时总利润为 282.60,可以看出这比联合生产甲产品和乙产品的最优解的利润低得多,通过图解法,应该能够得到更直观的感受.

需要特别注意的是,求解结果报告和敏感性报告中允许的增减量是在其他的条件全都不变的情况下,仅仅是该目标函数系数或资源约束常数变化时的允许变化范围.如果多个参数同时变化,最方便的方法还是修改模型参数重新进行规划求解.

对于有无穷多个解的情况,由于可变单元格只能保留一组最优解,因此要特别注意区分唯一最优解和无穷多个解的情况.为了解决这个问题,一般会多求解几次,如果每一次求解的变量取值结果都不相同,那么该问题则有无穷多个解.有时还会遇到没有最优解的情况,此时还要检查模型是否有误,包括数学模型的建立和录入 Excel 的过程.

如果要求产品数量为整数,将此示例作为整数规划问题来看的话,则在添加约束条件时需要多添加一个整数规划的约束条件,如图 11.15 所示,则只能生成求解结果报告. 修改选项中的默认允许误差 5%为 1%，如图 11.17 所示.

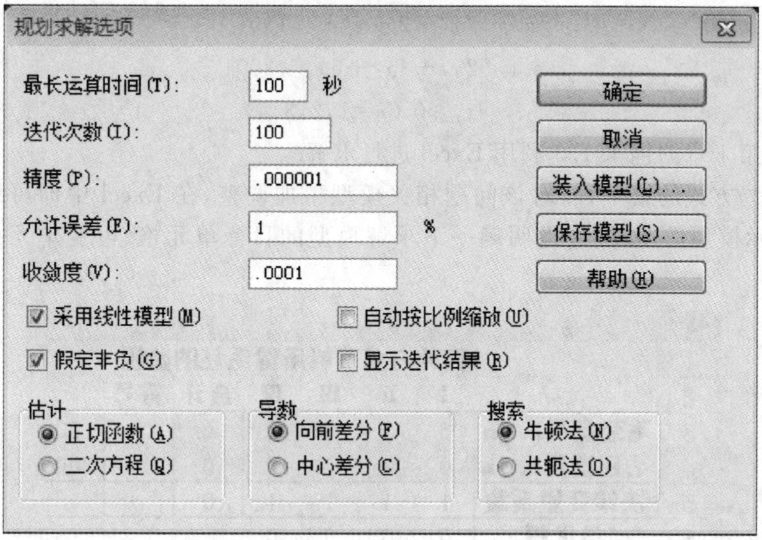

图 11.17　规划求解选项设置

求解结果如图 11.18 所示.

	A	B	C	D	E	F
1		甲、乙两种产品所需资源的数量				
2		甲	乙	合计	符号	可供资源
3	A1	5	2	168	<=	170
4	A2	2	3	98	<=	100
5	A3	1	5	98	<=	150
6	单位利润	10	18	532		
7	最优解	28.00	14.00			

图 11.18　加入整数约束时的资源合理利用问题求解结果

此时，总利润的最大值为 532，最优的生产计划为生产甲产品 28 件，生产乙产品 14 件. 如果不修改默认允许误差，即默认允许误差为 5%，那么总利润的最大值为 520，最优的生产计划为生产甲产品 25 件，生产乙产品 15 件. 可见允许误差选项对整数规划求解有较大影响.

11.3　运筹学问题的建模与应用举例

1. 下料问题

在第 1 章的例 1.1.3 中介绍了合理下料问题的相关概念和此问题数学模型的一般形式，其数学模型如下：

$$\min Z = x_1 + x_2 + x_3 + x_4;$$

$$\text{s. t.}\begin{cases} 3x_1 + 2x_2 + x_3 \geqslant 100; \\ 2x_2 + 4x_3 + 6x_4 \geqslant 200; \\ x_j \geqslant 0\ (j=1,2,3,4). \end{cases}$$

现对第 1 章的例 1.1.3 利用 Excel 进行求解.

按布局方式的第一种,对该问题相关模型稍加调整,在 Excel 中即可形成如图 11.19 所示模型描述. 然后得明确一下求解模型的目标单元格、可变单元格和约束条件.

	A	B	C	D	E	F	G	H
1		四种方式下料所得毛坯的数量						
2		Ⅰ	Ⅱ	Ⅲ	Ⅳ	合计	符号	
3	毛坯型号2.5m	3	2	1	0	0	>=	100
4	毛坯型号1.3m	0	2	4	6	0	>=	200
5	决策变量系数	1	1	1	1	0		
6	最优解	0	0	0	0			

图 11.19　合理下料问题在 Excel 中的模型描述

(1) 目标单元格:圆钢消耗数量最小化(在单元格 F5 内计算).

(2) 可变单元格:按四种下料方式(即下料方式Ⅰ、Ⅱ、Ⅲ、Ⅳ)分别切割圆钢的数目(在单元格区域 B6:E6 中列出).

(3) 约束条件:切割出来的毛坯数量必须大于或等于需要的毛坯数量,任何一种切割方式所切割的圆钢的数目不能为负值且必须为整数.

注意,由于圆钢都是统一规格的,所以切割圆钢的数目必须为整数. 要添加此约束,方法与之前略有不同,在选择数学运算符的时候不是选择一般的“>=”、“<=”或是“=”,而是在下拉列表框中选择“int”,右边约束值框内会自动出现“整数”,所以此时“添加约束”对话框如图 11.20 所示.

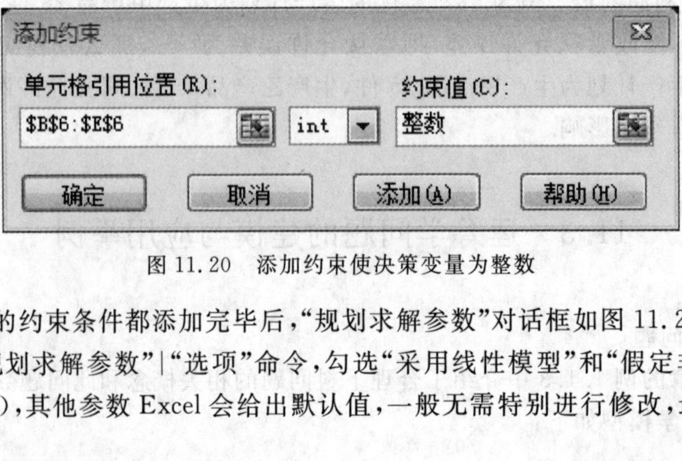

图 11.20　添加约束使决策变量为整数

在所有的约束条件都添加完毕后,“规划求解参数”对话框如图 11.21 所示.

单击“规划求解参数”|“选项”命令,勾选“采用线性模型”和“假定非负”复选框(见图 11.22),其他参数 Excel 会给出默认值,一般无需特别进行修改,最后单击“确定”按钮.

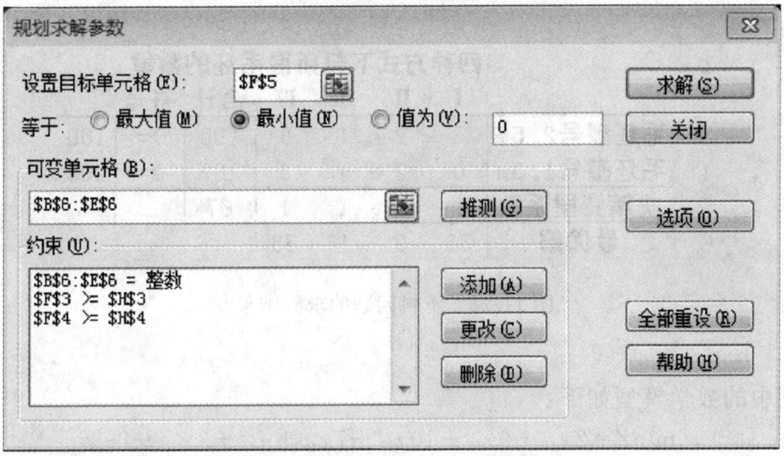

图 11.21　规划求解器对下料问题进行求解的完整设置

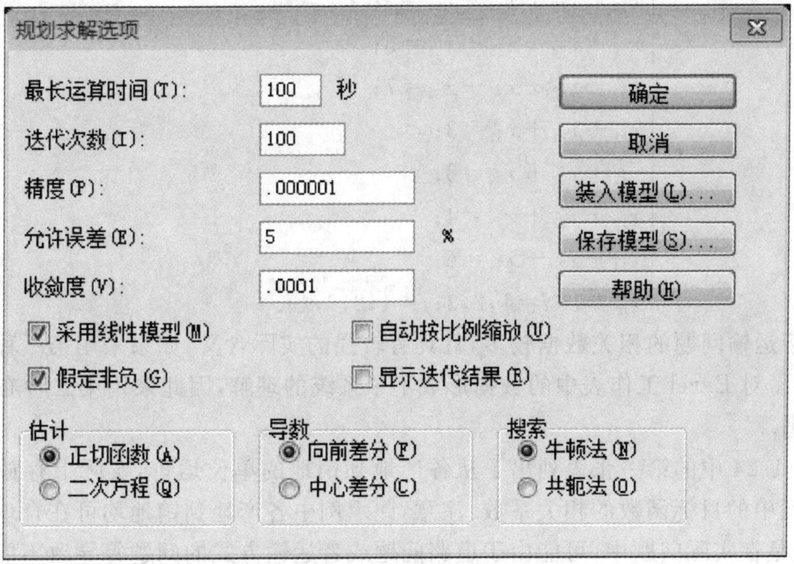

图 11.22　“规划求解选项”设置

对于整数规划问题，有时可以将图 11.22 中的允许误差调整低些，以提高计算精度.

下料问题的最优解会在单元格区域 B6:E6 直接显示，而得到最优解(即切割圆钢的下料方式的组合)之后，得到的最终两种型号的毛坯的数量也显示在单元格 F3 和 F4 当中，此时消耗圆钢总数则显示在单元格 F5 当中，如图 11.23 所示.

2. 运输问题

在第 5 章第 1 节已经较为详细地介绍了运输问题的相关概念和此问题数学模型的一般形式，这里讨论一下如何利用 Excel 对已经列出的运输问题的数学模型进行

	A	B	C	D	E	F	G	H
1		四种方式下料所得毛坯的数量						
2		Ⅰ	Ⅱ	Ⅲ	Ⅳ	合计	符号	
3	毛坯型号2.5m	3	2	1	0	100	>=	100
4	毛坯型号1.3m	0	2	4	6	202	>=	200
5	决策变量系数	1	1	1	1	67		
6	最优解	33	0	1	33			

图 11.23 下料问题的求解结果

求解.

该例中的数学模型如下:

$$\min Z=2x_{11}+9x_{12}+10x_{13}+7x_{14}+x_{21}+3x_{22}+4x_{23}+2x_{24}+8x_{31}+4x_{32}+2x_{33}+5x_{34};$$

$$\text{s. t.}\begin{cases}x_{11}+x_{12}+x_{13}+x_{14}=9;\\x_{21}+x_{22}+x_{23}+x_{24}=5;\\x_{31}+x_{32}+x_{33}+x_{34}=7;\\x_{11}+x_{21}+x_{31}=3;\\x_{12}+x_{22}+x_{32}=8;\\x_{13}+x_{23}+x_{33}=4;\\x_{14}+x_{24}+x_{34}=6;\\x_{ij}\geqslant 0\ (i=1,2,3;j=1,2,3,4).\end{cases}$$

由于运输问题的相关数据较多,且具有较强的实际含义,如果采用第一种布局方式,很容易对 Excel 工作表中的数据形成不了系统的理解,因此采用第二种布局方式更为合适.

图 11.24 中的第一张表列出了从各产地到销地的单位运价,实际上存放的即为数学模型中的目标函数的相关系数.注意,此示例中各产地到销地均可在合理价位内运达,但是在实际问题中,可能由于道路问题或者运输方式的问题等导致不能运输或不允许运输,在这种情况下,一般用一个足够大的数(如 1000)来表示运输费用,这和大 M 法的思考方式是相同的,也是建模中的惯用思路.

第二张表区域 B7:E9 用来存放决策变量,最初填上初始值 0,表示从各产地到销地的运输量.区域 F7:F9 的合计列实际上表明了各产地的实际产量,而区域 B10:E10 的合计行实际上表明了各销地的实际销量,因为是产销平衡的运输问题,因此起提示作用的符号是"=".

在"规划求解选项"对话框(见图 11.25)中选中"采用线性模型"和"假定非负",点击"求解"即可得到规划求解的结果,如图 11.26 所示.

从结果中可以知道最佳的运输方案是:从产地 A1 运 3 个单位到销地 B1,运 6 个单位到销地 B4,从产地 A2 运 5 个单位到销地 B2,从产地 A3 运 3 个单位到销地 B2,

	A	B	C	D	E	F	G	H
1	单位运价	销地B1	销地B2	销地B3	销地B4			
2	产地A1	2	9	10	7			
3	产地A2	1	3	4	2			
4	产地A3	8	4	2	5			
5								
6	运输量	销地B1	销地B2	销地B3	销地B4	合计	符号	供应量
7	产地A1	3	0	0	6	9	=	9
8	产地A2	0	5	0	0	5	=	5
9	产地A3	0	3	4	0	7	=	7
10	合计	3	8	4	6			
11	符号	=	=	=	=			总成本
12	销量	3	8	4	6			83

	F
6	合计
7	=SUM(B7:E7)
8	=SUM(B8:E8)
9	=SUM(B9:E9)

	H
11	总成本
12	=SUMPRODUCT(B2:E4,B7:E9)

	A	B	C	D	E
10	合计	=SUM(B7:B9)	=SUM(C7:C9)	=SUM(D7:D9)	=SUM(E7:E9)

图 11.24　运输问题在 Excel 中的模型描述

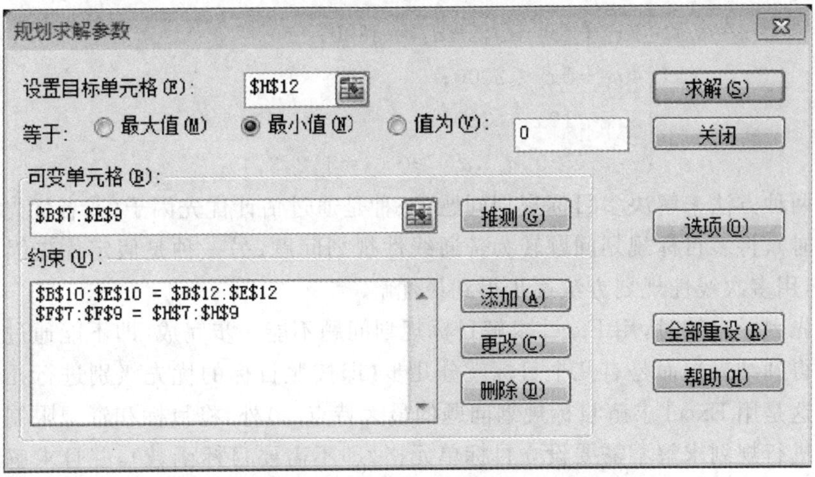

图 11.25　通过规划求解工具求解运输问题

运 4 个单位到销地 B3，这种运输方案时的总成本最小(83).

3. 目标规划

第 6 章 6.1 节已经较为详细地介绍了运输问题的相关概念和此问题数学模型的一般形式，这里讨论一下如何利用 Excel 对已经列出的目标规划的数学模型进行求解.

该例中的数学模型如下：

	A	B	C	D	E	F	G	H
1	单位运价	销地B1	销地B2	销地B3	销地B4			
2	产地A1	2	9	10	7			
3	产地A2	1	3	4	2			
4	产地A3	8	4	2	5			
5								
6	运输量	销地B1	销地B2	销地B3	销地B4	合计	符号	供应量
7	产地A1	3	0	0	6	9	=	9
8	产地A2	0	5	0	0	5	=	5
9	产地A3	0	3	4	0	7	=	7
10	合计	3	8	4	6			
11	符号	=	=	=	=			总成本
12	销量	3	8	4	6			83

图 11.26　通过规划求解工具求解运输问题的求解结果

$$\min Z = P_1 d_1^- + P_2(7d_2^+ + 12d_3^-) + P_3(d_4^+ + d_4^-);$$

$$\text{s.t.}\begin{cases} 70x_1 + 120x_2 + d_1^- - d_1^+ = 50000; \\ x_1 + d_2^- - d_2^+ = 200; \\ x_2 + d_3^- - d_3^+ = 250; \\ 9x_1 + 4x_2 + d_4^- - d_4^+ = 3600; \\ 4x_1 + 5x_2 \leqslant 2000; \\ 3x_1 + 10x_2 \leqslant 3000; \\ x_1, x_2 \geqslant 0, d_j^+, d_j^- \geqslant 0\ (j=1,2,3,4). \end{cases}$$

有两种方法来解决多目标规划问题，一种是通过估计优先因子(或者优先因子是指定的时)，将多目标规划问题转为普通线性规划问题；另一种是假定优先因子不好估计时，用多次线性规划方法逐步得到最优解.

优先因子未知时，用 Excel 求解目标规划问题不能一步完成(即不能通过一次规划求解得到结果)，而是有几个目标就分几步(即按照目标的优先级别进行几次规划求解). 这是用 Excel 求解目标规划问题的最大特点. 另外，将目标和资源限制作为约束条件进行规划求解不需要设立目标单元格(即不需要目标函数)，并且求解的结果是没有可行解的，因为目标和资源限制等约束条件不能同时满足，只能寻找满意解. 下面详细讨论如何运用 Excel 逐步求解此示例.

1）数据布局与公式

相关数据的布局与公式如图 11.27 所示. 注意，目标规划在 Excel 工作表中的模型，与一般的线性规划问题相比，增加了负偏差变量和正偏差变量，从而将求解最优解转化为求解满意解.

2）求第一级目标(第一次规划求解)

将第一级目标的负偏差(d_1^-)最小化作为目标函数，求出第一次最优解，这样表

	A	B	C	D	E	F	G
1	单位消耗	甲	乙	合计	符号	可供资源	
2	钢材	9	4	0	<=	3600	
3	煤炭	4	5	0	<=	2000	
4	设备台时	3	10	0	<=	3000	
5							
6	单件利润	70	120				
7							
8	最优解	0	0				
9							
10	目标						
11		实际值	负偏差	正偏差	实现值	符号	目标值
12	利润指标	0	0	0	0	=	50000
13	产品甲件数	0	0	0	0	=	200
14	产品乙件数	0	0	0	0	=	250
15	钢材用里	0	0	0	0	=	3600
16							
17	利润指标偏差						
18	产品甲件数偏差						
19	产品乙件数偏差						
20	钢材用里偏差						

	D
1	合计
2	=SUMPRODUCT(B2:C2,B$8:C$8)
3	=SUMPRODUCT(B3:C3,B$8:C$8)
4	=SUMPRODUCT(B4:C4,B$8:C$8)

	B
11	实际值
12	=SUMPRODUCT(B6:C6,B8:C8)
13	=B8
14	=C8
15	=SUMPRODUCT(B2:C2,B8:C8)

	E
11	实现值
12	=B12+C12-D12
13	=B13+C13-D13
14	=B14+C14-D14
15	=B15+C15-D15

图 11.27　目标规划问题在 Excel 中的模型描述

明优先满足第一级目标的思想. 另外,第一步的目标函数应该是求 C12 的最小值. 第一次"规划求解参数"如图 11.28 所示,第一次规划求解结果如图 11.29 所示.

结果中产品甲负偏差给定的是科学记数法表示的一个极小值,表明无限接近于 0,对于同样约束条件和目标函数情况下进行多次规划求解,0 值和科学记数法表示的某个极小值实际上都会多次出现,在实际意义上是没有区别的. 除此以外,最重要的结果是第一级目标的最优偏差值(C12)为 7200,即 $d_1^- = 7200$.

3）求第二级目标(第二次规划求解)

此步进行的是在第一步获得最优结果的基础上使得第二级目标的目标函数值最小. 因此,将求得的第一级目标的最优偏差值作为第二级目标求解的约束条件(C12 中的值为 7200,即 $d_1^- = 7200$).

注意　在第二级目标中有两个目标,为了区别起见,将单位利润比作为各自的权系数,因此第二级目标的形式为和式. 所以令 B18＝7＊D13、B19＝12＊C14 和 C18＝B18＋B19,最终将 C18 作为第二次规划求解的目标单元格. 特别注意添加约束时,要

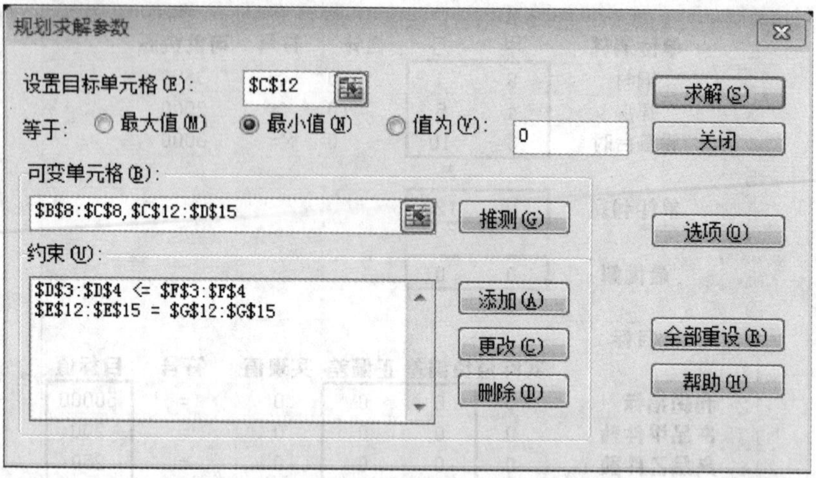

图 11.28 目标规划第一次规划求解参数

	A	B	C	D	E	F	G
1	单位消耗	甲	乙	合计	符号	可供资源	
2	钢材	9	4	2760	<=	3600	
3	煤炭	4	5	2000	<=	2000	
4	设备台时	3	10	3000	<=	3000	
5							
6	单件利润	70	120				
7							
8	最优解	200	240				
9							
10	目标						
11		实际值	负偏差	正偏差	实现值	符号	目标值
12	利润指标	42800	7200	0	50000	=	50000
13	产品甲件数	200	-0	0	200	=	200
14	产品乙件数	240	10	0	250	=	250
15	钢材用量	2760	840	0	3600	=	3600
16							
17	利润指标偏差						
18	产品甲件数偏差						
19	产品乙件数偏差						
20	钢材用量偏差						

图 11.29 目标规划第一次规划求解结果

令单元格 B17=C12.

第二次“规划求解参数”如图 11.30 所示，求解结果如图 11.31 所示. 最终得到第二级目标的最优偏差值为 120，即 $d_2^+=0, d_3^-=120, 7d_2^++12d_3^-=120$.

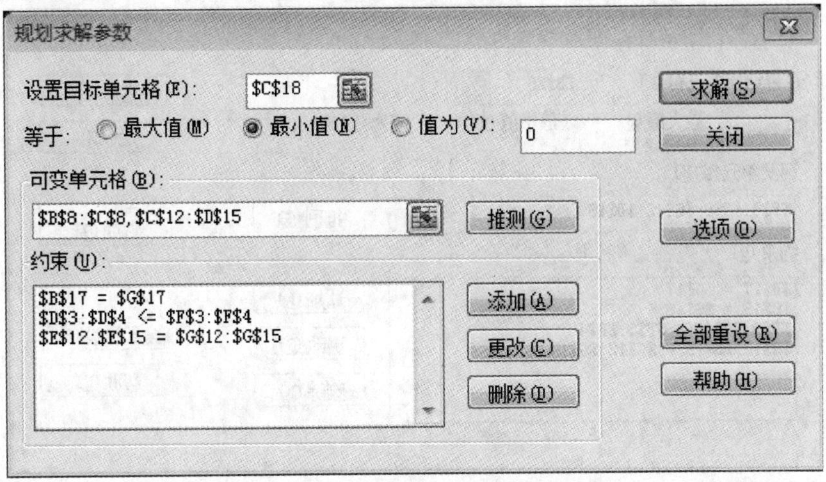

图 11.30　目标规划第二次规划求解参数

	A	B	C	D	E	F	G
1	单位消耗	甲	乙	合计	符号	可供资源	
2	钢材	9	4	2760	<=	3600	
3	煤炭	4	5	2000	<=	2000	
4	设备台时	3	10	3000	<=	3000	
5							
6	单件利润	70	120				
7							
8	最优解	200	240				
9							
10	目标						
11		实际值	负偏差	正偏差	实现值	符号	目标值
12	利润指标	42800	7200	0	50000	=	50000
13	产品甲件数	200	0	2E-13	200	=	200
14	产品乙件数	240	10	0	250	=	250
15	钢材用量	2760	840	0	3600	=	3600
16							偏差已达数
17	利润指标偏差	7200				=	7200
18	产品甲件数偏差	0	120				
19	产品乙件数偏差	120					
20	钢材用量偏差						

图 11.31　目标规划第二次规划求解结果

4）求第三级目标(第三次规划求解)

同理，在第二步的基础上再加一个约束条件. 大致步骤与第二步的相似，第三次“规划求解参数”如图 11.32 所示，求解结果如图 11.33 所示.

三步的规划求解之后，能从最后一次的求解结果看出，最后的满意方案为生产甲

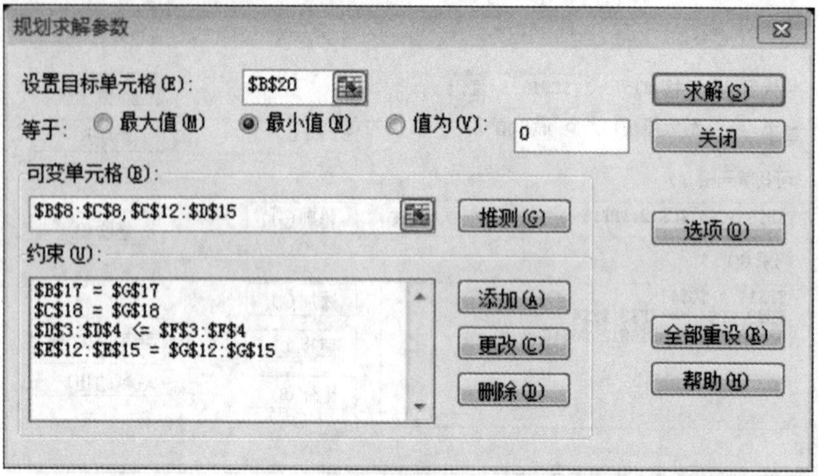

图 11.32 目标规划第三次规划求解参数

	A	B	C	D	E	F	G
1	单位消耗	甲	乙	合计	符号	可供资源	
2	钢材	9	4	2760	<=	3600	
3	煤炭	4	5	2000	<=	2000	
4	设备台时	3	10	3000	<=	3000	
5							
6	单件利润	70	120				
7							
8	最优解	200	240				
9							
10	目标						
11		实际值	负偏差	正偏差	实现值	符号	目标值
12	利润指标	42800	7200	-4E-12	50000	=	50000
13	产品甲件数	200	0	-8E-15	200	=	200
14	产品乙件数	240	10	0	250	=	250
15	钢材用量	2760	840	0	3600	=	3600
16							偏差已达数
17	利润指标偏差	7200				=	7200
18	产品甲件数偏差	-0	120			=	120
19	产品乙件数偏差	120					
20	钢材用量偏差	840					

图 11.33 目标规划第三次规划求解结果

产品 200 件,生产乙产品 240 件;利润指标比目标值少 7200 元;产品甲的件数能够满足要求,但是产品乙的件数比目标值少 10 件;钢材用量比目标值少 840 吨.尽管各级目标都存在一定的偏差,但总体上来看已经是令人满意的方案了.

如果预先估计优先因子,比如令 $p_1=10000$,$p_2=100$,$p_3=1$,那么可以直接计算总偏差. 总偏差的计算公式如图 11.34 所示，通过计算总偏差求解目标规划的参数设置如图 11.35 所示.

	A	B	C	D	E	F	G	H
1		单位消耗	甲	乙	合计	符号	可供资源	
2		钢材	9	4	0	<=	3600	
3		煤炭	4	5	0	<=	2000	
4		设备台时	3	10	0	<=	3000	
5								
6		单件利润	70	120				
7								
8		最优解	0	0				
9								
10		目标						
11			实际值	负偏差	正偏差	实现值	符号	目标值
12	1	利润指标	0	0	0	0	=	50000
13	2	产品甲件数	0	0	0	0	=	200
14		产品乙件数	0	0	0	0	=	250
15	3	钢材用量	0	0	0	0	=	3600
16								
17	1	利润指标偏差	=D14		总偏差			
18	2	产品甲件数偏差	=7*E15					
19		产品乙件数偏差	=12*D16		=10000*C19+100*(C20+C21)+C22			
20	3	钢材用量偏差	=D17+E17					

图 11.34　总偏差的计算公式

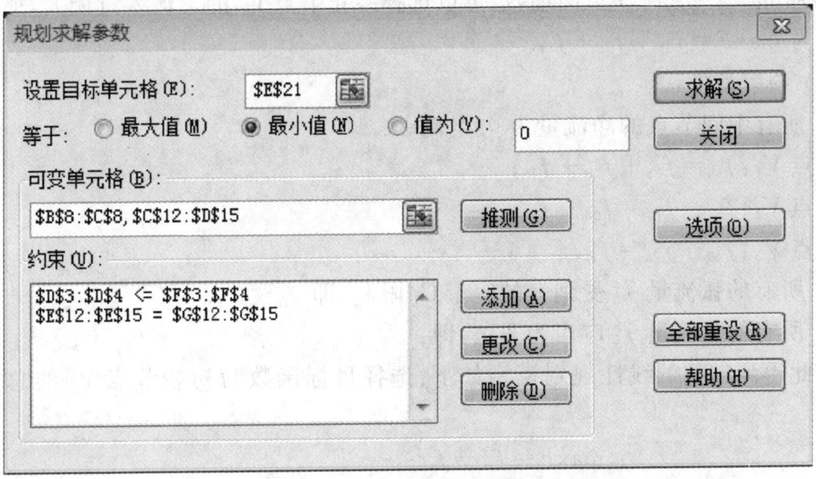

图 11.35　通过计算总偏差求解目标规划的参数设置

最后计算的结果与前面的方法相同，计算得到的总偏差为 72012840，这个混合的偏差量往往没有实际经济意义.

显然，后面的一种方法更简洁，前提是能合理估计优先因子. 一般要给定前后相连两级优先因子足够大的数量级差异，例如这里的前一级优先因子的重要性为紧后面一级的 100 倍.

在解决理论问题过程中，往往难估计优先因子，而解决实际经济管理问题中优先因子可以根据实际情况直接给定.

4. 最大流问题

现有网络图如图 11.36 所示(弧旁数字为容量).

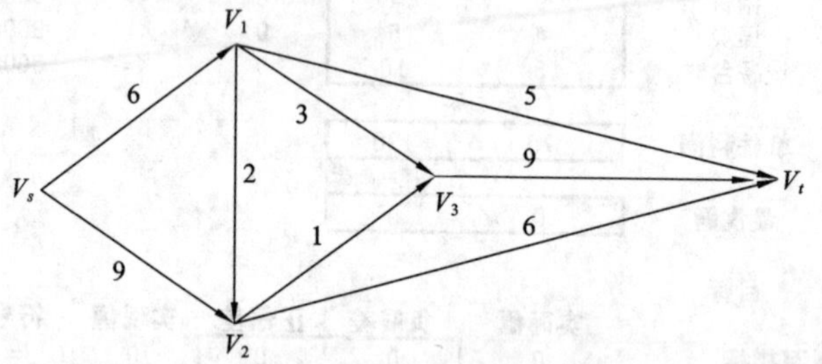

图 11.36　最大流问题网络图

这是一个典型的最大流问题：

(1) 决策变量：设从节点 $V_i \to V_j$ 上的流量为 f_{ij}，总流量为 F.

(2) 目标函数：为了使通过网络的总流量最大，由于各中间节点的净流量为 0，即流入多少就流出多少，因此最大流量可以是初始节点 V_s 的总流出量最大，也可以是终止节点 V_t 的总流入量最大. 本例中可以选择初始节点 V_s 的总流出量最大，那么目标函数为 $\max F = f_{s1} + f_{s2}$；同理，也可以选择终止节点 V_t 的总流入量最大，那么目标函数则为 $\max F = f_{1t} + f_{2t} + f_{3t}$.

(3) 约束条件：

① 所有中间节点的净流量为 0. 本例中：

节点 V_1：$f_{s1} = f_{12} + f_{13} + f_{1t}$；

节点 V_2：$f_{s2} + f_{12} = f_{23} + f_{2t}$；

节点 V_3：$f_{13} + f_{23} = f_{3t}$.

② 所有的弧流量 f_{ij} 受到弧的容量 C_{ij} 限制，即 $f_{ij} \leqslant C_{ij}$.

③ 所有的弧流量 f_{ij} 应当为非负，即：

由此得到完整的线性规划模型如下：选择目标函数为初始节点 V_s 的总流出量最大.

$$\max F = f_{s1} + f_{s2};$$

$$\text{s.t.}\begin{cases} f_{s1} - f_{12} - f_{13} - f_{1t} = 0; \\ f_{s2} + f_{12} - f_{23} - f_{2t} = 0; \\ f_{13} + f_{23} - f_{3t} = 0; \\ f_{ij} \leqslant C_{ij}; \\ f_{ij} \geqslant 0; (i = s, 1, 2, 3; j = 1, 2, 3, t) \end{cases}$$

在根据网络图确定最大流问题的数学模型之后，将其输入到 Excel 中，得到本例在 Excel 中的模型描述，如图 11.37 所示.

	A	B	C	D	E	F	G	H	I	J
1	从	到	流量		容量		顶点	净流量		平衡值
2	Vs	V1	0	<=	6		Vs	0		
3	Vs	V2	0	<=	9		V1	0	=	0
4	V1	V2	0	<=	2		V2	0	=	0
5	V1	V3	0	<=	3		V3	0	=	0
6	V1	Vt	0	<=	5		Vt	0		
7	V2	V3	0	<=	1					
8	V2	Vt	0	<=	6					
9	V3	Vt	0	<=	9			最大流量	0	

	H
1	净流量
2	=SUMIF($A$2:$A$9,G2,$C$2:$C$9)-SUMIF($B$2:$B$9,G2,$C$2:$C$9)
3	=SUMIF($A$2:$A$9,G3,$C$2:$C$9)-SUMIF($B$2:$B$9,G3,$C$2:$C$9)
4	=SUMIF($A$2:$A$9,G4,$C$2:$C$9)-SUMIF($B$2:$B$9,G4,$C$2:$C$9)
5	=SUMIF($A$2:$A$9,G5,$C$2:$C$9)-SUMIF($B$2:$B$9,G5,$C$2:$C$9)
6	=SUMIF($A$2:$A$9,G6,$C$2:$C$9)-SUMIF($B$2:$B$9,G6,$C$2:$C$9)

图 11.37　最大流问题在 Excel 中的布局

根据约束条件的分类，可以将布局分为几个区块. 参看图 11.37 可以发现，区域 C2:E9 反映了所有的弧流量 f_{ij} 受到弧的容量 C_{ij} 限制，而区域 H3:J5 反映了所有中间节点的净流量为 0.

值得注意的是，此例中除了目标单元格 I9＝H2 之外，各中间节点的净流量采用的 SUMIF 函数进行计算. 以单元格 H2 的公式为例，"＝SUMIF($A$2:$A$9, G3,$C$2:$C$9)－SUMIF($B$2:$B$9,G3,$C$2:$C$9)"看起来很复杂，但是表达的意思却很简单明了，其中"SUMIF($A$2:$A$9,G3,$C$2:$C$9)"表明当区域 A2:A9 满足条件 G3 是对区域 C2:C9 进行求和，也就是从"从"节点列中筛选值为"V_1"的数据，将对应的流量进行求和，即计算从 V_1 节点中流出的总流量；同理，"SUMIF($B$2:$B$9,G3,$C$2:$C$9)"计算从 V_1 节点中流入的总流量. 最后说明该公式表达的实际上是求 V_1 节点的净流量.

在弄清了目标函数、约束条件和指定变量以后，设置规划求解参数就很简单了. 此例中设置规划求解参数如图 11.38 所示，最终得到的求解结果如图 11.39 所示.

从结果中不难发现，正如之前所说，初始节点的净流量和终止节点的净流量所求得的最优解是互为相反数的，实际上也就说明了两种设置目标函数的方法都会得到相同的效果.

5. 分配问题

分配问题是 0-1 规划的特例，可以用 0-1 规划的 Excel 规划求解方法求解分配问题的解. 由图 11.40 所示的分配问题的布局，可以发现分配问题具有其明显的特点：

(1) 效益矩阵：假设第 i 个人 A_i 去做第 j 项任务 B_j 的工作效益为 c_{ij}，这里的 c_{ij} 可以指工时、成本、价值等，那么 c_{ij} 就可以构成效益矩阵 $\boldsymbol{C}_{ij}$. 在本例中区域 B3:F7 正

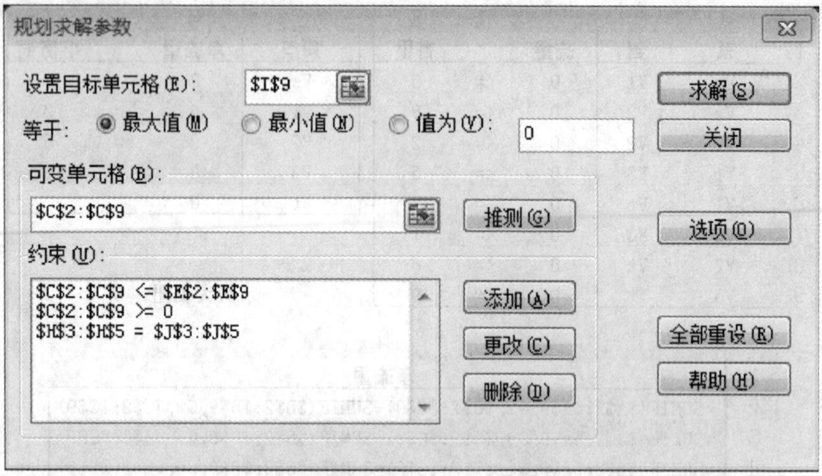

图 11.38 针对最大流问题设置规划求解参数

	A	B	C	D	E	F	G	H	I	J
1	**从**	**到**	**流量**		**容量**		**顶点**	**净流量**		**平衡值**
2	Vs	V1	6	<=	6		Vs	13		
3	Vs	V2	7	<=	9		V1	0	=	0
4	V1	V2	0	<=	2		V2	0	=	0
5	V1	V3	1	<=	3		V3	0	=	0
6	V1	Vt	5	<=	5		Vt	-13		
7	V2	V3	1	<=	1					
8	V2	Vt	6	<=	6					
9	V3	Vt	2	<=	9			**最大流量**	13	

图 11.39 最大流问题的 Excel 规划求解结果

是反映了效益矩阵.

(2) 方案矩阵:引入 0-1 变量 x_{ij} 表示 A_i 完成 B_j 工作的情况,那么:

$$x_{ij}=\begin{cases}0, & \text{当指派 } A_i \text{ 去完成 } B_j \text{ 工作;}\\ 1, & \text{当不指派 } A_i \text{ 去完成 } B_j \text{ 工作;}\end{cases}$$

其中,$i=1,2,\cdots,m$;$j=1,2,\cdots,n$.

在本例中 B11:F15 正反映了方案矩阵的结构. 显然,对于最终的方案矩阵 $\boldsymbol{X}_{ij}$,它的每一行和每一列都只能有一个值为 1,其他的值均为 0. 区域 G11:I15 和 B16:F16 正是反映了方案矩阵这一特点.

由于之前所说的分配问题是 0-1 分布的特例,那么在进行“规划求解参数”设置的时候,要注意决策变量约束条件的添加与之前略有不同,在选择数学运算符的时候不是选择一般的“>=”、“<=”、“=”或是整数分布的“int”,而是在下拉列表框中选择“bin”,右边约束值框内会自动出现“二进制”,即约束了决策变量只能为 0 或 1,如图 11.42 所示.

	A	B	C	D	E	F	G	H	I
1		第i个人完成第j项工作所需费用							
2		**A**	**B**	**C**	**D**	**E**			
3	甲	7	5	9	8	11			
4	乙	9	12	7	11	9			
5	丙	8	5	4	6	8			
6	丁	7	3	6	9	6			
7	戊	4	6	7	5	11			
8									
9		安排第i个人完成第j项工作							
10		**A**	**B**	**C**	**D**	**E**	合计		
11	甲	0	0	0	C	0	0	=	1
12	乙	0	0	0	C	0	0	=	1
13	丙	0	0	0	C	0	0	=	1
14	丁	0	0	0	C	0	0	=	1
15	戊	0	0	0	C	0	0	=	1
16	合计	0	0	0	0	0			
17		=	=	=	=	=			
18		1	1	1	1	1	总费用		0

	G
10	合计
11	=SUM(B11:F11)
12	=SUM(B12:F12)
13	=SUM(B13:F13)
14	=SUM(B14:F14)
15	=SUM(B15:F15)

	I
18	=SUMPRODUCT(B3:F7,B11:F15)

	A	B	C	D	E	F
16	合计	=SUM(B11:B15)	=SUM(C11:C15)	=SUM(D11:D15)	=SUM(E11:E15)	=SUM(F11:F15)

图 11.40　分配问题在 Excel 中的布局

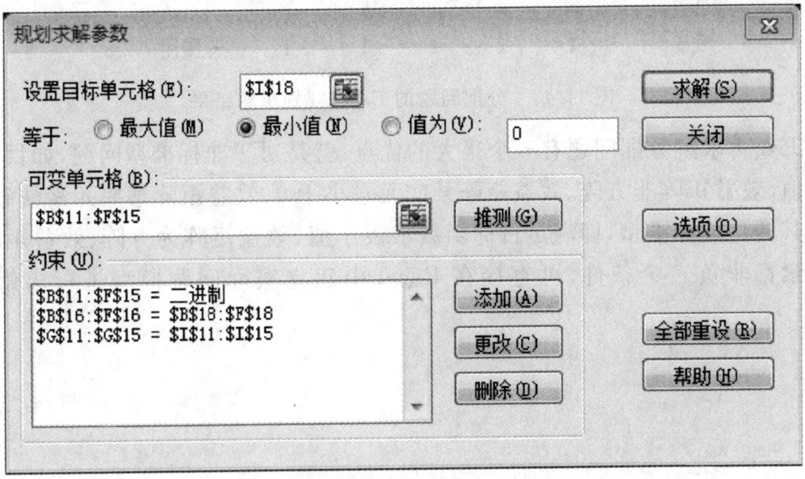

图 11.41　分配问题对规划求解参数的设置

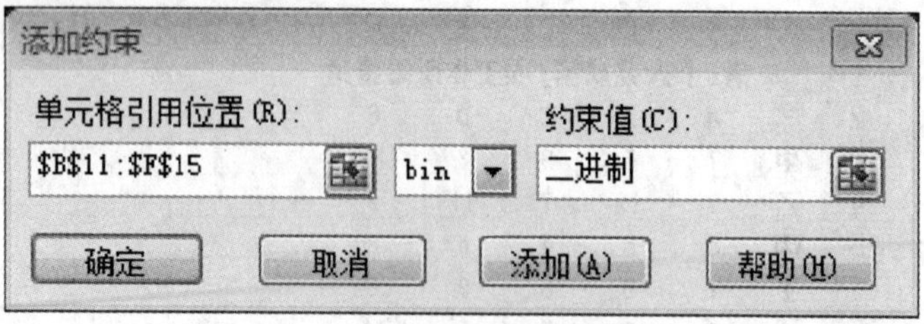

图 11.42　添加决策变量约束条件

求解结果如图 11.43 所示.

	A	B	C	D	E	F	G	H	I
1		**第i个人完成第j项工作所需费用**							
2		**A**	**B**	**C**	**D**	**E**			
3	**甲**	7	5	9	8	11			
4	**乙**	9	12	7	11	9			
5	**丙**	8	5	4	6	8			
6	**丁**	7	3	6	9	6			
7	**戊**	4	6	7	5	11			
8									
9		**安排第i个人完成第j项工作**							
10		**A**	**B**	**C**	**D**	**E**	合计		
11	**甲**	0	0	0	1	0	1	=	1
12	**乙**	0	0	0	0	1	1	=	1
13	**丙**	0	0	1	0	0	1	=	1
14	**丁**	0	1	0	0	0	1	=	1
15	**戊**	1	0	0	0	0	1	=	1
16	合计	1	1	1	1	1			
17		=	=	=	=	=			
18		1	1	1	1	1	总费用		28

图 11.43　分配问题的 Excel 规划求解结果

用 Excel 求解分配问题有一个很大的优点，就是对于非标准型问题，如目标函数求极大值、效益矩阵非方阵、效益矩阵某些元素小于 0、效益矩阵某些元素缺省等，不需要将其转化成标准型，即满足目标函数求极小值、效益矩阵为方阵、效益矩阵的每一个元素都非负三个条件，可直接在 Excel 中建立实际问题模型进行求解，方便快捷.

部分习题参考答案

第 1 章

1.3 (1) $\boldsymbol{X}^*=(13,5)$， $Z^*=31$. (2)$\boldsymbol{X}^*=(5,15)$， $Z^*=175$. (3)无穷多解 $\boldsymbol{X}^*=\lambda\boldsymbol{X}_1^*+(1-\lambda)\boldsymbol{X}_2^*$，$0\leqslant\lambda\leqslant1$，其中 $\boldsymbol{X}_1^*=(5,10)^{\mathrm{T}}$， $\boldsymbol{X}_2^*=(10,8)^{\mathrm{T}}$， $Z^*=60$. (4)无界. (5)无可行解. (6)$\boldsymbol{X}^*=(4,2)^{\mathrm{T}}$， $Z^*=22$.

1.4

(1) 基本解	可行性	目标值
(0,0,6,6)	可行	0
(0,3,3,0)	可行	6
(0,6,0,−6)	非可行	
(6,0,−6,0)	非可行	
(3,0,0,3)	可行	9
(2,2,0,0)	可行	10

最优解 $\boldsymbol{X}^*=(2,2,0,0)^{\mathrm{T}}$，$Z^*=10$.

(2) 基本解	可行性	目标值
(0,0,25,20,75)	可行	0
$\left(0,\frac{25}{2},0,\frac{15}{2},\frac{75}{2}\right)$	可行	125
(0,20,−15,0,15)	不可行	
(0,25,−25,−5,0)	不可行	
(20,0,45,0,−25)	不可行	
(−25,0,0,45,200)	不可行	
(15,0,40,5,0)	可行	75
(5,15,0,0,5)	可行	175
$\left(\frac{75}{13},\frac{200}{13},0,-\frac{15}{13},0\right)$	不可行	
$\left(\frac{15}{2},\frac{25}{2},\frac{15}{2},0,0\right)$	可行	162.5

最优解 $\boldsymbol{X}^*=(5,15,0,0,5)^{\mathrm{T}}$，$Z^*=175$.

1.5 (1)，(3)是凸集，(2)不是

1.7 (1)$\boldsymbol{X}_1^*=\left(0,\frac{3}{2}\right)^{\mathrm{T}}$， $\boldsymbol{X}_2^*=\left(\frac{3}{2},\frac{1}{2}\right)^{\mathrm{T}}$， (2)$\boldsymbol{X}^*=\lambda\boldsymbol{X}_1^*+(1-\lambda)\boldsymbol{X}_2^*$， $0\leqslant\lambda\leqslant1$.

1.11 (1)不是顶点，(2)不可行点，(3)不是顶点.

第2章

2.2 (1)$\boldsymbol{X}^*=\left(1,\frac{3}{2}\right)^{\mathrm{T}}$,$Z^*=35/2$. (2)$\boldsymbol{X}^*=\left(\frac{7}{2},\frac{3}{2}\right)^{\mathrm{T}}$, $Z^*=17/2$.

2.4 $\boldsymbol{X}_1^*=\left(1,\frac{3}{2},0\right)^{\mathrm{T}}$,$\boldsymbol{X}_2^*=\left(\frac{3}{2},0,\frac{1}{2}\right)^{\mathrm{T}}$,$\boldsymbol{X}^*=\lambda\left(1,\frac{3}{2},0\right)^{\mathrm{T}}+(1-\lambda)\left(\frac{3}{2},0,\frac{1}{2}\right)^{\mathrm{T}}$,$0\leqslant\lambda\leqslant1$.

2.5 (1)$D\supseteq D'$,$Z^*\leqslant(Z^*)'$; (2)$D\subseteq D'$,$Z^*\geqslant(Z^*)'$; (3)$D\subseteq D'$,$Z^*=(Z^*)'$.

2.6 $\boldsymbol{X}^*=(0,2,0,4)^{\mathrm{T}}$,$Z^*=2$.

2.7 $\boldsymbol{X}_1^*=(4,0,0,5)^{\mathrm{T}}$,$\boldsymbol{X}_2^*=\left(\frac{2}{3},\frac{5}{3}\right)^{\mathrm{T}}$,$Z^*=-8$,$\boldsymbol{X}^*=\lambda\boldsymbol{X}_1^*+(1-\lambda)\boldsymbol{X}_2^*$,$0\leqslant\lambda\leqslant1$.

2.8 (1)$\boldsymbol{X}^*=(15,5,0,10,0,0)^{\mathrm{T}}$,$Z^*=25$. (2)$\boldsymbol{X}^*=(2,6,2,0,0)^{\mathrm{T}}$,$Z^*=36$. (3)无界. (4)有无穷多解,其中之一为 $\boldsymbol{X}^*=\left(\frac{11}{2},\frac{9}{4},7,0,0,0\right)^{\mathrm{T}}$, $Z^*=47$. (5)$\boldsymbol{X}^*=\left(1,\frac{3}{2},2,1,0,0,0\right)^{\mathrm{T}}$, $Z^*=\frac{33}{2}$. (6)$\boldsymbol{X}^*=\left(0,5,\frac{3}{2},0,0,\frac{3}{2}\right)^{\mathrm{T}}$,$Z^*=-5$. (7)$\boldsymbol{X}^*=\left(\frac{71}{10},0,0,\frac{13}{10},0,\frac{4}{10}\right)^{\mathrm{T}}$,$Z^*=\frac{71}{10}$. (8)$\boldsymbol{X}^*=(6,10,0,0,0,6,0)^{\mathrm{T}}$,$Z=-10$.

2.9 (1)$\boldsymbol{X}^*=(3,0,1,3)^{\mathrm{T}}$,$Z^*=-2$. (2)$\boldsymbol{X}^*=(1,1,3,0)$,$Z^*=-7$. (3)无可行解. (4)有无穷多解,例如$\boldsymbol{X}^{(1)}=(4,0,0)^{\mathrm{T}}$,$\boldsymbol{X}^{(2)}=(0,0,8)^{\mathrm{T}}$. $Z^*=8$. (5)无可行解. (6)$\boldsymbol{X}^*=\left(\frac{5}{2},\frac{5}{2},\frac{5}{2},0\right)^{\mathrm{T}}$,$Z^*=15$. (7)无界. (8)$\boldsymbol{X}^*=(14,0,-4)^{\mathrm{T}}$,$Z^*=46$.

2.13 $\boldsymbol{X}^{(0)}=\left(\frac{1}{2},\frac{3}{2},0,0,0,0\right)^{\mathrm{T}}$.

2.19 $\boldsymbol{A}_1^{-1}=\begin{bmatrix}1/2 & 5/2 & 0\\ 0 & -1 & 0\\ -2 & -6 & 1\end{bmatrix}$, $\boldsymbol{A}_2^{-1}=\begin{bmatrix}-9/26 & -1/26 & 11/26\\ 4/13 & -1/13 & -2/13\\ 2/13 & 6/13 & -1/13\end{bmatrix}$.

2.20 (1)$\boldsymbol{X}^*=(4,6,0)^{\mathrm{T}}$,$Z^*=12$. (2)$\boldsymbol{X}^*=\left(0,10,\frac{20}{3}\right)^{\mathrm{T}}$,$Z^*=70$. (3)$\boldsymbol{X}^*=\left(0,5,0,\frac{5}{2},0\right)^{\mathrm{T}}$,$Z^*=50$.

2.21 (1)$a=2,b=0,c=0,d=1,e=4/5,f=0,g=-5$, (2)表中的解为最优解,$\boldsymbol{X}^*=(2,0,2,0)^{\mathrm{T}}$,$Z^*=10$.

2.22 (1)$a=7,b=-6,c=0,d=1,e=0,f=1/3,g=0$. (2)表中给出的解为最优解 $\boldsymbol{X}^*=(0,5,0,0,0,7)^{\mathrm{T}}$,$Z^*=14$.

2.23 (1)$d\geqslant0,c_1<0,c_2<0$; (2)$d\geqslant0,c_1\leqslant0,c_2\leqslant0$ 且,c_1,C_2 中至少有一个为零; (3)$d=0$,或 $d>0$,而 $c_1>0$ 且 $d/4=3/a_2$; (4)$c_1>0,3/a_2<d/4$; (5)$c_2>0,a_1\leqslant0$; (6)x_6 为人工变量,且 $c_1\leqslant0,c_2\leqslant0$.

第3章

3.2 (1) $\min w=10y_1+20y_2$;

$$\text{s.t.}\begin{cases}y_1+4y_2\geqslant10;\\ y_1+y_2\geqslant1;\\ 2y_1+y_2\geqslant2;\\ y_1,y_2\geqslant0.\end{cases}$$

(2) $\max Z=2y_1+3y_2+5y_3$;

$$\text{s.t.}\begin{cases}2y_1+3y_2+y_3\leqslant2;\\ 3y_1+y_2+4y_3\leqslant2;\\ 5y_1+7y_2+6y_3\leqslant4;\\ y_1\geqslant0,y_2,y_3\leqslant0.\end{cases}$$

(3) $\min w=5y_1-4y_2+y_3$;

$$\text{s. t.}\begin{cases} y_1+2y_2+y_3\geqslant 2; \\ y_1-y_2=1; \\ y_1+3y_2-y_3\geqslant 3; \\ y_1+y_3=1; \\ y_1\geqslant 0, y_2 \text{ 无约束}, y_3\leqslant 0; \end{cases}$$

(4) $\max w=3y_1-5y_2+2y_3$;

$$\text{s. t.}\begin{cases} y_1+2y_3\leqslant 3; \\ -2y_1+y_2-3y_3=2; \\ 3y_1+3y_2-7y_3=-3; \\ 4y_1+4y_2-4y_3\geqslant 4; \\ y_1\leqslant 0, y_2\geqslant 0, y_3 \text{ 无约束}. \end{cases}$$

3.9 (1) 略. (2) $y_1^*=4, y_2^*=-1$, (3) $y_1=4$.

3.10 $\boldsymbol{X}^*=(0,0,4,4)^{\mathrm{T}}$.

3.11 $\boldsymbol{Y}^*=(2,2,1,0)$.

3.12 (1) $\max Z=6x_1-2x_2+10x_3$; $\text{s. t.}\begin{cases} x_2+2x_3\leqslant 5; \\ 3x_1-x_2+x_3\leqslant 10; \\ x_j\geqslant 0 \quad (j=1,2,3). \end{cases}$ (2)略. (3) $\boldsymbol{Y}^*=(4,2)$.

3.13 (1) $k=1$, (2) $\boldsymbol{Y}^*=(0,-2)$.

3.14 (2) $\boldsymbol{Y}^*=(0,1,3), W^*=46$.

3.15 (2) $\boldsymbol{Y}^*=(5,0,23)^{\mathrm{T}}. W^*=53$.

3.16 (1) $\hat{y}_1=\frac{1}{2}y_1$; (2)影子价格 y_i 不变,又若 x_1 不在最优基中出现,则 x_1' 也不可能在最优基中出现; (3)影子价格 y_i 也增大两倍; (4)不变.

3.17 (1) $\boldsymbol{X}^*=(2,0,1)^{\mathrm{T}}, Z^*=24$. (2) $\boldsymbol{X}^*=\left(\frac{3}{5},\frac{6}{5}\right)^{\mathrm{T}}, Z^*=12/5$. (3)无可行解. (4) $\boldsymbol{X}^*=\left(\frac{2}{3},2,0\right)^{\mathrm{T}}, Z^*=22/3$.

第 4 章

4.1 (1) $0\leqslant c_1\leqslant 4, 6\leqslant c_2<\infty$. (2) $1400\leqslant b_1\leqslant 5300/3, 1300\leqslant b_2<\infty, 300\leqslant b_3\leqslant 400$. (3) $\boldsymbol{X}^*=(0,400,0,1000,100)^{\mathrm{T}}, Z^*=3200$.

4.2 (1) $\boldsymbol{X}^*=(52,4,0)^{\mathrm{T}}, Z^*=368$. (2)当 $0\leqslant\theta\leqslant 3$ 时, $\boldsymbol{X}^*=(36,0,6)^{\mathrm{T}}$;当 $3<Q\leqslant 4$ 时, $\boldsymbol{X}^*=(0,6,12)^{\mathrm{T}}$.

4.3 (1) $\frac{15}{4}\leqslant c_1\leqslant\frac{25}{2}, 4\leqslant c_2\leqslant\frac{40}{3}$, (2) $\frac{24}{5}\leqslant b_1\leqslant 16, \frac{9}{2}\leqslant b_2\leqslant 15$, (3) $\boldsymbol{X}^*=\left(\frac{8}{5},0,\frac{21}{5},0\right)^{\mathrm{T}}$. (4) $\boldsymbol{X}^*=\left(\frac{11}{3},0,0,\frac{2}{3}\right)^{\mathrm{T}}$.

4.4 (1) $\boldsymbol{X}^*=\left(\frac{8}{3},\frac{10}{3},0,0,0\right)^{\mathrm{T}}$, (2) $\boldsymbol{X}^*=(3,0,0,7)^{\mathrm{T}}$, (3) $\boldsymbol{X}^*=\left(\frac{10}{3},0,\frac{8}{3},0,\frac{22}{3}\right)^{\mathrm{T}}$.

4.5 (1) $\boldsymbol{X}^*=(0,5,5,0,0)^{\mathrm{T}}$. (2)最优解不变. (3)最优解不变. (4) $\boldsymbol{X}^*=\left(0,0,\frac{20}{3},0,\frac{70}{3}\right)^{\mathrm{T}}$. (5) $\boldsymbol{X}^*=\left(0,\frac{25}{2},\frac{5}{2},0,15\right)^{\mathrm{T}}$, (6) $\boldsymbol{X}^*=(0,20,0,0,0)^{\mathrm{T}}$.

4.6 (1) $\boldsymbol{X}^*=\left(\frac{100}{3},\frac{200}{3},0,0,0,100\right)^{\mathrm{T}}$. (2)当产品Ⅲ的利润增加到 $\frac{40}{6}$ 时才值得生产,当增加到 $\frac{50}{6}$ 时,最优计划变为生产Ⅰ—$\frac{175}{6}$件,Ⅱ—$\frac{275}{6}$件,Ⅲ—25 件. (3)产品Ⅰ利润在[6,15]内变

化时，最优解不变. (4)值得安排. (5)$X^*=\left(\frac{95}{3},\frac{175}{3},10\right)^T$.

4.7 (1)$X^*=(5,0,3)^T$，$Z^*=35$. (2)产品 A 的利润变化范围为[3,6]. (3)值得安排，新的最优计划为生产产品 D—15 件，而 $x_1=x_2=x_3=0$.

4.8 (1)$0\leqslant\theta\leqslant\frac{9}{7}$时，$X^*=(2,6)^T$，$\frac{9}{7}\leqslant\theta\leqslant5$ 时，$X^*=(4,3)^T$，$\theta\geqslant5$ 时，$X^*=(4,0)^T$.

(2)$\theta\leqslant\frac{1}{2}$时，$X^*=(0,5,2,0)^T$，$Z^*=5-2\theta$，$\frac{1}{2}\leqslant\theta\leqslant1$ 时，$X^*=(2,1,0,0)^T$，$Z^*=3$，$\theta\geqslant1$ 时，$X^*=(0,2,0,1)^T$，$Z^*=2+2\theta$.

(3)$\theta<-90$，无可行解. $-90\leqslant\theta\leqslant-\frac{600}{17}$时，$X^*=(0,30+\frac{1}{3}\theta)^T$，$Z^*=2400+\frac{80}{3}\theta$. $-\frac{600}{17}\leqslant\theta\leqslant\frac{350}{3}$时，$X^*=\left(24+\frac{17}{25}\theta,14-\frac{3}{25}\theta\right)^T$，$Z^*=2200+21\theta$. $\theta\geqslant\frac{350}{3}$时，$X^*=\left(80+\frac{1}{5}\theta,0\right)^T$，$Z^*=3600+9\theta$.

(4)$\theta<0$ 时，无可行解，$0\leqslant\theta<1$ 时，$X^*=(2\theta,5-2\theta,0,1-\theta,0)^T$，$Z^*=2-2\theta$，$1\leqslant\theta\leqslant3$ 时，$X^*=(3-\theta,1+2\theta,-1+\theta,0,0)^T$，$Z^*=0$. $3\leqslant\theta\leqslant4$ 时，$X^*=(0,7,8-2\theta,0,-3+\theta)^T$，$Z^*=-24+8\theta$. $\theta>4$ 时. 无可行解.

4.9 (1)应扩大 b_1，最多扩大 12. 目标函数值增加到 8. (2)$\frac{4}{3}\leqslant\frac{c_1}{c_2}\leqslant4$.

4.10 (1)$(c_1,c_2,c_3,c_4,c_5)=(2,3,1,0,0)$. (2)$c_2$ 的变化范围为[2,6]，当 $c_2=1$ 时. $X^*=(3,0,0,0,2)^T$，$Z^*=6$. (3)θ 的变化范围为$\left[-\frac{1}{4},1\right]$，当 $\theta=\frac{1}{2}$时，$X^*=(3,1,0,0,0)^T$，$Z^*=9$. (4) $y_1^*=3$. $y_2^*=1$.

4.11 (1)$c_3\geqslant\frac{20}{3}$时值得生产. 对于 $c_3=\frac{25}{3}$，$X^*=\left(\frac{175}{6},\frac{275}{6},25\right)^T$，$Z^*=2325/3$. (2)$6\leqslant c_1\leqslant15$. (3)$y_1^*=\frac{10}{3}$，$y_2^*=\frac{2}{3}$，$y_3^*=0$. (4)值得投产. (5)$X^*=\left(\frac{95}{3},\frac{175}{3},10\right)^T$，$Z^*=706.67$. (6)$-4\leqslant\theta\leqslant5$.

第 5 章

5.1 (1)能，(2)，(3)不能.

5.2 各题的最优解如下：

(1)

产地＼销地	B_1	B_2	B_3	B_4	产量
A_1	3	0	0	2	5
A_2			2		2
A_3		3			3
销量	3	3	2	2	

(2)

产地＼销地	B_1	B_2	B_3	B_4	产量
A_1	1	2	1		4
A_2			3	6	9
A_3	4				4
销量	5	2	4	6	

(3)

产地\销地	B_1	B_2	B_3	B_4	B_5	产量
A_1			4	5		9
A_2		4				4
A_3	3	1		1	3	8
销量	3	5	4	6	3	

(4)

产地\销地	B_1	B_2	B_3	B_4	B_5	产量
A_1			20			20
A_2	20			10		30
A_3	5	25				30
A_4	0		0		20	20
销量	25	25	20	10	20	

(5)

产地\销地	B_1	B_2	B_3	B_4	B_5	B_6	产量
A_1	100			0			100
A_2			40		80		120
A_3		20	60	60			140
A_4		80					80
A_5		20				40	60
销量	100	120	100	60	80	40	

(6)

产地\销地	B_1	B_2	B_3	B_4	B_5	B_6	产量
A_1			5				5
A_2		4				2	6
A_3	1		1				2
A_4	3			2	4	0	9
销量	4	4	6	2	4	2	

5.3 目标函数增大 ka_r.

5.4 目标函数增大 kb_l.

5.5 最优调运方案为

产地\销地	B_1	B_2	B_3	B_4	产量
A_1		4		3	7
A_2	6	2			8
A_3		0	3		3
销量	6	6	3	3	

5.6 最优调运方案为

(1)

产地 \ 销地	B_1	B_2	B_3	B_4	B_5	产量
A_1	15	35				50
A_2	10		60	30		100
A_3		80			70	150
销量	25	115	60	30	70	

(2)

产地 \ 销地	B_1	B_2	B_3	B_4	B_5	产量
A_1		50				50
A_2	25		60	15		100
A_3		65			65	130
A_4				15	5	20
销量	25	115	60	30	70	

5.7 最优调运方案为

(1)

产地 \ 销地	B_1	B_2	B_3	B_4	B_5	B_6	产量
A_1	20	30					50
A_2		20	20				40
A_3	10			39	11		60
A_4				1	30		31
销量	30	50	20	40	30	11	

(2) $c_{13} \geqslant 1, c_{35} \geqslant 2, c_{41} \geqslant 2$.

5.8 最优调运方案为

产地 \ 销地	甲	乙	A	B	C	产量
甲	125		35		35	195
乙		125		55		180
A			125			125
B				110	15	125
C					125	125
销量	125	125	160	165	175	

5.9 最优调运方案为

产地＼销地	甲	乙	A	B	C	产量
甲	1000				500	1500
乙		900	300	300		1500
A			1000			1000
B				1000		1000
C		100			900	1000
销量	1000	1000	1300	1300	1400	

第6章

6.1 设 x_1, x_2, x_3 分别表示三种电视机的产量，则该问题的目标规划模型为

$$\min Z = P_1 d_1^- + P_2 d_2^- + P_3 d_3^+ + P_4(d_4^- + d_4^+ + d_5^- + d_5^+ + d_6^- + d_6^+);$$

$$\text{s.t.}\begin{cases} 500x_1 + 650x_2 + 800x_3 + d_1^- - d_1^+ = 1.6\times 10^4; \\ 6x_1 + 8x_2 + 10x_3 + d_2^- - d_2^+ = 200; \\ d_2^+ + d_3^- - d_3^+ = 24; \\ x_1 + d_4^- - d_4^+ = 12; \\ x_2 + d_5^- - d_5^+ = 10; \\ x_3 + d_6^- - d_6^+ = 6; \\ x_1, x_2, x_3 \geqslant 0, d_i^-, d_i^+ \geqslant 0 (i = 1, 2, \cdots, 6). \end{cases}$$

6.8 (2)满意解为由 $\boldsymbol{X}_1=(3,3)^{\mathrm{T}}$ 和 $\boldsymbol{X}_2=(3.5,1.5)^{\mathrm{T}}$ 所连线段. (3)满意解为 $\boldsymbol{X}=(2,2)^{\mathrm{T}}$. (4)满意解为 $\boldsymbol{X}=(2,2)^{\mathrm{T}}$.

6.9 (1)$\boldsymbol{X}=(10,20,10)^{\mathrm{T}}$. (2)$\boldsymbol{X}=(40,0,0,25)^{\mathrm{T}}$, (3)$\boldsymbol{X}=(60,30)^{\mathrm{T}}$, (4)$\boldsymbol{X}=(45,0,55)^{\mathrm{T}}$.

6.10 (1)$\boldsymbol{X}=\left(\frac{5}{8},\frac{165}{8}\right)^{\mathrm{T}}$. $d_i^-=d_i^+=0$. (2)$\boldsymbol{X}=\left(\frac{15}{16},\frac{335}{16}\right)^{\mathrm{T}}$. $d_i^-=d_i^+=0$. (3)$\boldsymbol{X}=\left(\frac{5}{8},\frac{165}{8}\right)^{\mathrm{T}}$. $d_i^-=d_i^+=0$. (4)$\boldsymbol{X}=\left(\frac{5}{8},\frac{165}{8}\right)^{\mathrm{T}}$. $d_2^-=25$，其余 $d_i^-=d_i^+=0$.

6.11 $\boldsymbol{X}_1=(1,0)^{\mathrm{T}}$，$\boldsymbol{X}_2=(6,10)^{\mathrm{T}}$.

6.12 (1)$\boldsymbol{X}=(0,35)^{\mathrm{T}}$，$d_1^-=20$，$d_3^-=115$，$d_4^-=95$，其余 $d_i^-=d_i^+=0$. (2)$\boldsymbol{X}=\left(0,\frac{220}{3}\right)^{\mathrm{T}}$，$d_1^-=20$，$d_2^-=\frac{5}{3}$，$d_4^-=\frac{400}{3}$，其余 $d_i^-=d_i^+=0$. (3)$\boldsymbol{X}=(0,35)^{\mathrm{T}}$，$d_1^-=20$，$d_3^-=115$，$d_4^-=95$，$d_5^-=27$，其余 $d_i^-=d_i^+=0$. (4)满意解不变.

第7章

7.4 (1)$\boldsymbol{X}^*=(4,2)^{\mathrm{T}}$，$Z^*=14$， (2) $\boldsymbol{X}_1^*=(4,1)^{\mathrm{T}}$，$\boldsymbol{X}_2^*=(5,0)^{\mathrm{T}}$，$Z^*=5$， (3)$\boldsymbol{X}^*=(4,2)^{\mathrm{T}}$，$Z^*=340$， (4)$\boldsymbol{X}^*=(2,4)^{\mathrm{T}}$，$Z^*=58$.

7.5 (1)$\boldsymbol{X}^*=(4,3)^{\mathrm{T}}$，$Z^*=55$， (2)$\boldsymbol{X}^*=(2,1)^{\mathrm{T}}$，$Z^*=13$， (3)$\boldsymbol{X}^*=(2,1)^{\mathrm{T}}$，$Z^*=26$， (4)$\boldsymbol{X}^*=(2,3)^{\mathrm{T}}$，$Z^*=34$.

7.6 (1)$\boldsymbol{X}^*=(1,1,0,0,0)^{\mathrm{T}}, Z^*=5$. (2)$\boldsymbol{X}^*=(0,0,1,1,1)^{\mathrm{T}}, Z^*=6$. (3)$\boldsymbol{X}^*=(1,0,1,0,0)^{\mathrm{T}}, Z^*=4$.

7.7 (1)$x_{13}^*=x_{22}^*=x_{34}^*=x_{41}^*=1$,其余 $x_{ij}^*=0, Z^*=48$.

(2)$x_{15}^*=x_{23}^*=x_{32}^*=x_{44}^*=x_{51}^*=1$,其余 $x_{ij}^*=0, Z^*=21$.

7.8 由下列运动员组成游泳接力队:

张—仰泳,王—蛙泳,钱—蝶泳,赵—自由泳,预期总成绩 126.2 秒.

7.9 $x_{15}=1, x_{21}=1, x_{34}=1, x_{42}=1, x_{53}=1$.最大利润为 26 个单位.

7.10 最低总成本为:190.

7.11 甲—B,乙—C 和 D,丙—E,丁—A,$Z^*=131$.

7.12 甲—2,乙—3,丙—1,戌—4.对丁不分配工作.$Z^*=21$.

第 8 章

8.1 (1)$A\to B_2\to C_1\to D_1\to E, A\to B_3\to C_1\to D_1\to E, A\to B_3\to C_2\to D_2\to E$;110, (2)$A\to B_2\to C_1\to D_1\to E$;8. (3)$A\to E_1\to F_2\to G_2\to B_1$,16;$A\to E_1\to F_2\to G_2\to C$ 或 $A\to E_1\to F_2\to G_3\to C$. 21;$A\to E_1\to F_2\to G_3\to D$,20.

8.2 $\boldsymbol{p}_{14}^*=\{0,0,81,54\}, f_1(100)=2680$.

8.3 (1)$\boldsymbol{X}^*=\left(\frac{5}{2},\frac{9}{4}\right)^{\mathrm{T}}, Z^*=\frac{131}{8}$. (2)$\boldsymbol{X}^*=(0,0,10)^{\mathrm{T}}, Z^*=200$, (3)$\boldsymbol{X}^*=\left(0,\frac{5}{2},0\right)^{\mathrm{T}}$, $Z^*=45/2$. (4)$\boldsymbol{X}^*=\left(\frac{9}{4},\frac{9}{2},\frac{9}{4}\right)^{\mathrm{T}}, Z^*=38/26$. (5)$\boldsymbol{X}^*=\left(\frac{\sqrt{3}}{3},\frac{1}{2},\frac{33-2\sqrt{3}}{6}\right)^{\mathrm{T}}, Z^*=\frac{207-8\sqrt{3}}{36}$, (6)$\boldsymbol{X}^*=(5,0,0,0)^{\mathrm{T}}, Z^*=5$. (7)$\boldsymbol{X}^*=\left(\frac{6}{5},\frac{6}{5},0,\frac{18}{5}\right)^{\mathrm{T}}, Z^*=67.18$. (8)当 $b>4000$ 时,$\boldsymbol{X}^*=\left(0,0,\frac{b}{10}\right)^{\mathrm{T}}, Z^*=6^3/10^3$;当 $0<b<4000$ 时,$\boldsymbol{X}^*=(0,b,0)^{\mathrm{T}}, Z^*=4b^*$. (9)$\boldsymbol{X}^*=(1,1)^{\mathrm{T}}, Z^*=5$, (10)$\boldsymbol{X}^*=(4,0)^{\mathrm{T}}, Z^*=8$.

8.4 有多个最优策略:$\boldsymbol{p}_1=\{1,1,3,1\}, \boldsymbol{p}_2=\{1,2,2,1\}, \boldsymbol{p}_3=\{1,3,1,1\}, \boldsymbol{p}_4=\{2,0,3,1\}, \boldsymbol{p}_5=\{2,1,2,1\}, \boldsymbol{p}_6=\{2,2,1,1\}$.最大利润为 17.

8.5 最优策略为 $\boldsymbol{p}^*=\{2,1,1\}$.最大利润为 47.

8.6 $p^*=\{4,0,4,3,3,0\}$.

8.7 最优生产计划有多个方案:$p_1=\{3,5,5,0\}$. $p_2=\{3,10,0,0\}$, $p_3=\{8,0,5,0\}$.

8.8 最优方案有两个:$p_1=\{0,2,0\}, p_2=\{1,0,1\}, Z^*=260$.

8.9 A,B,E 各装一件,重 13

8.10 最优采购策略如下表所示

周　次	采购价格
第 1 周	500
第 2 周	500
第 3 周	500
第 4 周	500 或 600
第 5 周	500,600 或 700

8.11 $p^*=\{1,0,1\}$，不成功的概率为 0.06.

8.12 5→3→4→1→2. 总加工时间为 7 小时.

8.13 上半年进货 $26\frac{2}{3}$，若上半年销售后剩下 s_2 个单位的货，则下半年再进货 $26\frac{2}{3}-s_2$ 个单位的货. 最大期望利润为 $93\frac{1}{3}$.

8.14 A 生产 3 件，B 生产 2 件. 最大利润为 27.

8.15 E_1—1 个，E_2—1 个，E_3—3 个，总费用为 8000 元，提高设备的可靠性为 0.042.

第 9 章

9.1 (1)不能，因为 7 个顶点的简单图，每个顶点的次最大为 6. (2)，(3)均不可能.

9.3 时间安排表为

	上午	下午
第 1 天	A	E
第 2 天	C	B
第 3 天	D	F

9.4 最小树的总长分别为：(a)$L=16$，(b)$L=12$，(c)$L=18$，(d)$L=17$.

9.5 (1)v_s 至各点的最短距离为 $v_2(2)$，$v_3(8)$，$v_4(1)$，$v_5(3)$，$v_6(6)$，$v_7(10)$，$v_8(5)$，$v_9(4)$，$v_t(6)$. (2)v_s 到至各点的最短距离为 $v_2(4)$，$v_3(7)$，$v_4(11)$，$v_5(7)$，$v_6(9)$，$v_7(11)$，$v_8(18)$，$v_9(3)$，$v_{10}(9)$，$v_{11}(14)$.

9.6 $L(v_1)=\{0,-1,1,2,-1,\infty\}$.

9.7 $L(v_1)=\{0,4,1,3,6,7,4,11\}$.

9.8 最优路线为 $v_1\to v_2\to v_4\to v_6$，距离为 9 个单位，需时 20 单位.

9.10 从 $v_s\to v_t$ 的最大流量分别为：(a)14，(b)5，(c)14，(d)25.

9.11 最大总量 $v(f^*)=23$.

9.12 (a)总费用为 116，(b)总费用为 37.

9.13 最大流量 $v(f^*)=5$，最小截量 $c(v_1^*,v_2^*)=5$.

第 10 章

10.1 $Q^*=1000$， $t^*=10$(天)， $C^*=20$(元/天).

10.2 $Q^*=1414$， $t^*=14.1$(天)， $C^*=14.1$(元/天).

10.3 $Q^*=1118$， $t^*=11.2$(天)， $C^*=17.9$(元/天) $q^*=224$.

10.4 $Q^*=1581$， $t^*=15.8$(天)， $C^*=12.7$(元/天) $q^*=158$.

10.5 当零件只有 200 个时就要发出订单.

10.6 $Q^*=15$ 人， $t^*=3$(个月)， $C^*=8049.8$(元/年).

10.7 $Q^*=4472$

10.8 (1)$Q^*=7$， $C^*=56.6$ 元， (2)$Q^*=9$， $C^*=43.8$ 元.

10.9 $Q^*=447$， $C^*=894$(元/月).

10.10 $S^*=378$， $q^*=151$.

10.11 $Q^*=667$， $C^*=240$(元/周)， $t^*=0.168$(周).

10.12 $Q^*=767$， $C^*=209$(元/周)， $t^*=0.19$(周).

10.13 $Q^*=882$， $C^*=182$(元/周)， $q^*=166$.

10.14 $Q^*=Q_0=25298$.

10.15 $Q^*=300$.

10.16 (1)$Q^*=100$， (2)$Q^*=316$.

10.17 $Q^*=26$.

10.18 $Q^*=26$.

10.19 $Q^*=144$.

10.20 $Q^*=11856$.

10.21 $Q^*=11000$.

参考文献

1. 张文杰,邓成梁,马致山. 运筹学[M]. 北京:中国物资出版社,1993.
2. 俞玉森. 数学规划的原理和方法[M]. 2 版. 武汉:华中理工大学出版社,1993.
3. 《运筹学》教材编写组编. 运筹学[M]. 修订版. 北京:清华大学出版社,1990.
4. 周志诚. 运筹学教程[M]. 上海:立信会计图书用品社,1988.
5. 魏国华,傅家良,周仲良. 实用运筹学[M]. 上海:复旦大学出版社,1987.
6. 菲利普斯,等. 运筹学的理论与实践[M]. 刘泉,万敏,译. 北京:中国商业出版社,1987.
7. 张建中,许绍吉. 线性规划[M]. 北京:科学出版社,1990.
8. 林同曾. 运筹学[M]. 北京:机械工业出版社,1986.
9. 马仲蕃,魏权龄,赖炎连. 数学规划讲义[M]. 北京:中国人民大学出版社,1981.
10. 管梅谷,郑汉鼎. 线性规划[M]. 济南:山东科技出版社,1983.
11. 胡昌富. 线性规划[M]. 修订本. 北京:中国人民大学出版社,1990.
12. 中国人民大学数学教研室. 运筹学通论[M]. 北京:中国人民大学出版社,1992.
13. 姜衍智. 线性规划原理及应用[M]. 西安:陕西科学出版社,1985.
14. 高旅端,陈志,等. 线性规划——原理与方法[M]. 北京:北京工业大学出版社,1989.
15. S. P. 勃雷达兰,等. 应用数学规划[M]. 翟立林,等,译. 北京:机械工业出版社,1983.
16. 薛嘉庆. 线性规划[M]. 北京:高等教育出版社,1989.
17. 宣家骥,方爱群. 目标规划及其应用[M]. 合肥:安徽教育出版社,1987.
18. 张家泽. 目标规划[M]. 台北:中兴管理顾问公司,1978.
19. 张有为. 动态规划[M]. 长沙:湖南科学技术出版社,1991.
20. [美]伦・库柏,玛丽 W. 库柏. 动态规划导论[M]. 张有为,译. 北京:国防工业出版社,1985.
21. 王日爽,徐兵,魏权龄. 应用动态规划[M]. 北京:国防工业出版社,1987.
22. R. E. 拉森,等. 动态规划原理——基本分析及计算方法[M]. 陈伟基,等,译. 北京:清华大学出版社,1984.
23. J. A. 邦迪,U. S. R. 默蒂. 图论及其应用[M]. 吴望名,等,译. 北京:科学出版社,1987.
24. 王朝瑞. 图论[M]. 北京:国防工业出版社,1985.
25. 刘家壮,王建方. 网络最优化[M]. 武汉:华中工学院出版社,1987.
26. 顾基发,朱敏. 库存控制原理[M]. 北京:煤炭工业出版社,1987.
27. 黄洁纲. 存贮论原理及其应用[M]. 上海:上海科学技术文献出版社,1984.
28. [美]R. J. 泰森. 库存控制原理与物料管理[M]. 白礼常,等,译. 北京:中国物资出版社,1987.
29. L. R. Foulds. Optimization Techniques, New York: Heidelberg Berlin. 1981.
30. M. S. Bazaraa. Linear Programming and Network Flow. John Willey & Sons, 1977.
31. R. Bellman. Dynamic. Programming Treatment of The Traveling Salesman Problem. J. Assoc. compute. March. 9. 1962. p61-63.
32. R. Bellman. Dynamic Programming. Princeton. N. Jersey. Princeton University Press. 1957.
33. R. Bellman and Dreyfes. S. Applied Dynamic Programming. Princeton. New Jersey Princeton University Press. 1962.

34. Daniel Solow. Linear Programming an Introduction to Finite Improvement Algorithms. New York: Elsevier Science Publishing Co Inc. 1984.
35. Browarg. Materials Management Syterns. New York:John Willey & Sons, 1977.
36. Elwood S. Buffa. James S. Dyer. Management Science Operations Research, Second Edition. New York: John Willey & Sons, 1981.
37. Love. S. Inventory Control. New York:Mcgraw Hill, 1979.
38. Zionts, Stanley. Einear and Integer Programming. Prentice-Hall. 1974.